“十四五”时期国家重点出版物出版专项规划项目

第二次青藏高原综合科学考察研究丛书

金沙江－哀牢山－马江
构造带的古特提斯岩浆作用

王岳军 等 著

科学出版社

北京

内 容 简 介

本书系中山大学和中国科学院自2017年起“第二次青藏高原综合科学考察研究”之“金沙江–哀牢山–马江古特提斯构造演化”科学考察的综述性专著，亦系青藏高原东南缘晚古生代—早中生代特提斯大地构造演化研究成果，由工作在青藏高原东南缘及东南亚地区的一线地学科研人员共同编著完成。全书共5章，包括东古特提斯科考的背景、研究概况和研究意义，东古特提斯构造带地质概况及其周缘地块地质特征。本书集成了金沙江、哀牢山和马江–长山构造带及右江盆地内晚古生代—早中生代火成岩地球化学数据，综合探讨了相关岩浆作用的形成时代、岩石成因和构造背景；分析了金沙江–哀牢山–马江构造带的构造演化及与东古特提斯主洋发展的时序关联与空间配置，进而重建了东古特提斯多陆块拼贴的构造演化模型等。本书的研究成果是在科考所获第一手地质资料及已有研究成果的基础上综合而成，为青藏高原东南缘古特提斯构造演化提供了关键素材，为区域成矿背景和资源环境演变等提供了重要支撑。

全书内容系统全面、资料翔实、图文并茂、逻辑缜密，推动了对青藏高原东南缘古特提斯构造演化的深入研究，可供地质学、地质工程、地球物理、资源与环境等专业的科研和教学等相关人员参考和使用。

审图号：GS京(2023)2141号

图书在版编目（CIP）数据

金沙江–哀牢山–马江构造带的古特提斯岩浆作用 / 王岳军等著．—北京：科学出版社，2024.6

（第二次青藏高原综合科学考察研究丛书）

“十四五”时期国家重点出版物出版专项规划项目

ISBN 978-7-03-074803-4

Ⅰ．①金…　Ⅱ．①王…　Ⅲ．①构造带–岩浆作用–研究–中国　Ⅳ．①P544

中国国家版本馆CIP数据核字（2023）第023783号

责任编辑：王　运　柴良木 / 责任校对：樊雅琼

责任印制：肖　兴 / 封面设计：吴霞暖

科学出版社 出版

北京东黄城根北街16号

邮政编码：100717

http://www.sciencep.com

北京建宏印刷有限公司印刷

科学出版社发行　各地新华书店经销

*

2024年6月第　一　版　开本：787×1092　1/16

2024年6月第一次印刷　印张：24 1/4

字数：572 000

定价：339.00元

（如有印装质量问题，我社负责调换）

“第二次青藏高原综合科学考察研究丛书”

指导委员会

“第二次青藏高原综合科学考察研究丛书”
编辑委员会

第二次青藏高原综合科学考察队
滇西古特提斯科考分队人员名单

姓名	职务	工作单位
王岳军	分队长	中山大学地球科学与工程学院
张玉芝	队员	中山大学地球科学与工程学院
钱　鑫	队员	中山大学地球科学与工程学院
洪　涛	队员	中山大学地球科学与工程学院
王　洋	队员	中山大学地球科学与工程学院
甘成势	队员	中山大学地球科学与工程学院

丛书序一

青藏高原是地球上最年轻、海拔最高、面积最大的高原，西起帕米尔高原和兴都库什、东到横断山脉，北起昆仑山和祁连山、南至喜马拉雅山区，高原面海拔4500米上下，是地球上最独特的地质–地理单元，是开展地球演化、圈层相互作用及人地关系研究的天然实验室。

鉴于青藏高原区位的特殊性和重要性，新中国成立以来，在我国重大科技规划中，青藏高原持续被列为重点关注区域。《1956—1967年科学技术发展远景规划》《1963—1972年科学技术发展规划》《1978—1985年全国科学技术发展规划纲要》等规划中都列入针对青藏高原的相关任务。1971年，周恩来总理主持召开全国科学技术工作会议，制订了基础研究八年科技发展规划（1972—1980年），青藏高原科学考察是五个核心内容之一，从而拉开了第一次大规模青藏高原综合科学考察研究的序幕。经过近20年的不懈努力，第一次青藏综合科考全面完成了250多万平方千米的考察，产出了近100部专著和论文集，成果荣获了1987年国家自然科学奖一等奖，在推动区域经济建设和社会发展、巩固国防边防和国家西部大开发战略的实施中发挥了不可替代的作用。

自第一次青藏综合科考开展以来的近50年，青藏高原自然与社会环境发生了重大变化，气候变暖幅度是同期全球平均值的两倍，青藏高原生态环境和水循环格局发生了显著变化，如冰川退缩、冻土退化、冰湖溃决、冰崩、草地退化、泥石流频发，严重影响了人类生存环境和经济社会的发展。青藏高原还是"一带一路"环境变化的核心驱动区，将对"一带一路"沿线20多个国家和30多亿人口的生存与发展带来影响。

2017年8月19日，第二次青藏高原综合科学考察研究启动，习近平总书记发来贺信，指出"青藏高原是世界屋脊、亚洲水塔，是地球第三极，是我国重要的生态安全屏障、战略资源储备基地，是中华民族特色文化的重要保护地”，要求第二次青藏高原综合科学考察研究要“聚焦水、生态、人类活动，着力解决青藏高原资源环境承载力、灾害风险、绿色发展途径等方面的问题，为守护好世界上最后一方净土、建设美丽的青藏高原作出新贡献，让青藏高原各族群众生活更加幸福安康”。习近平总书记的贺信传达了党中央对青藏高原可持续发展和建设国家生态保护屏障的战略方针。

第二次青藏综合科考将围绕青藏高原地球系统变化及其影响这一关键科学问题，开展西风－季风协同作用及其影响、亚洲水塔动态变化与影响、生态系统与生态安全、生态安全屏障功能与优化体系、生物多样性保护与可持续利用、人类活动与生存环境安全、高原生长与演化、资源能源现状与远景评估、地质环境与灾害、区域绿色发展途径等 10 大科学问题的研究，以服务国家战略需求和区域可持续发展。

“第二次青藏高原综合科学考察研究丛书”将系统展示科考成果，从多角度综合反映过去 50 年来青藏高原环境变化的过程、机制及其对人类社会的影响。相信第二次青藏综合科考将继续发扬老一辈科学家艰苦奋斗、团结奋进、勇攀高峰的精神，不忘初心，砥砺前行，为守护好世界上最后一方净土、建设美丽的青藏高原作出新的更大贡献！

孙鸿烈

第一次青藏科考队队长

丛书序二

青藏高原及其周边山地作为地球第三极矗立在北半球，同南极和北极一样既是全球变化的发动机，又是全球变化的放大器。2000年前人们就认识到青藏高原北缘昆仑山的重要性，公元18世纪人们就发现珠穆朗玛峰的存在，19世纪以来，人们对青藏高原的科考水平不断从一个高度推向另一个高度。随着人类远足能力的不断加强，逐梦三极的科考日益频繁。虽然青藏高原科考长期以来一直在通过不同的方式在不同的地区进行着，但对于整个青藏高原的综合科考迄今只有两次。第一次是20世纪70年代开始的第一次青藏科考。这次科考在地学与生物学等科学领域取得了一系列重大成果，奠定了青藏高原科学研究的基础，为推动社会发展、国防安全和西部大开发提供了重要科学依据。第二次是刚刚开始的第二次青藏科考。第二次青藏科考最初是从区域发展和国家需求层面提出来的，后来成为科学家的共同行动。中国科学院的A类先导专项率先支持启动了第二次青藏科考。刚刚启动的国家专项支持，使得第二次青藏科考有了广度和深度的提升。

习近平总书记高度关怀第二次青藏科考，在2017年8月19日第二次青藏科考启动之际，专门给科考队发来贺信，作出重要指示，以高屋建瓴的战略胸怀和俯瞰全球的国际视野，深刻阐述了青藏高原环境变化研究的重要性，要求第二次青藏科考队聚焦水、生态、人类活动，揭示青藏高原环境变化机理，为生态屏障优化和亚洲水塔安全、美丽青藏高原建设作出贡献。殷切期望广大科考人员发扬老一辈科学家艰苦奋斗、团结奋进、勇攀高峰的精神，为守护好世界上最后一方净土顽强拼搏。这充分体现了习近平生态文明思想和绿色发展理念，是第二次青藏科考的基本遵循。

第二次青藏科考的目标是阐明过去环境变化规律，预估未来变化与影响，服务区域经济社会高质量发展，引领国际青藏高原研究，促进全球生态环境保护。为此，第二次青藏科考组织了10大任务和60多个专题，在亚洲水塔区、喜马拉雅区、横断山高山峡谷区、祁连山－阿尔金区、天山－帕米尔区等5大综合考察研究区的19个关键区，开展综合科学考察研究，强化野外观测研究体系布局、科考数据集成、新技术融合和灾害预警体系建设，产出科学考察研究报告、国际科学前沿文章、服务国家需求评估和咨询报告、科学传播产品四大体系的科考成果。

两次青藏综合科考有其相同的地方。表现在两次科考都具有学科齐全的特点，两次科考都有全国不同部门科学家广泛参与，两次科考都是国家专项支持。两次青藏综合科考也有其不同的地方。第一，两次科考的目标不一样：第一次科考是以科学发现为目标；第二次科考是以摸清变化和影响为目标。第二，两次科考的基础不一样：第一次青藏科考时青藏高原交通整体落后、技术手段普遍缺乏；第二次青藏科考时青藏高原交通四通八达，新技术、新手段、新方法日新月异。第三，两次科考的理念不一样：第一次科考的理念是不同学科考察研究的平行推进；第二次科考的理念是实现多学科交叉与融合和地球系统多圈层作用考察研究新突破。

“第二次青藏高原综合科学考察研究丛书”是第二次青藏科考成果四大产出体系的重要组成部分，是系统阐述青藏高原环境变化过程与机理、评估环境变化影响、提出科学应对方案的综合文库。希望丛书的出版能全方位展示青藏高原科学考察研究的新成果和地球系统科学研究的新进展，能为推动青藏高原环境保护和可持续发展、推进国家生态文明建设、促进全球生态环境保护做出应有的贡献。

姚檀栋

第二次青藏科考队队长

前　言

青藏高原作为世界屋脊和亚洲水塔，不仅是我国重要的生态安全屏障和战略资源储备基地，也是中华民族特色文化的重要保护地。它作为地球第三极，是特提斯构造带的主要发育位置，在近百年的地质研究史中，为全球大地构造学的发展做出了巨大的贡献，是地质学产生和发展的摇篮，催生了许多重要的地球科学名词、概念和术语。特提斯构造带的形成演化研究是揭示地球科学前沿问题的核心内容，现今依然是国际地球科学研究的热点，同时对理解区域成矿背景和揭示青藏高原资源环境演变机理有着重要的现实意义。正因如此，特提斯构造演化是第二次青藏高原综合科学考察的重要研究对象之一。

在第二次青藏高原综合科学考察项目（2019QZKK0703）和国家自然科学基金重点项目（41830211）的支持下，“金沙江－哀牢山－马江构造带的古特提斯岩浆作用记录”着重梳理了高原东南缘金沙江、哀牢山和马江－长山构造带及相邻右江盆地自晚古生代至早中生代的岩浆作用地质概况、岩石 / 岩相学特征，岩浆作用年代学和地球化学数据等，以此为基础厘定了不同区带内岩浆作用的构造属性及其时空配置，为理解古特提斯东部复杂的洋－陆俯冲及陆－陆聚合过程提供了重要的依据，推动了青藏高原东南缘晚古生代—早中生代大地构造演化研究的深入。

本书是中山大学和中国科学院许多科研人员不畏艰险长期辛勤劳动的研究成果，是大家集体智慧的结晶。特别是范蔚茗、张晏华、訾建威、刘汇川、皇甫鹏鹏、张玉芝、钱鑫、甘成势、郭锋、彭头平、张菲菲、张爱梅、马莉燕、王玉琨、邢晓婉、蔡永丰、王洋和洪涛等项目组成员对本书成果的产出和集成出版做出了重要贡献。本书共分 5 章，其中第 1 章由王岳军和洪涛执笔，第 2 章由甘成势和王洋执笔，第 3 章由张玉芝和王岳军执笔，第 4 章由钱鑫执笔，第 5 章由王岳军和皇甫鹏鹏执笔。各章主要内容如下：

第 1 章主要介绍了特提斯构造域的研究背景、地理位置及其科学意义，着重介绍了东古特提斯研究概况与金沙江－哀牢山－马江构造带的地质概况及其周缘主要陆块特征。

第 2 章主要介绍了金沙江带的基本地质概况和晚古生代基性－超基性岩组合及斜长花岗岩特征，研究了晚二叠世—中三叠世攀天阁组和崔依比组岩浆作用的年代学及地球化学特征，阐明了晚三叠世鲁甸和加仁等碰撞后岩体的岩石成因及构造背景。

第 3 章主要介绍了哀牢山带古特提斯岩浆作用的地质表征、年代学数据、岩石成因及其构造背景，确立了二叠纪—早三叠世以五素和大龙凯－雅轩桥等为代表的岛弧和弧后盆地岩石，识别出了中－晚三叠世碰撞型高硅 S 型花岗岩、具高铪铪和低铪铪同位素组成的碰撞型花岗岩等。

第 4 章主要对青藏高原东南缘的马江构造带和长山构造带及相邻的右江盆地内晚古生代至早中生代火成岩开展了系统的综合和对比研究，对它们的形成时代、岩石成因及构造背景进行了综合分析和梳理，为揭示扬子与印支陆块拼贴边界的性质提供了重要的地质证据。

第 5 章主要介绍了大洋俯冲角度等动力学参数的敏感性实验，模拟了陆－陆俯冲碰撞的不同方式及岩浆作用发育过程，综合分析了金沙江－哀牢山－马江构造带的构造演化及与东古特提斯主洋发展的时序关联和空间配置，进而重建了东古特提斯多陆块拼贴的构造演化模型。

野外考察工作得到了相关地勘单位领导和众多地质同行的支持和配合，得到了项目首席科学家丁林院士、范蔚茗研究员和张进江教授等的极大支持和鼓励，也得到了中山大学、中国科学院青藏高原研究所和北京大学等单位相关领导的帮助。在此，向他们表示衷心的感谢！

需要指出的是，古特提斯是特提斯演化衔接中的纽带，涉及的范围较广、科学问题较多，针对多阶段构造演化形成的复杂动力学过程研究仍需继续深入。有很多问题仍然值得追索和研讨，加之研究范围的局限和作者研究水平有限，文中不妥之处欢迎批评指正。

王岳军

2022 年 9 月于珠海

摘　要

特提斯构造域地理位置东起澳大利亚东北部，经东南亚、印缅山脉入青藏高原、伊朗高原，进而西延至地中海而直抵欧洲西部，是全球大陆地质现象最全面、矿产和油气资源产出丰富的地域，是研究全球陆–陆碰撞造山过程的理想窗口。其中东古特提斯构造带的形成演化与汇聚效应是衔接原、新特提斯构造演化的纽带，是理解特提斯地球动力系统的关键一环。本书着重聚焦金沙江、哀牢山和马江构造带晚古生代—早中生代岩浆作用记录，以期为揭秘青藏高原的“前世”提供基础资料。

金沙江构造带是华南陆块西南缘重要的晚古生代—中生代岩浆构造带，记录了古特提斯金沙江分支洋的打开、消减和闭合等过程，发育有晚古生代蛇绿岩、晚二叠世—中三叠世岛弧岩浆活动和晚三叠世碰撞后岩浆岩。带内蛇绿岩中基性岩和斜长花岗岩的形成年龄分别为约354~280Ma和约347~263Ma，基性岩是地幔楔部分熔融产物，东竹林奥长花岗岩来源于亏损地幔的部分熔融，而吉义独英云闪长岩是俯冲板片部分熔融产物，均形成于金沙江支洋盆扩张–俯冲背景。带内江达–德钦–维西弧岩浆带记录了东古特提斯洋俯冲消减–碰撞过程，以约255~248Ma岛弧岩浆岩和约247~236Ma同碰撞高硅流纹岩及双峰式火山岩为代表。岛弧岩浆岩来源于富集岩石圈地幔的部分熔融，高硅流纹岩是古老地壳岩石部分熔融产物，双峰式火山岩基性端元来源于富集岩石圈地幔的部分熔融，而酸性端元是基性端元分离结晶的产物。带内晚三叠世碰撞后花岗质岩石的形成年龄变化范围为约239~214Ma，具I型花岗岩的地球化学特征，是基性下地壳的部分熔融产物。

哀牢山构造带内蛇绿岩不同于俯冲带（supra-subduction zone，SSZ）型蛇绿岩，在晚泥盆世—早中石炭世时而是具有正常洋中脊玄武岩（N-MORB）地球化学特征的支洋盆属性。其中以五素玄武岩和大龙凯－雅轩桥火山－侵入岩为代表的弧岩浆作用形成于早二叠世，记录了与哀牢山支洋盆俯冲有关的陆缘弧－弧后盆地背景，同期发育了以下关闪长质花岗岩和新安寨二长花岗岩为代表的岛弧型花岗质岩石。带内识别有三类不同地球化学特征的中－晚三叠世中酸性火成岩：第一类是以约247Ma通天阁和狗头坡花岗岩体为代表的高硅S型花岗岩，形成于同碰撞阶段；第二类为高正 $\varepsilon_{Nd}(t)$ 和 $\varepsilon_{Hf}(t)$ 值的花岗岩，以约229Ma滑石板闪长质花岗岩为代表；第三类为235~224Ma的下关西和瓦纳片麻状花岗质岩石，具低的负 $\varepsilon_{Nd}(t)$ 和 $\varepsilon_{Hf}(t)$ 值，系古老地壳重熔产物，为碰撞后阶段产物。

在马江带发育洋中脊玄武岩（MORB）型斜长角闪岩、岛弧型辉长辉绿岩和闪长岩，源自受俯冲组分改造的交代地幔楔源区。本书提出了马江带是一个与古特提斯主洋相关的有限洋或弧后盆地，向北可与金沙江－哀牢山带进行对比。云南八布具N-MORB型和SSZ型地球化学特征的基性－超基性岩在成因上与马江分支洋或弧后盆地的俯冲有关。在中－晚三叠世长山带进入碰撞后阶段，并在右江盆地内发育两类与晚古生代大陆伸展背景有关的基性岩，盆地内三叠纪火山岩及马江带北东侧的晚二叠世—三叠纪长英质火成岩均形成于华南和印支陆块碰撞后阶段。马江带两侧的二叠纪—三叠纪长英质岩石的同位素组成差异确证了马江带为华南和印支的拼贴边界。

金沙江－哀牢山－马江构造带是东古特提斯主洋的重要组成部分，沿该带发育了晚泥盆世—早二叠世N-MORB和E-MORB特征的蛇绿岩组合、二叠纪—早三叠世（约289~247Ma）的岛弧或弧后盆地属性火成岩，保存了记录印支、思茅与扬子陆－陆碰撞（约247~237Ma）和碰撞后板片断离（约233~228Ma）引发的相关岩浆与变质作用，由此构建了滇西－中南半岛古特提斯“多陆块拼贴的沟－弧－盆格局”。其中金沙江－哀牢山－马江分支洋盆最终闭合于约247Ma，思茅、印支和扬子陆块的碰撞与碰撞后转换时间发生在约237Ma。进一步通过对参数敏感性的试验验证，审视了影响大洋板片倾角的各个要素，提出昌宁－孟连－因他暖－文冬－劳勿主洋盆和金沙江－哀牢山－马江支洋盆的俯冲消减并非平俯冲模式，其陆－陆碰撞以具低汇聚速率的陆－陆不稳态碰撞模式为特征。其同碰撞阶段的板片断离和碰撞后阶段的拆沉作用直接控制了东古特提斯构造域内构造岩浆和变质作用的发生发展。

目　　录

第1章

研究概况

特提斯是希腊神话中海神“Tethys”的名字，她长期生活在大洋之中而显得神秘莫测，真容未被世人所见。150 年前，聚斯（Suess）基于特提斯海神的神秘而以其名字命名地质历史时期曾存在于北部劳伦大陆和南部冈瓦纳大陆之间的大洋，即特提斯大洋。随着国内外地质工作者对特提斯构造域的地质、地球物理、地球化学和地球动力学等开展研究，特提斯洋演化的神秘面纱也逐渐被揭开（如 Şengör and Yilmaz，1981；黄汲清和陈炳蔚，1987；丁林等，2017；吴福元等，2020；朱日祥等，2022；Ding et al.，2013；Zhang et al.，2016；Wang et al.，2018a，2018b）。现有资料表明特提斯构造带长达 15000km，宽约 5000km，地理位置东起澳大利亚东北部，经东南亚、印缅山脉入青藏高原、伊朗高原，进而西延至地中海而直抵欧洲西部，是全球大陆地质现象最全面、矿产和油气资源产出最丰富的地域。同时，带内形成了独特的自然资源风貌，孕育了历史悠久且文化多元的灿烂文明。如以西欧为主体的特提斯西段，大西洋西风和北大西洋暖流给其带来了丰富的热量和水汽，气候温暖湿润，自然资源丰富，也孕育了古老西欧文明，是高加索人和西欧文明持续发展的关键场所。

特提斯中段范围是世界植物资源最丰富的地区之一，发育了沿海平原、山区草场，有雪山松林，也有绵延草原，区内矿物资源丰富（硼、铬、铁、铜、铝矾土及煤等）。该段地理上主要包括土耳其、叙利亚、伊拉克和伊朗等地，其中土耳其是横跨欧亚两洲的国家。伊朗位于亚洲西南部，拥有 4000~5000 年的波斯文化，同土库曼斯坦、阿塞拜疆、亚美尼亚、土耳其、伊拉克、巴基斯坦和阿富汗等相邻。该国绝大部分在伊朗高原上，是高原国家，海拔一般在 900~1500m 之间，涵盖了沙漠性气候和半沙漠性气候、山区气候、里海气候，石油、天然气、煤炭和固体金属矿产蕴藏丰富。印支、滇缅泰、西缅、东南亚至澳大利亚东北部是特提斯东段的重要组成单元，我国的滇西地区即位于特提斯东段。滇西地质现象种类保存较全，成矿条件优越，矿产资源极为丰富，尤以有色金属及磷矿资源著称，也被誉为“有色金属王国”。地势上整体具西北高、东南低的趋势，自北向南呈阶梯状逐级下降，长江、元江、澜沧江、怒江、大盈江等水系发育或者贯穿该区。该区被北回归线所横贯，属低纬度内陆高原地形，其亚热带、热带季风气候和高原山地气候使得云南滇西成为全国动植物种类数之冠，也享有“动植物王国”的美称。滇西不仅自然风光绚丽（图 1.1），也是人类文明重要发祥地之一，历史文化悠久，孕育了云南境内二十多个少数民族，如彝族、哈尼族、白族、傣族、壮族、苗族、回族、傈僳族等。

1.1 东古特提斯研究概况

特提斯构造带是研究陆 – 陆碰撞造山过程的理想窗口（如 Yin and Harrison，2000），重建特提斯构造带的一个重要前提是准确理解和认识碰撞前各陆块的地质演化（如许志琴等，2013，2016）。该带记录了欧亚大陆与冈瓦纳大陆之间陆块的裂离、大洋的形成与消亡及其碰撞历程（Şengör and Yilmaz，1981；Ding et al.，2013；Stampfli et al.，2013；朱日祥等，2022）。一系列大陆块体（如华南、印支、滇缅泰、羌塘和拉萨）

图 1.1　云南哀牢山云海山川

（a）哀牢山山顶；（b）哀牢山半山腰；（c）哀牢山云海；（d）墨江县城

自东冈瓦纳大陆北缘裂离出来后，经原、古和新特提斯洋演化而最终拼贴于欧亚大陆边缘，这一过程已被越来越多研究者所关注（如 Şengör et al.，1988；钟大赉，1998；Zhang et al.，2016b；Liu et al.，2018c；Wang et al.，2018b，2020a，2022c）。当前大多数学者将原特提斯洋表述为：自罗迪尼亚超大陆裂解时从冈瓦纳大陆北缘裂离而来、发育于劳亚和冈瓦纳大陆间，并于晚古生代消亡的一个近东西向大洋，其地质记录主要发育于东亚地区，其向西可能与早古生代晚期闭合的巨神洋相接（如 Stampfli et al.，2002，2013；Cawood et al.，2001；Scotese，2004；Torsvik and Cocks，2013）。自 20 世纪 80 年代以来，我国地质学家在昆仑和三江等地识别出了新元古代—早古生代洋壳消减和活动大陆边缘岩石组合，原特提斯洋则被表述为介于华北 – 塔里木陆块以南和滇缅泰陆块以北的震旦纪—早古生代大洋（如李兴振等，1995；潘桂棠等，1996；钟大赉，1998）。古特提斯构造带则常被理解为：介于由现伊朗、藏南和滇缅泰等地区组成的基梅里大陆以北及由扬子、印支、藏北等陆块构成的南方大陆之南，以发育泥盆纪—三叠纪大洋为特征的核心地带（如图 1.2；Şengör，1979；Şengör et al.，1988；Metcalfe，1996，2000，2002；Song et al.，2020；Wang et al.，2020d，2021d，2022a；Xu et al.，2021），构成了东亚地区三大构造带之一。新特提斯是在冈瓦纳大陆北侧裂解出的基梅里陆块南侧形成的新大洋（吴福元等，2020；朱日祥等，2022），是劳亚大陆与冈瓦纳大陆之间最后消失的大洋，主要存在于中生代，局部跨越晚古生代到早新生代。

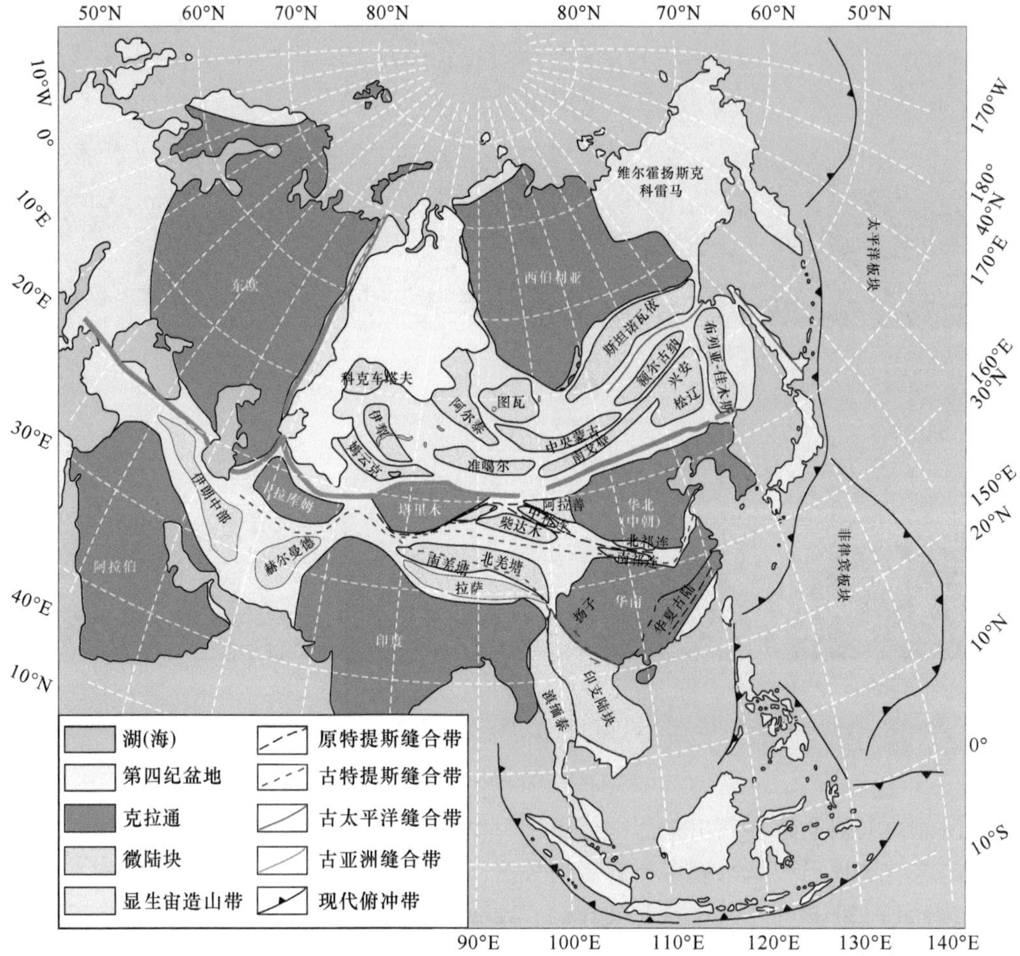

图 1.2　全球特提斯构造域及其空间分布示意图（引自 Zhao et al.，2018）

现有资料表明：特提斯带内发育了晚古生代大洋演变最为完整的地质记录，是潘吉尼亚大陆重建研究中不可或缺的部分（如黄汲清等，1984；潘裕生，1991；李兴振等，1990；钟大赉，1998；Şengör and Yilmaz，1981；Scotese，2004）。在西欧地区的西特提斯、青藏高原北部及滇西－东南亚地区的东特提斯普遍经历了古特提斯的碰撞拼合事件，其造山过程表现为复杂洋陆聚合和多陆块拼贴特征，表现为发育多个条带状地块、数条蛇绿岩带及其相关俯冲增生体系，以一系列代表洋壳组合及其俯冲残余的缝合带或构造带为特征，如伊朗北部的厄尔布尔士（Alborz）带（Torabi and Hemmati，2011；Mirnejad et al.，2013；Zulauf et al.，2015；Fan et al.，2017；Liang et al.，2020；Wang et al.，2020d，2021d，2022a；Xu et al.，2021）和我国境内的阿尼玛卿带、甘孜－理塘带、金沙江带和昌宁－孟连带等（刘本培等，1991，1993，2002；钟大赉，1998；殷鸿福等，1999；许志琴等，2013；Liu et al.，2017b；Qian et al.，2019；Song et al.，2020；Xu et al.，2021；Wang et al.，2020d，2021d，2022a，2022b）。

古特提斯作为一个向东开口的大洋，记录了不同块体在冈瓦纳北缘形成，以及大洋打开、消亡及最终与亚洲大陆增生聚合的完整过程，至少从尼泊尔、印度、我国西藏南部一直延伸至滇西南、泰国西部，并进而南延至马来半岛。目前的资料表明其西部零星出露于南欧及其以东（Stampfli et al.，2013），中东地区伊朗北部厄尔布尔士地区残留有古特提斯相关的地层、岩浆活动和高压变质岩，后期受到新特提斯洋闭合过程的强烈叠加改造，但总体而言尚缺乏详细而完整的研究（Bagheri and Stampfli，2003；Torabi and Hemmati，2011；Mirnejad et al.，2013；Zulauf et al.，2015）。东古特提斯构造带在松潘 – 甘孜、滇西和东南亚等广阔地区有着很好的地质记录，承载了基梅里大陆滇缅泰与思茅、印支和华南等陆块汇聚过程的诸多信息（如 Şengör and Hsü，1984；Şengör et al.，1988；钟大赉，1998；Yin and Harrison，2000；Sone and Metcalfe，2008；Oliver et al.，2014；Liu et al.，2017；Metcalfe et al.，2017；Qian et al.，2019；Song et al.，2020；Xu et al.，2021；Wang et al.，2018a，2018b，2020d，2021d，2022a）。在过去的几十年内，国内外众多学者针对该构造带开展了大量的构造、岩浆、沉积和古地理研究，识别出了古特提斯主洋盆（如昌宁 – 孟连 – 文冬 – 劳勿缝合带）、众多分支洋或弧后盆地（如金沙江 – 哀牢山构造带），以及被分割的若干微陆块（图 1.3；如 Helmcke，1985；刘本培等，1993；丁林和钟大赉，1995；钟大赉，1998；殷鸿福等，1999；Jian et al.，2009a，2009b；Metcalfe，2006，2011a，2011b，2013a，2013b；Wang et al.，2010a，2010b，2016a，2017，2018a，2018b，2020a，2020b，2020d，2021d，2022a；Fan et al.，2010；Zhu et al.，2011；Zhang et al.，2013d；Xu et al.，2015b，2019；Qian et al.，2015，2016a，2016b，2016c，2016d；Yan et al.，2019）。但是，无论在空间上还是时间上，东古特提斯构造带的形成演化与汇聚效应均远复杂于新特提斯，对其深入研究是阐明特提斯演化的基础，也是理解特提斯地球动力系统的关键一环。

如前所述，古特提斯构造带作为劳亚和冈瓦纳大陆间晚古生代大洋汇聚消减地带，是潘吉尼亚超大陆聚散的重要表现。目前最为流行的 Scotese（2004）潘吉尼亚超大陆重建方案认为，扬子与印支陆块于约 250Ma 已经完成拼接，但基梅里陆块则呈孤岛状分布于古特提斯洋周边而远离南方大陆，直至约 195Ma 基梅里才真正与南方主要陆块拼合成一整体。但 Collins（2003）则认为到约 195Ma，基梅里大陆才向北俯冲消减于南方大陆之下，直到 152Ma 才与扬子和印支陆块聚合完毕。Golonka（2007）则提出 269~224Ma 基梅里与扬子、印支等陆块呈孤岛状存在于古特提斯洋，直至约 179Ma 基梅里仍没有与扬子 – 印支陆块完成最终拼合。Metcalfe（2009）和 Stampfli 等（2002）则认为，基梅里陆块自早石炭世始，即持续向北漂移，至约 220Ma 古特提斯洋最终消失时，才拼贴于扬子和印支陆块之上。综合上述重建模式可认为：扬子与印支陆块于 250Ma 前已经拼接完成，东古特提斯主洋盆的关闭时间则可能变化于晚三叠世到中侏罗世的不同时段，基梅里东段与南方大陆的最终聚合时间也有着约 220Ma、约 195Ma、约 178Ma 和约 152Ma 等多种观点（Stampfli et al.，2002；Collins，2003；Scotese，2004；Torsvik et al.，2008）。另外，尽管大部分重建模式或研究者认为昌

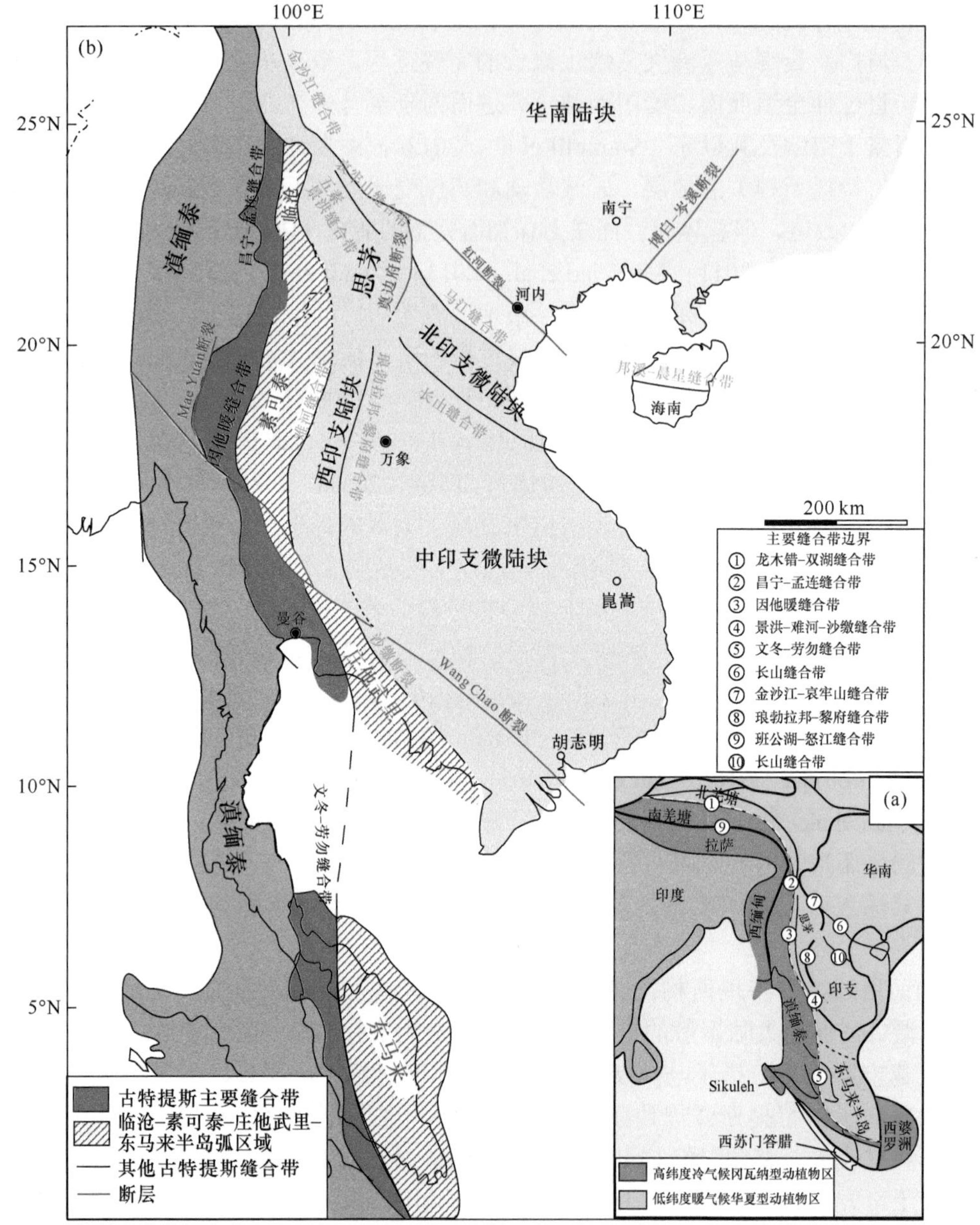

图 1.3　东南亚主要构造单元及缝合带边界简图（据 Sone and Metcalfe，2008；Wang et al.，2018b）

宁－孟连构造带向南与泰国清迈－清莱带和马来半岛文冬－劳勿构造带相连（如 Sone and Metcalfe，2008），其向北与金沙江构造带相接，代表了东古特提斯洋主缝合线和基梅里东段与印支、扬子陆块的拼合带（Stampfli et al.，2002；Collins，2003；Scotese，2004；Torsvik et al.，2008；Wang et al.，2018c，2021e），但也有研究者根据东古特提斯西段“冈瓦纳型”和“华夏型”植物群落的空间分布、蛇绿混杂岩带和三叠纪高压变质岩带的研究成果，提出了青藏高原地区龙木错－双湖缝合带、班公湖－怒江缝合带，以及以拉萨地块中部榴辉岩带作为古特提斯洋主缝合带的多种观点（如钟大赉，1998；李才等，2006a，2007；Zhang et al.，2006a，2006b，2011b，2016a；潘桂棠等，2004；杨经绥等，2006，2007；Yang et al.，2002，2009；Wang et al.，2020d；Xu et al.，2021）。而在滇西地区同样存在昌宁－孟连构造带（或澜沧江构造－岩浆带）和金沙江－哀牢山构造带作为主洋盆缝合线之争（如钟大赉，1998；钟大赉和张进江，2002；Jian et al.，2008，2009a，2009b；Fan et al.，2010；Wang et al.，2019）。也就是说，当前的研究远没有对东古特提斯主洋盆最终闭合的精细时间取得共识，对东特提斯构造带不同区段的主缝合带位置及相关缝合线的属性与时空对比存在争议。

东古特提斯西段的冈瓦纳北界一直是地学界的研究热点（如陈炳蔚等，1987；曹圣华等，2004，2006；史仁灯，2007）。西金乌兰－金沙江缝合带、龙木错－双湖缝合带、班公湖－怒江缝合带和雅鲁藏布江缝合带在不同时期都曾被认为是冈瓦纳的北界（黄汲清和陈炳蔚，1987；黄汲清等，1984；李才等，2006a，2008；刘增乾等，1983；任纪舜，1997；潘桂棠等，1997，2002，2004；Gansser，1964；Zhang et al.，2016a；Wang et al.，2020d；Xu et al.，2021）。经过近三十年的研究，尽管对各缝合带的认识仍存在分歧，但通常认为雅鲁藏布江和西金乌兰－金沙江缝合带不具备冈瓦纳与欧亚大陆的界线意义（李才等，2006a，2006b，2007），冈瓦纳大陆北界不会越过“龙木错—双湖—昌宁—澜沧江”一线（王鸿祯等，1990）。杨经绥等（2006，2007）在拉萨中部识别出一条近东西向具 N-MORB 型地球化学特征的二叠纪榴辉岩带，认为其与林周地区石炭纪—二叠纪岛弧火山岩和松多群中－晚三叠世的构造－岩浆记录一起构成了拉萨中部的古特提斯缝合带（耿全如等，2007；李天福等，2007；Yang et al.，2002，2009）。但是，也有研究者认为该缝合带是班公湖－怒江洋盆向南或雅鲁藏布江向北俯冲形成的，是发育于冈瓦纳内部的缝合带。因此，目前关于冈瓦纳北界的分歧仍主要聚焦于班公湖－怒江和龙木错－双湖缝合带。但是对班公湖－怒江缝合带内蛇绿岩及其相关岩石所获锆石 U-Pb 年龄分析表明，其形成年龄集中于 221~132Ma（鲍佩声等，2007；张玉修，2007；孙立新等，2011；樊帅权等，2010），且带内早侏罗世放射虫硅质岩也被相继发现（刘文斌等，2002；韦振权等，2007），沿班公湖－怒江缝合带确切的古生代大洋遗迹仍很少见。此外，李才等（1995）等认为班公湖－怒江缝合带两侧的石炭系—下二叠统内生物面貌和沉积特征是相似的，冈瓦纳大陆北缘塔尔切尔冰期的冰海杂砾岩和冷水型生物分布已越过班公湖－怒江缝合带，班公湖－怒江缝合带只是发育于冈瓦纳大陆北缘增生体系框架下的缝合带（梁定益等，1983；李才，2006a，2006b；Zhang et al.，2016a；Xu et al.，2021）。班公湖－怒江洋盆形成时代并不“古老”，直至早－中侏罗世才开始由扩张转换为俯冲消减，其闭合时间应在中侏罗世—早白垩世（如潘桂棠等，1997，2004；肖序常和李廷栋，2000）。晚三叠世以前，班公湖－怒江缝合带可能不具备构成冈瓦纳大陆北界的基本要素。

龙木错－双湖缝合带：沿龙木错、冈玛错、玛依岗日、双湖、扎萨和查吾拉分布的龙木错－双湖缝合带发育典型的泥盆纪—二叠纪蛇绿混杂岩，并见早古生代洋壳残片（李才，2008；Li et al.，2006，2007，2009）。有研究认为，龙木错－双湖缝合带两侧晚古生代—三叠纪的沉积建造、生物演化与地理区系、岩浆活动和变质作用等均存在截然差异，代表冈瓦纳大陆北缘塔尔切尔冰期的冰海杂砾岩和冷水型生物群分布则限定在龙木错–双湖缝合带以南地区，而羌北生物组合可与昌都–芒康晚古生代扬子型相对比（梁定益等，1983，1994；李才等，1995；Fan et al.，2017；Liu et al.，2018；Song et al.，2020；Liang et al.，2020；Wang et al.，2021d，2022a，2022b）。沿该蛇绿混杂岩带相伴发育了由蓝片岩和榴辉岩组成的高压变质带（Li et al.，2006，2007，2009；Zhang and Tang，2009；Zhang et al.，2006a，2006b，2011a，2016a；Zhai et al.，2009，2011，2013；王立全等，2006；张修政等，2010a，2010b，2010c；Wang et al.，2020d；Xu et al.，2021），其中榴辉岩的变质锆石 U-Pb 年龄变化于 217~244Ma（Li et al.，2006，2007，2009；翟庆国等，2009；Kapp et al.，2000，2003；王立全等，2006；张修政等，2010a，2010b，2010c），而蓝片岩的年代学资料则显示为两个世代，即以冈玛日蓝片岩为代表的早二叠世（282~270Ma）蓝片岩（邓希光和张进江，2005；邓希光等，2002）和以红脊山、片石山、绒玛蓝岭、角木查尕日、双湖纳若、恰格勒拉与才多茶卡蓝片岩为代表的晚三叠世（238~215Ma）蓝片岩（李才等，2006a，2006b，2008；Kapp et al.，2000，2003；Zhai et al.，2009，2011；王立全等，2006；张修政等，2010a，2010b，2010c；Zhang et al.，2016a；Wang et al.，2020d；Xu et al.，2021）。

沿龙木错–双湖缝合带可见晚石炭世裂谷型岩石组合，在其北侧发育有晚三叠世（219~205Ma）那底岗日钙碱性弧火山岩（翟庆国等，2007；Wang et al.，2022a，2022b），而在缝合带及其南侧陆续发现了类似滇西地区准洋脊/洋岛型地球化学特征的晚石炭世—早二叠世基性岩石组合、晚石炭世—早二叠世活动边缘增生楔、二叠纪洋岛型增生楔和晚三叠世混杂堆积（翟庆国等，2004，2006）。羌塘中部发育有与枕状玄武岩同时出现的泥盆纪—三叠纪放射虫硅质岩和具鲍马序列的中二叠世浊积岩，这些特征均可类比于滇西地区昌宁–孟连构造带（李才等，2006a，2006b，2007；朱同兴等，2006；Liang et al.，2020；Wang et al.，2022b）。据此，有研究者提出羌塘中部与滇西地区昌宁–孟连构造带一起构成了东古特提斯南段的主洋盆位置（李才等，2006a，2006b，2008；Yang et al.，2011；王立全等，2006；潘桂棠等，2002，2004）。

昌宁–孟连构造带：该带向南被认为经缅甸东部延伸至泰国北部清迈–清莱地区，是全球古特提斯遗迹的主要分布区（如刘本培等，1993；钟大赉，1998；Fang et al.，1994，1998；冯庆来等，2002；Sone and Metcalfe，2008；Wang et al.，2016a，2017，2018b，2018c，2021b；Deng et al.，2018）。三十多年来国内外学者针对该构造带开展了大量岩石学、地球化学和生物地层学等研究工作，沿该带厘定出了晚古生代蓝闪石片岩、洋岛/洋脊/弧火山岩、弧花岗岩、放射虫硅质岩及与深水沉积岩相混杂的蛇绿岩块（钟大赉，1998；刘本培等，1993；冯庆来和刘本培，1993；莫宣学等，1993，1998，2001；Wang et al.，2018c，2021e）。在腾冲与保山地区鉴定出的亲冈瓦纳大陆边缘冰碛砾岩和石炭纪—二叠纪冈瓦纳–特提斯相古生物组合，明显有别于思茅–兰坪–芒康陆块内的石炭系—二叠系暖水型动物群和大羽羊齿植物群的古生物组合（刘本培等，1993；钟大赉，1998；Fontaine，2002；Feng and Liu，2002；Feng et al.，2005），有学者提出了昌宁－孟连地区的东古特提斯构造格局类似于现今西太平洋多岛洋体系（如 Şengör and Hsü，1984；莫宣学等，1998；钟大赉，1998；Fontaine，2002；Feng and Liu，2002；Feng et al.，2005；Wang et al.，2018b）。但是，一些关键问题仍悬而未决，如对我国滇西和泰国西北部古特提斯洋俯冲及滇缅泰和思茅－印支陆块陆－陆或陆－弧碰撞时限的研究则提出了晚二叠世、二叠纪—三叠纪、三叠纪、中三叠世—早侏罗世，甚至于晚二叠世—中三叠世自南而北穿时发展等不同观点，对昌宁－孟连东古特提斯洋盆的俯冲方向也有向西和向东俯冲的观点（Yang，1994；Hutchinson，1989；钟大赉，1998；Fang et al.，1994；闫全人等，2005；Feng and Liu，2002；Wang et al.，2010a，2010b，2018b；Metcalfe，1999，2002，2021）。

现有资料显示，沿哀牢山构造带及其东延、昌宁－孟连构造带及其南延发育了众多以基性－超基性岩为主的蛇绿混杂岩（如双沟、铜厂街、牛首山等蛇绿岩体）和晚古生代洋脊/准洋脊－洋岛型玄武岩（如卧牛寺组和曼信组）（如钟大赉，1998；莫宣学等，1993，1998；朱勤文和何昌祥，1993；朱勤文等，1999）。自泰国西北部至我国滇西澜沧江两岸，并北延至维西－德钦乃至玉树一带还发育了一条近南北向展布、长达几千公里的带状火山岩及与之相伴产出的花岗岩带（钟大赉，1998；Hutchinson，1989；Cobbing et al.，1992；Zhu et al.，2011a；Zhang et al.，2021a）。这条火成岩带在中国境内被认为是一条形成于二叠纪—三叠纪的澜沧江弧火成岩带，而在泰国则被称为清迈－清莱和清孔－那邦－塔克火成岩带（Barr et al.，2000，2006；Panjasawatwong et al.，2006；Qian et al.，2016a，2016b，2016c，2016d，2017a，2019；Wang et al.，2019）。沿澜沧江西岸及其南延之清迈构造带的南奔地区发育了蓝片岩和成对变质岩带，有着变质程度不一的各种变质岩石出露（钟大赉，1998）。这些地质记录为理解古特提斯主洋盆闭合时间及主缝合线、构建滇缅泰与印支－扬子陆块最终拼合精细时空结构提供了重要载体。但是对上述蛇绿混杂岩和相关火成岩带的高精度同位素年代学现有研究资料仍然缺乏。尽管最近在景洪地区原划属二叠纪的弧火山岩获得了 292Ma 和 249Ma 的锆石 U-Pb 年龄（Hennig et al.，2009；彭头平等，2006；Peng et al.，2008；Liu et al.，2017），在双江和半坡基性岩中获得了 339~362Ma 和 264~288Ma 的锆石 U-Pb 年龄（Jian et al.，2008，2009a，2009b），也鉴定出澜沧江火成岩带可能存在 262~284Ma 和 210~241Ma 的两个年龄区间（彭头平等，2006；Hennig et al.，2009；Wang et al.，2010a，2010b，2018b；Zhai et al.，2019），但上述岩石哪些代表与洋壳裂解有关，哪些又与俯冲消减或碰撞、碰撞后相关，目前并不清楚。另外，东特提斯南段与俯冲－碰撞有关的变质岩还保存了大量的动力学印记，是东古特提斯构造演化的重要产物，且特定原岩成分的变质岩石（如基性变质岩和泥质变质岩）往往保留有多个期次的矿物组合和反应结构，这些不同阶段的矿物组合和反应结构常记录了特定的大地构造背景。以往由于年代学测试手段的局限，带内蓝片岩中的蓝闪石和澜沧群的白云母给出了 279Ma 和 212~238Ma 两个不同的年龄结果（钟大赉，1998），相关的变质岩石也多被解释为前寒武纪基底，但随着大比例尺野外填图和精细年代学研究的逐步开展，这些原认为属前寒武纪的古老变质岩系的形成时代需要进一步厘定（如钟大赉，1998）。

1.2　金沙江－哀牢山－马江构造带概况

在我国云南金沙江－哀牢山、越南马江和老挝北部出露有长达上千公里的火成岩带，其中包括了一系列的蛇绿岩及与之相关的岩石组合（图 1.4）。根据不同区段之间相似的地质特征、生物地层和同位素年代学等方面的研究，该带被认为是受控于古特提斯洋俯冲消减、分支洋或弧后盆地的关闭及思茅－印支与扬子陆块的碰撞作用。该构造带作为华南和印支－思茅陆块最终拼贴的构造边界，也是理解印支和华南陆块构造演化的关键区域，因而被国内外学者广泛关注（如 Carter et al.，2001；Metcalfe，

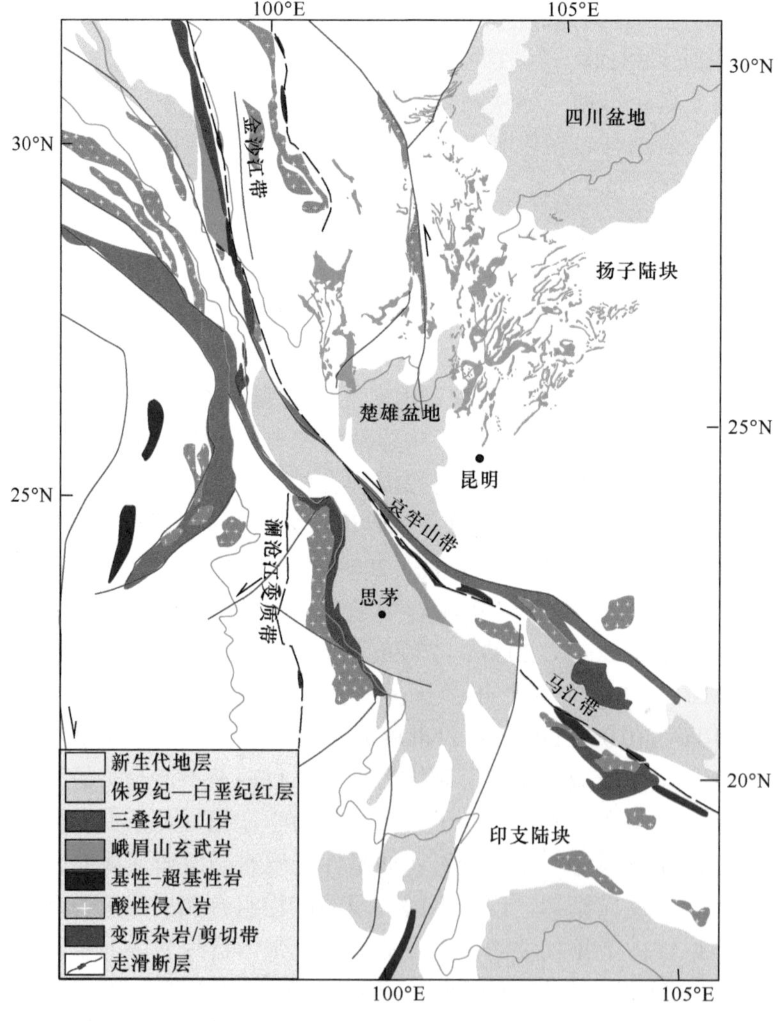

图 1.4　金沙江－哀牢山－马江构造带构造区划及主要构造线

2002，2011a；Jian et al.，2009a，2009b；Vượng et al.，2013；Liu et al.，2015；Cai et al.，2014b；Faure et al.，2014；Zhang et al.，2014，2021b；Wang et al.，2018b；Xu et al.，2019）。沿我国滇西金沙江和哀牢山、越南马江和老挝北部地区发育了众多的基性－超基性岩、部分被认为属大洋残片蛇绿岩，由此提出了如金沙江－哀牢山带、滇－琼带、斋江（Song-Chay）带、马江（Song-Ma）带等不同边界断裂，但仍以金沙江、哀牢山和马江缝合带为大家所熟知。在滇西及东南亚地区发育的主要陆块或微陆块则有思茅、印支和华南陆块，以及与古特提斯主洋演化密切相关的滇缅泰陆块，分述如下。

金沙江带：该带被描述为一个不连续的蛇绿岩带，传统认为其既可与哀牢山－马江缝合线相连，也可以与昌宁－孟连缝合带进行对比（图 1.4；如 Metcalfe，1998，2006；Zi et al.，2012a，2012b），有人推测其为弧后盆地，也有人建议其为古特提斯分支洋盆（如 Zi et al.，2010，2012a，2012b，2012c，2013）。该带包括火山－沉积序列，蛇绿混杂岩和火成岩。火山－沉积序列主要包括三叠纪深海、半深海浊积岩和双峰式火山岩，其上被上三叠统—下侏罗统磨拉石和陆相红层沉积岩不整合覆盖（如钟大赉，1998；Yu et al.，2000）。蛇绿混杂岩包括蛇纹石化橄榄岩、层状镁铁质－超镁铁质岩石、席状岩墙、MORB 型熔岩和含放射虫的硅质岩，层间夹有灰岩残块（如 Zhang et al.，2008；Jian et al.，2008，2009a，2009b；Zi et al.，2012c；Hu et al.，2019；Wang et al.，2021a）。带内火成岩北起江达－德钦，南至维西，包括了拉斑玄武岩、钙碱性和钾玄质火山岩及侵入岩（如 Reid et al.，2007；Zi et al.，2012a，2012b，2013；Wang et al.，2014a；蒙麟鑫和王铂云，2019），其古生界和三叠系为大量花岗质岩石所侵入（如 Li et al.，2002；Zhu et al.，2011a；Zhang et al.，2021a）。

哀牢山－马江带：该缝合带广泛发育呈不连续分布的哀牢山和点苍山群等变质杂岩（图 1.4；如钟大赉，1998；莫宣学等，1998；Jian et al.，2008，2009a，2009b），保存有晚古生代蛇绿岩残片、杂砂岩、片岩、硅质岩和灰岩残块及相关火山岩（如莫宣学等，1998；Liu et al.，2015，2016）。沿哀牢山和马江缝合带，蛇绿岩主要以二辉橄榄岩－含尖晶石方辉橄榄岩－斜长花岗岩－辉长岩组合为特征，未识别出堆晶辉长岩和席状岩脉（图 1.4；如 Jian et al.，1998，2004，2009a，2009b；Vượng et al.，2013；Zhang et al.，2014）。由于受到燕山期和喜马拉雅期强烈变形－变质作用的影响，对哀牢山构造带内古特提斯洋的缝合线位置则主要有三种不同认识（刘俊来等，2011；Wang et al.，2018b；Xu et al.，2019）：第一种观点认为缝合带分布在九甲－安定断裂和李仙江断裂之间五素—雅轩桥一线；第二种观点认为缝合带沿九甲－安定断裂和哀牢山断裂之间的双沟－烂泥塘蛇绿岩分布；第三种观点则认为缝合带叠加在哀牢山断裂和红河断裂之间的深变质岩带内。

金沙江、哀牢山、八布以及前人确定的马江蛇绿岩具有相似的岩石单元，并且区域资料显示金沙江－哀牢山构造带西侧兰坪－思茅－昌都地块的下泥盆统海通组、中泥盆统丁宗龙组和上泥盆统卓戈洞组总体上为浅海台地相碳酸盐岩沉积，产介壳类、珊瑚、腕足类和层孔虫等化石。构造带东侧扬子陆块的下泥盆统格绒组、中泥盆统穹错组和苍纳组、上泥盆统塔利坡组亦为浅海台地相碳酸盐岩沉积，产珊瑚和层孔虫等化石，两地的沉积相及生物群大体可对比（汪啸风等，1999；方维萱等，2002），两侧地块在泥盆纪时沉积相及生物群面貌也与华南地区十分相似。但对该缝合线的构造属性则有着东古特提斯洋主洋、分支洋或弧后盆地等不同观点（如 Liu，1993；Caridroit，1993；Wu et al.，1995；莫宣学等，1998；Metcalfe，2002，2013a；Fan et al.，2010；Liu et al.，2017；Wang et al.，2018b；Qian et al.，2019；Zhai et al.，2019）。对于其俯冲方向也有着向东、向西或双向三种截然不同的看法（Brookfield，1996；张志斌和曹德斌，2002；张志斌等，2005；莫宣学等，1998；Metcalfe，2021；Wang et al.，2018b；Xu et al.，2019）。哀牢山－马江缝合带代表早二叠世—中晚三叠世印支与扬子陆块的拼接位置，但其与难河、琅勃拉邦和黎府－碧差汶构造带如何对比或者存在何种关联一直没有得到很好解决（Lepvrier et al.，2004；Carter and Clift，2008；Jian et al.，2008，2009a，2009b；Metcalfe，1996；王义昭等，2000；Wang et al.，2018b；Liu et al.，2021）。如有的学者将哀牢山构造带与琅勃拉邦和难河构造带相接，也有学者将哀牢山构造带类比于琅勃拉邦构造带和碧差汶构造带，而难河带连接昌宁－孟连构造带（Brookfield，1996；张旗等，1986；Hutchinson，1989；Yang，1994；Ueno and Hisada，2001；Wang et al.，2018b）。另外有学者依据泰国黎府构造带地层序列及其沉积特征相似于哀牢山构造带墨江一线，而认为难河构造带应向北延伸至思茅地块内部（Takositkanon et al.，1997；Helmcke et al.，2001；刘本培等，2002）。

华南陆块：华南陆块北部以秦岭－大别－苏鲁缝合带为界，南部以哀牢山－马江缝合带为界，西部以松潘－甘孜陆块为界，由扬子与华夏陆块沿江南造山带在新元古代时期拼贴而成（如 Li and McCulloch，1996；Wang et al.，2012b，2013a，2013b，2014b；Zhang et al.，2015，2016a；Zhang and Wang，2016）。该陆块基底被新元古代—早古生代（约 800~430Ma）地层角度不整合覆盖，形成于夭折裂谷或深海环境（如 Shu et al.，2008；Wang et al.，2010a，2010b，2012b，2013a，2013b）。上古生界—下三叠统以浅海相碎屑岩为主，晚古生代生物以温暖的低纬度华夏动植物群为特征。在扬子陆块西南缘，上石炭统—中二叠统以灰岩和硅质岩为特征，为上三叠世—下侏罗统角度不整合所上覆。华南陆块东部广泛发育早古生代晚奥陶世—志留纪（约 460~400Ma）和三叠纪（约 250~200Ma）印支期花岗岩浆作用和变形变质作用（如 Wang et al.，2012b，2013a，2013b，2014c，2015b）。

印支陆块：该陆块北界为哀牢山－马江缝合带，西界为难河－程逸或因他暖－文冬－劳勿缝合带，东界延入南海。越南境内的崑嵩杂岩被认为是该陆块的古元古代基底（如 Nam et al.，2003）。中泥盆统发育具华夏亲缘性的鱼类和腕足类化石，被认为与华南陆块关系密切（如 Fang et al.，1994；Metcalfe，1996，2011a，2013a，2013b；Thanh et al.，1996；Fan et al.，2010，2015；Metcalfe et al.，2017；Wang et al.，2016d；Qian et al.，2019；Liu et al.，2021；Hu et al.，2022）。上古生界—下三叠统主要以浅水碳酸岩和碎屑岩为特征，在素可泰、庄他武里和黎府等地的动植物群落则被认为具亲华夏型区系特征（如 Metcalfe，2006；Thanh et al.，1996；Feng and Liu

2002；Ueno，2003；Sone and Metcalfe，2008；Hieu et al.，2015，2019；Gardiner et al.，2016b；Halpin et al.，2016）。印支陆块的构造 – 岩浆与变质作用类似于华南陆块，也主要集中于晚奥陶世—早泥盆世（约 470~400Ma）和三叠纪。另外，与印支陆块相似的晚古生代地层和动植物群落也见于东马来半岛及西苏门答腊等地（约 250~210Ma；如 Carter et al.，2001；Lepvrier et al.，2004，2008，2011；Carter and Clift，2008；Wang et al.，2013a，2013b；Metcalfe，1998，2000，2002，2013a，2013b；Barber and Crow，2009；Anczkiewicz et al.，2012；Sone et al.，2012；Cai et al.，2014a；Faure et al.，2014；Deng et al.，2018）。

思茅陆块：该陆块最早由 Wu 等（1995）提出，也被称为兰坪 – 思茅褶皱带。该陆块被认为是石炭纪与印支陆块分开的弧后盆地，属于印支陆块的一部分。该陆块的变质基底以大勐龙和崇山群为特征，主要包括变火山岩、碎屑岩和大理岩（钟大赉，1998）。古生界主要以类似扬子陆块同期岩性的灰岩和碎屑岩为特征（如刘本培等，1993；钟大赉，1998）。下古生界被中泥盆统底砾岩和石炭系—二叠系浅水沉积岩系以角度不整合接触（如钟大赉，1998；Metcalfe，2006）。传统认为该陆块下三叠统缺失，其上三叠统一碗水组磨拉石和下侏罗统陆相红层呈角度不整合覆盖于高山寨组 / 歪古村组火山岩或前三叠纪沉积地层（如钟大赉，1998）。

滇缅泰陆块：该陆块以晚石炭世—早二叠世基梅里型高纬度冷水沉积为特征，属于冈瓦纳大陆（如 Metcalfe，1996，1998，2006，2013a，2013b；Morley et al.，2011；Sevastjanova et al.，2011；Yan et al.，2019；Zhai et al.，2019；Liu et al.，2021；Hu et al.，2022）。该陆块在地理上包括缅甸的掸邦、泰国西北部、泰国半岛、西马来半岛、中国滇西等地区。在缅甸掸邦、泰国西北以及金三角地区等被称为掸泰地块，在滇西南地区被称为保山或腾冲地块。在该陆块分布有大量形成于古生代，甚至新生代的花岗岩、糜棱岩和片麻岩。碎屑锆石年龄谱系的研究表明，滇缅泰陆块保存有太古宙和中元古代组分（如 Sevastjanova et al.，2011；Hall and Sevastjanova，2012）。前志留纪地层被上石炭统—下二叠统冰碛沉积物和中 – 上二叠统台地相碳酸盐岩沉积以角度不整合所上覆（如 Fang et al.，1989；Fang and Yang，1991；Lee，2009）。

第2章

金沙江带古特提斯岩浆作用

2.1 基本地质概况

2.1.1 自然地理概况

金沙江构造带横跨迪庆的香格里拉、德钦、维西以及丽江，地处青藏高原东南缘横断山脉中段。该构造带总体呈南北向展布、地势北高南低，由于受澜沧江和金沙江及其支流下切影响而形成了高山峻岭的壮观景象，相对高差多在2000m以上。除河谷地区外，地形极为复杂、险峻，海拔多在3000~3500m。发育现代山岳冰川，其古高原面多被河流、断裂等切割破坏。区内气候特殊、垂直变化显著。年、日气温变化较大，两江河谷地区温度高达30℃以上（6月），高山地区温度可低至零下30℃（1~2月）。每年6~10月为暖季，其中7~9月为主要降水期；11月至次年5月为寒季，12月至次年2月为主要降雪期。区内植被发育，尤以灌木林、针叶林为盛，前者常分布于高山草原牧场附近［图2.1（a）］，后者多密集于2500~4200m的高山地区，并以盛产云南松等重要经济林木而著称。

区内交通不便，有经香格里拉、德钦前往西藏的滇藏线及经香格里拉通往四川等地的主干公路，广大山区稀疏分布崎岖小道，一般居民点有小路相通，而高山无人居住区除放牧道路外基本无路可通。澜沧江、金沙江虽蕴藏有丰富水力资源，但水流湍急、怪石林立，不能通航，仅有少数几个渡口和个别江桥。区内两江及其主要支流谷地两岸，迪庆高原以及各盆地，是各民族从事农副业、林业和畜牧业生产的集居地。其他地区居民点相对稀少，3300m以上的高山草地除有夏季牧场外，均属无人区。民族主要有藏族、纳西族、彝族、傈僳族、汉族、回族、苗族等。农副产品有青稞、玉米、马铃薯、药材等，地方工业有农副产品、畜产品加工工业、小型水力发电及小型矿山开采等。

该地区旅游资源非常丰富。例如，德钦位于青藏高原南延的横断山中部和金沙江、澜沧江所夹持的云岭山脉褶皱带，从东到西水平距离为30~70km。金沙江、澜沧江［图2.1（b）］和怒江在德钦附近形成了独特的“三江”地貌，山高谷深。受明显的变质作用，复杂的地质构造和活跃的新构造运动，以及印度板块强烈挤压的影响，该地区形成了高山峻岭、深切峡谷、河流湍急的景象［图2.1（c）］。位于金沙江西岸的奔子栏，地理位置得天独厚，在藏语中有“美丽的沙坝”的意思。奔子栏之上，金沙江汹涌澎湃，奔子栏之下，开阔平静。奔子栏由古至今都是重要的交通要道，其渡口是滇藏“茶马古道”上著名的古渡口，也是滇西北通往西藏或四川的咽喉要道。从这里向西北走，可以进入西藏，逆水北上，就是四川的得荣、巴塘；顺金沙江而下，到维西、大理；向东南走，会到香格里拉和丽江。在各种节日庆典中，汉族、藏族、纳西族等民族的文化，以及佛教、东巴教等宗教内容与自然崇拜、民族风情相融合，形成了多元的文化氛围。

白马雪山位于云岭山脉北段东坡，是金沙江和澜沧江的分水岭。雪山内有国家重点保护植物星叶草，滇金丝猴、云豹、小熊猫等国家重点保护动物，因此有“寒温带高山动植物王国”之称。白马雪山国家级自然保护区位于滇藏要道上，著名的滇藏公路穿越 4292m 的说拉拉卡垭口，在垭口可以远观海拔 5417m 的白马雪山主峰扎拉雀尼［图 2.1（d）］。白马雪山国家级自然保护区面积广阔，山间植被茂密，空气质量和景观都令人心旷神怡。保护区拥有面积最大的原始森林和完整的自然生态环境。这里有大面积的云杉、冷杉林，是高寒植物最丰富的天然园林。每年 12 月至次年 4 月，大雪封山，一般不准汽车通行，仅在夏秋两季通车。由于受西南季风的控制和青藏高原上空气流的影响，保护区气候垂直差异较大。气温由南向北逐渐降低，年平均高地降雨量为 6000mm。此外，还有梅里雪山，卡瓦格博是梅里雪山的主峰，是藏区八大神山之首，被誉为“雪山之神”，仍是一座未被人类登顶的处女峰［图 2.1（e）（f）］。

图 2.1　金沙江构造带沿线风景

（a）高山草原植被景观；（b）澜沧江河谷；（c）虎跳峡景观；（d）白马雪山；（e）（f）梅里雪山

2.1.2 区域地层概况

金沙江缝合带沿线出露的地层主要包括寒武系、泥盆系、石炭系、二叠系、三叠系、侏罗系及新生界［图 2.2（a)］。

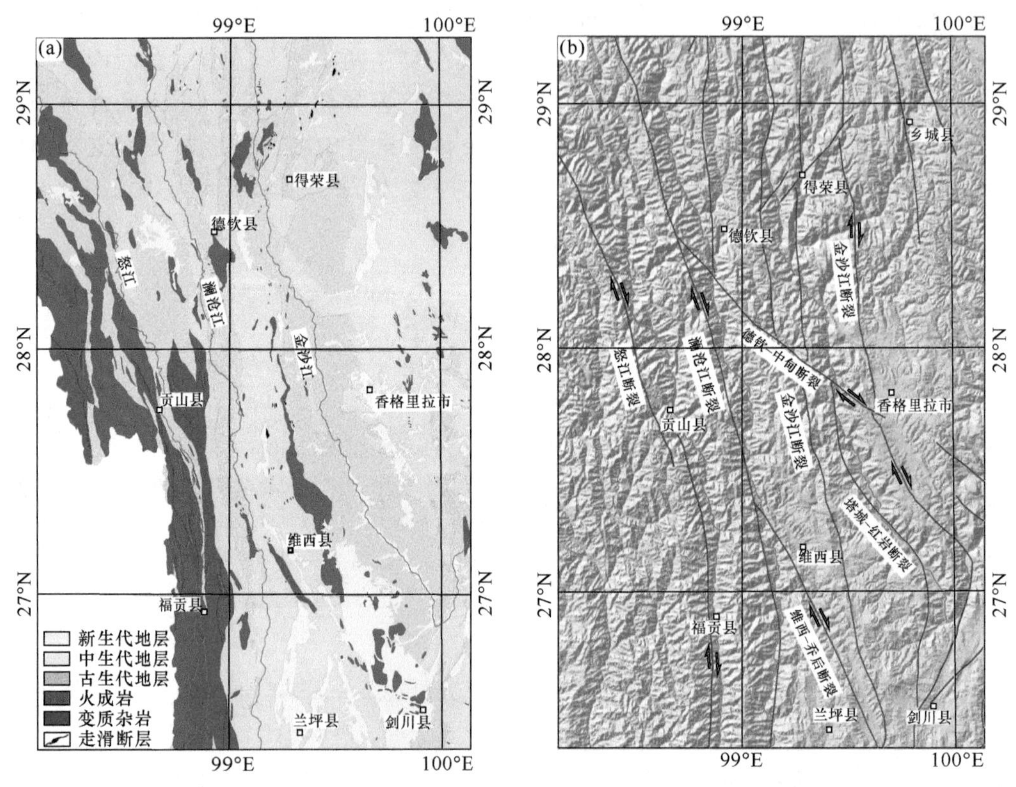

图 2.2 金沙江蛇绿岩带及邻区地质简图（a）和地形与主要断裂分布图（b）

寒武系：主要出露于桃花、羊坡、金沙江沿岸及银厂沟、三家村一带，呈北西向平行于金沙江展布。按照区域地质志的划分方案，区内上寒武统、中寒武统、下寒武统均有出露。下寒武统为中、浅变质的片岩夹少量变粒岩、千枚岩、结晶灰岩和变基性岩；中寒武统变质较浅，为海相互层状碳酸盐岩与粉砂岩，上寒武统为浅海相碳酸盐岩夹板岩。

泥盆系：上覆于下古生界，呈北东或北西向分布于维西东部的香柏山、石鼓、三仙姑、礼都，北部的鲁甸、新主和哈吉洛等地。泥盆系发育齐全，下泥盆统为泥质岩夹灰岩、绿片岩和陆源碎屑岩，中泥盆统为碳酸盐岩夹碎屑岩，上泥盆统为镁质碳酸盐岩。分布于洛玉以东的金沙江两岸至依支大山、俄迪一带的泥盆系主要为一套海相碳酸盐岩和碎屑岩沉积及少量变基性火山岩。分布于洛通、纳曲、色仓、胜利等地区的泥盆系为板岩、灰岩、泥灰岩、结晶灰岩、板岩和长石石英砂岩，部分地区可见板岩夹灰岩、玄武安山岩和玄武岩。分布在得荣、前进、学义顶等地区的泥盆系以一套深灰色灰岩、生物灰岩夹泥灰岩、板岩、凝灰岩或变质碎屑岩为主。

石炭系：在香格里拉地区主要出露于牛石布以西霞若—塔城一带，上石炭统、中石炭统、下石炭统均有发育。各统的岩性、岩相及厚度有明显变化，下石炭统以碎屑岩为主，夹碳酸盐岩和基性火山岩等。中石炭统在响姑一带为灰、灰白色薄至中厚层状燧石条带结晶灰岩夹微晶片岩，在吉义独至牛石布一带变为灰绿色变基性火山岩夹微晶片岩。上石炭统，在响姑一带为浅灰、灰色结晶灰岩，变质砂岩夹变基性火山岩，向北至洛沙—拖顶一带，为灰色燧石条带大理岩，夹微晶片岩，再北至牛石布，则为黄绿、灰绿色片理化变质长石砂岩或绢云母长石微晶片岩。以金沙江断裂为界，石炭系在沉积学和岩相学等方面存在较大差异，可分为东、西两个地层区，其西部地层区缺失下石炭统，而中石炭统为一套碳酸盐岩，上石炭统为中基性火山岩、火山角砾岩及片岩。东部地层区出露面积较大，上石炭统、中石炭统、下石炭统均发育完全，为一套富含古生物化石的浅海相碳酸盐岩。

二叠系：在德钦地区比较发育，顶界为上三叠统不整合覆盖，底界因构造破坏而未出露，二叠系内部各统间为整合接触关系。在得荣地区，二叠系沿金沙江两岸出露，以浅灰色石英岩、绢云母石英片岩夹硅质灰岩，蚀变玄武岩、细碧岩夹硅质岩等为特征。在古学地区二叠系发育齐全，分布较广，为一套碎屑岩、碳酸盐岩及火山岩组合的沉积建造。此外，该区二叠系在岩性、沉积特征、火山活动、变质程度及古生物等方面均存在较大差异。金沙江断裂以西主要为板岩、砂岩、结晶灰岩、中基性火山岩及片岩，而金沙江以东主要为含有丰富珊瑚类化石的板岩、灰岩夹硅质条带。在香格里拉地区的牛石布–塔城出露下二叠统喀大崩组，为栖霞阶的结晶灰岩、夹砂板岩、玄武岩，拉落布组为玄武岩、砂板岩夹结晶灰岩。上二叠统为砂板岩夹玄武岩、结晶灰岩。二叠系在维西地区呈小面积零散分布，下二叠统在鲁甸花岗岩体东侧的芭果洛一带为玄武岩夹灰岩。上二叠统在东部（丽江）为致密状玄武岩、杏仁状玄武岩；中部（香格里拉）为片理化杏仁状玄武岩、玄武质火山角砾岩、绿片岩；西部（维西）为板岩夹砂岩、细碧质火山角砾岩。另外，在维西雪龙山一带的二叠系为二长片麻岩、变粒岩、绢云母片岩夹角闪片岩。

三叠系：在维西及香格里拉地区的三叠系较为发育，上三叠统、中三叠统、下三叠统均有出露。下三叠统腊美组及布伦组为紫红色砂岩、泥岩互层。中三叠统上兰组为板岩、片岩夹灰岩、大理岩等。上三叠统为攀天阁组、崔依比组，主要为流纹岩、玄武岩、凝灰岩及火山角砾等。其上为石钟山组，以灰岩和泥岩等为主。古学地区三叠系主要岩性为砂岩、板岩、碳酸盐岩和火山岩。金沙江断裂以西的上三叠统甲丕拉组，以底砾岩不整合于二叠系石灰岩之上，主要岩性为板岩、砂岩、千枚岩夹薄灰岩、硅质岩及基性–中酸性火山岩、火山碎屑岩。上三叠统波里拉组主要为一套浅海相的碳酸盐岩，厚度不大，沿走向较稳定。上三叠统阿堵拉组主要为一套海陆交互相的砂页岩沉积，含较多的植物化石碎片。上三叠统夺盖拉组为海陆交互或陆相的碎屑岩类沉积，发育有中酸性火山岩类。金沙江以东地区上三叠统、中三叠统、下三叠统均有不同程度发育，下三叠统茨岗组主要为板岩，还有灰岩夹少许基性火山岩；中三叠统曲嘎寺组为板岩、灰岩及基性火山岩。金沙江以东地区的上三叠统主要发育在羊拉（得荣）地区，包括夺盖拉组（喇嘛垭组）、阿堵拉组（拉纳山组）、波里拉组（图姆沟组）和甲丕拉组（曲嘎寺组）。其中夺盖拉组（喇嘛垭组）主要为一套灰色厚层块状长英砂岩夹黑色板岩；阿堵拉组（拉纳山组）出露黑色板岩夹灰色砂岩和煤线；波里拉组（图姆沟组）为灰色灰岩、含硅质条带夹泥灰岩和灰黑色页岩；甲丕拉组（曲嘎寺组）为紫红色块状砾岩、含砾砂岩，紫红色、灰绿色钙质粉砂岩、粉砂质灰岩，似层状石膏夹中－基性火山岩。

侏罗系：维西地区自下而上为下侏罗统漾江组、中侏罗统花开左组和上侏罗统坝注路组。漾江组为灰、浅灰色石英砂岩夹泥岩、煤层；花开左组包括紫红色、黄灰色粉砂岩、粉砂质泥岩夹石英砂岩，灰绿色、紫红色粉砂岩夹泥灰岩，介壳灰岩；坝注路组为杂色粉砂质泥岩、粉砂岩夹泥灰岩、介壳灰岩。香格里拉地区主要出露中侏罗统花开左组，下段为杂色砾岩、砂岩夹板岩，上段为杂色板岩夹砂岩和灰岩。

白垩系：自下而上分为下白垩统景星组、上白垩统南新组和虎头寺组。下白垩统底部为一套紫红色粉砂岩、粉砂质泥岩、石英砂岩、粉砂岩夹含砾砂岩和灰白色、紫红色中厚层状石英砂岩夹紫红色泥岩或板岩。上白垩统南新组为紫红色或杂色泥岩、板岩，虎头寺组为紫红色薄中层状岩屑石英砂岩和砂砾岩夹泥质粉砂岩。

古近系—新近系：主要分布在古学、维西、香格里拉等地区。在古学地区，自下而上分为卡旺组和贡卡组。卡旺组底部为紫红色中厚层粗粒砂岩，细粒石英砂岩、砾岩；中部为紫红色钙质砂岩夹泥岩、粉砂质泥岩、含砾砂岩，上部为紫红色块状巨砾岩。贡卡组主要为黄褐色粉砂岩，泥岩及含砾细砂岩夹褐煤层。维西地区古近系—新近系包括古新统云龙组、果郎组，始新统美乐组、宝相寺组，渐新统金丝厂组，中新统双河组，以及上新统三营组。古新统云龙组为紫红色厚层状泥质粉砂岩夹灰白色石英砂岩和杂色中厚层状泥岩，果郎组则是紫红色泥岩、钙质粉砂岩夹石英砂岩、透镜状泥灰岩；始新统美乐组分为上、下部分，分别为砖红色巨厚层状含长石石英砂岩和灰紫色砾岩夹砂岩，宝相寺组上部为灰、浅灰色薄中层状岩屑石英砂岩夹粉砂岩、泥灰岩，下部为紫红色细砾岩与钙质粉砂岩互层；渐新统金丝厂组分两段，一段为紫红色厚层砾岩与薄中层状岩屑砂岩，一段为灰、灰白色厚层块状细砾岩、薄中层状岩屑砂岩、粉砂岩；中新统双河组为灰、深灰色粉砂岩、泥岩夹砂岩、油页岩，底部砾岩；上新统三营组为灰、黄灰色粉砂岩、黏土岩夹褐煤，底部砾岩。香格里拉地区主要出露始新统美乐组紫红色砾岩、含砾长石岩屑砂岩。

第四系：主要出露更新统和全新统，分布在古学、维西、香格里拉等地区。更新统主要为冰碛砾岩、砂砾岩、黏土和砂黏土，局部夹有泥炭；中部为冰水堆积砾石层夹砂土层；顶部为金沙江高阶地堆积砾石层。全新统则主要为坡积、冲积、洪积、湖积砾石、冰碛砾石层夹砂砾、黏土层。

2.1.3 构造－岩浆活动

该区被夹持于东喜马拉雅构造结和华南陆块之间，经历了古特提斯多岛洋发育与增生造山，新生代以来壳幔物质–能量交换活跃，构造–岩浆–流体活动强烈。由于受古特提斯洋俯冲闭合和随后的陆–陆碰撞，以及新生代欧亚板块和印度板块相互碰撞的影响，区内构造主要表现为强烈的逆冲缩短，其中北北西或南北走向断裂普遍表现为大规模逆冲推覆（图 2.2）。如在香格里拉市洛吉地区可见金沙江缝合带被呈南北走向逆冲推覆构造所截切，其活动时代为晚二叠世—早三叠世（Wang et al.，2000a，2000b；Reid et al.，2005）。区内泥盆系、石炭系、二叠系等地层呈构造岩片产出；江达–维西岩浆弧内的沉积盖层发育多期不同形态的褶皱构造，主要记录了晚三叠世（235~227Ma）和晚三叠世—早侏罗世（205~195Ma）的缩短变形。

新生代尤其是渐新世以来发育的断层不同程度地继承了先存构造格局，但其活动方式、运动学性质发生了显著改变。该区发育的主要断裂有怒江断裂、澜沧江断裂、金沙江断裂、塔城–红岩断裂、德钦–中甸断裂带和维西–乔后断裂等［图 2.2（b）］。它们多呈北北西或者南北走向、现今具右旋走滑的运动学性质。例如，金沙江断裂为思茅微陆块与可可西里–巴颜喀拉中生代造山带的分界断裂，沿金沙江进入川西得荣县境内，向南沿古元古界石鼓岩群西缘通过。该断裂以脆韧性剪切带为特征，宽达 2~3km，主断面构造岩以糜棱岩为主，晚期表现为右旋走滑剪切。怒江断裂主要沿怒江河流分布，西侧为高黎贡剪切带，南北向延伸数百公里，倾角较陡，具有逆冲兼右旋走滑的运动学性质。澜沧江断裂主要沿澜沧江分布，在研究区域内自梅里雪山和白马雪山之间穿过。整体倾向西，倾角较陡，以右旋走滑为主，沿断裂发育构造角砾岩、劈理化、片理化强烈。德钦–中甸断裂呈北西–南东走向，断裂断续分布，倾向总体偏北东，倾角 60°~80°，表现为右旋走滑，断裂沿线发育近水平擦痕和直立劈理带。

区内岩浆岩分布广泛，显示出多幕式活动特点，自晚古生代延续到新生代。其中以印支期岩浆侵入、火山喷出最为强烈。岩石种类复杂，自深成岩至喷出岩，从超基性岩至中酸性岩均有发育。岩体规模不等，一般为几平方公里到数十平方公里，最大的鲁甸岩体出露约 232km^2。在空间上，岩浆岩的分布大多与区域构造线方向一致，具明显的线性分布特征，基性–中酸性喷发岩厚度在断裂带中或两侧增厚，远离断裂带则变薄，指示其受断裂带控制而具裂隙喷出性质。基性–超基性侵入岩大都呈岩脉、岩株产出，主要沿断裂带及其派生构造发育，而中酸性侵入岩亦受断裂或褶皱构造控制，呈岩株、岩墙和岩基产出。

加里东期岩浆喷溢活动见于下寒武统陇巴组和塔城组中。海西期岩浆活动以喷出岩为特征，主要为基性–中性，其喷出活动以二叠纪规模最大，侵入岩少见。印支期岩浆活动强烈，喷出岩和侵入岩均有发育，大多受断裂控制而沿断裂带呈近南北向条带状展布［图 2.2（a）］。如鲁甸二长花岗岩体，位于秋多–鲁甸断裂西侧、维西褶皱带东缘，呈北北西向展布，西侧与上三叠统崔依比组呈侵入接触关系。白马雪山垭口花岗闪长岩体受白马雪山断裂控制，呈南北走向延伸，侵入二叠系。晚三叠世喷出岩主要包括攀天阁组和崔依比组，呈南北向或北西向分布于澜沧江西岸及攀天阁至通甸一带。攀天阁组喷出岩主要由酸性和中酸性喷出岩组成，以高钾系列流纹岩为特征，与下伏中三叠统上兰组呈假整合接触，与上覆上三叠统崔依比组整合接触。崔依比组以中基性和酸性喷出岩为主，与下伏上三叠统攀天阁组整合接触，与上覆上三叠统石钟山组不整合接触。该区燕山期岩浆活动不强烈，呈大小不等的岩株和岩墙沿断裂带产出。喜马拉雅期岩浆活动分布范围广，主要包含花岗斑岩、二长斑岩、闪长玢岩、正长岩、粗面岩、煌斑岩以及超基性岩等，多呈小岩株或小岩墙产出。

2.2 晚古生代蛇绿岩特征

金沙江蛇绿岩带被认为记录了东古特提斯金沙江分支洋的打开、消减和闭合等过程（莫宣学等，1993；Wang et al.，2018b）。该带向南可延伸至鲁甸地区，向北可达乡城地区，长逾300km，在拱卡至书松一线出露最宽，宽度可达10km（Jian et al.，2008，2009a，2009b）。带内蛇绿岩已遭受强烈的构造肢解，呈透镜状在通多、东竹林、书松、白马雪山、徐麦、嘎金雪山及绒角一带出露。带内并未发现完整的蛇绿岩层序，主要以肢解的蛇绿岩残块夹持于强烈剪切的砂页岩、火山岩和绿片岩组成的基质中，构成蛇绿混杂岩（潘桂棠等，1997；简平等，1999，2003a，2003b；王冬兵等，2012）。金沙江蛇绿岩主要由蛇纹石化超镁铁质岩（方辉橄榄岩和二辉橄榄岩）、超镁铁质堆晶岩（辉石岩、纯橄岩）、辉长岩、镁铁质席状岩墙、玄武岩、含放射虫硅质岩及斜长岩或斜长花岗岩组成（潘桂棠等，1997；简平等，2003a，2003b；Zi et al.，2012c）。在此以金沙江蛇绿岩的不同岩性单元分述如下。

2.2.1 基性－超基性岩组合

金沙江蛇绿岩带内地幔橄榄岩主要呈不规则脉状、条带状或透镜状出露，岩石以方辉橄榄岩和二辉橄榄岩为主，遭受过强烈的蛇纹石化作用。堆晶超基性岩主要由斜辉橄榄岩、纯橄榄岩和辉石岩组成，堆晶基性岩主要以层状辉长岩和斜长岩为特征（王培生，1986；Jian et al.，2008；Hu et al.，2019）。金沙江蛇绿岩带内辉长岩主要出露于之用、吉岔、白马雪山和东竹林等地区（简平等，2003a，2003b，2004；王冬兵等，2012；Hu et al.，2019），而基性及中基性火山熔岩主要分布于拱卡、奔子栏、东竹林、之用和白马雪山等地区（Hu et al.，2019）。白马雪山垭口和奔子栏一带的玄武安山岩及玄武岩发育枕状构造，岩枕的大小形态不一（图2.3），具放射状及同心状裂隙、气孔及杏仁状构造。拱卡至东竹林一带出露厚层玄武岩及玄武安山岩，夹薄层枕状玄武岩。之用和白马雪山地区枕状玄武岩与层状辉长岩相伴生（Jian et al.，2008，2009b）。其中东竹林辉长岩以岩块赋存于强烈剪切的砂页岩和绿片岩组成的基质中，其LA-ICPMS锆石U-Pb年龄为354±3Ma，锆石$\varepsilon_{Hf}(t)$值介于+10.3~+12.6之间（王冬兵等，2012）。简平等（2003a）获得的之用角闪辉长岩的SHRIMP锆石U-Pb年龄为328±8Ma，白马雪山辉长岩的SHRIMP锆石U-Pb年龄约为283Ma。吉岔角闪辉长岩出露于维西以西，侵位于二叠系浅变质岩系之中，其SHRIMP锆石U-Pb年龄为280±6Ma（简平等，2004）。综合现有的年代学资料数据（表2.1），表明金沙江蛇绿

图 2.3　金沙江构造带基性 – 超基性岩野外照片

（a）（b）枕状熔岩；（c）（d）超基性岩和硅质岩；（e）辉长岩；（f）斜长花岗岩；（g）（h）玄武岩和辉长岩镜下照片。Pl- 斜长石；Cpx- 单斜辉石

岩带内基性岩的形成年龄变化范围为约 280~354Ma（表 2.1；简平等，2003a，2004；Jian et al.，2009b；王冬兵等，2012）。

表 2.1　金沙江构造带蛇绿岩组合的锆石 U-Pb 年龄一览表

样品号	地点	岩石类型	年龄 /Ma	分析方法	参考文献
SJ-151	东竹林	奥长花岗岩	347±7	SHRIMP	本书，Zi 等（2012c）
SJ-101	吉义独	英云闪长岩	283±3	SHRIMP	本书，Zi 等（2012c）
Sa9738	书松	斜长岩	340±3	ID-TIMS	简平等（1999）
011-6	书松	斜长岩	329±7	SHRIMP	简平等（2003a）
Sa9722	雪堆	斜长花岗岩	294±4	ID-TIMS	简平等（1999）
012-3	雪堆	斜长花岗岩	300±5	SHRIMP	简平等（2003a）
WD02	吉岔	英云闪长岩	306±3	SHRIMP	Jian 等（2009b）
002-1	吉义独	花岗闪长岩	263±6	SHRIMP	简平等（2003a）
007-4	娘九丁	斜长花岗岩	285±6	SHRIMP	简平等（2003a）
010-1	之用	角闪辉长岩	328±8	SHRIMP	简平等（2003a）
DZL02-1	东竹林	辉长岩	354±3	LA-ICP-MS	王冬兵等（2012）
SS03	书松	辉长岩	344±3	SHRIMP	Jian 等（2009b）
004-1	吉岔	辉长岩	280±6	SHRIMP	简平等（2004）
WD05	吉岔	辉长岩	301±3	SHRIMP	Jian 等（2009b）
WD03	吉岔	辉绿岩	281±2	SHRIMP	Jian 等（2009b）
WD01	吉岔	斜长角闪岩	297±2	SHRIMP	Jian 等（2009b）

金沙江蛇绿岩带内地幔橄榄岩的 SiO_2、MgO 和 Al_2O_3 含量变化范围分别为 36.0%~39.7%、32.7%~38.1% 和 0.67%~1.30%（Wang et al.，2021a）。它们具较低的稀土元素含量（0.37×10^{-6}~1.28×10^{-6}），U 型稀土元素配分模式，与原始上地幔具相似的铂族元素含量，其中 Os=2.99×10^{-9}~6.71×10^{-9}，Ir=2.76×10^{-9}~4.24×10^{-9}，Ru=6.11×10^{-9}~10.2×10^{-9}，Rh=0.95×10^{-9}~1.19×10^{-9}，Pt=3.87×10^{-9}~11.8×10^{-9}，Pd=4.59×10^{-9}~10.5×10^{-9}。地幔橄榄岩具较低的 Re 含量（0.06×10^{-9}~0.31×10^{-9}），$^{187}Re/^{188}Os$ 和 $^{187}Os/^{188}Os$ 值变化范围分别为 0.01~0.25 和 0.1272~0.1374。它们的尖晶石 $Cr^\#$、$Mg^\#$、FeO_t①和 Al_2O_3 变化范围分别为 0.42~0.60、0.60~0.71、14.1%~17.6% 和 21.2%~33.4%。这些地幔橄榄岩与深海橄榄岩（abyssal peridotites）具相似的元素 – 同位素地球化学特征，说明它们形成于金沙江洋盆打开阶段（Wang et al.，2021a）。

白马雪山辉长岩的 SiO_2 含量变化范围为 47.87%~56.64%，Na_2O+K_2O 含量变化范围为 4.52%~5.82%，在 TAS 图解中大部分落入辉长岩范围内［图 2.4（a）；简平等，2003a；Jian et al.，2008；Hu et al.，2019］。它们具较高的 MgO（4.64%~9.40%），Al_2O_3（15.91%~20.67%），Fe_2O_3（1.87%~11.05%）和 Na_2O/K_2O（0.91~95.4）。白马雪山辉长岩富集大离子亲石元素和轻稀土元素，亏损高场强元素，具显著的 Nb-Ta 负异常［图 2.5（a）］。它们的 $(La/Sm)_N$ 和 $(La/Yb)_N$ 值变化范围分别为 1.19~1.59 和 1.48~2.24，接近 E-MORB 的值。白马雪山辉长岩具较高的 $^{87}Sr/^{86}Sr$ 初始值（变化范围

① 全铁。

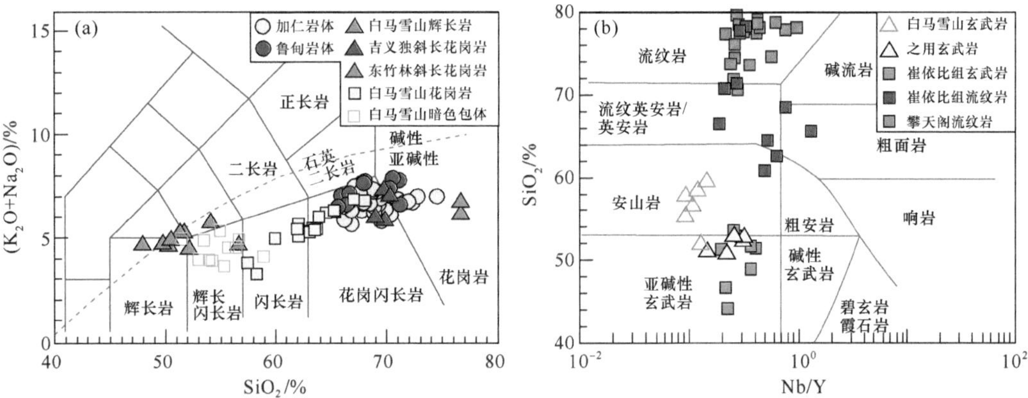

图 2.4　金沙江构造带内岩浆岩 TAS（a）和 Nb/Y-SiO_2（b）图解（数据引自简平等，2003a；Hou et al.，2003；Jian et al.，2008；张万平等，2011；Zhu et al.，2011a；Zi et al.，2012a，2012b，2012c，2013；Wang et al.，2014a，2021a；Hu et al.，2019；Zhang et al.，2021a）

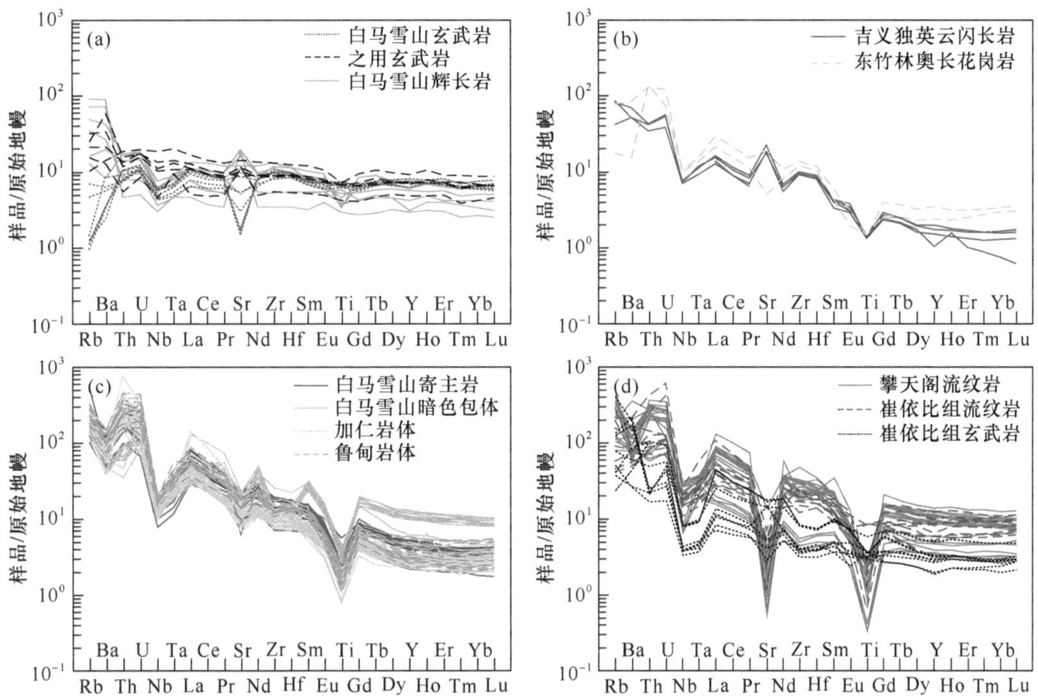

图 2.5　金沙江构造带内岩浆岩原始地幔标准化的不相容元素蛛网图（数据引自简平等，2003a；Hou et al.，2003；Jian et al.，2008；张万平等，2011；Zhu et al.，2011a；Zi et al.，2012a，2012b，2012c，2013；Wang et al.，2014a，2021a；Hu et al.，2019；Zhang et al.，2021a）

为 0.70548~0.70731）和较高的 $\varepsilon_{Nd}(t)$ 值（介于 +5.1~+6.2 之间）[图 2.6（a)]。随着 SiO_2 含量的增加，白马雪山辉长岩的 Nb/La 值和 $\varepsilon_{Nd}(t)$ 值几乎不变 [图 2.7（a)]，说明样品并未遭受显著的地壳混染作用。相比于之用玄武岩（具 E-MORB 元素－同位素特征)，白马雪山辉长岩亏损高场强元素，具较高的 $\varepsilon_{Nd}(t)$ 值和较高的初始 $^{87}Sr/^{86}Sr$ 值

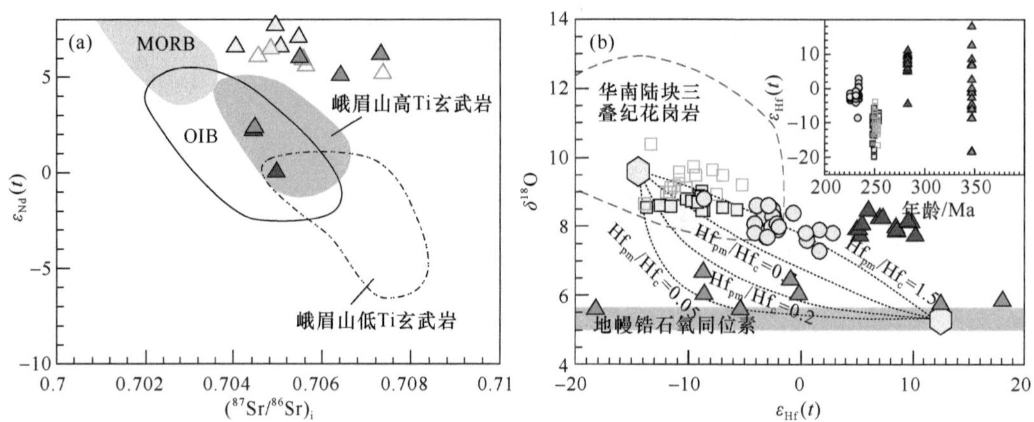

图 2.6　金沙江构造带岩浆岩 Sr-Nd（a）及锆石原位 Hf-O（b）同位素组成图解

图例及数据来源同图 2.4；六边形代表地壳和地幔锆石氧同位素端元。OIB 为洋岛玄武岩；Hf_{pm}/Hf_c 为幔源岩浆与表壳沉积岩来源岩浆的 Hf 浓度比

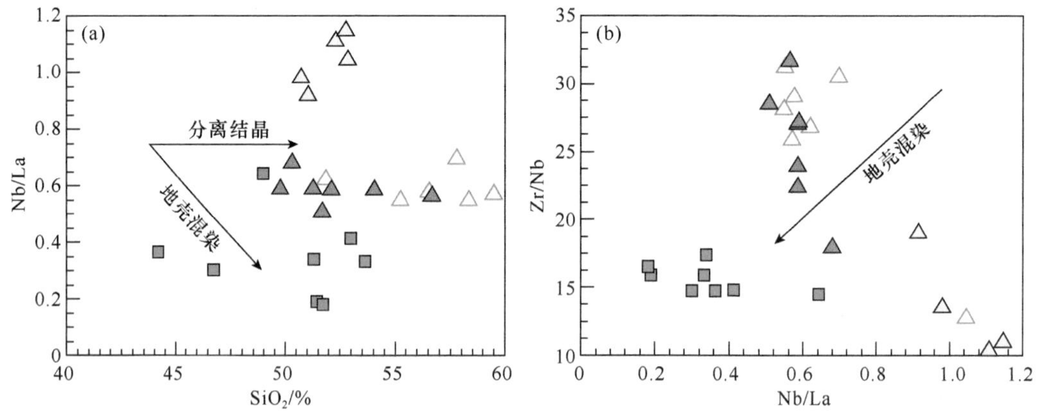

图 2.7　金沙江构造带内基性岩 SiO_2-Nb/La（a）和 Nb/La-Zr/Nb（b）图解

图例及数据来源同图 2.4

[图 2.6（a）]。这些特征说明白马雪山辉长岩的源区遭受了俯冲板片熔体 / 流体的交代作用（Hu et al.，2019）。在俯冲带，俯冲板片的沉积物和蚀变洋壳的熔体或流体均会交代上覆地幔楔，导致岛弧岩浆地球化学成分变化较大。白马雪山辉长岩具较高的 $\varepsilon_{Nd}(t)$ 值，介于 +5.1 与 +6.2 之间［图 2.6（a）］，具较低的 Th/Nd（0.07~0.11），说明其源区主要受到了蚀变洋壳流体的交代作用（Hu et al.，2019）。

之用玄武岩样品的 SiO_2 含量变化范围为 50.71%~52.84%［图 2.4（b）］，MgO 含量变化范围为 6.45%~7.87%，Fe_2O_3 含量变化范围为 7.46%~11.06%，具较高的 Na_2O/K_2O 值（5.42~16.53）（Hu et al.，2019）。之用玄武岩轻微富集大离子亲石元素和轻稀土元素，但不亏损高场强元素，与 E-MORB 具相似的微量元素和稀土元素组成［图 2.5（a）］。它们的（La/Sm）$_N$ 和（La/Yb）$_N$ 值变化范围分别为 0.98~1.53 和 1.21~1.94，接近 E-MORB。之用玄武岩样品具较低的初始 $^{87}Sr/^{86}Sr$ 值，变化范围为 0.70405~0.70545，$\varepsilon_{Nd}(t)$ 值介于 +6.5 与 +7.7 之间［图 2.6（a）］。随着 MgO 含量的降低，它们的 Fe_2O_3 和

Sc 含量逐渐增加，而 Al_2O_3 含量逐渐降低，说明样品经历了斜长石和橄榄石的分离结晶作用，而斜方辉石分离结晶作用并不明显（Hu et al.，2019）。这些特征与形成于低压无水环境下的 MORB 类似。实验室岩石学证据已揭示出减压可以加大斜长石和橄榄石结晶的液相线范围，抑制斜方辉石结晶的液相线范围（Bender et al.，1978；Fujii and Bougault，1983）。岩浆中水含量高会增强斜方辉石的稳定性而消耗斜长石，往往与俯冲作用相关。因此，之用玄武岩更可能形成于洋中脊环境（Hu et al.，2019）。稀土元素模拟也证实亏损地幔发生中等程度（约 10%）部分熔融可以形成之用玄武岩（Hu et al.，2019）。

白马雪山玄武岩的 SiO_2 含量和 Nb/Y 值变化范围分别为 51.84%~59.46% 和 0.09~0.15，落入亚碱性玄武岩范围内［图 2.4（b）；Hu et al.，2019］。玄武岩的 MgO 含量变化范围为 2.89%~5.18%，Fe_2O_3 含量变化范围为 9.91%~12.36%，Al_2O_3 含量变化范围为 12.77%~15.42%，CaO 含量变化范围为 4.59%~11.57%，具较高的 TiO_2（1.38~1.64）和 Na_2O/K_2O 值（14.0~189）。白马雪山玄武岩轻微富集大离子亲石元素和轻稀土元素、亏损高场强元素，具显著的 Nb-Ta 和 Sr 的负异常［图 2.5（a）］。它们的 $(La/Sm)_N$ 和 $(La/Yb)_N$ 值变化范围分别为 0.94~1.44 和 1.00~1.78，接近 E-MORB。除 Nb-Ta 和 Sr 负异常之外，白马雪山和之用玄武岩具相似的微量和稀土元素组成［图 2.4（a）］。相较于之用玄武岩，白马雪山玄武岩具较高的 $^{87}Sr/^{86}Sr$ 初始值（变化范围为 0.70453~0.70735）和较低的 $\varepsilon_{Nd}(t)$ 值（介于 +5.2 与 +6.5 之间）［图 2.6（a）］。白马雪山玄武岩与白马雪山辉长岩具相似的岩石成因，它们均是受俯冲板片流体交代过的地幔楔部分熔融的产物（Hu et al.，2019）。

2.2.2　斜长花岗岩

金沙江蛇绿岩带内斜长花岗岩主要出露于奔子栏、东竹林、吉义独、雪堆和娘九丁等地区，呈不规则岩墙和岩脉产出，宽度从几厘米到数米（图 2.8；简平等，1999，2003a；Jian et al.，2009a，2009b；Zi et al.，2012c）。书松斜长岩呈团块状或脉状产于层状辉长岩中（图 2.8），简平等（1999，2003a）获得了该斜长岩的锆石 U-Pb 年龄为 340±3Ma（ID-TIMS）和 329±7Ma（SHRIMP）。娘九丁斜长花岗岩的 SHRIMP 锆石 U-Pb 年龄为 285±6Ma，雪堆斜长花岗岩的 SHRIMP 和 ID-TIMS 锆石 U-Pb 年龄分别为 300±5Ma 和 294±4Ma（简平等，1999，2003a），简平等（2003a）获得了吉义独英云闪长岩的 SHRIMP 锆石 U-Pb 年龄为 263±6Ma，吉岔英云闪长岩的 SHRIMP 锆石 U-Pb 年龄为 306±3Ma（Jian et al.，2009b）。对东竹林和吉义独斜长花岗岩开展详细的 SHRIMP 锆石 U-Pb 定年分析获得了如图 2.9 和表 2.2 所示的结果。

东竹林斜长花岗岩样品（SJ-151）的岩性为奥长花岗岩，其锆石颗粒呈半自形，大部分锆石在阴极发光（CL）图像上可见振荡环带，Th/U 值变化范围为 0.23~2.15，属于岩浆成因锆石。其中 11 颗锆石的 $^{206}Pb/^{238}U$ 表观年龄的变化范围为 332~364Ma（表 2.2），加权平均年龄为 347±7Ma［图 2.9（a）］，代表东竹林奥长花岗岩的结晶年龄。它们的

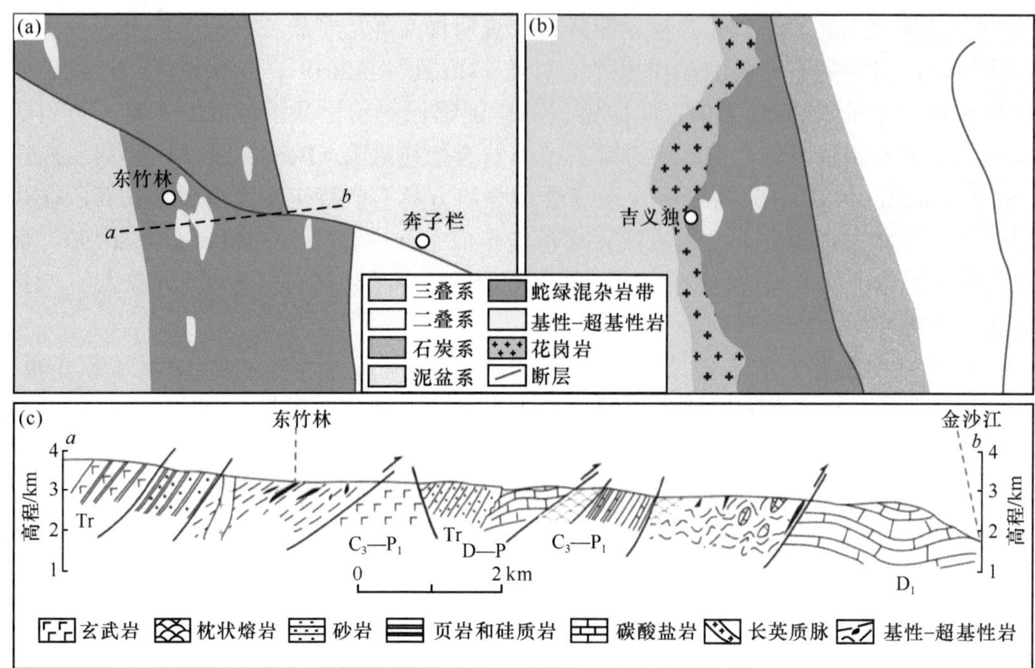

图 2.8　东竹林和吉义独地区蛇绿混杂岩地质简图（a）（b）及剖面图（c）

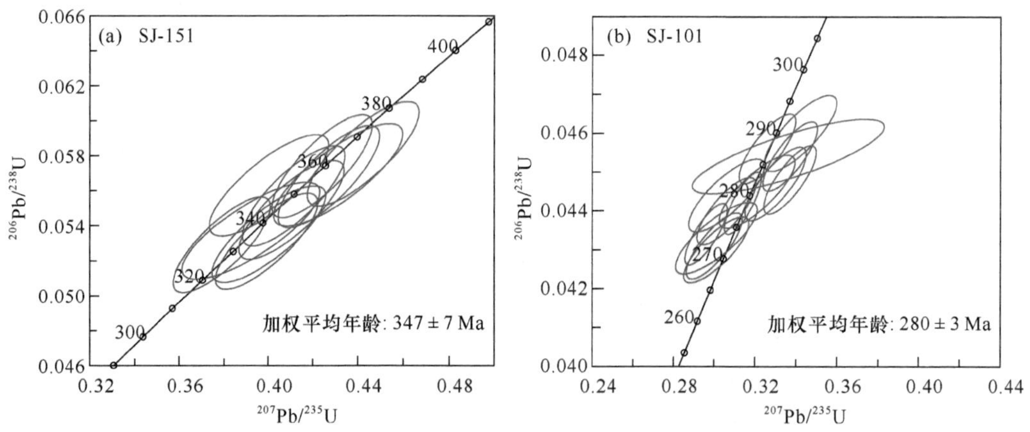

图 2.9　吉义独英云闪长岩（SJ-151）和东竹林奥长花岗岩（SJ-101）锆石 U-Pb 年龄谐和图

$\varepsilon_{Hf}(t)$ 值变化范围介于 –18.6 与 +18.0 之间，锆石 $\delta^{18}O$ 值变化范围为 5.6‰~6.7‰［图 2.6（b）和表 2.3］。吉义独斜长花岗岩样品（SJ-101）为英云闪长岩，其锆石颗粒呈透明自形状，Th/U 值介于 0.2 与 0.6 之间（表 2.2）。其中 14 颗锆石的 $^{206}Pb/^{238}U$ 表观年龄变化范围为 272~290Ma（表 2.2），加权平均年龄为 280±3Ma［图 2.9（b）］，代表吉义独斜长花岗岩的结晶年龄。它们的 $\varepsilon_{Hf}(t)$ 值变化范围介于 –4.5 与 +11.0 之间，锆石 $\delta^{18}O$ 值变化范围为 7.7‰~8.5‰［图 2.6（b）和表 2.3］。因此，综合已有的年代学资料，金沙江蛇绿岩带内斜长岩和斜长花岗岩的形成时间变化范围为 263~347Ma（表 2.1；简平等，1999，2003a；Jian et al.，2009b）。

表 2.2　金沙江构造带斜长花岗岩的锆石 U-Pb 年代学分析结果

样点	Th/U	$^{207}Pb/^{206}Pb$		$^{207}Pb/^{235}U$		$^{206}Pb/^{238}U$		$^{207}Pb/^{206}Pb$		$^{206}Pb/^{238}U$	
		比值	1σ	比值	1σ	比值	1σ	年龄 /Ma	1σ	年龄 /Ma	1σ
SJ-151（东竹林奥长花岗岩）											
SJ-151-1	2.2	0.0551	1.5	0.4420	3.7	0.0581	3.4	417	34	364	12
SJ-151-2	0.8	0.0534	1.5	0.4110	3.7	0.0557	3.4	347	33	350	11
SJ-151-3	0.7	0.0545	1.0	0.4270	3.5	0.0568	3.4	392	23	356	12
SJ-151-4	1.0	0.0520	1.7	0.3790	3.8	0.0529	3.4	287	39	332	11
SJ-151-5	1.0	0.0531	3.9	0.3920	5.2	0.0537	3.4	331	88	337	11
SJ-151-6	0.8	0.0536	0.9	0.4240	3.5	0.0574	3.4	353	20	359	12
SJ-151-7	1.0	0.0545	1.7	0.3990	3.8	0.0531	3.4	392	38	334	11
SJ-151-8	0.8	0.0515	2.9	0.4000	4.4	0.0563	3.4	264	66	353	12
SJ-151-9	0.8	0.0542	2.5	0.4000	4.2	0.0535	3.4	377	56	336	11
SJ-151-10	1.0	0.0541	1.7	0.4100	3.8	0.0549	3.4	376	38	345	11
SJ-151-11	0.2	0.0549	2.8	0.4310	4.4	0.0569	3.4	410	63	357	12
SJ-151-12	0.7	0.0543	1.1	0.3460	3.6	0.0462	3.4	385	25	291	10
SJ-101（吉义独英云闪长岩）											
SJ-101-1	0.4	0.0524	3.5	0.3210	3.8	0.0445	1.4	302	80	281	4
SJ-101-2	0.3	0.0504	2.8	0.3060	3.1	0.0440	1.3	212	65	278	4
SJ-101-3	0.4	0.0537	9.1	0.3360	9.2	0.0454	1.4	360	205	286	4
SJ-101-4	0.3	0.0539	2.2	0.3370	2.6	0.0454	1.3	365	49	286	4
SJ-101-5	0.3	0.0504	4.2	0.3010	4.4	0.0433	1.4	213	96	273	4
SJ-101-6	0.3	0.0422	10.7	0.2650	10.8	0.0455	1.6	−214	268	287	4
SJ-101-7	0.5	0.0519	2.5	0.3260	2.8	0.0456	1.3	280	56	287	4
SJ-101-8	0.6	0.0546	2.2	0.3370	2.5	0.0448	1.3	394	48	283	3
SJ-101-9	0.4	0.0539	3.1	0.3420	3.4	0.0460	1.4	369	70	290	4
SJ-101-10	0.3	0.0505	2.7	0.3000	3.0	0.0431	1.3	217	63	272	3
SJ-101-11	0.6	0.0495	2.0	0.2960	2.3	0.0434	1.2	170	46	274	3
SJ-101-12	0.3	0.0535	2.7	0.3300	3.0	0.0447	1.4	350	61	282	4
SJ-101-13	0.4	0.0500	3.7	0.3060	4.0	0.0444	1.4	196	86	280	4
SJ-101-14	0.2	0.0561	4.7	0.3150	4.9	0.0407	1.2	457	105	257	3
SJ-101-15	0.4	0.0516	1.4	0.3140	1.9	0.0442	1.2	266	32	279	3
SJ-101-16	0.5	0.0507	3.3	0.3010	3.5	0.0430	1.3	228	75	272	4

表 2.3　金沙江构造带斜长花岗岩的锆石 Hf-O 同位素测试结果

样点	$^{176}Yb/^{177}Hf$	2σ	$^{176}Lu/^{177}Hf$	2σ	$^{176}Hf/^{177}Hf$	2σ	$\varepsilon_{Hf}(t)$	T_{DM}^{C}/Ga	$\delta^{18}O$/‰	±2σ
SJ-151（东竹林奥长花岗岩）										
SJ-151-01	0.054666	0.002310	0.002372	0.000096	0.282544	0.000251	−1.0	1.42	6.5	0.2
SJ-151-02	0.098378	0.004580	0.004240	0.000186	0.282071	0.000285	−18.2	2.50	5.6	0.2
SJ-151-03	0.038665	0.001090	0.001682	0.000054	0.282324	0.000286	−8.6	1.90	6.0	0.2
SJ-151-04	0.115300	0.005720	0.004638	0.000222	0.282341	0.000215	−8.7	1.91	6.7	0.2
SJ-151-05	0.052532	0.000860	0.002235	0.000030	0.282923	0.000226	12.5	0.56	5.7	0.2

续表

样点	$^{176}Yb/^{177}Hf$	2σ	$^{176}Lu/^{177}Hf$	2σ	$^{176}Hf/^{177}Hf$	2σ	$\varepsilon_{Hf}(t)$	T_{DM}^{C}/Ga	$\delta^{18}O$/‰	$\pm2\sigma$
SJ-151（东竹林奥长花岗岩）										
SJ-151-06	0.076223	0.003180	0.003017	0.000120	0.282570	0.000121	–0.2	1.37	6.0	0.2
SJ-151-07	0.092508	0.004020	0.003860	0.000132	0.282429	0.000224	–5.4	1.70	5.6	0.2
SJ-151-08	0.076390	0.002730	0.003119	0.000115	0.283086	0.000203	18.0	0.20	5.9	0.2
SJ-151-09	0.057651	0.001460	0.002522	0.000043	0.282539	0.000372	–1.2	1.43		
SJ-151-10	0.068349	0.001760	0.002842	0.000073	0.282399	0.000298	–6.2	1.75		
SJ-151-11	0.060265	0.000701	0.002565	0.000025	0.282813	0.000099	8.5	0.82		
SJ-151-12	0.100817	0.007250	0.004118	0.000291	0.282656	0.000111	2.6	1.19		
SJ-151-13	0.038190	0.001000	0.001642	0.000028	0.282490	0.000351	–2.7	1.53		
SJ-151-14	0.074677	0.001940	0.003155	0.000071	0.282438	0.000212	–4.9	1.67		
SJ-151-15	0.053705	0.001360	0.002248	0.000039	0.282045	0.000379	–18.6	2.53		
SJ-151-16	0.071067	0.004740	0.002867	0.000180	0.282779	0.000070	7.2	0.90		
SJ-151-17	0.054690	0.001270	0.002338	0.000069	0.282575	0.000180	0.1	1.35		
SJ-151-18	0.079284	0.001250	0.003436	0.000047	0.282446	0.000164	–4.7	1.66		
SJ-151-19	0.101792	0.002970	0.004008	0.000123	0.282775	0.000043	6.8	0.92		
SJ-151-20	0.084219	0.002320	0.003625	0.000118	0.282411	0.000385	–6.0	1.74		
SJ-101（吉义独英云闪长岩）										
SJ-101-01	0.015763	0.002800	0.000871	0.000012	0.282891	0.000198	10.2	0.65	7.7	0.2
SJ-101-02	0.022643	0.000439	0.001005	0.000019	0.282844	0.000027	8.5	0.76	7.8	0.2
SJ-101-03	0.028299	0.001260	0.001256	0.000055	0.282751	0.000052	5.2	0.97	7.7	0.2
SJ-101-04	0.024639	0.001330	0.001074	0.000053	0.282742	0.000056	4.9	0.99	7.9	0.2
SJ-101-05	0.024625	0.000898	0.001116	0.000040	0.282841	0.000065	8.4	0.77	8.0	0.2
SJ-101-06	0.023523	0.000322	0.001063	0.000014	0.282843	0.000035	8.5	0.76	7.9	0.2
SJ-101-07	0.027218	0.001610	0.001258	0.000076	0.282802	0.000039	7.0	0.86	8.3	0.2
SJ-101-08	0.020911	0.000363	0.001002	0.000018	0.282880	0.000025	9.8	0.68	8.1	0.2
SJ-101-09	0.027906	0.000604	0.001250	0.000029	0.282749	0.000119	5.1	0.98	7.9	0.2
SJ-101-10	0.027834	0.001590	0.001347	0.000072	0.282759	0.000034	5.4	0.96	8.1	0.2
SJ-101-11	0.022346	0.000261	0.001026	0.000012	0.282872	0.000034	9.5	0.70	8.2	0.2
SJ-101-12	0.022264	0.000288	0.001029	0.000008	0.282770	0.000095	5.9	0.93	8.5	0.2
SJ-101-13	0.017551	0.000595	0.000844	0.000026	0.282807	0.000032	7.2	0.84	8.2	0.2
SJ-101-14	0.022196	0.000294	0.001029	0.000013	0.282867	0.000041	9.3	0.71		
SJ-101-15	0.024149	0.000603	0.001058	0.000018	0.282477	0.000188	–4.5	1.59		
SJ-101-16	0.025065	0.000373	0.001098	0.000015	0.282827	0.000032	7.9	0.80		
SJ-101-17	0.024772	0.000633	0.001137	0.000033	0.282836	0.000039	8.2	0.78		
SJ-101-18	0.025781	0.000798	0.001223	0.000036	0.282844	0.000038	8.5	0.76		
SJ-101-19	0.025387	0.000343	0.001212	0.000017	0.282916	0.000049	11.0	0.60		
SJ-101-20	0.020669	0.000264	0.001020	0.000012	0.282809	0.000048	7.3	0.84		

东竹林奥长花岗岩样品采自东竹林寺附近，呈淡色脉状侵入层状辉长岩之中。样品的矿物组合以奥长石和石英为主，副矿物含磷灰石、榍石和锆石等，其中斜长石边部发生了绿泥石化和绿帘石化。东竹林奥长花岗岩具较高的 SiO_2（76.62%~76.65%）和 Na_2O（5.61%~5.65%）及较低的 Al_2O_3（12.72%~13.12%）、MgO（0.56%~0.82%）、FeO_t（1.09%~1.19%）和 CaO（1.55%~1.95%），样品的 A/CNK 和 A/NK 值变化范围分别为 0.96~0.98 和 1.21~1.33，属于过铝质花岗岩系列。CIPW 矿物计算得出样品的 An 含量变化范围为 6.1%~9.0%，Ab 含量变化范围为 47.9%~48.3%，Or 含量变化范围为 3.1%~7.0%，在 An-Ab-Or 图解中样品落入奥长花岗岩范围内。东竹林奥长花岗岩富集大离子亲石元素而亏损高场强元素，具显著的 Nb-Ta 和 Ti 负异常［图 2.5（b）］。同时样品强烈富集轻稀土元素［$(La/Sm)_N$=4.90~5.06］，重稀土元素相对平坦［$(La/Yb)_N$=7.25~8.65］，具显著的 Eu 负异常特征（Eu/Eu^*=0.59）。东竹林奥长花岗岩的初始 $^{87}Sr/^{86}Sr$ 比值为 0.70448，$\varepsilon_{Nd}(t)$ 值为 +2.34［图 2.6（a）和表 2.4］。

表 2.4　金沙江构造带斜长花岗岩的主微量元素和 Sr-Nd 同位素分析结果

样品号	SJ-98	SJ-100	SJ-101	SJ-151	SJ-152
采样位置	吉义独			东竹林	
岩性	英云闪长岩			奥长花岗岩	
SiO_2/%	67.85	68.73	68.34	75.80	75.80
TiO_2/%	0.28	0.29	0.30	0.30	0.31
Al_2O_3/%	15.93	15.82	16.14	12.98	12.58
FeO_t/%	1.69	1.90	1.95	1.18	1.08
MnO/%	0.04	0.04	0.03	0.02	0.01
MgO/%	1.91	2.05	1.87	0.55	0.81
CaO/%	2.32	1.89	3.40	1.93	1.53
Na_2O/%	5.66	5.36	4.92	5.59	5.55
K_2O/%	1.51	1.59	0.87	0.52	1.16
P_2O_5/%	0.09	0.09	0.09	0.06	0.06
LOI/%	2.37	1.86	1.65	0.72	0.65
总计	99.65	99.62	99.56	99.65	99.54
$V/10^{-6}$	27.0	29.3	33.1	24.0	15.3
$Cr/10^{-6}$	22.4	25.1	26.5	1.36	1.26
$Co/10^{-6}$	6.07	6.28	7.02	1.75	3.04
$Ni/10^{-6}$	24.8	27.0	29.8	3.78	2.64
$Ga/10^{-6}$	14.1	14.2	15.2	11.7	9.64
$Rb/10^{-6}$	56.1	52.7	26.5	11.7	50.5
$Sr/10^{-6}$	379	374	480	401	109
$Y/10^{-6}$	6.81	8.92	7.81	16.1	11.3
$Zr/10^{-6}$	103	105	111	161	138

续表

样品号	SJ-98	SJ-100	SJ-101	SJ-151	SJ-152
采样位置	吉义独			东竹林	
岩性	英云闪长岩			奥长花岗岩	
$Nb/10^{-6}$	5.09	5.20	5.52	7.75	7.31
$Cs/10^{-6}$	5.32	4.01	4.49	0.31	0.36
$Ba/10^{-6}$	369	491	367	110	608
$La/10^{-6}$	8.79	10.7	11.3	20.9	15.1
$Ce/10^{-6}$	15.8	18.9	20.6	39.4	28.4
$Pr/10^{-6}$	1.93	2.30	2.47	4.35	3.27
$Nd/10^{-6}$	7.37	8.65	9.33	15.2	11.2
$Sm/10^{-6}$	1.47	1.78	1.86	2.75	1.92
$Eu/10^{-6}$	0.48	0.51	0.56	0.51	0.34
$Gd/10^{-6}$	1.40	1.59	1.72	2.46	1.56
$Tb/10^{-6}$	0.22	0.27	0.27	0.41	0.28
$Dy/10^{-6}$	1.17	1.45	1.40	2.43	1.78
$Ho/10^{-6}$	0.23	0.29	0.27	0.52	0.39
$Er/10^{-6}$	0.63	0.80	0.77	1.55	1.26
$Tm/10^{-6}$	0.09	0.12	0.12	0.25	0.21
$Yb/10^{-6}$	0.64	0.80	0.76	1.73	1.49
$Lu/10^{-6}$	0.10	0.13	0.12	0.28	0.23
$Hf/10^{-6}$	2.47	2.62	2.77	3.75	3.35
$Ta/10^{-6}$	0.38	0.49	0.45	0.66	0.58
$Pb/10^{-6}$	7.66	13.0	9.13	2.41	1.62
$Th/10^{-6}$	2.94	3.66	3.58	12.0	11.6
$U/10^{-6}$	0.83	1.20	1.12	1.60	2.58
$(^{87}Sr/^{86}Sr)_i$		0.70495	0.70444	0.70448	
$\varepsilon_{Nd}(t)$			+2.18	+2.34	

注：LOI 为烧失量。

上述东竹林奥长花岗岩与区域幔源岩浆具相似的 Sr-Nd 同位素组成（钟大赉，1998；魏启荣等，2003），其锆石 $\varepsilon_{Hf}(t)$ 值高达 +18.0，说明它们来源于亏损地幔源区［图 2.6（b）］。结合野外地质观察及东竹林奥长花岗岩的地球化学特征，认为东竹林奥长花岗岩应属大洋斜长花岗岩。大洋斜长花岗岩的形成有多种成因模式（Barker and Arth，1976；Pedersen and Malpas，1984；Floyd et al.，1998；Koepke et al. 2004；Dilek and Thy，2006），主要包括：①洋中脊玄武岩熔体高度分离结晶的产物；②拉斑玄武岩质硅酸盐熔体不混溶的产物；③含水玄武岩 / 辉长岩（斜长角闪岩）部分熔融的产物。东竹林奥长花岗岩具较高 $Mg^{\#}$、较低 TiO_2，不同于由 MORB 岩浆结晶分异或混溶形成的斜长花岗岩（$Mg^{\#} < 64$，$TiO_2 > 0.3\%$；Barker and Arth，1976；Koepke et al.，2007）。MORB 岩浆分离结晶产生的斜长花岗岩往往具较为平坦的稀土元素配分模式（Pedersen and Malpas，1984；Floyd et al.，1998；Dilek and Thy，2006），而东竹林奥长花岗岩富集轻稀土元素而亏损重稀土元素，具显著 Eu 负异常［图 2.5（b）］，这些特征与实验岩石学结果相一致（Koepke et al. 2004）。因此，东竹林奥长花岗岩更可能是含水基性岩部分熔融的产物（如 Flagler and Spray，1991；Floyd et al.，1998；Bonev and Stampfli，2009）。批式部分熔融模拟结果显示，如果以金沙江辉长岩作为东竹林奥长花岗岩的源区岩石，源区残留斜长石和斜方辉石，部分熔融产生的熔体具显著 Eu 负异常，但无法解释东竹林奥长花岗岩富集轻稀土元素的地球化学特征。如果以角闪岩作为东竹林奥长花岗岩的源区岩石，源区残留斜长石和角闪石，30%~40% 部分熔融产生的熔体就能产生与东竹林奥长花岗岩具相似的稀土元素配分模式。东竹林奥长花岗岩的锆石 $\varepsilon_{Hf}(t)$ 值变化较大，其最高 $\varepsilon_{Hf}(t)$ 值接近亏损地幔的 $\varepsilon_{Hf}(t)$ 值［图 2.6（b）］。因此，东竹林奥长花岗岩来源于亏损地幔的部分熔融，混染了古老地壳岩石，导致样品富集大离子亲石元素、亏损高场强元素［图 2.5（b）］，锆石 $\varepsilon_{Hf}(t)$ 值变化范围大［图 2.6（b）］。

金沙江构造带南部的吉义独—下该一带出露堆晶杂岩，该杂岩由堆晶橄榄岩、堆晶辉长岩和浅色岩组成（莫宣学等，1993）。吉义独英云闪长岩呈岩株状侵位于蛇纹石化二辉橄榄岩中，岩体宽约 20m［图 2.8（b）］。样品呈中等粒状或花斑结构，矿物组合主要由自形的斜长石和半自形粒状石英组成（简平等，2003a；Zi et al.，2012c）。吉义独英云闪长岩样品的 SiO_2 含量变化范围为 68.98%~70.30%，具较高的 Al_2O_3（16.18%~17.12%）、Na_2O（5.02%~5.82%）和 $Mg^{\#}$（65~73），以及较低的 K_2O（0.89%~1.63%）、FeO_t（1.74%~2.45%）、TiO_2（0.29%~0.31%）和 P_2O_5（≤ 0.1%）。它们的 A/CNK 值变化范围为 1.05~1.13，属于弱过铝质花岗岩系列。吉义独英云闪长岩强烈富集大离子亲石元素和轻稀土元素，亏损高场强元素和重稀土元素，具显著的 Nb-Ta 和 Ti 负异常及 Sr 正异常［图 2.5（b）］。它们的 Sr 和 Y 含量及 Sr/Y 值变化范围分别为 374×10^{-6}~480×10^{-6}、4.66×10^{-6}~8.92×10^{-6} 和 42~61，与来源于俯冲板片熔融的埃达克岩具相似的微量元素和稀土元素特征［图 2.10（a）］。吉义独英云闪

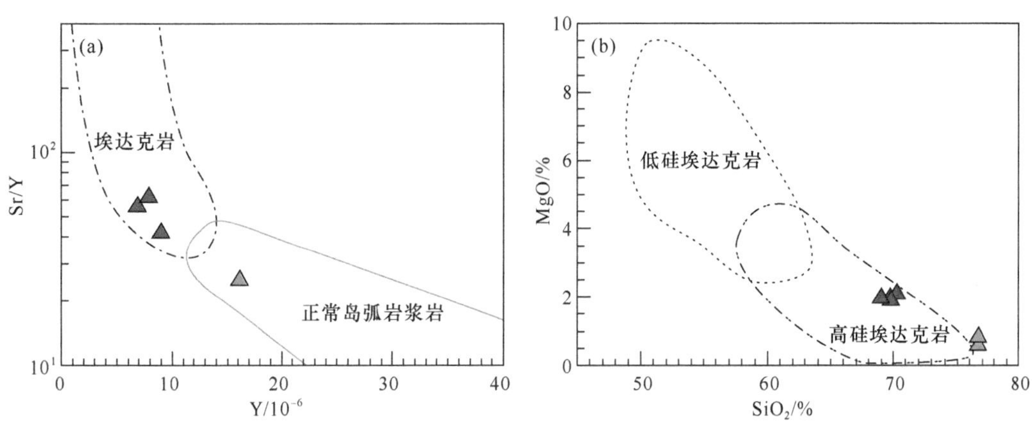

图 2.10　吉义独英云闪长岩 Y-Sr/Y（a）和 SiO_2-MgO（b）图解

图例及数据来源同图 2.4

长岩的（$^{87}Sr/^{86}Sr$）$_i$ 值变化范围为 0.70444~0.70495，$\varepsilon_{Nd}(t)$ 值为 +2.18［图 2.6（a）和表 2.4］。

吉义独英云闪长岩样品具较高的 SiO_2（68.98%~70.30%）、Al_2O_3（16.18%~17.12%）、Sr（374×10^{-6}~480×10^{-6}）、Sr/Y（42~61）和 Na_2O/K_2O（3.37~5.66）、较低的 MgO（1.91%~2.10%）和 TiO_2（0.29%~0.31%），地球化学上类似于埃达克岩或高硅埃达克岩［图 2.10（b）；Defant and Drummond，1990；Martin et al.，2005］。它们富集大离子亲石元素而亏损高场强元素［图 2.5（b）］，具较高的 Hf 含量和（Hf/Nd）$_N$值，显示出岛弧岩浆岩的地球化学特征。其显著的 Sr 正异常［图 2.5（b）］、无 Eu 负异常，排除了源区存在斜长石残留的可能性。Nb-Ta 负异常和较高的 Nb/Ta 值（11~14），则表明其源区存在高压相矿物金红石的残留（Green，1995）。高压下石榴子石结晶分异可以解释样品重稀土元素亏损和高 Sr/Y 特征，但无法解释它们轻稀土元素富集的特征。在某些陆内或岛弧地区，加厚基性下地壳部分熔融可以产生高 Sr/Y 值埃达克质岩石，但往往发生在碰撞后阶段，也无法解释吉义独英云闪长岩高 $Mg^{\#}$ 和 Na_2O/K_2O 的特征。相反，吉义独英云闪长岩与高硅埃达克岩具相似的地球化学特征［图 2.10（b）］，其 $^{87}Sr/^{86}Sr$ 值和 $\varepsilon_{Nd}(t)$ 值与金沙江地区 MORB 岩石相似［图 2.6（a）］。吉义独英云闪长岩具幔源岩浆的锆石 $\varepsilon_{Hf}(t)$ 值，介于 –4.5~+11.0 之间，类似于俯冲大洋板片部分熔融而成的埃达克质岩石，也表明其源区没有大量俯冲沉积物的参与。它们的 $Mg^{\#}$ 值及 Ni、Cr 含量明显高于实验条件下玄武岩或角闪岩部分熔融的熔体，可能是熔体上升过程中通过上覆地幔楔时与地幔橄榄岩发生了相互作用所致（Yogodzinski et al.，1995；Rapp and Watson，1995；Rapp et al.，1999）。尽管吉义独英云闪长岩的锆石 $\delta^{18}O$ 值变化范围为 7.7‰~8.5‰，高于正常地幔的 $\delta^{18}O$ 值［图 2.6（b）］，而与现今斐济及堪察加半岛埃达克岩的 $\delta^{18}O$ 值相似（Bindeman et al.，2005）。较高的锆石 $\delta^{18}O$ 值特征可能是继承了上部蚀变洋壳的氧同位素特征。因此，吉义独英云闪长岩是俯冲板片部分熔融的产物，上升过程中与地幔橄榄岩发生了相互作用。

2.3 晚二叠世—中三叠世弧岩浆作用

金沙江构造带从东向西由金沙江弧－陆碰撞结合带、江达－德钦－维西陆缘火山岩浆弧带和昌都微陆块等三部分组成（王立全等，1999）。其中江达－德钦－维西陆缘火山岩浆弧带对理解金沙江分支洋的俯冲消减作用具重要意义。该陆缘火山弧带主要由二叠纪火山－沉积岩及相应的侵入岩构成，向北可延伸到江达以北地区，向南可追溯至维西以南（张万平等，2011）。同时金沙江构造带内也保留有大量与东古特提斯洋闭合碰撞相关的三叠纪火山岩，这些火山岩对约束东古特提斯洋闭合的初始时间及过程尤为重要。

2.3.1 白马雪山岩体

白马雪山岩体（也称德钦岩体）是江达－德钦－维西陆缘火山岩浆弧带中段最大

的火成侵入体［图 2.11（a)］。该岩体位于德钦县城南约 10km，呈北北西—南南东向岩基产出，出露面积约为 134.5km^2（简平等，2003b；张万平等，2011）。白马雪山岩体东部侵入了上三叠统人支雪山组，西部侵位于下泥盆统之中，岩体的出露受金沙江断裂控制。白马雪山岩体主要由闪长岩、英云闪长岩、花岗闪长岩和二长花岗岩组成，岩体中常见暗色闪长质包体（张万平等，2011；Zi et al.，2012a)。岩体外部以中粒闪长岩和花岗闪长岩为主，中部主要由粗粒 – 不等粒花岗闪长岩和二长花岗岩组成。不同岩性单元界限模糊，但具不同的矿物比例，矿物组合以斜长石、石英、钾长石、角闪石和云母为主。闪长岩主要由斜长石（35%~40%)、角闪石（20%~40%)、石英（约 25%)、钾长石（约 5%）和黑云母（约 3%）组成。花岗闪长岩矿物组合以斜长石（20%~30%)、石英（28%~40%)、角闪石（5%~18%)、钾长石（12%~25%）和黑云母（6%~15%）为主［图 2.11（b)（d)］。暗色包体的矿物组合与寄主岩石相似，但斜长石（30%~45%）和角闪石（55%）含量高于寄主岩石，而石英和钾长石含量低于寄主岩石［图 2.11（c)（e)］。暗色包体的矿物组合以斜长石（约 45%)、角闪石（约 40%)、石英（约 5%)、钾长石（约 5%）和黑云母（约 3%）为主，含少量针状磷灰石和锆石等副矿物［图 2.11（c)（e)］。

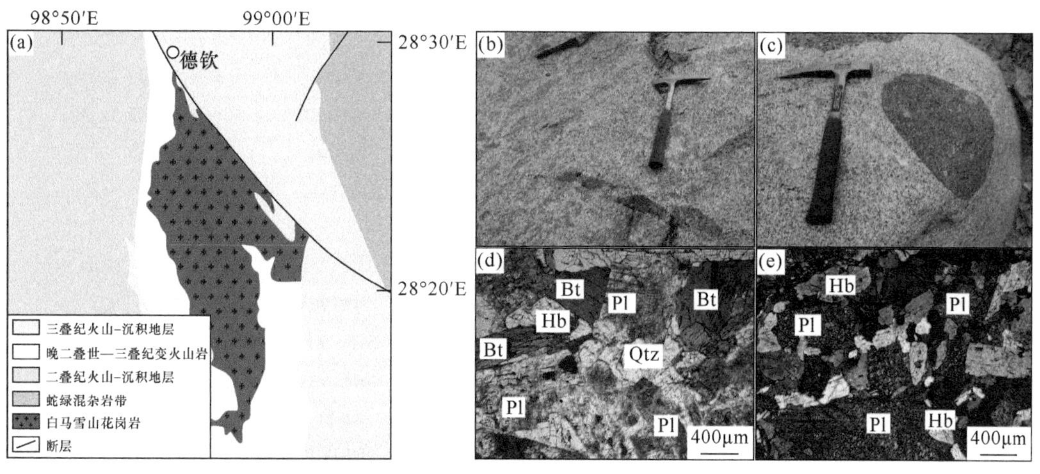

图 2.11　白马雪山岩体地质简图（a）和野外照片［(b）花岗岩；(c）暗色包体］及薄片（d)(e)
Hb- 角闪石；Pl- 斜长石；Qtz- 石英；Bt- 黑云母

对白马雪山岩体中的闪长岩、英云闪长岩、花岗闪长岩及暗色基性包体开展的 SHRIMP 锆石 U-Pb 年代学和 Hf-O 同位素组成分析结果见表 2.5~ 表 2.7。来自这些样品中的锆石颗粒晶形完好，呈柱状、褐色，长度可达 280μm，长宽比介于 2 ∶ 1~3 ∶ 1 之间。所有锆石颗粒具相似的 CL 图像，发育振荡环带，Th/U 值介于 0.2~0.6 之间，具岩浆成因锆石典型特征。闪长岩样品（SJ106）中的 12 颗锆石 $^{206}Pb/^{238}U$ 表观年龄变化范围为 248~257Ma，加权平均年龄为 251±2Ma［图 2.12（a)］。英云闪长岩（SJ109）中的 14 颗锆石的 $^{206}Pb/^{238}U$ 表观年龄变化范围为 241~259Ma（表 2.6)，加权平均年龄为 253±4Ma［图 2.12（b)］。样品 SJ133 和 SJ142 是两件花岗闪长岩，它们的加权平均年龄分别为 249±2Ma 和 248±2Ma［图 2.12（c）（d）］。其中样品 SJ133 含一颗继承锆石，锆石的核部年龄为 918±24Ma，边部年龄为 250±3Ma（表 2.6）。花岗闪长岩（SJ133）的锆石 $\varepsilon_{Hf}(t)$ 值介于 –19.8~–5.7 之间，二阶段模式年龄变化范围为 1.64~2.52Ga，锆石的 $\delta^{18}O$ 值变化范围为 8.5‰~9.0‰［图 2.6（b）和表 2.7］。暗色基性包体（SJ143）中的锆石颗粒的加权平均年龄为 250±2Ma［图 2.12（e）］，与寄主岩石具相似的形成年龄。它们的锆石 $\varepsilon_{Hf}(t)$ 值介于 –16.6~–4.0 之间，二阶段模式年龄变化范围为 1.53~2.33Ga，锆石的 $\delta^{18}O$ 值变化范围为 8.7‰~10.4‰［图 2.6（b）和表 2.7］。简平等（2003b）获得的白马雪山花岗闪长岩的 SHRIMP 锆石 U-Pb 年龄为 239±6Ma。张万平等（2011）对白马雪山岩体开展了 LA-ICPMS 锆石 U-Pb 定年分析，获得寄主花岗闪长岩和暗色包体的结晶年龄分别为 254.6±1.8Ma 和 253.6±1.6Ma。Reid 等（2007）获得了白马雪山花岗岩的 LA-ICPMS 锆石 U-Pb 年龄为 245±3Ma。综合上述高精度锆石 U-Pb 定年分析结果可知，白马雪山岩体主要形成于 255~248Ma（表 2.5；Reid et al.，2007；张万平等，2011；Zi et al.，2012a）。

表 2.5　金沙江构造带内晚二叠世—中三叠世岩浆岩年龄一览表

样品号	地点	岩石类型	年龄 /Ma	分析方法	参考文献
SJ133	白马雪山	花岗闪长岩	249±2	SHRIMP	本书，Zi 等（2012a）
SJ142	白马雪山	花岗闪长岩	248±2	SHRIMP	本书，Zi 等（2012a）
SJ143	白马雪山	暗色包体	250±2	SHRIMP	本书，Zi 等（2012a）
SJ106	白马雪山	闪长岩	251±2	SHRIMP	本书，Zi 等（2012a）
SJ109	白马雪山	英云闪长岩	253±4	SHRIMP	本书，Zi 等（2012a）
YA13	白马雪山	花岗岩	245±3	LA-ICP-MS	Reid 等（2007）
DQ01-1a	白马雪山	暗色包体	255±2	LA-ICP-MS	张万平等（2011）
DQ01-1b	白马雪山	花岗闪长岩	254±2	LA-ICP-MS	张万平等（2011）
014-3	白马雪山	花岗闪长岩	239±6	SHRIMP	简平等（2003b）
SJ22	攀天阁组	高硅流纹岩	247±3	SHRIMP	本书，Zi 等（2012b）
SJ33	攀天阁组	高硅流纹岩	246±3	SHRIMP	本书，Zi 等（2012b）
CMJ	攀天阁组	高硅流纹岩	236±32	Rb-Sr	牟传龙和余谦（2002）
YZ01-1	攀天阁组	高硅流纹岩	248±2	SHRIMP	Wang 等（2014a）
SJ28	崔依比组	玄武岩	245±4	SHRIMP	本书，Zi 等（2012b）
SJ82	崔依比组	玄武岩	237±3	SHRIMP	本书，Zi 等（2012b）
SJ4	崔依比组	流纹岩	242±3	SHRIMP	本书，Zi 等（2012b）
SJ44	崔依比组	流纹英安岩	239±3	SHRIMP	本书，Zi 等（2012b）
	崔依比组	英安岩	247±7	LA-ICP-MS	蒙麟鑫和王铂云（2019）

表 2.6　金沙江构造带内晚二叠世—中三叠世岩浆岩锆石 U-Pb 年代学分析结果

样品号	Th/U	$^{207}Pb/^{206}Pb$		$^{207}Pb/^{235}U$		$^{206}Pb/^{238}U$		$^{207}Pb/^{206}Pb$		$^{206}Pb/^{238}U$	
		Percent	1σ	Percent	1σ	Percent	1σ	年龄 /Ma	1σ	年龄 /Ma	1σ
SJ106（闪长岩）											
SJ106-1	0.5	0.0515	6.2	0.2827	6.2	0.0398	0.9	263	141	252	2
SJ106-2	0.6	0.0492	2.9	0.2679	3.0	0.0395	0.8	158	69	250	2

续表

样品号	Th/U	$^{207}Pb/^{206}Pb$		$^{207}Pb/^{235}U$		$^{206}Pb/^{238}U$		$^{207}Pb/^{206}Pb$		$^{206}Pb/^{238}U$	
		Percent	1σ	Percent	1σ	Percent	1σ	年龄 /Ma	1σ	年龄 /Ma	1σ
SJ106（闪长岩）											
SJ106-3	0.6	0.0516	3.8	0.2856	3.9	0.0402	0.9	266	86	254	2
SJ106-4	0.5	0.0468	6.5	0.2599	6.6	0.0403	1.0	36.7	155	255	2
SJ106-5	0.4	0.0564	3.8	0.3054	3.9	0.0393	0.8	468	83	248	2
SJ106-6	0.3	0.0542	3.5	0.2949	3.6	0.0395	0.8	377	78	250	2
SJ106-7	0.4	0.0519	7.0	0.2860	7.1	0.0400	1.1	279	160	253	3
SJ106-8	0.4	0.0551	5.1	0.2990	5.2	0.0394	1.0	414	114	249	2
SJ106-9	0.6	0.0491	5.7	0.2687	5.8	0.0397	0.8	153	134	251	2
SJ106-10	0.5	0.0509	6.8	0.2779	6.9	0.0396	0.9	236	157	250	2
SJ106-11	0.5	0.0523	3.3	0.2929	3.4	0.0407	0.8	297	76	257	2
SJ106-12	0.4	0.0503	7.8	0.2735	7.8	0.0395	0.8	207	181	250	2
SJ109（英云闪长岩）											
SJ109-1	0.4	0.0506	2.2	0.2777	3.5	0.0398	2.7	221	52	252	7
SJ109-2	0.5	0.0499	3.3	0.2762	4.2	0.0402	2.7	190	76	254	7
SJ109-3	0.5	0.0510	1.6	0.2845	3.2	0.0404	2.7	242	37	256	7
SJ109-4	0.6	0.0510	2.0	0.2882	3.4	0.0410	2.7	239	46	259	7
SJ109-5	0.4	0.0510	1.8	0.2842	3.3	0.0404	2.7	243	42	255	7
SJ109-6	0.5	0.0512	1.8	0.2819	3.2	0.0399	2.7	249	41	252	7
SJ109-7	0.4	0.0494	3.2	0.2750	4.2	0.0403	2.7	168	74	255	7
SJ109-8	0.5	0.0492	3.1	0.2761	4.2	0.0407	2.7	160	74	257	7
SJ109-9	0.4	0.0514	2.0	0.2856	3.3	0.0403	2.7	259	45	255	7
SJ109-10	0.6	0.0529	3.4	0.2776	4.4	0.0381	2.7	323	78	241	6
SJ109-11	0.5	0.0525	2.0	0.2890	3.4	0.0399	2.7	306	46	252	7
SJ109-12	0.3	0.0506	2.1	0.2759	3.5	0.0395	2.8	224	49	250	7
SJ109-13	0.4	0.0493	2.3	0.2735	3.6	0.0402	2.8	162	54	254	7
SJ109-14	0.4	0.0504	2.7	0.2815	3.8	0.0405	2.7	212	62	256	7
SJ133（花岗闪长岩）											
SJ133-1	0.5	0.0513	1.8	0.2830	2.1	0.0400	1.1	253	41	253	3
SJ133-2	0.4	0.0522	2.0	0.2820	2.3	0.0392	1.0	295	46	248	3
SJ133-3	0.4	0.0520	1.9	0.2875	2.2	0.0401	1.1	284	43	254	3
SJ133-4	0.4	0.0504	2.3	0.2723	2.6	0.0392	1.2	212	54	248	3
SJ133-5	0.3	0.0617	1.0	0.5062	1.8	0.0595	1.6	663	21	373	6
SJ133-6	0.4	0.0493	2.2	0.2675	2.4	0.0393	1.0	164	50	249	3
SJ133-7	0.5	0.0516	1.9	0.2827	2.2	0.0398	1.0	266	44	251	3
SJ133-8	0.6	0.0515	2.7	0.2765	2.9	0.0389	1.1	265	63	246	3
SJ133-9	0.3	0.0525	2.5	0.2854	2.7	0.0394	1.1	308	58	249	3
SJ133-10	0.4	0.0507	2.4	0.2721	2.6	0.0390	1.2	225	55	246	3
SJ133-11	0.4	0.0518	2.4	0.2789	2.6	0.0390	1.1	277	55	247	3
SJ133-12	0.4	0.0532	3.0	0.2865	3.2	0.0391	1.1	337	67	247	3

续表

样品号	Th/U	$^{207}Pb/^{206}Pb$		$^{207}Pb/^{235}U$		$^{206}Pb/^{238}U$		$^{207}Pb/^{206}Pb$		$^{206}Pb/^{238}U$	
		Percent	1σ	Percent	1σ	Percent	1σ	年龄 /Ma	1σ	年龄 /Ma	1σ
SJ133（花岗闪长岩）											
SJ133-13	0.4	0.0524	2.2	0.2854	2.5	0.0395	1.0	303	51	250	3
SJ133-14	0.5	0.0527	2.0	0.2842	2.2	0.0391	1.0	315	45	247	3
SJ133-15	0.4	0.0542	2.1	0.2951	2.3	0.0395	1.0	381	46	249	3
SJ133-16	0.4	0.0548	2.9	0.2917	3.2	0.0386	1.2	402	66	244	3
SJ133-17r	0.3	0.0526	4.2	0.2839	4.3	0.0391	1.0	312	96	247	3
SJ133-17c	0.4	0.0696	1.2	1.5741	1.6	0.1639	1.1	918	24	979	10
SJ133-18	0.5	0.0535	2.3	0.2928	2.6	0.0397	1.1	350	53	251	3
SJ142（花岗闪长岩）											
SJ142-1	0.3	0.0521	2.5	0.2799	2.7	0.0389	1.1	291	57	246	3
SJ142-2	0.4	0.0509	2.4	0.2757	2.7	0.0393	1.0	236	56	248	3
SJ142-3	0.4	0.0515	2.1	0.2821	2.3	0.0397	1.0	265	48	251	3
SJ142-4	0.5	0.0512	2.4	0.2813	2.6	0.0398	1.1	252	55	252	3
SJ142-5	0.5	0.0469	2.7	0.2525	2.9	0.0391	1.2	43	65	247	3
SJ142-6	0.6	0.0519	1.7	0.2828	2.0	0.0395	1.0	280	40	250	3
SJ142-7	0.3	0.0510	2.4	0.2732	2.6	0.0389	1.1	240	56	246	3
SJ142-8	0.5	0.0519	2.3	0.2816	2.5	0.0393	1.1	282	52	249	3
SJ142-9	0.2	0.0529	2.7	0.2790	2.9	0.0382	1.1	326	62	242	3
SJ142-10	0.4	0.0500	2.2	0.2710	2.4	0.0393	1.1	196	51	248	3
SJ142-11	0.5	0.0525	2.0	0.2851	2.2	0.0394	1.0	306	45	249	3
SJ142-12	0.4	0.0502	2.5	0.2720	2.7	0.0393	1.1	203	57	249	3
SJ142-13	0.3	0.0537	2.4	0.2880	2.6	0.0389	1.0	356	54	246	3
SJ142-14	0.4	0.0538	3.4	0.2923	3.6	0.0394	1.1	361	77	249	3
SJ143（闪长岩包体）											
SJ143-1	0.2	0.0504	5.9	0.2737	6.0	0.0394	1.2	215	135	249	3
SJ143-2	0.3	0.0485	2.6	0.2628	2.8	0.0393	1.1	123	60	249	3
SJ143-3	0.4	0.0527	1.7	0.2959	2.1	0.0407	1.1	316	39	257	3
SJ143-4	0.4	0.0508	2.1	0.2798	2.4	0.0400	1.2	231	48	253	3
SJ143-5	0.3	0.0551	1.8	0.3017	2.1	0.0397	1.0	418	40	251	3
SJ143-6	0.4	0.0531	2.0	0.2905	2.3	0.0396	1.1	335	45	251	3
SJ143-7	0.4	0.0528	4.3	0.2919	4.4	0.0401	1.1	321	98	253	3
SJ143-8	0.4	0.0461	4.4	0.2491	4.5	0.0392	1.1	0	106	248	3
SJ143-9	0.4	0.0502	2.8	0.2698	3.0	0.0390	1.1	206	64	246	3
SJ143-10	0.5	0.0511	2.5	0.2747	2.7	0.0390	1.1	246	58	246	3
SJ143-11	0.3	0.0527	2.2	0.2874	2.5	0.0396	1.2	314	51	250	3
SJ143-12	0.3	0.0508	2.4	0.2759	2.6	0.0394	1.1	231	56	249	3
SJ143-13	0.4	0.0518	2.6	0.2816	2.8	0.0394	1.1	278	60	249	3
SJ143-14	0.5	0.0499	2.7	0.2632	2.9	0.0383	1.2	190	63	242	3

续表

样品号	Th/U	$^{207}Pb/^{206}Pb$		$^{207}Pb/^{235}U$		$^{206}Pb/^{238}U$		$^{207}Pb/^{206}Pb$		$^{206}Pb/^{238}U$	
		Percent	1σ	Percent	1σ	Percent	1σ	年龄 /Ma	1σ	年龄 /Ma	1σ
SJ22（高硅流纹岩）											
SJ22-1	0.6	0.0497	8.0	0.2699	8.3	0.0394	2.0	180	187	249	5
SJ22-2	0.6	0.0534	4.6	0.2861	4.9	0.0389	1.6	346	105	246	4
SJ22-3	0.4	0.0515	3.4	0.2771	3.7	0.0390	1.5	348	80	247	4
SJ22-4	0.9	0.0581	1.6	0.5612	2.1	0.0701	1.5	534	34	437	6
SJ22-5	0.4	0.0520	5.5	0.2894	5.8	0.0404	1.7	267	127	255	4
SJ22-6	0.5	0.0525	3.8	0.2727	4.1	0.0377	1.5	311	86	238	4
SJ22-7	0.4	0.0551	3.4	0.3005	3.7	0.0395	1.5	421	76	250	4
SJ22-8	0.4	0.0496	3.2	0.2646	3.6	0.0387	1.5	167	76	245	4
SJ22-9	0.5	0.0475	5.4	0.2543	5.6	0.0388	1.6	74	128	246	4
SJ22-10	0.4	0.0518	7.4	0.2798	7.6	0.0392	1.7	269	169	248	4
SJ22-11	0.6	0.0503	4.4	0.2698	4.6	0.0389	1.6	208	101	246	4
SJ22-12	0.8	0.0515	1.6	0.2783	2.2	0.0392	1.4	262	38	248	4
SJ22-13	0.5	0.0574	4.7	0.3136	5.0	0.0396	1.6	510	103	250	4
SJ22-14	0.5	0.0666	6.1	0.3614	6.3	0.0394	1.7	821	127	249	4
SJ22-15	0.5	0.0590	3.6	0.3277	3.9	0.0403	1.5	573	79	254	4
SJ22-16	0.6	0.0674	6.2	0.3515	6.7	0.0378	2.5	853	128	239	6
SJ22-17	0.5	0.0569	4.3	0.3105	4.6	0.0396	1.7	486	96	250	4
SJ22-18	0.6	0.0400	15.6	0.2100	15.8	0.0381	1.9	-348	403	241	4
SJ22-19	0.5	0.0509	4.1	0.2752	4.4	0.0392	1.5	241	95	248	4
SJ22-20	0.6	0.0533	6.1	0.2851	6.3	0.0388	1.7	337	139	245	4
SJ33（高硅流纹岩）											
SJ33-1	0.4	0.0500	4.5	0.2623	4.9	0.0380	1.9	197	104	240	5
SJ33-2	0.6	0.0557	4.1	0.2951	4.5	0.0384	1.9	441	91	243	5
SJ33-3	0.5	0.0562	5.3	0.3000	5.7	0.0387	2.0	462	118	246	5
SJ33-4	0.6	0.0499	4.8	0.2670	5.2	0.0388	1.9	190	112	246	5
SJ33-5	0.5	0.0562	4.6	0.3031	5.0	0.0391	2.0	462	102	248	5
SJ33-6	0.5	0.0592	5.2	0.3141	5.6	0.0385	2.0	573	114	245	5
SJ33-7	0.6	0.0485	6.5	0.2569	6.8	0.0384	1.9	125	153	244	5
SJ33-8	0.5	0.0527	4.1	0.2857	4.5	0.0393	1.9	316	92	250	5
SJ33-9	1.4	0.0759	4.4	1.6830	5.1	0.1607	2.6	1094	88	963	24
SJ33-10	0.4	0.0524	3.5	0.2834	4.0	0.0392	1.9	304	81	251	5
SJ33-11	0.4	0.0522	5.8	0.2852	6.1	0.0396	2.0	296	131	251	5
SJ33-12	0.6	0.0486	8.3	0.2372	8.6	0.0354	2.5	129	195	224	5
SJ33-13	0.6	0.0231	61.0	0.0990	61.2	0.0311	4.1	NA	NA	196	8
SJ33-14	0.5	0.0467	7.0	0.2390	7.3	0.0371	1.9	34.9	168	237	5
SJ33-15	0.5	0.0565	3.0	0.3057	3.5	0.0393	1.9	471	67	249	5
SJ33-16	0.4	0.0524	1.7	0.2676	2.6	0.0370	2.0	303	40	236	5

续表

样品号	Th/U	$^{207}Pb/^{206}Pb$		$^{207}Pb/^{235}U$		$^{206}Pb/^{238}U$		$^{207}Pb/^{206}Pb$		$^{206}Pb/^{238}U$	
		Percent	1σ	Percent	1σ	Percent	1σ	年龄 /Ma	1σ	年龄 /Ma	1σ
SJ33（高硅流纹岩）											
SJ33-17	0.6	0.0568	9.8	0.2803	10.1	0.0358	2.3	485	216	227	5
SJ33-18	0.6	0.0524	7.8	0.2910	8.1	0.0403	1.9	302	178	255	5
10SJ28（玄武岩）											
10SJ28-1	0.2	0.0579	2.0	0.3756	3.4	0.0470	2.7	527	44	291	9
10SJ28-2	0.4	0.0487	2.9	0.2603	3.5	0.0388	1.9	132	68	260	7
10SJ28-3	0.9	0.0502	1.8	0.2571	2.6	0.0372	1.9	204	43	234	6
10SJ28-4	0.5	0.0526	6.5	0.2831	6.8	0.0391	2.0	311	149	239	6
10SJ28-5	0.4	0.0505	2.3	0.2728	3.0	0.0392	1.9	219	54	251	6
10SJ28-6	0.5	0.0512	2.2	0.2624	2.9	0.0372	1.9	248	51	243	7
10SJ28-7	0.6	0.0503	2.2	0.2827	2.9	0.0408	1.9	209	52	263	7
10SJ28-8	0.6	0.0497	2.2	0.2569	2.9	0.0375	1.9	183	52	240	6
10SJ28-9	0.7	0.0477	4.8	0.2471	5.2	0.0376	1.9	83.7	114	238	8
10SJ28-10	1.1	0.0516	1.1	0.2773	2.2	0.0389	1.8	270	26	247	7
10SJ28-11	0.2	0.1018	0.8	4.0667	2.0	0.2899	1.9	1656	14	1640	415
10SJ28-12	0.8	0.0507	2.7	0.2692	3.4	0.0385	2.1	226	62	244	7
10SJ28-13	0.4	0.0504	5.2	0.2650	5.7	0.0381	2.1	214	121	240	8
10SJ28-14	0.5	0.0496	3.6	0.2660	4.0	0.0389	1.9	175	84	244	6
10SJ28-15	0.8	0.0479	1.8	0.2564	2.6	0.0388	1.9	94.4	42	240	10
10SJ28-16	0.5	0.0513	1.6	0.2742	2.4	0.0388	1.9	253	36	241	10
10SJ28-17	0.7	0.0629	2.4	0.6862	3.1	0.0791	2.0	706	50	482	11
10SJ28-18	0.3	0.1335	0.7	6.9100	2.5	0.3754	2.4	2167	27	2019	54
SJ4（流纹岩）											
SJ4-1	0.8	0.0479	2.6	0.2515	2.8	0.0381	1.2	92.2	60	241	3
SJ4-2	0.7	0.0491	2.0	0.2611	2.3	0.0386	1.2	151	47	244	3
SJ4-3	0.9	0.0508	1.2	0.2658	1.7	0.0379	1.1	232	28	240	3
SJ4-4	0.8	0.0493	1.9	0.2672	2.2	0.0393	1.1	160	45	249	3
SJ4-5	0.6	0.0497	3.6	0.2633	3.8	0.0384	1.2	183	84	243	3
SJ4-6	0.4	0.0500	3.3	0.2647	3.8	0.0384	1.8	195	77	243	4
SJ4-7	0.6	0.0475	3.7	0.2472	4.0	0.0377	1.6	76	88	239	4
SJ4-8	1.4	0.0499	1.1	0.2655	1.6	0.0386	1.1	191	25	244	3
SJ4-9	0.7	0.0505	1.4	0.2635	1.8	0.0378	1.1	220	33	239	3
SJ4-10	0.6	0.0500	2.5	0.2600	2.8	0.0377	1.2	195	58	239	3
SJ4-11	0.7	0.0547	3.1	0.2876	3.3	0.0381	1.2	401	69	241	3
SJ4-12	0.8	0.0518	1.5	0.2817	2.1	0.0394	1.4	277	34	249	3
SJ44（流纹英安岩）											
SJ44-1	0.5	0.0515	1.1	0.2694	2.1	0.0380	1.8	262	26	240	5
SJ44-2	0.3	0.0502	2.3	0.2517	2.9	0.0364	1.8	205	53	231	4
SJ44-3	0.4	0.0544	1.5	0.2303	2.3	0.0307	1.8	388	34	196	4

续表

样品号	Th/U	$^{207}Pb/^{206}Pb$		$^{207}Pb/^{235}U$		$^{206}Pb/^{238}U$		$^{207}Pb/^{206}Pb$		$^{206}Pb/^{238}U$	
		Percent	1σ	Percent	1σ	Percent	1σ	年龄 /Ma	1σ	年龄 /Ma	1σ
SJ44（流纹英安岩）											
SJ44-4	0.5	0.0548	1.5	0.1996	2.4	0.0264	1.9	402	35	169	3
SJ44-5	0.4	0.0525	2.4	0.1851	3.2	0.0256	2.0	307	55	165	4
SJ44-6	0.3	0.0530	1.5	0.2551	2.4	0.0349	1.8	328	35	222	4
SJ44-7	0.5	0.0507	1.1	0.2699	2.1	0.0386	1.8	227	26	244	5
SJ44-8	0.3	0.0523	1.4	0.2649	2.2	0.0367	1.8	300	31	236	5
SJ44-9	0.4	0.0518	1.2	0.2681	2.2	0.0375	1.8	276	28	239	5
SJ44-10	0.3	0.0522	1.5	0.2582	2.3	0.0359	1.8	295	34	227	4
SJ44-11	0.7	0.0506	1.0	0.2678	2.1	0.0384	1.8	221	24	243	5
SJ44-12	0.2	0.0527	2.7	0.2648	3.3	0.0365	1.8	314	62	232	5
SJ44-13	0.3	0.0525	1.4	0.2716	2.4	0.0375	2.0	307	31	238	5
SJ44-14	0.4	0.0494	3.0	0.2030	3.5	0.0298	1.8	165	71	190	4
SJ44-15	0.7	0.0514	1.5	0.2200	2.4	0.0310	1.8	259	36	197	4
SJ44-16	0.5	0.0532	1.8	0.2312	2.5	0.0315	1.8	337	40	200	4
SJ44-17	0.6	0.0521	1.2	0.2821	2.2	0.0393	1.9	289	28	249	5
SJ44-18	0.4	0.0676	1.6	1.3192	2.5	0.1415	1.9	863	33	850	19
SJ82（玄武岩）											
SJ82-1	1.6	0.1057	1.0	4.3461	2.4	0.2925	2.2	1724	20	1684	48
SJ82-2	0.7	0.0483	1.8	0.2435	2.9	0.0367	1.9	114	42	232	5
SJ82-3	0.8	0.0525	1.6	0.2689	4.1	0.0377	1.9	306	36	233	9
SJ82-4	0.7	0.1019	2.1	3.7023	3.0	0.2668	2.1	1659	40	1505	33
SJ82-5	0.8	0.0513	2.0	0.2612	3.2	0.0377	1.9	252	46	234	6
SJ82-6	0.7	0.0496	2.3	0.2615	3.0	0.0382	1.9	178	54	242	7
SJ82-7	0.7	0.0521	2.3	0.2754	2.9	0.0380	1.9	288	52	239	6
SJ82-8	0.6	0.0497	2.7	0.2631	3.3	0.0381	1.9	179	62	243	6
SJ82-9	0.9	0.0488	2.2	0.2516	2.9	0.0372	1.9	138	52	237	5
SJ82-10	0.7	0.0503	2.4	0.2630	3.0	0.0379	1.9	210	55	240	10
SJ82-11	0.7	0.0500	2.2	0.2578	2.9	0.0366	1.9	193	50	232	5
SJ82-12	0.6	0.0988	0.5	3.5915	3.3	0.2713	2.2	1609	19	1503	42
SJ82-13	0.8	0.0504	1.9	0.2511	2.7	0.0366	1.9	215	45	230	6
SJ82-14	0.8	0.0531	2.8	0.2614	3.4	0.0364	1.9	334	63	227	6
SJ82-15	0.6	0.0536	2.5	0.2924	3.1	0.0395	1.9	355	56	251	6
SJ82-16	0.7	0.0538	3.0	0.2822	3.5	0.0372	1.9	364	68	240	5

表 2.7 金沙江构造带内晚二叠世—中三叠世岩浆岩锆石 Hf-O 同位素测试结果

样品号	$^{176}Lu/^{177}Hf$	2σ	$^{176}Hf/^{177}Hf$	2σ	$\varepsilon_{Hf}(t)$	T_{DM}^{C}/Ga	$\delta^{18}O$/‰	±2σ
SJ133（白马雪山寄主岩）								
SJ133-01	0.000476	0.000010	0.282377	0.000029	−8.6	1.82	8.5	0.3
SJ133-02	0.000411	0.000004	0.282371	0.000050	−8.8	1.84	8.5	0.2

续表

样品号	$^{176}Lu/^{177}Hf$	2σ	$^{176}Hf/^{177}Hf$	2σ	$\varepsilon_{Hf}(t)$	T_{DM}^{C}/Ga	$\delta^{18}O$/‰	±2σ
				SJ133（白马雪山寄主岩）				
SJ133-03	0.000479	0.000010	0.282370	0.000041	−8.8	1.84	9.0	0.2
SJ133-04	0.000711	0.000011	0.282369	0.000035	−8.9	1.84	8.7	0.2
SJ133-05	0.000949	0.000039	0.282270	0.000049	−12.5	2.07	8.6	0.1
SJ133-06	0.000467	0.000018	0.282422	0.000035	−7.0	1.72	8.6	0.3
SJ133-07	0.000676	0.000013	0.282365	0.000037	−9.1	1.85	8.9	0.2
SJ133-08	0.000596	0.000027	0.282460	0.000052	−5.7	1.64	8.5	0.2
SJ133-09	0.000667	0.000020	0.282234	0.000042	−13.7	2.14	8.6	0.2
SJ133-10	0.000441	0.000006	0.282355	0.000034	−9.4	1.87	8.8	0.2
SJ133-11	0.001017	0.000033	0.282295	0.000044	−11.6	2.01	8.6	0.2
SJ133-12	0.000602	0.000011	0.282331	0.000041	−10.2	1.93	8.8	0.2
SJ133-13	0.000361	0.000007	0.282345	0.000031	−9.7	1.89	8.7	0.2
SJ133-14	0.000487	0.000007	0.282367	0.000036	−8.9	1.85	8.9	0.2
SJ133-15	0.000369	0.000011	0.282358	0.000037	−9.2	1.87	8.7	0.2
SJ133-16	0.000403	0.000010	0.282115	0.000047	−17.9	2.4		
SJ133-17	0.001331	0.000125	0.282415	0.000042	−7.4	1.75		
SJ133-18	0.000643	0.000006	0.282252	0.000056	−13.1	2.1		
SJ133-19	0.000809	0.000019	0.282387	0.000042	−8.3	1.81		
SJ133-20	0.000937	0.000018	0.282365	0.000051	−9.1	1.85		
SJ133-21	0.000818	0.000028	0.282280	0.000035	−12.1	2.04		
SJ133-22	0.000341	0.000003	0.282389	0.000037	−8.2	1.8		
SJ133-23	0.000502	0.000013	0.282061	0.000183	−19.8	2.52		
				SJ143（白马雪山暗色包体）				
SJ143-01	0.000794	0.000026	0.282333	0.000040	−10.2	1.92	9.1	0.2
SJ143-02	0.002862	0.000075	0.282483	0.000093	−5.2	1.61	9.2	0.2
SJ143-03	0.000770	0.000005	0.282228	0.000073	−13.9	2.16	8.7	0.2
SJ143-04	0.000445	0.000014	0.282290	0.000042	−11.6	2.02	9.1	0.2
SJ143-05	0.001033	0.000012	0.282424	0.000040	−7.0	1.72	9.5	0.2
SJ143-06	0.000827	0.000042	0.282289	0.000076	−11.7	2.02	9.0	0.2
SJ143-07	0.000610	0.000020	0.282300	0.000043	−11.3	2	9.2	0.2
SJ143-08	0.000904	0.000036	0.282317	0.000052	−10.8	1.96	9.6	0.2
SJ143-09	0.000904	0.000036	0.282351	0.000039	−9.5	1.88	9.7	0.2
SJ143-10	0.000800	0.000006	0.282245	0.000036	−13.3	2.12	10.4	0.3
SJ143-11	0.000666	0.000035	0.282285	0.000037	−11.9	2.03	9.0	0.2
SJ143-12	0.001645	0.000143	0.282400	0.000099	−7.9	1.78	9.6	0.2
SJ143-13	0.000807	0.000020	0.282317	0.000054	−10.8	1.96	9.4	0.2
SJ143-14	0.000774	0.000007	0.282354	0.000037	−9.4	1.88	9.5	0.3
SJ143-15	0.000393	0.000008	0.282408	0.000051	−7.5	1.75	8.9	0.2
SJ143-16	0.000931	0.000062	0.282351	0.000029	−9.5	1.89		
SJ143-17	0.001187	0.000082	0.282287	0.000049	−11.9	2.03		
SJ143-18	0.003260	0.000041	0.282520	0.000051	−4.0	1.53		

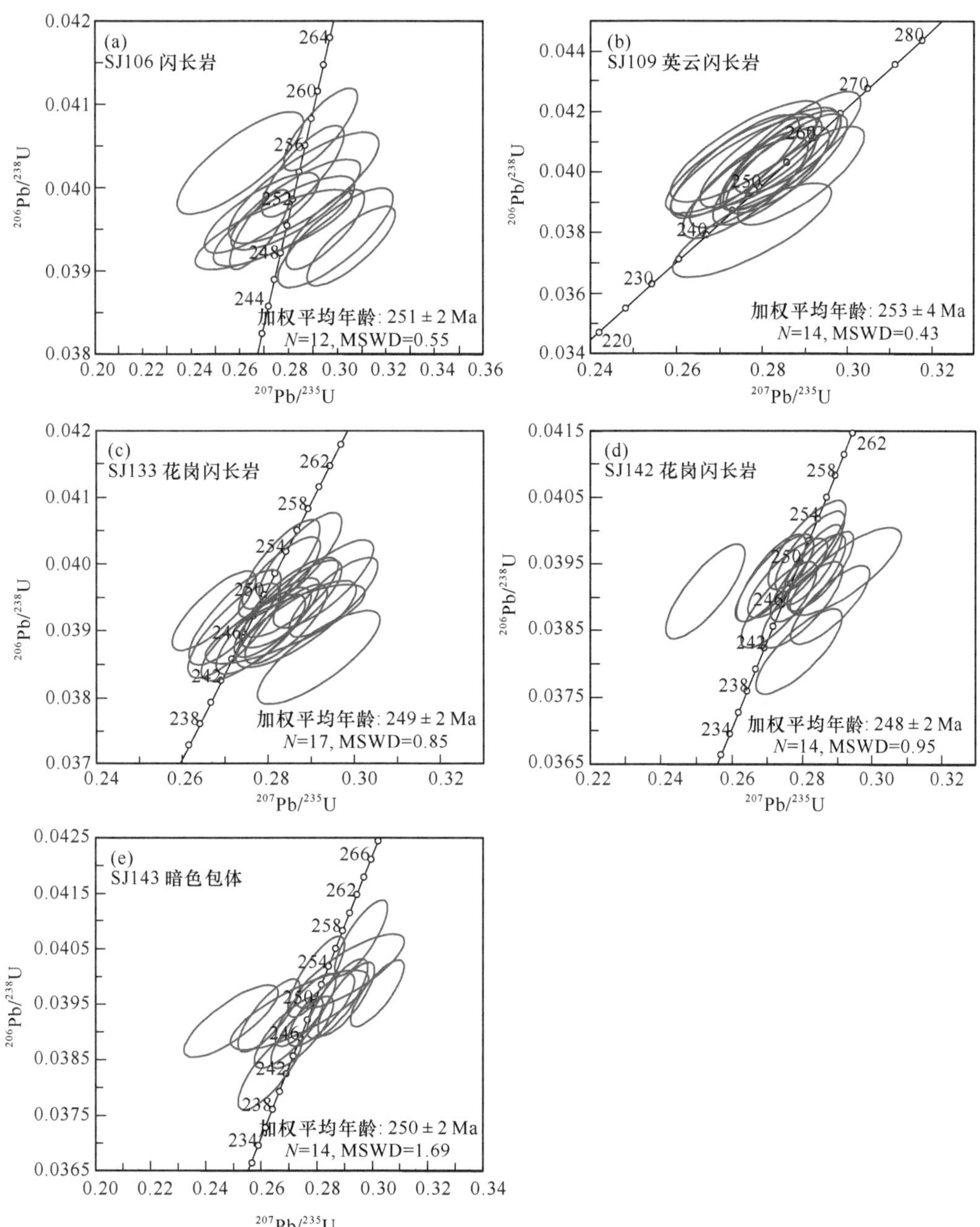

图 2.12　白马雪山岩体寄主岩 [（a）~（d）] 及暗色包体（e）锆石 U-Pb 年龄谐和图

白马雪山岩体寄主岩的 SiO_2 含量变化范围为 55.72%~68.05%，具较低的 K_2O+Na_2O 含量（3.33%~6.95%），在 TAS 图解中落入闪长岩和花岗闪长岩范围内 [图 2.4（a）]。它们具较高的 MgO 和 $Mg^{\#}$ 值，变化范围分别为 2.68%~6.41% 和 54~66。除一个样品之外，其余样品均具较低的 A/CNK（0.85~1.06）和 A/NK 值（1.69~3.49），属于准铝质—弱过铝质。样品的 MgO、TiO_2、FeO_t、CaO 和 Al_2O_3 含量随 SiO_2 含量的增加而减少，而它们的 K_2O、Rb、Ba 含量和 K_2O/Na_2O 值随 SiO_2 含量的增加而增加。样品强烈富集大离子亲石元素而亏损高场强元素，具显著的 Ba、Nb-Ta、Sr 和 Ti 负异常［图 2.5（c）］，同时也富集轻稀土元素而亏损重稀土元素，具较为明显的 Eu 负异常。样品的（La/Yb）$_N$ 和（La/Sm）$_N$ 值变化范围分别为 8.04~25.2 和 3.27~5.23。白马雪山岩体寄主岩的初始 $^{87}Sr/^{86}Sr$ 值变化范围为 0.70987~0.71126，$\varepsilon_{Nd}(t)$ 值介于 –9.2 与 –6.3 之间（图 2.13 和表 2.8）。

表 2.8　金沙江构造带内晚二叠世—中三叠世岩浆岩主微量元素分析结果（a）

样品号	SJ106	SJ108	SJ109	SJ113	SJ130	SJ131	SJ133	SJ135	SJ140
采样位置	白马雪山								
岩性	寄主岩								
SiO_2/%	55.72	56.45	61.30	61.83	64.90	65.02	63.40	62.04	61.92
TiO_2/%	0.74	0.74	0.69	0.65	0.55	0.50	0.57	0.59	0.64
Al_2O_3/%	18.29	15.18	14.90	15.08	14.84	14.78	15.13	15.38	15.62
FeO_t/%	6.28	7.48	6.00	5.58	3.94	4.00	4.57	4.65	5.53
MnO/%	0.08	0.10	0.08	0.07	0.05	0.04	0.08	0.06	0.07
MgO/%	3.90	6.21	4.12	3.86	2.68	2.56	3.25	2.62	3.69
CaO/%	8.05	7.37	5.06	4.94	2.86	1.82	3.69	4.44	5.15
Na_2O/%	2.09	1.65	2.63	2.44	2.65	1.70	2.50	2.39	2.84
K_2O/%	1.67	1.58	2.64	2.96	4.08	4.90	3.64	3.66	2.49
P_2O_5/%	0.16	0.14	0.21	0.19	0.22	0.22	0.22	0.24	0.23
LOI/%	2.40	2.53	1.83	1.81	2.65	3.84	2.39	3.37	1.23
总计 /%	99.38	99.43	99.46	99.41	99.42	99.38	99.44	99.44	99.41
Sc/10^{-6}	22.5	25.7	17.8	15.2	8.8	10.1	11.3	13.4	14.8
V/10^{-6}	156	172	137	122	78.9	81.2	96.8	109	118
Cr/10^{-6}	86.7	299	137	132	85.3	98.0	105	125	128
Co/10^{-6}	17.7	24.5	17.7	16.7	10.3	10.0	13.0	12.9	16.2
Ni/10^{-6}	16.8	58.6	35.1	33.6	33.3	31.0	34.9	38.0	34.8
Ga/10^{-6}	21.9	17.5	18.3	17.5	19.8	19.8	19.2	19.9	20.7
Rb/10^{-6}	90.0	82.0	114	123	174	340	158	154	138
Sr/10^{-6}	409	283	421	432	503	133	415	484	463
Y/10^{-6}	21.8	21.3	21.9	20.1	18.8	17.8	21.3	19.5	23.6
Zr/10^{-6}	111	126	161	168	221	170	199	208	207
Nb/10^{-6}	8.31	7.15	10.2	9.64	11.9	11.2	11.9	11.5	12.1
Cs/10^{-6}	2.47	2.45	4.17	3.78	19.0	48.5	6.36	6.93	5.92
Ba/10^{-6}	358	340	624	692	998	616	721	850	452
La/10^{-6}	28.1	22.4	52.7	36.2	47.4	51.3	40.4	37.2	56.0
Ce/10^{-6}	53.9	44.2	94.7	68.0	90.0	96.3	76.2	71.3	100
Pr/10^{-6}	6.64	5.65	10.7	8.05	10.5	11.0	9.51	8.91	11.6
Nd/10^{-6}	25.5	21.6	38.9	30.0	39.2	39.6	35.1	33.6	41.6
Sm/10^{-6}	4.87	4.42	6.50	5.43	6.77	6.86	6.38	6.06	7.00

续表

样品号	SJ106	SJ108	SJ109	SJ113	SJ130	SJ131	SJ133	SJ135	SJ140
采样位置	白马雪山								
岩性	寄主岩								
Eu/10^{-6}	1.23	1.02	1.38	1.25	1.54	1.22	1.41	1.50	1.40
Gd/10^{-6}	4.28	4.00	5.32	4.43	5.43	5.44	5.21	4.83	5.91
Tb/10^{-6}	0.69	0.64	0.75	0.66	0.72	0.71	0.73	0.69	0.80
Dy/10^{-6}	3.86	3.75	3.92	3.48	3.49	3.54	3.72	3.53	4.07
Ho/10^{-6}	0.78	0.75	0.76	0.68	0.62	0.63	0.69	0.66	0.77
Er/10^{-6}	2.17	2.06	2.05	1.85	1.70	1.63	1.92	1.77	2.10
Tm/10^{-6}	0.31	0.30	0.30	0.27	0.24	0.23	0.27	0.26	0.30
Yb/10^{-6}	2.00	2.00	1.95	1.76	1.53	1.46	1.75	1.68	1.98
Lu/10^{-6}	0.30	0.31	0.29	0.27	0.23	0.22	0.27	0.25	0.31
Hf/10^{-6}	2.86	3.18	4.11	4.14	5.43	4.33	4.82	5.09	4.97
Ta/10^{-6}	0.70	0.58	0.89	0.89	1.18	1.08	1.19	1.18	1.34
Pb/10^{-6}	11.7	10.7	22.5	24.5	14.1	11.2	24.5	21.4	21.2
Th/10^{-6}	8.29	8.23	21.5	13.3	20.9	15.8	18.9	14.3	20.8
U/10^{-6}	2.34	2.00	3.88	3.79	3.18	4.51	4.19	3.92	5.02

表 2.8　金沙江构造带内晚二叠世—中三叠世岩浆岩主微量元素分析结果（b）

样品号	SJ142	SJ144	SJ110	SJ111	SJ143	SJ145	SJ22	SJ23	SJ24
采样位置	白马雪山						攀天阁组		
岩性	寄主岩		暗色包体				流纹岩		
SiO_2/%	64.30	58.90	53.77	54.64	54.31	50.55	73.85	77.20	76.63
TiO_2/%	0.55	1.22	0.63	0.81	0.77	0.88	0.47	0.09	0.07
Al_2O_3/%	14.94	15.48	14.26	13.77	12.73	14.86	13.47	13.01	12.93
FeO_t/%	4.71	7.66	9.20	10.00	10.66	10.65	2.52	0.05	0.13
MnO/%	0.07	0.10	0.17	0.16	0.18	0.18	0.00	0.01	0.01
MgO/%	3.26	3.88	6.87	7.08	7.57	7.81	0.18	0.37	0.45
CaO/%	4.20	5.77	7.39	6.85	8.04	7.96	0.27	0.34	0.30
Na_2O/%	2.55	2.79	2.99	2.34	2.08	2.57	5.35	4.83	3.91
K_2O/%	3.75	2.19	2.33	2.23	1.64	2.39	2.60	2.93	4.45
P_2O_5/%	0.20	0.24	0.13	0.22	0.19	0.32	0.14	0.06	0.07
LOI/%	0.86	1.22	1.77	1.39	1.32	1.32	0.77	0.68	0.50
总计 /%	99.39	99.45	99.51	99.49	99.49	99.49	99.62	99.57	99.45
Sc/10^{-6}	13.3	17.7	46.7	28	22.5	42.3	7.07	3.15	3.09
V/10^{-6}	103	168	199	183	191	194	14.8	8.77	9.28
Cr/10^{-6}	111	52.8	358	441	568	412	4.87	3.23	2.41
Co/10^{-6}	14.1	19.5	25.9	28.2	31.7	31.8	0.24	2.43	1.84
Ni/10^{-6}	34.0	10.1	76.0	69.8	157	155	0.87	0.84	1.10
Ga/10^{-6}	19.2	20.7	19.0	18.6	20.4	23.0	17.7	10.8	9.89
Rb/10^{-6}	160	130	114	116	97.0	146	70.6	51.3	75.7

续表

样品号	SJ142	SJ144	SJ110	SJ111	SJ143	SJ145	SJ22	SJ23	SJ24
采样位置	白马雪山						攀天阁组		
岩性	寄主岩		暗色包体				流纹岩		
$Sr/10^{-6}$	451	413	464	304	325	361	286	85.0	49.1
$Y/10^{-6}$	19.7	24.1	54.1	44.1	49.1	59.2	39.1	17.7	22.8
$Zr/10^{-6}$	161	169	127	153	126	289	537	61.5	55.5
$Nb/10^{-6}$	10.2	13.0	10.6	12.2	12.6	15.6	22.1	5.98	4.86
$Cs/10^{-6}$	8.31	5.40	1.74	5.33	2.99	11.1	3.01	0.35	0.43
$Ba/10^{-6}$	782	465	439	442	339	446	853	547	508
$La/10^{-6}$	35.3	31.0	26.4	21.0	23.2	19.6	56.7	13.5	11.9
$Ce/10^{-6}$	67.7	60.6	78.5	62.3	76.2	65.4	122	28.0	26.9
$Pr/10^{-6}$	8.24	7.72	12.8	10.8	13.0	11.6	13.7	3.29	2.99
$Nd/10^{-6}$	30.8	30.6	58.6	49.4	57.7	55.7	49.8	12.5	11.3
$Sm/10^{-6}$	5.66	6.03	13.1	11.0	12.4	13.7	9.15	2.95	2.71
$Eu/10^{-6}$	1.38	1.74	2.36	1.90	2.49	2.28	1.26	0.51	0.51
$Gd/10^{-6}$	4.59	5.26	10.99	8.69	9.68	11.21	7.11	2.82	2.76
$Tb/10^{-6}$	0.67	0.80	1.81	1.44	1.54	1.83	1.27	0.55	0.57
$Dy/10^{-6}$	3.45	4.27	9.79	7.79	8.33	9.86	7.21	3.27	3.87
$Ho/10^{-6}$	0.66	0.82	1.91	1.51	1.60	1.90	1.42	0.64	0.79
$Er/10^{-6}$	1.78	2.22	5.38	4.08	4.60	5.33	3.98	1.72	2.32
$Tm/10^{-6}$	0.26	0.32	0.79	0.62	0.67	0.77	0.60	0.28	0.36
$Yb/10^{-6}$	1.63	2.06	5.11	4.05	4.37	5.02	4.03	1.80	2.31
$Lu/10^{-6}$	0.25	0.30	0.75	0.59	0.62	0.74	0.63	0.26	0.34
$Hf/10^{-6}$	3.75	4.09	3.93	3.83	3.38	6.99	10.7	1.95	1.87
$Ta/10^{-6}$	0.94	1.03	1.26	0.91	0.84	1.43	1.55	1.41	1.14
$Pb/10^{-6}$	32.3	17.2	12.0	15.6	12.9	21.7	16.9	16.3	20.7
$Th/10^{-6}$	17.6	11.7	5.62	7.58	3.07	3.96	20.4	6.78	6.21
$U/10^{-6}$	5.59	3.57	3.64	2.55	1.86	4.87	3.28	2.43	2.37

表 2.8 金沙江构造带内晚二叠世—中三叠世岩浆岩主微量元素分析结果（c）

样品名	SJ25	SJ26	SJ31	SJ33	SJ37	SJ39	SJ43	SJ49	SJ51
采样位置	攀天阁组								
岩性	流纹岩								
$SiO_2/\%$	76.87	76.11	76.47	75.90	76.63	77.68	77.10	77.09	81.40
$TiO_2/\%$	0.07	0.07	0.31	0.27	0.26	0.25	0.24	0.26	0.18
$Al_2O_3/\%$	12.87	12.25	13.17	12.83	11.26	10.62	10.73	10.52	9.41
$FeO_t/\%$	0.01	0.07	0.55	1.25	1.88	1.73	1.86	2.12	0.77
$MnO/\%$	0.01	0.01	0.01	0.00	0.01	0.01	0.01	0.01	0.00
$MgO/\%$	0.35	0.36	0.33	0.43	1.51	1.28	1.68	1.74	0.44
$CaO/\%$	0.35	1.48	0.33	0.11	0.15	0.23	0.27	0.16	0.09
$Na_2O/\%$	3.89	3.86	2.19	1.71	1.50	0.97	1.32	1.31	0.01

续表

样品名	SJ25	SJ26	SJ31	SJ33	SJ37	SJ39	SJ43	SJ49	SJ51
采样位置	攀天阁组								
岩性	流纹岩								
K_2O/%	4.53	3.90	4.72	5.39	4.79	5.21	4.72	4.63	5.79
P_2O_5/%	0.06	0.07	0.10	0.03	0.05	0.04	0.04	0.05	0.03
LOI/%	0.42	1.27	1.18	1.35	1.27	1.21	1.33	1.41	1.06
总计 /%	99.43	99.45	99.36	99.27	99.31	99.23	99.30	99.30	99.18
Sc/10^{-6}	2.00	1.81	3.4	4.03	6.41	6.85	6.25	6.64	5.35
V/10^{-6}	9.63	9.05	11.9	15.7	7.74	8.20	7.47	7.36	6.12
Cr/10^{-6}	10.8	2.25	4.04	0.68	2.59	2.48	2.67	0.73	0.50
Co/10^{-6}	1.90	0.89	0.52	0.11	0.64	0.52	0.51	0.45	0.60
Ni/10^{-6}	1.52	1.08	0.36	0.20	2.41	0.79	0.68	2.00	0.03
Ga/10^{-6}	10.1	9.88	16.4	16.6	18.8	17.8	16.8	14.8	13.7
Rb/10^{-6}	79.3	67.1	148	168	164	187	154	124	162
Sr/10^{-6}	67.9	78.7	82.3	20.0	32.9	21.0	29.8	39.1	13.5
Y/10^{-6}	15.4	16.2	21.6	39.7	47.4	49.5	47.0	36.4	62.3
Zr/10^{-6}	49.3	43.3	295	325	360	370	337	330	229
Nb/10^{-6}	4.88	4.66	16.4	16.3	20.8	20.8	19.7	22.4	19.1
Cs/10^{-6}	0.41	0.40	2.59	2.71	6.16	6.28	4.16	3.99	2.98
Ba/10^{-6}	574	573	1449	677	1088	1093	998	2486	862
La/10^{-6}	10.7	11.7	38.5	47.6	57.9	55.4	57.1	53.4	90.3
Ce/10^{-6}	21.2	23.3	61.5	87.8	110	106	110	105	179
Pr/10^{-6}	2.58	2.80	8.19	10.3	13.6	13.0	13.5	12.6	20.5
Nd/10^{-6}	9.48	10.3	29.3	38.5	50.6	49.4	51.2	47.4	78.5
Sm/10^{-6}	2.13	2.29	5.10	7.24	9.61	9.54	9.61	8.92	15.4
Eu/10^{-6}	0.39	0.38	0.83	1.11	1.41	1.40	1.34	1.00	2.16
Gd/10^{-6}	2.03	2.19	4.32	6.44	8.40	8.72	8.61	7.47	12.3
Tb/10^{-6}	0.41	0.44	0.65	1.06	1.38	1.44	1.38	1.19	1.86
Dy/10^{-6}	2.61	2.65	3.53	6.21	8.20	8.35	8.13	7.44	11.2
Ho/10^{-6}	0.53	0.54	0.73	1.33	1.74	1.70	1.69	1.59	2.31
Er/10^{-6}	1.50	1.53	2.18	3.85	5.07	4.74	4.81	4.42	6.28
Tm/10^{-6}	0.24	0.24	0.34	0.59	0.77	0.70	0.74	0.70	0.97
Yb/10^{-6}	1.61	1.60	2.34	3.96	4.99	4.58	4.67	4.68	6.15
Lu/10^{-6}	0.24	0.24	0.39	0.62	0.76	0.70	0.72	0.73	0.94
Hf/10^{-6}	1.51	1.33	7.11	7.22	8.76	8.57	8.05	10.3	7.18
Ta/10^{-6}	0.76	0.83	1.29	1.27	1.48	1.43	1.35	1.52	1.23
Pb/10^{-6}	31.3	26.8	9.61	2.34	5.69	3.94	4.70	7.19	7.61
Th/10^{-6}	5.33	5.01	23.2	18.5	20.5	20.2	19.2	23.2	20.3
U/10^{-6}	1.58	1.57	2.44	4.45	5.52	3.90	4.06	5.19	4.20

表 2.8　金沙江构造带内晚二叠世—中三叠世岩浆岩主微量元素分析结果（d）

样品名	SJ04	SJ06	SJ07	SJ37	SJ39	SJ43	SJ49	SJ51	SJ04
采样位置	崔依比组下部								
岩性	流纹岩					玄武岩			
SiO_2/%	77.38	69.47	64.83	76.40	70.09	45.11	42.15	39.42	49.65
TiO_2/%	0.14	0.54	0.56	0.27	0.46	0.73	0.62	0.61	0.60
Al_2O_3/%	11.48	12.43	14.03	9.72	12.77	18.46	14.67	14.69	15.43
FeO_t/%	2.18	6.68	8.30	5.01	6.72	9.21	10.30	10.65	10.47
MnO/%	0.02	0.07	0.11	0.07	0.13	0.16	0.29	0.32	0.10
MgO/%	0.82	1.48	1.71	0.99	1.13	6.50	7.90	8.51	7.08
CaO/%	0.22	0.97	1.01	0.83	0.85	4.69	9.60	10.91	4.63
Na_2O/%	4.82	5.05	4.38	3.49	5.15	1.50	1.47	1.32	5.11
K_2O/%	1.70	1.34	2.43	1.30	0.77	5.64	3.06	2.68	0.57
P_2O_5/%	0.02	0.12	0.13	0.05	0.09	0.13	0.12	0.13	0.09
LOI/%	0.85	1.60	2.21	1.47	1.59	7.62	10.00	11.07	6.37
总计 /%	99.63	99.75	99.70	99.60	99.75	99.75	100.18	100.31	100.10
Sc/10^{-6}	1.04	14.8	20.8	9.80	19.0	39.6	33.1	26.6	20.1
V/10^{-6}	4.55	22.8	8.35	5.05	5.95	238	160	182	232
Cr/10^{-6}	0.18	0.01	0.18	0.63	0.35	374	214	281	305
Co/10^{-6}	0.16	4.16	3.14	1.87	2.43	38.9	39.2	38.6	49.3
Ni/10^{-6}	0.17	0.52	0.27	0.05	1.84	84.3	74.8	66.2	75.9
Ga/10^{-6}	15.4	17.1	20.4	13.5	19.4	16.3	13.3	13.7	14.2
Rb/10^{-6}	37.2	26.6	57.9	29.2	14.9	259	84.6	79.4	32.4
Sr/10^{-6}	52.5	70.7	118	48.4	52.8	85.5	114	108	61.4
Y/10^{-6}	37.3	44.9	55.6	26.4	39.3	8.52	12.9	12.0	8.97
Zr/10^{-6}	252	187	215	169	194	45.2	41.1	39.5	35.2
Nb/10^{-6}	12.2	9.50	10.5	7.67	10.7	3.11	2.79	2.68	2.38
Cs/10^{-6}	0.41	0.27	1.49	0.40	0.19	46.5	11.3	10.3	7.20
Ba/10^{-6}	523	348	584	396	310	1331	1555	1209	179
La/10^{-6}	21.8	18.9	32.6	19.2	20.1	4.83	9.30	7.36	5.75
Ce/10^{-6}	51.0	43.1	68.4	37.5	42.2	11.1	19.4	15.8	12.6
Pr/10^{-6}	5.70	5.77	8.46	4.76	5.29	1.57	2.34	1.98	1.67
Nd/10^{-6}	22.0	26.0	34.7	19.4	21.8	6.80	9.74	8.42	7.14
Sm/10^{-6}	4.56	6.57	8.06	4.14	4.98	1.61	2.18	1.91	1.65
Eu/10^{-6}	0.83	1.71	2.09	0.87	1.42	0.40	0.61	0.53	0.59
Gd/10^{-6}	4.64	7.00	8.60	4.25	5.22	1.61	2.24	1.97	1.58
Tb/10^{-6}	0.93	1.34	1.62	0.75	1.02	0.28	0.38	0.34	0.28
Dy/10^{-6}	6.21	8.24	10.1	4.54	6.68	1.71	2.40	2.20	1.72
Ho/10^{-6}	1.44	1.72	2.12	1.00	1.45	0.37	0.52	0.48	0.37
Er/10^{-6}	4.50	4.68	5.79	2.94	4.28	1.08	1.51	1.34	1.04
Tm/10^{-6}	0.74	0.69	0.83	0.47	0.69	0.17	0.22	0.21	0.16

续表

样品名	SJ04	SJ06	SJ07	SJ37	SJ39	SJ43	SJ49	SJ51	SJ04
采样位置	崔依比组下部								
岩性	流纹岩					玄武岩			
$Yb/10^{-6}$	5.10	4.45	5.31	3.30	4.51	1.19	1.44	1.27	0.98
$Lu/10^{-6}$	0.82	0.69	0.82	0.52	0.72	0.20	0.24	0.21	0.16
$Hf/10^{-6}$	6.60	4.84	5.40	4.33	4.85	1.42	1.22	1.20	0.96
$Ta/10^{-6}$	0.97	0.73	0.79	0.60	0.77	0.21	0.19	0.17	0.15
$Pb/10^{-6}$	1.22	3.69	3.04	13.1	5.89	7.17	6.37	36.5	4.79
$Th/10^{-6}$	10.9	6.74	7.59	6.08	7.12	2.14	1.91	1.78	1.42
$U/10^{-6}$	2.79	1.83	2.03	1.49	2.38	0.64	0.90	1.04	0.36

表 2.8　金沙江构造带内晚二叠世—中三叠世岩浆岩主微量元素分析结果（e）

样品名	SJ06	SJ07	SJ08	SJ09	SJ53	SJ57	SJ59	SJ60	SJ42
采样位置	崔依比组上部								
岩性	安山岩				英安岩	玄武岩			
SiO_2/%	58.51	63.82	62.24	60.42	65.60	49.44	49.68	50.18	51.97
TiO_2/%	1.78	0.42	1.77	1.74	0.37	0.74	0.72	0.77	1.22
Al_2O_3/%	14.71	16.13	14.14	14.65	15.23	15.50	15.39	17.47	15.25
FeO_t/%	12.06	3.82	9.20	10.52	2.96	8.95	8.93	10.35	10.40
MnO/%	0.06	0.04	0.05	0.05	0.05	0.15	0.17	0.14	0.16
MgO/%	2.80	2.04	2.57	2.78	1.57	8.62	9.25	5.99	6.46
CaO/%	0.63	1.59	0.72	0.59	2.88	7.34	6.83	10.06	7.11
Na_2O/%	1.75	4.58	2.77	1.19	2.84	3.83	4.01	2.09	2.63
K_2O/%	3.43	4.56	2.66	4.13	4.08	1.35	0.82	0.59	1.48
P_2O_5/%	0.36	0.20	0.38	0.36	0.16	0.20	0.20	0.13	0.27
LOI/%	3.49	2.33	3.08	3.03	3.73	3.56	3.73	1.68	2.61
总计 /%	99.58	99.53	99.58	99.46	99.47	99.68	99.73	99.45	99.56
$Sc/10^{-6}$	31.9	8.82	27.5	24.9	7.37	29.9	33.7	34.3	37.9
$V/10^{-6}$	203	55.2	152	183	52.3	194	205	226	272
$Cr/10^{-6}$	12.6	22.4	0.20	0.27	13.6	539	582	125	139
$Co/10^{-6}$	21.1	9.06	14.1	11.1	6.40	37.7	38.7	36.1	34.2
$Ni/10^{-6}$	0.89	5.92	0.06	0.93	1.88	127	139	44.5	44.5
$Ga/10^{-6}$	22.7	18.6	20.6	21.8	20	15.4	15.4	17.0	16.1
$Rb/10^{-6}$	128	139	79.9	100	189	25.9	14.8	23.8	49.6
$Sr/10^{-6}$	26.1	148	108	22.2	113	372	352	311	303
$Y/10^{-6}$	26.5	14.3	29.6	23.4	14.1	14.3	15.0	13.5	22.6
$Zr/10^{-6}$	265	213	245	219	136	91.6	91.5	46.2	90.5
$Nb/10^{-6}$	13.0	18.5	15.4	14.7	10.9	5.76	5.53	2.66	5.69
$Cs/10^{-6}$	1.74	9.04	1.22	1.63	10.4	1.21	0.46	7.10	1.50
$Ba/10^{-6}$	548	1484	1206	830	629	605	313	188	419
$La/10^{-6}$	27.6	74.0	26.5	36.2	34.1	30.4	30.5	7.85	17.1

续表

样品名	SJ06	SJ07	SJ08	SJ09	SJ53	SJ57	SJ59	SJ60	SJ42
采样位置	崔依比组上部								
岩性	安山岩				英安岩	玄武岩			
$Ce/10^{-6}$	53.5	130	52.9	74.4	67.1	54.6	53.6	16.2	34.5
$Pr/10^{-6}$	6.82	13.68	6.71	9.36	7.95	6.51	6.60	2.17	4.52
$Nd/10^{-6}$	27.2	46.0	26.8	36.8	28.7	24.9	24.7	9.29	18.8
$Sm/10^{-6}$	5.29	6.57	5.60	7.13	5.52	4.36	4.43	2.15	4.07
$Eu/10^{-6}$	1.28	1.27	1.07	1.88	0.95	1.17	1.15	0.82	1.21
$Gd/10^{-6}$	4.78	4.22	5.04	5.64	3.93	3.42	3.60	2.19	4.12
$Tb/10^{-6}$	0.74	0.56	0.88	0.87	0.55	0.49	0.51	0.40	0.70
$Dy/10^{-6}$	4.26	2.93	5.87	5.03	2.82	2.68	2.72	2.33	4.08
$Ho/10^{-6}$	0.92	0.54	1.27	1.05	0.55	0.52	0.54	0.49	0.87
$Er/10^{-6}$	2.75	1.47	3.77	3.01	1.44	1.51	1.48	1.37	2.41
$Tm/10^{-6}$	0.42	0.22	0.57	0.46	0.22	0.21	0.21	0.20	0.36
$Yb/10^{-6}$	2.87	1.44	3.78	3.05	1.42	1.38	1.43	1.36	2.38
$Lu/10^{-6}$	0.46	0.22	0.60	0.50	0.22	0.22	0.22	0.22	0.36
$Hf/10^{-6}$	4.85	6.44	6.05	5.83	4.29	2.29	2.20	1.16	2.32
$Ta/10^{-6}$	0.85	2.33	1.05	1.00	1.26	0.38	0.37	0.18	0.40
$Pb/10^{-6}$	5.84	7.81	17.5	12.5	62.9	21.4	22.5	5.14	12.1
$Th/10^{-6}$	8.95	36.1	12.5	8.31	20.8	9.10	8.96	1.88	4.18
$U/10^{-6}$	2.00	12.9	2.70	2.40	8.84	1.96	1.94	0.56	1.18

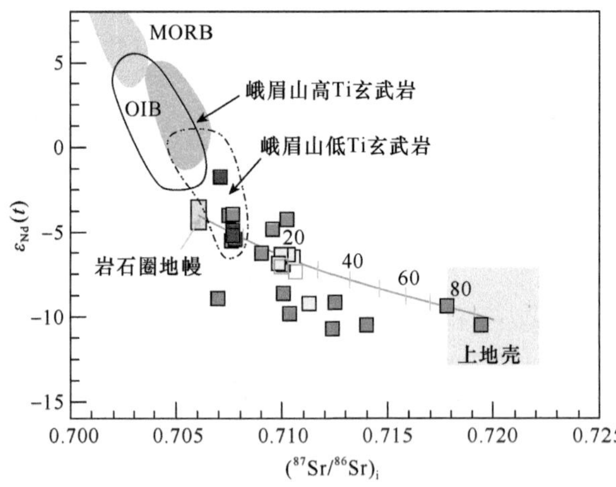

图 2.13　金沙江构造带晚二叠世—中三叠世岩浆岩 Sr-Nd 同位素组成图解

图例及数据来源同图 2.4

相较于寄主岩石，暗色包体具更低的 SiO_2（51.49%~58.91%）和 Al_2O_3（12.97%~16.27%）和更高的 MgO（5.43%~8.50%）、FeO_t（8.81%~10.86%）、Cr（66.1×10^{-6}~568×10^{-6}）和 Ni（20.6×10^{-6}~157×10^{-6}）含量。暗色包体也富集大离子亲石元素而亏

损高场强元素，具显著的 Nb-Ta、Zr-Hf、Sr 和 Ti 负异常［图 2.5（c）］。暗色包体的稀土元素含量明显高于寄主岩石，富集轻稀土元素而亏损重稀土元素，具显著的 Eu 负异常。暗色包体的 Sr-Nd 同位素组成与寄主岩石类似（图 2.13），它们的初始 $^{87}Sr/^{86}Sr$ 值变化范围为 0.7099~0.7106，$\varepsilon_{Nd}(t)$ 值介于 –7.3 与 –7 之间（表 2.9）。

表 2.9　金沙江构造带内晚二叠世—中三叠世岩浆岩 Sr-Nd 同位素分析结果

样品号	采样位置	岩性	$^{87}Rb/^{86}Sr$	$^{87}Sr/^{86}Sr$	2σ	$(^{87}Sr/^{86}Sr)_i$	$^{147}Sm/^{144}Nd$	$^{143}Nd/^{144}Nd$	2σ	$\varepsilon_{Nd}(t)$
SJ106	白马雪山	寄主岩	0.63	0.713564	17	0.7113	0.12	0.5120	9	–9.2
SJ109			0.78	0.712839	17	0.7100	0.10	0.5121	11	–6.9
SJ130			1.01	0.714098	13	0.7105	0.10	0.5122	7	–6.5
SJ133			1.10	0.714227	13	0.7103	0.11	0.5122	7	–6.4
SJ142			1.03	0.713653	16	0.7100	0.11	0.5122	7	–6.3
SJ144			0.91	0.713107	14	0.7099	0.12	0.5122	8	–6.9
SJ110		暗色包体	0.71	0.713168	16	0.7106	0.14	0.5122	12	–7.3
SJ143			0.86	0.713017	13	0.7099	0.13	0.5122	8	–7
SJ22	攀天阁组	流纹岩	0.72	0.720313	16	0.7178	0.11	0.5120	7	–9.4
SJ24			4.47	0.719957	20	0.7043				
SJ25			3.39	0.719478	24	0.7076	0.14	0.5123	10	–5.5
SJ31			5.21	0.728559	17	0.7104	0.11	0.5120	8	–9.8
SJ33			19.51	0.778080	23	0.7101	0.11	0.5121	8	–8.7
SJ49			9.18	0.744466	18	0.7125	0.11	0.5120	8	–9.1
SJ51			34.73	0.827999	25	0.7070	0.12	0.5121	6	–8.9
SJ04	崔依比组下部	流纹岩	2.05	0.714789	19	0.7076	0.13	0.5123	9	–4.9
SJ06			1.09	0.711585	19	0.7078	0.15	0.5123	9	–5.4
SJ-55		玄武岩	0.76	0.711602	16	0.7090	0.13	0.5122	7	–6.2
SJ08	崔依比组上部	安山岩	1.75	0.713179	17	0.7071	0.04	0.5123	9	–1.8
SJ09			0.82	0.710486	14	0.7076	0.14	0.5123	14	–5.3
SJ-44		英安岩	2.72	0.723199	16	0.7140				
SJ57		玄武岩	2.15	0.716891	20	0.7096	0.14	0.5123	10	–4.8
SJ60			1.53	0.715471	17	0.7103	0.14	0.5123	11	–4.3
SJ-82			0.22	0.708214	17	0.7075	0.14	0.5123	10	–4.1
SJ-84			0.48	0.709292	16	0.7077	0.13	0.5123	12	–4
SJ-62			4.87	0.733321	16	0.7167				

2.3.2　攀天阁组高硅流纹岩

攀天阁组最早由云南省区域地质调查队于 1984 年命名，该组总体上可分为上下两段。上段以紫红色流纹岩为主，其次为灰绿色、紫红色玻基流纹岩，少量紫红色流纹质火山角砾岩、凝灰岩等；下段以灰绿色英安质流纹岩为主，偶见玻基流纹岩及流纹质英安岩，该组火山岩从下至上构成一个由中酸性至酸性的喷发旋回［图 2.14（a）；

牟传龙和余谦，2002；Zi et al.，2012b]。在兰坪盆地内，攀天阁组火山岩中夹有薄层粉砂岩和硅质岩，表明它们的喷发环境为浅海环境，其火山岩总体厚度超过 1200m，与下伏上兰组和上覆歪古村组均呈假整合接触关系（牟传龙和余谦，2002）。

攀天阁组流纹岩样品［SJ22 和 SJ33；图 2.14（b）（d）］的 SHRIMP 锆石 U-Pb 定年分析结果见表 2.5 和表 2.6。样品锆石颗粒呈无色或浅棕色、半自形柱状，长 50~150μm，在 CL 图像中呈现出振荡环带。样品 SJ22 中的 19 颗锆石年龄相对集中，它们的 $^{206}Pb/^{238}U$ 加权平均年龄为 247±3Ma［图 2.15（a）］，而样品 SJ33 中的 14 颗锆石的加权平均年龄为 246±3Ma［图 2.15（b）］，这些年龄代表了攀天阁组流纹岩的喷发年龄。此外，样品 SJ22 和 SJ33 中的两颗锆石具较老的 $^{206}Pb/^{238}U$ 表观年龄，分别为 437±6Ma 和 1094±88Ma，属继承锆石。牟传龙和余谦（2002）获得了攀天阁组流纹岩全岩 Rb-Sr 年龄为 236±32Ma，并根据该组与上兰组和歪古村组的叠置关系，认为攀天阁组属于中－晚三叠世地层。Wang 等（2014a）获得了攀天阁组两件流纹岩样品的 LA-ICPMS 锆石 U-Pb 年龄分别为 247.7±1.7Ma 和 248.5±2.3Ma。上述高精度锆石 U-Pb 定年结果说明攀天阁组属于早三叠世地层，而不是中－晚三叠世地层，或者说至少有相当部分火山岩喷发于早三叠世（表 2.5；牟传龙和余谦，2002；Zi et al.，2012b；Wang et al.，2014a）。

图 2.14　攀天阁组及崔依比组地层柱状图（a）和野外照片［（b）攀天阁组流纹岩；（c）崔依比组玄武岩］及薄片（d）（e）

Qtz- 石英

攀天阁组火山岩样品的主量元素含量变化范围较小（表 2.8），具很高的 SiO_2（70.61%~82.96%）及较低的 MgO（0.18%~1.78%）和 FeO_t（0.01%~4.62%）含量，在 Nb/Y-SiO_2 图解中均落入流纹岩区域内［图 2.4（b）］。攀天阁组流纹岩的 A/CNK 值变化范围为 0.92~2.33，A/NK 值变化范围为 1.14~2.62，属于过铝质。它们的 MgO、

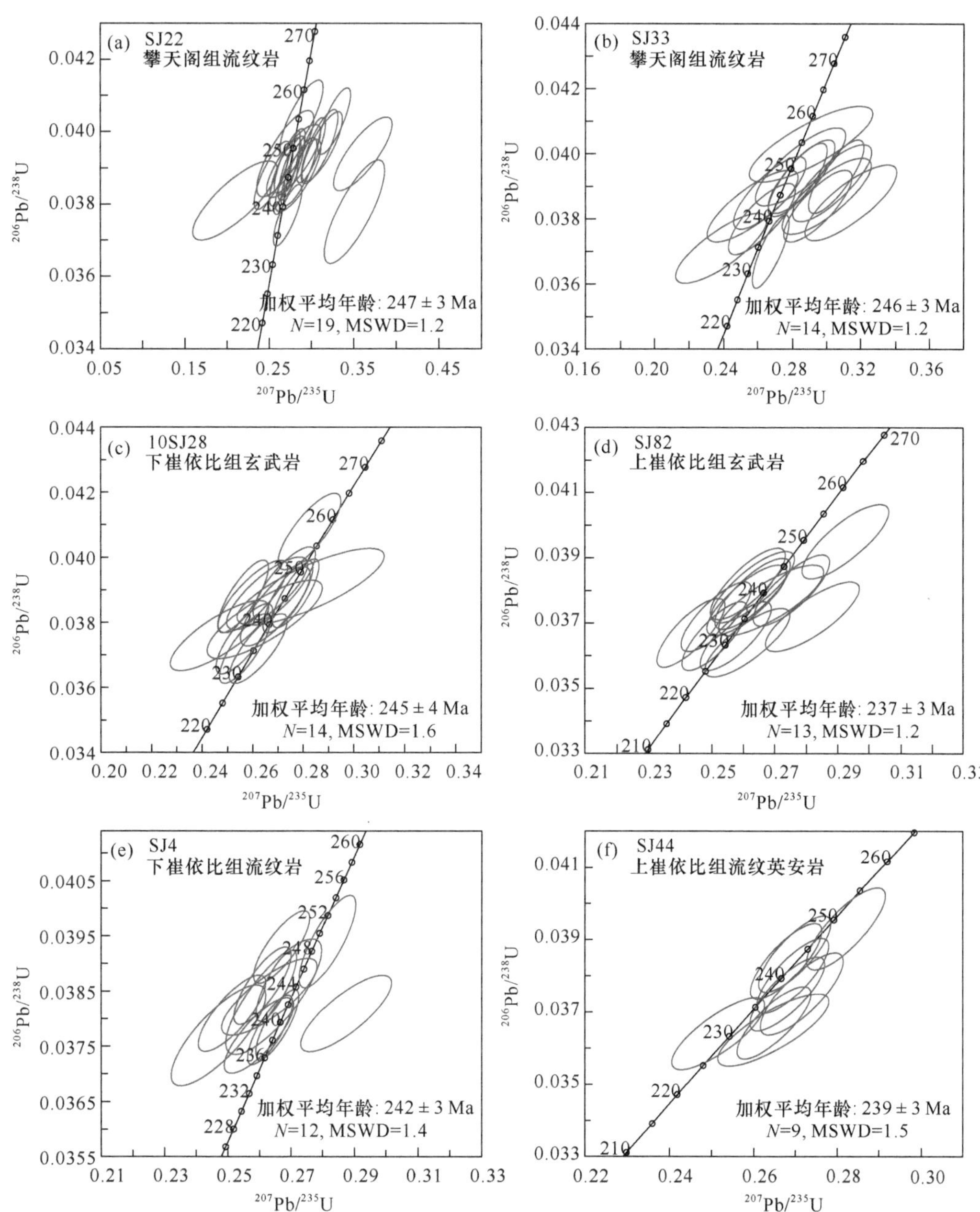

图 2.15　攀天阁组和崔依比组火山岩锆石 U-Pb 年龄谐和图

FeO_t、TiO_2、Al_2O_3、CaO 和 P_2O_5 含量随着 SiO_2 含量的增加而降低。流纹岩样品强烈富集大离子亲石元素而亏损高场强元素，具显著的 Nb-Ta、Ti 和 Sr 负异常［图 2.5（d）］。在球粒陨石标准化的稀土元素配分图中，样品呈现出轻稀土元素强烈富集而重稀土元素亏损的特征，具显著的 Eu 负异常（Eu/Eu^*=0.34~0.57）。它们的 $(La/Yb)_N$ 和 $(La/Sm)_N$ 值变化范围分别为 3.68~11.8 和 2.82~4.87。攀天阁组流纹岩与哀牢山地区绿春流纹岩具相似的微量元素和稀土元素配分模式。流纹岩样品具富集的 Sr-Nd 同位素组成，它们的（$^{87}Sr/^{86}Sr$）$_i$ 值变化范围为 0.7043~0.7194，$\varepsilon_{Nd}(t)$ 值介于 –10.7 与 –5.5 之间。

2.3.3 崔依比组双峰式火山岩

崔依比组下部以玄武岩 / 变玄武岩和流纹岩为主，含少量火山角砾岩，其上部以玄武岩和流纹英安岩为主，含少量凝灰岩和砂岩夹层（图 2.14；云南省地质矿产局，1990）。崔依比组与下伏的攀天阁组呈假整合接触关系，被上覆上三叠统石钟山组角度不整合所覆盖，总体厚度超过 5000m。崔依比组以往被认为是上三叠统（云南省地质矿产局，1990）。对采自崔依比组下部和上部的四件火山岩样品的 SHRIMP 锆石 U-Pb 定年结果见表 2.5 和表 2.6，图示于图 2.15。采自崔依比组下部钠长玄武岩（10SJ28）中的锆石大部分呈自形状，具振荡环带，部分锆石具明显的核边结构，核部的 U-Pb 年龄为 2167±27Ma 和 1656±14Ma。其余锆石颗粒的 Th/U 值变化范围为 0.4~1.1（表 2.6），$^{206}Pb/^{238}U$ 加权平均年龄为 245±4Ma［图 2.15（c）］，代表了其喷发年龄。玄武安山质样品（SJ82）中的锆石大部分呈自形状，透明无色或浅棕色，CL 图像上显示出振荡环带，为岩浆成因锆石。其中 16 颗锆石的 Th/U 值介于 0.6~1.6 之间，有三颗锆石具较老的 U-Pb 年龄，分别为 1724±20Ma，1659±40Ma 和 1609±19Ma（表 2.6）。剩余 13 颗锆石具相对集中的 $^{206}Pb/^{238}U$ 表观年龄，加权平均年龄为 237±3Ma［图 2.15（d）］，代表了其喷发年龄。流纹岩样品（SJ4）和流纹英安岩样品（SJ44）分别采自崔依比组的下部和上部。样品的锆石颗粒多为透明，自形到半自形，短柱到长棱柱状，长 80~150μm，长宽比介于 2 ∶ 1 与 4 ∶ 1 之间，大部分显示出振荡环带。样品 SJ4 的 12 颗锆石具较高的 Th/U 值（0.4~1.4），它们的加权平均年龄为 242±3Ma［图 2.15（e）］。对样品 SJ44 中的 18 颗锆石开展了锆石 U-Pb 年龄分析，其中 9 颗锆石的加权平均年龄为 239±3Ma［图 2.15（f）］。这些加权平均年龄代表了崔依比组酸性岩的喷发年龄。蒙麟鑫和王铂云（2019）也获得了维西县三岔河崔依比组英安岩的锆石 U-Pb 年龄为 246.6±6.6Ma。上述锆石 U-Pb 年代学结果说明崔依比组是一套早三叠世火山岩，其喷发时间略晚于攀天阁组火山岩（表 2.5）。

崔依比组上部和下部玄武岩均具相似的主微量元素组成，唯一区别在于上部玄武岩的轻稀土元素含量略高于下部玄武岩（表 2.8）。崔依比组玄武岩样品均具较低的 SiO_2（44.17%~53.60%）和 P_2O_5（0.10%~0.28%）含量，较高的 Al_2O_3（15.73%~20.04%）、FeO_t（9.30%~11.93%）、MgO（6.13%~9.64%）和 TiO_2（0.64%~1.26%）含量。它们的 Cr 和 Ni 含量变化范围分别为 125×10^{-6}~582×10^{-6} 和 44.5×10^{-6}~139×10^{-6}。在 Nb/Y-SiO_2 图解上［图 2.4（b）］，玄武岩样品均落入亚碱性玄武岩区域内。样品强烈富集大离子亲石元素而亏损高场强元素，具显著的 Nb-Ta 和 Ti 负异常［图 2.5（d）］。在球粒陨石标准化的稀土元素配分图中，玄武岩样品富集轻稀土元素而亏损重稀土元素，未见明显的 Eu 异常（Eu/Eu^*=0.75~1.14）。它们的（La/Yb）$_N$ 和（La/Sm）$_N$ 值变化范围分别为 2.91~15.8 和 1.94~4.50。崔依比组上部和下部玄武岩的 Sr-Nd 同位素稍微不同，但二者均具富集的 Sr-Nd 同位素组成（图 2.13）。崔依比组下部玄武岩的（$^{87}Sr/^{86}Sr$）$_i$ 比值为 0.7090，$\varepsilon_{Nd}(t)$ 值为 –6.2，而上部玄武岩的（$^{87}Sr/^{86}Sr$）$_i$ 值变化范围为 0.7075~0.7167，$\varepsilon_{Nd}(t)$ 值介于 –4.8~–4 之间（图 2.13 和表 2.9）。

崔依比组下部和上部酸性岩的 SiO_2 含量变化范围分别为 66.51%~78.34% 和 60.90%~68.53%，在 Nb/Y-SiO_2 图解中分别落入流纹英安岩 / 流纹岩和粗面安山岩 / 流纹英安岩区域［图 2.4（b）］。下部酸性岩比上部酸性具更高的 SiO_2 含量，更低的 Fe_2O_3、TiO_2、MgO 和 P_2O_5 含量。相对于攀天阁组流纹岩，崔依比组酸性岩的主量元素含量变化范围相对较大，SiO_2 的含量变化范围为 60.90%~78.34%，具较高的 FeO_t（2.21%~12.55%）、TiO_2（0.14%~1.85%）、Al_2O_3（9.91%~16.59%）和 P_2O_5（0.02%~0.39%）含量。它们的 A/CNK 和 A/NK 值变化范围分别为 1.05~1.95 和 1.18~2.28，属于过铝质。崔依比组下部和上部酸性岩具相似的微量元素和 Sr-Nd 同位素组成［图 2.5（d）和图 2.13］。在原始地幔标准化蛛网图中［图 2.5（d）］，崔依比组酸性岩强烈富集大离子亲石元素而亏损高场强元素，具显著的 Sr、Nb-Ta 和 Ti 负异常。样品也富集轻稀土元素，具轻微到中等的 Eu 负异常（Eu/Eu^*=0.55~0.88）。崔依比组酸性岩的（$^{87}Sr/^{86}Sr$）$_i$ 值变化范围为 0.7071~0.7140，比攀天阁组流纹岩具更高的 $\varepsilon_{Nd}(t)$ 值，但与崔依比组玄武岩具相似的 Sr-Nd 同位素组成（图 2.13 和表 2.9）。

2.3.4　岩石成因与构造背景

暗色包体呈浑圆状、零星分布于白马雪山岩体之中（图 2.11），具较高 MgO（5.43%~8.50%）、Cr（66.1×10^{-6}~568×10^{-6}）和 Ni（20.6×10^{-6}~157×10^{-6}）含量。它们与寄主岩具相似的全岩 Sr-Nd 和锆石 Hf-O 同位素组成［图 2.6（b）和图 2.13］，说明暗色包体与寄主岩来源于同一源区或岩浆混合作用导致两者的 Sr-Nd-Hf-O 同位素组成完全达到平衡状态。暗色包体的成因模型一般包括：①源岩部分熔融形成寄主花岗质岩石后的残留体；②岩浆早期结晶分异的堆晶体；③幔源岩浆注入寄主岩浆中发生岩浆混合的产物（Chappell et al.，1987；Donaire et al.，2005；Niu et al.，2013；Dorais and Spencer，2014；Flood and Shaw，2014）。暗色包体含角闪石和针状磷灰石，具典型的岩浆结构，这些特征排除了源岩部分熔融残留体的可能性。暗色包体不具堆晶岩的结构特征，同时它们的稀土元素含量明显高于寄主岩石，也说明堆晶成因的可能性很小。相反，暗色包体的 FeO_t 与 MgO 呈正相关关系，显示出岩浆混合的特征。它们的锆石 $\varepsilon_{Hf}(t)$ 值变化范围较大，介于 –4.0~+16.6 之间［图 2.6（b）］，也说明它们是岩浆混合的产物。暗色包体的 Fe_2O_3、TiO_2 含量和 CaO/Al_2O_3 值与实验岩石学中富集橄榄岩部分熔融的产物组成一致，说明富集岩石圈地幔对暗色包体的形成贡献很大。它们的 Sr-Nd-Hf-O 同位素组成也与富集岩石圈地幔一致。暗色包体的地球化学特征（如中等 SiO_2 含量，高 MgO、Cr 和 Ni 含量）也与岛弧成因的高镁安山岩类似，后者已被证实来源于受俯冲板片改造的地幔源区。

寄主岩石具较高 MgO 含量（高达 6.41%）和 $Mg^{\#}$ 值（54~66），富集相容元素（如 Cr=52.8×10^{-6}~300×10^{-6}，Ni=10.1×10^{-6}~58.6×10^{-6}）。与此同时，它们具较高的（$^{87}Sr/^{86}Sr$）$_i$ 值，较低的 $\varepsilon_{Nd}(t)$、$\varepsilon_{Hf}(t)$ 值和较高的 $\delta^{18}O$ 值［图 2.6（b）和图 2.13］。这些元素－同位素组成特征说明寄主岩石可能来源于地壳，或富集岩石圈地幔，或是两者的混合。但单纯的地壳岩石部分熔融无法解释寄主岩石较高 $Mg^{\#}$ 值的地球化学特征，而富集岩石圈地幔部分熔融可以很好地解释寄主岩石的地球化学特征，说明寄主岩石很可能来源于一个岩石圈地幔和古老地壳混合源区。寄主岩石的锆石 $\varepsilon_{Hf}(t)$ 值介于 −19.8~−5.7 之间，变化高达 14 个 ε_{Hf} 单位［图 2.6（b）和表 2.7］，也同样反映出锆石在结晶时源区 Hf 同位素的不均一，进一步说明源区含不同 Hf 同位素组成的组分。寄主岩石富集大离子亲石元素而亏损高场强元素，具岛弧岩浆微量元素的配分模式，与大陆边缘弧火山岩相似。未经改造过的地幔橄榄岩部分熔融，分离结晶和地壳混染等过程均无法解释寄主岩石上述地球化学特征。结合白马雪山岩体与古特提斯俯冲带的空间关系，认为白马雪山岩体的源区为富集岩石圈地幔，该富集岩石圈地幔受到了俯冲板片熔体或流体的改造。寄主岩石具较高的锆石 $\delta^{18}O$ 值，远高于正常地幔岩石的 $\delta^{18}O$ 值，其源岩混染了富集 $\delta^{18}O$ 的表壳岩石组分（如蚀变的上洋壳或碎屑沉积物）。在此提出了如下成因模型以解释白马雪山岩体的形成过程。白马雪山岩体的母岩浆来源于受俯冲交代过的岩石圈地幔的部分熔融，母岩浆向上迁移进入地壳，其高温岩浆作用导致周围地壳物质发生熔融。地壳熔体的同化混染作用可以很好地解释样品中存在少量新元古代继承锆石。但白马雪山岩体具较高的 $Mg^{\#}$ 值，样品的初始 $^{87}Sr/^{86}Sr$ 值和 $\varepsilon_{Nd}(t)$ 值随着 SiO_2 的增加而基本保持不变，说明尽管存在地壳熔体的同化混染作用，但同化混染分离结晶作用并未导致白马雪山岩体主微量和同位素组成的显著改变。岩体中的暗色包体可能代表了来源岩石圈地幔熔体端元且受地壳混染作用不明显，表现出俯冲地球化学属性。白马雪山岩体的富集同位素组成和地球化学属性很可能是继承了岩石圈地幔源区特征。Sr-Nd 同位素模拟结果也揭示出，富集岩石圈地幔加入少量表壳组分，该源区熔融而成的熔体在上升过程中混染少许中－下地壳物质可解释白马雪山岩体的 Sr-Nd 同位素组成（图 2.13）。

在金沙江构造带及其邻近地区出露有两套岛弧火山岩，即下二叠统吉东龙组和上二叠统—下三叠统的夏牙村组和马拉松多组（云南省地质矿产局，1990；吴根耀等，2000）。吴根耀等（2000）认为吉东龙组火山岩是澜沧江古特提斯洋向东俯冲的记录，属于西太平洋岛弧型；而夏牙村组和马拉松多组是金沙江洋盆向西俯冲消减的证据，属于安第斯型岛弧。白马雪山岩体侵位于晚二叠世金沙江陆缘弧序列之中，我们的年代学数据揭示出白马雪山岩体形成于晚二叠世早期—早三叠世早期（约 253~248Ma；表 2.5），明显早于临沧岩体（约 239~229Ma；Hennig et al.，2009；Peng et al.，2006；Wang et al.，2018b）。白马雪山岩体的 Sr-Nd 同位素组成也明显不同于临沧岩体，说明二者是不同源区、形成于不同构造背景。这些特征也说明白马雪山岩体不可能是临沧岩体的北延。相反，白马雪山岩体的地球化学和同位素组成特征均反映其形成于活动大陆边缘环境，它们的稀土元素和不相容元素配分模式类似于晚二叠世—早三叠世江

达 – 维西陆缘弧火山岩，其形成更可能是金沙江支洋盆向西俯冲于昌都 – 思茅地块之下的结果，在相关构造判别图解中也落入岛弧花岗岩区域内。因此，白马雪山岩体很可能是江达 – 维西陆缘弧的一部分，向南可对比于哀牢山构造带晚二叠世—早三叠世（约 260~250Ma）的弧型花岗岩（如新安寨 I 型花岗岩，见第 3 章）。另外，早 – 中三叠世双峰式火山岩、同期的构造变形和晚三叠世磨拉石建造表明，金沙江支洋盆的闭合时间不早于早三叠世。因此，白马雪山侵入体形成于金沙江支洋盆闭合前或消减俯冲向陆 – 陆碰撞转化的构造环境。

攀天阁组流纹岩具很高的 SiO_2 和较低的 MgO、FeO_t、TiO_2、CaO 含量，属高硅流纹岩。一般认为高硅流纹岩的成因包括：①幔源拉斑玄武质岩浆的结晶分异；②壳源的长英质与幔源的镁铁质岩浆混合；③地壳物质的部分熔融。但是，攀天阁组流纹岩出露的厚度远大于区域内同期基性岩的出露厚度，它们的 Sr-Nd 同位素与基性岩完全不同（图 2.13）。攀天阁组流纹岩的 La/Sm 和 La/Yb 值随着 La 的含量增加而增加［图 2.16（a)］，且 Rb/Sr 值并不随 SiO_2 含量的增加而增加［图 2.16（b)］。这些特征表明它们不可能是幔源玄武质岩浆结晶分异的产物。此外，攀天阁组流纹岩不仅具很高的 SiO_2 和较低的 MgO 含量，而且它们的 Sr-Nd 同位素变化范围较小（图 2.13），这些特征也很难被岩浆混合模型所解释。攀天阁组流纹岩具较高的初始 $^{87}Sr/^{86}Sr$ 值、较低的 $\varepsilon_{Nd}(t)$ 值和锆石 $\varepsilon_{Hf}(t)$ 值［图 2.13 和图 2.6（b)］，与区域前寒武纪基底岩石相似。因此，攀天阁组高硅流纹岩更可能是古老地壳岩石部分熔融的结果。

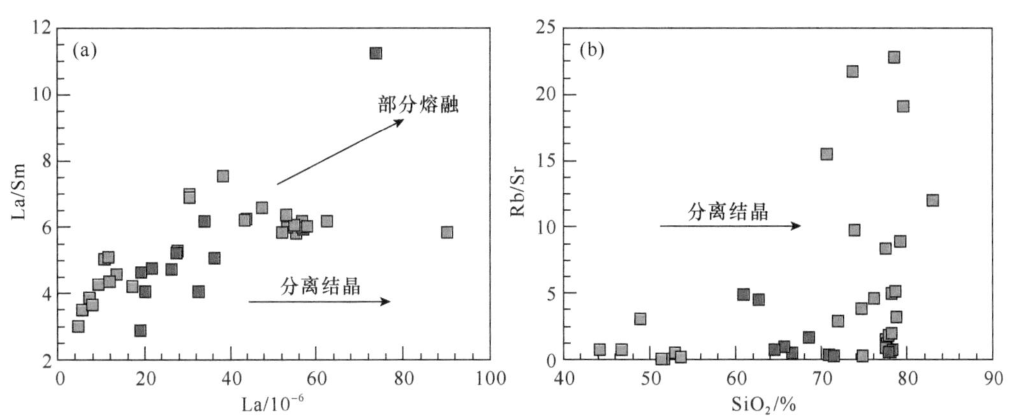

图 2.16　攀天阁组和崔依比组火山岩 La-La/Sm（a）和 SiO_2-Rb/Sr（b）图解

图例及数据来源同图 2.4

崔依比组包括了玄武岩和英安岩等多种岩性，其玄武岩的 Nb/La 值随着 MgO 含量的降低而增加，它们的 Nb/La 和 Zr/Nb 不呈正相关关系［图 2.7（b)］，这些特征表明崔依比组玄武岩样品并未遭受过显著的地壳混染作用。崔依比组玄武岩的 SiO_2（44.17%~53.60%）、MgO（6.13%~9.64%）、Cr（125×10^{-6}~582×10^{-6}）和 Ni（45×10^{-6}~139×10^{-6}）含量变化较大，说明它们在喷发至地表之前经历了橄榄石和斜方辉石的分离结晶作用。样品中斑晶以斜方辉石为主，也同样说明了斜方辉石的分离结晶作用。

与弧后盆地玄武岩相比，崔依比组玄武岩富集大离子亲石元素，亏损高场强元素，具显著的 Nb-Ta 负异常［图 2.5（d）］，较低的 HFSE/LREE 值（Nb/La=0.18~0.64，平均值为 0.34）。玄武岩样品具较高的 $^{87}Sr/^{86}Sr$ 初始值和较低的 $\varepsilon_{Nd}(t)$ 值（图 2.13）。这些元素－同位素特征说明它们的源区受到了俯冲物质的交代作用。在 Th/Yb-Nb/Yb 图解中［图 2.17（a）］，崔依比组玄武岩样品与来自正常的地幔的岩石相比有所不同，具较高的 Th/Yb 值，显示它们的源区受到了俯冲富集过程的影响。玄武岩样品具较低的 $(Ta/La)_N$ 和 $(Hf/Sm)_N$ 值，显示源区受到了俯冲熔体的交代作用［图 2.17（b）］。样品具较高的 Th/Ce 和 Nb/Zr 值，而具较低的 Pb/Ce 和 Pb/Zr 值，同样说明它们的源区主要受到了俯冲熔体的交代作用［图 2.17（c）（d）］。崔依比组玄武岩样品具较低的 $\varepsilon_{Nd}(t)$ 值（图 2.13），表明其源区受到了俯冲沉积物熔体，而不是俯冲洋壳的交代。它们的 $(La/Sm)_N$ 和 $(La/Yb)_N$ 变化范围分别为 1.94~4.50 和 2.91~15.8，具相对均一的、较低的 $(Tb/Yb)_N$ 值，相对平坦的中稀土元素和重稀土元素配分模式，它们具中等的 TiO_2 和 FeO_t 含量，暗示其来源于深度低于 70km 的尖晶石相地幔源区，相似于天然含尖晶石二辉橄榄岩在无水条件下实验而成的熔融玻璃。此外，因为富含高场强元素的氧化物往往在流体或者熔体交代地幔的过程中产生，它们的分离结晶作用会使熔体或

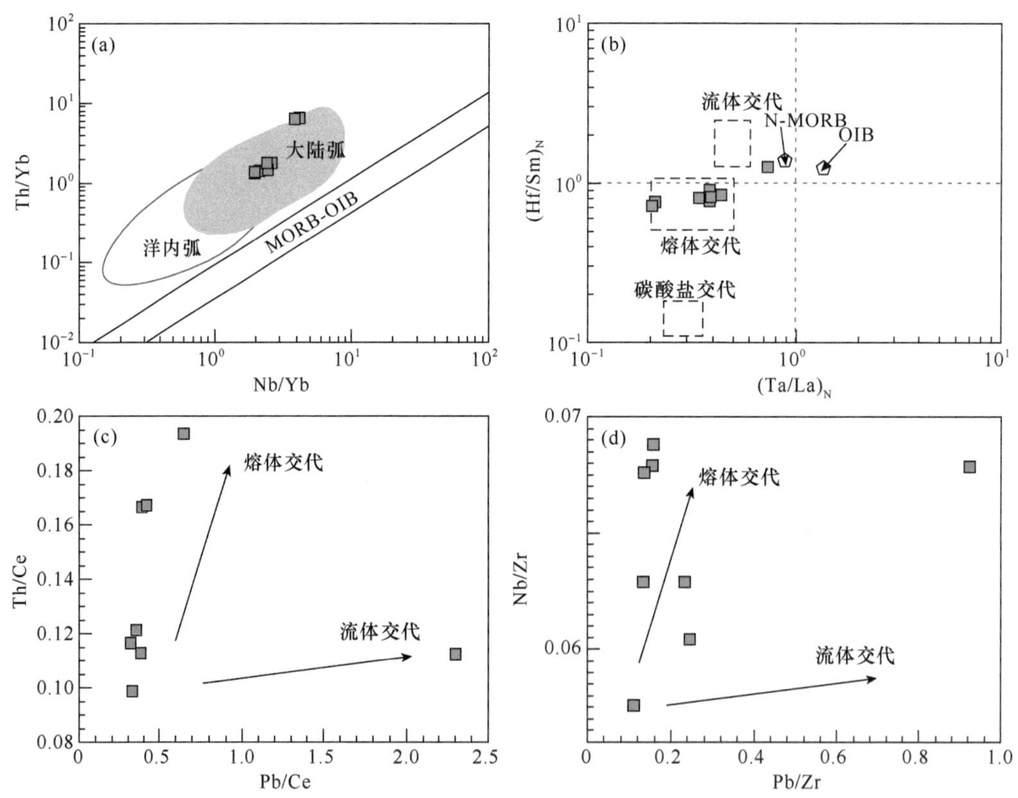

图 2.17　崔依比组玄武岩 Nb/Yb-Th/Yb（a），$(Ta/La)_N$-$(Hf/Sm)_N$（b），Pb/Ce-Th/Ce（c）和 Pb/Zr-Nb/Zr（d）图解

图例及数据来源同图 2.4

流体中的高场强元素相对其他元素大大减少（Foley et al.，2000；Green，2006）。崔依比组玄武岩样品具显著的 Nb-Ta 负异常，亏损 Ti、Zr 和 Hf 等高场强元素，说明它们的源区残留有富含如金红石等高场强元素的氧化物。因此，崔依比组玄武岩来源于受俯冲沉积物熔体交代过的富集岩石圈地幔部分熔融。而崔依比组酸性岩样品的主微量元素地球化学特征与攀天阁组高硅流纹岩均表现出较高的 Fe_2O_3、TiO_2、MnO、Al_2O_3、CaO 和 P_2O_5 含量，但 Sr-Nd 同位素组成特征明显不同（图 2.13），表明它们有着不同于攀天阁组流纹岩的岩浆源区。如前所述，崔依比组酸性岩与同时期玄武岩具相似的 Sr-Nd 同位素组成（图 2.13），说明它们很可能是玄武质岩浆分离结晶的产物。

裂谷边缘沉积序列、缝合带内含放射虫的大洋深海硅质岩及蛇绿混杂岩带内岩浆岩的年龄均说明古特提斯金沙江－哀牢山支洋盆在晚泥盆世到早石炭世打开和扩张，且该支洋盆很可能在晚石炭世到早二叠世时期扩张到了最大宽度。在早二叠世，该支洋盆向西俯冲，直至扬子陆块与昌都－思茅地块发生碰撞－拼贴。白马雪山岩体形成于约 255~248Ma（张万平等，2011；Zi et al.，2012b），具岛弧岩浆岩的地球化学特征，是金沙江支洋盆向昌都－思茅地块持续俯冲的产物。金沙江构造带以发育低绿片岩相区域变质作用和早－中三叠世与地壳深熔和幔源岩浆上涌相关的岩浆岩为特征，说明该构造带是一个高温低压碰撞造山带。区域沉积记录也揭示出昌都－思茅地块和扬子陆块西缘在早三叠世出现了海退和区域隆起，且中－晚三叠世地层呈不整合覆盖于晚二叠世或更早的地层之上，说明该区域在早三叠世时期发生过显著的构造热事件。这次事件很可能与昌都－思茅地块和扬子陆块沿金沙江缝合带的碰撞有关。钙碱性岩浆岩通常被认为形成于活动大陆边缘，地幔楔遭受俯冲板片流体和熔体的交代作用，导致高场强元素相对于大离子亲石元素亏损，地幔橄榄岩脱水反应引发地幔楔部分熔融形成岛弧岩浆（Stern，2002）。但越来越多的证据表明钙碱性岩浆岩也可能形成于同碰撞或碰撞后环境（Hawkesworth et al.，1995；Fan et al.，2003；Mo et al.，2008）。这些岩浆岩具岛弧岩浆岩的地球化学特征，且常与碰撞前俯冲板片流体 / 熔体的交代作用有关（Turner et al.，1992，1996；Bonin，2004）。崔依比组玄武岩样品以钙碱性为主，其中两个样品含较高的 Th 含量，呈现出高钾钙碱性特征。崔依比组玄武岩具较高的 Th/Yb 值和较低的 $(Ta/La)_N$ 和 $(Hf/Sm)_N$ 值（图 2.17），这些特征均说明它们的源区遭受过俯冲沉积物熔体的交代作用。攀天阁组流纹岩具高 SiO_2 和 Al_2O_3/TiO_2 特征，是古老地壳岩石部分熔融的产物。它们具较高的 Zr+Ce+Y+Nb 含量（87.4×10^{-6}~720×10^{-6}，平均值为 395×10^{-6}）和 10000×Ga/Al 值（1.43~3.10），具 A 型花岗岩的地球化学特征，进一步佐证了它们形成于伸展背景的观点。此外，崔依比组玄武岩样品的 Ti/V 值变化范围为 44~216，几乎全部落入弧后盆地玄武岩区域内，也指示它们形成于伸展背景。崔依比组双峰式火山岩组合也说明它们形成于伸展环境。崔依比组火山岩元素－同位素地球化学特征揭示它们是富集岩石圈地幔部分熔融的产物。类似的岩浆岩如三江地区（云南西部和四川）新生代钾玄岩（Guo et al.，2005；Huang et al.，2010）、我国东部苏鲁造山带内早白垩世双峰式火山岩（Fan et al.，2001）及东北大兴安岭晚中生代火山岩（Fan et al.，2003）。这些岩浆岩通常具相对平坦的稀土元素配分模式，亏损高场强元素和富集的 Nd 同位素组成等特征，常常被解释成富集岩石圈地幔部分熔融的产物，形成于碰撞环境下的区域伸展背景（Dilek and Altunkaynak，2009；Fan et al.，2001，2003；Guo et al.，2005；Huang et al.，2010）。在伸展背景下，软流圈上涌引发岩石圈地幔和古老地壳部分熔融，产生成分多样的岩浆岩，比如攀天阁组高硅流纹岩和崔依比组双峰式火山岩。火山岩成分随着时间发生变化，即从壳源的高硅流纹岩（攀天阁组）过渡到以幔源为主的双峰式火山岩（崔依比组），指示了同碰撞向碰撞后伸展过程的转化。因此，攀天阁组和崔依比组火山岩形成于同碰撞阶段下的区域伸展背景。

2.4 晚三叠世碰撞后岩浆记录

金沙江构造带出露有一系列印支期花岗质岩体，这些岩体呈南北向沿该构造带分布，出露面积超过 1000km^2。该构造带南部鲁甸岩体和北部加仁岩体是区域上最大的两个岩体，也是研究资料最为丰富的两个岩体（如简平等，2003b；王彦斌等，2010；Zhu et al.，2011a；Zi et al.，2013；Zhang et al.，2021a）。鲁甸和加仁岩体均形成于晚三叠世，属于碰撞后岩浆作用，是约束金沙江构造带碰撞闭合过程的重要载体。在此以鲁甸和加仁岩体为例，叙述它们的岩相学、年代学、岩石成因及其对金沙江构造带形成演变的启示意义。

2.4.1 鲁甸和加仁岩体

鲁甸岩体位于滇西北维西县以东，因位于滇西北高原的霞若—鲁甸一带而得名。该花岗质岩体在大地构造位置上处于金沙江构造带的南部，呈南北向狭长带状分布，长超过 115km，宽 2~12km 不等，出露面积高达 650km^2［图 2.18（a)］。该岩体东侧

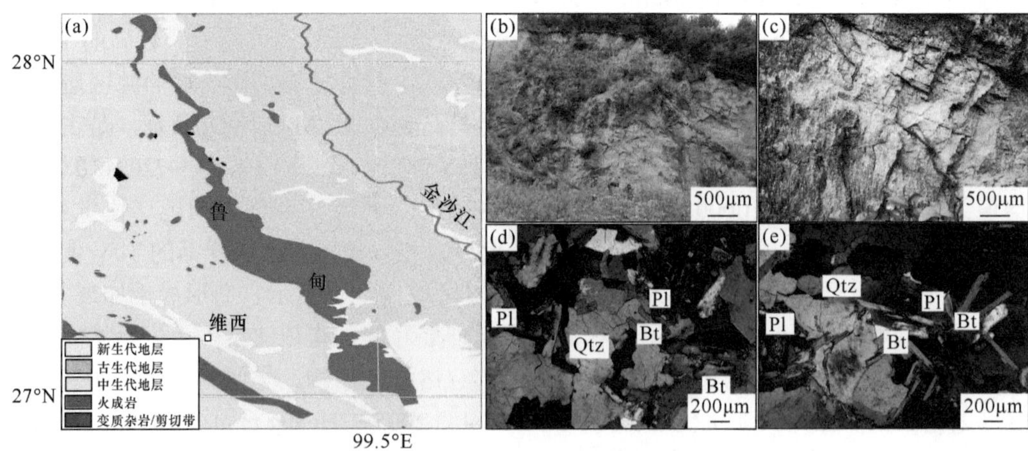

图 2.18　鲁甸岩体地质简图（a）和野外照片（b）(c）及薄片（d）(e）

Pl- 斜长石；CQtz- 石英；Bt- 黑云母

为吉义独基性 – 超基性岩带，西侧为崔依比组火山岩带，岩体侵入的最新地层为崔依比组，上覆上三叠统石钟山组。该岩体北段的岩性以花岗岩 – 二长花岗岩为主，而南段以花岗闪长岩 – 二长花岗岩为主（图 2.19；简平等，2003b）。花岗岩和二长花岗岩的矿物组合主要为石英（20%~30%）、钾长石（25%~35%）、斜长石（约 25%）、黑云母（3%~8%）和角闪石（约 6%），中粒花岗闪长岩矿物组合以石英（35%~45%），钾

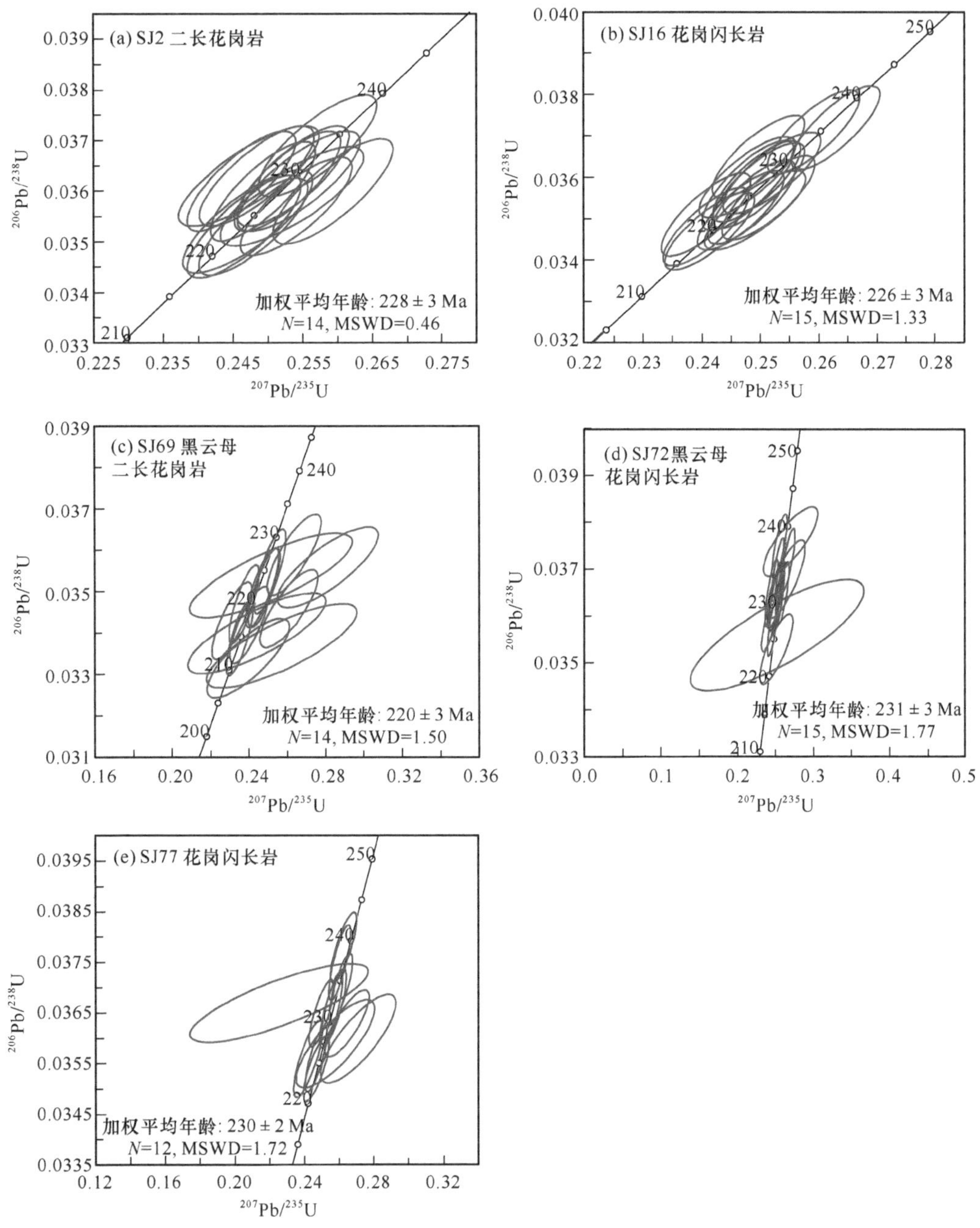

图 2.19　鲁甸岩体锆石 U-Pb 年龄谐和图

长石（10%~20%），斜长石（30%~35%），黑云母（约 5%）和角闪石（＞10%）为主［图 2.18（b）~（e）］。

对鲁甸岩体中的二长花岗岩、花岗闪长岩和黑云母花岗岩开展了详细的 SHRIMP 锆石 U-Pb 定年，其分析结果见表 2.10、表 2.11 和图 2.19。二长花岗岩样品（SJ2）中锆石颗粒的 Th/U 值介于 0.1~0.5 之间。其中 14 颗锆石的 $^{206}Pb/^{238}U$ 表观年龄变化范围为 224~234Ma，加权平均年龄为 228±3Ma［图 2.19（a）］。花岗闪长岩样品（SJ16）中 16 颗锆石的 Th/U 值变化范围为 0.2~0.3。其中 15 颗锆石的 $^{206}Pb/^{238}U$ 表观年龄变化范围为 224~234Ma，加权平均年龄为 226±3Ma［图 2.19（b）］。黑云母二长花岗岩样品（SJ69）中的锆石的 Th/U 值变化范围为 0.3~0.6。锆石的 $^{206}Pb/^{238}U$ 表观年龄变化范围为 212~227Ma，加权平均年龄为 220±3Ma［图 2.19（c）］，代表了花岗岩的形成年龄。黑云母花岗闪长岩样品（SJ72）中的锆石的 Th/U 值介于 0.3~0.6 之间。除 1 颗锆石之外，其余 15 颗锆石的 $^{206}Pb/^{238}U$ 表观年龄变化范围为 224~238Ma，加权平均年龄为 231±3Ma［图 2.19（d）］。花岗闪长岩样品（SJ77）中 17 颗锆石的加权平均年龄为 230±2Ma［图 2.19（e）］，但其余 4 颗锆石具较老的 $^{206}Pb/^{238}U$ 表观年龄，分别为 244Ma、245Ma、283Ma 和 842Ma，属于继承锆石。简平等（2003b）也曾获得了鲁甸岩体中黑云母二长花岗岩的 SHRIMP 锆石 U-Pb 年龄为 214±6Ma。因此，综合前人及我们的年代学资料，鲁甸岩体的形成年龄变化范围为 214~231Ma（表 2.10）。

表 2.10　金沙江构造带内晚三叠世碰撞后岩浆岩的锆石 U-Pb 年龄一览表

样品号	地点	岩石类型	年龄 /Ma	分析方法	参考文献
SJ2	鲁甸岩体	二长花岗岩	228±2	SHRIMP	本书，Zi 等（2013）
SJ16	鲁甸岩体	花岗闪长岩	226±3	SHRIMP	本书，Zi 等（2013）
SJ69	鲁甸岩体	黑云母二长花岗岩	220±3	SHRIMP	本书，Zi 等（2013）
SJ72	鲁甸岩体	黑云母花岗闪长岩	231±3	SHRIMP	本书，Zi 等（2013）
SJ77	鲁甸岩体	花岗闪长岩	230±2	SHRIMP	本书，Zi 等（2013）
005-8	鲁甸岩体	二长花岗岩	214±6	SHRIMP	简平等（2003）
BW-1	加仁岩体	花岗闪长岩	234±1	SIMS	Zhu 等（2011a）
LiN-2	加仁岩体	花岗闪长岩	233±2	SIMS	Zhu 等（2011a）
LuN-1	加仁岩体	花岗闪长岩	231±2	SIMS	Zhu 等（2011a）
TJG-2	加仁岩体	花岗闪长岩	226±1	LA-ICP-MS	Zhang 等（2021a）
TJG-5	加仁岩体	暗色基性包体	226±3	LA-ICP-MS	Zhang 等（2021a）
TC201-N-4	加仁岩体	花岗闪长岩	238±5	SHRIMP	王彦斌等（2010）
PD3250-2-1	加仁岩体	花岗闪长岩	239±6	SHRIMP	王彦斌等（2010）
JPD1101-2	加仁岩体	花岗闪长岩	228±5	SHRIMP	王彦斌等（2010）
BW-11	加仁岩体	花岗闪长岩	214±7	SHRIMP	王彦斌等（2010）
LP1-25	加仁岩体	辉绿岩脉	222±1	LA-ICP-MS	王彦斌等（2010）

表 2.11　金沙江构造带内晚三叠世碰撞后岩浆岩的锆石 U-Pb 年代学分析结果

样点	Th/U	$^{207}Pb/^{206}Pb$		$^{207}Pb/^{235}U$		$^{206}Pb/^{238}U$		$^{207}Pb/^{206}Pb$		$^{206}Pb/^{238}U$	
		Percent	1σ	Percent	1σ	Percent	1σ	年龄 /Ma	1σ	年龄 /Ma	1σ
SJ2（二长花岗岩）											
SJ2-1	0.2	0.0531	2.7	0.2511	3.2	0.0343	1.8	332	61	218	4
SJ2-2	0.2	0.0497	1.3	0.2485	2.2	0.0363	1.8	179	30	230	4
SJ2-3	0.2	0.0509	1.3	0.2546	2.3	0.0362	1.8	238	31	230	4
SJ2-4	0.4	0.0883	13.3	0.3670	13.5	0.0302	2.3	1389	255	192	4
SJ2-5	0.2	0.0506	1.2	0.2573	2.2	0.0369	1.8	221	27	234	4
SJ2-6	0.5	0.0507	1.0	0.2538	2.1	0.0363	1.8	228	23	230	4
SJ2-7	0.3	0.0523	1.2	0.2595	2.2	0.0360	1.9	300	27	228	4
SJ2-8	0.3	0.0493	1.2	0.2463	2.1	0.0362	1.8	162	28	229	4
SJ2-9	0.3	0.0507	0.9	0.2530	2.0	0.0362	1.8	227	22	229	4
SJ2-10	0.2	0.0506	1.1	0.2467	2.2	0.0353	1.9	224	25	224	4
SJ2-11	0.2	0.0516	1.0	0.2542	2.1	0.0357	1.8	268	23	226	4
SJ2-12	0.3	0.0512	1.9	0.2536	2.7	0.0359	1.8	250	44	228	4
SJ2-13	0.3	0.0506	1.6	0.2472	2.5	0.0354	1.9	224	37	224	4
SJ2-14	0.2	0.0502	0.9	0.2494	2.0	0.0360	1.8	206	21	228	4
SJ2-15	0.1	0.0494	2.0	0.2474	2.7	0.0363	1.8	166	46	230	4
SJ2-16	0.3	0.0509	1.0	0.2480	2.1	0.0353	1.8	237	23	224	4
SJ16（花岗闪长岩）											
SJ16-1	0.3	0.0499	1.2	0.2479	2.2	0.0360	1.8	193	29	228	4
SJ16-2	0.2	0.0496	1.0	0.2498	2.1	0.0365	1.8	175	24	231	4
SJ16-3	0.2	0.0513	1.5	0.2492	2.3	0.0352	1.8	254	34	223	4
SJ16-4	0.2	0.0507	0.9	0.2593	2.0	0.0371	1.8	228	20	235	4
SJ16-5	0.2	0.0506	1.2	0.2521	2.2	0.0361	1.8	223	27	229	4
SJ16-6	0.2	0.0506	0.9	0.2498	2.1	0.0358	1.9	224	22	227	4
SJ16-7	0.2	0.0515	1.7	0.2366	2.5	0.0333	1.8	265	39	211	4
SJ16-8	0.2	0.0502	0.8	0.2480	2.1	0.0358	2.0	203	19	227	4
SJ16-9	0.2	0.0504	0.8	0.2495	2.0	0.0359	1.8	214	20	227	4
SJ16-10	0.3	0.0502	1.0	0.2409	2.0	0.0348	1.8	205	22	221	4
SJ16-11	0.2	0.0513	0.8	0.2630	1.9	0.0372	1.8	254	17	235	4
SJ16-12	0.2	0.0509	0.9	0.2468	2.0	0.0352	1.8	235	20	223	4
SJ16-13	0.2	0.0498	1.0	0.2409	2.1	0.0351	1.9	186	24	222	4
SJ16-14	0.2	0.0509	0.8	0.2486	2.0	0.0354	1.9	237	18	224	4
SJ16-15	0.3	0.0505	1.0	0.2415	2.1	0.0347	1.8	216	22	220	4
SJ16-16	0.2	0.0514	1.0	0.2515	2.1	0.0355	1.9	258	24	225	4
SJ69（黑云母二长花岗岩）											
SJ69-1	0.5	0.0510	2.1	0.2405	2.8	0.0342	1.8	239	49	217	4
SJ69-2	0.4	0.0547	3.4	0.2612	3.8	0.0346	1.8	401	76	219	4
SJ69-3	0.3	0.0533	3.0	0.2640	3.5	0.0359	1.8	341	68	228	4

续表

样点	Th/U	$^{207}Pb/^{206}Pb$		$^{207}Pb/^{235}U$		$^{206}Pb/^{238}U$		$^{207}Pb/^{206}Pb$		$^{206}Pb/^{238}U$	
		Percent	1σ	Percent	1σ	Percent	1σ	年龄 /Ma	1σ	年龄 /Ma	1σ
SJ69（黑云母二长花岗岩）											
SJ69-4	0.4	0.0513	1.2	0.2484	2.2	0.0351	1.8	255	27	222	4
SJ69-5	0.4	0.0574	6.0	0.2816	6.2	0.0356	1.8	508	131	225	4
SJ69-6	0.3	0.0517	10.9	0.2520	11.1	0.0354	1.9	272	250	224	4
SJ69-7	0.5	0.0490	2.4	0.2315	3.0	0.0343	1.8	147	57	217	4
SJ69-8	0.5	0.0555	9.9	0.2575	10.1	0.0337	2.0	432	220	213	4
SJ69-9	0.4	0.0514	1.2	0.2514	2.2	0.0355	1.9	259	27	225	4
SJ69-10	0.6	0.0511	1.5	0.2473	2.3	0.0351	1.8	247	34	222	4
SJ69-11	0.3	0.0497	1.2	0.2378	2.2	0.0347	1.8	182	29	220	4
SJ69-12	0.5	0.0521	9.5	0.2445	9.7	0.0340	1.9	292	217	216	4
SJ69-13	0.5	0.0521	5.6	0.2399	5.9	0.0334	1.9	291	127	212	4
SJ69-14	0.5	0.0505	0.9	0.2356	2.0	0.0339	1.8	217	20	215	4
SJ72（黑云母花岗闪长岩）											
SJ72-1	0.6	0.0505	0.8	0.2672	1.4	0.0384	1.2	218	18	243	3
SJ72-2	0.5	0.0496	2.2	0.2563	2.6	0.0375	1.2	176	52	237	3
SJ72-3	0.3	0.0493	3.0	0.2441	3.2	0.0359	1.2	160	70	228	3
SJ72-4	0.3	0.0488	2.0	0.2457	2.3	0.0365	1.3	138	46	231	3
SJ72-5	0.5	0.0522	8.6	0.2706	8.7	0.0376	1.3	295	196	238	3
SJ72-6	0.3	0.0501	2.7	0.2513	3.0	0.0364	1.2	199	63	230	3
SJ72-7	0.3	0.0519	1.4	0.2613	1.9	0.0365	1.2	283	32	231	3
SJ72-8	0.4	0.0521	1.9	0.2676	2.2	0.0372	1.2	290	43	236	3
SJ72-9	0.3	0.0510	1.1	0.2570	1.6	0.0365	1.2	241	25	231	3
SJ72-10	0.6	0.0523	6.0	0.2649	6.2	0.0368	1.5	297	137	233	3
SJ72-11	0.5	0.0516	29.7	0.2533	29.8	0.0356	2.2	269	682	225	5
SJ72-12	0.4	0.0501	1.5	0.2476	1.9	0.0358	1.2	200	35	227	3
SJ72-13	0.4	0.0502	2.2	0.2525	2.6	0.0365	1.3	205	52	231	3
SJ72-14	0.3	0.0499	1.7	0.2507	2.2	0.0364	1.3	192	41	231	3
SJ72-15	0.4	0.0517	5.7	0.2518	5.8	0.0353	1.4	274	129	224	3
SJ72-16	0.3	0.0498	1.7	0.2543	2.1	0.0370	1.2	186	39	234	3
SJ77（花岗闪长岩）											
SJ77-1	0.4	0.0506	1.0	0.2688	1.6	0.0385	1.2	223	23	244	3
SJ77-2	1.0	0.0505	0.7	0.2694	1.5	0.0387	1.3	219	17	245	3
SJ77-3	0.3	0.0504	1.4	0.2628	1.9	0.0378	1.2	216	34	239	3
SJ77-4	0.3	0.0504	0.9	0.2605	1.6	0.0375	1.3	214	21	237	3
SJ77-5	0.3	0.0544	1.2	0.3370	1.7	0.0450	1.2	386	26	283	3
SJ77-6	0.4	0.0511	1.2	0.2611	1.7	0.0370	1.2	247	27	234	3
SJ77-7	0.3	0.0497	1.4	0.2500	1.9	0.0365	1.2	180	33	231	3
SJ77-8	0.5	0.0446	14.9	0.2257	15.0	0.0367	1.4	-78	365	232	3

续表

样点	Th/U	$^{207}Pb/^{206}Pb$		$^{207}Pb/^{235}U$		$^{206}Pb/^{238}U$		$^{207}Pb/^{206}Pb$		$^{206}Pb/^{238}U$	
		Percent	1σ	Percent	1σ	Percent	1σ	年龄 /Ma	1σ	年龄 /Ma	1σ
SJ77（花岗闪长岩）											
SJ77-9	0.5	0.0506	1.6	0.2469	2.0	0.0354	1.2	221	37	224	3
SJ77-10	0.5	0.0529	3.0	0.2647	3.2	0.0363	1.2	323	68	230	3
SJ77-11	0.2	0.0507	0.9	0.2560	1.6	0.0366	1.3	228	20	232	3
SJ77-12	0.6	0.0521	5.6	0.2580	5.8	0.0359	1.6	291	127	227	4
SJ77-13	0.4	0.0509	1.4	0.2566	2.0	0.0366	1.4	236	32	231	3
SJ77-14	0.6	0.0503	1.2	0.2469	1.7	0.0356	1.2	207	27	226	3
SJ77-15	0.4	0.0603	5.0	1.1610	5.7	0.1395	2.8	616	108	842	22
SJ77-16	0.2	0.0546	5.1	0.2712	5.3	0.0360	1.6	396	114	228	4
SJ77-17	0.4	0.0493	1.9	0.2423	2.3	0.0356	1.4	162	45	226	3

加仁岩体是金沙江构造带北部最大的印支期花岗质侵入体。该岩体由多个小岩体组成，主要分布于徐龙坝、通吉格、格亚顶、路农、江边、里农和贝吾等地区。该岩体侵位于泥盆纪—石炭纪变砂岩、板岩和大理岩之中，岩性以花岗闪长岩为主，含少量石英二长岩和二长花岗岩，其中部分岩体含暗色微粒包体，里农花岗闪长岩中可见辉绿岩脉。王彦斌等（2010）获得了路农、里农、江边和贝吾花岗闪长岩的 SHRMP 锆石 U-Pb 年龄分别为 238.1±5.3Ma、239.0±5.7Ma、227.9±5.1Ma 和 213.6±6.9Ma，里农花岗闪长岩中辉绿岩脉的 SHRMP 锆石 U-Pb 年龄为 222.0±1.0Ma。Zhu 等（2011a）获得了里农、路农和贝吾花岗闪长岩的 SIMS 锆石 U-Pb 年龄分别为 233.1±1.4Ma、231.0±1.6Ma 和 233.9±1.4Ma。Zhang 等（2021a）获得了通吉格花岗闪长岩的锆石 U-Pb 年龄为 225.6±1.3Ma，其暗色微粒包体的年龄为 226.1±3.3Ma（LA-ICPMS）。因此，上述这些锆石 U-Pb 年代学资料均说明加仁岩体侵位年龄变化范围为 239~214Ma（表 2.10；王彦斌等，2010；Zhu et al.，2011a；Zhang et al.，2021a），与南部鲁甸岩体具相似的形成时间（231~214Ma；简平等，2003b；Zi et al.，2013）。

鲁甸和加仁岩体具相似的主量和微量元素地球化学特征（表 2.12；Zi et al.，2013；Zhu et al.，2011a）。样品的 SiO_2 含量变化范围为 65.71%~74.49%，K_2O+Na_2O 含量介于 5.74% 与 7.98% 之间，在 TAS 图解中落入花岗闪长岩和花岗岩范围内［图 2.4（a）］。它们的 MgO 含量变化范围为 0.53%~2.39%，Al_2O_3 含量变化范围为 13.74%~16.63%，Fe_2O_3 含量变化范围为 1.96%~4.90%，TiO_2 含量变化范围为 0.17%~0.57%，P_2O_5 含量变化范围为 0.04%~0.17%。它们的 MgO、Fe_2O_3、TiO_2、Al_2O_3、CaO 和 P_2O_5 含量随着 SiO_2 含量的增加而降低。样品的 A/CNK 和 A/NK 值变化范围分别为 0.83~1.25 和 1.45~2.06，具较高的 K_2O 含量（1.92%~4.61%），属于高钾钙碱性过铝质花岗岩系列。鲁甸和加仁花岗质岩石强烈富集大离子亲石元素而亏损亏损高场强元素，具显著的 Ba、Nb-Ta、Sr 和 Ti 负异常［图 2.5（c）］。在球粒陨石标准化稀土配分图上，样品呈现出轻稀土元素富集而重稀土元素亏损及显著 Eu 负异常的特征，它们的（La/Sm）$_N$ 和（La/Yb）$_N$ 值变化范围分别为 3.69~13.0 和 7.50~40.5（Zi et al.，2013；Zhu et al.，2011a）。

表 2.12　金沙江构造带晚三叠世岩浆岩的主微量元素和 Sr-Nd 同位素分析结果

样品号	SJ2	SJ12	SJ15	SJ16	SJ18	SJ68	SJ69	SJ71	SJ72	SJ74	SJ75	SJ76	SJ77
岩体							鲁甸						
SiO_2/%	69.64	64.30	63.96	64.96	64.25	70.11	69.57	69.21	65.19	65.53	64.69	66.77	66.68
TiO_2/%	0.39	0.55	0.55	0.55	0.50	0.29	0.30	0.24	0.41	0.43	0.45	0.33	0.34
Al_2O_3/%	14.82	15.28	15.11	15.16	16.21	15.20	15.35	15.60	15.61	15.85	16.23	15.81	15.78
FeO_t/%	3.18	4.35	4.57	4.37	4.10	2.14	2.21	2.08	3.79	3.98	4.09	2.97	3.70
MnO/%	0.06	0.07	0.08	0.08	0.07	0.04	0.04	0.04	0.08	0.06	0.07	0.05	0.50
MgO/%	1.50	2.31	2.23	2.31	2.25	1.02	1.05	1.15	2.08	2.10	2.17	1.61	1.60
CaO/%	1.54	2.93	3.92	3.14	2.99	1.91	2.11	2.65	3.33	3.94	4.09	2.68	2.84
Na_2O/%	3.56	3.44	3.59	2.96	3.42	3.30	3.32	3.28	3.01	3.04	3.10	3.32	3.21
K_2O/%	3.00	3.43	2.91	3.70	3.53	4.49	4.55	4.08	4.08	3.58	3.39	4.35	4.36
P_2O_5/%	0.13	0.15	0.15	0.15	0.15	0.15	0.15	0.12	0.16	0.17	0.17	0.17	0.17
LOI/%	1.66	2.69	2.45	2.05	1.98	0.73	0.71	0.94	1.63	0.69	0.94	1.33	1.25
总计 /%	99.48	99.51	99.51	99.43	99.45	99.38	99.37	99.37	99.39	99.38	99.39	99.39	99.38
$V/10^{-6}$	48.2	85.1	94.2	90.0	76.8	28.6	29.6	30.8	67.6	71.4	73.2	42.5	43.2
$Cr/10^{-6}$	8.11	25.7	28.5	25.7	22.5	2.67	2.14	6.11	14.2	16.4	16.3	13.1	17.1
$Co/10^{-6}$	5.60	10.6	10.7	10.8	9.70	4.07	3.95	4.53	8.84	9.35	9.38	6.77	7.62
$Ni/10^{-6}$	2.74	9.49	11.0	9.27	8.69	0.08	0.20	0.79	4.13	4. 383	4. 685	3.73	7.19
$Ga/10^{-6}$	17.9	18.9	20.1	19.6	19.8	19.6	19.2	16.8	17.4	18.2	18.2	17.8	19.9
$Rb/10^{-6}$	111	147	123	146	149	218	213	155	147	149	136	187	218
$Sr/10^{-6}$	299	297	333	313	316	189	193	389	412	423	442	391	385
$Y/10^{-6}$	20.9	25.0	26.5	27.5	20.7	13.5	17.3	10.8	13.9	16.0	14.7	12.4	13.5
$Zr/10^{-6}$	167	170	164	167	157	147	141	125	147	138	140	192	186
$Nb/10^{-6}$	13.0	12.2	13.0	13.0	10.6	12.4	14.6	11.9	12.1	13.4	13.3	15.0	13.2
$Cs/10^{-6}$	3.57	4.27	3.19	3.64	3.70	16.7	14.4	9.17	4.46	11.1	8.25	6.24	6.23
$Ba/10^{-6}$	947	680	552	754	719	697	752	881	1108	912	893	1117	941
$La/10^{-6}$	38.9	42.8	50.1	37.7	26.7	38.0	40.2	44.6	41.8	50.4	35.6	61.5	58.3

续表

样品号	SJ2	SJ12	SJ15	SJ16	SJ18	SJ68	SJ69	SJ71	SJ72	SJ74	SJ75	SJ76	SJ77
岩体							鲁甸						
$Ce/10^{-6}$	68.6	79.6	93.2	71.3	51.2	72.0	76.5	79.3	77.8	90.9	66.7	111	104
$Pr/10^{-6}$	7.98	9.15	10.5	8.38	6.13	8.09	8.64	8.62	8.66	10.3	7.75	12.0	11.4
$Nd/10^{-6}$	28.3	33.5	38.3	32.1	23.3	28.1	30.0	28.4	30.2	34.9	27.4	40.8	38.8
$Sm/10^{-6}$	5.12	6.07	6.56	6.05	4.60	5.15	5.57	4.50	5.10	5.79	4.97	6.15	5.71
$Eu/10^{-6}$	1.12	1.13	1.16	1.19	1.08	0.82	0.86	0.91	1.08	1.11	1.04	1.00	1.00
$Gd/10^{-6}$	4.60	4.92	5.54	5.29	3.94	3.53	3.98	2.94	3.55	3.99	3.45	3.74	4.01
$Tb/10^{-6}$	0.70	0.78	0.83	0.83	0.65	0.51	0.61	0.41	0.51	0.56	0.52	0.49	0.50
$Dy/10^{-6}$	3.86	4.27	4.59	4.60	3.56	2.65	3.22	2.18	2.75	3.06	2.86	2.47	2.35
$Ho/10^{-6}$	0.76	0.87	0.90	0.91	0.73	0.50	0.63	0.40	0.54	0.61	0.55	0.46	0.45
$Er/10^{-6}$	2.08	2.50	2.57	2.63	2.12	1.32	1.74	1.13	1.45	1.60	1.46	1.23	1.19
$Tm/10^{-6}$	0.32	0.37	0.39	0.40	0.32	0.20	0.26	0.17	0.22	0.25	0.22	0.18	0.17
$Yb/10^{-6}$	2.15	2.46	2.57	2.62	2.12	1.25	1.78	1.09	1.44	1.57	1.50	1.22	1.14
$Lu/10^{-6}$	0.33	0.38	0.39	0.42	0.34	0.20	0.28	0.17	0.22	0.25	0.24	0.19	0.18
$Hf/10^{-6}$	4.78	4.52	4.50	4.39	4.31	4.53	4.87	4.08	4.35	4.29	4.38	5.70	4.81
$Ta/10^{-6}$	1.24	1.38	1.72	1.61	1.16	1.73	2.43	1.68	1.29	1.49	1.45	1.98	1.85
$Pb/10^{-6}$	43.5	60.3	69.2	52.4	51.3	65.7	71.8	62.8	81.3	47.3	52.8	62.9	59.8
$Th/10^{-6}$	16.1	20.8	22.2	21.8	14.3	23.5	22.3	32.3	25.1	29.9	27.5	39.5	33.9
$U/10^{-6}$	4.27	7.08	5.98	4.87	3.56	4.01	5.98	7.44	5.87	6.10	6.39	9.55	8.61
$^{87}Rb/^{86}Sr$	1.07	1.44		1.35	1.37	3.33	3.20		1.03	1.02			1.64
$^{87}Sr/^{86}Sr$	0.717220	0.719560		0.719747	0.719690	0.730377	0.730758		0.718247	0.718559			0.720995
2σ	14	20		19	16	20	18		16	17			17
$(^{87}Sr/^{86}Sr)_i$	0.713710	0.714850		0.715340	0.715220	0.719470	0.720270		0.714880	0.715210			0.715620
$^{147}Sm/^{144}Nd$	0.11	0.11		0.11	0.12	0.11	0.11		0.10	0.10			0.09
$^{143}Nd/^{144}Nd$	0.512036	0.512062		0.512065	0.512078	0.512020	0.512012						
2σ	11	10		11	13	17	9						
$\varepsilon_{Nd}(t)$	−9.18	−8.68		−8.75	−8.67	−9.54	−9.73						

鲁甸和加仁花岗质岩石具不同的 Sr-Nd 同位素组成（Zi et al.，2013；Zhu et al.，2011a），其中鲁甸岩体具更高的 $^{87}Sr/^{86}Sr$ 初始值和较低的 $\varepsilon_{Nd}(t)$ 值（图 2.20）。鲁甸岩体 $^{87}Sr/^{86}Sr$ 初始值变化范围为 0.714850~0.720270，$\varepsilon_{Nd}(t)$ 值介于 –9.7~ –8.7 之间（图 2.20）。加仁岩体 $^{87}Sr/^{86}Sr$ 初始值变化范围为 0.70780~0.71480，$\varepsilon_{Nd}(t)$ 值介于 –6.7~ –5.1 之间（图 2.20），$(^{206}Pb/^{204}Pb)_i$、$(^{207}Pb/^{204}Pb)_i$ 和 $(^{208}Pb/^{204}Pb)_i$ 值变化范围分别为 18.21~18.60、15.64~15.73 和 38.32~38.79（Zhu et al.，2011a）。加仁岩体的锆石 $\varepsilon_{Hf}(t)$ 和 $\delta^{18}O$ 值变化范围分别介于 –8.6~+2.8 之间和 7.3‰~8.8‰ 之间［图 2.6（b）；Zhu et al.，2011a］。

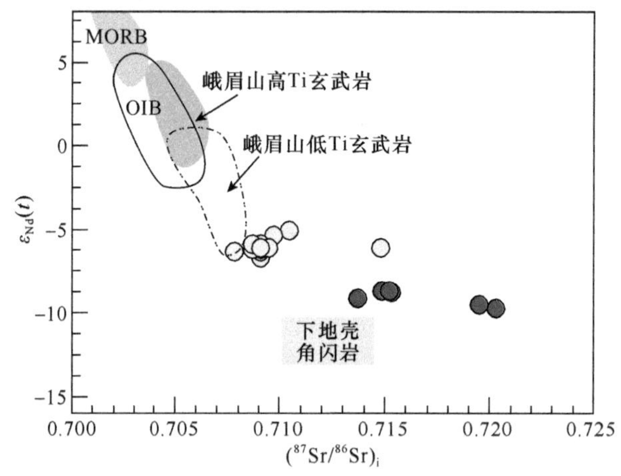

图 2.20　金沙江构造带晚三叠世岩浆岩 Sr-Nd 同位素组成图解

图例及数据来源同图 2.4

2.4.2　岩石成因及构造背景

鲁甸花岗质岩石不含碱性矿物和富铝矿物，暗色矿物以角闪石和黑云母为主，具较低的 10000×Ga/Al 值（2.0~2.4）、Zr+Nb+Ce+Y 含量（227×10^{-6}~331×10^{-6}）及 FeO_t/MgO 值（1.63~2.08），明显不同于典型的 A 型和 S 型花岗岩特征［图 2.21（a）；Whalen et al.，1987；Chappell and Wyborn，2012］。它们具较高的 $^{87}Sr/^{86}Sr$ 初始值和较低的 $\varepsilon_{Nd}(t)$ 值，有别于来源于地幔的 M 型花岗岩。相反，鲁甸花岗质岩石具较低的 A/CNK 值，它们的 Th 含量随着 Rb 含量的增加而增加［图 2.21（b）］，P_2O_5 含量随着 SiO_2 含量的增加而降低，具类似于 I 型花岗岩的地球化学特征。实验岩石学证据已揭示出基性下地壳岩石的部分熔融可以产生 I 型花岗岩（Douce and Beard，1995；Chappell and Wyborn，2012）。鲁甸花岗质岩石具较高的 $Al_2O_3+FeO_t+MgO+TiO_2$ 和 $CaO+MgO+FeO_t+TiO_2$ 含量，落入基性岩部分熔融的熔体区域（图 2.22）。鲁甸花岗质岩石具较高的 $^{87}Sr/^{86}Sr$ 初始值和较低的 $\varepsilon_{Nd}(t)$ 值（图 2.20）。这些元素 – 同位素地球化学特征均说明鲁甸花岗质岩石是下地壳基性岩石部分熔融的产物。

加仁花岗闪长岩的 SiO_2 含量变化范围为 66.12%~74.49%，它们的 Fe_2O_3、Al_2O_3、

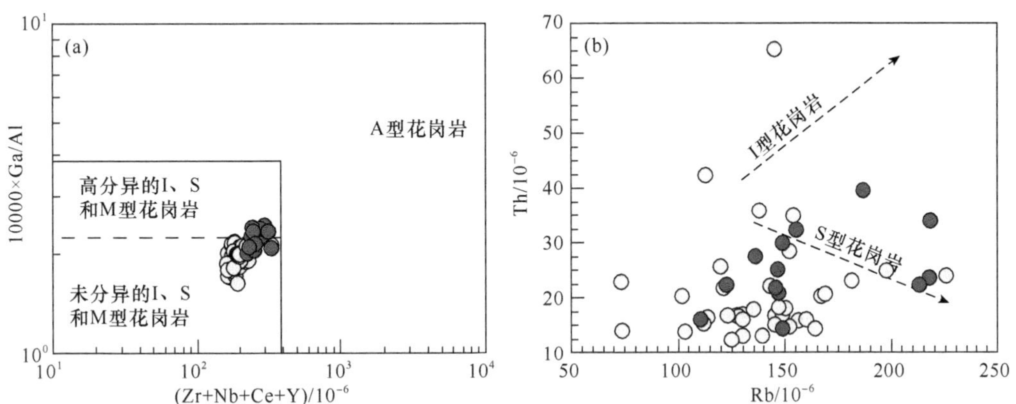

图 2.21　鲁甸和加仁岩体 10000 × Ga/Al-Zr+Nb+Ce+Y（a）和 Rb-Th（b）图解

图例及数据来源同图 2.4

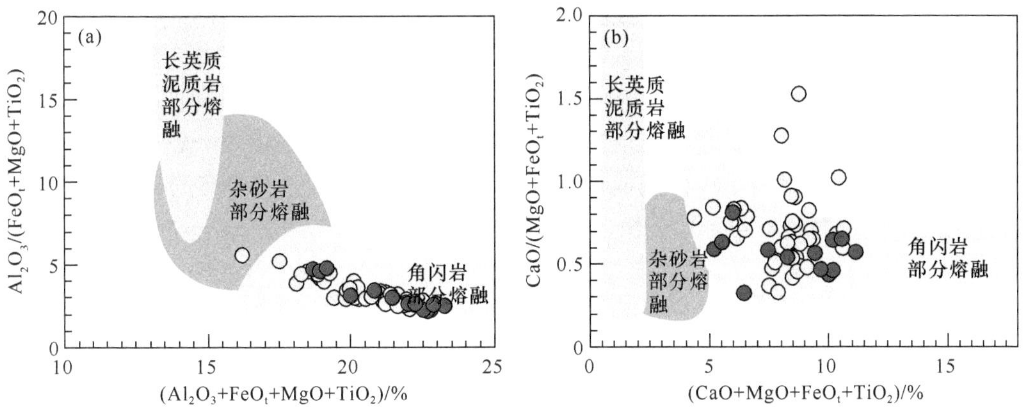

图 2.22　鲁甸和加仁岩体（Al_2O_3+FeO_t+MgO+TiO_2）-Al_2O_3/（FeO_t+MgO+TiO_2）（a）和（CaO+MgO+ FeO_t+TiO_2）-CaO/（MgO+FeO_t+TiO_2）（b）图解

图例及数据来源同图 2.4

TiO_2 和 P_2O_5 含量随着 SiO_2 含量的增加而降低，说明它们经历了钛铁氧化物、长石和磷灰石的分离结晶作用（Zhu et al.，2011a）。样品具显著的 Ba、Sr 和 Eu 的负异常，Sr 与 Eu/Eu* 和 Ba 呈负相关关系，同样说明经历了长石分离结晶作用（Zhu et al.，2011a）。加仁花岗闪长岩具较高的 SiO_2 和较低的 MgO、Fe_2O_3、TiO_2 和 CaO 含量，落入基性岩部分熔融的熔体区域（图 2.22）。它们富集大离子亲石元素及轻稀土元素，而亏损高场强元素，与大陆地壳具相似的原始地幔标准化蛛网图和球粒陨石标准化稀土元素配分图。在同位素组成方面，加仁花岗闪长岩具较高的 $^{87}Sr/^{86}Sr$ 初始值，$^{206}Pb/^{204}Pb$ 值和锆石 $\delta^{18}O$ 值，较低的 $\varepsilon_{Nd}(t)$ 值（图 2.20）。这些元素 – 同位素地球化学特征表明加仁花岗闪长岩源于下地壳基性岩石（Zhu et al.，2011a）。然而加仁花岗闪长岩含很多浑圆状暗色基性包体，在里农花岗闪长岩中见有同期辉绿岩脉共生，表明区内同期幔源岩浆发育。加仁花岗闪长岩的锆石 $\varepsilon_{Hf}(t)$ 值变化范围较大，介于 –8.6~+2.8 之间。在锆石 Hf-O 同位素组成图解中［图 2.6（b）］，$\varepsilon_{Hf}(t)$ 与 $\delta^{18}O$ 值具明显的负相关关系，落入壳源和幔源岩浆混合区域，以上地球化学特征表明加仁花岗闪长岩形成过程中存在幔源组分的参与，Zhu 等（2011a）的 Sr-Nd 同位素模拟结果也支持了这一观点。因此，加仁花岗闪长岩来源于下地壳基性岩石的部分熔融，且有幔源物质的参与（Zhu et al.，2011a）。

晚三叠世鲁甸和加仁花岗岩体主要沿昌都–思茅与扬子地块缝合带分布，主要由具高钾钙碱性花岗岩地球化学特征的过铝质花岗岩、二长花岗岩和花岗闪长岩组成。高钾钙碱性花岗岩在造山环境中体积庞大，通常发生在碰撞后阶段（Liégeois et al.，1998）。在 R_1-R_2 图解中鲁甸和加仁花岗岩显示经历了一个造山旋回的系统变化（Zi et al.，2012b）。在 Rb/30-Hf-Ta×3 和 Y-Nb 图解中（图 2.23），两个岩体的样品均落入后碰撞花岗岩区域内，明显有别于晚二叠世—早三叠世弧型花岗岩。因此，结合其年龄序列，鲁甸和加仁高钾钙碱性花岗岩很可能形成于碰撞峰期之后的松弛阶段，即碰撞后环境。区域上侵入早–中三叠世火山–沉积序列的超镁铁质–镁铁质岩体具板内岩浆的地球化学特征。尽管这些镁铁质岩体缺乏精确的年代学厘定，但它们与鲁甸岩体几乎同时产出，也被认为形成于印支晚期，应可以理解为中三叠世之后伸展构造背景的产物（云南省地质矿产局，1990）。这些花岗质岩体被晚三叠世磨拉石所覆盖，也表明上述长英质–镁铁质岩体的形成时间与区域构造隆升时间大体一致。因此，区域构造垮塌和热松弛时间至少同期或老于晚三叠世鲁甸和加仁岩体的侵位时间，且至少持续到上三叠统磨拉石–砾岩沉积之前。

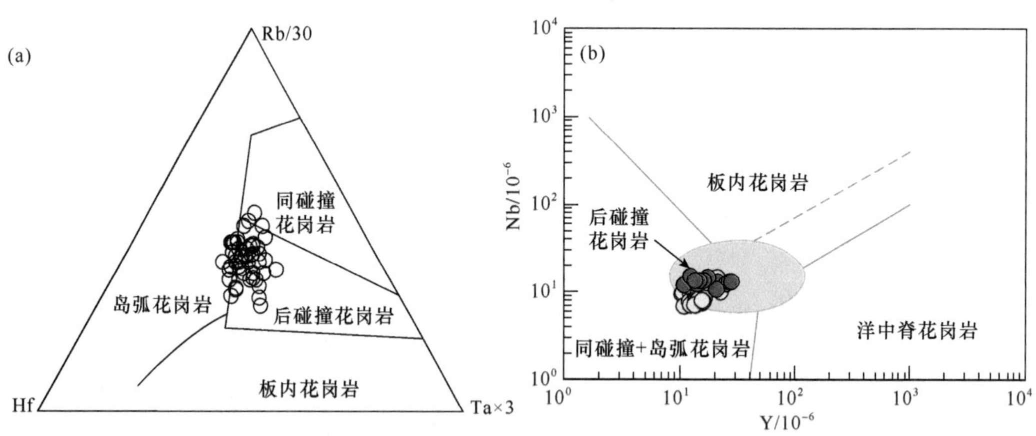

图 2.23 鲁甸和加仁岩体 Rb/30-Hf-Ta×3（a）和 Y-Nb（b）图解

图例及数据来源同图 2.4

碰撞后岩浆活动很重要的一点在于提供同期大量岩石部分熔融所需的热源。若没有来自幔源或壳源岩浆额外提供的热量，单单依靠地壳增厚不足以触发地壳岩石发生部分熔融（Bonin，2004）。关于造山带碰撞后岩浆作用的机制问题，目前一般认为板片断离或拆沉作用是引起区域地壳隆起和岩浆侵位的两种机制（Von Blanckenburg and Davies，1995；Dilek and Altunkaynak，2009）。在金沙江构造带地区：①地震层析成像结果已揭示出了俯冲板片断离并返回地幔深部（Liu et al.，2000）。②晚三叠世磨拉石建造中含大量来自下伏花岗岩、火山岩和蛇绿岩的粗碎屑岩砾石，类似于 Sinclair（1997）描述的与造山带的板片断离有关的磨拉石沉积。③上三叠统与下伏地层呈不整合接触，该不整合面广泛分布于昌都–思茅地体，甚至延伸至印支陆块。区域年代学和构造资料表明昌都–思茅和印支陆块同碰撞岩浆活动、变形和变质作用的时间主要集中于约 250~240Ma（Zi et al.，2012c；Wang et al.，2018b）。这与中–晚三叠世鲁甸和加仁高钾钙碱性花岗岩体侵位时发生板片断离所要求的时序相一致。④已有资料表明中三叠世晚期，昌都–思茅地体已演变为前陆盆地，以发育极性迁移的构造样式和反向逆冲断层体系为特征。这种反向逆冲运动可理解为板片断离引发俯冲大陆岩石圈回弹造成的。以上观察为金沙江碰撞后阶段以板片断离为其造山机制提供了证据。板片断离引起软流圈上涌并导致热扰动，该过程足以使上覆岩石圈中被交代过且富水的岩石发生部分熔融，形成大量钾质和钙碱性碰撞后岩浆岩（Bonin，2004；Huangfu et al.，2016）。事实上，板片断离导致的碰撞后岩浆活动在全球很多造山带被证实，如在亚平宁山脉、安纳托利亚东部、土耳其西北部和新几内亚等地区。数值模拟研究也证实由于俯冲大陆地壳浮力和俯冲洋壳向下拖曳力的共同作用，俯冲板片的断离也往往会发生在碰撞之后（Gerya et al.，2004；Huangfu et al.，2016），具体细节详述于第5章。

第3章

哀牢山带古特提斯岩浆作用

3.1 基本地质概况

纵贯滇中的哀牢山，位于青藏高原东南缘红河断裂带西南侧，气势磅礴，逶迤连绵达数百公里，地形起伏多变，分隔了云南东西部截然不同的地貌类型，即东部辽阔的云贵高原和西部横断山峡谷区。由此使其成为云贵高原气候的屏障，哀牢山两侧气候垂直差异悬殊，自然气候特殊，在类型丰富的土壤上孕育了种类繁多的植物类群，使其成为著名的国家级自然保护区。哀牢山区气候宜人，山川壮阔，物种资源丰富，已形成一个相对稳定的动态平衡生态系统。山区成熟的旅游资源也为云南山地旅游资源的开发提供了绝佳的条件。

3.1.1 地理景观概貌

哀牢山主体发育于新元古代—中生代，抬升于喜马拉雅运动时期，导致地壳广泛隆升，河流高角度下切，造就了海拔差异悬殊的山地地貌。哀牢山受红河断裂带控制，形成总体由北西向南东倾斜扩散的地势，地形从开阔的云南高原，经从幼年期经壮年期到老年期不同阶段的谷地残丘而消失于中国南海。红河断裂带在元江和茅草坪两处发生明显转弯，伴随地形特征的显著变化（图 3.1）。哀牢山带西北侧远离断裂带，高原夷平面被河流侵蚀，相对平缓，东侧受断裂控制下切作用明显，地形高差大，山体顶部存在不连续夷平面，又因红河及其支流的侵蚀，其夷平面也已大部分肢解（梁红颖和林舟，2015）。哀牢山由大理州南部延伸至红河州南部，绵延数百公里，海拔多在 2000m 以上，主峰超过 3000m。

图 3.1　哀牢山构造带红河第一湾

受青藏高原隆升地貌影响，流经红河断裂带的东亚季风起阻隔作用，对南亚季风起通道作用，东西坡气候差异明显，哀牢山以西、以南降水多于东部。西部气温较同纬度、同海拔的东部地区高，冬季寒潮入侵次数较东部少（蒋锐，2014）。山体相对高差大，形成显著的气候垂直分布，从山麓至山顶依次为南亚热带、中亚热带、北亚热带、暖温带、温带和寒温带气候。

哀牢山独特的山地气候也使得植被具明显垂直分带性，西南坡和东北坡的植被垂直系列分别从阿墨江河谷和元江河谷开始，尽管海拔不同，但从低到高均依次发育普洱松林及季风常绿阔叶林带、云南松林及半湿性常绿阔叶林带、中山湿性常绿阔叶林带和山顶常绿阔叶矮曲林及灌丛带（冯金朝等，2008）。

哀牢山独特的气候特点和地理环境造就了此地区富有特色的生物多样性，是世界同纬度生物多样化、同类型植物群落保留最完整的地区，被称为生物物种“基因库”（蒋锐，2014）。例如，有以桫椤树为代表的超过 1000 种高等植物，有国家一级保护植物伯乐树、国家二级保护植物 15 种（红花木莲、野银杏、水青树、篦齿苏铁等），以及种类繁多的省级保护植物物种，使其有镶嵌在植物王国皇冠上的“绿宝石”美誉。也正由于哀牢山横跨热带和亚热带，形成了南北动物迁徙的“走廊”。哀牢山层峦叠嶂，是许多珍禽异兽生活的家园，如国家一级保护动物有云豹、孟加拉虎、蟒蛇、黑长臂猿、绿孔雀等，另外还有大量的鸟类和珍稀动物，如相思鸟、太阳鸟、眼镜王蛇、黑熊等。

哀牢山国家级自然保护区成立于 1988 年，位于哀牢山中北段上部，地处 24°00′N~24°44′N，100°54′E~101°29′E 之间，涉及云南省 3 个州（市）6 个县（市），楚雄州的楚雄市、双柏县、南华县，普洱市的景东县、镇沅县，玉溪市的新平县，森林覆盖率达 85%，是云南乃至中国少见的中山湿性常绿阔叶林区，云海掩映，如诗如画［图 3.2（a）］。主要以保护亚热带中山湿性常绿阔叶林生态系统和黑长臂猿、绿孔雀、灰叶猴等珍贵野生动物为目的。

图 3.2　哀牢山构造带风景照片

哀牢山地区特殊的地理环境造就了特殊的农耕梯田和不可多得的“文化景观遗产”，其是彝族、哈尼族、傣族、布依族等少数民族聚居地区，民族风情浓郁、古朴。他们有着各自的风俗习惯，如彝族的火把节、龙树节、祭龙节，拉祜族的六月节等。哈尼族无文字，其语系属汉藏缅语彝语支，是云南特有少数民族，主要分布于思茅、红河、玉溪和西双版纳等地州，绝大部分集中分布于滇南红河和澜沧江的中间地带，亦即哀牢山、无量山之间的广阔山区（雷玉芬和顾建豪，2015）。哀牢山不仅是地质科学研究的天然实验室，还是研究地理、气候、土壤、生态、生物、水文等的理想场所。作为国家自然保护区，哀牢山主峰为海拔3166m的大磨岩峰，主要景点有金山原始森林、石门峡、南恩大瀑布、茶马古道，以及被列为"国家级文物保护单位"的土司府。另外，还为国际候鸟迁徙建立了自然保护区——打雀山、大（小）帽耳山。保护区内有大草坝、徐家坝两座人工水库，山青水绿，风光秀丽，气候湿凉。著名的旅游区有茶马古道、石门峡、南恩瀑布、哈尼梯田和杜鹃湖等。

茶马古道：茶马古道风景区是哀牢山的腹地，建于悬崖绝壁的半山腰上，有“一夫当关，万夫莫开”的险要地势，曾是土司、兵匪、商霸必争之地。喜欢探险的人们沉迷于此地“一山分四季，隔里不同天”的特殊气候，感恩大自然的独特馈赠。

石门峡：清澈的溪流源于哀牢山腹地，流经近1000m“一线天”地形的峡谷，清澈见底的溪水被蓊郁的森林环绕，让人陶醉于一望无尽的绿色海洋。游览西门峡充满生趣的一景是小竹筏，置身于小竹筏上，欣赏着咕咚的泉水和苍翠的山峦，呼吸着清新的空气，与置身于仙境中别无二致［图3.2（b）］。

南恩瀑布：“南恩”在傣语中意指银白色的水。南恩瀑布落差高达100m，豪迈壮美，似彩练垂空，壮观的飞瀑正是诗句“飞流直下三千尺，疑是银河落九天”的写实，让人心生感慨，别有一番韵味。

哈尼梯田：元阳梯田是哈尼族人世世代代留下的杰作，分布于整个红河南岸的元阳县、红河县、绿春县及金平县等，梯田面积多达17万亩（1亩约为666.67m^2）的元阳县是红河哈尼梯田的核心地区。元阳梯田随山势地形变化，坡缓地大则开垦大田，面积达数亩，坡陡地小则开垦小田，仅有簸箕大，甚至沟边坎下也可开田，往往一坡就有成千上万亩。如此众多的梯田，掩映于苍翠森林，在浩渺云海的笼罩下，构成了中外罕见的壮美画卷。哈尼族的农耕梯田文化令人们流连忘返（雷玉芬和顾建豪，2015）。

杜鹃湖：杜鹃湖得名于其四周花团锦簇的杜鹃花，被称为哀牢山的高山明珠，是罕见的高海拔人工湖泊，总蓄水量达6.52×10^{6}m^3，湖区面积0.6km^2。杜鹃湖常年澄碧如玉、微波荡漾，湖边树木婀娜多姿，杜鹃花争奇斗艳、五彩缤纷，鹿子、麂子常饮水于湖边，猿啸鸟鸣，俨然一幅生动的山水鸟兽图。

3.1.2 区域地质特征

哀牢山构造带及邻区主要构造单元与断裂分布如图3.3所示，主要构造单元有：兰坪－思茅盆地，李仙江－阿墨江断裂，哀牢山缝合线，金平－沱江裂谷带残余，哀牢山深变质杂岩，红河断裂和扬子陆块等（刘俊来等，2011）。尽管前人对哀牢山构造带做了大量研究，但其晚古生代至早中生代的构造背景，尤其是对沿该区扬子陆块与思茅－印支地块的拼贴聚合过程及演化时限仍未取得一致认识（莫宣学等，1998；钟大赉，1998；Fan et al.，2010；戚学祥等，2012；Lai et al.，2014a，2014b；Wang et al.，2018b）。

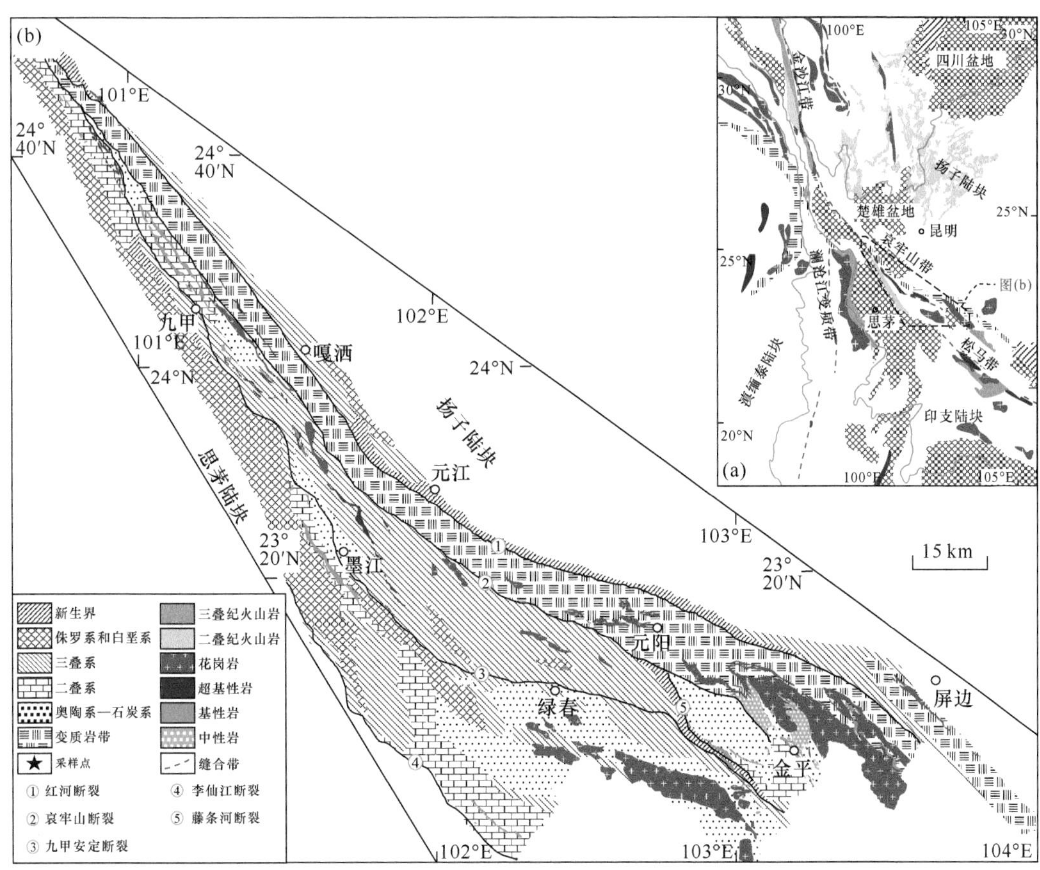

图 3.3　哀牢山构造带及邻区主要构造单元及断裂分布图（据云南省地质矿产局，1990）

1. 地层与构造特征

以哀牢山断裂为界，北东侧为扬子陆块地层区，南西侧为兰坪－思茅地层区，二者结晶基底、沉积地层和火山岩组合迥然不同，显示不同的形成背景（云南省地质矿产局，1990；张旗等，1996；孙晓猛和简平，2004）。

区内结晶基底岩石主要为古元古界变质岩系苴林群、大红山群、瑶山群、苍山群、哀牢山群。而后在中元古代沉积了巨厚的昆阳群。在经历了晋宁运动之后，早震旦世时期在尚未夷平的山间盆地中堆积了粗碎屑的澄江组和山岳冰川堆积的南沱组。随后滇东地区发生的澄江运动，使本区的南沱组与下覆地层呈不整合接触。晚震旦世沉积了陡山沱组至渔户村组，渔户村组上部发育的稳定碳酸盐沉积延续到早寒武世后期，成为世界著名的晋宁区梅树村震旦系—寒武系界限层型剖面。

哀牢山带内广泛发育古元古界，该地层为一套混合岩化强烈的变质岩系。1965 年云南省区域调查队将该变质岩系命名为哀牢山群，1973 年进一步从下而上依次划分为小羊街组、阿龙组、凤港组和乌都坑组（云南省地质矿产局，1990）。其中小羊街组下部为黑云斜长片麻岩夹斜长角闪岩、变粒岩和黑云片岩，中部为黑云变粒岩、黑云斜长片麻岩和二云石英片岩，上部主要为二云片岩。阿龙组下亚组下部为黑云斜长变粒岩、黑云斜片麻岩、变粒岩夹透辉石岩，中部为黑云斜长片麻岩、黑云二长片麻岩、斜长角闪岩夹透辉石岩，上部为石榴角闪斜长片麻岩和斜长角闪岩。阿龙组上亚组主要为大理岩夹斜长角闪岩、斜长变粒岩，与上覆凤港组呈整合接触。凤港组下部为二长片麻岩、变粒岩夹石榴角闪石岩、黑云斜长片麻岩、透辉石岩和混合花岗岩，中部为斜长角闪岩和含黑云透辉石岩，上部为黑云二长片麻岩、斜长角闪岩、变粒岩、混合花岗岩和大理岩，与上覆乌都坑组呈整合接触关系。乌都坑组主要由黑云角闪斜长片麻岩、变粒岩、（透辉）斜长角闪岩、大理岩、眼球状黑云混合岩和片岩等构成，与相邻下古生界及中生界均呈断层接触关系。其中阿龙组和乌都坑组的岩石类型及其组合特征接近，二者有可能是经后期构造作用而重复出现的同一套地层（云南省地质矿产局，1990；王义昭和丁俊，1996）。

寒武系到志留系带内保持着相对稳定的陆表海沉积环境。除下泥盆统发育陆棚碎屑组合外，中上泥盆统至下二叠统均以碳酸盐台地沉积组合为主，构成了扬子地台稳定盖层。下二叠统上段，由于一系列近南北向古老断裂的强烈拉张或地幔柱冲击作用而发育峨眉山大火成岩省。上二叠统上段为陆棚－滨岸含煤沉积组合（云南省地质矿产局，1990；张旗等，1996；孙晓猛和简平，2004）。传统观点认为哀牢山带内缺失下三叠统（云南省地质矿产局，1990；莫宣学等，1998），中三叠统零星出露，而上三叠统发育齐全，由海相发展为海－陆交互相到陆相，其火山岩以钙碱性系列为主。侏罗系至始新统下部发育一套巨厚的陆内盆地含膏盐红层。上覆的始新统上部到渐新统勐腊群磨拉石沉积与其呈区域角度不整合。中上新统为零星分布的陆内河湖盆地含煤组合（段新华和赵鸿，1981；云南省地质矿产局，1990；张旗等，1996；孙晓猛和简平，2004）。但近年的定年研究表明，原被认为属上三叠统的火山岩有部分应划属下三叠统（刘翠等，2011；Zi et al.，2012c）。在此将重新定义的下三叠统高山寨组及具标志意义的上三叠统一碗水组及相当地层概述如下。

高山寨组由云南省地质矿产局第二地质大队于 1975 年命名，原代表绿春—元阳一带的上三叠统下部。其底部为砾岩、页岩和板岩，向上依次为辉石粗面岩、流纹斑岩、石英斑岩、英安斑岩和安山玢岩等，与顶底部地层均呈不整合接触。该组英安岩－流纹岩中的锆石 U-Pb 定年给出了 247Ma 的结晶年龄（如刘翠等，2011；刘汇川等 2013），因此建议将高山寨组归入下三叠统。该地层对应于金沙江带德钦县西南的人支雪山组和攀天阁组（王保弟等，2011；Zi et al.，2012c）。该套地层角度不整合上覆于晚二叠世及更早岩层之上，代表了一次显著的构造事件。云南省地质局第二地质测量大队（1971 年）在墨江县碧溪区一碗水村发现歪古村组不整合上覆于泥盆系之上，含较多双壳类化石，底部出现 400 余米的红色粗砂岩、含砾粗砂岩，具磨拉石建造特征（沈上越等，1998b；刘翠等，2011），因而将其定名为一碗水组。古生物化石显示其属于晚三叠世，与金沙江带歪古村组可对比，也代表越南北部上三叠统红层沉积在我国境内的延伸。

哀牢山构造带也被称为哀牢山缝合带或哀牢山蛇绿岩带，被认为是扬子与思茅－印支陆块的构造边界。该带位于九甲－安定断裂和哀牢山断裂带之间（沈上越等，1998b；魏启荣等，1998；莫宣学等，1998；Yumul et al.，2008）。带内地层普遍遭受强烈的变形和变质作用改造，沿哀牢山西麓断续出露为上三叠统一碗水组不整合覆盖的北北西向线性分布的蛇绿岩及相关地层。其南东侧的红河断裂带沿哀牢山北东侧红河河谷发育，分隔了西南部哀牢山构造带与北东侧的扬子陆块。该断裂走向自北西向南东呈宽缓 S 形，以数条近平行排列的断层构造为特征，具长期性、多期性和差异性活动特点，主要表现为右行走滑－正断断裂作用。地貌上呈现负地貌，在红河河谷两岸露头上常见具正断性质或走滑性质的岩石破碎带和构造角砾岩带等，对于其走滑活动时间多倾向于始自 27~25Ma，强烈活动于 25Ma（Wang et al.，2000b，2010a，2021a；刘俊来等，2011；Liu et al.，2013）。走向南西－北东的哀牢山断裂分隔哀牢山缝合带和哀牢山深变质岩带，向南东与藤条河断裂相连（张进江等，2006；Liu et al.，2012a）。断裂西侧由古生界和下中生界浅变质岩组成，岩石变质作用多为绿片岩相或更低，而断裂东侧以复杂逆冲－推覆与左行韧性剪切为特征，发育有规模宏大、宽约 1~3km 的糜棱岩带，以发育左行走滑韧性剪切、水平拉伸线理和 L 型构造岩等中高温构造岩为标志。另外一条重要的断裂是三家河－奠边府断裂，该断裂主体位于越南西北部，向南东进入老挝境内，向北西延入中国云南境内与三家河断裂相接。断裂北段以 60°~70° 的倾角向西倾斜，南部倾角达 70°~80°，甚至 90°。主断裂及其次级断裂切穿了新元古代、古生代—中生代地层及晚二叠世—早三叠世花岗岩。云南境内的三家河断裂在金平那发—三家一带走向 325°，向北转为 355°，总体呈弧形向 NEE 凸出（宋志杰，2008），断裂糜棱岩化强烈，且表征出与哀牢山剪切带一致的几何学和运动学特征。

哀牢山群发育有不同特征的构造变形，这些构造变形在不同地段有着不同的表现形式，如在小羊街以南地区发育有一系列由逆冲推覆断裂和韧性剪切带构成的叠瓦状构造，局部地区见多期逆冲推覆构造（如元阳新城一带）。在红河剪切带上，发育似眼球状碎斑、碎块的糜棱岩，这些碎斑、碎块常由长英质脉体经变形改造而石香肠化，面理上发育有石英拔丝、夕线石、透闪石等组成的水平拉伸线理。局部地区（如漠沙曼费附近）剪切强度向西减弱，而与之平行的次级平移剪切带内可观察到至少有深、中、浅三个层次变形特征的糜棱岩复合叠加。以哀牢山断裂为界，两侧表现形式互有差异，其东侧主要有哀牢山群和新生代沉积岩，它们之间的接触关系主要表现为具有右行走滑－正断性质的红河断裂带叠加于多期左行走滑韧性剪切带之上，其中糜棱岩原岩主要为花岗质糜棱岩和哀牢山群深变质岩。哀牢山群内局部存在代表中下地壳层次的高温韧性剪切带或上地壳层次的脆性断裂带。其西侧元江—元阳一带为浅变质岩石，金平一带为深侵位花岗岩，它们与哀牢山群的接触关系为韧性剪切带，即哀牢山剪切带，区域上由哀牢山群向西，变形变质程度总体具有逐渐递减的趋势（宋志杰，2008）。哀牢山断裂带西侧浅变质岩带主要由古生代—三叠纪地层所组成，其受后期左行平移剪切作用的影响相对较小，局部发育直立叶理带及倾竖褶皱，常发育与哀牢山带走向排列一致的由角闪质岩石、大理岩、钙硅酸岩和长英质脉等组成的透镜体和石香肠结构。

2. 岩浆与变质特征

哀牢山构造带与扬子陆块相似，沿区域构造线方向呈带状分布，保存很多前寒武纪岩浆作用记录。带内主要岩石类型包含已变质的含碳质火山－沉积岩，基性－超基性岩、中－酸性岩、石炭系变基性火山－沉积岩系和无序蛇绿岩。

哀牢山带内元古宙变基性岩、混合岩和花岗片麻岩零星分布在哀牢山群，长期被定义为古元古界岩石。在范士坂南段花岗质片麻岩中获得过2830Ma的锆石年龄（TIMS年龄；Lan et al.，2000），带内正片麻岩中获得2.0Ga和1.7Ga的角闪石K-Ar年龄及1873~1977Ma的Ar-Ar年龄（Nam et al.，2003）。带内不同岩浆侵入活动和混合岩化岩石锆石U-Pb年龄值为1737Ma和1571Ma（王义昭和丁俊，1996），这些岩石代表了哀牢山带最古老岩浆作用记录。

在哀牢山一带新元古代岩浆作用发育，特别是在金平—元阳—新平一带，岩石类型主要为变基性岩、混合岩和正片麻岩及少量中性岩石。扬子南缘瑶山群、金平地区哀牢山片麻状花岗岩、元阳地区花岗闪长岩和点苍山杂岩分别给出了748~842Ma的锆石U-Pb结晶年龄（李宝龙等，2012；刘俊来等，2008；Lin et al.，2012；Cai et al.，2014b；Wang et al.，2015b）。在哀牢山构造带元阳地区识别出了新元古代（814±12Ma）基性岩浆活动（Cai et al.，2014b）。古生代至早中生代岩浆岩可分为两个阶段，即造山前的岩浆活动和造山期的岩浆活动。造山前的岩浆活动主要有石炭纪—二叠纪基性－超基性岩浆作用，主要包括早石炭世蛇绿混杂岩和晚二叠世基性火山岩。其中前者主要出露于哀牢山带内，后者主要分布在哀牢山断裂南西侧，与含大羽羊齿的碎屑岩相伴产出。

哀牢山带内分布的蛇绿混杂岩主要包括由强烈挤压剪切变形、浅变质的古生代火山－沉积岩系组成的混杂基质和赋存于剪切基质中的经构造变形肢解的火山岩及蛇绿岩残块等，这些岩块多呈无根岩块或岩片、以断层接触或剪切关系侵位于强烈剪切变形的混杂基质中（Jian et al.，2009a，2009b；Yumul et al.，2008）。晚二叠世基性火山岩主要出露在哀牢山—李仙江一带，分为哀牢山弧后盆地洋脊－准洋脊火山岩带、太忠－李仙江弧火山岩带、邓控－五素裂谷火山岩带和潘家寨裂谷火山岩带。其中哀牢山弧后盆地洋脊－准洋脊火山岩带以基性熔岩为特征，呈构造岩片产出于哀牢山断裂与墨江－滕条河断裂之间的浅变质带内，也被认为是哀牢山蛇绿岩单元中的变质橄榄岩、堆晶杂岩和基性熔岩的主要组成部分。太忠－李仙江弧火山岩带位于哀牢山浅变质带的西侧，沈上越等（1998a）进一步将其划分出主弧期火山岩、碰撞型弧火山岩和滞后型弧火山岩三种类型。邓控－五素裂谷火山岩带位于墨江断裂西侧，被认为形成于早石炭世，其岩石类型主要有枕状玄武岩和流纹岩夹硅质岩及类复理石海相沉积岩（沈上越等，1998a）。潘家寨裂谷火山岩带出露在哀牢山浅变质带内，产于一套浅变质砂岩、千枚岩及石英片岩组成的复理石沉积地层中。在该火山岩带见原岩为粗面玄武岩和玄武岩的绿片岩和蓝片岩（魏启荣和沈上越，1997）。造山期的岩浆活动多以小型岩株或岩墙产出，多呈长条状、北西向展布于哀牢山带内，主要有晚三叠世早期的深成花岗岩和浅成石英斑岩 – 花岗斑岩，侏罗纪二长花岗岩和白垩纪晚期含角闪石钾长花岗岩 – 石英正长岩等。

印支期侵入岩主要为基性岩，多以岩株及岩墙状沿断裂带呈狭长分布，其侵入的最新地层为上三叠统一碗水组或其相当地层，岩石类型主要有辉长岩和辉绿岩。从东向西可分为东、西两个亚带，东带即分布在马草河梁子至麻洋厂以北的马草河梁子 – 山门口基性岩带，它们沿哀牢山断裂西侧分布，侵入岔河岩组绿泥石石英片岩夹千枚岩中，主要有马草河梁子辉长岩体；西带即松山脚 – 东毛山 – 老庙寨 – 火烧寨基性岩带，沿安定 – 九甲断裂分布，主要有分布于老庙寨—龙塘一带、侵入岔河岩组板岩和上三叠统一碗水组砂泥岩的老庙寨辉长岩体（云南省地质矿产局，1990）。印支期花岗岩主要分布在哀牢山断裂带西侧，其中水头高山 – 大营盘花岗岩和露宿地、山神庙花岗岩体侵位于志留系—二叠系或前二叠系中。十里河和干巴塘花岗岩等呈岩墙状侵入于上三叠统石英绢云片岩中，黑蛇洞、山门口和狗头坡花岗岩等侵入于岔河岩组千枚岩、蓝片岩、板岩及绢云片岩（云南省地质矿产局，1990）。

燕山期侵入岩主要有超基性岩、花岗岩、石英斑岩及云煌岩，它们沿断裂带呈北西向狭长状分布。野外接触关系表明超基性岩的侵入时代早于酸性岩，其侵入的最新地层为上三叠统路马组。自东而西可分为东带、中带和西带三个亚带，东带主要为侵位于元古宇小羊街组糜棱岩化片岩中的山苏地超基性岩和侵位于元古宇小羊街组糜棱岩化条纹混合岩的扬发成超基性岩。中带主要为侵位于岔河岩组的窝妥寨超基性岩岩体群、松树林超基性岩岩体群、中山超基性岩岩体群和龙潭超基性岩岩体群等。西带沿安定 – 九甲断裂分布，主要为侵入于上三叠统的一碗水组、岔河岩组和路马组的白土山超基性岩岩体群、和平丫口超基性岩岩体群、云厂超基性岩、白腊度超基性岩、路必大寨超基性岩体、火烧寨超基性岩体、金厂超基性岩体、安定超基性岩体、沙补超基性岩和马鹿村超基性岩等（云南省地质矿产局，1990）。

新生代岩浆岩主要形成于晚渐新世至早中新世，主要有早期高钾碱性岩浆岩和晚期钙碱性岩浆岩。高钾碱性岩浆岩以岩基、岩株和岩墙（岩脉）及相伴发育的火山岩等存在于滇西 – 越西北地区（Chung et al.，1997），该岩浆事件伴随着一系列具幔源特点的岩浆岩就位，如粗面岩、正长岩、煌斑岩等（杨一增等，2013）。此外，伴随哀牢山剪切带的左行走滑作用发育了呈岩体、岩脉或岩墙式等产出的未变形岩浆岩（Wang et al.，2011）。根据区域剪切变形主要限定在 32~21Ma，推断这些岩浆岩的形成时间主要在 21Ma 以后。

哀牢山变质岩以哀牢山群变质岩系为主要表现形式，其变质作用具双变质带特征，大致以哀牢山断裂为界，上盘为低压高温变质带，下盘为高压低温变质带（王义昭和丁俊，1996），低压高温变质带由角闪岩相 – 绿片岩相的片麻岩、角闪岩、大理岩等组成，并发生强烈糜棱岩化；高压低温变质带由低绿片岩相片岩、千枚岩和板岩等组成。其中哀牢山群小羊街组发育褶叠层、顺层掩卧褶皱，同斜倒转褶皱以及由各种混合岩形成的流褶皱和无根褶皱，局部可见原地或准原地低侵位重熔花岗岩，表明该岩组发生过深层次的局部熔融，是地壳中深层次组成部分。阿龙组、凤港组和乌都坑组缺乏深层次局部熔融所表现出来的塑性流变，变质程度为高绿片岩相，局部达到角闪岩相。

哀牢山变质岩系发育有两种不同变质作用类型的递增变质序列（王义昭和丁俊，1996）。一种为低压高温区域动力热流变质作用，另一种为中压高温区域动力热流变质作用，即石榴子石带→十字石－蓝晶石带→夕线石带，石榴子石带→十字石－红柱石带→夕线石带。其中前者可见十字石呈蓝晶石中包晶、蓝晶石向夕线石转化，而石榴子石则呈残斑状保留在云母片岩中，同时与夕线石、蓝晶石等矿物共生的石榴子石中发育有明显的环带构造。这些矿物的共生转变基本都发育在逆冲推覆韧性剪切带中，其形成应与逆冲推覆作用过程中造成的温压条件的改变有关。对于第二种递增变质序列，石榴子石、红柱石和黑云母等矿物不具有区域变质岩的结构、构造和矿物共生组合关系，与后期热事件有关。

3.2　石炭纪蛇绿岩组合与构造环境

自段新华和赵鸿（1981）发现哀牢山蛇绿岩之后，该蛇绿岩带一直受国内外地质学者的广泛关注。它夹持在九甲－安定断裂与哀牢山断裂之间，西起五指山，向南东延伸至墨江底玛，南北两端以双沟断裂和哀牢山断裂为界，呈狭长的带状分布于基底变质带南侧，长达 200km，平均宽约 10km，中段最宽处可达 15km。该蛇绿混杂岩主要包括由强烈挤压剪切变形、浅变质的古生代火山－沉积岩系组成的混杂基质和赋存在剪切基质、经构造变形肢解的火山岩及蛇绿岩构造残块等，这些岩块多呈无根岩块或岩片，以断层接触或剪切关系侵位于强烈剪切变形的混杂基质中，其典型代表是带内中段的双沟蛇绿岩（图 3.4；沈上越等，1998b；Jian et al.，2009a，2009b；Yumul et al.，2008）。

哀牢山蛇绿岩在中新生代时期遭受到了强烈改造，特别是印度板块与亚欧板块的快速斜向碰撞，使得哀牢山蛇绿岩受到哀牢山左行走滑韧性剪切带与奠边府走滑断层带的错断与肢解。哀牢山蛇绿岩的组成单元由下往上依次是变质橄榄岩（方辉橄榄岩、二辉橄榄岩）、超基性－基性侵入杂岩（辉石岩、辉长岩、辉长闪长岩、辉绿岩等）、基性熔岩（钠长玄武岩、苦橄玄武岩和辉石玄武岩等）和含放射虫硅质岩单元（沈上越等，1998b）。尽管有研究者已对其开展了大量研究，但争论依然存在。例如：①这套蛇绿岩是 SSZ 型蛇绿岩，还是 MOR 型蛇绿岩？如果是 MOR 型蛇绿岩，那么其中的玄武岩或辉绿岩是 E-MORB 还是 N-MORB？对这套蛇绿岩属性认识不清，导致出现哀牢山构造带在晚古生代至早中生代的构造属性究竟是古特提斯支洋盆还是弧后盆地之争（Zhang et al.，2008；Fan et al.，2010；Liu et al.，2010）。②目前对这套蛇绿岩的岩石组合认识不清，对典型岩石类型的地球化学特征缺乏系统认识。③识别哀牢山蛇绿岩中的原始地幔岩和残留地幔岩时也缺乏更加可靠证据（张旗等，1995；沈上越等，1998b；王顺华和王照波，2004；Yumul et al.，2008；Lai et al.，2014a，2014b）。

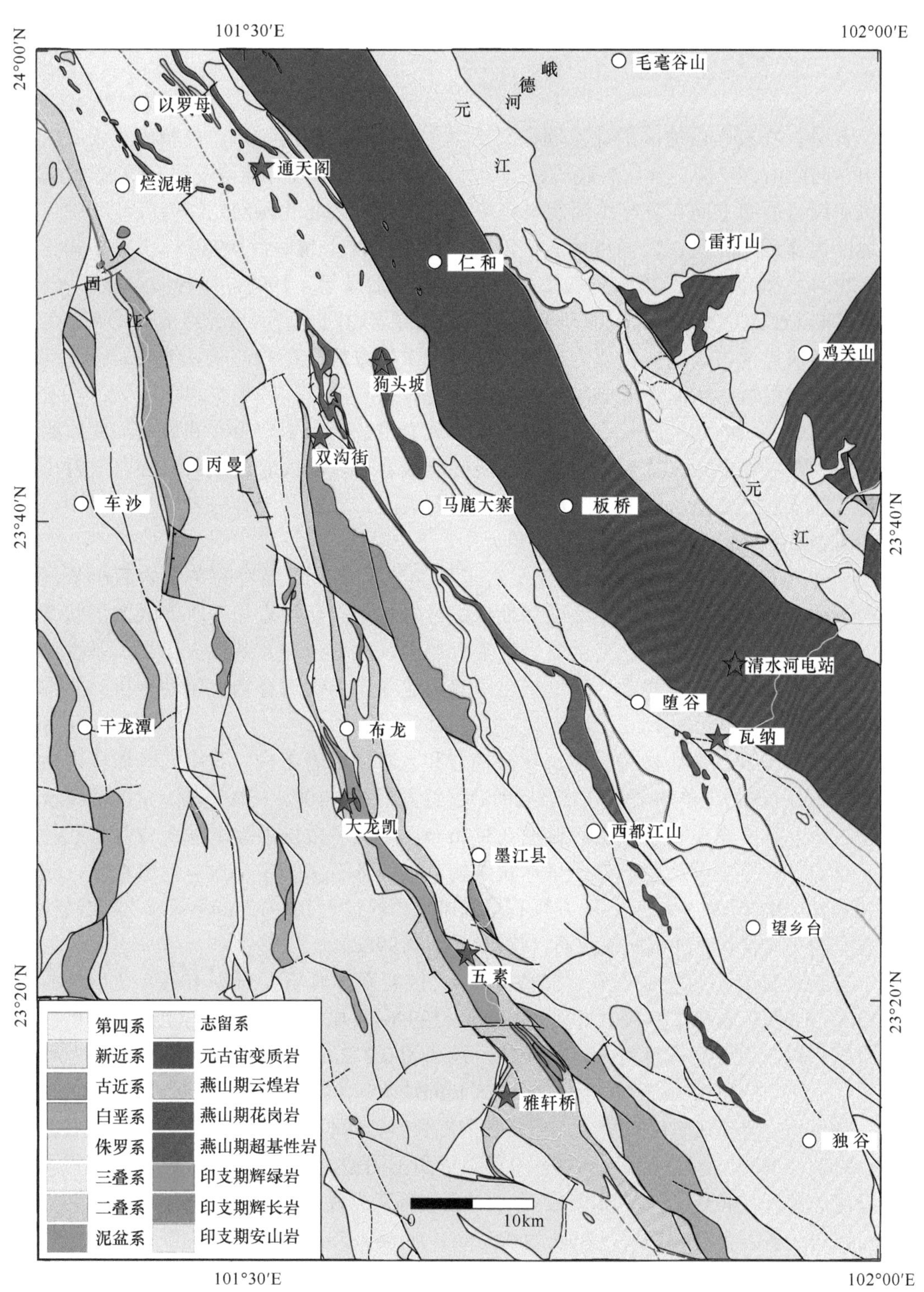

图 3.4　哀牢山构造带墨江–元江地区地质图（据云南省地质矿产局，1990）

3.2.1 岩石组合与形成时代

此外，在哀牢山地区的徐家坝、浪泥塘－冬瓜林、金山丫口、白腊度、平掌、帽合山、向阳山、双沟、金厂、底玛、大坪、老金山、三台坡等地均发现有蛇绿岩出露，这些蛇绿岩展布方向与哀牢山断裂基本平行，构成一条北北西向蛇绿岩带，其中以双沟地区出露最为完整（云南省地质矿产局，1990；沈上越等，1998b；王顺华和王照波，2004；刘俊来等，2011；张旗等，1995；魏启荣等，1998，1999；Yumul et al.，2008；Lai et al.，2014a）。已有研究表明双沟蛇绿岩由四个岩石单元组成：①底部为蛇纹石化变质橄榄岩，原岩主要为二辉橄榄岩，次为方辉橄榄岩，未见纯橄岩；②辉绿岩－辉长岩组合，辉绿岩形成较早，局部可见辉绿岩被贯入的辉长岩所胶结；③玄武岩主要由隐晶质的和具斜长石斑晶的细粒玄武岩组成，少量安山玄武岩，与变质橄榄岩之间为断层接触。玄武岩之上为浅变质砂质板岩、含砾板岩夹凝灰岩和含放射虫硅质岩（图 3.5）。此外，局部地段见闪长岩和石英闪长岩脉产于辉绿岩和玄武岩中，斜长花岗岩呈细脉状产于蛇绿岩各岩石单元中。

哀牢山构造带内其他地点的蛇绿岩未见类似于双沟蛇绿岩的完整岩石组合，例如南部的三台坡蛇绿岩为一套遭受后期低绿片岩相－高绿片岩相变质而成的层状杂岩（王顺华和王照波，2004），其主要岩性为碎屑岩、碳酸盐岩、基性火山岩、基性－超基性侵入岩、变质橄榄岩等。这里重点以双沟蛇绿岩为例进行构造属性分析。双沟蛇绿岩中主要岩石单元如下。

变质橄榄岩：变质橄榄岩由二辉橄榄岩和方辉橄榄岩组成。其中二辉橄榄岩由橄榄石（50%~60%）、单斜辉石（15%~20%）、斜方辉石（10%~15%）及少量的液滴状熔融物组成。其中橄榄石呈粒状，粒径 0.3~2mm，绝大多数均沿裂隙蚀变成胶状或纤维状蛇纹石，并析出不透明矿物，呈网状结构。单斜辉石多为半自形－他形粒状，粒径 0.2~2mm，多数未发生蚀变；斜方辉石呈残斑状，粒径为 0.4~12mm 不等，少数沿柱状解理面蚀变成胶状或纤维状蛇纹石（沈上越等，1998c）。

方辉橄榄岩由蚀变橄榄石（50%~60%）、蚀变斜方辉石（34%~40%）及少量的尖晶石和不透明矿物组成（凌其聪等，1999a，1999b）。橄榄石的特征与上述二辉橄榄岩中所见相似，但蚀变程度更强，呈粒状，粒径为 0.2~2mm，均已蛇纹石化。斜方辉石主要呈板状，粒径 0.2mm×0.8mm~2mm×4mm。

镁铁质－超镁铁质侵入杂岩：包括角闪辉长岩、辉长－闪长岩、辉绿岩和辉石岩等（杨家瑞，1986；凌其聪等，1999b；王顺华和王照波，2004）。角闪辉长岩主要由纤闪石化的辉石（40%~45%）和斜长石（40%~45%）组成，含少量后期蚀变黝帘石、纤闪石。辉石多为半自形柱状，粒径为 0.5mm×1mm~0.5mm×2mm，为绿色纤维状角闪石所交代。斜长石多呈半自形板状，粒径为 0.5mm×1mm~0.5mm×3mm，聚片双晶发育，双晶条带较宽，斜长石均钠黝帘石化，被黝帘石、钠长石、绿帘石、绢云母、绿泥石、石英、葡萄石、石榴子石所交代。辉长－闪长岩主要由角闪石（55%~65%）和

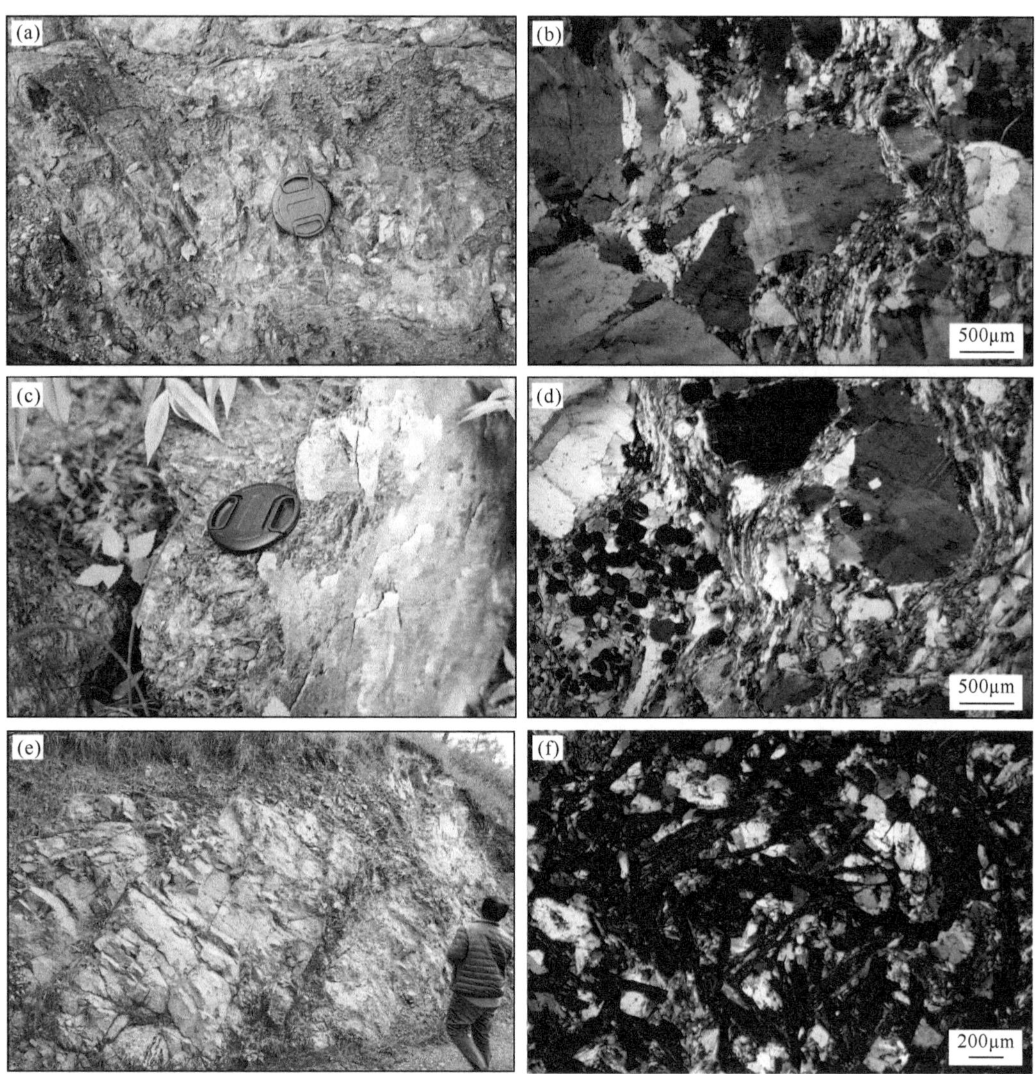

图 3.5　哀牢山构造带双沟蛇绿岩蛇纹石化橄榄岩野外照片（a）(c）和镜下显微照片（b）(d)，辉长岩野外照片（e）和辉长岩镜下显微照片（f）

斜长石（25%~30%）及少量蚀变绢云母和石英组成。角闪石为淡绿色，呈半自形 – 他形粒状，粒径 0.01~0.2mm；斜长石呈半自形 – 他形粒状，粒径 0.01~0.2mm。辉绿岩矿物组成有斜长石（45%）、单斜辉石（25%~30%）、普通角闪石（20%~25%）及钛铁矿（＜ 5%）。斜长石呈长条状自形 – 半自形晶，粒径一般为 0.2mm×1.2mm~0.25mm×1.2mm，往往组成格架状，多已发生黝帘石化。单斜辉石、角闪石、褐铁矿多呈他形，粒径 0.1~0.7mm，它们分布于斜长石的三角形格架中构成典型的辉绿结构。

火山熔岩：包括辉石玄武岩、苦橄玄武岩、玄武岩、粗玄岩、玄武安山岩、变质玄武岩等（杨家瑞，1986；张旗等，1995；凌其聪等，1999b）。辉石玄武岩具斑状结构，基质为拉斑结构。斑晶（10%~15%）以单斜辉石为主，次为斜长石。单斜辉石呈结晶粒状或短柱状，粒径 0.25~0.5mm；斜长石呈板状，粒径为 0.25mm×0.5mm~0.5mm×0.5mm。基质（80%~85%）主要为长条状斜长石（40%~45%）、微晶单斜辉石（25%~30%）、微晶榍石、隐晶绿泥石、玻璃质（10%~15%）；斜长石较自形，粒径一般为 0.05mm×0.3mm，微晶辉石、榍石粒径为 0.05~0.1mm 不等（张旗等，1995；凌其聪等，1999b）。粗玄岩具粗玄结构，玄武安山岩具球粒结构，气孔状构造。主要由长条状微斜长石（35%~40%）、粒状单斜辉石（45%~50%）、钛铁矿（5%）及微晶黝帘石、隐晶绿泥石（5%）组成。斜长石粒径 0.1mm×0.7mm，单斜辉石 0.1~0.3mm，钛铁矿 0.05~0.1mm。单斜辉石、钛铁矿、黝帘石等充填于长条状斜长石格架中。

硅质岩：由近圆形放射虫化石（10%~20%）和隐晶、微晶（60%~80%）硅质、泥质组成（魏启荣等，1998；沈上越等，2000）。哀牢山蛇绿岩的形成时代一直是广大地质学者研究的重点，早期的地层学和古生物证据表明：①哀牢山蛇绿岩套硅质岩内含早石炭世放射虫（魏启荣等，1998；沈上越等，2000，2001）；②南部三台坡蛇绿岩大理岩化灰岩中含有早石炭世牙形石（王顺华和王照波，2004）；③上三叠统一碗水组不整合覆盖于蛇绿岩之上，其底部砾岩中含有蛇绿岩与铬铁矿碎屑，且含有泥盆纪—石炭纪火山岩（杨家瑞，1986；张旗等，1995；钟大赉，1998；宋志杰等，2008）。钟大赉（1998）得到该蛇绿岩中辉长岩的单斜辉石 $^{40}Ar/^{39}Ar$ 年龄为 339±14Ma。简平等（1998）和 Jian 等（2009b）得到辉长岩中角闪石 $^{40}Ar/^{39}Ar$ 坪年龄为 349±13Ma，龙塘辉长岩锆石 U-Pb 下交点年龄为 362±41Ma，辉绿岩 SHRIMP 锆石 U-Pb 年龄为 382.9±3.9Ma。另外，Jian 等（2009b）对双沟蛇绿岩中的斜长花岗岩获得了 375.9±4.2Ma 的 SHRIMP 锆石 U-Pb 年龄。Lai 等（2014a）得到两件辉绿岩样品的锆石 U-Pb 年龄为 351~334Ma，斜长花岗岩的锆石 U-Pb 年龄为 364.5±6.5Ma。所有这些古生物和同位素定年结果限定双沟或其他地区哀牢山带蛇绿岩的形成时代在晚泥盆世 / 早石炭世—晚石炭世。

3.2.2 地球化学特征与成因

1. 地球化学特征

安定、冬瓜林、浪泥塘等地蛇绿岩中方辉橄榄岩样品具有非常高的 MgO 含量（$Mg^{\#}$=89~91），非常低的 CaO（0.08%~1.39%）、Al_2O_3（0.63%~2.42%）和 TiO_2（0.02%~0.06%）含量，基本不含 P_2O_5。Al_2O_3、CaO、TiO_2、FeO_t、MnO 等随 MgO 含量增加而减少，呈现出部分熔融趋势特征。

15 个方辉橄榄岩样品的 Re-Os 同位素组成表明：Re 含量为 71×10^{-12}~388×10^{-12}，Os 含量为 2284×10^{-12}~5086×10^{-12}，$^{187}Re/^{188}Os$ 值为 0.08~0.42，$^{187}Re/^{188}Os$ 和 $^{187}Os/^{188}Os$ 值相关关系不明显，$^{187}Os/^{188}Os$ 值为 0.11992~0.12730。如图 3.6 所示，这些样品 Re-Os 同位素组成与原始地幔熔融后的残留相相似。对双沟蛇绿岩中的方辉橄榄岩，张旗等（1995）的氧同位素研究表明 $\delta^{18}O$ 变化于 5.3‰~6.2‰，属于地幔岩范围（5.4‰~6.6‰）。

对地幔橄榄岩的主量元素和 Re-Os 同位素分析结果分别见表 3.1 和表 3.2。

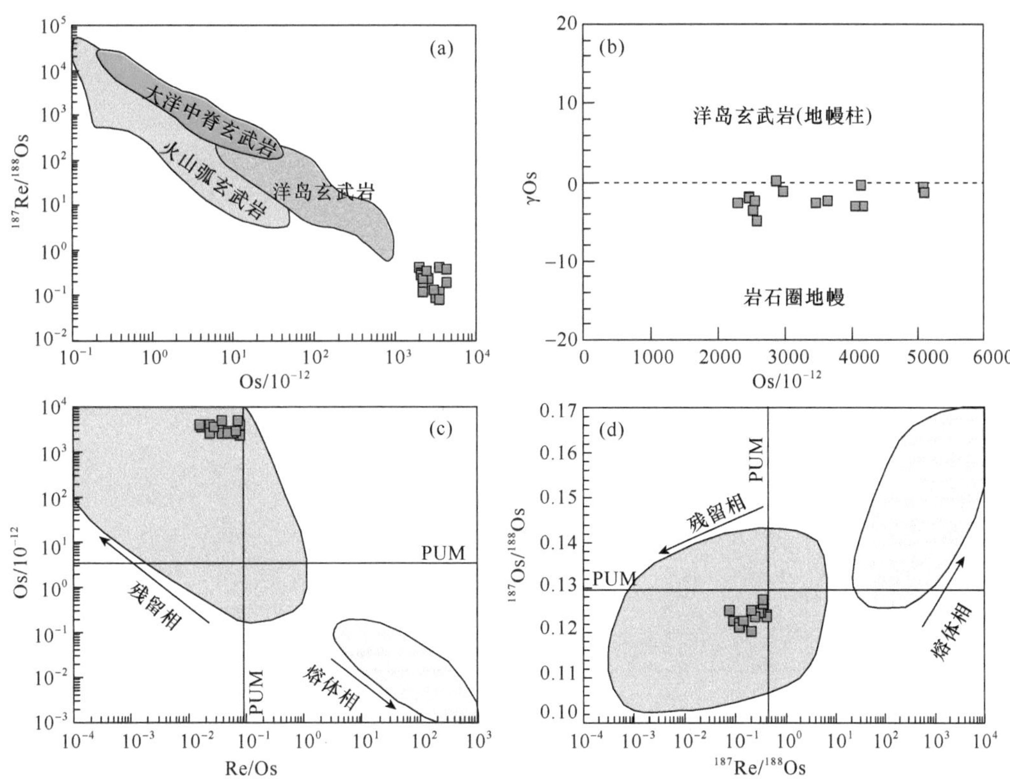

图 3.6　哀牢山构造带蛇绿岩内方辉橄榄岩的 Re-Os 同位素组成

PUM 为原始上地幔

表 3.1　哀牢山蛇绿岩内方辉橄榄岩主量元素测试结果　　（单位：%）

样品号	ML-16B	ML-16C	ML-16D	ML-16G	ML-16H	ML-20A	ML-20D	ML-21B	ML-21D	ML-21F	ML-36D	ML-36F	ML-36H	ML-36I	ML-36J
Al_2O_3	1.75	1.72	1.78	1.56	0.76	0.89	0.63	2.38	2.18	2.42	1.22	2.23	1.15	1.24	1.14
CaO	1.05	1.39	0.22	0.9	0.07	0.09	0.11	0.1	0.37	0.15	0.09	0.56	0.08	0.09	0.11
FeO_t	8.18	8.48	9.02	10.05	7.51	9.59	8.72	9.02	9.49	9.06	8.73	9.3	9.35	8.77	10.63
K_2O	0.02	0.02	0.02	0.01	0.01	0.01	0.06	0.02	0.02	0.02	0.01	0.02	0.01	0.02	0.02
MgO	37.2	36.97	36.97	35.52	38.45	37.35	37.37	36.77	36.32	36.85	38.2	36.4	37.44	38.21	36.91
MnO	0.11	0.11	0.13	0.18	0.08	0.1	0.06	0.07	0.08	0.08	0.09	0.07	0.08	0.08	0.09
Na_2O	0.07	0.03	0.02	0	0.01	0.02	0.02	0.03	0.01	0.02	0.01	0.04	0.06	0.02	0.02
P_2O_5	0	0	0	0	0	0	0	0	0	0	0	0	0	0	0
SiO_2	38.68	39.28	37.96	37.94	37.91	39.16	39.14	39.86	38.4	39.27	39.7	39.45	38.9	39.63	39.04
TiO_2	0.03	0.03	0.03	0.03	0.02	0.02	0.03	0.06	0.04	0.06	0.04	0.04	0.03	0.02	0.03
LOI	12.98	12.61	13.86	13.8	14.89	13.36	13.49	12.28	12.94	12.49	12.44	12.23	12.73	12.41	12.3
总计	100.07	100.63	100.01	99.99	99.7	100.6	99.63	100.58	99.85	100.42	100.53	100.35	99.84	100.5	100.28

表 3.2　哀牢山蛇绿岩内方辉橄榄岩全岩 Re-Os 同位素组成测试结果

样品号	Re/10^{-12}	2σ	Os/10^{-12}	2σ	$(^{187}Os/^{188}Os)_m$	2σ	$(^{187}Re/^{188}Os)_m$	2σ	年龄 / Ma	γ (Os)$_t$	2σ	Os 模式年龄（TMA）/Ma
ML-16B	196.0	8.3	2283.6	34.5	0.12397	0.00018	0.41	0.02	340	−2.49	0.06	13749.79
ML-16C	364.1	8.8	4157.7	101.1	0.12354	0.00027	0.42	0.01	340	−2.88	0.15	22266.94
ML-16D	149.9	3.5	2961.2	40.5	0.12490	0.00023	0.24	0.01	340	−0.98	0.15	1457.67
ML-16G	166.3	3.0	2448.5	29.3	0.12452	0.00024	0.33	0.01	340	−1.66	0.16	2754.83
ML-16H	67.0	5.2	3617.1	103.2	0.12247	0.00035	0.09	0.01	340	−2.22	0.25	1224.86
ML-20A	99.2	4.8	4049.5	58.4	0.12185	0.00019	0.12	0.01	340	−2.85	0.12	1449.128
ML-20D	63.3	2.7	2510.0	46.1	0.12118	0.00029	0.12	0.01	340	−3.40	0.21	1589.439
ML-21B	151.8	2.8	2441.2	32.2	0.12429	0.00025	0.30	0.01	340	−1.72	0.17	2303.557
ML-21D	103.7	4.5	2555.8	32.3	0.11992	0.00023	0.20	0.01	340	−4.75	0.14	2374.885
ML-21F	126.3	4.5	2523.2	25.3	0.12343	0.00021	0.24	0.01	340	−2.14	0.13	1877.294
ML-36D	388.3	5.7	5067.1	197.8	0.12630	0.00033	0.37	0.02	340	−0.42	0.19	2925.746
ML-36F	212.3	3.1	2859.9	43.0	0.12730	0.00019	0.36	0.01	340	0.43	0.12	1752.198
ML-36H	98.3	5.7	3448.9	48.2	0.12253	0.00026	0.14	0.01	340	−2.39	0.17	1407.285
ML-36I	212.3	3.0	5086.2	246.0	0.12463	0.00030	0.20	0.01	340	−1.00	0.20	1261.645
ML-36J	70.5	2.4	4134.4	164.0	0.12501	0.00043	0.08	0.00	340	−0.15	0.33	775.8564

对哀牢山蛇绿岩带内辉长岩、辉绿岩、闪长岩、玄武岩等开展的主量元素及 Sr-Nd-Pb 同位素组成分析结果列于表 3.3。这些岩石具异常亏损的 Nd 同位素组成（ε=+7.9~+13.5），接近原始地幔，而（$^{87}Sr/^{86}Sr$）$_i$ 值变化于 0.7039~0.7054，可能是因为海水蚀变而高于 MORB（0.7026~0.7038；张旗等，1995；钟大赉，1998；Xu and Castillo，2004）。双沟玄武岩的（$^{206}Pb/^{204}Pb$）$_i$ 值较低，在 17.4~17.8 之间，但（$^{208}Pb/^{204}Pb$）$_i$ 值较高，样品在 Pb-Pb 图中投在北半球参照线（NHRL）之上，接近印度洋 MORB 范围，指示双沟蛇绿岩是来自具 DUPAL 异常的地幔源区（周德进等，1995；魏启荣和沈上越，1997；钟大赉，1998；Xu and Castillo，2004）。

表 3.3　哀牢山构造带蛇绿岩内橄榄岩、辉绿岩和辉长岩主量和微量元素分析数据

样品号	HH-3	HH-4	HH-5	HH-32	HH-33	HH-34	HH-35	HH-18
岩性	橄榄岩							辉绿岩
SiO_2/%	39.25	39.35	39.10	38.61	37.19	39.13	38.30	48.34
TiO_2/%	0.06	0.09	0.08	0.02	0.01	0.10	0.09	0.97
Al_2O_3/%	1.98	3.52	2.42	2.08	0.98	1.94	3.54	15.44
FeO_t/%	7.58	7.87	8.22	8.43	8.14	8.51	7.84	9.52
MnO/%	0.08	0.12	0.11	0.08	0.13	0.11	0.12	0.15
MgO/%	37.11	34.97	35.82	35.77	36.72	34.46	34.53	8.60
CaO/%	0.78	2.02	1.26	0.11	1.44	2.06	1.71	11.82
Na_2O/%	0.00	0.00	0.00	0.00	0.00	0.00	0.00	2.14
K_2O/%	0.00	0.00	0.00	0.00	0.00	0.00	0.00	0.39
P_2O_5/%	0.02	0.02	0.02	0.02	0.02	0.02	0.02	0.10

续表

样品号	HH-3	HH-4	HH-5	HH-32	HH-33	HH-34	HH-35	HH-18
岩性	橄榄岩							辉绿岩
LOI/%	12.53	11.44	12.80	14.16	15.08	13.50	13.50	2.32
总计 /%	99.39	99.40	99.83	99.28	99.71	99.83	99.65	99.79
$Th/10^{-6}$	0.01	0.01	0.01	0.00	0.00	0.01	0.00	0.06
$Nb/10^{-6}$	0.07	0.07	0.05	0.04	0.04	0.11	0.05	0.90
$Ta/10^{-6}$	0.08	0.06	0.04	0.01	0.01	0.02	0.01	0.07
$Zr/10^{-6}$	2.72	2.89	4.53	0.33	1.17	3.18	3.84	57.30
$Y/10^{-6}$	1.67	1.99	2.42	1.51	0.16	1.62	3.04	21.30
$La/10^{-6}$	0.12	0.17	0.12	0.03	0.05	0.22	0.16	1.66
$Ce/10^{-6}$	0.36	0.48	0.37	0.05	0.08	0.80	0.53	5.55
$Pr/10^{-6}$	0.06	0.08	0.07	0.01	0.01	0.14	0.09	1.01
$Nd/10^{-6}$	0.30	0.47	0.41	0.05	0.08	0.72	0.47	5.87
$Sm/10^{-6}$	0.11	0.14	0.16	0.03	0.02	0.23	0.19	2.16
$Eu/10^{-6}$	0.05	0.07	0.08	0.01	0.01	0.08	0.07	0.85
$Gd/10^{-6}$	0.18	0.24	0.29	0.09	0.02	0.28	0.35	3.16
$Tb/10^{-6}$	0.04	0.05	0.05	0.02	0.00	0.05	0.07	0.59
$Dy/10^{-6}$	0.25	0.33	0.37	0.18	0.02	0.30	0.49	3.85
$Ho/10^{-6}$	0.06	0.07	0.08	0.05	0.01	0.06	0.12	0.86
$Er/10^{-6}$	0.17	0.20	0.25	0.16	0.02	0.18	0.36	2.48
$Tm/10^{-6}$	0.03	0.03	0.04	0.03	0.00	0.03	0.06	0.37
$Yb/10^{-6}$	0.20	0.22	0.25	0.19	0.03	0.19	0.37	2.34
$Lu/10^{-6}$	0.04	0.03	0.04	0.03	0.01	0.03	0.05	0.35

样品号	HH-19	HH-20	HH-6	HH-7	HH-8	HH-9	HH-10	HH-11	HH-12
岩性	辉绿岩		辉长岩						
SiO_2/%	49.67	47.67	37.61	36.86	36.56	35.89	32.47	38.67	50.22
TiO_2/%	1.71	1.05	0.72	0.74	0.66	0.77	0.65	0.89	0.52
Al_2O_3/%	13.35	14.92	11.72	12.63	12.93	12.83	14.96	13.76	15.60
FeO_t/%	12.73	9.63	9.32	9.96	11.66	10.93	13.78	15.10	8.16
MnO/%	0.14	0.16	0.19	0.17	0.18	0.16	0.16	0.21	0.12
MgO/%	6.52	8.98	18.72	16.05	11.50	14.96	15.43	12.02	7.62
CaO/%	9.88	11.31	13.35	16.64	20.63	17.42	14.28	13.53	11.47
Na_2O/%	3.24	2.44	0.01	0.00	0.00	0.00	0.00	0.04	3.11
K_2O/%	0.16	0.17	0.04	0.04	0.05	0.05	0.05	0.05	0.33
P_2O_5/%	0.17	0.10	0.03	0.04	0.04	0.04	0.03	0.04	0.05
LOI/%	1.97	2.95	7.66	6.75	5.72	6.68	8.07	5.64	2.13
总计 /%	99.54	99.38	99.37	99.88	99.85	99.73	99.88	99.95	99.33
$Th/10^{-6}$	0.15	0.06	0.02	0.02	0.01	0.02	0.00	0.00	0.05
$Nb/10^{-6}$	1.93	0.94	0.46	0.25	0.24	0.36	0.23	0.03	0.56
$Ta/10^{-6}$	0.15	0.07	0.06	0.05	0.05	0.05	0.05	0.03	0.06

续表

样品号	HH-19	HH-20	HH-6	HH-7	HH-8	HH-9	HH-10	HH-11	HH-12
岩性	辉绿岩		辉长岩						
$Zr/10^{-6}$	115	60.7	37.8	36.2	23.6	39.9	38.9	31.9	37.3
$Y/10^{-6}$	39.6	23.4	34.2	28.7	22.6	32.6	42.8	25.8	21.9
$La/10^{-6}$	3.30	1.57	0.62	0.79	0.73	0.96	0.56	0.54	1.44
$Ce/10^{-6}$	11.00	5.52	2.10	2.72	2.53	3.18	1.87	2.34	5.27
$Pr/10^{-6}$	1.97	1.02	0.44	0.53	0.48	0.63	0.36	0.53	1.00
$Nd/10^{-6}$	11.00	5.92	2.95	3.35	2.76	3.72	2.39	3.53	5.74
$Sm/10^{-6}$	3.94	2.24	1.52	1.50	1.21	1.65	1.31	1.66	2.11
$Eu/10^{-6}$	1.37	0.89	0.73	0.55	0.56	0.69	0.64	1.30	0.96
$Gd/10^{-6}$	6.00	3.46	3.08	2.69	2.24	3.07	3.06	3.07	3.21
$Tb/10^{-6}$	1.06	0.63	0.67	0.56	0.46	0.67	0.73	0.63	0.59
$Dy/10^{-6}$	7.12	4.20	5.15	4.09	3.36	5.10	6.14	4.65	3.91
$Ho/10^{-6}$	1.58	0.94	1.19	0.94	0.81	1.22	1.66	1.08	0.88
$Er/10^{-6}$	4.58	2.64	3.42	2.86	2.32	3.59	5.24	3.02	2.58
$Tm/10^{-6}$	0.68	0.40	0.50	0.42	0.34	0.54	0.83	0.42	0.37
$Yb/10^{-6}$	4.23	2.54	2.86	2.56	2.03	3.28	5.22	2.43	2.38
$Lu/10^{-6}$	0.65	0.39	0.39	0.36	0.29	0.46	0.75	0.32	0.35

样品号	HH-13	HH-14	HH-15	HH-16	HH-17	HH-21	HH-22	HH-31
岩性	辉长岩							
$SiO_2/\%$	50.61	47.38	46.43	46.39	46.11	50.39	50.10	50.44
$TiO_2/\%$	0.37	0.88	0.68	0.74	0.58	0.54	0.43	0.36
$Al_2O_3/\%$	13.89	16.52	18.69	18.42	20.00	16.01	13.08	17.65
$FeO_t/\%$	6.16	9.01	8.05	8.16	6.43	6.82	6.42	6.52
$MnO/\%$	0.10	0.15	0.14	0.13	0.11	0.11	0.11	0.10
$MgO/\%$	9.95	8.29	7.88	7.74	6.91	7.55	10.45	7.03
$CaO/\%$	13.53	11.29	11.61	10.86	11.83	12.82	14.17	11.12
$Na_2O/\%$	2.34	2.48	2.28	2.38	2.75	2.70	2.09	3.46
$K_2O/\%$	0.26	0.42	0.51	0.66	0.34	0.27	0.20	0.19
$P_2O_5/\%$	0.04	0.09	0.07	0.08	0.07	0.08	0.05	0.07
LOI/%	2.00	2.94	2.98	3.77	4.52	2.29	2.36	2.39
总计 /%	99.25	99.45	99.32	99.33	99.65	99.58	99.46	99.33
$Th/10^{-6}$	0.06	0.06	0.04	0.05	0.03	0.04	0.06	0.48
$Nb/10^{-6}$	0.37	0.88	0.60	0.61	0.47	0.42	0.51	1.10
$Ta/10^{-6}$	0.04	0.07	0.05	0.06	0.04	0.04	0.05	0.11
$Zr/10^{-6}$	32.70	50.70	37.90	43.70	30.80	31.60	62.80	81.70
$Y/10^{-6}$	17.30	19.40	16.10	17.50	13.60	18.20	26.50	32.80
$La/10^{-6}$	1.44	1.52	1.20	1.23	0.94	1.41	1.59	7.37
$Ce/10^{-6}$	5.00	5.11	3.88	4.10	3.14	4.85	6.24	20.80
$Pr/10^{-6}$	0.88	0.93	0.70	0.75	0.58	0.91	1.22	3.05

续表

样品号	HH-13	HH-14	HH-15	HH-16	HH-17	HH-21	HH-22	HH-31
岩性	辉长岩							
$Nd/10^{-6}$	4.77	5.21	3.95	4.36	3.31	5.15	6.81	14.20
$Sm/10^{-6}$	1.68	1.98	1.50	1.68	1.25	1.79	2.57	3.78
$Eu/10^{-6}$	0.61	0.81	0.71	0.73	0.57	0.89	0.74	1.05
$Gd/10^{-6}$	2.50	2.88	2.30	2.53	1.95	2.69	3.66	5.04
$Tb/10^{-6}$	0.46	0.53	0.42	0.47	0.36	0.48	0.71	0.87
$Dy/10^{-6}$	3.06	3.52	2.87	3.10	2.44	3.20	4.70	5.58
$Ho/10^{-6}$	0.69	0.78	0.64	0.72	0.54	0.71	1.03	1.25
$Er/10^{-6}$	1.97	2.24	1.90	2.04	1.59	2.12	3.04	3.65
$Tm/10^{-6}$	0.31	0.34	0.28	0.31	0.23	0.30	0.45	0.57
$Yb/10^{-6}$	1.91	2.16	1.86	1.99	1.50	1.98	2.82	3.56
$Lu/10^{-6}$	0.28	0.31	0.29	0.29	0.23	0.30	0.41	0.51

2. 岩石成因与构造背景

MOR 型和 SSZ 型蛇绿岩的差别在于其地幔源区的不同，MOR 型蛇绿岩的源区为原始地幔，而 SSZ 型蛇绿岩源区为富集地幔。为确定哀牢山蛇绿岩的构造属性，需确定该蛇绿岩究竟是原始地幔岩还是残余地幔岩。

哀牢山蛇绿岩带中的变质橄榄岩主要由二辉橄榄岩和方辉橄榄岩组成，二辉橄榄岩的球粒陨石标准化稀土元素配分图显示出近水平的配分曲线，含量与原始地幔非常接近（图 3.7）。沈上越等（1998c）测得二辉橄榄岩 MgO 和 $Mg^{\#}$ 值较方辉橄榄岩低，平均分别为 38.24% 和 89，而 CaO 平均为 2.54%，Al_2O_3 平均为 4.17%，TiO_2 平均为 0.17%，与洋中脊二辉橄榄岩相似，接近原始地幔二辉橄榄岩。凌其聪等（1999a）对二辉橄榄岩的矿物化学研究表明，其橄榄石以高 Mg（Fo）、低 Fe、Ca、Mn 为特点，斜方辉石为顽火辉石，易熔组分含量中等，难熔组分含量低，显示本区蛇绿岩中的二辉橄榄岩代表了原始地幔岩。

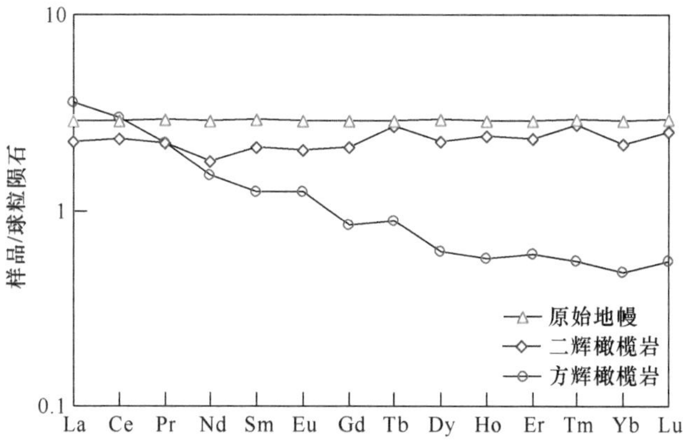

图 3.7　哀牢山构造带蛇绿岩中二辉橄榄岩和方辉橄榄岩稀土元素配分图（数据自沈上越等，1998c）

张旗等（1995）测得哀牢山蛇绿岩的方辉橄榄岩氧同位素组成与地幔岩一致，方辉橄榄岩的主量元素接近强烈亏损的方辉橄榄岩，高 MgO 含量（$Mg^{\#}$=89~91），低 CaO（0.08%~1.39%）、Al_2O_3（0.63%~2.42%）和 TiO_2（0.02%~0.06%），类似亏损地幔岩。方辉橄榄岩的轻重稀土分异明显，轻稀土富集、重稀土亏损，不同于原始地幔岩（图 3.7）。

在蛇绿岩形成过程中 Os 赋存于残留相地幔橄榄岩中，Re 富集在蛇绿岩的堆晶岩和熔岩等熔体相中，导致在蛇绿岩的残留相（地幔橄榄岩）和熔体相（堆晶岩、熔岩、岩墙等）之间发生显著的 Re 和 Os 分异。因而，Re-Os 同位素组成是示踪蛇绿岩内地幔岩属性的有效指征（史仁灯等，2006）。根据 15 个方辉橄榄岩样品分析结果可看出其 Re-Os 同位素组成不同于弧火山岩、MORB 和 OIB［图 3.6（a）（b）］，而全部落在原始地幔残留相区域内［图 3.6（c）（d）］，说明方辉橄榄岩代表了哀牢山蛇绿岩的残留相，也就是原始地幔部分熔融后的残余亏损地幔岩。Al_2O_3、CaO、TiO_2、FeO_t、MnO 等都随 MgO 含量增加而减少，也很好地反映其部分熔融属性。从图 3.8 可得出哀牢山蛇绿岩的形成过程中原始地幔熔融了 15%~30%。

蛇绿岩中二辉橄榄岩代表了原始地幔岩，原始地幔发生 15%~30% 的部分熔融，其残留相形成了方辉橄榄岩，岩浆则形成了蛇绿岩中其他类型岩石，如辉长岩、辉绿岩、玄武岩等。那么这些熔体相的原始岩浆具有什么样的特征呢？沈上越等（1998b）根据原始岩浆的判别标准（$Cr=380\times10^{-6}$，$Co=27\times10^{-6}\sim80\times10^{-6}$，$Sc=15\times10^{-6}\sim28\times10^{-6}$，固结指数 SI 约为 40 或更大）在残留相中识别出拉斑玄武岩浆和苦橄玄武岩浆两种原始岩浆。利用批式熔融公式和杠杆图解法计算拉斑玄武岩浆是二辉橄榄岩经过约 11% 部分熔融的产物，而苦橄玄武岩浆是二辉橄榄岩经过约 17% 部分熔融的产物。魏启荣等（1999）进一步分析认为辉石玄武岩是拉斑玄武岩浆分异产物，而斜长玄武岩则是辉石玄武岩浆分离结晶 44% 单斜辉石后的残余岩浆。由此认为，以双沟为典型的蛇绿岩形成是原始二辉橄榄岩经 15%~30% 部分熔融后形成残留方辉橄辉岩，熔出约 11% 后形成拉斑玄武岩浆，经分异结晶而成的辉石玄武岩－辉绿岩－辉长岩系列。熔出约 17% 形成苦橄玄武岩浆，经分异演化而成苦橄玄武岩－钠长玄武岩－辉长闪长岩－辉石岩系列。

对以双沟蛇绿岩为代表的哀牢山蛇绿岩带研究表明，二辉橄榄岩的主量元素与大洋中脊橄榄岩类似，微量元素组成类似于原始地幔，说明哀牢山蛇绿岩的原始地幔岩是不同于 SSZ 型蛇绿岩的地幔源区。方辉橄榄岩轻重稀土分异明显，轻稀土富集、重稀土亏损，配分模式类似于 E-MORB（图 3.6）。通常认为这一现象是蛇绿岩中地幔橄榄岩在俯冲带上受到后期热液交代而引起 LREE 富集。如此，哀牢山蛇绿岩应具有 E-MORB 特征。但是双沟蛇绿岩中地幔橄榄岩只有方辉橄榄岩具轻稀土富集特征，而方辉橄榄岩是原始地幔熔融的残留相，因此其轻稀土富集特征很可能是原始地幔岩在部分熔融过程中轻稀土更易进入残留相，而重稀土更易进入熔体相的不同地球化学行为所造成。如图 3.9 所示，双沟蛇绿岩中三类岩浆岩的微量元素配分特征，均可看到呈左倾配分规律，与 N-MORB 一致，而有别于 E-MORB，不具弧后盆地蛇绿岩地球化学属性。在 Pb-Pb 图中，双沟蛇绿岩中的玄武岩投在北半球参照线（NHRL）之上，接近印度洋 MORB 范围，也指示双沟蛇绿岩具 DUPAL 异常地幔源区（周德进等，1995）。

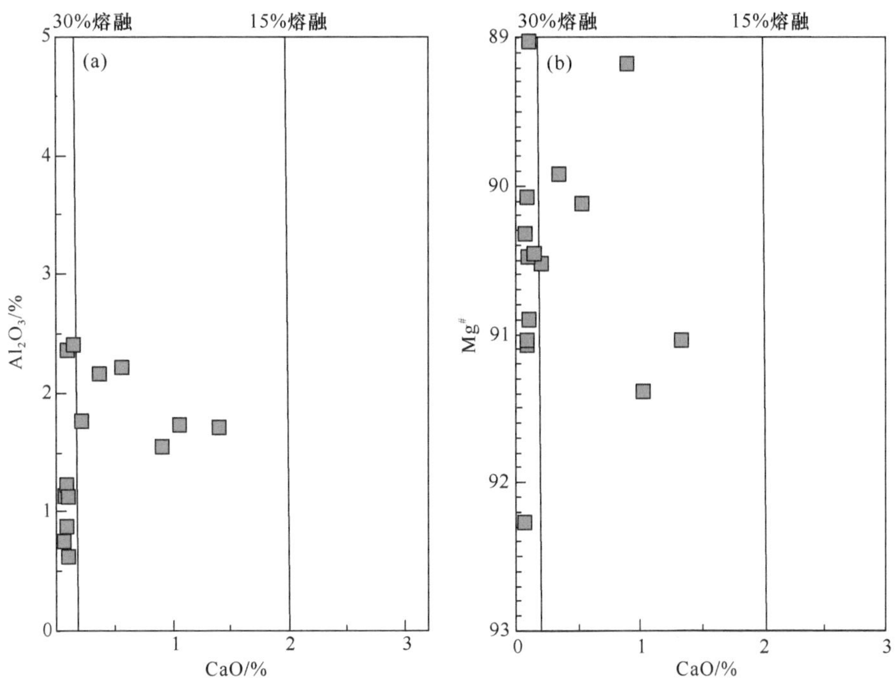

图 3.8　哀牢山构造带蛇绿岩中方辉橄榄岩 CaO-Al_2O_3 和 CaO-$Mg^{\#}$ 图解

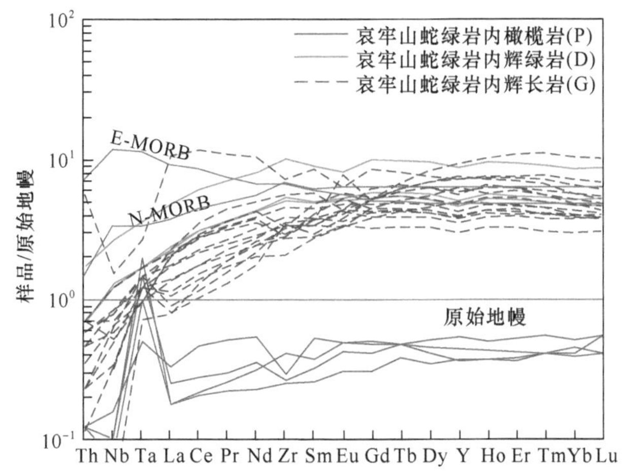

图 3.9　哀牢山构造带蛇绿岩带内橄榄岩、辉绿岩和辉长岩的不相容元素蛛网图

因此哀牢山构造带在晚古生代晚泥盆世—早中石炭世时具 N-MORB 地球化学特征的古特提斯支洋盆属性，此时洋壳俯冲尚未启动。

3.3　早二叠世—早三叠世弧岩浆作用记录

在哀牢山蛇绿岩带西侧，即大龙凯—五素—雅轩桥—李仙江一线，出露了一条与蛇绿岩近平行的基性 – 超基性岩带（图 3.10），前人将其分类为哀牢山洋脊 – 准洋脊火

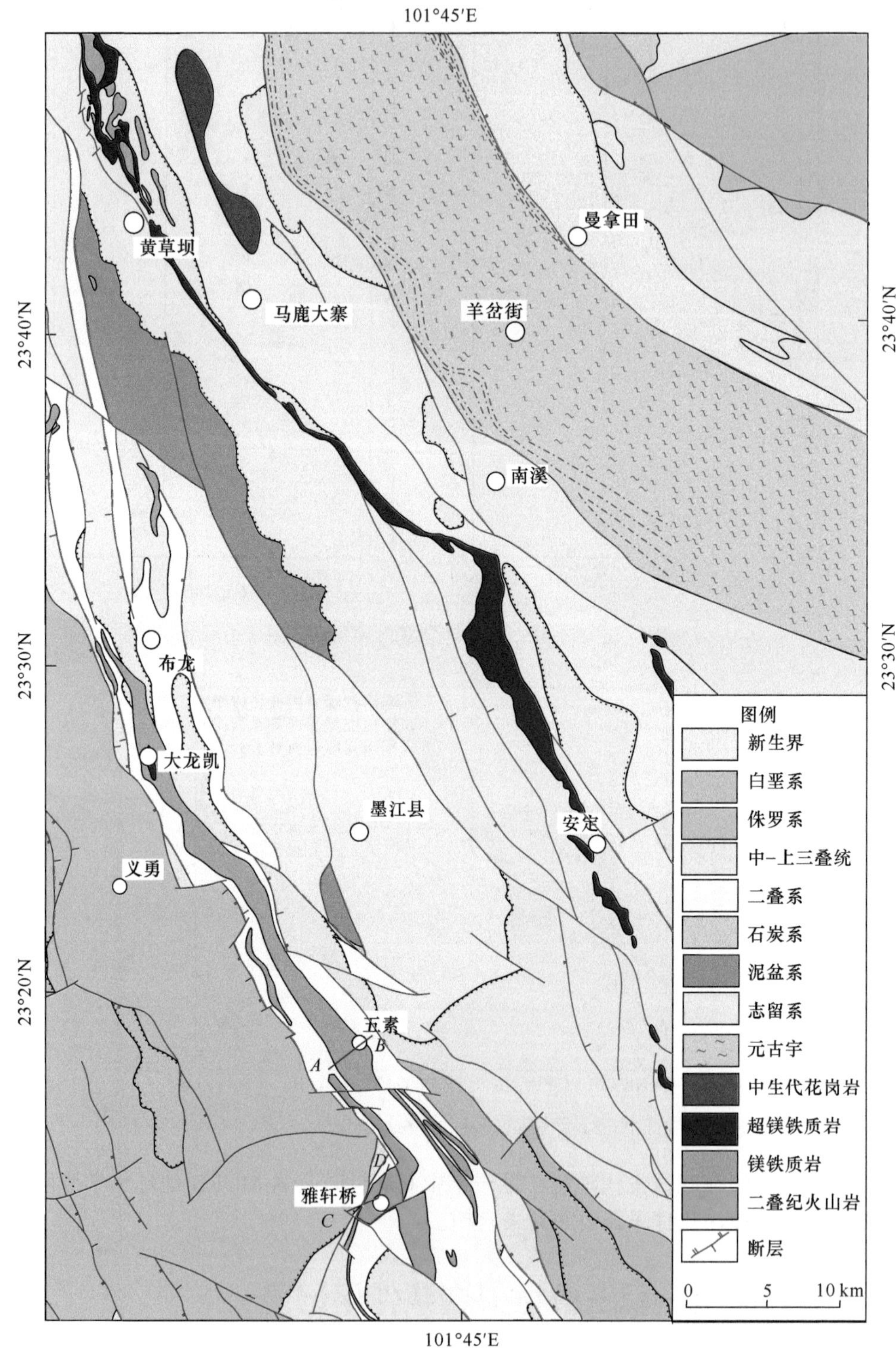

图 3.10　哀牢山构造带墨江地区地质图（据云南省地质矿产局，1990）

山岩带、太忠 – 李仙江弧火山岩带、邓控 – 五素裂谷火山岩带和潘家寨裂谷火山岩带四条火山岩带。自南向北主要包括雅轩桥火山岩、五素玄武岩和大龙凯基性 – 超基性侵入体及其上覆玄武岩等。这条火成岩带对我们认识哀牢山构造带晚古生代的构造环境具有重要意义，但缺乏精细同位素年代学和系统地球化学的研究及形成构造背景的探讨。本次对哀牢山构造带不同时代岩浆岩样品的锆石 U-Pb 年代学测试结果汇总于表 3.4。对五素、雅轩桥和大龙凯等地样品的锆石 U-Pb 定年、主微量元素和 Sr-Nd-Pb 同位素组成数据见附表 3.1、附表 3.2、表 3.5 和表 3.6，通过上述分析以厘定其形成时代，阐明其岩石成因，查明晚古生代扬子与思茅地块之间的大地构造背景。

表 3.4　哀牢山构造带不同时代岩浆岩样品的锆石 U-Pb 年代学结果一览表

样品号	地点	岩石类型	年龄 /Ma	分析方法
SM-97	墨江县五素地区	玄武岩	287±5Ma	SHRIMP
ML-18A	墨江县大龙凯村	斜长辉石岩	272±4Ma	LA-ICP-MS
ML-19A	墨江县大龙凯村	辉长岩	266±10Ma	LA-ICP-MS
SM-47	墨江县雅轩桥	安山岩	264±8Ma	SHRIMP
YN-28A	大理下关地区	花岗闪长岩	251±5Ma	LA-ICP-MS
YN-28C	大理下关地区	花岗闪长岩	252±5Ma	LA-ICP-MS
HH-43A	金平县新安寨地区	黑云母二长花岗岩	252±1Ma	LA-ICP-MS
HH-45A	金平县新安寨地区	黑云母二长花岗岩	251±1Ma	LA-ICP-MS
ML-34A	通天阁	淡色花岗岩	247±3Ma	LA-ICP-MS
ML-34G	通天阁	淡色花岗岩	248±3Ma	LA-ICP-MS
ML-23A	狗头坡	淡色花岗岩	247±3Ma	LA-ICP-MS
HH-119A	滑石板	花岗岩	229±3Ma	LA-ICP-MS
HH-120A	滑石板	花岗岩	229±2Ma	LA-ICP-MS
YN-26A	大理下关西	片麻状花岗岩	229±4Ma	LA-ICP-MS
DX-31	大理下关西	花岗片麻岩	233±4Ma	LA-ICP-MS
HH-122A	元江县瓦纳村	花岗片麻岩	224±2Ma	SIMS
DX-12C	元江县瓦纳村	花岗片麻岩	235±1Ma	SIMS
YN-24A	麻栗坡县猛硐村	角闪岩	222±5Ma	SIMS

3.3.1　五素地区岛弧玄武岩

五素火山岩沿北西向延伸近 50km，剖面火山岩厚度达 745m，主要由枕状玄武岩等组成，为上二叠统砂岩和页岩所上覆，与下伏石炭系类复理石沉积岩呈整合接触。在布龙地区该火山岩系被上三叠统一碗水组砾岩所上覆（图 3.11）。

五素火山岩可分为三段：下段厚 590m，以墨绿色玻基玄武质枕状熔岩为主，夹绿色和褐绿色块状玄武岩，其上分布一层 10m 厚的凝灰质砂岩。中段厚约 165m，主要为绿色块状隐晶 – 细晶质玄武岩，中段上部发育一层枕状玄武岩；上段为斜长流纹岩，厚 50m。玄武岩斑晶主要有斜长石（5%~15%、An=33.5~42.4）、单斜辉石（5%~10%，En=31.8~34.2）和橄榄石（5%~7%），基质主要为细粒到隐晶质斜长石、单斜辉石、石英、角闪岩和黑云母。

表 3.5　五素和雅轩桥地区基性火成岩主微量元素和 Sr-Nd-Pb 同位素组成分析数据（a）

样品号	20SM-65	20SM-77	20SM-80	20SM-81	20SM-85	20SM-92	20SM-97	20SM-98	20SM-101	20SM-102	20SM-103	20SM-104	20SM-106	20SM-107	20SM-29
SiO_2/%	49.06	43.66	48.2	49.85	45.23	49.7	48.95	47.24	46.61	49.25	45.66	44.84	49.28	49.42	50.09
TiO_2/%	1.65	1.65	1.68	2.51	1.53	2.1	1.44	1.29	1.64	1.62	1.66	1.64	1.66	1.77	0.81
Al_2O_3/%	15.2	15.87	15.75	13.53	15.54	14.4	13.75	16.61	14.88	14.58	15.14	15.07	14.43	14.07	18.7
FeO_t/%	10.63	9.37	9.31	7.93	9.84	7.02	9.67	8.15	8.19	8.4	9.71	8.35	10.51	10.36	8.66
Fe_2O_3/%	5.52	6.7	6.82	7.98	7.35	7.48	7.05	7.45	7.88	7.47	7.55	8.42	6.42	7.58	6.35
MnO/%	0.24	0.23	0.24	0.35	0.23	0.37	0.23	0.17	0.25	0.24	0.24	0.25	0.23	0.25	0.08
MgO/%	4.49	4.14	2.51	3.64	2.71	3.74	2.28	2.17	2.88	2.44	2.85	2.68	3.42	2.82	1.86
CaO/%	6.49	10.71	6.99	6.25	8.54	6.12	7.87	8.04	8.61	7.36	9.42	10.1	6.84	6.96	6.06
Na_2O/%	0.56	0.39	0.53	0.36	0.57	0.79	0.44	1.31	0.45	0.32	0.43	0.57	0.56	0.46	0.3
K_2O/%	0.16	0.18	0.18	0.2	0.19	0.23	0.18	0.16	0.19	0.17	0.26	0.24	0.18	0.17	0.18
P_2O_5/%	2.63	2.27	3.61	3.74	2.89	4.4	2.31	2.61	3.34	4.07	2.64	2.5	2.45	2.34	3.44
LOI/%	3.16	4.6	3.96	3.44	5.17	3.43	5.62	4.59	4.83	3.86	4.22	5.1	3.83	3.58	3.28
总计 /%	99.79	99.77	99.78	99.78	99.79	99.78	99.79	99.79	99.75	99.78	99.78	99.76	99.81	99.78	99.81
Cr/10^{-6}	299	502	228	49	391	90	270	148	452	303	401	492	254	283	80.3
Ni/10^{-6}	124	215	91	26	162	37	119	72	182	126	162	221	101	112	37.7
Rb/10^{-6}	20.0	10.7	11.2	5.14	15.8	10.8	10.2	26.8	9.6	4.09	9.17	14.9	19.4	15.0	4.58
Sr/10^{-6}	289	219	342	297	241	251	204	252	260	257	248	226	213	209	463
Y/10^{-6}	38.3	34.7	37.5	51.2	33.3	47.3	34.6	25.6	35.4	36.6	36.6	36.6	37.2	43.1	18.5
Zr/10^{-6}	153	134	150	217	131	212	127	86	149	146	152	146	150	164	37.5
Nb/10^{-6}	5.43	7.12	5.87	9.73	4.95	8.5	5.47	3.35	6.19	6.34	6.61	6.56	5.51	6	1.54
Cs/10^{-6}	1.6	1.42	1.06	0.93	1.75	0.6	1.49	1.77	1.53	0.73	1.91	1.74	1.33	1.04	1.29
Ba/10^{-6}	144	154	220	263	154	278	254	348	173	146	163	260	252	218	215
La/10^{-6}	9.85	11.4	10.5	17.5	9.1	18.2	10.6	8.4	10.2	10.3	11.9	11.5	10.6	11.2	3.64
Ce/10^{-6}	23.9	25.7	25.5	41.0	22.6	42.8	24.6	19.3	24.7	24.9	27.4	27.0	25.1	28.0	8.6
Pr/10^{-6}	3.58	3.63	3.6	5.8	3.41	5.78	3.6	2.8	3.67	3.58	3.81	3.84	3.57	4.1	1.26
Nd/10^{-6}	17.7	17.4	18.4	27.6	15.7	27.7	17.6	12.6	17.1	17.2	18.1	17.2	17.7	19.1	5.84
Sm/10^{-6}	5.1	5.16	5.26	7.65	4.84	7.2	4.97	3.61	5.03	5.06	5.34	5.22	5.06	5.59	1.91
Eu/10^{-6}	1.62	1.61	1.6	2.38	1.59	2.13	1.58	1.16	1.46	1.54	1.57	1.53	1.51	1.77	0.8

续表

样品号	20SM-65	20SM-77	20SM-80	20SM-81	20SM-85	20SM-92	20SM-97	20SM-98	20SM-101	20SM-102	20SM-103	20SM-104	20SM-106	20SM-107	20SM-29
$Gd/10^{-6}$	5.96	5.79	5.81	8	5.49	8.19	5.61	3.99	5.58	5.84	5.87	5.8	5.81	6.53	2.63
$Tb/10^{-6}$	1.04	0.99	1.01	1.37	0.86	1.33	0.96	0.68	0.91	1.02	1.01	0.98	1.02	1.12	0.48
$Dy/10^{-6}$	6.65	6.45	6.8	8.8	6.08	8.85	6.43	4.58	6.01	6.62	6.69	6.46	6.54	7.51	3.31
$Ho/10^{-6}$	1.36	1.35	1.35	1.87	1.25	1.79	1.28	0.85	1.26	1.33	1.31	1.35	1.35	1.52	0.68
$Er/10^{-6}$	3.86	3.99	4.18	5.57	3.68	4.97	3.67	2.68	3.84	3.88	3.93	3.98	4.05	4.46	2.18
$Tm/10^{-6}$	0.55	0.58	0.55	0.8	0.55	0.71	0.51	0.4	0.53	0.56	0.57	0.58	0.54	0.58	0.29
$Yb/10^{-6}$	3.64	3.32	3.65	5.05	3.43	4.74	3.23	2.31	3.27	3.63	3.6	3.56	3.73	4.05	1.96
$Lu/10^{-6}$	0.53	0.5	0.57	0.78	0.49	0.69	0.46	0.35	0.51	0.49	0.5	0.5	0.53	0.63	0.31
$Hf/10^{-6}$	4.2	3.93	4.03	5.62	3.79	6.21	3.85	2.51	3.85	3.94	4.33	4.08	4.16	4.6	1.42
$Ta/10^{-6}$	0.37	0.45	0.36	0.59	0.33	0.86	0.33	0.21	0.37	0.36	0.39	0.41	0.36	0.4	0.13
$Pb/10^{-6}$	2.24	2.41	2.13	3.72	1.83	7.87	2.31	2.04	2.24	1.78	2.55	1.93	2.2	9.41	2.86
$Th/10^{-6}$	1.06	1.35	1.14	2.49	1.06	3.08	1.25	1.01	1.3	1.36	1.45	1.42	1.09	1.25	0.5
$U/10^{-6}$	0.3	0.41	0.3	0.6	0.29	0.77	0.23	0.21	0.24	0.25	0.32	0.23	0.27	0.39	0.17
$^{87}Rb/^{86}Sr$		0.142			0.1894		0.1448					0.1911		0.2086	
$^{87}Sr/^{86}Sr$		0.70441			0.70496		0.70486					0.70497		0.70486	
2σ		13			18		20					13		16	
$(^{87}Sr/^{86}Sr)_i$		0.70376			0.7041		0.7042					0.7041		0.70391	
$^{147}Sm/^{144}Nd$		0.1798			0.1864		0.1706					0.1839		0.1773	
$^{143}Nd/^{144}Nd$		0.51289			0.51282		0.51279					0.51285		0.51284	
2σ		10			9		10					12		8	
$\varepsilon_{Nd}(t)$		5.51			4.01		4.09					4.59		4.74	
$^{206}Pb/^{204}Pb$		17.909			17.982		18.01					18.092		17.934	
$^{207}Pb/^{204}Pb$		15.496			15.517		15.543					15.497		15.539	
$^{208}Pb/^{204}Pb$		37.953			38.108		38.241					38.166		38.108	
$(^{208}Pb/^{204}Pb)_i$		37.948			38.103		38.236					38.159		38.107	
$(^{207}Pb/^{204}Pb)_i$		15.496			15.517		15.543					15.497		15.539	
$(^{206}Pb/^{204}Pb)_i$		17.904			17.978		18.007					18.089		17.933	
Δ7/4		6.4			7.7		10					4.5		10.4	
Δ8/4		67.5			74.1		83.8					66.3		79.9	

表 3.5 五素和雅轩桥地区基性火成岩主微量元素和 Sr-Nd-Pb 同位素组成分析数据（b）

样品号	20SM-30	20SM-31	20SM-33	20SM-35	20SM-42	20SM-44	20SM-45	20SM-47	20SM-48	20SM-49	20SM-50	20SM-51	20SM-72	20SM-75	20SM-76
SiO_2/%	49.12	48.62	50.07	50.05	56.57	48.98	53.36	56	53.07	55.54	55.08	52.47	55.64	53.47	53.44
TiO_2/%	0.84	0.84	0.96	0.89	0.85	0.7	1.22	0.85	1.2	0.88	0.88	0.7	1.74	1.44	1.54
Al_2O_3/%	18.97	19.35	18.83	17.88	16.44	20.23	17.5	16.67	17.7	16.76	17.11	18.2	14.03	17.04	16.52
FeO/%	6.86	8.83	6.55	8.95	7.19	3.59	3.47	7.08	3.4	6.2	6.63	9.13	2.5	3.02	3.08
Fe_2O_3/%	6.68	6.78	5.02	5.15	5.08	5.75	5.38	5.38	4.98	5.65	5.65	4.78	4.33	6.55	6.22
MnO/%	0.06	0.08	0.1	0.09	0.08	0.06	0.19	0.09	0.18	0.08	0.09	0.06	0.28	0.25	0.27
MgO/%	1.85	1.75	3.64	2.99	4.22	2.71	3.55	3.84	4.53	3.57	3.63	3.37	6.4	3.42	3.8
CaO/%	6.53	6.18	5.28	5.11	3.11	6.87	4.75	3.38	4.39	3.28	3.36	3.81	5.38	3.84	4.02
Na_2O/%	0.3	0.3	0.95	0.56	0.46	1.3	1.27	0.68	1.49	0.4	0.79	0.77	0.15	0.46	0.43
K_2O/%	0.16	0.18	0.16	0.16	0.16	0.17	0.14	0.15	0.13	0.15	0.18	0.14	0.39	0.39	0.44
P_2O_5/%	4.12	3.12	4.33	3.85	3.87	4.4	5.73	3.76	5.63	4.34	4.27	3.42	5.24	6.3	6.16
LOI/%	4.27	3.77	3.87	4.11	1.78	5.02	3.23	1.93	3.09	2.95	2.12	2.94	2.58	2.34	3.5
总计 /%	99.76	99.8	99.76	99.79	99.81	99.78	99.79	99.81	99.79	99.8	99.79	99.79	98.66	98.52	99.42
Cr/10^{-6}	83.1	73.1	98.3	95.8	16.5	38.8	21	15.7	21	11.5	11.7	41.3			
Ni/10^{-6}	38.1	36.6	43.4	39.4	7.9	22.5	11.5	7.2	11.3	6.8	5.6	22.7			
Rb/10^{-6}	5.33	7.63	30.9	17.1	7.0	52.4	28.7	10.3	34.7	5.48	15.7	16.3			
Sr/10^{-6}	501	715	660	441	336	695	520	300	458	500	452	655			
Y/10^{-6}	20.1	18.1	20.6	19.4	26.6	20.1	33.8	25.7	33.9	28.8	27.9	20.5			
Zr/10^{-6}	39.2	37.8	45.2	41.1	54.4	44.5	87.8	54.3	84.9	57.9	59.6	41.7			
Nb/10^{-6}	1.76	3.95	2.33	1.78	2.21	2.89	4.37	2.51	3.56	2.39	3.57	2.19			
Cs/10^{-6}	1.78	2.18	2.65	2.05	0.83	5.6	1.82	0.69	1.72	1.07	0.87	1.6			
Ba/10^{-6}	249	282	489	256	325	325	445	417	445	361	445	473			
La/10^{-6}	3.35	3.9	4.05	3.95	5.44	4.45	9.16	5.5	7.73	6.06	5.73	4.23			
Ce/10^{-6}	8.38	8.63	8.99	8.94	11.8	7.91	21.2	11.6	18.6	13.1	12.9	9.14			
Pr/10^{-6}	1.34	1.28	1.32	1.34	1.73	1.19	3.11	1.61	2.69	1.79	1.83	1.28			
Nd/10^{-6}	6.37	6.25	7.06	6.53	7.38	6.04	15.1	8	13.9	8.31	8.34	6.03			
Sm/10^{-6}	2.12	2.25	2.46	1.97	2.69	2.32	4.54	2.62	4.24	2.78	2.95	2.13			
Eu/10^{-6}	0.83	0.76	0.89	0.82	0.95	0.81	1.6	0.97	1.33	0.98	0.97	0.75			
Gd/10^{-6}	2.78	2.59	2.57	2.79	3.43	2.85	5.12	3.38	4.83	3.38	3.49	2.71			

续表

样品号	20SM-30	20SM-31	20SM-33	20SM-35	20SM-42	20SM-44	20SM-45	20SM-47	20SM-48	20SM-49	20SM-50	20SM-51	20SM-72	20SM-75	20SM-76
$Tb/10^{-6}$	0.45	0.48	0.42	0.51	0.64	0.47	0.92	0.61	0.87	0.62	0.66	0.52			
$Dy/10^{-6}$	3.36	3.15	3.17	3.31	4.38	3.65	5.62	4.06	5.64	4.39	4.64	3.29			
$Ho/10^{-6}$	0.71	0.69	0.65	0.71	0.86	0.79	1.2	0.9	1.2	0.91	0.97	0.73			
$Er/10^{-6}$	2.07	2.03	1.99	2.12	2.96	2.29	3.92	2.75	3.65	2.87	3.18	2.23			
$Tm/10^{-6}$	0.31	0.34	0.3	0.29	0.42	0.38	0.56	0.4	0.56	0.46	0.45	0.35			
$Yb/10^{-6}$	2.19	2.12	2	1.98	2.76	2.21	3.55	2.71	3.64	2.84	2.85	2.16			
$Lu/10^{-6}$	0.3	0.28	0.32	0.31	0.41	0.33	0.56	0.42	0.57	0.48	0.45	0.32			
$Hf/10^{-6}$	1.47	1.43	1.21	1.64	2.13	1.77	3.04	2.13	3.02	2.13	2.34	1.68			
$Ta/10^{-6}$	0.16	0.13	0.11	0.09	0.17	0.14	0.26	0.24	0.22	0.16	0.15	0.16			
$Pb/10^{-6}$	2.24	2.69	3.06	4.12	4.82	2.18	2.81	4.32	2.77	4.79	4.3	4.62			
$Th/10^{-6}$	0.5	0.5	0.56	0.6	0.95	0.79	1.45	0.9	1.39	1.04	1.11	0.72			
$U/10^{-6}$	0.18	0.13	0.15	0.19	0.33	0.28	0.39	0.31	0.39	0.32	0.36	0.24			
$^{87}Rb/^{86}Sr$	0.0309		0.1356		0.0606				0.2196		0.1008				
$^{87}Sr/^{86}Sr$	0.7062		0.70744		0.70487				0.70671		0.70599				
2σ	15		17		19				20		14				
$(^{87}Sr/^{86}Sr)_i$	0.70608		0.70688		0.70462				0.7058		0.70557				
$^{147}Sm/^{144}Nd$	0.2013		0.2103		0.2203				0.185		0.2136				
$^{143}Nd/^{144}Nd$	0.51289		0.51288		0.51291				0.5128		0.51295				
2σ	12		11		9				12		8				
$\varepsilon_{Nd}(t)$	4.81		4.22		4.49				3.52		5.54				
$^{206}Pb/^{204}Pb$	19.207		19.323		18.885				19.331		19.072				
$^{207}Pb/^{204}Pb$	15.686		15.682		15.653				15.704		15.655				
$^{208}Pb/^{204}Pb$	39.483		39.603		39.058				39.738		39.299				
$(^{208}Pb/^{204}Pb)_i$	39.481		39.601		39.056				39.733		39.297				
$(^{207}Pb/^{204}Pb)_i$	15.686		15.682		15.653				15.704		15.655				
$(^{206}Pb/^{204}Pb)_i$	19.205		19.322		18.883				19.327		19.07				
Δ7/4	11.3		9.6		11.5				11.8		9.7				
Δ8/4	63.5		61.4		60.0				74		61.4				

注：$\Delta7/4=[(^{207}Pb/^{204}Pb)_i-(^{207}Pb/^{204}Pb)_{NHRL}]\times100$，$\Delta8/4=[(^{208}Pb/^{204}Pb)_i-(^{208}Pb/^{204}Pb)_{NHRL}]\times100$。其中，$(^{207}Pb/^{204}Pb)_{NHRL}=0.1084\times(^{206}Pb/^{204}Pb)_i+13.491$（Hart，1984）；$(^{208}Pb/^{204}Pb)_{NHRL}=1.209\times(^{206}Pb/^{204}Pb)_i+15.627$（Hart，1984）。

表 3.6 大龙凯地区基性火成岩主量、微量元素和 Sr-Nd 同位素组成分析数据

样品号	ML18A	ML18B	ML18C	ML18D	ML18E	ML18F	ML18J	ML19A	ML19B	ML19C	ML19F
SiO_2/%	40.06	39.64	39.71	38.74	39.34	38.33	39.08	47.12	46.94	47.38	48.1
TiO_2/%	0.55	0.66	0.65	0.63	0.65	0.6	0.61	1.98	1.99	1.85	1.83
Al_2O_3/%	6.11	5.57	6.19	4.53	4.93	4.41	4.92	15.6	15.63	15.41	15.53
FeO_t/%	14.18	14.13	13.81	13.91	13.98	14.03	14.59	11.28	11.11	10.8	10.35
MnO/%	0.25	0.26	0.27	0.17	0.31	0.18	0.27	0.18	0.22	0.18	0.18
MgO/%	26.6	27.3	26.44	27.78	24.96	26.68	28.04	6.66	6.14	7.8	7.3
CaO/%	4.41	4.15	4.44	3.84	3.53	3.23	3.58	8.24	9.62	8.32	8.9
Na_2O/%	0.52	0.4	0.43	0.82	0.59	0.32	0.68	3.97	3.86	2.96	2.88
K_2O/%	0.31	0.26	0.29	0.15	0.21	0.13	0.29	0.55	0.25	0.85	0.83
P_2O_5/%	0.1	0.09	0.09	0.08	0.09	0.09	0.09	0.22	0.27	0.21	0.23
LOI/%	5.15	5.85	6.17	7.9	10.27	9.63	6.07	3.68	3.54	3.65	3.39
总计 /%	98.25	98.34	98.49	98.55	98.86	97.63	98.23	99.48	99.56	99.41	99.51
Sc/10^{-6}	12.6	15.8	18	17.6	18.1	4.51	4.23	40.2	47.7	38.8	32.6
V/10^{-6}	129	142	147	141	144	129	129	410	389	344	279
Cr/10^{-6}	1941	2089	2015	1953	1972	1606	1662	166	197	218	157
Co/10^{-6}	110	114	114	127	129	113	124	41.3	35.8	42.6	35.7
Ni/10^{-6}	893	940	938	1117	1203	1063	1008	78.6	72.5	114	90.5
Rb/10^{-6}	10.4	10.2	10.8	2.85	4.56	1.73	5.31	6.86	3.96	19.5	18.4
Sr/10^{-6}	104	77.8	109	30.4	52	18.3	16.6	333	217	255	231
Y/10^{-6}	11.4	12.5	11	9.6	11	0.99	0.83	31.7	38.7	30.6	32.7
Zr/10^{-6}	44.5	54.2	41.9	39.2	47.2	43.2	38.2	130	158	123	140
Nb/10^{-6}	1.51	1.73	1.52	1.46	1.75	1.61	1.33	4.36	5.12	3.84	4.26
Cs/10^{-6}	9.16	9.4	11.9	6.89	8.97	1.39	0.6	1.95	1.37	2.09	2.78
Ba/10^{-6}	90.3	60.6	88.6	7.3	44.1	1.22	1.81	170	50.5	248	224
La/10^{-6}	3.09	2.9	2.86	2.39	2.95	0.38	0.287	7.87	10.2	7.48	8.39
Ce/10^{-6}	8.1	7.58	7.43	6.25	7.36	1.39	1.02	20.1	26.3	19.5	20.8
Pr/10^{-6}	1.1	1.05	1.03	0.84	0.98	0.203	0.151	2.83	3.65	2.67	3.12
Nd/10^{-6}	5.37	5.05	5.13	4.12	4.73	1.01	0.751	13.8	17.4	13.2	14.7
Sm/10^{-6}	1.51	1.52	1.49	1.19	1.33	0.303	0.227	4.03	4.92	4.02	4.52
Eu/10^{-6}	0.559	0.471	0.524	0.374	0.457	0.105	0.069	1.39	1.65	1.35	1.53
Gd/10^{-6}	1.65	1.69	1.57	1.26	1.41	0.323	0.271	4.69	5.39	4.41	5.12
Tb/10^{-6}	0.313	0.324	0.302	0.238	0.281	0.066	0.054	0.842	1.03	0.832	0.961
Dy/10^{-6}	1.99	2.19	1.88	1.58	1.84	0.445	0.346	5.48	6.71	5.36	6.29
Ho/10^{-6}	0.39	0.42	0.36	0.31	0.35	0.082	0.068	1.03	1.24	0.99	1.18
Er/10^{-6}	1.12	1.22	1.07	0.86	1	0.229	0.179	2.97	3.58	2.93	3.45
Tm/10^{-6}	0.16	0.17	0.15	0.12	0.14	0.029	0.022	0.41	0.51	0.41	0.5
Yb/10^{-6}	1.03	1.1	0.96	0.82	0.91	0.185	0.138	2.69	3.24	2.64	3.13
Lu/10^{-6}	0.17	0.17	0.159	0.127	0.148	0.027	0.02	0.424	0.509	0.413	0.488
Hf/10^{-6}	1.07	1.24	1.03	0.924	1.09	1.02	0.851	3.05	3.63	2.91	3.4

续表

样品号	ML18A	ML18B	ML18C	ML18D	ML18E	ML18F	ML18J	ML19A	ML19B	ML19C	ML19F
$Ta/10^{-6}$	0.11	0.11	0.1	0.1	0.15	0.16	0.09	0.29	0.33	0.25	0.3
$Pb/10^{-6}$	11.6	6.27	9.78	3.33	6.88	2.55	4.19	3.41	8.42	4.1	4.89
$Th/10^{-6}$	0.34	0.37	0.29	0.29	0.36	0.02	0.01	0.81	1.08	0.75	0.98
$U/10^{-6}$	0.11	0.13	0.16	0.23	0.28	0.12	0.22	0.39	0.34	0.35	0.42
$^{87}Rb/^{86}Sr$	0.289				0.254			0.06	0.053		
$^{87}Sr/^{86}Sr$	0.70537				0.70588			0.70482	0.70534		
2σ	0.00002				0.00002			0.00001	0.00001		
$(^{87}Sr/^{86}Sr)_i$	0.70425				0.7049			0.7046	0.70514		
$^{147}Sm/^{144}Nd$	0.17				0.17			0.177	0.171		
$^{143}Nd/^{144}Nd$	0.5127				0.51278			0.5128	0.51281		
2σ	0.00003				0.00002			0.00001	0.00001		
$(^{143}Nd/^{144}Nd)_i$	0.5124				0.51247			0.51249	0.51251		
$\varepsilon_{Nd}(t)$	2.2				3.6			3.9	4.2		

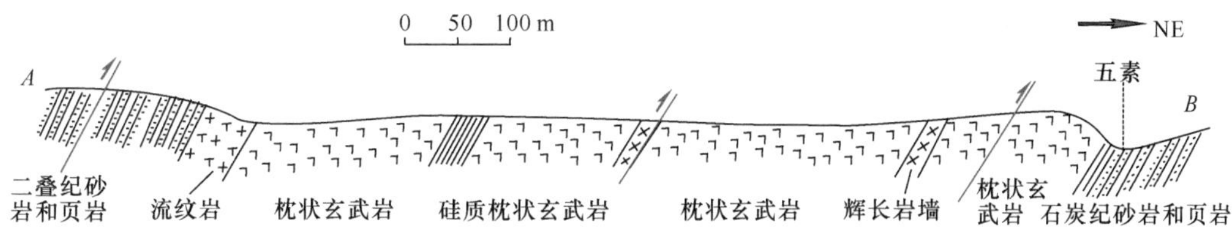

图 3.11　哀牢山构造带五素火山岩剖面图

五素基性岩样品 20SM-97 锆石大多为自形锆石，透明，CL 图呈浅棕色，所测 15 个点的 U 和 Th 含量变化范围很大，分别是 112×10^{-6}~1835×10^{-6} 和 81×10^{-6}~ 1897×10^{-6}，Th/U 值介于 0.21~1.47 之间。它们的 $^{206}Pb/^{238}U$ 表观年龄介于 272~ 294Ma，加权平均年龄为 287±5Ma（MSWD=0.58，N=15），代表了五素玄武质样品的形成年龄。因此，五素火山岩很可能形成于早二叠世，而非前人报道的石炭纪［图 3.12（a)］。

五素基性岩样品主量元素变化范围很小，SiO_2=45.88%~51.74%，MgO=6.49%~11.25%，FeO_t=9.74%~12.06%，Na_2O+K_2O=2.79%~5.39%，TiO_2=1.36%~2.61%。在 TAS 图解上落入辉长岩区域（图 3.13）。样品的 $Mg^{\#}$ 值变化于 50~65 之间，MgO、Al_2O_3、CaO 与 SiO_2 正相关，FeO_t、TiO_2、P_2O_5、Cr、Ni 与 SiO_2 负相关。

样品在稀土元素配分图上呈右倾型，$(La/Yb)_{CN}$=1.79~2.59，$(Gd/Yb)_{CN}$=2.45~2.71，Eu/Eu^*=0.84~0.94，负异常不明显。在原始地幔标准化的微量元素蛛网图上（图 3.14)，富集大离子亲石元素、亏损高场强元素，$(Nb/La)_N$=0.38~0.60。样品初始($^{87}Sr/^{86}Sr$）值为 0.70376~0.70420，$\varepsilon_{Nd}(t)$ 介于 4.07~5.51［图 3.15（a)］，与滇西昌宁–孟连缝合线东侧的早二叠世南岭山和半坡辉长岩同位素组成相一致（如 Li et al., 2012a)。样品 $(^{206}Pb/^{204}Pb)_i$=17.90~18.09、$(^{207}Pb/^{204}Pb)_i$=15.50~15.54、$(^{208}Pb/^{204}Pb)_i$=37.95~38.24，其 Δ8/4=66.3~83.8，Δ7/4 值 =4.5~10.4。在［图 3.15（b)］中五素基性岩样品类

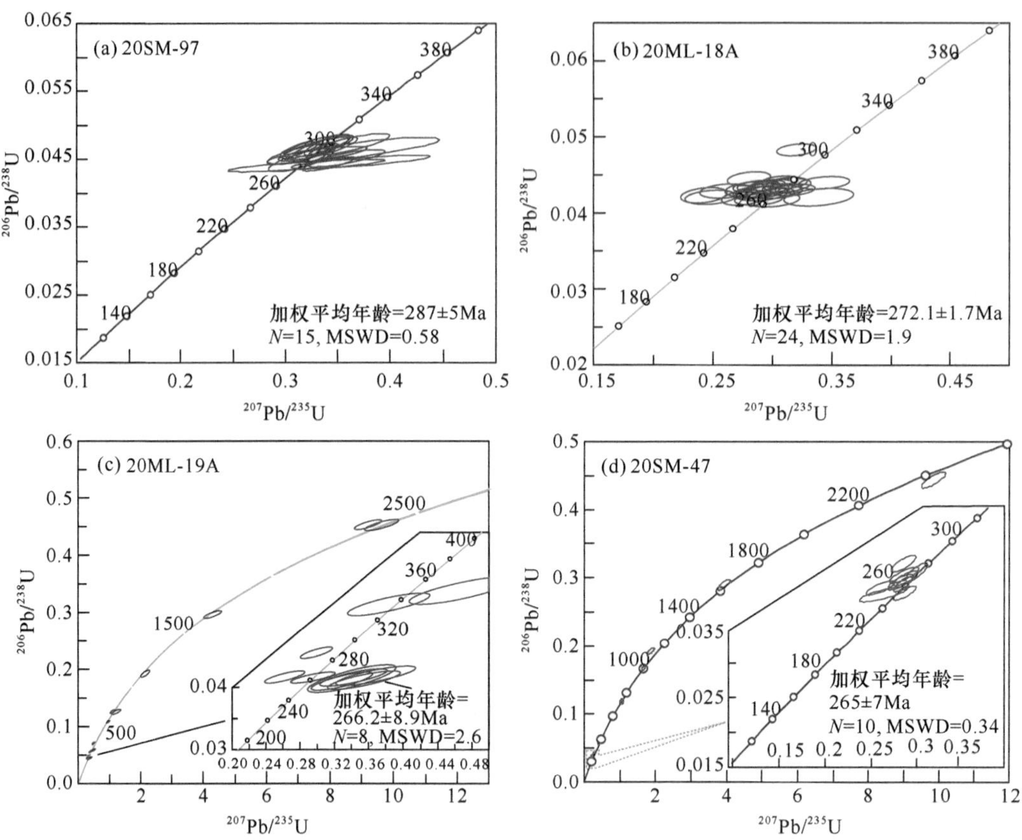

图 3.12　哀牢山构造带五素和雅轩桥、大龙凯基性岩锆石 U-Pb 年龄谐和图

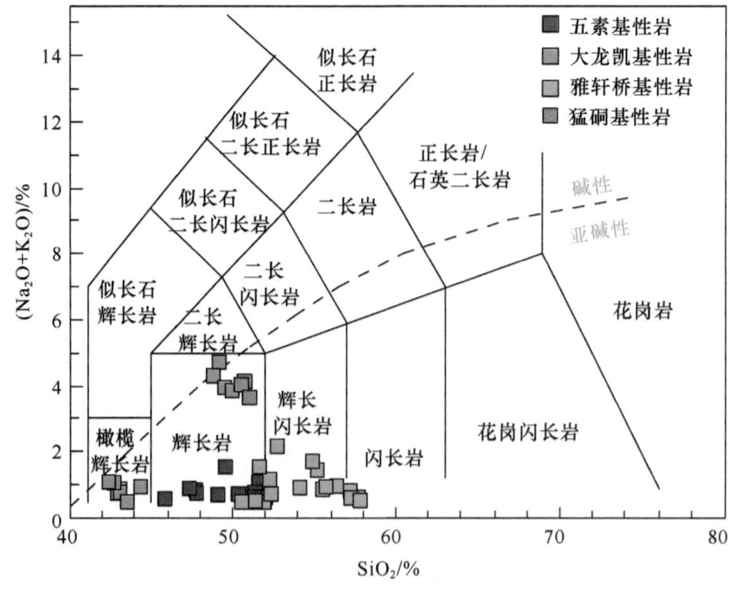

图 3.13　哀牢山构造带五素和雅轩桥、大龙凯基性岩 TAS 图解（Irvine and Baragar，1971）

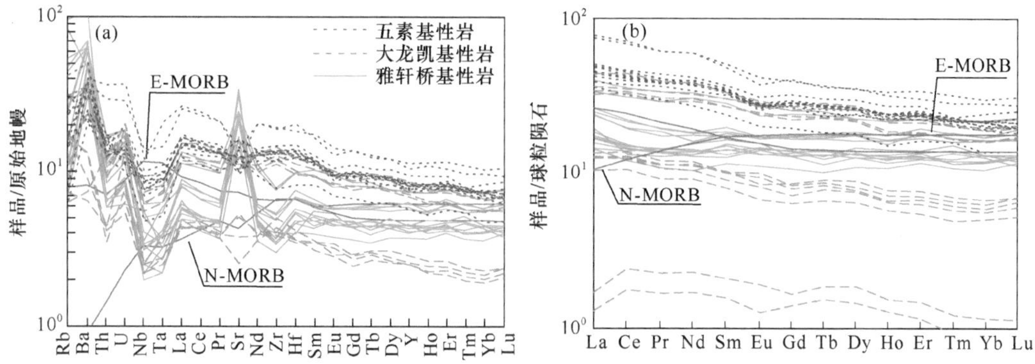

图 3.14　哀牢山构造带五素和雅轩桥、大龙凯基性岩原始地幔标准化不相容元素蛛网图

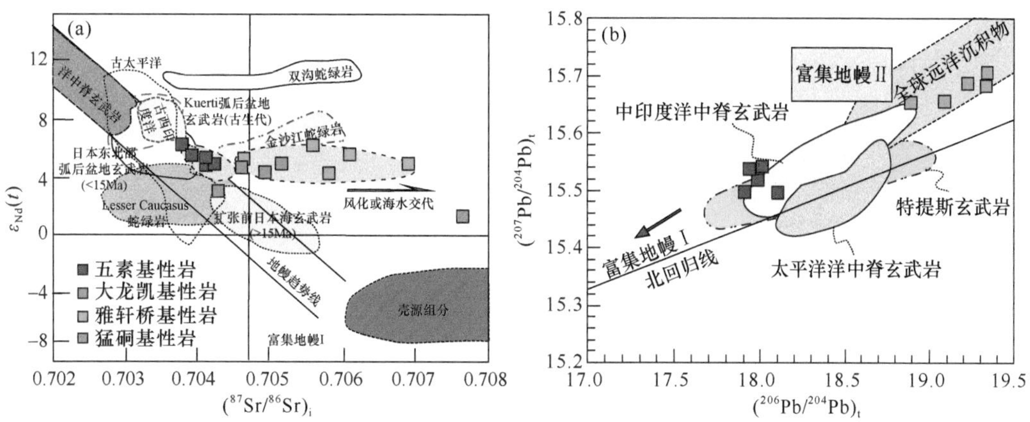

图 3.15　哀牢山构造带五素和雅轩桥、大龙凯基性岩的 Sr-Nd-Pb 同位素组成图解

似于特提斯 MORB，落于北半球参考线之上（Hart，1984）。

主量元素分析结果显示五素样品具较高烧失量，表明其经历过一定程度蚀变。元素 Rb、Sr、Zr、Nb 以及 Sr-Nd 同位素比值与 LOI 并未显示出明显相关关系。$Mg^{\#}$ 较低，MgO、FeO_t、CaO 和 Al_2O_3 含量随 SiO_2 含量增加而减少，微量元素 Cr 和 Ni 随 MgO 含量增加而增加，表明橄榄石和单斜辉石的分离结晶。$\varepsilon_{Nd}(t)$ 和 Nb/La 值并未显示出明显相关关系，说明样品未经历明显 AFC（同化混染与分离结晶）过程。样品 $(Th/Nb)_N$= 1.59~3.04，类似于 MORB 值，也表明地壳混染作用不明显。

五素基性岩具低 SiO_2、高 MgO 和 TiO_2 特征，其强不相容元素类似于岛弧火山岩，中等强度不相容元素含量高于 E-MORB。与 MORB 相比，富集 LILEs 和 REEs，亏损 HFSEs，结合 Nb-Ta 强烈负异常说明其岩浆源区具类似于地幔楔的地球化学组成（图 3.14）。高 La/Nb、Ba/Nb 和 Zr/Nb 值特征不同于板内火山岩，而类似于岛弧火山岩。五素基性岩样品具高 $\varepsilon_{Nd}(t)$ 值、正 Δ8/4 和 Δ7/4 值，其岩浆应来自俯冲板片派生流体或熔体交代改造的地幔楔源区。

五素地区样品 Nb/Y 和 Nb/Zr 值随 Ba/Y 和 Th/Zr 值变化很小，这与流体交代作用趋势一致。Nb/Ta 值介于 9.9~17.6 间，且 Nb/Ta 值随 La/Yb 值增加而增加，说明有板片脱水流体的参与。样品 Ba/La 和 Th/Yb 值与 MORB 相似（图 3.16），其 $\varepsilon_{Nd}(t)$ 值相近，但 Nb/U 值变化迅速，也表明五素火山岩来自受板片流体改造的亏损 MORB 源区。五素基性岩具岛弧型元素地球化学特征及亏损的 Sr-Nd 同位素组成，在图 3.14 中五素地区样品的不相容元素地球化学特征不同于冲绳海槽弧后盆地玄武岩，也不同于小高加索山洋内弧后盆地玄武岩。通常弧前盆地的岩石组合常发育玻安岩、高镁安山岩、安山岩和长英质岩石，在五素地区火山岩剖面中未识别出上述岩石组合。Zi 等（2012b）在金沙江构造带识别出的同期英云闪长岩具有相似的地球化学特征，指示其于早二叠世（283±3Ma）已开始俯冲。大地构造上五素基性岩位于哀牢山蛇绿岩西南侧，而如前所述哀牢山蛇绿岩主要形成于石炭纪，具 MOR 而非 SSZ 型蛇绿岩特征，因此五素玄武岩很可能形成于岛弧环境。

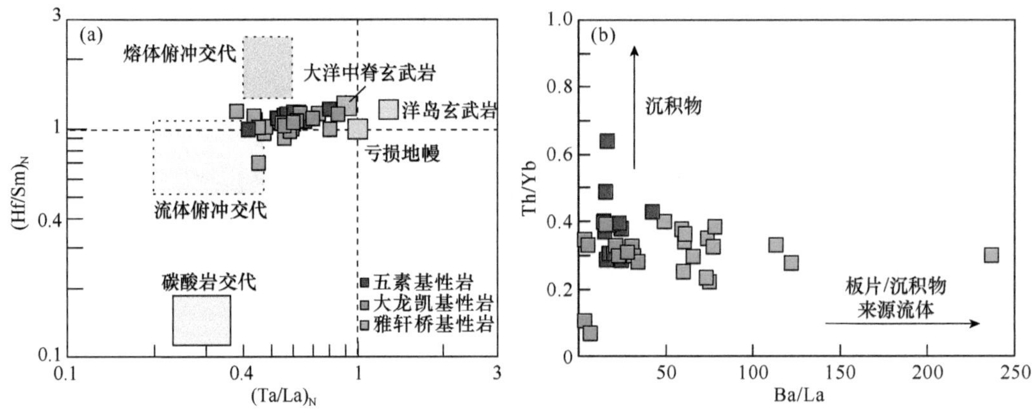

图 3.16　五素和雅轩桥、大龙凯基性岩 $(Ta/La)_N$-$(Hf/Sm)_N$（a）和 Ba/La-Th/Yb（b）图解

3.3.2　大龙凯－雅轩桥弧后盆地岩石

在五素基性岩之西北、哀牢山双沟蛇绿岩之南西的墨江县大龙凯村发育有基性－超基性侵入体（图 3.10，云南省地质矿产局，1990；钟大赉，1998；Jian et al.，2009a，2009b）。Jian 等（2009b）对其中斜长辉石岩的 SHRIMP 锆石 U-Pb 定年得到了 245.6Ma 的年龄，其地球化学特征显示大龙凯岩体为地幔楔熔融而成，并据此认为其形成于碰撞后伸展环境。但是对大龙凯岩体的详细调查及系统采样研究表明，大龙凯岩体不仅发育斜长辉石岩、辉绿岩和超基性岩，而且在野外调查过程中发现大龙凯岩体的上、下均为玄武岩，主要有隐晶质玄武岩、玄武质安山岩、安山质玄武岩等，气孔块状构造。其下部玄武岩，曾被认为是五素玄武岩的一部分（钟大赉，1998）。大龙凯基性－超基性侵入体主要由橄榄岩和辉绿岩组成，其橄榄岩具层状构造，底部为斜长二辉橄榄岩，向上过渡为角闪橄榄岩和二辉橄榄岩，顶部是单辉橄榄岩。橄榄岩层之上由斜长辉长岩和辉长岩相组成堆晶辉长岩，辉长岩之上为具共结结构的中－粗粒辉长岩，并被辉绿岩所侵入（图 3.17，剖面位置见图 3.10）。

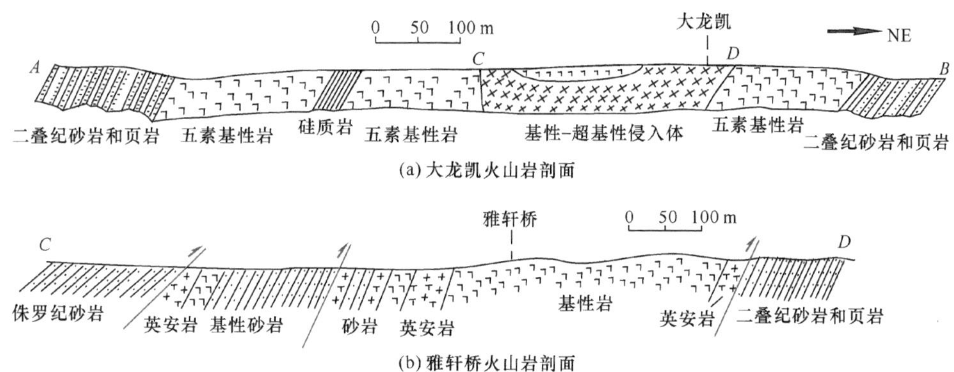

图 3.17　哀牢山构造带大龙凯和雅轩桥火山岩剖面图

在五素火山岩剖面之南东雅轩桥一线发育一套呈北西西向延伸的火山岩（图 3.10），该火山岩长 150km，厚达 1300m，倾向 250°~335°，倾角 40°~70°，与下伏二叠纪砂岩和灰岩整合接触，其顶部与中二叠统砂岩或侏罗系陆源红色砂岩断层接触。底部古生物地层时代为早二叠世，以往的全岩 K-Ar 年龄表明其顶部喷发于 232~242Ma（钟大赉，1998）。雅轩桥火山岩被中部具波痕构造的薄层页岩分隔为上、下两段（图 3.10；韩松等，1998；莫宣学等，2001）。下段厚约 900m，以玄武质、英安质熔岩为主，熔岩与火山碎屑岩互层。上段厚约 400m，主要为火山碎屑岩，以细火山碎屑岩居多，碎屑岩中角砾成分复杂，有黑色页岩和硅质岩等沉积角砾。玄武质岩石主要有单斜辉石（35%~45%，En=31.8~34.2），长英质矿物主要是斜长石（20%~40%，An=41.2~65.6）。其他矿物有角闪石（3%~5%）、黑云母（约 3%）、石英（2%~4%）、Fe-Ti 氧化物（1%~2%）和少量的自形金红石和磷灰石。基质中斜长石呈长条状，单斜辉石呈自形到半自形的单晶或集合体。

样品 ML-18 为大龙凯斜长辉石岩样品，呈灰黑色，半自形粒状结构，块状构造［图 3.18（c）］，主要矿物为辉石（90%~95%）、斜长石（5%~10%）、橄榄石和少量角闪石。ML-19 为大龙凯代表性的辉绿岩样品，呈灰黑色，块状构造，如图 3.18（d）所示。薄片下为全晶质半自形粒状结构，典型辉绿结构，主要矿物为基性斜长石和单斜辉石，其中斜长石自形程度高于辉石，次要矿物有橄榄石、斜方辉石、普通角闪石等，副矿物包含铬铁矿、磁铁矿和磷灰石。样品中分选的锆石大多是自形锆石，透明，浅棕色，长和宽分别在 50~200μm 和 40~90μm，背散射（BSE）和 CL 图像显示出颗粒具有振荡环带，说明是典型的岩浆锆石。样品 ML-18A 分析测试的 24 个分析点的 Th/U 值为 1.06~4.19，与火成岩特征一致。其他点的 $^{206}Pb/^{238}U$ 表观年龄为 263.7~280.9Ma［图 3.12（b）］，加权平均年龄为 272.0±3.7Ma（MSWD=0.26），代表了大龙凯斜长辉石岩的结晶年龄。样品 20ML-19A 的 10 个点 Th/U=0.31~1.25，给出了 364~2536Ma 的继承锆石年龄。剩余 9 个点 Th/U 值介于 0.15~1.25 之间，$^{206}Pb/^{238}U$ 表观年龄介于 256.3~277.7Ma［（图 3.12（c）］，加权平均年龄为 266.0±10Ma（MSWD=0.23），代表了大龙凯辉绿岩的结晶年龄。考虑到与大龙凯底部相当的五素玄武岩喷发于 287Ma（Fan et al.，2010）、上覆于大龙凯基性–超基性岩体或者其顶部的玄武岩定年在 259Ma（Jian

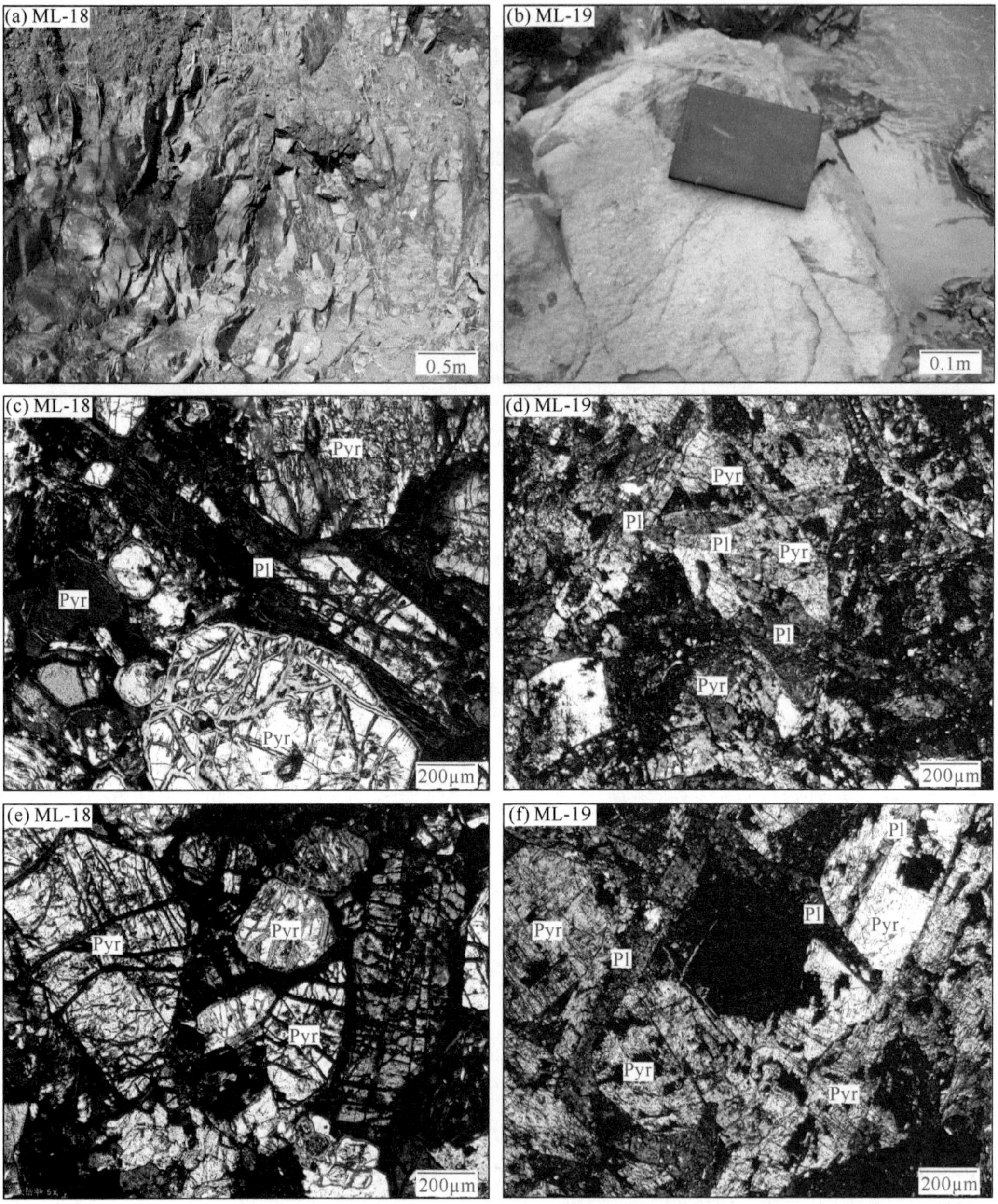

图 3.18　哀牢山构造带大龙凯斜长辉石岩野外出露情况（a），显微照片（c）（e）和辉绿岩野外出露情况（b），显微照片（d）（f）

Pyr- 辉石；Pl- 斜长石

et al.，2009b），可以推测其形成于二叠纪约 280~260Ma 之间。因此从大龙凯基性－超基性侵入体所获得的 266~272Ma 的年龄是可信的，这一年龄与下述东南方向的雅轩桥玄武质岩石喷发年龄（约 265Ma）相近（Fan et al.，2010；Liu et al.，2017）。

从雅轩桥火山岩系中具代表性的安山质样品 20SM-47 中分选的锆石大多是自形

锆石，透明，浅棕色，具明显的振荡环带，显示典型岩浆锆石特征。其 SHRIMP 锆石 U-Pb 定年颗粒中具核边结构的 7 个锆石核给出了 355Ma、716Ma、726Ma、999Ma、1135Ma、1638Ma 和 2366Ma 的捕获锆石年龄。10 个锆石边的 Th/U 值介于 0.12~0.4，其 $^{206}Pb/^{238}U$ 加权平均年龄为 264.2±7.5Ma，与 Jian 等（2009b）报道的雅轩桥玄武岩 SHRIMP 加权平均年龄 267Ma 在误差范围内一致［图 3.12（d）］。

大龙凯斜长辉石岩 SiO_2 为 38.3%~40.1%，MgO 为 25.0%~28.0%，FeO_t 为 12.4%~13.1%，Na_2O+K_2O 为 0.5%~1.1%，TiO_2 为 0.6%~0.7%。细晶辉绿岩 SiO_2 为 46.94%~48.10%，MgO 为 6.1%~7.3%，FeO_t 为 9.3%~10.2%，Na_2O+K_2O 为 3.7%~4.5%，TiO_2 为 1.8%~2.0%。斜长辉石岩和细晶辉绿岩的 $Mg^\#$ 值分别为 80.6~82.3 和 56.3~62.7。和斜长辉石岩样品相比，辉绿岩具有较低的 Cr 和 Ni 含量和较高的 Al_2O_3 含量。斜长辉石岩和辉绿岩样品的 CaO、Al_2O_3、TiO_2 和 P_2O_5 含量随着 SiO_2 增加而增加，而 MgO、FeO_t、Cr 和 Ni 则与 SiO_2 呈负相关关系。雅轩桥样品在 TAS 图解上落入玄武质安山岩区域，其 SiO_2 为 50.63%~57.91%，MgO 为 3.17%~7.25%，FeO_t 为 6.78%~11.17%，Na_2O+K_2O 为 3.56%~7.36%，TiO_2 为 0.64%~1.61%。雅轩桥样品具有较低的 Cr、Ni 和较高的 Al_2O_3 含量。样品的大部分主量元素呈相似的演化规律，MgO、Al_2O_3、FeO_t、CaO 与 SiO_2 正相关，TiO_2、P_2O_5 与 SiO_2 负相关，Cr、Ni 与 MgO 呈正相关关系。

大龙凯斜长辉石岩和辉绿岩具相似球粒陨石标准化的稀土元素和原始地幔标准化的微量元素配分模式。ML-18F 和 ML-18J 两件斜长辉石岩样品呈现出低的不相容元素含量，斜长辉石岩和辉绿岩富集 LILEs，亏损 HFSEs，其 $(Nb/La)_N$ 分别为 0.47~0.59 和 0.48~0.53。斜长辉石岩样品 $(La/Yb)_{CN}$=1.89~2.33，$(Gd/Yb)_{CN}$= 1.27~1.35，辉长岩 $(La/Yb)_{CN}$=1.92~2.26，$(Gd/Yb)_{CN}$=1.35~1.44，具不明显 Eu 异常，类似冲绳弧后盆地玄武岩，而和高加索弧后盆地玄武岩和岛弧火山岩不同（Shinjoet al.，1999；Luhr and Haldar，2006）。雅轩桥基性岩具有相对较平的稀土元素配分模式［图 3.14（b）］，$(La/Yb)_{CN}$=1.04~1.74，$(Gd/Yb)_{CN}$=0.96~1.17。在［图 3.14（a）］中见富集 LILEs，Sr 正异常明显，亏损 HFSEs，$(Nb/La)_N$=0.38~0.81。Rb~P 元素含量类似于桑德斯岛弧玄武岩，而 P~Lu 元素含量类似于 E-MORB。

大龙凯基性岩的 Sr 同位素初始比值介于 0.70424~0.70489，$\varepsilon_{Nd}(t)$ 值介于 +2.2~+3.6［图 3.15（a）］。辉绿岩（$^{87}Sr/^{86}Sr$）$_i$ 值介于 0.70460~0.70514，$\varepsilon_{Nd}(t)$ 值介于 +3.9~+4.2。钟大赉（1998）获得大龙凯橄榄岩（$^{87}Sr/^{86}Sr$）$_i$=0.703802，$\varepsilon_{Nd}(t)$ = +6.44，具有比哀牢山蛇绿岩和高加索洋内蛇绿岩更为富集的 Sr-Nd 同位素组成。相反，其类似于中新世中晚期日本东北部弧后盆地玄武岩和冲绳玄武岩（Shutoet al.，2006）。雅轩桥基性岩的初始（$^{87}Sr/^{86}Sr$）$_i$ 值介于 0.70462~0.70608，$\varepsilon_{Nd}(t)$ 介于 3.52~5.54，与双沟蛇绿岩相似［图 3.15（a）］。它们的（$^{206}Pb/^{204}Pb$）$_i$=18.88~19.33，（$^{207}Pb/^{204}Pb$）$_i$= 15.65~15.70，（$^{208}Pb/^{204}Pb$）$_i$=39.30~39.7，落于全球深海沉积物的范围内，具有比五素基性岩更高的 Pb 同位素比值。这种高放射性成因 Pb 含量说明有高 U/Pb 值的端元组分加入源区［图 3.15（b）］。

大龙凯侵入体下部的斜长辉石岩具有较高的 MgO（25.0%~28.0%），$Mg^\#$=80.6~

82.3，Cr=1606×10^{-6}~2089×10^{-6} 和 Ni=893×10^{-6}~1203×10^{-6}，暗示其经历了显著的堆晶作用。较高的不相容元素含量表明其经历了分异作用。和MORB岩浆相比，大龙凯侵入岩富集 LILEs、亏损 HFSEs，较哀牢山蛇绿岩的辉长岩和玄武岩具更高的（$^{87}Sr/^{86}Sr$）$_i$ 值和更低的 $\varepsilon_{Nd}(t)$ 值（图 3.15），而锆石 U-Pb 定年结果也显示存在捕虏锆石，反映可能存在混染。大龙凯辉绿岩中较低 MgO 含量的样品反而具有较高 $\varepsilon_{Nd}(t)$ 值，且不论 SiO_2 含量如何变化，样品中 Nb/La 和 Nb/Th 值相对稳定。大龙凯斜长辉石岩和辉绿岩有着比哀牢山蛇绿岩更高的 MgO 和 FeO_t 含量，而 TiO_2 含量则相近。低 Ce/Pb 和 Nb/U 值，MgO 与 Nb/U 和 Ce/Pb 值间缺乏明显相关关系，且大龙凯 $\varepsilon_{Nd}(t)$ 值与 MgO 含量之间并未呈现正相关关系。对雅轩桥玄武安山岩样品而言，具最高 $\varepsilon_{Nd}(t)$ 值的样品（如 20SM-50）有着最低的镁指数和（Nb/La）$_N$ 值，及较低的 SiO_2 含量。（Th/Nb）$_N$= 1.06~3.66，$\varepsilon_{Nd}(t)$ 为 3.52~5.54，类似于 MORB。而模拟结果表明要使 Nb/La 值介于 0.38~0.81，需要 15%~50% 的地壳物质加入 MORB 源区派生岩浆中，如此高比例地壳物质的加入必然会导致基性岩浆演变为中酸性岩石，造成 Nd 同位素比值的显著降低。所以大龙凯基性–超基性侵入岩和雅轩桥玄武安山岩样品的地壳混染作用不明显，所经历的是源区地壳组分的参与。

大龙凯基性–超基性侵入岩从下部到上部发育斜长二辉橄榄岩、含角闪石的橄榄岩、二辉橄榄岩、异剥橄榄岩、堆晶斜长辉石岩和辉绿岩、细晶辉长岩，其序列与超镁铁质岩浆所经历的堆晶过程一致。通常地幔派生初始熔体的 Ni ＞ 400×10^{-6}，Cr ＞ 1000×10^{-6}，$Mg^{\#}$=73~81（Litvak and Poma，2010）。辉绿岩样品较低的 $Mg^{\#}$、Cr、Ni 含量指示了橄榄石、斜方辉石和单斜辉石为主要低压分异相。在［图 3.19（b）］中，所有的斜长辉石岩和辉绿岩样品落入了斜方辉石–单斜辉石–斜长石控制的区域。大龙凯侵入体样品具有高的 Sr 异常，也与不同比例斜长石的堆晶作用有关[图 3.15（a）]。同样，雅轩桥玄武安山岩样品具较低 Ni 和 Cr 含量，CaO 和 Al_2O_3 与 SiO_2 正相关，说明在岩浆演化过程中单斜辉石的分离结晶作用较明显，P_2O_5 和 TiO_2 随 SiO_2 含量增加而

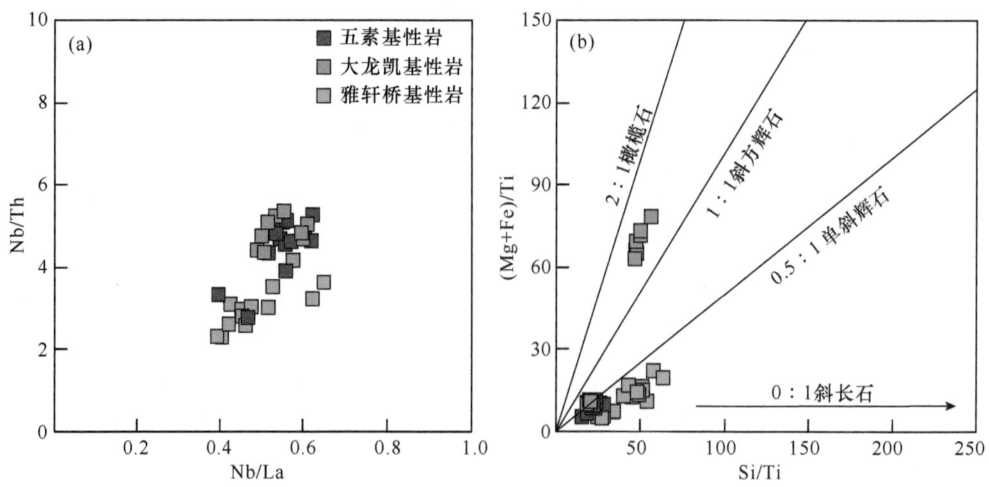

图 3.19 五素和雅轩桥、大龙凯基性岩的 Nb/La-Nb/Th（a）和 Si/Ti-（Mg+Fe）/Ti（b）图解

增加说明磷灰石和 Ti-Fe 氧化物的分离结晶作用较明显，Eu 和 Sr 异常不明显则暗示斜长石分离结晶作用不明显。而 FeO_t 与 SiO_2 正相关则反映了源区 FeO_t 含量较低，蛛网图上的 P 和 Ti 负异常也是源区属性的反映。

在原始地幔标准化蛛网图中，大龙凯基性岩呈现弧型地球化学特征（图 3.14），特征性地亏损 HFSEs，富集 LILEs 和 Sr-Nd 同位素组成。和典型弧火山岩相比，样品呈现出类似 E-MORB 的配分型式，$(Ta/La)_N$ 值介于 0.47~0.85，$(Hf/Sm)_N$ 值介于 0.76~1.18。基于不相容元素比值 $(Th/La)_N$ 和 $(Hf/Sm)_N$ 判别图解，样品呈现出 N-MORB 和俯冲流体相关交代作用的混合趋势，指示大龙凯超镁铁 – 镁铁质岩石经历了流体 / 熔体相关的源区富集过程［图 3.16（a）］。大龙凯样品的 Th/Yb 值较 Ba/La 值更为稳定［图 3.16（b）］，Nb/Y 和 Nb/Zr 值相对 Ba/Y 和 Th/Zr 值变化轻微，其 Nb/Ta 值为 13.6~20.6，且随着 La/Yb 值增加而增加，表明其为流体交代的源区属性。混合计算结果也显示再循环沉积物派生组分加入源区是阐明大龙凯超镁铁质 – 镁铁质岩源区属性的重要原因。少于 5% 的沉积物派生组分的加入即可形成大龙凯斜长辉石岩和辉绿岩的 $\varepsilon_{Nd}(t)$ 值，以及 $(La/Nb)_N$ 和 $(Nd/Hf)_N$ 值（图 3.20）。

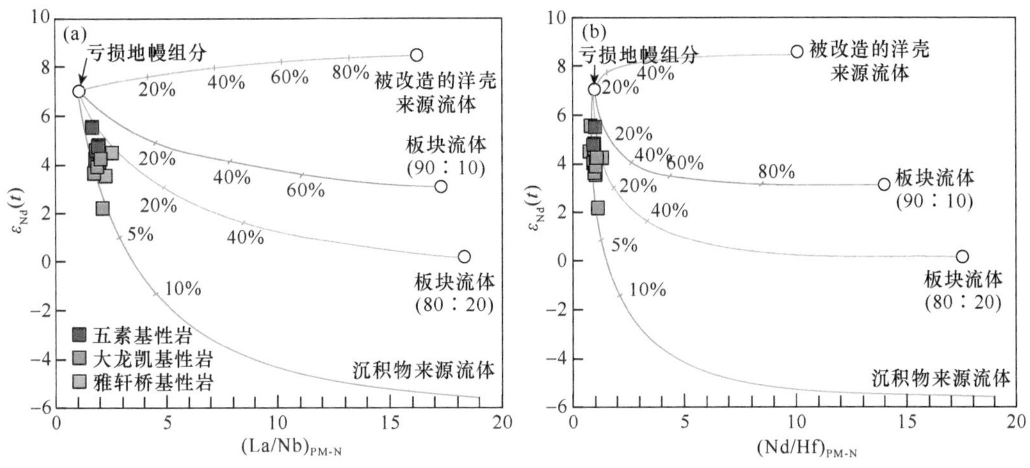

图 3.20　五素和雅轩桥、大龙凯基性岩 $(La/Nb)_{PM-N}$-$\varepsilon_{Nd}(t)$（a）和 $(Nd/Hf)_{PM-N}$-$\varepsilon_{Nd}(t)$（b）图解

在原始地幔标准化蛛网图（图 3.14）上，雅轩桥玄武安山岩样品的强不相容元素类似于岛弧火山岩，中等强度不相容元素含量和配分曲线类似于 MORB。与 MORB 相比，更加富集 LILEs，亏损 Ti、Y、Nb 和 Ta 等元素。样品 Sr-Nd-Pb 同位素组成也显示地幔演化线向地壳或沉积端元延伸趋势（图 3.15）。Ba/La 和 Ce/Pb 与 $(La/Yb)_{CN}$ 具正相关关系，说明其源区具有类似 MORB 端元（低 Ba/La，Ce/Pb 和 La/Yb 值）与弧特征端元（高 Ba/La，Ce/Pb 和 La/Yb 值）的两组分混合特征。事实上雅轩桥样品具高 Al_2O_3 和 SiO_2，低 FeO_t 特征，在［图 3.16（b）］可见 Ba/La 相对 Th/Yb 变化更为明显，Nb/U 与 $\varepsilon_{Nd}(t)$ 正相关，也说明雅轩桥火山岩的源区可能是由俯冲沉积物或其派生流体交代改造的地幔楔源区。相对 MORB 而言，雅轩桥玄武安山岩样品具较高 Th/Ce、Nb/Zr 和 Th/Nb 值，较低 Pb/Nd 和 Ce/Pb 值及强烈 Sr 正异常和较高 Pb 同位

素比值，也反映其源区存在俯冲沉积物的参与。模拟计算结果显示，要达到雅轩桥样品 Nd-Pb 同位素组成，仅需 0.5%~2.0% 的再循环沉积物加入 MORB 源区。前人对喜马拉雅 Ladakh 白垩纪火山岩的研究也显示少量再循环俯冲沉积物加入 MORB 源区可显著改变其元素－同位素组成特征。综上所述，约 280~260Ma 的二叠纪大龙凯基性－超基性侵入岩和雅轩桥火山岩源岩均为被俯冲沉积物派生组分改造的 MORB 地幔楔源区。

大龙凯－雅轩桥火山岩和五素玄武岩一样，亏损 HFSEs，富集 LILEs，Nb-Ta 和 Ti 负异常（图 3.14）。其稀土元素和中等不相容元素含量与 E-MORB 相似，强不相容元素具岛弧岩浆地球化学特征，同位素组成显示为 MORB 属性。如此特征的火山岩常被认为可形成于弧前（如 Isu-Bonin）或者弧后盆地构造环境，如 Lesser Caucasus、Eriterea、Kuertu、Mariana 和 NW Hearne（如 Gribble et al.，1998；Wallin and Metcalf，1998；Shuto et al.，2006）。弧前盆地背景一般发育玻安岩、高镁安山岩、安山岩和长英质岩石组合，但在大龙凯－雅轩桥火山－侵入岩系中尚未识别出玻安岩、高镁安山岩等岩石，因此可排除弧前盆地环境属性。同时，大龙凯－雅轩桥火山－侵入岩系位于哀牢山蛇绿岩及五素玄武岩剖面西南侧，较弧岩浆更加远离以哀牢山蛇绿岩为标志的哀牢山支洋盆。同时考虑到大龙凯和雅轩桥火山－侵入岩的 $(La/Yb)_{CN}$=1.04~1.74，Ba/La=48.6~235.3，Sm/Nd=0.30~0.37，类似于西太平洋弧后盆地玄武岩（Shinjo et al.，1999；Hongo et al.，2007）；在［图 3.15（a）］中与冲绳海槽弧后盆地玄武岩相似，而差异于小高加索洋内弧后盆地玄武岩。另外，大龙凯和雅轩桥火山－侵入岩普遍具有较低 MgO、CaO 和 TiO_2 含量，较高 Al_2O_3 含量，且发育有大量捕获锆石，说明其侵入或者喷发时途经了大陆基底，应为更成熟陆缘弧构造环境产物。因此，上述资料表明大龙凯和雅轩桥火山－侵入岩应形成于大陆边缘弧后盆地构造背景，而不是弧前盆地产物，五素玄武岩形成于紧邻哀牢山蛇绿岩的岛弧环境。据此推断在五素、大龙凯和雅轩桥一带发育了与哀牢山支洋盆俯冲有关的陆缘弧－弧后盆地体系。

3.3.3 岛弧型花岗岩

在哀牢山断裂带西侧的浅变质带和大理下关地区出露丰富的花岗岩。云南省地质矿产局（1990）认为这些花岗岩形成于中生代，但其展布方向与大龙凯－雅轩桥火山－侵入岩和哀牢山蛇绿岩带近于平行（图 3.3），暗示它们可能存在某种成因联系。以哀牢山带内下关和新安寨花岗质岩石为典型代表介绍如下。

下关花岗闪长岩发育于点苍山群变质杂岩之中，以往将其与斜长角闪岩、大理岩、眼球状片麻岩、糜棱岩化花岗岩、片麻状花岗岩、混合岩和片岩等一并归类为点苍山群。采自大理下关西 500m 公路旁的花岗闪长岩［图 3.21（a）］呈暗灰色，具细粒花岗结构，块状构造，主要矿物组成为斜长石 50%~60%、石英 20%~25%、钾长石 3%~5%、普通角闪石 5%~10%、黑云母 1%~3%，副矿物主要有锆石、褐帘石、榍石、磷灰石、磁铁矿等［图 3.21（b）］。对其中两个花岗闪长岩样品（YN-28A 和 YN-

28C）进行了 LA-ICP-MS 锆石 U-Pb 定年分析，其结果列于附表 3.3。样品 YN-28A 的 U 和 Th 分别为 83~4441×10^{-6} 和 54~6592×10^{-6}，Th/U=0.40~1.48。其中 15 个分析测试点的 ^{206}Pb/^{238}U 的表观年龄介于 245~260Ma，谐和年龄为 251±5Ma（MSWD=0.18）［图 3.22（a）］。样品 YN-28C 的 U 和 Th 含量分别为 275×10^{-6}~2208×10^{-6} 和 249×10^{-6}~2754×10^{-6}，Th/U 值介于 0.34 到 1.25 之间，^{206}Pb/^{238}U 的表观年龄介于 246.3~257.2Ma［图 3.22（b）］（Liu et al.，2018），谐和年龄为 252.1±4.7Ma（MSWD=0.099，*n*=16）。

图 3.21　早三叠世下关花岗闪长岩（a）~（b）和新安寨二长花岗岩（c）~（d）野外和显微照片

新安寨花岗岩岩体出露于金平县藤条河以南至中越边境线之间，侵位于下志留统，其上为上三叠统高山寨组，其延展方向与区域构造线一致，出露面积 450km^2（图 3.23）。云南省地质矿产局第二地质大队于 1971 年将新安寨岩体和其邻近的巴德轰东岩体定为燕山期花岗岩，云南省地质矿产局（1990）测得新安寨岩体黑云母 K-Ar 年龄为 213Ma，认为其形成于晚三叠世。新安寨东侧的金平县河边寨村南东和西侧的金平县者米南东的中粒黑云母二长花岗岩具块状构造［图 3.21（c）］，主要矿物组成为微斜长石（25%~35%）、斜长石（30%~40%）、石英（25%~30%）、黑云母（3%~7%），白云母很少［图 3.21（d）］。

新安寨花岗岩的两个代表性样品（HH-43A 和 HH-45A）的锆石 U-Pb 定年结果表明，岩体东侧 HH-43A 样品中 HH-43A-6、HH-43A-10 和 HH-43A-20 由于年龄较老且偏

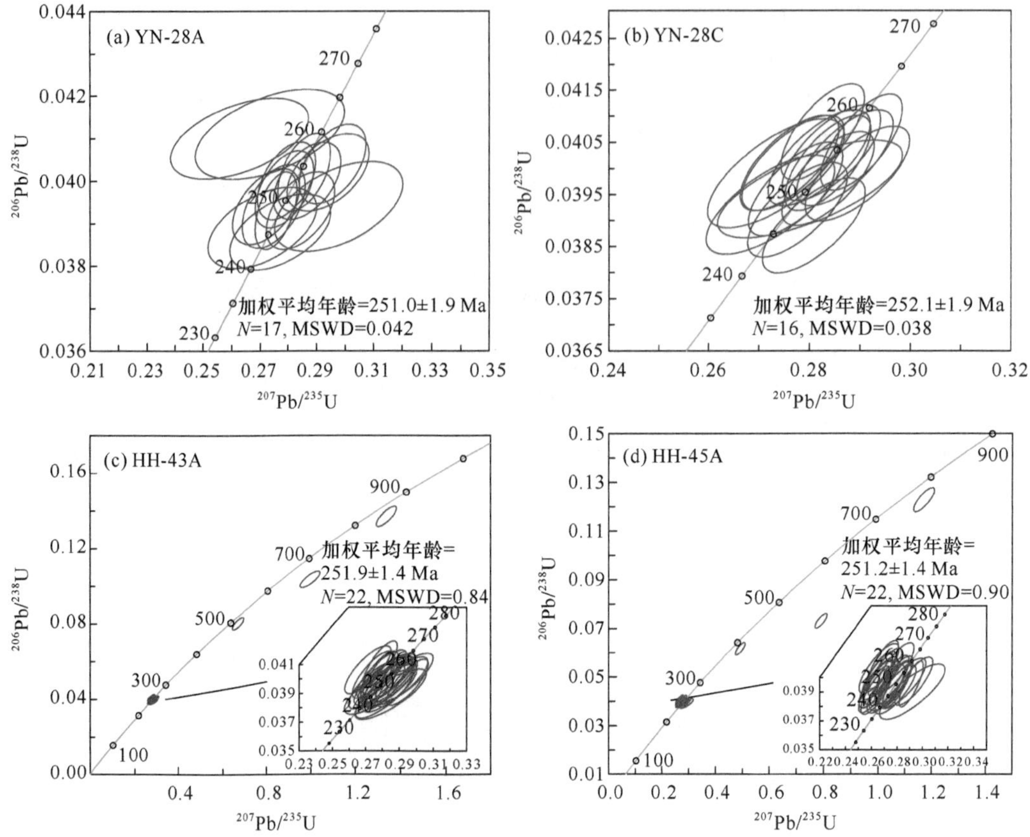

图 3.22　下关（a）（b）和新安寨（c）（d）岛弧型花岗质岩石的锆石 U-Pb 谐和图

离谐和线，其他 22 个点的 Th 含量介于 223×10^{-6}~778×10^{-6}，U 含量介于 955×10^{-6}~2771×10^{-6} 之间，Th/U 值变化于 0.19~0.46，$^{206}Pb/^{238}U$ 加权平均年龄 251.9±1.4Ma［MSWD=0.84，如图 3.22（c）］。原位 Lu-Hf 同位素分析数据见表 3.7，对应的 $^{176}Lu/^{177}Hf$ 测量值介于 0.00136~0.00235 之间，$^{176}Hf/^{177}Hf$ 测量值介于 0.28235~0.28245，$\varepsilon_{Hf}(t)$ 为介于 –9.8~–6.2 间，二阶模式年龄 T_{DM2} 介于 1.67~1.90Ga 之间（图 3.24）。岩体西侧 HH-45A 样品的 22 个分析点均落在谐和线之上，Th/U=0.14~0.44，$^{206}Pb/^{238}U$ 表现年龄介于 247~258Ma 之间，加权平均年龄为 251.2±1.4Ma［MSWD=0.90，图 3.22（d）］，其初始 $^{176}Hf/^{177}Hf$ 值介于 0.28230~0.28253，$\varepsilon_{Hf}(t)$ = –11.1~–3.1，二阶模式年龄 T_{DM2} 介于 1.47~2.0Ga 之间（图 3.24）。

对下关花岗闪长岩样品和新安寨二长花岗岩样品的主微量元素和 Sr-Nd 同位素分析测试结果列于表 3.8。下关花岗闪长岩 SiO_2=64.7%~65.1%、MgO=1.18%~1.51%，$Mg^{\#}$=33.6~38.7，K_2O/Na_2O 值较低（0.37~0.41），全碱含量较高（5.83%~6.14%），为中钾钙碱性岩石，铝饱和指数（A/CNK）为 1.08~1.10，小于 1.1（图 3.25），不同于典型的 S 型花岗岩。样品中含角闪石［图 3.21（b）］，地球化学特征与澳大利亚 Lachlan 褶皱带内 I 型花岗岩相似。样品具有低的 FeO_t/MgO（3.3~4.1）值，过碱指

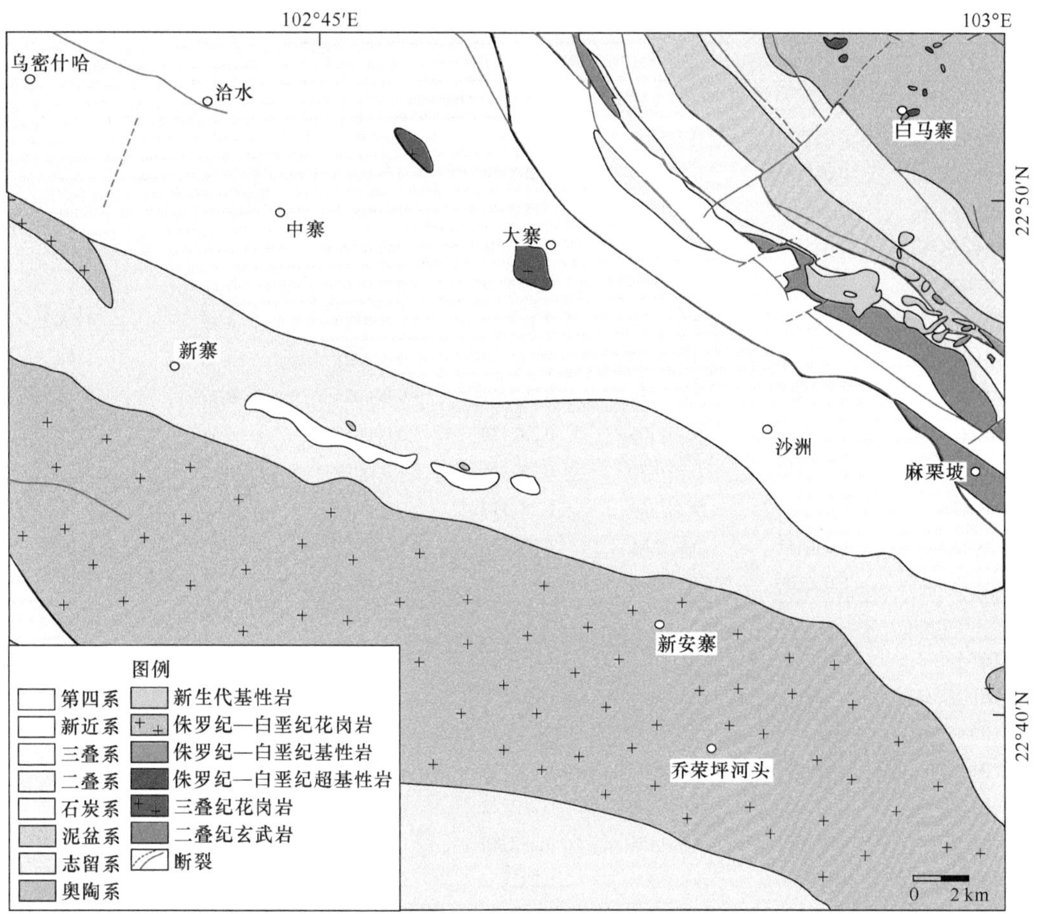

图 3.23　哀牢山构造带新安寨地区地质图（据云南省地质矿产局，1990）

表 3.7　哀牢山构造带岛弧型花岗质岩石样品锆石 Lu-Hf 同位素组成分析结果

样品名	$^{176}Yb/^{177}Hf$	$^{176}Lu/^{177}Hf$	$^{176}Hf/^{177}Hf$	2σ	$\varepsilon_{Hf}(t)$	T_{DM2}/Ga
新安寨二长花岗岩（HH-43A）						
HH-43A-1	0.060306	0.002101	0.282436	0.000021	−6.69	1.70
HH-43A-2	0.042421	0.001496	0.282412	0.000020	−7.44	1.75
HH-43A-3	0.059798	0.002074	0.282378	0.000019	−8.76	1.84
HH-43A-4	0.056379	0.001979	0.282450	0.000021	−6.20	1.67
HH-43A-5	0.041308	0.001442	0.282432	0.000019	−6.75	1.71
HH-43A-6	0.038584	0.000255	0.282381	0.000020	4.29	1.45
HH-43A-7	0.051029	0.001357	0.282368	0.000024	−8.99	1.85
HH-43A-8	0.056750	0.001800	0.282374	0.000021	−8.86	1.84
HH-43A-9	0.044037	0.002006	0.282393	0.000021	−8.20	1.80
HH-43A-10	0.053608	0.001507	0.282260	0.000022	−4.76	1.87
HH-43A-11	0.040759	0.001869	0.282382	0.000019	−8.56	1.82
HH-43A-12	0.041887	0.001428	0.282447	0.000020	−6.22	1.67

续表

样品名	$^{176}Yb/^{177}Hf$	$^{176}Lu/^{177}Hf$	$^{176}Hf/^{177}Hf$	2σ	$\varepsilon_{Hf}(t)$	T_{DM2}/Ga
新安寨二长花岗岩（HH-43A）						
HH-43A-13	0.065820	0.001467	0.282413	0.000017	–7.41	1.75
HH-43A-14	0.044366	0.002348	0.282418	0.000020	–7.38	1.75
HH-43A-15	0.052320	0.001567	0.282347	0.000021	–9.76	1.90
HH-43A-16	0.046206	0.001845	0.282426	0.000021	–7.03	1.73
HH-43A-17	0.049305	0.001600	0.282394	0.000018	–8.12	1.80
HH-43A-18	0.046742	0.001730	0.282394	0.000020	–8.13	1.80
HH-43A-19	0.018779	0.001657	0.282407	0.000021	–7.66	1.77
HH-43A-20	0.039882	0.000634	0.282207	0.000024	–9.26	2.05
HH-43A-21	0.041692	0.001406	0.282428	0.000017	–6.88	1.72
HH-43A-22	0.053164	0.001470	0.282424	0.000019	–7.04	1.73
HH-43A-23	0.043650	0.001844	0.282412	0.000023	–7.50	1.76
HH-43A-24	0.040437	0.001571	0.282434	0.000021	–6.68	1.70
HH-43A-25	0.060000	0.001441	0.282416	0.000019	–7.30	1.74
新安寨二长花岗岩（HH-45A）						
HH-45A-1	0.046275	0.001622	0.282404	0.000017	–7.76	1.77
HH-45A-2	0.041251	0.001451	0.282397	0.000026	–7.98	1.79
HH-45A-3	0.041674	0.001442	0.282436	0.000018	–6.61	1.70
HH-45A-4	0.054619	0.001857	0.282474	0.000020	–5.35	1.62
HH-45A-5	0.039210	0.001399	0.282422	0.000018	–7.08	1.73
HH-45A-6	0.042489	0.001495	0.282380	0.000020	–8.60	1.83
HH-45A-7	0.037156	0.001305	0.282415	0.000017	–7.35	1.75
HH-45A-8	0.051595	0.001814	0.282421	0.000017	–7.19	1.74
HH-45A-9	0.047333	0.001647	0.282502	0.000023	–4.30	1.55
HH-45A-10	0.060342	0.002095	0.282417	0.000018	–7.38	1.75
HH-45A-11	0.043817	0.001544	0.282262	0.000022	–8.54	1.97
HH-45A-12	0.052186	0.001790	0.282518	0.000024	–3.78	1.52
HH-45A-13	0.025967	0.000958	0.282385	0.000019	2.32	1.51
HH-45A-14	0.044686	0.001585	0.282400	0.000018	–7.91	1.78
HH-45A-15	0.049007	0.001751	0.282539	0.000027	–3.03	1.47
HH-45A-16	0.034081	0.001211	0.282414	0.000020	–7.36	1.75
HH-45A-17	0.044177	0.001581	0.282355	0.000020	–6.72	1.81
HH-45A-18	0.052518	0.001870	0.282393	0.000021	–8.20	1.80
HH-45A-19	0.058074	0.002058	0.282398	0.000021	–8.07	1.79
HH-45A-20	0.041589	0.001468	0.282449	0.000019	–6.16	1.67
HH-45A-21	0.044495	0.001639	0.282310	0.000019	–11.12	1.98
HH-45A-22	0.040722	0.001448	0.282431	0.000019	–6.78	1.71
HH-45A-23	0.039177	0.001385	0.282418	0.000019	–7.25	1.74
HH-45A-24	0.050810	0.001765	0.282434	0.000019	–6.74	1.71
HH-45A-25	0.075621	0.002600	0.282446	0.000019	–6.45	1.69

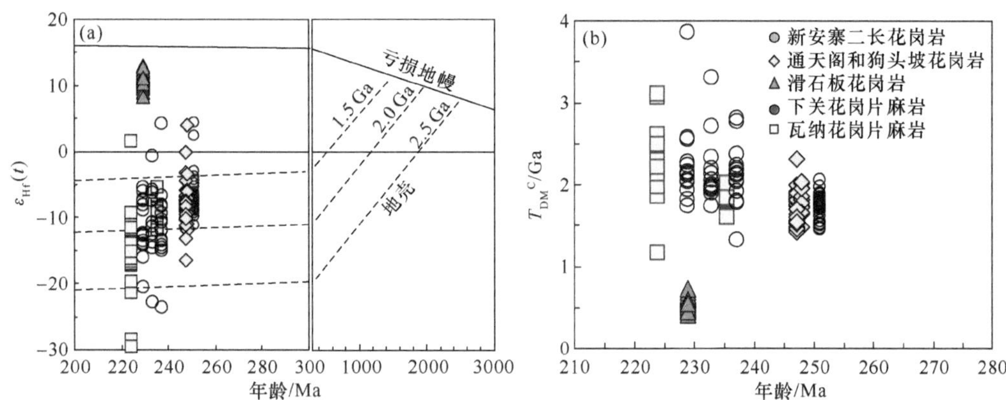

图 3.24　下关和新安寨岛弧型花岗质岩石锆石 Lu-Hf 同位素和 T^{c}_{DM} 组成图解

数 AI（0.17~0.18）小于 0.85，亦不同于 A 型花岗岩。在原始地幔标准化不相容元素蛛网图上显示为 Nb、Ta、Ti 和 Sr 强烈负异常，呈现轻重稀土分馏明显和中等程度 Eu 负异常（Eu^*=0.73~0.75）。样品具亏损 Sr-Nd 同位素组成，$(^{87}Sr/^{86}Sr)_i$= 0.704140，$\varepsilon_{Nd}(t)$ =2.14。

按照 Barbarin（1999）的花岗岩分类方案，下关花岗岩是富含角闪石的钙碱性花岗岩（ACG），这类花岗岩一般有两种来源：①幔源低钾玄武质岩浆的分离结晶，②亚碱性变质玄武岩的部分熔融（Rapp and Watson，1995）。一般认为大量基性母岩浆才能分离结晶出少量酸性岩，但在哀牢山地区 250Ma 左右的基性岩石仅少量出露于帽合山（249Ma；刘翠等，2011），缺乏中性岩。相反，此时出露有大量酸性火成岩，如高山寨组流纹岩（247.3Ma；刘翠等，2011）、平掌花岗岩（244.3Ma；Lai et al.，2014b）、新安寨、狗头坡、通天阁花岗岩（Liu et al.，2015，2017），所以下关花岗闪长岩不可能来源于幔源玄武质岩浆的分离结晶。Chen 和 Arakawa（2005）对西准噶尔克拉玛依高镁（$Mg^{\#}$=48~63）杂岩的研究认为其形成于岩石圈地幔的部分熔融，下关花岗闪长岩地球化学特征与之完全不同，不应直接源于岩石圈地幔。Rapp 等（1991）、Rapp 和 Watson（1995）的实验表明玄武质角闪岩相脱水熔融可以形成中酸性熔体，在 8~12kbar①压力下残余麻粒岩相，在 12~32kbar 时残余含石榴子石麻粒岩相到榴辉岩相。但是无论在什么压力条件下形成的熔体 MgO 含量都非常低（$Mg^{\#}$ 均小于 40），下关花岗闪长岩 $Mg^{\#}$ 为 34~39。但是下关闪长质花岗岩样品以钙碱性 I 型花岗岩为特征，其 Sr-Nd 同位素组成与大龙凯 – 雅轩桥火山 – 侵入岩相似或略低，相反，扬子陆块西南缘下地壳玄武质角闪岩普遍具有很富集的 Sr-Nd 同位素组成。通常钙碱性 I 型花岗岩主要产于两种可能的构造背景（Roberts and Clemens，1993）：一种是类似于安第斯山的大陆弧背景，另一种是类似于喀里多尼亚的碰撞后构造环境。哀牢山构造带的双沟蛇绿岩（340Ma）、五素（约 287Ma）、雅轩桥（约 265Ma）、大龙凯（约 272~256Ma）等形成于 340~256Ma，也就是说二叠纪晚期哀牢山支洋盆或弧后盆地仍未闭合，所以 252~250Ma 的下关闪长质花岗岩不可能形成于碰撞后构造环境，更可能的是下关花岗闪长岩是由二叠纪时期底侵于下地壳的新生下地壳熔融所产生。

① 1bar=10^5Pa。

表 3.8　哀牢山构造带内岛弧型花岗质岩石样品的主微量元素和 Sr-Nd 同位素组成测试数据

样品号	YN-28A	YN-28B	YN-28C	YN-28D	HH-43A	HH-43C	HH-43D	HH-43E	HH-43F	HH-45A	HH-45B	HH-45D	HH-45E
SiO_2/%	65.02	64.7		65.08	68.8	66.57	68.04	69.27	68.43	70.02	69.92	69.98	69.99
TiO_2/%	0.73	0.7		0.68	0.53	0.54	0.51	0.51	0.56	0.41	0.36	0.39	0.44
Al_2O_3/%	17.12	16.98		17.54	15.15	16.4	15.56	15.02	15.11	15.09	14.82	15.01	14.89
FeO_t/%	5.56	5.41		5.3	3.39	3.51	3.27	3.23	3.65	2.65	2.35	2.68	2.87
MnO/%	0.08	0.08		0.08	0.05	0.05	0.05	0.05	0.05	0.05	0.05	0.05	0.05
MgO/%	1.51	1.18		1.29	1.4	1.44	1.37	1.36	1.52	1.1	1.05	1.18	1.17
CaO/%	3.95	3.52		3.96	2.81	3.06	2.82	2.81	2.91	2.06	1.43	1.8	2.5
Na_2O/%	4.15	4.47		4.25	3.05	3.39	3.17	3.09	3.15	3.21	3.48	3.11	3.39
K_2O/%	1.69	1.66		1.63	4.02	4.39	4.34	3.98	3.69	4.34	4.91	4.68	3.59
P_2O_5/%	0.2	0.19		0.19	0.15	0.15	0.15	0.14	0.16	0.16	0.15	0.16	0.15
LOI/%	0.57	0.64		0.61	0.75	0.62	0.8	0.64	0.87	1.01	1.6	1.05	1.07
总计 /%	100.57	99.54		100.61	100.08	100.11	100.09	100.09	100.09	100.1	100.12	100.1	100.1
Sc/10^{-6}	2.03	2.21	2.75	2.3	8.08	8.42	7.38	7.58	8.81	8.14	7.56	8.15	8.89
V/10^{-6}	38.2	23.1	169	39.6	45.2	47.2	42.7	44.2	50.9	35.0	30.7	33.4	38.1
Cr/10^{-6}	9.51	4.71	130	4.82	113	8.52	18.3	24.8	28.9	7.49	1.58	9.79	7.39
Co/10^{-6}	9.17	8.91	26.8	8.14	8.65	7.5	7.51	6.91	8.37	5.92	5.03	5.04	6.11
Ni/10^{-6}	2.91	0.77	43	0.41	82.2	5.44	10.9	8.76	11.4	4.51	3.43	4.1	7.54
Ga/10^{-6}	17.9	18.1	17.2	19.1	17.3	18.2	16.7	16.2	17.8	16.3	15.8	16.3	16.8
Rb/10^{-6}	61	53.1	57.9	68.1	183	191	174	171	169	199	228	212	181
Sr/10^{-6}	332	330	310	371	144	156	144	141	148	144	133	129	152
Y/10^{-6}	39.1	44.1	28	40.5	31.0	28.8	27.0	30.1	39.0	22.4	22.3	21.5	26.2
Zr/10^{-6}	187	220	93	217	68.3	174	158	171	178	142	122	101	155
Nb/10^{-6}	8.92	9.65	4.01	9.08	12.8	13.2	11.7	12.3	13.9	11.9	11.7	11.8	12.1
Cs/10^{-6}	11.5	6.5	10.7	12.4	16.22	13.74	13.81	15.24	14.46	17.81	11.36	16.77	11.14
Ba/10^{-6}	640	719	285	715	421	389	555	411	434	376	383	387	290
La/10^{-6}	38.3	41.9	15.9	39.1	24.0	45.6	25.8	31.3	38.2	36.7	23.6	24.8	30.7
Ce/10^{-6}	75.5	83.6	32.8	78	49.7	89.5	51.2	61.9	74.8	71.1	50.9	50.1	61.2
Pr/10^{-6}	9.23	10.4	4.19	9.53	6.16	10.6	6.36	7.67	9.2	8.42	6.37	6.03	7.29

续表

样品号	YN-28A	YN-28B	YN-28C	YN-28D	HH-43A	HH-43C	HH-43D	HH-43E	HH-43F	HH-45A	HH-45B	HH-45D	HH-45E
$Nd/10^{-6}$	36.1	40.6	17.3	37.5	23.5	38.4	24.2	28.4	34.4	30.6	25.0	22.8	27.3
$Sm/10^{-6}$	7.77	8.62	4.39	7.83	5.39	7.08	5.35	5.86	7.04	5.71	5.11	4.6	5.44
$Eu/10^{-6}$	1.92	2.05	1.09	1.85	1.17	1.14	1.08	1.05	1.06	0.94	0.88	0.82	0.85
$Gd/10^{-6}$	7.82	8.62	4.65	7.27	5.25	6.06	5.12	5.36	6.66	4.96	4.56	4.23	4.89
$Tb/10^{-6}$	1.18	1.31	0.75	1.17	0.95	0.92	0.84	0.91	1.1	0.83	0.79	0.72	0.85
$Dy/10^{-6}$	6.89	7.62	4.71	6.93	5.51	5.06	4.73	5.07	6.21	4.4	4.17	4.16	4.67
$Ho/10^{-6}$	1.53	1.7	1.05	1.53	1.12	0.97	0.93	1	1.25	0.85	0.82	0.82	0.95
$Er/10^{-6}$	4.06	4.49	2.91	4.36	2.9	2.45	2.45	2.57	3.29	2.23	2.16	2.24	2.53
$Tm/10^{-6}$	0.59	0.63	0.43	0.61	0.46	0.38	0.37	0.4	0.5	0.35	0.34	0.35	0.4
$Yb/10^{-6}$	3.9	4.08	2.88	4.06	2.92	2.57	2.52	2.71	3.31	2.34	2.3	2.35	2.7
$Lu/10^{-6}$	0.59	0.59	0.42	0.61	0.46	0.41	0.4	0.42	0.53	0.37	0.37	0.36	0.44
$Hf/10^{-6}$	4.46	5.29	2.45	5.35	1.93	4.29	4.01	4.21	4.47	4.02	3.56	3.12	4.66
$Ta/10^{-6}$	0.64	0.66	0.34	0.67	1.5	1.51	1.39	1.45	1.68	1.98	2.01	2.19	2.3
$Pb/10^{-6}$	7.11	6.58	7.2	8.09	38.4	40.0	38.5	39.4	35.5	37.8	31.7	34.1	33.9
$Th/10^{-6}$	14.5	14.7	6.14	17.5	12.9	24.2	14.6	17.3	19.6	19.0	15.1	14.8	17.6
$U/10^{-6}$	3.42	3.45	1.55	3.94	7.49	5.27	4.55	7.69	4.17	3.98	3.87	4.27	6.5
$Cu/10^{-6}$	22.4	31.3	23.9	11.1	8.09	5.76	5.23	4.78	5.42	3.21	3.9	2.75	2.59
$Zn/10^{-6}$	42	40.5	79.2	40	50.9	53.1	48.2	47.3	55.6	49.2	32.9	40.0	49.4
$Ge/10^{-6}$	1.3	1.33	1.43	1.32	3.37	1.67	1.75	1.86	1.92	2.21	1.76	2.25	2.05
$^{87}Rb/^{86}Sr$	0.531523				3.69749		3.502037			3.996783		4.747478	
$^{87}Sr/^{86}Sr$	0.70603				0.728081		0.727403			0.729864		0.732911	
2σ	11				13		11			12		13	
$(^{87}Sr/^{86}Sr)_i$	0.70414				0.714931		0.714949			0.715651		0.716027	
$^{147}Sm/^{144}Nd$	0.130123				0.138384		0.133536			0.112816		0.122011	
$^{143}Nd/^{144}Nd$	0.512639				0.512093		0.512099			0.512065		0.512066	
2σ	10				6		7			6		8	
$\varepsilon_{Nd}(t)$	2.1				–8.8		–8.5			–8.5		–8.8	
T_{DM}/Ga	0.9				2.1		2.0			1.6		1.8	

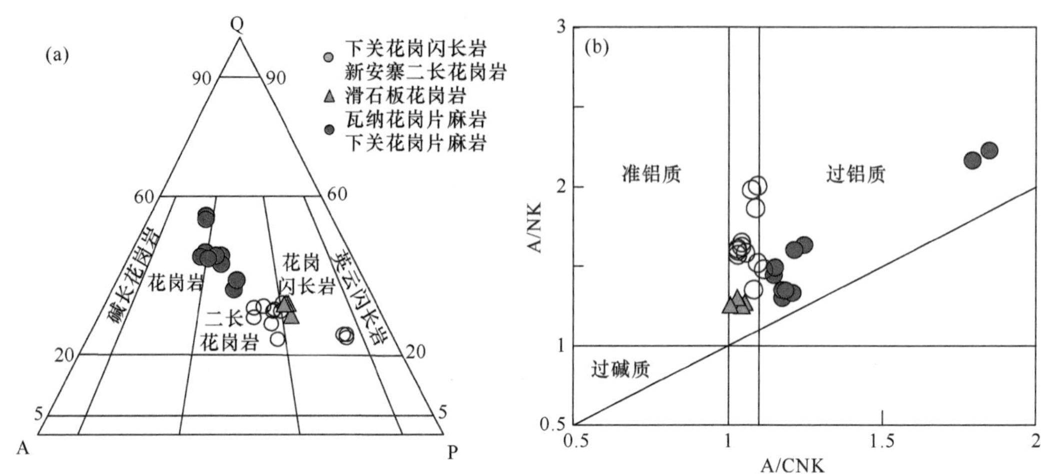

图 3.25 下关和新安寨岛弧型花岗质岩石的分类图解

新安寨二长花岗岩显示出低硅（SiO_2=68.04%~70.02%）、中镁（$Mg^{\#}$=44.76%~46.96）、高钠和钾（K_2O+Na_2O=6.84%~8.39%）、弱过铝质（A/CNK=1.03~1.12）等特征（图 3.25），K_2O/Na_2O 值为 1.06~1.50，较下关花岗闪长岩高。CIPW 计算结果显示含有 27.08%~30.12% 石英，21.41%~29.46% 正长石，25.99%~28.97% 钠长石，6.23%~14.23% 钙长石和 0.87%~1.95% 刚玉，显示出 S 型和 I 型花岗岩过渡的地球化学特征。它们的 Al_2O_3、MgO、CaO、FeO_t、TiO_2 及 Sr、Ba、Eu、Zr、La 等与 SiO_2 负相关，轻重稀土分馏明显，$(La/Yb)_{CN}$=5.90~12.73，$(Gd/Yb)_{CN}$=1.49~1.95，Eu/Eu^*=0.47~0.63，Eu 中等负异常。在原始地幔标准化的微量元素蛛网图上显示为 Nb、Ta、Ti 和 Sr 强烈负异常。样品（$^{87}Sr/^{86}Sr)_i$=0.71493~0.71603，$\varepsilon_{Nd}(t)$=–8.5~–8.8。新安寨二长花岗岩显示弱过铝质，低 Rb/Sr 和 Al_2O_3/TiO_2 值，高 Sr/Ba 和 CaO/Na_2O 值特征（图 3.26），说明新安寨花岗岩源岩是由变沉积岩和变火成岩混合而成。同时，新安寨岩体含有暗色基性岩包体（云南省地质矿产局，1990），其 $MgO+FeO+TiO_2$ 总量随 SiO_2 含量增加而降低，并且在图 3.27（b）~（d）中样品点落在了杂砂岩与角闪岩熔融区域的边界位置。新安寨样品的锆石 $\varepsilon_{Hf}(t)$较低（–11.1~–3.1），锆石的 Hf 二阶段模式年龄为元古宙（2.0~1.5Ga），其 Ce/Pb 和 Nb/U 值比上地壳平均值低，也表明源岩包含变玄武岩和变沉积岩。在哀牢山深变质岩带内广泛发育的新元古代斜长角闪岩和副片麻岩（戚学祥等，2010），可能是新安寨二长花岗岩的源岩混合端元。以此为基础的模拟结果显示新安寨花岗岩源岩可能包含了 35%~45% 的新元古代角闪岩和 55%~65% 的副片麻岩（Liu et al.，2015）。

由此得出，五素火山岩序列主要为早二叠世产物，大龙凯和雅轩桥火山－侵入岩主要形成于中晚二叠世（272~256Ma）。这些年龄与滇西吉义独英云闪长岩（283±3Ma；Zi et al.，2012b）、吉查英云闪长岩、辉长岩、斜长角闪岩、辉绿岩等（281~306Ma；Jian et al.，2009a，2009b）、半坡基性－超基性侵入体（295Ma；Li et al.，2012a）、南岭山基性－超基性侵入体（298Ma；Li et al.，2012a）和昌宁－孟连 SSZ 型蛇绿岩（264~

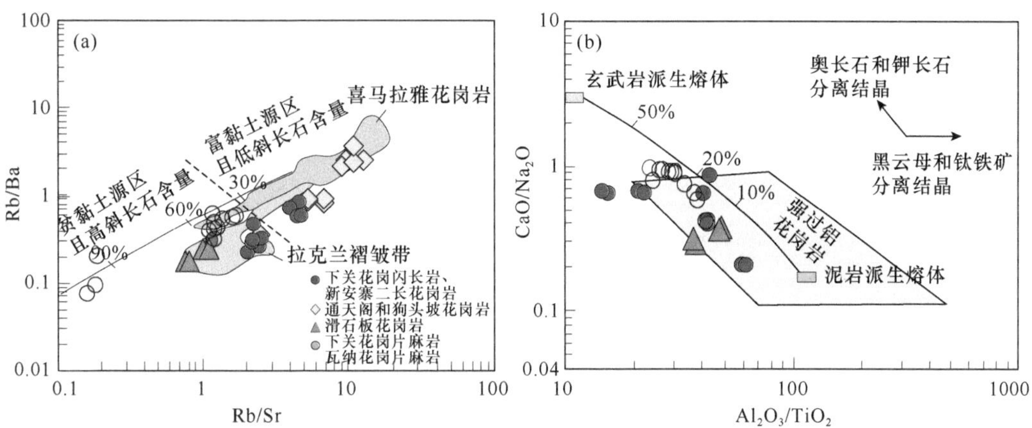

图 3.26　下关和新安寨岛弧型花岗质岩石的 Rb/Sr- Rb/Ba（a）、Al_2O_3/TiO_2- CaO/Na_2O（b）图解

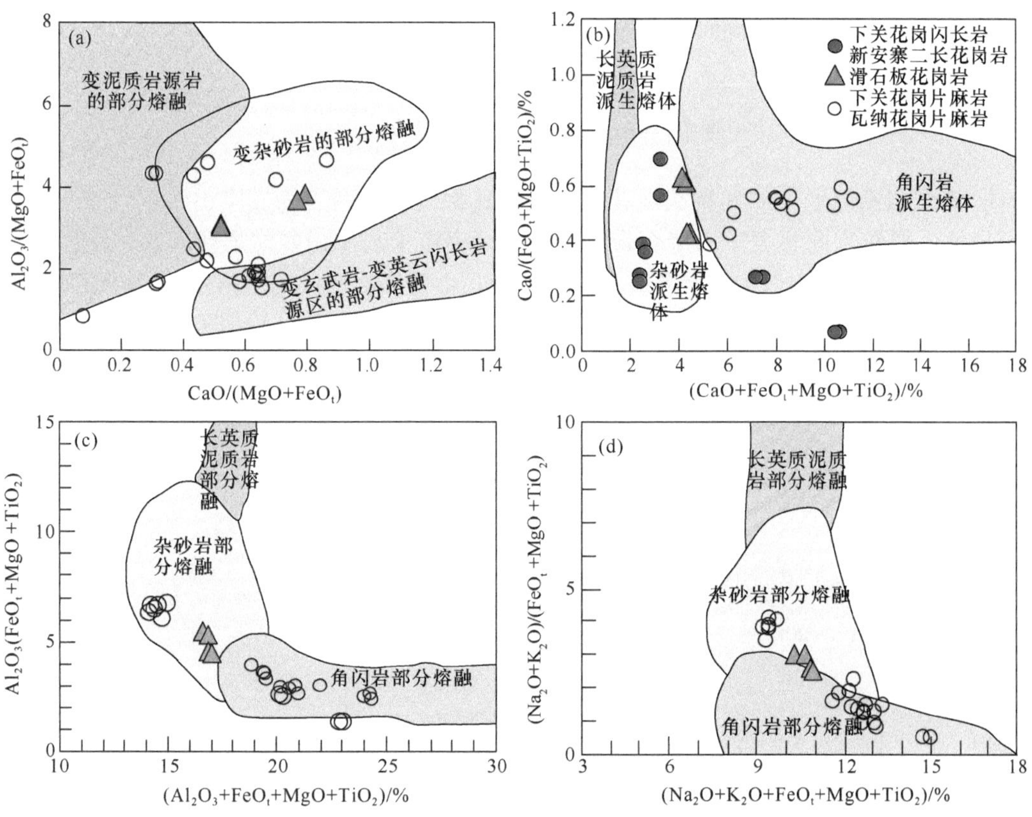

图 3.27　哀牢山构造带下关和新安寨岛弧型花岗岩的源区判别图解

270Ma；Jian et al.，2009a，2009b）形成年龄相似。在二叠纪滇西三江造山带广泛发育了与古特提斯洋及其支洋盆闭合有关的岩浆作用，与之相对应产出的岩石类型主要有玄武岩、闪长岩、花岗闪长岩和二长花岗岩。五素玄武岩、大龙凯和雅轩桥火山－侵入岩即形成于上述大地构造背景。以约 251Ma 的下关闪长质花岗岩和新安寨二长花岗

岩为代表的花岗质岩石即是上述俯冲背景下的岛弧岩浆作用产物，区域上亦有同期岩浆作用发育，如哀牢山带帽合山玄武岩（249Ma；刘翠等，2011）、金沙江带白马雪山岩体（254~248Ma；Reid et al.，2007；张万平等，2011；Zi et al.，2012a）、马江带孟雷（248Ma）和 Phia Bioc（248~245Ma）岩体（Liu et al.，2012b；Roger et al.，2012）等。

3.4 中－晚三叠世碰撞型岩浆作用

以往对哀牢山构造带火成岩的研究主要集中于中基性岩石和新生代花岗质岩石，而对早中生代花岗岩的工作相对较少。鉴于此，通过详细的野外调研和岩石学、年代学和元素－同位素地球化学研究，在下关、通天阁、狗头坡、滑石板、新安寨等地识别出了中－晚三叠世花岗质岩石，认为在哀牢山构造带广泛发育有中－晚三叠世花岗质岩石。根据其地球化学差异，可划分出高硅 S 型花岗岩、高 $\varepsilon_{Hf}(t)$ -$\varepsilon_{Nd}(t)$ 花岗岩和低 $\varepsilon_{Hf}(t)$ -$\varepsilon_{Nd}(t)$ 花岗岩，同时在区内猛硐识别出了晚三叠世 OIB 型基性岩，现分述如下。

3.4.1 高硅 S 型花岗岩

该类岩石以通天阁和狗头坡花岗岩体为典型代表，两者为哀牢山带两个独立的花岗岩体，展布方向与哀牢山缝合带近于平行，夹持于哀牢山蛇绿岩带和哀牢山断裂之间（图 3.4）。两者均以中粒淡色花岗岩为特征，主要矿物组成为微斜长石（40%~45%）、斜长石（30%~35%）、石英（20%~35%）、黑云母（3%~5%），白云母很少（3%~5%，图 3.28）。

图 3.28　哀牢山构造带通天阁和狗头坡中－晚三叠世高硅 S 型花岗岩照片

对采自通天阁（ML-34A 和 ML-34G）和狗头坡（ML-23A）花岗岩体的代表性淡色花岗岩样品进行了 LA-ICP-MS 锆石 U-Pb 定年和原位 Lu-Hf 同位素组成分析，其分析结果分别列于附表 3.4 和表 3.9。样品中所分选锆石大多是自形、透明、浅棕色，具明显的振荡环带，为典型岩浆成因锆石。通天阁淡色花岗岩样品 ML-34A 中的 22 个

点给出了较集中的 $^{206}Pb/^{238}U$ 表观年龄，加权平均年龄为 247.3±3.1Ma［MSWD=0.20，图 3.29（a）］，剩余 6 个点给出了元古宙（1147~799Ma）和寒武纪（537~501Ma）的继承锆石年龄。通天阁淡色花岗岩另一个样品 ML-34G 所分析的 23 个点中，有 14 个点给出了 247.8±3.0Ma［MSWD=0.40，图 3.29（b）］的加权平均年龄，剩余 7 个点给出了 838~412Ma 的继承锆石年龄。上述通天阁样品（ML-34A 和 ML-34G）均给出了 247~248Ma 的结晶年龄。狗头坡花岗岩体的代表性样品 ML-23A 中有 9 个分析点给出了新元古代（941~806Ma，N=5）和寒武纪（575~512Ma，N=4）的 $^{206}Pb/^{238}U$ 表观年龄，其余 14 个点 $^{206}Pb/^{238}U$ 表观年龄集中，其加权平均年龄为 247.0±2.8Ma［MSWD=0.16，图 3.29（c）］，该年龄代表了狗头坡花岗岩体的结晶年龄。由此可见，通天阁和狗头坡岩体不仅岩性相同，且结晶年龄相近，均为早三叠世产物。

表 3.9　哀牢山构造带碰撞型花岗质岩石样品的锆石 Lu-Hf 同位素组成分析数据

样品号	$^{176}Yb/^{177}Hf$	$^{176}Lu/^{177}Hf$	$^{176}Hf/^{177}Hf$	2σ	$\varepsilon_{Hf}(t)$	T_{DM}^{C}/Ga
通天阁淡色花岗岩（ML-34A）						
ML-34A-1	0.075786	0.002759	0.282468	0.000055	−5.77	1.64
ML-34A-2	0.035569	0.001340	0.282409	0.000016	−7.62	1.76
ML-34A-3	0.075715	0.002751	0.282348	0.000018	−10.01	1.91
ML-34A-4	0.060996	0.002206	0.282385	0.000017	−8.63	1.82
ML-34A-5	0.069384	0.002488	0.282329	0.000024	−5.47	1.82
ML-34A-6	0.082301	0.002916	0.282364	0.000022	−9.49	1.88
ML-34A-7	0.089666	0.002852	0.282425	0.000059	−7.30	1.74
ML-34A-8	0.018309	0.000688	0.281805	0.000027	−6.09	2.46
ML-34A-9	0.095963	0.003410	0.282424	0.000027	−7.44	1.75
ML-34A-10	0.084622	0.002950	0.282377	0.000027	−9.04	1.85
ML-34A-11	0.045846	0.001726	0.282298	0.000019	−6.12	1.86
ML-34A-12	0.072848	0.002605	0.282338	0.000026	−10.34	1.93
ML-34A-13	0.095225	0.003378	0.282421	0.000028	−7.55	1.76
ML-34A-14	0.050724	0.001862	0.282348	0.000019	−9.89	1.90
ML-34A-15	0.045756	0.001678	0.282432	0.000028	−6.89	1.71
ML-34A-16	0.089357	0.003176	0.282444	0.000028	−6.69	1.70
ML-34A-17	0.110897	0.003779	0.282545	0.000033	−3.23	1.48
ML-34A-18	0.061495	0.002210	0.282387	0.000023	−8.57	1.82
ML-34A-19	0.080438	0.002891	0.282400	0.000020	−8.21	1.80
ML-34A-20	0.044178	0.001637	0.282158	0.000019	−16.56	2.32
ML-34A-21	0.045777	0.001649	0.282351	0.000023	1.88	1.58
ML-34A-22	0.068363	0.002442	0.282376	0.000017	−8.97	1.85
ML-34A-23	0.075665	0.002918	0.281782	0.000022	−18.71	2.88
ML-34A-24	0.065530	0.002404	0.282370	0.000017	−9.19	1.86
ML-34A-25	0.092204	0.003158	0.282507	0.000027	−4.48	1.56
ML-34A-26	0.070777	0.002518	0.282306	0.000020	−11.48	2.00
ML-34A-27	0.019263	0.000774	0.282118	0.000018	−11.70	2.23

续表

样品号	$^{176}Yb/^{177}Hf$	$^{176}Lu/^{177}Hf$	$^{176}Hf/^{177}Hf$	2σ	$\varepsilon_{Hf}(t)$	T_{DM}^{C}/Ga
通天阁淡色花岗岩（ML-34A）						
ML-34A-28	0.043437	0.001559	0.282379	0.000020	−8.73	1.83
ML-34A-29	0.045549	0.001691	0.282345	0.000021	−9.96	1.91
通天阁淡色花岗岩（ML-34G）						
ML-34G-1	0.059806	0.002014	0.282320	0.000020	−7.47	1.87
ML-34G-2	0.083120	0.002680	0.282309	0.000023	−8.05	1.91
ML-34G-4	0.067219	0.002183	0.282383	0.000019	−8.70	1.83
ML-34G-5	0.069715	0.002238	0.282153	0.000032	−16.84	2.34
ML-34G-6	0.018116	0.000607	0.282096	0.000034	−15.00	2.35
ML-34G-7	0.089573	0.002817	0.282404	0.000030	3.92	1.48
ML-34G-8	0.061025	0.001941	0.282257	0.000026	−9.64	2.01
ML-34G-9	0.051641	0.001794	0.282434	0.000027	−2.83	1.60
ML-34G-10	0.120554	0.003872	0.282541	0.000027	−3.36	1.49
ML-34G-11	0.111535	0.003571	0.282372	0.000025	−9.31	1.87
ML-34G-12	0.072382	0.002366	0.282424	0.000028	−7.26	1.74
ML-34G-13	0.083273	0.002668	0.282435	0.000029	−6.91	1.72
ML-34G-14	0.052650	0.001731	0.282301	0.000030	−11.52	2.01
ML-34G-15	0.084171	0.002660	0.282430	0.000027	−7.10	1.73
ML-34G-16	0.041443	0.001391	0.282100	0.000030	−14.99	2.35
ML-34G-17	0.075366	0.002457	0.282464	0.000038	−5.87	1.65
ML-34G-18	0.067177	0.002296	0.282214	0.000033	−2.66	1.89
ML-34G-19	0.061409	0.001958	0.282404	0.000039	−7.89	1.78
ML-34G-20	0.088642	0.002729	0.282321	0.000033	−10.97	1.97
ML-34G-21	0.046182	0.001555	0.282005	0.000037	−9.79	2.33
ML-34G-22	0.125548	0.003779	0.282463	0.000033	−6.12	1.67
ML-34G-23	0.129866	0.004147	0.282301	0.000030	−11.91	2.03
狗头坡淡色花岗岩（ML-23A）						
ML-23A-1	0.029182	0.001069	0.282101	0.000008	−5.21	1.82
ML-23A-2	0.023160	0.000888	0.282143	0.000009	−4.96	1.76
ML-23A-3	0.065173	0.002331	0.282254	0.000009	−13.22	1.71
ML-23A-4	0.075093	0.002603	0.282417	0.000011	−7.49	1.42
ML-23A-5	0.088917	0.003217	0.282346	0.000008	−10.12	1.55
ML-23A-6	0.012026	0.000428	0.282103	0.000008	−3.14	1.78
ML-23A-7	0.102809	0.003627	0.282392	0.000010	−8.55	1.48
ML-23A-8	0.059623	0.002124	0.282346	0.000012	−9.94	1.55
ML-23A-9	0.074901	0.002641	0.282400	0.000010	−8.11	1.46
ML-23A-10	0.058499	0.002128	0.282313	0.000008	−11.11	1.60
ML-23A-11	0.062844	0.002307	0.282406	0.000010	−7.82	1.44
ML-23A-12	0.013741	0.000555	0.282136	0.000009	−2.09	1.73

续表

样品号	$^{176}Yb/^{177}Hf$	$^{176}Lu/^{177}Hf$	$^{176}Hf/^{177}Hf$	2σ	$\varepsilon_{Hf}(t)$	T_{DM}^{C}/Ga
狗头坡淡色花岗岩（ML-23A）						
ML-23A-13	0.040245	0.001503	0.282126	0.000011	−3.09	1.78
ML-23A-14	0.046948	0.001757	0.282263	0.000009	−6.04	1.62
ML-23A-15	0.030966	0.001140	0.282078	0.000009	−12.36	1.93
ML-23A-16	0.010828	0.000397	0.282241	0.000007	−6.30	1.63
ML-23A-17	0.060585	0.002187	0.282391	0.000009	−8.35	1.47
ML-23A-18	0.074663	0.002707	0.282410	0.000016	−2.48	1.39
ML-23A-19	0.049040	0.001783	0.282383	0.000009	−8.56	1.48
ML-23A-20	0.056229	0.002075	0.282410	0.000010	−7.64	1.43
ML-23A-21	0.077092	0.002804	0.282394	0.000009	−8.33	1.47
ML-23A-22	0.072660	0.002652	0.282360	0.000008	−9.52	1.52
ML-23A-23	0.085278	0.003118	0.282346	0.000009	−10.09	1.55
滑石板花岗岩（HH-119）						
HH-119-01	0.071679	0.002514	0.282934	0.000015	10.47	0.60
HH-119-02	0.051852	0.001854	0.282974	0.000015	12.04	0.50
HH-119-03	0.061812	0.002187	0.282943	0.000015	10.87	0.57
HH-119-04	0.067339	0.002537	0.282949	0.000015	10.95	0.56
HH-119-05	0.048782	0.001741	0.282960	0.000015	11.49	0.53
HH-119-06	0.057979	0.002081	0.282952	0.000015	10.75	0.56
HH-119-07	0.073740	0.002566	0.282934	0.000015	10.48	0.60
HH-119-08	0.052755	0.001872	0.282937	0.000015	10.59	0.59
HH-119-09	0.072943	0.002515	0.282998	0.000015	12.79	0.45
HH-119-10	0.073555	0.002541	0.282968	0.000015	11.68	0.52
HH-119-11	0.069493	0.002458	0.282919	0.000015	9.79	0.63
HH-119-12	0.054550	0.001919	0.282954	0.000015	11.08	0.55
HH-119-13	0.062442	0.002184	0.282916	0.000015	9.63	0.64
HH-119-14	0.083829	0.002934	0.282945	0.000015	10.74	0.58
HH-119-15	0.066687	0.002470	0.282948	0.000015	10.92	0.57
HH-119-16	0.064411	0.002265	0.282955	0.000015	11.01	0.55
HH-119-17	0.065209	0.002302	0.282948	0.000015	10.92	0.57
HH-119-18	0.059743	0.002099	0.282944	0.000015	11.03	0.57
HH-119-19	0.071619	0.002592	0.282931	0.000015	10.23	0.61
HH-119-20	0.059243	0.002083	0.282935	0.000015	10.37	0.60
HH-119-21	0.044985	0.001665	0.282951	0.000015	11.10	0.55
HH-119-22	0.066359	0.002312	0.282955	0.000015	11.19	0.55
HH-119-23	0.050404	0.001792	0.282985	0.000015	12.32	0.48
滑石板花岗岩（HH-120）						
HH-120-01	0.050215	0.001803	0.282914	0.000015	9.91	0.63
HH-120-02	0.098606	0.003354	0.282932	0.000015	10.25	0.61

续表

样品号	$^{176}Yb/^{177}Hf$	$^{176}Lu/^{177}Hf$	$^{176}Hf/^{177}Hf$	2σ	$\varepsilon_{Hf}(t)$	T_{DM}^{C}/Ga
滑石板花岗岩（HH-120）						
HH-120-03	0.090454	0.003165	0.282912	0.000015	9.60	0.65
HH-120-04	0.037334	0.001400	0.283007	0.000015	13.07	0.42
HH-120-05	0.036522	0.001363	0.282958	0.000015	11.26	0.54
HH-120-06	0.075658	0.002624	0.282954	0.000015	11.08	0.55
HH-120-07	0.085436	0.002935	0.282953	0.000015	11.04	0.56
HH-120-08	0.091109	0.003110	0.282944	0.000015	10.63	0.58
HH-120-09	0.068606	0.002376	0.282892	0.000015	8.96	0.69
HH-120-10	0.075617	0.002636	0.282939	0.000015	10.51	0.59
HH-120-11	0.054265	0.001925	0.282980	0.000015	12.15	0.49
HH-120-12	0.067958	0.002349	0.282878	0.000015	8.40	0.73
HH-120-13	0.051072	0.001826	0.282955	0.000015	11.32	0.54
HH-120-14	0.090911	0.003261	0.282969	0.000015	11.66	0.52
HH-120-15	0.057632	0.002093	0.282950	0.000015	10.92	0.56
HH-120-16	0.064647	0.002286	0.282940	0.000015	10.50	0.59
HH-120-17	0.058081	0.002068	0.282965	0.000015	11.51	0.53
HH-120-18	0.075222	0.002595	0.282970	0.000015	11.68	0.52
HH-120-19	0.049038	0.001738	0.282997	0.000015	12.77	0.45
HH-120-20	0.077129	0.002639	0.282936	0.000015	10.39	0.60
HH-120-21	0.069068	0.002431	0.282957	0.000015	11.14	0.55
HH-120-22	0.083982	0.002875	0.282990	0.000015	12.54	0.47
下关片麻状花岗岩（YN-26）						
YN-26-1	0.072738	0.001563	0.282183	0.000015	−16.10	2279.87
YN-26-2	0.029906	0.000856	0.281872	0.000015	−20.35	2777.07
YN-26-3	0.100964	0.002226	0.282300	0.000015	−12.51	2037.17
YN-26-4	0.094666	0.002111	0.282257	0.000015	−13.58	2120.97
YN-26-5	0.057641	0.001281	0.282042	0.000015	−12.88	2365.08
YN-26-6	0.113519	0.002483	0.282334	0.000015	−11.12	1956.74
YN-26-7	0.027990	0.000618	0.282144	0.000015	−12.85	2231.48
YN-26-8	0.155567	0.003448	0.282433	0.000015	−7.42	1735.19
YN-26-9	0.073745	0.001754	0.282274	0.000015	−12.87	2078.06
YN-26-10	0.016919	0.000437	0.282094	0.000015	−13.59	2311.55
YN-26-11	0.010021	0.000246	0.282365	0.000015	−5.40	1745.03
YN-26-12	0.070787	0.001605	0.282384	0.000015	−8.86	1828.06
YN-26-13	0.077307	0.001970	0.282340	0.000015	−10.52	1931.86
YN-26-14	0.050436	0.001143	0.282255	0.000015	−7.23	1942.20
YN-26-15	0.046785	0.001205	0.282241	0.000015	−13.97	2146.59
YN-26-16	0.087049	0.001963	0.282209	0.000015	−15.21	2224.80
YN-26-17	0.058462	0.001269	0.282054	0.000015	−6.10	2163.45

续表

样品号	$^{176}Yb/^{177}Hf$	$^{176}Lu/^{177}Hf$	$^{176}Hf/^{177}Hf$	2σ	$\varepsilon_{Hf}(t)$	T_{DM}^{C}/Ga
下关片麻状花岗岩（YN-26）						
YN-26-18	0.049661	0.001060	0.282233	0.000015	−14.16	2161.83
YN-26-19	0.057787	0.001350	0.282283	0.000015	−12.42	2052.81
YN-26-20	0.007612	0.000187	0.281457	0.000015	−41.43	3867.42
YN-26-21	0.037722	0.000895	0.282046	0.000015	−20.65	2573.73
YN-26-22	0.083951	0.001882	0.282251	0.000015	−13.69	2129.64
YN-26-23	0.056462	0.001280	0.282284	0.000015	−12.43	2051.12
下关眼球状花岗岩（YN-27B）						
YN-27B-01	0.063506	0.002483	0.282293	0.000015	−11.96	2033.16
YN-27B-02	0.031247	0.001204	0.282246	0.000015	−13.34	2122.57
YN-27B-03	0.026911	0.001064	0.282390	0.000015	−8.23	1800.56
YN-27B-04	0.015738	0.000631	0.282332	0.000015	−10.27	1927.56
YN-27B-05	0.030192	0.001168	0.282197	0.000015	−15.10	2232.33
YN-27B-06	0.026518	0.001090	0.282069	0.000015	−19.62	2517.69
YN-27B-07	0.003084	0.000120	0.281933	0.000015	−19.23	2663.67
YN-27B-08	0.032007	0.001327	0.282499	0.000015	4.22	1321.00
YN-27B-09	0.005356	0.000203	0.281934	0.000015	−9.29	2378.12
YN-27B-10	0.043461	0.001696	0.282230	0.000015	−14.30	2172.54
YN-27B-11	0.049089	0.001908	0.282401	0.000015	−8.02	1785.26
YN-27B-12	0.021352	0.000872	0.282388	0.000015	−8.38	1806.18
YN-27B-13	0.019698	0.000781	0.282237	0.000015	−13.65	2140.68
YN-27B-14	0.030840	0.001215	0.282250	0.000015	−13.46	2121.88
YN-27B-15	0.031845	0.001191	0.282213	0.000015	−14.71	2201.86
YN-27B-16	0.017163	0.000709	0.281834	0.000015	−28.08	3039.35
YN-27B-17	0.011338	0.000452	0.281954	0.000015	−23.67	2768.22
YN-27B-18	0.038430	0.001523	0.282145	0.000015	−6.55	2066.54
YN-27B-19	0.015165	0.000626	0.282031	0.000015	−21.26	2607.80
YN-27B-20	0.028364	0.001136	0.282183	0.000015	−15.74	2268.26
YN-27B-21	0.006200	0.000247	0.282140	0.000015	−10.52	2165.00
下关片麻岩（DX-31）						
DX-31-01	0.026028	0.001043	0.282269	0.000015	−7.00	1916.24
DX-31-02	0.053331	0.002098	0.282223	0.000015	−14.62	2191.65
DX-31-03	0.053553	0.002073	0.282280	0.000015	−12.65	2065.33
DX-31-04	0.020722	0.000945	0.282099	0.000015	−0.79	1954.31
DX-31-05	0.052997	0.001998	0.282245	0.000015	−13.88	2143.69
DX-31-06	0.026565	0.001058	0.282189	0.000015	−5.91	1986.76
DX-31-08	0.013676	0.000559	0.282412	0.000015	−7.37	1745.56
DX-31-09	0.074962	0.003097	0.282647	0.000015	2.63	1189.96
DX-31-10	0.029872	0.001146	0.281986	0.000015	−22.86	2709.48

续表

样品号	$^{176}Yb/^{177}Hf$	$^{176}Lu/^{177}Hf$	$^{176}Hf/^{177}Hf$	2σ	$\varepsilon_{Hf}(t)$	T_{DM}^{C}/Ga
下关片麻岩（DX-31）						
DX-31-11	0.024296	0.001014	0.282040	0.000015	−17.16	2483.26
DX-31-12	0.060933	0.002386	0.282347	0.000015	−10.38	1920.02
DX-31-13	0.027739	0.001119	0.282083	0.000015	−6.79	2143.52
DX-31-14	0.036878	0.001473	0.282104	0.000015	−14.71	2340.26
DX-31-15	0.029143	0.001239	0.282015	0.000015	−6.78	2231.04
DX-31-16	0.043485	0.001772	0.282339	0.000015	−10.69	1936.44
DX-31-17	0.030826	0.001268	0.282274	0.000015	−6.24	1892.02
DX-31-18	0.056992	0.002225	0.282313	0.000015	−11.40	1991.18
DX-31-19	0.025000	0.001049	0.282224	0.000015	−14.40	2178.91
DX-31-20	0.037881	0.001485	0.282213	0.000015	−14.79	2205.76
DX-31-21	0.041778	0.001655	0.282131	0.000015	−11.32	2215.30
DX-31-22	0.029446	0.001170	0.282097	0.000015	−6.82	2127.73
DX-31-23	0.050784	0.002003	0.282087	0.000015	−7.85	2184.48
DX-31-24	0.031238	0.001286	0.281902	0.000015	−15.49	2610.57
DX-31-25	0.026982	0.001145	0.282202	0.000015	−13.44	2181.03
DX-31-26	0.027801	0.001102	0.282156	0.000015	−16.77	2330.56
瓦纳花岗片麻岩（HH-122A）						
HH-122A-01	0.040412	0.001610	0.282189	0.000025	−11.70	2.15
HH-122A-02	0.043313	0.001630	0.282210	0.000023	−15.20	2.22
HH-122A-04	0.056715	0.002207	0.282186	0.000097	−16.10	2.28
HH-122A-05	0.019621	0.000853	0.282003	0.000023	−6.40	2.23
HH-122A-06	0.035540	0.001394	0.282200	0.000037	−15.50	2.24
HH-122A-07	0.058124	0.002250	0.282198	0.000037	−15.70	2.25
HH-122A-08	0.025340	0.001035	0.281799	0.000017	10.20	2.03
HH-122A-09	0.043156	0.001683	0.282189	0.000049	−16.00	2.27
HH-122A-10	0.030680	0.001268	0.282288	0.000022	−12.40	2.04
HH-122A-11	0.044522	0.001740	0.282039	0.000075	−21.30	2.60
HH-122A-12	0.055935	0.002191	0.282317	0.000036	−11.50	1.99
HH-122A-13	0.036485	0.001448	0.282178	0.000061	−16.30	2.29
HH-122A-14	0.048747	0.001877	0.282683	0.000225	1.50	1.16
HH-122A-15	0.073107	0.002871	0.282067	0.000064	−16.50	2.45
HH-122A-16	0.037034	0.001446	0.282270	0.000026	−13.10	2.09
HH-122A-17	0.044735	0.001766	0.282152	0.000046	−17.30	2.35
HH-122A-18	0.047066	0.001773	0.282326	0.000023	−11.10	1.96
HH-122A-19	0.044762	0.001666	0.282356	0.000035	−6.10	1.79
HH-122A-20	0.046359	0.001790	0.282315	0.000019	−11.50	1.99
HH-122A-22	0.044848	0.001727	0.282156	0.000055	−17.10	2.34
HH-122A-23	0.045037	0.001745	0.282343	0.000026	−10.50	1.93

续表

样品号	$^{176}Yb/^{177}Hf$	$^{176}Lu/^{177}Hf$	$^{176}Hf/^{177}Hf$	2σ	$\varepsilon_{Hf}(t)$	T_{DM}^{C}/Ga
瓦纳花岗片麻岩（HH-122A）						
HH-122A-24	0.072313	0.002630	0.281835	0.000109	−28.60	3.06
HH-122A-26	0.040252	0.001634	0.282310	0.000040	−5.90	1.84
HH-122A-27	0.061275	0.002356	0.282327	0.000041	−11.20	1.97
HH-122A-28	0.098385	0.003890	0.282219	0.000103	−15.20	2.22
HH-122A-30	0.035551	0.001450	0.282170	0.000032	−16.60	2.31
HH-122A-31	0.054152	0.002128	0.282358	0.000029	−10.00	1.89
HH-122A-32	0.069379	0.002669	0.282377	0.000036	−9.40	1.86
HH-122A-33	0.060988	0.002344	0.282305	0.000014	−12.00	2.02
HH-122A-34	0.041543	0.001640	0.282243	0.000032	−9.50	2.02
HH-122A-35	0.027990	0.001113	0.281928	0.000025	−21.70	2.75
HH-122A-36	0.018852	0.000743	0.281838	0.000034	−15.90	2.69
HH-122A-37	0.029459	0.001144	0.281805	0.000097	−29.50	3.12
HH-122A-38	0.051643	0.002011	0.282317	0.000024	−11.50	1.99
HH-122A-39	0.038721	0.001511	0.282236	0.000019	−14.30	2.16
HH-122A-40	0.067395	0.002453	0.282319	0.000025	−11.50	1.99
HH-122A-41	0.052485	0.001934	0.282317	0.000056	−11.50	1.99
HH-122A-42	0.048516	0.001899	0.282180	0.000041	−16.30	2.29
HH-122A-43	0.043376	0.001689	0.282244	0.000048	−14.00	2.15
HH-122A-44	0.031634	0.001227	0.282329	0.000025	−1.60	1.69
HH-122A-45	0.045727	0.001821	0.282211	0.000025	−15.20	2.22
HH-122A-46	0.047607	0.001825	0.282084	0.000066	−19.70	2.50
瓦纳花岗片麻岩（DX-12C）						
DX-12C-01	0.034161	0.001394	0.282337	0.000022	−10.40	1.93
DX-12C-02	0.039966	0.001654	0.282371	0.000023	−9.30	1.86
DX-12C-03	0.029351	0.001258	0.282374	0.000021	−9.10	1.85
DX-12C-04	0.023416	0.001024	0.282352	0.000028	−9.80	1.89
DX-12C-05	0.029414	0.001239	0.282342	0.000020	−10.20	1.92
DX-12C-06	0.030700	0.001329	0.282378	0.000022	−9.00	1.84
DX-12C-07	0.020430	0.000882	0.282345	0.000019	−10.10	1.91
DX-12C-08	0.023665	0.001025	0.282396	0.000019	−8.30	1.79
DX-12C-09	0.018743	0.000810	0.282349	0.000020	−9.90	1.90
DX-12C-10	0.031383	0.001331	0.282369	0.000024	−9.30	1.86
DX-12C-11	0.012538	0.000549	0.282322	0.000021	−10.80	1.95
DX-12C-12	0.059394	0.002340	0.282485	0.000023	−5.40	1.61
DX-12C-13	0.012051	0.000519	0.282332	0.000021	−10.50	1.93
DX-12C-14	0.028821	0.001225	0.282399	0.000024	−8.20	1.79
DX-12C-15	0.021867	0.000914	0.282346	0.000021	−10.10	1.91
DX-12C-16	0.031591	0.001357	0.282346	0.000022	−10.10	1.91

续表

样品号	$^{176}Yb/^{177}Hf$	$^{176}Lu/^{177}Hf$	$^{176}Hf/^{177}Hf$	2σ	$\varepsilon_{Hf}(t)$	$T_{DM}{}^{C}/Ga$
瓦纳花岗片麻岩（DX-12C）						
DX-12C-17	0.032043	0.001340	0.282381	0.000020	–8.90	1.83
DX-12C-18	0.017754	0.000778	0.282362	0.000023	–9.50	1.87
DX-12C-19	0.016564	0.000724	0.282329	0.000021	–10.60	1.94
DX-12C-20	0.017318	0.000745	0.282329	0.000025	–10.60	1.94
DX-12C-21	0.026379	0.001115	0.282360	0.000019	–9.60	1.88
DX-12C-22	0.028561	0.001220	0.282390	0.000022	–8.50	1.81
DX-12C-23	0.025351	0.001109	0.282397	0.000023	–8.30	1.79
DX-12C-24	0.051312	0.002151	0.282370	0.000025	–9.40	1.86
DX-12C-25	0.049081	0.001970	0.282383	0.000023	–8.90	1.83
DX-12C-26	0.053103	0.002143	0.282321	0.000022	–11.10	1.97
DX-12C-27	0.013741	0.000631	0.282358	0.000023	–9.60	1.87
DX-12C-28	0.061773	0.002495	0.282412	0.000027	–8.00	1.77
DX-12C-29	0.028443	0.001215	0.282391	0.000023	–8.50	1.81
DX-12C-30	0.020323	0.000860	0.282386	0.000026	–8.60	1.82
DX-12C-31	0.020350	0.000871	0.282357	0.000021	–9.60	1.88
DX-12C-32	0.028744	0.001205	0.282357	0.000024	–9.70	1.88
DX-12C-33	0.011434	0.000491	0.282369	0.000023	–9.20	1.85
DX-12C-34	0.029201	0.001264	0.282295	0.000022	–11.90	2.02
DX-12C-35	0.056662	0.002106	0.282356	0.000022	–4.50	1.76

对上述浅色花岗质岩石样品的原位锆石 Lu-Hf 同位素分析见图 3.24。其中通天阁淡色花岗岩样品 ML-34A 的 23 颗岩浆锆石 $\varepsilon_{Hf}(t)$ 介于 –16.6~–3.2 之间，T_{DM2} 介于 1.48~2.32Ga 之间。继承锆石具负的 $\varepsilon_{Hf}(t)$ 值和元古宙二阶段模式年龄。样品 ML-34G 中 14 个结晶锆石的 $\varepsilon_{Hf}(t)$ 介于 –11.9~–3.4 之间，T_{DM2} 介于 1.49~2.03Ga 之间，其继承锆石的 Lu-Hf 同位素组成与样品 ML-34A 相似。狗头坡花岗岩样品 ML-23A 的 14 颗结晶锆石具有较为均一的 Hf 同位素组成，$\varepsilon_{Hf}(t)$ 介于 –13.3~–7.3 之间，T_{DM2} 介于 1.76~2.12Ga 之间（图 3.24）。

狗头坡和通天阁花岗质岩石样品的主 – 微量元素含量和全岩 Sr-Nd 同位素组成测试如表 3.10 所示。狗头坡和通天阁淡色花岗岩具非常高的 SiO_2（75.48%~80.43%）和 A/CNK 值（1.29~1.87），非常低的 CaO（0.06%~0.26%）和 MgO（$Mg^{\#}$=25.73~33.78）含量。CIPW 计算结果表明其含 43%~56% 石英，20%~33% 正长石，9%~18% 钠长石和 0~0.5% 钙长石，刚玉含量大于 1%，属典型的高硅 S 型花岗岩。狗头坡和通天阁淡色花岗岩含有相对较低的稀土元素总量（45×10^{-6}~112×10^{-6}），在球粒陨石标准化稀土元素配分图中可见轻重稀土分馏明显和 Eu 强烈负异常（Eu/Eu^{*}=0.16~0.45），$(La/Yb)_{CN}$=2.96~10.27，$(Gd/Yb)_{CN}$=0.90~1.89。在原始地幔标准化微量元素蛛网图（图 3.30）上显示出 Nb-Ta、Ti 和 Sr 负异常。它们的 Nd 同位素组成非常富集，其 $\varepsilon_{Nd}(t)$ 变化介于 –10.6~–11.4 之间。

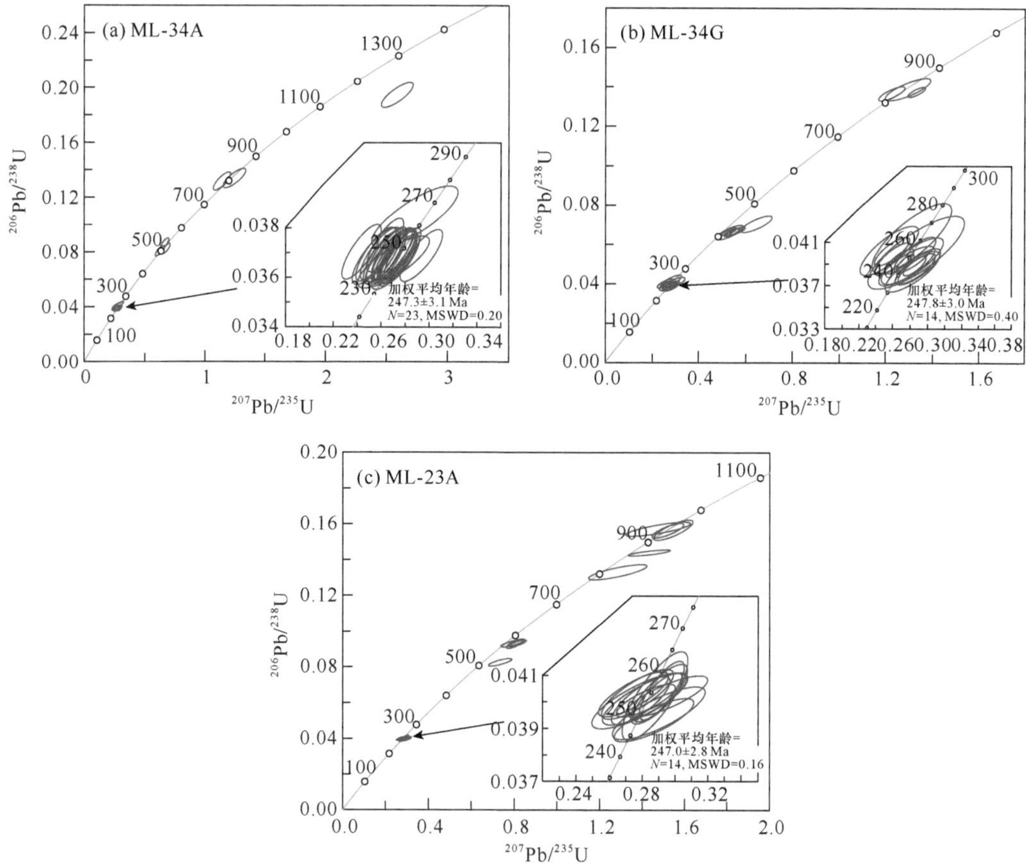

图 3.29　哀牢山构造带通天阁和狗头坡碰撞型高硅 S 型花岗岩的锆石 U-Pb 谐和图

表 3.10　哀牢山构造带碰撞型花岗质岩石样品主微量元素和 Sr-Nd 同位素分析数据（a）

样品名	ML-34A	ML-34B	ML-34E	ML-34F	ML-34H	ML-34G	ML-23A	ML-23B	ML-23E	ML-23F
采样地－岩性	通天阁淡色花岗岩						狗头坡淡色花岗岩			
SiO_2/%	75.48	79.55	76.99	75.95	76.92	77.75	80.43	76.9	76.76	76.61
TiO_2/%	0.13	0.11	0.12	0.13	0.11	0.11	0.06	0.08	0.12	0.07
Al_2O_3/%	0.26	0.26	0.17	0.24	0.11	0.13	0.19	0.31	0.63	0.21
FeO_t/%	2.15	1.91	1.16	1.62	1.31	1.49	1.39	2.04	2.72	1.73
MnO/%	5.34	4.47	5.13	5.19	5.45	5.25	4.66	4.97	3.37	5.19
MgO/%	0.17	0.14	0.26	0.23	0.11	0.12	0.06	0.12	0.09	0.1
CaO/%	12.88	10.64	12.53	13.05	12.69	11.82	10.07	11.72	11.65	12.27
Na_2O/%	1.59	1.07	2.11	1.99	1.4	1.7	1.22	1.47	1.46	1.9
K_2O/%	0.41	0.39	0.33	0.41	0.33	0.26	0.3	0.44	0.69	0.38
P_2O_5/%	0.03	0.01	0.01	0.01	0.01	0.01	0.01	0.01	0	0.01
LOI/%	1.48	1.23	1.17	1.17	1.48	1.26	1.17	1.49	2.08	1.12
总计 /%	99.93	99.78	99.98	99.98	99.94	99.90	99.54	99.58	99.58	99.59
$Sc/10^{-6}$	4.53	3.13	4.39	5.52	3.85	2.98	3.23	4.96	8.2	4.67

续表

样品名	ML-34A	ML-34B	ML-34E	ML-34F	ML-34H	ML-34G	ML-23A	ML-23B	ML-23E	ML-23F
采样地－岩性	通天阁淡色花岗岩						狗头坡淡色花岗岩			
$V/10^{-6}$	13.6	12.9	12.4	14.1	4.16	5.47	13.2	19.2	39.5	13.7
$Cr/10^{-6}$	9.3	13.89	11.84	8.43	6.88	2.63	12.3	30.6	27.0	10.9
$Co/10^{-6}$	1.83	1.87	0.99	1.76	1.03	0.89	0.78	2.06	1.58	1.62
$Ni/10^{-6}$	5.54	7.51	5.62	4.52	5.21		7.66	16.52	11.12	8.95
$Ga/10^{-6}$	15.9	15	15.2	16.6	13.1	13.5	11.2	13.6	13.6	13.6
$Rb/10^{-6}$	381	352	352	368	388	377	228	247	169	245
$Sr/10^{-6}$	35.3	28.1	36.8	40.8	35.6	34.5	33.6	35.9	68	46.3
$Y/10^{-6}$	32.7	34	25.1	42.8	23	22.3	13.2	33.5	28.8	35.9
$Zr/10^{-6}$	132	134	113	134	75	88.5	102	145	248	105
$Nb/10^{-6}$	11.4	10.5	9.76	10.3	8.36	8.7	6.53	10.4	13.2	6.91
$Cs/10^{-6}$	13.8	13.3	9.94	11.5	11.3	7.75	2.74	2.68	3.31	3.57
$Ba/10^{-6}$	161	141	140	172	159	105	273	273	476	287
$La/10^{-6}$	12.7	12.9	11.8	18.6	9.91	7.66	9.79	20.2	39.8	21.1
$Ce/10^{-6}$	26.5	29.1	26.5	38.3	19.2	16.7	19	40	78.7	42.4
$Pr/10^{-6}$	3.24	3.32	2.82	4.45	2.36	1.93	2.36	4.72	9.25	4.94
$Nd/10^{-6}$	11.6	12.1	9.61	15.9	8.57	7.08	8.35	16.9	33.3	16.7
$Sm/10^{-6}$	3.26	3.4	2.5	4.15	2.45	2.06	2.07	3.81	7.06	4.06
$Eu/10^{-6}$	0.31	0.24	0.22	0.39	0.13		0.28	0.47	0.87	0.5
$Gd/10^{-6}$	3.44	3.42	2.59	4.57	2.55	2.15	1.95	3.68	6.36	4.34
$Tb/10^{-6}$	0.81	0.79	0.57	1	0.64	0.47	0.4	0.77	1.05	0.91
$Dy/10^{-6}$	5.56	5.42	4.09	6.61	4.62	3.03	2.75	5.75	5.97	6.45
$Ho/10^{-6}$	1.05	1.06	0.75	1.23	0.85	0.56	0.53	1.17	1.03	1.31
$Er/10^{-6}$	3.16	3.32	2.28	3.63	2.46	1.53	1.57	3.79	3.07	3.99
$Tm/10^{-6}$	0.48	0.48	0.34	0.52	0.36	0.21	0.23	0.6	0.44	0.6
$Yb/10^{-6}$	3.03	3.13	2.14	3.16	2.11	1.27	1.43	3.79	2.78	3.69
$Lu/10^{-6}$	0.42	0.45	0.3	0.42	0.27	0.14	0.21	0.56	0.43	0.52
$Hf/10^{-6}$	4.29	4.39	3.55	3.97	3.21	2.29	3.52	4.69	6.97	3.71
$Ta/10^{-6}$	1.55	1.64	1.34	1.17	1.27	0.49	0.48	0.88	2.03	0.59
$Pb/10^{-6}$	26.6	21.3	38	14.9	19.9	46	14.3	14.7	19	18.4
$Th/10^{-6}$	15.4	18.4	14	16.6	15.3	9.29	17.7	21.7	24.9	19.7
$U/10^{-6}$	3.89	4.42	4.76	3.49	4.26	4.64	2.75	4.06	3.66	4.43
$Cu/10^{-6}$	4.13	4.59	5.34	8.82	3.05	1.32	7.07	7.21	11.2	34.65
$Zn/10^{-6}$	155	127	76.8	113	33.6	1210	97.3	240	74.2	76.6
$^{87}Rb/^{86}Sr$	29.06660					29.42837	18.2742			14.2505
$^{87}Sr/^{86}Sr$										
2σ										
$(^{87}Sr/^{86}Sr)_i$										
$^{147}Sm/^{144}Nd$	0.169618					0.175707	0.149745			0.147082

续表

样品名	ML-34A	ML-34B	ML-34E	ML-34F	ML-34H	ML-34G	ML-23A	ML-23B	ML-23E	ML-23F
采样地－岩性	通天阁淡色花岗岩						狗头坡淡色花岗岩			
$^{143}Nd/^{144}Nd$	0.512038					0.51202	0.5121			0.512038
2σ	3					10	7			5
$\varepsilon_{Nd}(t)$	–11					–11	–9			–11
T_{DM}/Ga	3.8					4.5	2.5			2.6

表 3.10　哀牢山构造带碰撞型花岗质岩石样品主微量元素和 Sr-Nd 同位素分析数据（b）

样品名	ML-23H	HH-119A	HH-119B	HH-120A	HH-120B	YN-26A	YN-26B	YN-27B	YN-27C	DX-31A
采样地－岩性	滑石板花岗岩					下关片麻状花岗岩		下关眼球状花岗岩		下关片麻岩
SiO_2/%	76.19	73.7	72.66	73.58	72.94	77.47	76.23	70.91	69.38	69.13
TiO_2/%	0.09	0.29	0.3	0.37	0.38	0.29	0.29	0.65	0.68	0.82
Al_2O_3/%	0.21	13.99	14.05	13.72	13.74	12.21	12.2	14.43	14.2	12.74
FeO_t/%	1.54	1.85	1.88	2.07	2.1	1.22	1.11	3.76	3.83	5.92
MnO/%	5.68	0.05	0.05	0.06	0.06	0.01	0.02	0.04	0.04	0.04
MgO/%	0.09	0.4	0.45	0.58	0.61	0.44	0.43	1.22	1.25	2.73
CaO/%	12.26	1.58	1.6	1.27	1.3	0.69	0.71	1.49	1.51	0.63
Na_2O/%	1.95	4.21	4.38	4.29	4.14	1.76	1.69	2.31	2.27	0.99
K_2O/%	0.34	3.44	3.56	3.48	3.56	5.68	5.82	4.66	4.79	3.8
P_2O_5/%	0.01	0.05	0.048	0.06	0.059	0.09	0.071	0.11	0.093	0.14
LOI/%	1.23	0.25	0.24	0.3	0.31	0.65	0.7	0.9	0.93	2.01
总计 /%	99.58	100.0	99.42	100.0	99.42	100.51	99.28	100.48	98.97	98.93
Sc/10^{-6}	3.87	5.51	4.05	2.46	1.23	3.73	1.00	8.50	7.39	12.9
V/10^{-6}	12.7	13.15	14.31	20.26	18.23	23.1	15.0	70.7	54.4	126
Cr/10^{-6}	10.1	0.97	0.56	0.06	0.08	5.97	6.98	29.0	20.6	74.5
Co/10^{-6}	0.93	1.78	2.14	2.27	2.67	2.13	2.15	7.20	7.68	11.7
Ni/10^{-6}	5.36	0.91	1.01	2.02	3.84	2.61	2.88	12.4	13.0	33.7
Ga/10^{-6}	13.2	15.3	17.1	16.4	18.7	12.4	12.9	15.4	17.7	16.8
Rb/10^{-6}	264	82.8	88.4	110	123	191	182	233	232	275
Sr/10^{-6}	49.9	108	108	108	110	73.8	82.0	92.5	112	56.7
Y/10^{-6}	21.4	18.8	17.5	17.0	18.0	20.0	17.8	26.6	27.1	30.8
Zr/10^{-6}	123	220	161	253	145	91.8	20.5	127	147	178
Nb/10^{-6}	5.25	4.72	4.86	7.21	7.76	6.55	5.93	11.9	11.9	16.8
Cs/10^{-6}	3.45	0.63	0.67	1.89	1.99	4.91	5.23	13.3	15.6	32.3
Ba/10^{-6}	281	457	501	459	512	596	621	926	1032	481
La/10^{-6}	17	25.8	26.1	51.6	54.5	23.7	23.6	49.4	53.4	60.0
Ce/10^{-6}	33.3	51.1	52.0	92.4	99.9	51.6	48.1	107	106	118
Pr/10^{-6}	3.93	6.27	6.20	10.5	11.2	5.16	5.41	10.5	12.1	12.8
Nd/10^{-6}	14.1	23.3	22.7	38.3	39.9	17.8	19.2	37.3	44.9	46.0
Sm/10^{-6}	3.08	4.43	4.36	6.44	6.94	3.70	3.97	7.28	8.18	8.80
Eu/10^{-6}	0.44	0.96	0.89	0.98	0.98	0.80	0.74	1.18	1.23	1.40

续表

样品名	ML-23H	HH-119A	HH-119B	HH-120A	HH-120B	YN-26A	YN-26B	YN-27B	YN-27C	DX-31A
采样地－岩性	滑石板花岗岩					下关片麻状花岗岩		下关眼球状花岗岩		下关片麻岩
$Gd/10^{-6}$	2.9	4.04	3.97	4.91	5.17	3.47	3.66	6.44	7.09	8.04
$Tb/10^{-6}$	0.54	0.69	0.65	0.72	0.80	0.61	0.64	1.01	1.10	1.23
$Dy/10^{-6}$	3.8	3.68	3.53	3.51	3.78	3.62	3.54	5.27	5.77	6.12
$Ho/10^{-6}$	0.77	0.71	0.70	0.66	0.70	0.81	0.71	1.13	1.14	1.22
$Er/10^{-6}$	2.52	1.81	1.83	1.64	1.74	2.17	1.95	2.88	2.85	3.37
$Tm/10^{-6}$	0.38	0.27	0.25	0.24	0.23	0.32	0.28	0.39	0.40	0.48
$Yb/10^{-6}$	2.5	1.75	1.57	1.57	1.42	1.99	1.78	2.53	2.57	3.07
$Lu/10^{-6}$	0.36	0.28	0.23	0.26	0.20	0.28	0.24	0.36	0.37	0.46
$Hf/10^{-6}$	3.94	5.97	4.55	7.22	4.07	2.91	0.68	3.61	4.17	4.99
$Ta/10^{-6}$	0.39	0.25	0.28	0.37	0.40	0.55	0.53	0.92	1.03	1.26
$Pb/10^{-6}$	3.71	17.27	15.46	12.92	12.21	48.83	42.19	36.23	34.56	19.22
$Th/10^{-6}$	14.4	6.95	6.98	11.23	12.28	16.20	16.21	29.70	32.87	25.30
$U/10^{-6}$	2.71	0.44	0.38	0.80	0.75	2.51	2.06	3.31	3.40	3.59
$Cu/10^{-6}$	5.47	0.75	1.01	1.12	3.20	1.97	2.60	13.60	15.96	7.14
$Zn/10^{-6}$	121	42.10	29.01	57.46	55.84	31.00	13.27	89.60	49.62	96.10
$^{87}Rb/^{86}Sr$		2.22242	2.36153	2.95698	3.25972		6.43918	7.31395	5.60066	
$^{87}Sr/^{86}Sr$		0.711711	0.711771	0.714053	0.714155		0.748485	0.743929	0.743729	
2σ		12	10	10	10		12	11		
$(^{87}Sr/^{86}Sr)_i$		0.704440	0.704046	0.704379	0.703492		0.72742	0.72000	0.72397	
$^{147}Sm/^{144}Nd$		0.114775	0.116222	0.101692	0.105061		0.124983	0.117974	0.110244	
$^{143}Nd/^{144}Nd$		0.512697	0.512686	0.512675	0.512668		0.51196	0.511914	0.511919	
2σ		8	8	9	6		8	14	6	
$\varepsilon_{Nd}(t)$		3.6	3.3	3.5	3.3		−11.1	−11.8	−11.5	
T_{DM}/Ga		0.7	0.7	0.7	0.7		2.0	2.0	1.8	

表 3.10　哀牢山构造带碰撞型花岗质岩石样品主微量元素和 Sr-Nd 同位素分析数据（c）

样品名	DX-31C	DX-32A	DX-32C	HH-122C	HH-122D	YN-24A	YN-24B	YN-24C
采样地－岩性	下关片麻岩	下关长英质脉体		瓦纳花岗片麻岩		猛硐角闪岩		
SiO_2/%	68.66	77.38	75.75	75.76	75.54	50.02	49.96	50.64
TiO_2/%	0.87	0.2	0.21	0.31	0.3	3.71	3.76	3.75
Al_2O_3/%	12.65	12.48	12.45	12.51	12.9	13.5	13.97	13.33
FeO_t/%	6.1	1.31	1.22	1.32	1.2	12.67	12.46	12.54
MnO/%	0.04	0.01	0.01	0.02	0.02	0.19	0.18	0.2
MgO/%	2.66	0.41	0.45	0.45	0.43	4.47	4.44	4.27
CaO/%	0.65	0.48	0.5	1.16	1.33	8.45	8.46	8.73
Na_2O/%	0.99	2.36	2.41	1.81	1.57	3.05	2.66	2.46
K_2O/%	3.91	5.11	5.22	5.3	5.68	1.14	1.41	1.18
P_2O_5/%	0.124	0.12	0.103	0.06	0.09	0.44	0.44	0.46
LOI/%	2.06	0.92	0.93	0.58	0.67	0.49	0.41	0.57
总计 /%	98.72	100.78	99.25	99.27	99.71	99.54	99.54	99.54

续表

样品名	DX-31C	DX-32A	DX-32C	HH-122C	HH-122D	YN-24A	YN-24B	YN-24C
采样地－岩性	下关片麻岩	下关长英质脉体		瓦纳花岗片麻岩		猛硐角闪岩		
$Sc/10^{-6}$	11.6	3.50	0.69	2.02	3.5	24.5	23.1	22.5
$V/10^{-6}$	83.7	18.3	10.5	16.3	17.3	404	383	378
$Cr/10^{-6}$	59.0	4.83	0.78	2.85	5.88	38.5	36.1	33.8
$Co/10^{-6}$	10.7	1.66	2.47	3.06	2.23	43	39.8	38.6
$Ni/10^{-6}$	31.6	3.90	1.69	6.41	3.93	45.3	41.6	40.3
$Ga/10^{-6}$	18.1	14.1	13.2	14.1	13.6	24.5	23.9	23.7
$Rb/10^{-6}$	288	279	234	224	240	41.7	81.3	59
$Sr/10^{-6}$	64.3	58.9	59.2	98.1	107	379	429	377
$Y/10^{-6}$	30.3	34.3	29.3	26.1	24.5	34.5	33.6	35.2
$Zr/10^{-6}$	235	91.3	97.4	112	154	291	287	298
$Nb/10^{-6}$	14.6	7.56	6.30	6.34	8.78	40	39.4	40.6
$Cs/10^{-6}$	34.8	5.54	5.28	12.8	9.85	24.3	28	43.4
$Ba/10^{-6}$	507	337	322	727	532	365	517	311
$La/10^{-6}$	61.7	21.5	19.9	27.5	21.8	35.6	35.9	38
$Ce/10^{-6}$	120	47.0	40.9	54.2	42.3	75.7	75.9	80.8
$Pr/10^{-6}$	14.2	4.94	4.80	6.45	4.99	9.59	9.64	10.3
$Nd/10^{-6}$	52.8	17.0	17.5	23.2	18.1	40	40.6	42.6
$Sm/10^{-6}$	9.60	4.22	4.05	4.81	3.68	8.7	8.51	8.99
$Eu/10^{-6}$	1.42	0.45	0.42	0.89	0.61	2.79	2.82	2.88
$Gd/10^{-6}$	8.02	4.40	4.30	4.45	3.49	8.25	8.31	8.87
$Tb/10^{-6}$	1.27	0.88	0.88	0.80	0.69	1.23	1.29	1.31
$Dy/10^{-6}$	6.63	5.44	5.33	4.86	4.26	6.68	6.61	6.95
$Ho/10^{-6}$	1.30	1.23	1.15	0.99	0.92	1.35	1.36	1.43
$Er/10^{-6}$	3.31	3.34	3.21	2.69	2.48	3.34	3.42	3.48
$Tm/10^{-6}$	0.49	0.50	0.48	0.38	0.40	0.46	0.46	0.46
$Yb/10^{-6}$	3.27	3.16	2.89	2.43	2.58	2.78	2.79	2.84
$Lu/10^{-6}$	0.50	0.42	0.39	0.33	0.40	0.39	0.39	0.41
$Hf/10^{-6}$	6.57	3.02	3.16	3.43	4.76	7.31	7.39	7.52
$Ta/10^{-6}$	1.25	0.95	0.82	0.66	1.07	2.49	2.63	2.81
$Pb/10^{-6}$	17.62	33.14	26.29	40.2	28	7.02	9.04	10.3
$Th/10^{-6}$	27.50	17.50	16.81	19.9	25.2	5.06	5.24	5.42
$U/10^{-6}$	3.70	3.45	3.15	4.13	4.47	1.28	1.34	2.16
$Cu/10^{-6}$	7.25	11.80	11.46	4.41	0.43	265	248	259
$Zn/10^{-6}$	66.11	25.00	2.84	10	20.79	162	152	157
$^{87}Rb/^{86}Sr$	12.973969		11.471724	6.616	6.546	0.318		
$^{87}Sr/^{86}Sr$	0.743411		0.75761	0.741396	0.740002	0.708652		
2σ	10		12	12	10	14		
$(^{87}Sr/^{86}Sr)_i$	0.700969		0.720082	0.719754	0.718589	0.7076335		

续表

样品名	DX-31C	DX-32A	DX-32C	HH-122C	HH-122D	YN-24A	YN-24B	YN-24C
采样地－岩性	下关片麻岩	下关长英质脉体		瓦纳花岗片麻岩		猛硐角闪岩		
$^{147}Sm/^{144}Nd$	0.109905		0.139607	0.125348	0.122831	0.1314907		
$^{143}Nd/^{144}Nd$	0.511857		0.512002	0.511949	0.511967	0.5126035		
2σ	6		6	12	12	11		
$\varepsilon_{Nd}(t)$	–13		–11	–11	–11	1		
T_{DM}/Ga	1.9		2.4	2.1	2.0	1.0		

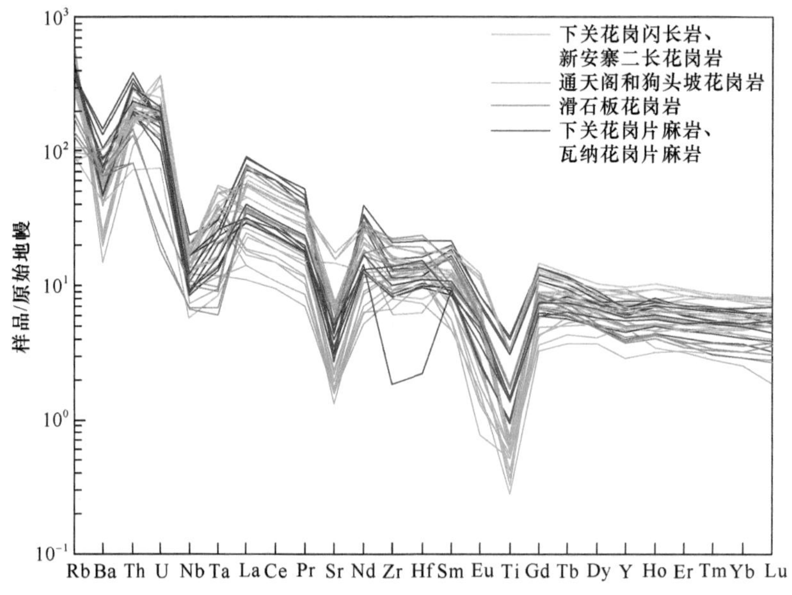

图 3.30　哀牢山构造带内碰撞型花岗岩原始地幔标准化配分图

狗头坡和通天阁淡色花岗岩的主微量元素含量随岩浆演化并未呈现出明显规律，在微量元素蛛网图（图 3.30）上明显的 Sr、Ba、Eu 负异常和 Rb 的正异常特征可能是继承了源区属性或是源区熔融过程中斜长石和钾长石残留所致。Rb/Sr 和 Ba 强烈负相关关系，类似于高喜马拉雅淡色花岗岩的地球化学特征，反映其为含云母的变沉积岩脱水熔融产物（Searle et al.，2010）。

狗头坡和通天阁淡色花岗岩为强过铝质花岗岩，而强过铝质花岗岩通常有三种成因模式：①富铝变沉积岩的脱水熔融；②角闪岩在富水条件下的熔融；③贫铝岩浆的分离结晶（Zen，1986；Ellis and Thompson，1986）。第②和第③种情况的产物一般富 Na 和 Sr，与狗头坡和通天阁样品不同。狗头坡和通天阁浅色花岗岩样品的 SiO_2 含量在哀牢山构造带内各类火成岩中是最高的，而 FeO_t、CaO、MgO、TiO_2 最低，说明这类淡色花岗岩不可能像新安寨二长花岗岩一样由变玄武岩和变沉积岩二端元混合而成。在图 3.27 中样品点落在变泥质岩和变质硬砂岩区域内，其 Ce/Pb 和 Nb/U 要比上地壳还低（图 3.31），样品具显著 Sr 和 Ti 负异常（图 3.30），$\varepsilon_{Nd}(t)$ 低至 –11.4～–10.6，与变质沉积岩深熔而

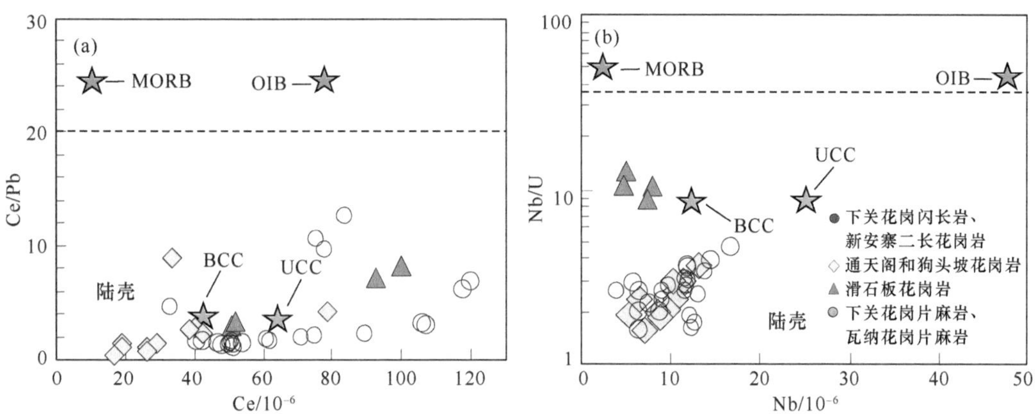

图 3.31　哀牢山构造带中 - 晚三叠世通天阁和狗头坡高硅 S 型花岗岩的 Ce-Ce/Pb（a）和 Nb-Nb/U（b）图解

BCC- 全大陆地壳；UCC- 上大陆地壳

成的科罗拉多古近纪和新近纪花岗岩类似。另外狗头坡和通天阁花岗岩样品中含元古宙继承锆石，其 Hf 二阶段模式年龄变化于 1.48~2.32Ga（图 3.24），与哀牢山深变质岩带内片麻岩Nd模式年龄一致（1.65~1.85Ga，Zhou et al.，2002；Qi et al.，2012）。因此，狗头坡和通天阁淡色花岗岩的源区更可能是新元古代含云母变沉积岩脱水熔融而成的产物（Liu et al.，2014，2015，2018b； Wang et al.，2018a，2018b）。

3.4.2　高 $\varepsilon_{Hf}(t)$ -$\varepsilon_{Nd}(t)$ 花岗岩

高 $\varepsilon_{Nd}(t)$ -$\varepsilon_{Hf}(t)$ 花岗岩一般认为源于新生地壳部分熔融，在哀牢山构造带内同样存在此类岩石，其中以侵入于哀牢山群的滑石板花岗闪长岩为代表。该花岗闪长岩在以往的地质图或研究中笼统地划入哀牢山群。此次研究在元江 – 墨江公路滑石板附近原划属的哀牢山群内（图 3.4）识别出了三叠纪花岗闪长岩，由石英（30%~40%）、斜长石（25%~30%）、碱性长石（10%~15%）、黑云母（10%~15%）、角闪石（5% 左右）等主要矿物组成。

该类岩石的代表性样品 HH-119A 和 HH-120A 给出了附表 3.4 的锆石 U-Pb 定年结果和原位 Lu-Hf 同位素测试结果。样品 HH-119A 的锆石 Th 和 U 含量分别为 37×10^{-6}~301×10^{-6} 和 91×10^{-6}~527×10^{-6}；样品 HH-120A 的锆石 Th 和 U 含量分别为 44×10^{-6}~139×10^{-6} 和 68×10^{-6}~320×10^{-6}。Th/U 值分别为 0.25~0.65 和 0.43~0.65，均大于 0.1。样品 HH-119A 中 23 个分析测试点的 $^{206}Pb/^{238}U$ 表观年龄为 213.6~239.5Ma，加权平均年龄 229.1±2.7Ma［MSWD=0.66，图 3.32（a）］。样品 HH-120A 的 22 颗锆石给出了 222.6~240.7Ma 的 $^{206}Pb/^{238}U$ 表观年龄，加权平均年龄为 229.3±2.2Ma［MSWD=0.5，图 3.32（b）］。两个样品的年龄在误差范围内高度一致，因此，229Ma 代表滑石板花岗岩的岩浆结晶年龄。利用 Ferry 和 Watson（2007）提出的锆石钛饱和温度计算得到的平均温度分别为 735℃和 743℃，代表了滑石板花岗岩中锆石结晶的最高温度。

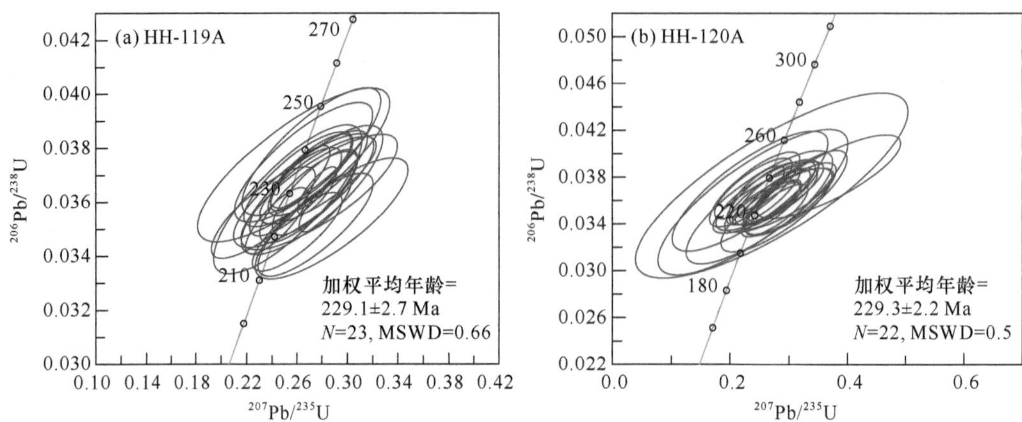

图 3.32　哀牢山构造带滑石板高 $\varepsilon_{Hf}(t)$ -$\varepsilon_{Nd}(t)$ 花岗闪长岩锆石 U-Pb 谐和图

样品 HH-119A 和 HH-120A 所测锆石具非常低的 $^{176}Lu/^{177}Hf$ 值，介于 0.001363~0.003354 之间，显示锆石在形成后基本无放射性成因的 Hf 积累（吴福元等，2007）。$^{176}Hf/^{177}Hf$ 值分别介于 0.282916~0.282998 和 0.282878~0.283007 之间。以两个样品锆石的加权平均年龄 229.9Ma 和 229.3Ma 计算出两个样品锆石的 $^{176}Hf/^{177}Hf$ 初始值分别介于 0.282906~0.282987 和 0.282878~0.283007 之间；$\varepsilon_{Hf}(t)$ 介于 9.8~12.6 和 8.4~13.1 之间（图 3.24）；Hf 的单阶模式年龄 T_{DM1} 分别介于 376~492Ma 和 352~551Ma 之间，平均分别为 443Ma 和 446Ma；二阶模式年龄 T_{DM2} 分别介于 454~637Ma 和 423~725Ma 之间，平均分别为 560Ma 和 563Ma（图 3.24）。

滑石板花岗岩样品主微量元素含量和同位素组成测试结果见表 3.10。样品的 SiO_2 含量较高，MgO 含量较低（0.40%~0.61%），K_2O/Na_2O 值较低（0.81~0.86），K_2O+Na_2O=7.65%~7.93%，为高钾钙碱性岩石，A/CNK=1.01~1.05（图 3.25）。CIPW 计算结果中标准矿物刚玉分子含量 0.21%~0.86%，小于 1%。滑石板花岗岩样品中未见白云母、堇青石和石榴子石，不同于典型 S 型花岗岩，但含角闪石。地球化学特征更类似澳大利亚 Lachlan 褶皱带内 I 型花岗岩（Chappell，1999）。样品低 FeO_t/MgO（3.4~4.6），AI 指数变化于 0.76~0.79，也不同于 A 型花岗岩。它们具 Nb-Ta、Ti 和 Sr 负异常，轻稀土富集、重稀土亏损，Eu 负异常（Eu^*=0.50~0.70）的地球化学特征（图 3.30）。它们具亏损 Sr-Nd 同位素组成，其（$^{87}Sr/^{86}Sr$）$_i$=0.703492~0.704440，$\varepsilon_{Nd}(t)$ =3.28~3.55（图 3.33）。因此，上述滑石板花岗岩为高硅低镁弱过铝质高钾钙碱性的高 $\varepsilon_{Hf}(t)$ -$\varepsilon_{Nd}(t)$ I 型花岗岩，按照 Barbarin（1999）的花岗岩分类方案属含角闪石钙碱性花岗岩。

上述含角闪石钙碱性、高 $\varepsilon_{Hf}(t)$ -$\varepsilon_{Nd}(t)$ 的 I 型花岗岩可能有两种成因解释：①幔源低钾玄武质岩浆的分离结晶；②亚碱性变质玄武岩的部分熔融（Barth et al.，1995；Rapp and Watson，1995）。现有资料表明哀牢山地区晚三叠世幔源中基性岩石出露相对有限，难以用幔源镁铁质岩浆分离结晶而成滑石板花岗闪长岩来加以解释。Rapp 和 Watson（1995）的实验表明玄武质角闪岩相脱水熔融可形成中酸性熔体，在 8~12kbar 压力下残余麻粒岩相，在 12~32kbar 压力下残余含石榴子石麻粒岩相到榴辉

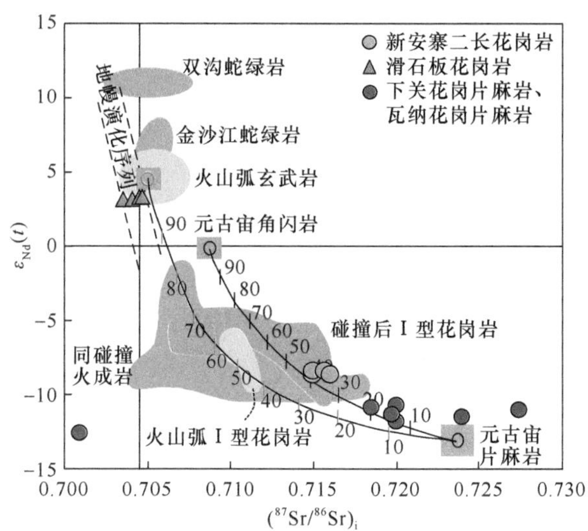

图 3.33　哀牢山构造带内碰撞型花岗岩的 Sr-Nd 同位素组成图解

岩相，但是无论在什么压力条件下形成的熔体 MgO 含量均较低，镁指数（$Mg^{\#}$）小于 40，滑石板花岗岩镁指数为 28~34。样品锆石具异常亏损的 Lu-Hf 和 Sm-Nd 同位素组成和年轻 Hf 二阶段模式年龄。因此，新生亚碱性玄武岩熔融而成上述岩石是可行的。事实上如前所述，哀牢山构造带出露的石炭纪—二叠纪双沟蛇绿岩、五素、大龙凯 – 雅轩桥玄武质岩石均具有亏损的 Sm-Nd 同位素组成，且约 230Ma 的晚三叠世滑石板花岗闪长岩具有与上述岩石相似或相近的 Sr-Nd 同位素组成（图 3.33），微量元素 Nb-Ta 和中稀土元素含量也类似于区内以陆缘弧为特征的五素和雅轩桥等火山岩（图 3.30）。现有的研究表明，早三叠世时期哀牢山支洋盆及相关弧后盆地已闭合（Jian et al.，2009a，2009b；Fan et al.，2010；刘汇川等，2014；Liu et al.，2014，2018b），研究区也没有比滑石板花岗闪长岩更早的，或同期的中基性岩浆岩发育。因此，晚三叠世的滑石板花岗闪长岩源岩不可能是俯冲洋壳产物，而应该是二叠纪受流体 / 熔体交代而成的地幔楔部分熔融底侵入下地壳的弧下地壳。该新生地壳在晚三叠世的部分熔融形成了以高 $\varepsilon_{Hf}(t)$ - $\varepsilon_{Nd}(t)$ 为特征的滑石板 I 型花岗岩。

3.4.3　低 $\varepsilon_{Hf}(t)$ -$\varepsilon_{Nd}(t)$ 花岗岩

在大理下关西和元江县瓦纳村识别有低 $\varepsilon_{Nd}(t)$ -$\varepsilon_{Hf}(t)$ 值的片麻状花岗质岩石，这些片麻状花岗岩以往多划属为新元古代或者新生代。如大理下关西 500m 公路旁的片麻状花岗质岩石以往划为点苍山群变质杂岩，元江县瓦纳村花岗片麻岩被认为是新生代剪切重熔的产物。上述片麻状花岗岩样品由 45%~55% 石英、25%~35% 长石、5%~20% 黑云母，以及少量的磁铁矿、锆石和磷灰石等矿物组成（图 3.34）。

来自大理下关西的 2 件片麻状花岗岩样品（YN-26A 和 DX-31）的锆石均为无色透明或半透明、短柱状自形的晶体，锆石 U-Pb 定年结果和原位 Lu-Hf 同位素测试结

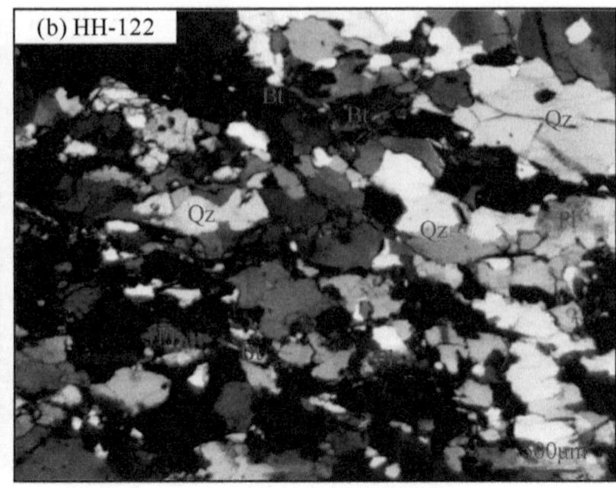

图 3.34　哀牢山构造带瓦纳低 $\varepsilon_{Hf}(t)$-$\varepsilon_{Nd}(t)$ 片麻状花岗岩的野外（a）和镜下照片（b）
Bt- 黑云母；Qz- 石英；Pl- 斜长石

果分别见附表 3.4 和表 3.9。晶体长 60~200μm，长宽比 1 ∶ 1~3 ∶ 1，CL 图像具明显的韵律环带结构，为典型的岩浆成因锆石。其中 YN-26A 片麻状花岗岩样品中有 7 颗给出了 413~908Ma 的 $^{206}Pb/^{238}U$ 表观年龄，为继承锆石，具负的 $\varepsilon_{Hf}(t)$ 值和元古宙二阶段模式年龄。其余 15 个点 $^{206}Pb/^{238}U$ 表观年龄集中在 215~236Ma，加权平均年龄为 229.1±3.6Ma［MSWD=0.93，图 3.35（a)］，对应的 $\varepsilon_{Hf}(t)$ 介于 –20.8~–7.5 之间，T_{DM2} 介于 1.24~1.70Ga 之间（图 3.24）。DX-31 花岗片麻岩分析测试了 26 个点，其中 12 个点 $^{206}Pb/^{238}U$ 表观年龄集中在 223~248Ma，加权平均年龄为 233.3±4.1Ma[MSWD=0.63，图 3.35（b)]，$\varepsilon_{Hf}(t)$ 介于 –22.8~–7.7 之间，T_{DM2} 介于 1.17~1.79Ga 之间。其余 16 颗为继承锆石，给出了 318~1989Ma 的表观年龄，其 $\varepsilon_{Hf}(t)$ 值为负值。YN-27B 眼球状片麻岩分析测试了 25 个点，其中 11 颗继承锆石的为继承锆石，其 $^{206}Pb/^{238}U$ 表观年龄变化于 400~2113Ma，继承锆石具有负的 $\varepsilon_{Hf}(t)$ 值和元古宙二阶段模式年龄。剩余 14 个点的 $^{206}Pb/^{238}U$ 表观年龄集中在 218~243Ma，加权平均年龄为 228.8±4.8Ma（MSWD=0.59），对应的 $\varepsilon_{Hf}(t)$ 介于 –28.3~–8.4 之间，T_{DM2} 介于 1.22~1.98Ga 之间。

瓦纳花岗片麻岩样品 HH-122A 的 48 颗锆石 Th/U 值介于 0.10~0.68，除 10 个点给出继承性的表观年龄外，其他 38 个分析点给出的年龄范围变化于 215.1~236.9Ma，加权平均年龄 224.0±1.8Ma［MSWD=0.85，图 3.35（c)］。具印支期结晶年龄的锆石颗粒呈现负 $\varepsilon_{Hf}(t)$ 值（–29.5~–9.4）和元古宙与太古宙二阶段模式年龄。DX-12C 样品的锆石颗粒显示为自形粒状，长 100~200μm，宽 50~120μm，无继承核。35 颗锆石的 35 个分析点除一个奥陶纪年龄点（495.6Ma）以外，其余点给出了 233.7~236.9Ma 的 $^{206}Pb/^{238}U$ 表观年龄，加权平均年龄 235.4±0.6Ma［MSWD=0.19，图 3.35（d)］。此样品对应的 $\varepsilon_{Hf}(t)$ 值介于 –11.9~–5.4 之间，T_{DM2} 年龄介于 1.61~2.02Ga 之间（图 3.24）。

下关西和瓦纳花岗片麻岩的主微量元素含量和同位素组成分析结果见表 3.10。其中下关西片麻岩样品为强过铝质（A/CNK=1.18~1.85，图 3.25），K_2O/Na_2O 含量较高（2.01~3.96），$Mg^{\#}$ 略高（39~46）。瓦纳花岗片麻岩呈现高 A/CNK 值（＞1.1，图 3.25），

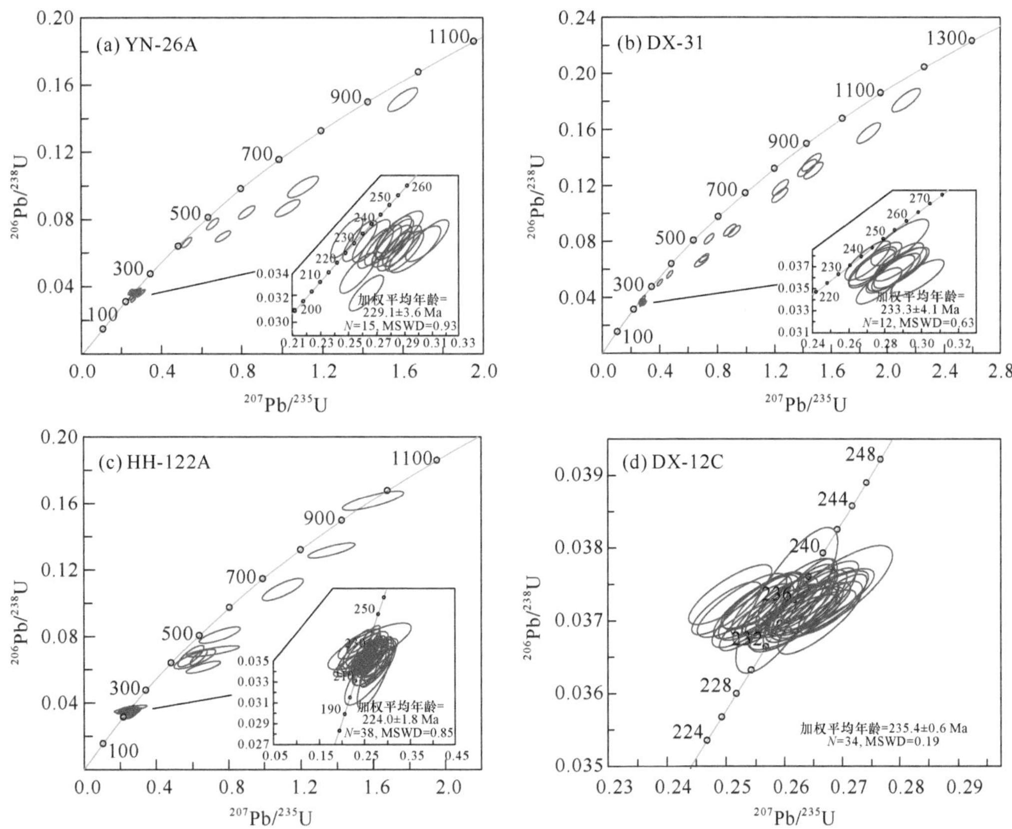

图 3.35　哀牢山构造带下关和瓦纳的低 $\varepsilon_{Hf}(t)$ -$\varepsilon_{Nd}(t)$ 花岗片麻岩锆石 U-Pb 谐和图

低 FeO_t、Na_2O、TiO_2 和 P_2O_5，高 K_2O 含量，K_2O/Na_2O=2.93~3.63。CIPW 标准化刚玉含量大于 1.0%（1.89%~2.02%），具 S 型花岗岩特征。轻重稀土分馏明显，$(La/Yb)_{CN}$=4.9~14.9，Eu/Eu^*=0.31~0.68，具 Nb-Ta 和 Sr、Ti 负异常（图 3.30）。样品具非常富集的 Sr-Nd 同位素组成，下关西花岗片麻岩的（$^{87}Sr/^{86}Sr$）$_i$=0.72000~0.72742，$\varepsilon_{Nd}(t)$ = –12.7~–10.7。瓦纳花岗片麻岩的（$^{87}Sr/^{86}Sr$）$_i$ 比值介于 0.718589~0.719754，$\varepsilon_{Nd}(t)$ 值介于 –11.3~–10.9（图 3.33）。

与滑石板花岗闪长岩具高的正 $\varepsilon_{Nd}(t)$ 和 $\varepsilon_{Hf}(t)$ 值不同，下关西和瓦纳花岗片麻岩 K_2O/Na_2O 值为 2.93~3.63，远大于 1.0。它们具低的负 $\varepsilon_{Nd}(t)$（–11.34~–10.92）和 $\varepsilon_{Hf}(t)$ 值（–29.5~–5.4），为强过铝质 S 型花岗岩。通常强过铝质花岗岩一般有三种成因：①富铝变沉积岩的脱水熔融；②角闪岩在富水条件下的熔融；③贫铝岩浆的分离结晶（如 Zen，1986；Ellis and Thompson，1986）。第②和第③种情况的产物一般富 Na 和 Sr，而下关西和瓦纳花岗片麻岩并未呈现上述特征。它们低且负的 $\varepsilon_{Nd}(t)$ -$\varepsilon_{Hf}(t)$ 值、一致于加里东期和元古宙继承锆石以及元古宙锆石 Hf 和全岩 Nd 二阶段模式年龄，表明其源区更可能为富铝变沉积岩。因此下关西和瓦纳花岗片麻岩是变沉积岩脱水熔融的产物（Liu et al.，2017，2018b）。

3.4.4 OIB 型基性岩

在云南省麻栗坡县猛硐村识别出角闪岩，它侵入于都龙－斋江花岗片麻岩（约430Ma）中，在此命名为猛硐角闪岩［图 3.36（a）］。该岩石显示中－粗粒变火成结构，含 50%~60% 角闪石、15%~20% 斜长石、约 5% 辉石、约 5% 石英、约 2% 黑云母及少量的绿泥石、绿帘石、磁铁矿、锆石和磷灰石［图 3.36（b）（c）］。

来自猛硐角闪岩代表性样品（YN-24A）的锆石大多为自形、透明无色，长 80~200μm，宽 50~100μm，常具振荡环带和继承核。其锆石 U-Pb 定年数据见附表 3.4。对样品 YN-24A 的 20 颗锆石进行了 20 个 SIMS 分析点测试，Th/U 值变化于 0.01~5.9（大多＞0.1），样品具最低 Th/U 值的两个点（YN-24A-11 和 YN-24A-13）给出的 $^{206}Pb/^{238}U$ 表观年龄为 217.6Ma 和 240.7Ma，而具最高 Th/U 值的两个点（YN-24A-1 和 YN-24A-5）的 $^{206}Pb/^{238}U$ 表观年龄为 208.6Ma 和 241.9Ma。这表明样品锆石 U-Pb 同位素体系并没有因为角闪岩相变质过程而被干扰。20 个分析点给出的 $^{206}Pb/^{238}U$ 表观年龄范围为 205.7~241.9Ma，加权平均年龄 221.5±5.3Ma（MSWD=8.3，图 3.37），代表了该角闪岩的原岩结晶年龄。

猛硐角闪岩主微量元素含量和 Sr-Nd 同位素组成分析结果见表 3.10。其在 AFM 图中呈拉斑质趋势，具低 $Mg^{\#}$ 值（41.7~42.8），高 TiO_2（约 3.7%）和 Na_2O 含量。样品强烈富集 LREEs，Eu^*=0.99~1.03，呈现 OIB 型微量元素原始地幔标准化配分模式（图 3.38）和球粒陨石标准化 REE 模式。样品（$^{87}Sr/^{86}Sr$）$_i$ 值和 $\varepsilon_{Nd}(t)$ 分别为 0.707647 和 +1.17［图 3.15（a）］。

猛硐角闪岩样品具低 LOI 值（0.41%~0.57%），低 $Mg^{\#}$ 和相容元素含量，Cr=33.8×10^{-6}~38.5×10^{-6}，Ni=40.3×10^{-6}~45.3×10^{-6}，表明在辉长岩的岩浆演化过程中橄榄石和单斜辉石分离结晶明显。Sr 在斜长石中为相容元素，样品 Sr 负异常可能暗示斜长石的分离结晶过程。在扬子陆块西缘，OIB 型基性岩被认为是来源于初始 OIB 型地幔源区的部分熔融，对其元素多样性特征可归因于三种成岩过程：上地壳混染、陆下岩石圈地幔（SCLM）混染、MORB 型亏损组分加入。猛硐角闪岩缺失继承锆石、无明显 Nb-Ta 和 Eu 负异常，表明其地壳混染可能性极低。样品具较高 Ti/Y 值（639~671）、Nb/La 值（1.07~1.12）、FeO 含量（13.85%~14.08%），暗示陆下岩石圈地幔（SCLM）混染的可能低。而具典型 OIB 型地幔特征的元阳辉长岩具高的 $\varepsilon_{Nd}(t)$（+4.87~ +5.13），代表性亏损 MORB 组分的哀牢山蛇绿岩具 $\varepsilon_{Nd}(t)$ =+10.3~+11.5，均比猛硐角闪岩更为亏损，因此，两者混合后的同位素组成不可能更富集。相反猛硐角闪岩 TiO_2=3.65%~4.7%，FeO_t=12.7%~16.4%，Nb/La=0.75~1.1，$\varepsilon_{Nd}(t)$ =+1.1~+4.8，SiO_2=45%~ 51%，更类似于峨眉山溢流玄武岩省的高钛岩石。因此，猛硐角闪岩来源于一个未经明显地壳混染或岩浆混合过程的 OIB 型地幔源区。通常，不相容元素比值，如 Ce/Y 和 Zr/Nb、Tb/Yb 以及 Yb/Sm、La/Yb、Sm/Yb，可对其源区属性提供约束。重稀土元素 Yb 在石榴子石矿物中是相容的，故 La/Yb-Sm/Yb 图解［图 3.39（a）］

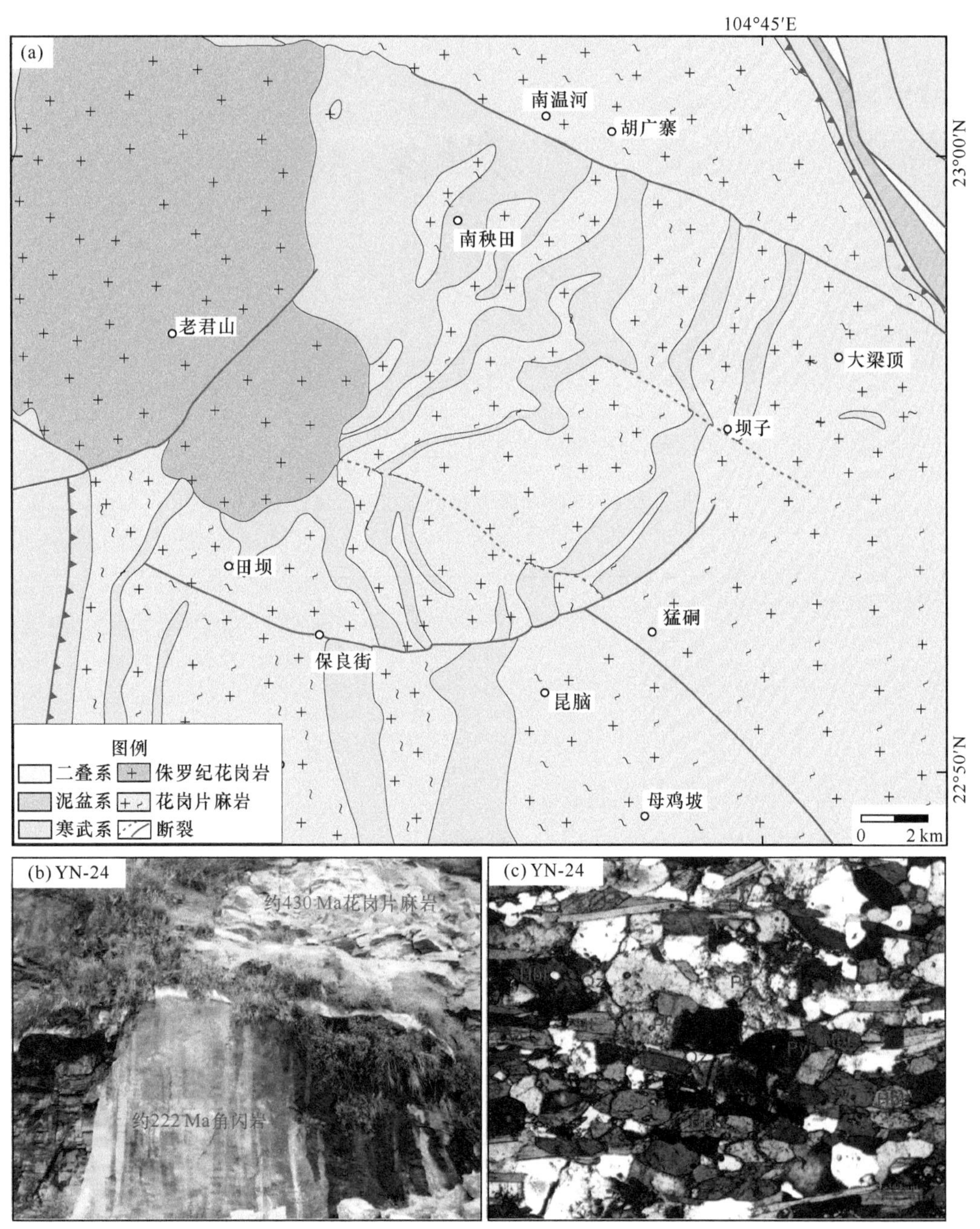

图 3.36　哀牢山构造带猛硐地区地质图（a）（据云南省地质矿产局，1990），猛硐 OIB 型角闪岩野外照片（b）和显微镜下照片（c）

Pyr- 辉石；Hbl- 角闪石；Bt- 黑云母；Pl- 斜长石；Qz- 石英

可用来区分尖晶石和石榴子石橄榄岩的熔融。而 La 和 Sm 属不相容元素，即使熔体比例很低时 La/Yb 和 Sm/Yb 值也会强烈分馏。相反，在尖晶石稳定区域，熔融过程中 La/Yb 值仅发生轻微分馏，Sm/Yb 值几乎不分馏。石榴子石稳定区域的 OIB 型地

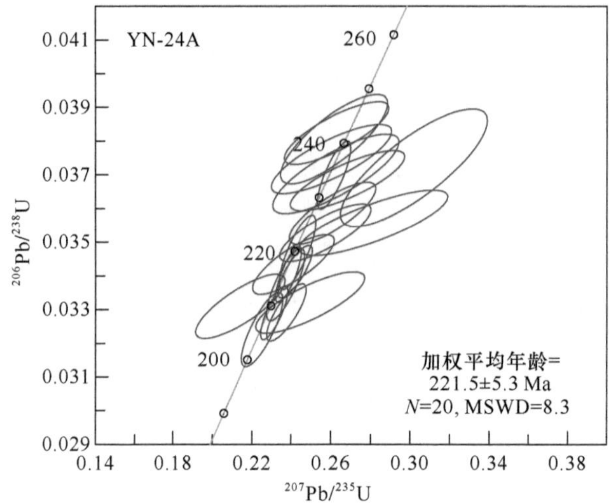

图 3.37　哀牢山构造带猛硐 OIB 型角闪岩的锆石 U-Pb 年龄谐和图

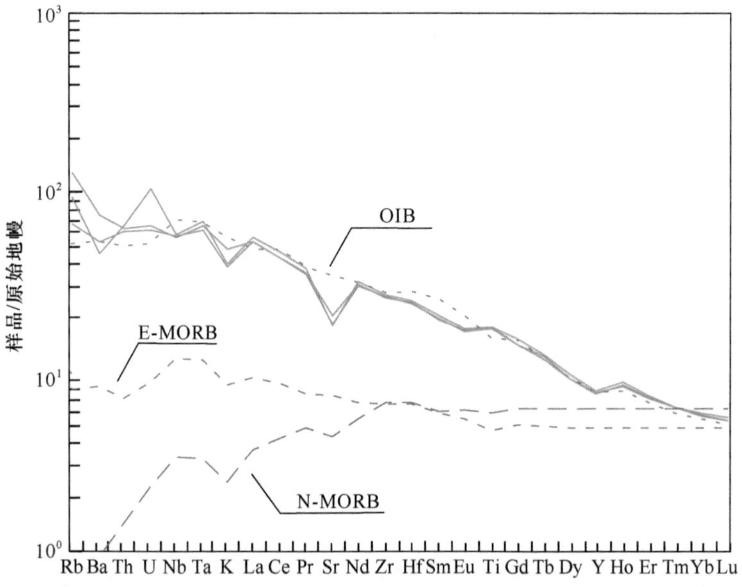

图 3.38　哀牢山构造带猛硐 OIB 型角闪岩的原始地幔标准化蛛网图

幔源区低比例（< 15%）部分熔融即可产生猛硐角闪岩的 La/Yb 和 Sm/Yb 特征。在 $(Tb/Yb)_N$-$(Yb/Sm)_N$ 图解中［图 3.39（b）］，样品落在了接近石榴子石橄榄岩，而不是尖晶石橄榄岩的熔融曲线上，暗示其熔融深度在 80km 以上（Liu et al.，2017）。

综上所述，滑石板闪长质花岗岩和下关花岗质岩石的发现说明印支晚期（晚三叠世）研究区发育了强烈的岩浆作用。这期中酸性火成岩可分为两类：一类是以滑石板闪长质花岗岩为代表，具高的正 $\varepsilon_{Nd}(t)$ 和 $\varepsilon_{Hf}(t)$ 值，形成于新生岛弧下地壳。另外一类是同期的花岗质岩石，为低的负 $\varepsilon_{Nd}(t)$ 和 $\varepsilon_{Hf}(t)$ 值，系古老地壳重熔产物。思茅地

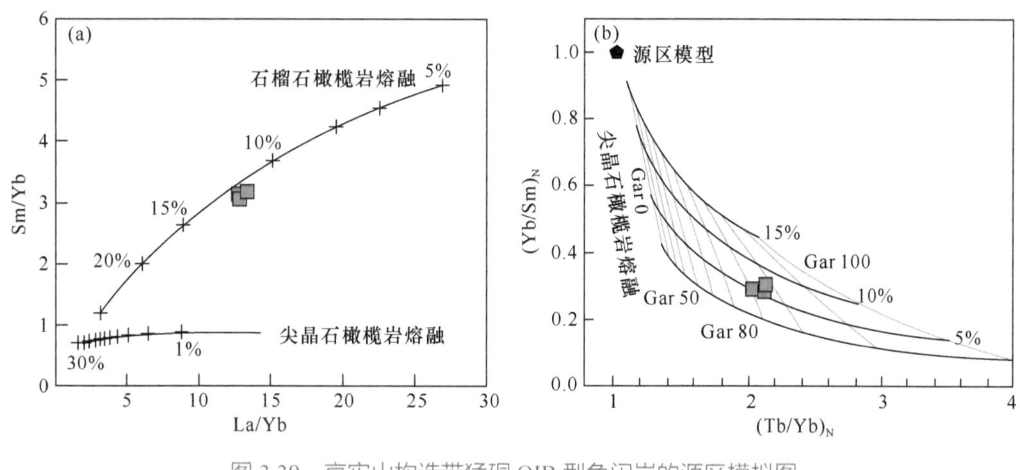

图 3.39　哀牢山构造带猛硐 OIB 型角闪岩的源区模拟图
（模拟曲线据 Zhang et al.，2006c；Zi et al.，2010）
Gar- 石榴子石

块与扬子陆块在早三叠世即已开始碰撞，这套晚三叠世的 I 型花岗岩不可能是陆缘弧成因，时序上应对应于碰撞后阶段。兰坪－绿春地区晚三叠世卡尼阶上部歪古村组（T_3w）与下伏二叠系角度不整合接触（云南省地质矿产局，1990），也说明滇西地区在晚三叠世已转化为碰撞后伸展环境。猛硐 OIB 型角闪岩正是这一区域伸展阶段的产物。晚三叠世火成岩沿华南－印支陆块拼贴带分布的空间特征，更倾向于将板片断离作为猛硐角闪岩的岩石成因模型。相应的成因机制也得到了第 5 章数值模拟研究的验证。

第 4 章

马江 – 长山构造带古特提斯岩浆作用

4.1 基本地质概况

4.1.1 自然地理概况

研究区主要位于越南西北部地区（山萝、清化、义安、奠边府省）和老挝北部上寮地区（丰沙里、华潘、川圹和琅勃拉邦省），这两个研究区均属热带－亚热带季风性气候，雨季一般为5~10月，11月至次年4月为旱季，年平均湿度较高，雨量充沛。研究区内尽管路面状况较差，但交通较便利，部分路段为季节性路段。其中老挝北部上寮地区民族以佬泰族群、汉藏族群和苗瑶族群为主，多居于山地或高原。区内以山地和高原为主（图4.1），海拔500~1500m，如会芬高原和川圹高原。南乌江和湄公河上游流域的局部地区海拔超出2000m，多陡峭峡谷，如老挝境内最高峰比亚山。区内矿藏及森林资源丰富，高原地区还发育丰富草场。川圹高原土地肥沃，气候宜人，在丰沙湾附近还散布有大量的石缸遗迹，也被称为“坛子平原”。据考察，坛子平原上的石缸已有2000多年的历史，其材质均为花岗岩或花岗片麻岩（图4.2）。此外，老挝和越南交界的长山带地区还保留有战争遗迹（图4.3）。越南西北部地区民族以越族、泰族、芒族和瑶族为主，土地肥沃，以山地和河谷为主。区内最高峰番西邦峰的海拔3142m，水资源丰富，流经的主要河流有马江、黑河（黑水河）（Song Da）和红河等，其中马江主要流经越南西北部和老挝－越南交界处，典型的马江蛇绿岩即主要沿马江展布（图4.1）。

图4.1 老挝－越南交界之长山带云海风景（a）和马江构造带基性－超基性火成岩野外照片（b）

4.1.2 区域地层概况

马江和长山带及其周缘地区的地层主要以马江缝合带为界划分为西南部的长山地层分区和东北部的越北地层分区，分别隶属印支与华南地层大区（据陈永清等，2010）。

图 4.2　老挝北部丰沙湾地区“坛子平原”（a）及其石缸遗迹（b）

图 4.3　老挝 – 越南交界老挝境内长山带雷区（a）及战争遗迹（b）

长山地层分区：该分区夹持于马江缝合带和三岐（Tam Ky）– 福山（Phuoc Son）构造带之间，其最老地层为养公河群，时代为震旦纪—寒武纪，之后的寒武纪—三叠纪地层保存较全，侏罗纪以来地层出露相对较少。

三岐 – 福山构造带之南为崑嵩地块，地块内主要发育统称为崑嵩杂岩的早前寒武系，其下部由含有二辉石 – 紫苏辉石 – 石榴子石的镁铁质火山岩和火山 – 沉积岩变质成因的麻粒岩组成，上部以含夕线石、堇青石和石榴子石的高铝孔兹岩组合为特征。崑嵩在老挝东南部及柬埔寨东北部出露 Ngoclinh 杂岩，分为 Songtranh 组和 Dakmi 组。Songtranh 组主要由含黑云母 – 角闪石的斜长片麻岩及角闪岩夹层组成，属火山 – 沉积岩及镁铁质岩石。Dakmi 组主要由黑云母 – 石榴子石 – 夕线石的片岩、黑云母片岩、斜长片麻岩和黑云母斜长片麻岩组成，局部可见石英岩、大理岩和角闪岩夹层或透镜体。区内中 – 新元古代地层由绢云母片岩、千枚岩、片麻岩、角闪岩、黑云母 – 角闪石片麻岩和含石榴子石 – 十字石 – 蓝晶石的云母片岩组成，这套岩石组合传统上被认为是崑嵩地块的古老基底，时代推测为新元古代早期。震旦纪主要表现为上震旦统 Poco 组，由一套绿片岩相的白云岩和含透闪石绢云母片岩组成。寒武系—下奥陶统的 A Vuong 组主要由绢云母片岩、石英岩、硅质岩和石英砂岩夹绿片岩组成。

上奥陶统—志留系可分为Long Dai组和大江组，两者在岩性及沉积组成上类似，均由安山岩和粉砂岩等组成，砂岩层中可见卵砾。在长山构造带南部的顺化火山弧中发育钙碱性火山岩组合，类似Long Dai组，推测可类比于车邦－岘港岛弧火山岩。志留系Daigiang组由复成分砂岩、云母质砂岩、页岩和粉砂岩组成，该组可见三叶虫、笔石、珊瑚和腕足类化石等。志留系—泥盆系在区内保存完整，其代表性剖面主要出露于长山地层小区的东北缘，即越南中部的义安省，主要由砂岩、石英岩和粉砂岩组成，称为Huoinhi组。该组呈NW-SE向，并平行分布在Muonghop至义安省西部的大江地区和奠边府－桑怒的两个构造带上。在大江盆地内该组整合于大江组之上，其组下部可见晚志留世笔石和植物化石，上部可见早泥盆世竹节石属化石。区内以Huoiloi组为代表的中泥盆统主要分布在Muong Xen地区，由页岩、砂岩、薄层状灰岩和灰岩透镜体组成。中－上泥盆统为碳酸盐岩组合的Namcan组，上泥盆统为含粉砂岩、石英砂岩和页岩组合的Dongtho组。

在长山地层分区，石炭系Lakhe组与下伏泥盆系呈平行不整合接触，整合于二叠系灰岩之下，剖面底部可见底砾岩和粗粒砂岩，向上演变为石英砂岩、粉砂岩、硅泥质岩和煤层，局部夹灰岩。上石炭统—下二叠统Muong Long组岩性较单调，主要为灰岩组合。中二叠统Khangkhay组主要由陆源碎屑岩、碳酸盐岩和火山岩组成，其上段为粉砂岩和砂岩组合，中段为红色碳酸盐岩、砂岩、粉砂岩和页岩组合，并夹安山岩、流纹岩和凝灰岩层，下段为灰岩、页岩和泥灰岩组合。区内上二叠统和上三叠统普遍缺失，而中三叠统角度不整合覆盖于中二叠统之上。中三叠统可分为Dongtrau群和Quylang群，下部Dongtrau群以酸性火山岩为主，上部Quylang群为陆源砂岩和页岩碎屑沉积，局部夹灰岩。上三叠统区内主要为Nongson组和Dongdo组，前者主要见于昆嵩地块北缘的Nongson拗陷，属陆相煤系地层，下部为红色砂岩、粉砂岩和角砾岩组合，向上过渡为含煤地层，由灰色砂岩、粉砂岩、页岩、碳质页岩和煤层组成。后者含海相化石，主要分布在桑怒裂谷带，底部可见砾岩、砂岩、粉砂岩、煤质页岩和一些具开采价值的煤层。侏罗系—白垩系Tholam群主要分布在长山构造带南段的Nongson拗陷中，为滨海相沉积组合，向上逐渐变为红色的陆相沉积组合。海相沉积主要为白色石英质砾岩和砂岩组合，向上过渡为深灰色砂岩、粉砂岩和页岩，局部可见泥灰岩和灰岩夹层，陆相沉积为红色砂岩、粉砂岩和黏土岩，可见Hettangian阶和Sinemurian阶的双壳类及菊石类化石。上侏罗统—白垩系的Mugia组，以砾岩、粗砂岩、复成分砂岩、粉砂岩和黏土岩为特征，局部可见半咸水的双壳类化石。该地层区普遍缺失古近系，中新统主要为含高岭土类沉积岩的Donghoi组，局部地区可见代表山间盆地的陆相碎屑含煤沉积（Khebo组）。

越北地层分区：越北地层分区已知最老地层为前寒武系，震旦系—新近系发育均较齐全。前寒武系见于越西北地区，呈狭长条带状出露，称Carinh杂岩，由石英闪长岩、英云闪长岩和花岗岩组成。以往的研究认为该杂岩的形成时代为古元古代，它记录了3.1~3.4Ga的Nd模式年龄和2.5~2.8Ga的锆石U-Pb年龄，因此，Lan等（2001）认为该杂岩属新太古代岩浆岩。古元古界主要出露于越南西北部和老挝东北部，分为

Suoicheng 组和 Sinquyen 组。Suoicheng 组主要由含角闪石 - 黑云母的斜长片麻岩和角闪岩夹层组成，其顶部以含角闪石 - 黑云母的斜长片麻岩和斑花大理岩夹层为特征。Sinquyen 组主要由含黑云母 - 石榴子石 - 夕线石的片岩和斜长片麻岩、黑云母片岩、黑云母斜长片麻岩组成，夹石英岩、斑花大理岩、大理岩和角闪岩夹层或透镜体。中元古界由变沉积岩和镁铁质火山岩组成，沿红河和斋江（Song Chay）断裂带分布有镁铁质和超镁铁质侵入体，Phan（1991）称其为红河杂岩。根据岩性可分为三部分：下部主要由含黑云母 - 夕线石 - 石榴子石的斜片麻岩夹角闪岩和大理岩的夹层或透镜体组成；中部和上部由黑云母 - 夕线石 - 石榴子石斜长片麻岩和含石墨片岩夹斑花大理岩的夹层组成。

震旦系 Nam Co 组位于马江复北斜的核部，为富云母的泥质片岩，含蓝晶石、十字石和夕线石。寒武系马江组为变质基性岩、泥灰岩和变凝灰岩。上寒武统—下奥陶统 Dongson 群由微晶灰岩、砂质灰岩、鲕粒灰岩组成，在顶部夹页岩、粉砂岩和石英砂岩。Sapa 群主要为绢云片岩和石英岩，在 Sapa 群之上的 Camduong 群由碳酸盐岩、云母质石英片岩、含煤黑色页岩、磷灰石 - 碳酸盐片岩、砂岩、千枚岩及少量粗砂岩和砾岩等组成。在越北地区，新元古界—下寒武统斋江组为二云片岩，片麻岩和石英岩，分布在斋江、泸河下游和底河（Day）地区。斋江组向上逐渐过渡到含三叶虫的变沉积岩，也有人认为其上为含底砾岩的寒武系所上覆（Phan，1991）。东北部 Modong 组主要由绢云母页岩与云母质粉砂岩、砂岩、薄层状石英岩互层组成，北部 Hagiang 组和 Ngoiphuong 组主要由石英绢云片岩夹石英质砂岩、粉砂质页岩和层状灰岩组成，部分地区可见绿片岩和锰矿。上寒武统 Thansa 群以页岩、钙质片岩、粉砂岩、云母质砂岩和透镜状灰岩为代表。

奥陶系—志留系分布在西北部黑水河下游盆地，其中的 Sinhvinh 群不整合在 Benkhe 群之上，具底砾岩，向上逐渐变为粉砂岩、砂岩和石灰岩、砂质灰岩、白云质灰岩。在奠边府地区的 Paham 组为页岩、粉砂岩、石英岩、灰岩、镁铁质火山岩和凝灰岩组合。在黑水河下游，上志留统 Bohieng 群下部为条带状钙质页岩，上部为薄层状灰岩，与下伏 Sinhvinh 群呈整合接触。越北地区奥陶系 Namo 组仅分布在北太省的 Thansa、Langhit 和纳莫地区，由砂岩、云母质粉砂岩、页岩和灰岩透镜体等构成。在其他地区则为细粒云母砂岩，主要含中奥陶世三叶虫组合，顶部含晚奥陶世腕足类和三叶虫化石。Phungu 群以粉砂质片岩和火山岩为特征，具晚奥陶世—早志留世笔石组合。越北志留系 Piaphuong 组表现为绢云母页岩、硅质岩夹斑状流纹岩和泥灰岩。

下泥盆统 Bannquon 群以陆源碎屑岩和钙质沉积互层为特征，向上渐变为以灰岩为主的沉积。泥盆系 Sika 群为陆相紫红色砾岩和砂岩，局部夹页岩，Miale 群和 Daithi 组为滨海相页岩和砂岩沉积。中 - 上泥盆统 Banpap 组钙质沉积整合在 Miale 群、Bannquon 群和 Daithi 组之上，与下石炭统灰岩呈不整合接触。在西北部黑河盆地，上石炭统—中二叠统 Bandiet 组下部为砂岩、凝灰质砂岩夹斑状玄武岩层，向上过渡为灰岩。分布在莱州、山萝、清化和和平一带的 Camthuy 组、Yenduyet 组，主要由玄武斑岩、斜长斑岩、玻质玄武岩、集块岩、火山角砾岩和凝灰岩组成。在山萝和清化，火山岩之上为页岩、硅质页岩和灰岩。在这些地区的部分剖面下部可见含煤和铁矿层。Findlay（1997）认为黑河地区二叠纪玄武岩包括枕状熔岩、科马提质熔岩或玄武质科马提岩和粗粒气孔状苦橄岩。玄武质科马提岩介于晚二叠世—早三叠世玄武岩之间，沿南牟河（Nam Muoi）和黑河分布。越南北部的石炭系—中下二叠统称为 Bacson 统，由灰岩、白云质灰岩和少量泥灰岩组成，而上二叠统 Dongdang 群为镁铁质火山岩、钙质碎屑岩，夹煤和铝土矿层与铝土矿透镜体的组合。

下三叠统 Conoi 群和 Langson 群主要由海相深灰色粉砂岩、页岩和灰色中粒砂岩类复理石互层组成，与上二叠统之间为假整合。中三叠统 Donggiao 群和 Namtham 群由灰岩、陆源钙质沉积和镁铁质火山岩组成。中三叠统 Songhien 组主要由酸性火山岩组成，它不整合下伏于老岩层之上。中 – 上三叠统 Mauson 群为红色陆相粉砂岩、页岩、砂岩夹淡绿灰色泥灰岩、粗砂岩和砾岩，产淡水双壳类，时代为卡尼期。上三叠统 Suoibang 群下部为陆源沉积和一些泥灰岩、泥质灰岩与介壳灰岩组合，其上部为陆源沉积夹煤质页岩、煤层，该群富含菊石等生物化石。上三叠统 Vanlang 群为含煤岩层，不整合在不同时代的老地层之上。中 – 下侏罗统 Nmapo 组由红色陆相沉积物组成，主要由粉砂岩和黏土岩组成，与上三叠统含煤沉积呈不整合接触。在西北部地区，上侏罗统—下白垩统 Vanchan 组为火山 – 沉积岩组合，主要分布在秀丽（Tu Le）拗陷 / 盆地，由斑状流纹岩、粗面岩、厚的凝灰岩和凝灰质砂岩夹层组成。在越北地区的中 – 下侏罗统 Hacoi 组为砾岩、粗砂岩、砂岩和粉砂岩组合，上侏罗统—下白垩统 Tamlang 组为流纹岩、凝灰岩夹红色砂岩和粉砂岩，缺失上白垩统和古近系，直接为新近系角度不整合所覆盖。

越西北地区古近系 Putra 组由集块岩和红棕色凝灰岩组成，不整合在白垩系安州群和老地层之上。新近系 Hangmon 组主要为碎屑岩、黏土岩、粉砂岩组合，该组不整合在中生代或更老岩层之上，其上为第四系沉积物。越北的中新统 Naduong 组为含煤碎屑岩沉积，与上新统 Rinhchua 组为渐变过渡，以灰色、浅灰白色、浅灰绿色砂岩和含褐煤透镜体的灰色、浅灰棕色粉砂岩、黏土岩的互层为特征。上新统 Rinhchua 组为陆相沉积，以黏土岩和粉砂岩为主，含有植物化石、孢粉及腹足类等。

4.1.3 岩浆岩概况

印支陆块东北缘到华南陆块西南缘地区可划分出多个构造 – 岩浆单元，自西向东包括：印支陆块、长山带、马江蛇绿岩带、Nam Co 杂岩带、黑河（Song Da）裂谷、秀丽盆地及斋江构造带（图 4.4；据 Wang et al.，2016c）。其中长山带、马江蛇绿岩带和 Nam Co 杂岩均被认为与古特提斯洋的构造演化有关（如钱鑫等，2022；Lepvrier et al.，2004，2008；Zhang et al.，2013c，2014，2021a；Wang et al.，2016c；Qian et al.，2019）。

马江蛇绿岩带：范围同马江构造带，带内基性 – 超基性火成岩沿马江和奠边府—

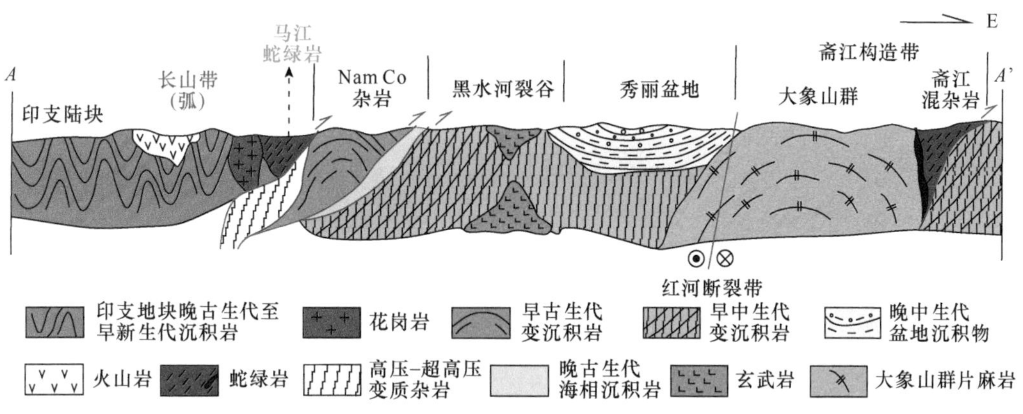

图 4.4　印支陆块东北缘至华南陆块西南缘主要构造单元划分（据 Wang et al.，2016c）

桑怒—清化一线均有断续分布。主要有纯橄榄岩、方辉橄榄岩、纯橄榄岩 – 橄榄岩 – 辉长岩、辉长岩 – 苏长岩、镁铁质岩和斜长花岗岩，包括了 Nuinua、Pacnam 和 Xopsam 岩群等。老挝境内的 Xopsam 岩群被上二叠统—下三叠统 Muongpua 岩群所侵入（Phan，1991），与铬铁矿（砂矿）有关的怒山基性 – 超基性岩侵位于二叠系—三叠系中，它由蛇纹石化纯橄榄岩、方辉橄榄岩、二辉橄榄岩、异剥橄榄岩和辉石岩组成，还有与超镁铁质岩密切相关的辉绿岩脉、角闪辉长岩、角闪岩、石英辉长岩、含石英辉长闪长岩等，如马江 Boxinh 岩群和桑怒 Xiengkho 岩群（Phan，1991）。

马江蛇绿岩带内的橄榄岩（长 0.4~14km，宽 0.2~4km）主要呈透镜状沿北西向断层和剪切带分布，并被认为代表了上地幔产物。橄榄岩主要由纯橄岩组成，已部分或全部蛇纹岩化，橄榄石和顽火辉石均富镁。清化地区最大的含铬铁矿蛇纹石岩体长 2~14km，该岩体均由完全蚀变的蛇纹石化基性 – 超基性岩组成。部分蛇纹岩中还可见含钙榴石的透镜体。马江带南部以马江断裂为界与长山带二叠纪—晚三叠世花岗岩和花岗闪长岩等侵入体所分隔（图 4.5），其北部为 Nam Co 杂岩体。

长山构造带：在以往的研究中也被称为长山褶皱带或长山地体（Shi et al.，2015；Wang et al.，2016c）。它是印支陆块东北部最大的构造岩浆岩带，带宽 50~100km，长 1000km 以上，其延伸方向为 NW-SE 向，西起老越交界的孟雷（Muong Lay）和奠边府地区，东至越南中部的岘港（Da Nang）或其南部等地，其主体位于老挝境内（图 4.5）。该带大致平行于马江缝合带，并认为其形成与马江古特提斯分支洋 / 弧后盆地的俯冲 / 闭合有关（如钱鑫等，2022；Liu et al.，2012b；Hieu et al.，2012，2015，2016，2019；Shi et al.，2015；Qian et al.，2019；Thanh et al.，2019）。在长山带两侧存在两条近平行的古近纪右旋断裂带，即他曲 – 岘港（Khe Sanh–Da Nang）和大江断裂带，其中大江断裂带中主要保存了绿片岩相的变火山岩和变沉积岩。此外，沿该带还可见具拉伸特征的长英质岩脉。在老挝北部和越南西北部地区，长山构造带至奠边府断裂的东部区域均分布有大量晚古生代—早中生代火山岩和深成岩，构成了长山带的主体。在老挝北部 Phu Kham、Ban Houayxai 和丰沙湾等地区出露了钙碱性中性 – 酸性火山岩及侵入岩体。在老挝川圹等地可见侵入于石炭系灰岩中的花岗岩和花岗闪长岩

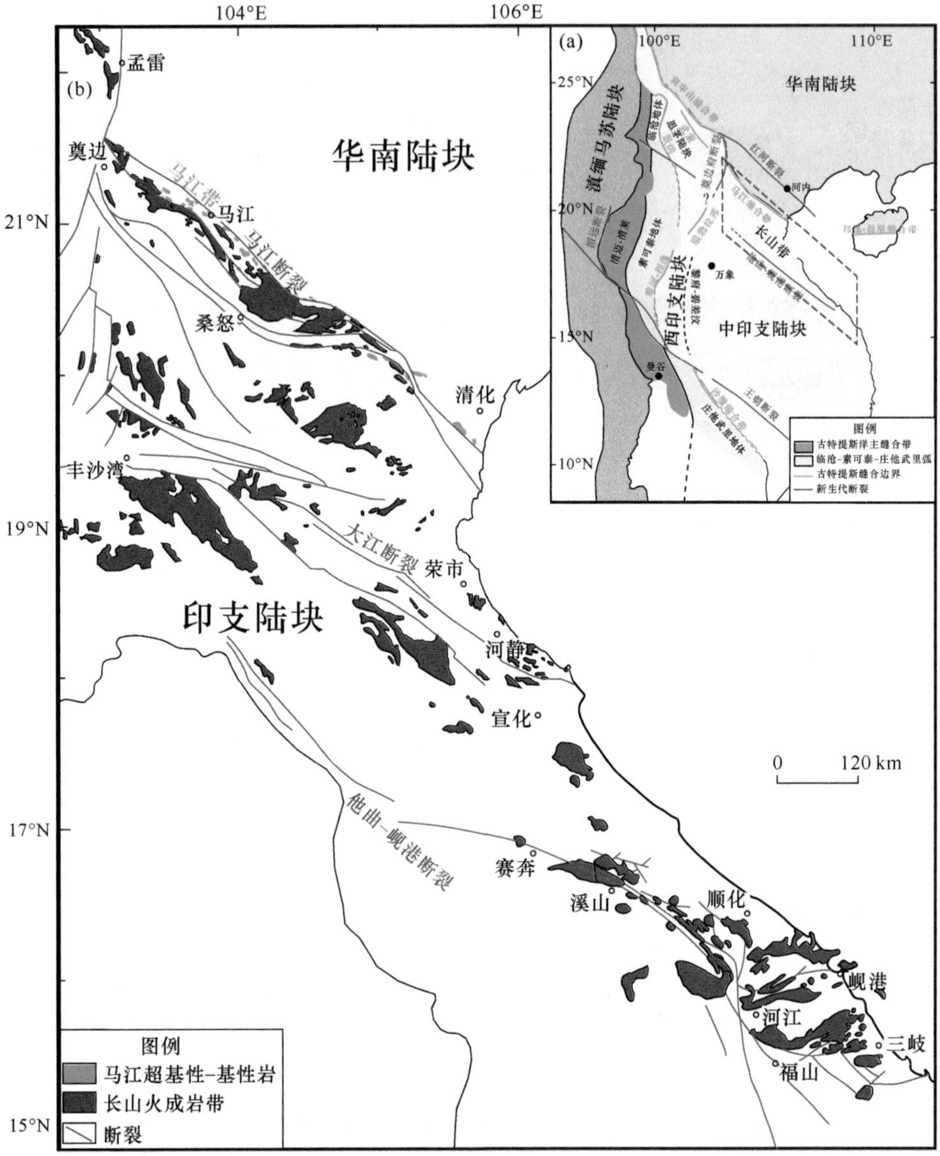

图 4.5　东南亚马江与长山带构造位置（a）及火成岩分布图（b）（据 Qian et al.，2019）

侵入体。在桑怒地区发育流纹岩、流纹英安岩和玄武岩及相伴产生的次火山岩，区内也被称为大江火山岩带。越南境内的长山带主要由二叠纪—三叠纪中性－长英质火成岩所构成（如 Hoa et al.，2008a；Liu et al.，2012b；Hieu et al.，2016），其中晚古生代的侵入岩在越南境内出露有闪长岩、花岗岩、花岗斑岩和黑云母花岗岩。在越南河静地区有印支晚期的黑云母花岗岩和花岗闪长岩出露。此外，在越南孟欣（Muonghinh）地区还有侏罗系孟欣组的流纹岩和流纹质英安岩出露，在莱州北西地区的黑河及与云南省交界的奠边府至桑怒一带还分布有晚古生代的闪长岩、花岗闪长岩及黑云母花岗岩。

长山构造带也是老挝境内最重要的一条铁、铜、金矿化带，或是东南亚地区最具铜 – 金蕴藏潜力的构造带。其主要矿产类型包括了夕卡岩型铁矿、斑岩型铁 – 铜 – 金矿、浅成热液型金 – 银矿床和侵入体型锡矿床等，并在老挝境内形成了如世界著名的 Sepon 铜 – 金矿、东南亚最大的 Thach Khe 铁矿和 Pha Lek 大型铁矿等。已有的研究认为长山带内火成岩的形成与这些金属矿床的产生存在密切联系（如 Tran et al.，2014；Manaka et al.，2014）。

黑河（Song Da）岩浆岩带也称沱江或黑水河带，主体沿黑河分布，该岩浆岩带包括南部莱州 – 清化带和北部黑河裂谷带两个构造单元。在莱州 – 清化带发育有早古生代镁铁质火山岩和中 – 酸性火山岩，已遭受了绿片岩至角闪岩相变质作用。在黑河裂谷带内岩浆岩较发育，从超镁铁质 – 镁铁质 – 中性和长英质岩均有出露。沿黑河带出露有橄榄岩、蛇纹石化纯橄榄岩、异剥橄榄岩、辉长岩和辉绿岩等，其时代被认为属晚二叠世—早三叠世，并与晚二叠世玄武岩有密切的成因联系。巴维（Bavi）地区的巴维岩群主要由异剥橄榄岩，斜长橄榄岩、角闪辉长岩和辉长辉绿岩组成。巴维岩群的地球化学特性与黑河带内晚二叠世玄武岩类似（Phan，1991）。此外，带内还见有二叠纪枕状熔岩、科马提质熔岩和粗粒气孔状苦橄岩，它们的形成均与峨眉山火山岩省活动有关。中性 – 长英质侵入岩包括了晚古生代—早中生代的黑云母花岗岩，晚中生代—早新生代的闪长岩、花岗闪长岩和花岗岩及同期火山岩等，这一系列的中性 – 酸性长英质火成岩可一直延伸至中越之交的右江盆地。黑河岩浆岩带向北可延伸至云南金平—老勐河一带，以发育低绿片岩相变质的二叠纪玄武岩为特征（Qian et al.，2016c）。

在黑河裂谷东侧的秀丽盆地中发育有三期中生代—新生代岩浆作用，包括：①晚侏罗世—早白垩世酸性火山岩、少量镁铁质火山岩及石英正长斑岩、花岗正长斑岩、花岗斑岩和辉长 – 辉绿岩脉。其中碱性花岗岩组合以 Phusaphin 岩群为主，与晚侏罗世—早白垩世的 Ngoithia 岩群中的流纹岩、流纹斑岩和石英斑岩代表了越南西北部典型的火山 – 深成岩组合。②晚白垩世—古近纪的长英质和碱性火山岩及伴生的花岗岩和花岗闪长岩。在古近纪，裂谷作用以碱性火山岩和正长岩为代表，如晚白垩世—古近纪的 Tamduogn-Namxe 岩群，由花岗岩、二长花岗岩、花岗正长岩和正长岩组成。③晚白垩世—古近纪白榴岩 – 霞石正长岩 – 白榴斑岩组合的 Pusamcap 岩群可能与古近系 Putra 组粗面岩及似斑状粗面岩的形成有关，而这一晚白垩世—早新生代的碱性岩浆岩带很可能是金沙江 – 哀牢山富碱火成岩带的南延。

斋江（Song Chay）岩浆岩带主要位于越南东北部地区，西以北西向的红河 – 斋江断裂为界。斋江带包含的主要岩石单元为：①斋江蛇绿混杂岩，沿斋江断裂零星分布，由高度剪切变形的砂岩 – 泥岩基质中含蛇纹岩、基性岩（辉长岩、斜长花岗岩、火山岩）、灰岩和硅质岩等不连续单元组成（Faure et al.，2014）；② Day Nui Con Voi 变质单元，位于红河 – 斋江断裂之间，含糜棱岩、片麻岩、石榴子石云母片岩和混合岩；③斋江地块 / 穹隆，位于越东北的西部，主体为眼球状片麻岩、斑状花岗岩和混合岩（Tran，1979；Roger et al.，2000）；④晚古生代—中生代侵入体，主要分布在 Lo Gam 和 Phu Ngu 构造带中，包括二叠纪—三叠纪辉长岩 – 橄榄岩、二长辉长岩、高铝花岗岩、正长岩和花岗质侵入体。斋江蛇绿混杂岩叠加了多期的沉积和构造作用，与周缘以碳酸盐岩为主的古生代地层明显不同。该混杂岩尽管经历了强烈的剪切作用，但保存了大洋岩石组合特征。对于其形成年龄尚不清楚，有学者通过不整合覆盖关系及对斋江蛇绿混杂岩上新近纪早期砾岩的研究，认为其年龄可能为三叠纪（如 Lepvrier et al.，2011），代表了华南陆块南部（包括部分越南东北部地区）或扬子与印支陆块的三叠纪边界（如 Faure et al.，2014）。

4.2　马江构造带岩浆作用记录

马江构造带主体沿越南西北地区及老越交界的马江分布，由一系列基性－超基性岩石及相关岩石所构成，它被认为是古特提斯洋或分支洋的最终闭合位置，也代表了印支与华南陆块的碰撞边界，该事件也对应于印支造山运动的主要阶段（Lepvrier et al.，2004，2008）。同时在右江盆地西南缘的八布至董定一带，发育了呈构造岩片产出的晚古生代基性－超基性岩及其相关岩石，该基性－超基性岩被称为八布蛇绿岩。该岩体有着与马江构造带内相关基性－超基性岩套相似的岩石组合、形成时代和相似的地球化学属性。根据其区域产出及后期的构造改造等将其三叠纪时期的构造背景归入马江构造带的一部分，是马江构造带由南段向北远距离推覆至现今位置的结果。

4.2.1　马江蛇绿岩特征及其成因

马江蛇绿岩带由蛇纹石化橄榄岩、弱变质辉长岩、玄武岩、辉绿岩脉、辉长闪长岩、斜长花岗岩和硅质岩等组成，玄武岩主要位于蛇绿岩序列的顶部（图 4.6；如 Lepvrier et al.，2004；Zhang et al.，2014，2021b）。Zhang 等（2014）认为马江蛇绿岩带分隔了印支陆块与华南陆块，代表了古特提斯洋中脊上的洋壳残余，其通过早三叠世大洋俯冲作用形成了榴辉岩及其伴生的高压岩石。Nam Co 背斜主体由云母石英片岩、细粒条带状石英岩、绿片岩、千枚岩、高压变泥质岩、石榴子石角闪岩和榴辉岩组成，区内也被称为 Nam Co 组。以往的研究在 Nam Co 背斜识别出了高压泥质岩和榴辉岩，并被认为是马江缝合带组成的一部分（如 Nakano et al.，2010；Zhang et al.，2013c）。Zhang 等（2014）研究则认为 Nam Co 杂岩可能是华南陆块边缘的一套增生杂岩，其形成与马江古特提斯支洋盆的俯冲与闭合有关。针对马江蛇绿岩带南段的老挝东北部与越南交界区域开展了相关研究，通过对中－基性火成岩和斜长花岗岩的年代学、锆石原位 Hf-O 同位素及全岩地球化学研究获得了马江蛇绿岩带形成背景的认识，其相关的地球化学数据列于表 4.1 和表 4.2（Zhang et al.，2021b）。

1. 岩相学及其年代学

在越南－老挝边界的老挝北一侧沿 Sop Bao-Nam Hao 6A 公路线，识别出了斜长

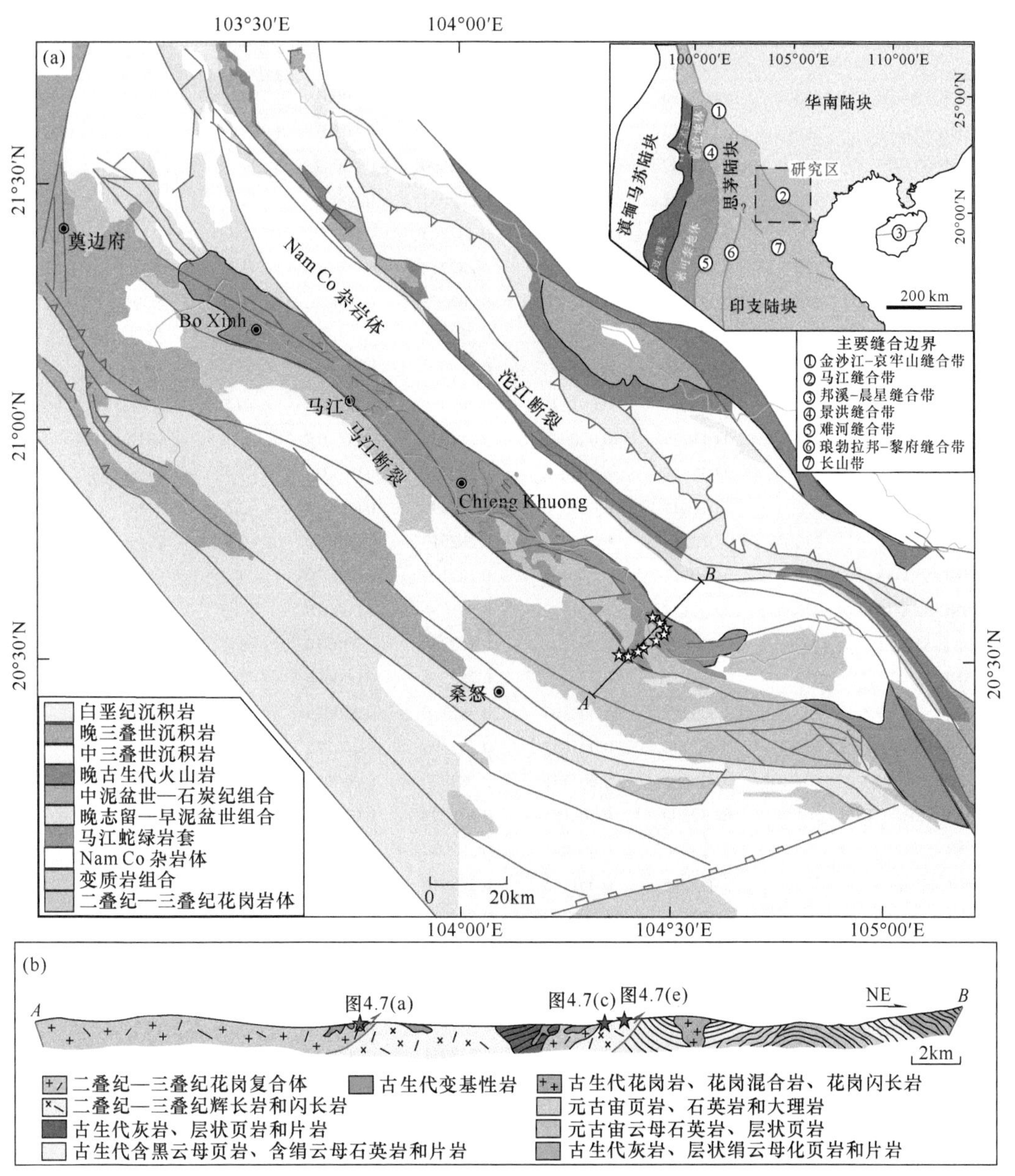

图 4.6　马江构造带地质简图（a）及主要岩性剖面图（b）（据 Zhang et al.，2021b）

角闪岩、辉长辉绿岩 – 闪长岩和斜长花岗岩，它们均属于马江带南段（图 4.6；Zhang et al.，2021b）。这些新识别出的岩石对揭示老挝北部马江带的时代及其构造背景具有重要意义。其中的斜长角闪岩以捕虏体形式存在于辉长辉绿岩 – 闪长岩岩体中或包裹于花岗岩体中［图 4.7（a）］。它们的矿物组合主要由角闪石（48%~53%）、斜长石（30%~37%）、辉石（约 5%）、石英（约 5%）、黑云母（约 3%）和少量绿泥石、磁铁矿和磷灰石组成［图 4.7（b）］。

表 4.1　老挝东北部马江带中－基性火成岩和斜长花岗岩锆石 Hf-O 同位素组成

样品	年龄 /Ma	$^{176}Yb/^{177}Hf$	$^{176}Lu/^{177}Hf$	$^{176}Hf/^{177}Hf$	$2\sigma/1\sigma$	ε_{Hf}（t）	T_{DM}/Ma	$\delta^{18}O$
15NL-57A-01	356	0.062950	0.002503	0.282869	0.000019	10.7	566	5.5
15NL-57A-02	356	0.065453	0.002314	0.282731	0.000028	6.0	765	5.3
15NL-57A-03	356	0.034042	0.001194	0.282690	0.000025	4.5	800	5.4
15NL-57A-04	356	0.065468	0.002253	0.282661	0.000029	3.3	865	5.3
15NL-57A-05	356	0.052108	0.001997	0.282763	0.000025	7.4	712	5.5
15NL-55A-03	270	0.110686	0.003768	0.282712	0.000043	3.2	825	7.2
15NL-55A-04	270	0.037097	0.001370	0.282595	0.000020	−0.6	939	7.1
15NL-55A-06	270	0.009595	0.000385	0.282376	0.000036	−5.3	1217	
15NL-55A-10	270	0.028252	0.001065	0.282677	0.000020	2.4	815	6.6
15NL-55A-11	270	0.033207	0.001226	0.282596	0.000018	−0.5	934	7.6
15NL-55A-12	270	0.019729	0.000662	0.281934	0.000014	−13.8	1837	
15NL-55A-15	270	0.032679	0.001098	0.282222	0.000034	−9.7	1456	
15NL-55A-16	270	0.010411	0.000396	0.282499	0.000018	−3.8	1048	7.2
15NL-55A-17	270	0.012064	0.000441	0.282513	0.000020	−3.4	1030	6.6
15NL-55A-18	270	0.040179	0.001453	0.282109	0.000020	−10.1	1629	
15NL-55A-19	270	0.051127	0.001897	0.281936	0.000019	−14.3	1895	
15NL-55A-21	270	0.028089	0.001094	0.282358	0.000018	−6.6	1266	
15NL-55A-23	270	0.054747	0.002030	0.282356	0.000016	−7.1	1301	
15NL-55A-25	270	0.009312	0.000303	0.282130	0.000019	−10.5	1552	
15NL-55A-27	270	0.042240	0.001555	0.282393	0.000025	−6.0	1232	
15NL-53B_1-01	261	0.030467	0.001151	0.282970	0.000025	12.5	401	6.4
15NL-53B_1-02	261	0.032600	0.001153	0.282898	0.000019	10.0	504	6.6
15NL-53B_1-03	261	0.023256	0.000848	0.282923	0.000028	11.0	465	6.5
15NL-53B_1-04	261	0.031946	0.001105	0.282916	0.000034	10.7	478	5.9
15NL-53B_1-05	261	0.009676	0.000290	0.282875	0.000024	9.3	525	
15NL-53B_1-06	261	0.029666	0.001082	0.282950	0.000024	12.0	429	
15NL-53B_1-07	261	0.026235	0.000962	0.282875	0.000019	9.1	533	
15NL-53B_1-08	261	0.025856	0.000915	0.282847	0.000030	8.2	573	
15NL-53B_1-10	261	0.045644	0.001607	0.282921	0.000037	10.8	477	
15NL-53B_1-11	261	0.030991	0.001187	0.282944	0.000036	11.6	438	
15NL-53B_4-01	258	0.035648	0.001281	0.282921	0.000029	10.8	472	6.1
15NL-53B_4-02	258	0.031918	0.001221	0.283004	0.000025	13.6	353	
15NL-53B_4-03	258	0.017370	0.000652	0.282976	0.000019	12.7	387	6.0
15NL-53B_4-04	258	0.019682	0.000743	0.282957	0.000028	12.2	415	6.0
15NL-53B_4-05	258	0.041355	0.001349	0.282965	0.000021	12.3	410	
15NL-53B_4-06	258	0.029090	0.001046	0.282980	0.000031	12.8	386	6.1
15NL-53B_4-07	258	0.049294	0.001729	0.282882	0.000031	9.4	535	
15NL-53B_4-08	258	0.031679	0.001196	0.282957	0.000022	11.9	420	6.1
15NL-53B_4-09	258	0.022629	0.000862	0.282970	0.000025	12.7	398	6.0
15NL-53B_4-10	258	0.031803	0.001113	0.282973	0.000019	12.6	396	
15NL-53B_4-11	258	0.027169	0.000966	0.282929	0.000024	11.0	458	
15NL-53B_4-12	258	0.023287	0.000910	0.282852	0.000012	8.4	566	

表 4.2　老挝东北部马江带和云南八布地区中 - 基性火成岩、斜长花岗岩主微量元素地球化学和 Sr-Nd 同位素组成

样品名	15NL-56D	15NL-56E	15NL-57A	15NL-57B	15NL-57C	15NL-57E	15NL-57F	15NL-57H	15NL-57G	15NL-57J	15NL-57K	15NL-57L
SiO_2/%	49.54	49.22	48.71	50.73	49.29	49.70	49.44	48.86	48.97	48.86	49.20	48.37
TiO_2/%	1.09	1.09	1.86	1.88	1.73	1.97	1.94	1.89	1.93	2.04	1.94	1.84
Al_2O_3/%	14.42	14.58	12.82	13.03	13.04	13.24	13.41	12.92	13.20	12.91	13.03	12.51
MgO/%	7.48	7.40	6.53	6.56	7.03	6.74	6.74	6.77	6.85	7.13	6.85	7.03
FeO_t/%	11.85	12.14	14.42	14.18	14.03	14.60	14.60	14.77	15.00	15.06	14.95	15.10
CaO/%	10.56	10.54	10.44	8.60	10.13	8.86	8.79	9.78	8.78	8.69	8.85	10.13
Na_2O/%	2.98	3.25	2.90	3.64	2.51	3.41	3.73	3.18	3.68	3.25	3.35	2.95
K_2O/%	0.31	0.29	0.46	0.34	0.48	0.35	0.32	0.40	0.34	0.38	0.36	0.42
MnO/%	0.19	0.19	0.21	0.23	0.20	0.23	0.23	0.23	0.24	0.26	0.24	0.25
P_2O_5/%	0.07	0.06	0.17	0.19	0.15	0.19	0.19	0.18	0.19	0.17	0.19	0.18
LOI/%	1.04	1.25	0.91	0.62	0.94	0.77	0.86	0.89	0.84	1.02	0.72	0.89
总计 /%	99.53	100.01	99.43	100.02	99.54	100.08	100.25	99.88	100.02	99.76	99.67	99.67
V/10^{-6}	319	410	408	401	387	411	400	407	287	420	418	410
Cr/10^{-6}	100	174	107	48.8	67.6	52.3	59.8	59.1	89.5	55.9	54.4	64.7
Co/10^{-6}	46.2	46.8	45.5	44.3	46.7	47.3	47.4	47.8	33.8	47.0	46.2	48.7
Ni/10^{-6}	49.5	67.1	62.2	47.4	56.5	50.7	52.8	49.8	50.5	48.2	51.4	58.1
Rb/10^{-6}	5.91	2.46	8.43	2.98	4.04	2.54	4.50	4.63	36.64	4.87	2.71	5.35
Sr/10^{-6}	165	127	140	137	134	137	125	126	172	125	126	110
Y/10^{-6}	25.0	42.1	41.5	44.1	38.8	44.8	43.9	44.2	26.5	47.5	45.0	44.8
Zr/10^{-6}	59.8	119	108	125	104	125	119	126	70.0	140	132	126
Nb/10^{-6}	0.84	1.89	1.91	2.09	2.02	2.10	2.20	2.23	1.22	2.34	2.30	2.28
Ba/10^{-6}	34.6	22.8	47.6	26.1	31.0	24.8	32.7	32.7	265	43.4	25.6	38.7
La/10^{-6}	1.89	3.58	4.19	4.47	4.32	4.21	5.39	5.48	2.79	5.85	4.24	5.12
Ce/10^{-6}	6.22	11.5	13.0	13.3	13.1	13.8	15.4	15.7	8.33	17.1	13.4	15.1
Pr/10^{-6}	1.21	2.26	2.38	2.55	2.24	2.53	2.68	2.71	1.46	3.09	2.52	2.60
Nd/10^{-6}	7.02	12.9	13.5	14.3	12.6	14.6	14.7	14.9	8.24	16.8	14.4	14.5
Sm/10^{-6}	2.50	4.53	4.56	4.79	4.19	5.02	4.76	4.82	2.78	5.50	4.83	4.76
Eu/10^{-6}	1.00	1.57	1.62	1.63	1.43	1.60	1.77	1.73	1.00	1.76	1.66	1.64
Gd/10^{-6}	3.23	5.62	5.80	5.97	5.15	6.13	5.89	5.96	3.52	6.72	6.05	5.93
Tb/10^{-6}	0.69	1.14	1.17	1.21	1.07	1.25	1.23	1.21	0.71	1.35	1.25	1.22
Dy/10^{-6}	4.62	7.70	7.72	8.11	7.10	8.35	8.14	8.21	4.72	9.01	8.49	8.08
Ho/10^{-6}	1.01	1.72	1.72	1.78	1.57	1.87	1.80	1.80	1.05	2.01	1.87	1.79
Er/10^{-6}	2.83	4.65	4.66	4.93	4.36	5.12	5.00	4.89	2.90	5.46	5.17	4.95
Tm/10^{-6}	0.43	0.70	0.72	0.75	0.66	0.77	0.74	0.75	0.44	0.83	0.78	0.75
Yb/10^{-6}	2.72	4.52	4.67	4.76	4.25	4.87	4.81	4.89	2.82	5.35	5.03	4.79
Lu/10^{-6}	0.42	0.68	0.69	0.73	0.64	0.74	0.72	0.72	0.42	0.79	0.75	0.73
Hf/10^{-6}	1.86	3.49	3.39	3.63	3.18	3.88	3.70	3.66	2.15	4.12	3.85	3.56
Ta/10^{-6}	0.07	0.15	0.14	0.18	0.16	0.18	0.17	0.18	0.10	0.19	0.18	0.17

续表

样品名	15NL-56D	15NL-56E	15NL-57A	15NL-57B	15NL-57C	15NL-57E	15NL-57F	15NL-57H	15NL-57G	15NL-57J	15NL-57K	15NL-57L
$Pb/10^{-6}$	1.11	1.20	1.31	1.24	1.88	1.94	1.21	1.18	2.04	1.90	1.59	1.14
$Th/10^{-6}$	0.54	0.74	0.80	0.74	0.60	0.78	0.86	0.86	0.78	0.60	0.64	0.77
$U/10^{-6}$	0.06	0.61	0.21	0.55	0.09	0.51	0.70	0.68	0.20	0.68	0.44	0.70
$^{147}Sm/^{144}Nd$		0.213200	0.204300		0.200600		0.196500			0.197500		
$^{143}Nd/^{144}Nd$		0.513048	0.513047		0.513023		0.513017	0.513024		0.512982		
2σ		0.000009	0.000008		0.000007		0.000008	0.000008		0.000007		
$^{87}Rb/^{86}Sr$		0.056200	0.175000		0.087200		0.104200			0.112700		
$^{87}Sr/^{86}Sr$		0.705028	0.706423		0.704598		0.705523			0.705590		
2σ		0.000011	0.000011		0.000011		0.000010			0.000011		
$(^{87}Sr/^{86}Sr)_i$		0.704732	0.705501		0.704139		0.704974			0.704996		
ε_{Nd}		7.2	7.6		7.3		7.4			6.7		

样品名	15NL-59A	15NL-59d	15NL-59C	15NL-59F	15NL-52A	15NL-52F	15NL-52G	15NL-52H	15NL-52J	15NL-53A2	15NL-53A3
$SiO_2/\%$	55.26	54.71	53.97	53.58	54.49	57.53	57.47	56.39	54.09	53.35	53.32
$TiO_2/\%$	0.86	0.77	0.85	0.95	1.68	1.55	0.83	1.39	1.62	1.18	1.18
$Al_2O_3/\%$	16.10	16.20	16.42	16.32	13.82	13.85	14.81	14.20	13.64	14.41	14.15
$MgO/\%$	5.71	6.04	6.35	6.04	3.18	2.19	3.80	2.63	3.32	5.37	5.20
$FeO_t/\%$	7.66	7.15	7.96	8.04	13.25	11.85	9.04	11.37	13.72	11.90	11.91
$CaO/\%$	8.24	7.61	8.96	7.37	6.93	6.47	6.72	6.48	7.35	8.64	8.65
$Na_2O/\%$	3.58	4.33	3.19	3.78	3.07	3.81	3.50	3.30	2.71	2.60	2.62
$K_2O/\%$	0.54	1.00	0.31	0.95	1.33	0.47	1.05	1.08	1.38	0.40	0.92
$MnO/\%$	0.13	0.10	0.12	0.11	0.19	0.16	0.14	0.17	0.20	0.20	0.20
$P_2O_5/\%$	0.16	0.12	0.12	0.17	0.32	0.43	0.17	0.34	0.26	0.18	0.19
LOI/%	1.14	1.42	1.23	2.22	1.56	1.38	2.09	2.24	1.49	1.66	1.50
总计 /%	99.39	99.45	99.47	99.53	99.82	99.70	99.62	99.58	99.76	99.89	99.85
$V/10^{-6}$	150	150	171	173	250	115	153	181	351	229	264
$Cr/10^{-6}$	111	108	204	187	4.95	2.86	35.6	48.0	6.78	35.9	41.6
$Co/10^{-6}$	23.9	24.9	30.0	28.1	28.0	23.9	20.5	23.0	34.8	29.5	36.4
$Ni/10^{-6}$	45.4	55.3	74.2	64.8	4.76	1.81	5.88	96.5	6.50	15.1	21.0
$Rb/10^{-6}$	18.2	40.0	5.70	34.8	40.2	11.8	34.5	34.4	53.9	10.4	31.5
$Sr/10^{-6}$	217	217	209	226	228	226	310	260	207	155	168
$Y/10^{-6}$	25.4	19.3	20.7	21.0	33.5	28.5	22.8	25.6	28.4	25.3	28.3
$Zr/10^{-6}$	62.0	72.5	67.5	65.5	121	120	102	98.7	99.9	68.8	92.8
$Nb/10^{-6}$	3.08	2.42	2.78	2.99	7.03	7.88	6.02	6.62	6.38	4.23	5.68
$Ba/10^{-6}$	119	192	77.1	164	370	162	368	320	289	185	294
$La/10^{-6}$	8.67	5.94	6.56	7.81	15.9	22.2	16.2	16.8	17.4	11.7	12.9
$Ce/10^{-6}$	20.7	14.5	15.7	18.0	36.6	42.6	32.7	36.1	37.7	25.6	28.2
$Pr/10^{-6}$	2.98	2.20	2.22	2.49	4.45	5.06	3.89	4.70	4.59	3.24	3.62
$Nd/10^{-6}$	13.8	10.4	10.5	11.5	18.9	21.0	15.9	20.1	19.5	14.1	15.9

续表

样品名	15NL-59A	15NL-59d	15NL-59C	15NL-59F	15NL-52A	15NL-52F	15NL-52G	15NL-52H	15NL-52J	15NL-53A2	15NL-53A3
$Sm/10^{-6}$	3.73	2.75	2.89	2.94	4.52	4.73	3.57	4.46	4.41	3.45	3.86
$Eu/10^{-6}$	1.04	0.92	0.98	0.89	1.43	1.33	1.03	1.50	1.44	1.11	1.20
$Gd/10^{-6}$	4.05	3.05	3.30	3.21	5.05	4.80	3.59	4.53	4.61	3.76	4.22
$Tb/10^{-6}$	0.74	0.57	0.60	0.61	0.84	0.75	0.58	0.79	0.80	0.70	0.79
$Dy/10^{-6}$	4.70	3.61	3.89	3.81	5.52	4.75	3.79	4.96	5.20	4.57	5.14
$Ho/10^{-6}$	1.02	0.80	0.84	0.83	1.22	1.02	0.83	1.04	1.13	1.03	1.12
$Er/10^{-6}$	2.72	2.16	2.29	2.26	3.44	2.79	2.28	2.82	3.01	2.77	3.15
$Tm/10^{-6}$	0.40	0.32	0.35	0.34	0.52	0.42	0.35	0.44	0.46	0.43	0.48
$Yb/10^{-6}$	2.56	2.06	2.24	2.17	3.34	2.69	2.29	2.76	2.89	2.78	3.14
$Lu/10^{-6}$	0.37	0.31	0.34	0.34	0.52	0.42	0.36	0.43	0.46	0.43	0.48
$Hf/10^{-6}$	1.83	1.82	1.85	1.81	3.09	3.08	2.73	2.97	3.06	2.11	2.81
$Ta/10^{-6}$	0.26	0.19	0.22	0.24	0.53	0.59	0.46	0.50	0.50	0.33	0.44
$Pb/10^{-6}$	5.86	3.39	4.29	3.25	2.63	8.46	3.54	5.26	2.53	3.21	4.37
$Th/10^{-6}$	1.12	1.27	1.34	1.54	4.95	5.85	3.94	4.70	5.75	3.73	4.16
$U/10^{-6}$	0.53	0.50	0.43	0.51	1.14	1.20	0.92	1.09	1.22	0.77	1.05
$^{147}Sm/^{144}Nd$					0.144900				0.137100	0.147600	
$^{143}Nd/^{144}Nd$					0.512305				0.512267	0.512357	
2σ					0.000007				0.000005	0.000007	
$^{87}Rb/^{86}Sr$					0.510500				0.754300	0.194800	
$^{87}Sr/^{86}Sr$					0.710222				0.711548	0.708686	
2σ					0.000013				0.000011	0.000013	
$(^{87}Sr/^{86}Sr)_i$					0.708300				0.708700	0.707900	
ε_{Nd}					−4.7				−5.2	−3.8	

样品名	15NL-55A	15NL-55C	15NL-55D	15NL-56B	15NL-57M	15NL-53B4	15NL-53B5	15NL-53B6	15NL-53B7
SiO_2/%	57.53	51.99	54.37	52.66	54.24	74.54	73.91	74.98	74.39
TiO_2/%	1.82	1.10	1.07	1.28	0.85	0.12	0.08	0.12	0.09
Al_2O_3/%	13.49	14.46	14.01	14.63	15.34	14.86	15.50	14.72	15.42
MgO/%	2.33	5.95	5.89	5.50	5.19	0.13	0.26	0.06	0.26
FeO_t/%	12.81	11.68	9.63	11.90	9.62	0.22	0.30	0.03	0.13
CaO/%	4.87	9.23	9.70	9.62	7.37	1.34	2.51	1.41	2.58
Na_2O/%	4.07	2.44	2.51	2.31	3.58	7.91	5.94	8.01	6.00
K_2O/%	1.11	0.67	1.19	0.62	1.21	0.06	0.33	0.02	0.30
MnO/%	0.19	0.19	0.16	0.19	0.16	0.01	0.01	0.01	0.01
P_2O_5/%	0.40	0.17	0.12	0.17	0.15	0.06	0.04	0.06	0.05
LOI/%	1.36	1.62	1.17	1.03	1.79	0.58	0.61	0.74	0.88
总计 /%	99.98	99.51	99.81	99.92	99.50	99.82	99.51	100.16	100.11
$V/10^{-6}$	173	254	174	324	194	10.7	10.8	5.68	5.90

续表

样品名	15NL-55A	15NL-55C	15NL-55D	15NL-56B	15NL-57M	15NL-53B4	15NL-53B5	15NL-53B6	15NL-53B7
$Cr/10^{-6}$	2.7	44.6	7.85	71.4	32.6	3.01	3.46	3.18	2.99
$Co/10^{-6}$	23.4	34.7	23.7	38.1	23.2	0.43	1.08	2.99	3.87
$Ni/10^{-6}$	2.07	17.7	41.3	115	7.55	2.71	4.34	3.44	7.91
$Rb/10^{-6}$	35.7	25.0	41.7	19.8	38.9	0.40	6.22	0.17	4.26
$Sr/10^{-6}$	188	177	190	190	223	81.4	265	73.2	264
$Y/10^{-6}$	32.1	25.5	31.6	23.6	17.0	4.38	2.97	4.39	3.22
$Zr/10^{-6}$	131	82.6	130	82.4	63.2	94.1	78.8	94.3	84.5
$Nb/10^{-6}$	8.40	4.73	8.88	5.29	4.29	1.17	0.85	1.28	0.92
$Ba/10^{-6}$	335	253	370	227	241	8.35	136	6.90	121
$La/10^{-6}$	19.7	10.3	20.6	11.8	9.40	8.38	7.11	7.58	5.53
$Ce/10^{-6}$	43.3	23.1	45.8	26.4	21.7	16.8	12.7	14.3	12.0
$Pr/10^{-6}$	5.18	2.85	5.72	3.32	2.72	1.81	1.28	1.71	1.20
$Nd/10^{-6}$	21.7	12.0	24.5	14.5	12.0	6.93	4.74	6.59	4.65
$Sm/10^{-6}$	5.00	3.05	5.45	3.41	2.71	1.36	0.87	1.26	0.84
$Eu/10^{-6}$	1.48	0.97	1.63	1.10	0.90	0.45	0.55	0.38	0.54
$Gd/10^{-6}$	5.26	3.49	5.44	3.69	2.77	1.14	0.76	1.11	0.78
$Tb/10^{-6}$	0.86	0.63	0.94	0.66	0.50	0.15	0.10	0.16	0.10
$Dy/10^{-6}$	5.44	4.07	5.94	4.31	3.14	0.80	0.51	0.76	0.53
$Ho/10^{-6}$	1.18	0.92	1.28	0.93	0.67	0.15	0.10	0.14	0.09
$Er/10^{-6}$	3.29	2.64	3.45	2.56	1.83	0.40	0.27	0.39	0.28
$Tm/10^{-6}$	0.48	0.39	0.52	0.40	0.29	0.06	0.04	0.06	0.04
$Yb/10^{-6}$	3.17	2.55	3.35	2.52	1.81	0.37	0.26	0.36	0.27
$Lu/10^{-6}$	0.50	0.41	0.52	0.39	0.28	0.06	0.04	0.06	0.04
$Hf/10^{-6}$	3.39	2.16	3.82	2.48	1.88	2.45	2.09	2.42	2.07
$Ta/10^{-6}$	0.63	0.36	0.66	0.40	0.32	0.08	0.08	0.07	0.07
$Pb/10^{-6}$	2.19	3.63	2.25	3.36	2.37	1.13	6.93	0.89	6.65
$Th/10^{-6}$	5.56	3.24	5.92	3.81	3.01	2.47	1.81	2.15	1.52
$U/10^{-6}$	1.22	0.75	1.40	0.88	0.62	0.56	0.40	0.51	0.37
$^{147}Sm/^{144}Nd$	0.139500		0.134500	0.142600	0.137000				0.109400
$^{143}Nd/^{144}Nd$	0.512237		0.512231	0.512350	0.512273				0.512705
2σ	0.000007		0.000008	0.000008	0.000007				0.000006
$^{87}Rb/^{86}Sr$	0.551100		0.635800	0.301300	0.505500				0.046800
$^{87}Sr/^{86}Sr$	0.710629		0.710953	0.709167	0.710183				0.707505
2σ	0.000011		0.000011	0.000013	0.000011				0.000011
$(^{87}Sr/^{86}Sr)_i$	0.708500		0.708500	0.708000	0.708200				0.707332
ε_{Nd}	–5.9		–5.8	–3.8	–5.1				4.2

续表

样品名	10YN-01H	10YN-01I	10YN-07A	10YN-07B	10YN-08A	10YN-08B	10YN-09B	10YN-02A	10YN-02C
SiO_2/%	48.65	49.22	49.46	49.96	50.19	49.05	48.95	48.73	
TiO_2/%	1.88	1.99	1.62	1.59	1.86	2.08	2.09	1.30	
Al_2O_3/%	13.09	13.09	13.31	13.22	13.02	12.36	12.71	15.99	
MgO/%	7.51	6.95	7.32	7.19	6.98	7.29	7.27	7.99	
FeO_t/%	13.15	14.03	12.59	12.50	13.93	13.80	14.41	9.84	
CaO/%	10.50	10.06	11.26	10.88	9.44	9.95	9.40	11.36	
Na_2O/%	2.32	2.08	1.79	1.99	2.45	3.08	2.99	2.54	
K_2O/%	0.12	0.09	0.08	0.08	0.06	0.07	0.07	0.08	
MnO/%	0.19	0.21	0.18	0.18	0.19	0.21	0.23	0.17	
P_2O_5/%	0.17	0.18	0.14	0.13	0.15	0.18	0.18	0.10	
LOI/%	2.05	1.67	1.86	1.88	1.29	1.50	1.27	1.46	
总计 /%	99.63	99.58	99.61	99.60	99.57	99.58	99.58	99.57	
Sc/10^{-6}	0.46	0.53	0.23	0.33	0.58	0.20	0.76	0.31	0.73
V/10^{-6}	421	417	370	372	428	421	427	212	272
Cr/10^{-6}	144	130	120	117	99.2	99	81.8	235	288
Co/10^{-6}	46.8	44.2	45.6	44.6	44.6	43.2	45.3	32.9	40.5
Ni/10^{-6}	57.9	55.5	58.0	55.0	49.2	48.6	49.5	98.0	104
Ga/10^{-6}	17.7	18.3	16.2	16.8	17.4	17.1	19.1	12.7	15.7
Rb/10^{-6}	1.43	1.05	0.40	0.42	0.40	0.49	0.49	0.27	0.45
Sr/10^{-6}	102	115	123	116	79.1	86.9	128	127	155
Y/10^{-6}	44.0	45.1	37.1	36.7	46.4	46.4	39.8	22.6	29.6
Zr/10^{-6}	108	122	94.8	94.6	119	121	101	53.4	55.3
Nb/10^{-6}	1.52	1.77	1.28	1.27	1.64	1.68	1.32	0.49	0.59
Ba/10^{-6}	6.84	7.97	2.30	2.42	5.80	6.71	4.11	1.30	1.38
La/10^{-6}	3.46	3.97	2.84	2.88	3.68	3.91	3.21	1.91	2.31
Ce/10^{-6}	11.5	12.5	9.56	9.47	12.3	12.5	10.5	6.57	8.04
Pr/10^{-6}	2.02	2.17	1.69	1.63	2.15	2.23	1.82	1.13	1.44
Nd/10^{-6}	11.5	11.9	9.27	9.46	12.1	12.4	10.4	6.52	8.23
Sm/10^{-6}	3.97	4.19	3.44	3.46	4.33	4.33	3.70	2.23	2.96
Eu/10^{-6}	1.51	1.57	1.30	1.26	1.61	1.73	1.42	0.91	1.13
Gd/10^{-6}	6.05	6.25	5.11	4.95	6.41	6.52	5.41	3.26	4.27
Tb/10^{-6}	1.07	1.11	0.92	0.91	1.14	1.17	0.98	0.61	0.76
Dy/10^{-6}	6.86	7.04	6.07	5.80	7.38	7.24	6.22	3.84	4.87
Ho/10^{-6}	1.61	1.73	1.42	1.38	1.74	1.75	1.48	0.88	1.13
Er/10^{-6}	4.54	4.60	3.86	3.82	4.78	4.92	4.08	2.41	3.03
Tm/10^{-6}	0.67	0.67	0.55	0.55	0.67	0.73	0.62	0.33	0.42
Yb/10^{-6}	4.37	4.56	3.78	3.73	4.66	4.70	3.98	2.30	2.90
Lu/10^{-6}	0.67	0.67	0.56	0.55	0.69	0.69	0.61	0.32	0.42
Hf/10^{-6}	2.73	3.03	2.48	2.36	3.20	3.26	2.64	1.26	1.63

续表

样品名	10YN-01H	10YN-01I	10YN-07A	10YN-07B	10YN-08A	10YN-08B	10YN-09B	10YN-02A	10YN-02C
$Ta/10^{-6}$	0.15	0.16	0.12	0.12	0.14	0.14	0.12	0.06	0.08
$Pb/10^{-6}$	1.42	1.62	1.20	1.52	0.51	0.91	0.40	0.39	0.44
$Th/10^{-6}$	0.12	0.25	0.10	0.10	0.11	0.12	0.14	0.04	0.05
$U/10^{-6}$	0.07	0.09	0.05	0.04	0.05	0.05	0.14	0.03	0.07
$^{147}Sm/^{144}Nd$	0.206000	0.213000	0.224000		0.216000		0.215000	0.207000	0.217000
$^{143}Nd/^{144}Nd$	0.513060	0.513050	0.513080		0.513080		0.513080	0.513050	0.513070
2σ	0.000018	0.000009	0.000007		0.000009		0.000009	0.000010	0.000010
$^{87}Rb/^{86}Sr$	0.032000	0.026000	0.009000		0.015000		0.011000	0.006000	0.008000
$^{87}Sr/^{86}Sr$	0.703850	0.704110	0.703860		0.705000		0.703340	0.703610	0.703670
2σ	0.000010	0.000012	0.000011		0.000011		0.000011	0.000011	0.000012
$(^{87}Sr/^{86}Sr)_i$	0.703728	0.704010	0.703820		0.704940		0.703300	0.703590	0.703640
ε_{Nd}	7.9	7.5	7.6		8.0		7.9	7.7	7.7

样品名	10YN-03B	10YN-03E	10YN-03G	10YN-05G	10YN-05H	10YN-10A	10YN-10B	10YN-01C	10YN-10C
$SiO_2/\%$	49.94	48.22	48.36	51.03	51.10	50.88	49.65		49.80
$TiO_2/\%$	1.30	1.09	1.02	1.00	0.90	0.86	1.21		0.60
$Al_2O_3/\%$	14.69	15.68	16.24	16.05	15.26	12.50	14.72		15.57
$MgO/\%$	7.81	8.88	8.76	6.81	7.47	9.62	8.03		9.21
$FeO_t/\%$	9.59	9.57	9.26	8.29	9.28	7.75	10.3		8.53
$CaO/\%$	11.74	11.73	11.72	11.44	10.76	14.37	11.72		11.53
$Na_2O/\%$	2.79	2.25	2.52	3.26	3.28	2.11	2.60		2.56
$K_2O/\%$	0.08	0.06	0.07	0.06	0.05	0.03	0.06		0.05
$MnO/\%$	0.16	0.15	0.15	0.16	0.17	0.15	0.17		0.15
$P_2O_5/\%$	0.10	0.08	0.07	0.01	0.03	0.06	0.09		0.04
LOI/%	1.37	1.89	1.40	1.45	1.28	1.24	1.03		1.54
总计 /%	99.57	99.59	99.58	99.56	99.57	99.57	99.57		99.58
$Sc/10^{-6}$	0.34	0.40	0.15	0.48	0.03	0.52	0.28	0.90	0.18
$V/10^{-6}$	266	235	226	260	206	304	266	426	187
$Cr/10^{-6}$	344	356	335	136	29.8	965	293	75.8	228
$Co/10^{-6}$	40.2	46.3	45.4	31.6	39.6	35.6	40.8	48.2	42.8
$Ni/10^{-6}$	81.2	101	110	77.4	83.2	104	74.9	48.6	124
$Ga/10^{-6}$	15.6	14.0	14.0	16.2	16.0	11.7	15.3	18.2	13.1
$Rb/10^{-6}$	0.61	0.43	0.47	0.44	0.33	0.10	0.16	0.91	0.32
$Sr/10^{-6}$	151	227	126	201	180	111	106	81.3	129
$Y/10^{-6}$	28.4	23.9	22.7	17.2	21.1	24.2	27.3	45.1	14.7
$Zr/10^{-6}$	63.1	50.1	43.6	18.8	31.6	38.8	59.2	111	23.7
$Nb/10^{-6}$	0.64	0.32	0.28	0.11	0.21	0.36	0.72	1.6	0.26
$Ba/10^{-6}$	2.09	1.41	1.53	2.93	3.12	1.43	1.67	8.40	3.06
$La/10^{-6}$	2.49	1.75	1.58	0.67	1.11	1.41	2.11	3.66	0.92

续表

样品名	10YN-03B	10YN-03E	10YN-03G	10YN-05G	10YN-05H	10YN-10A	10YN-10B	10YN-01C	10YN-10C
$Ce/10^{-6}$	8.37	6.24	5.77	2.59	4.18	4.83	7.15	11.9	3.07
$Pr/10^{-6}$	1.51	1.13	1.08	0.55	0.84	0.92	1.33	2.1	0.56
$Nd/10^{-6}$	8.60	6.42	6.23	3.40	5.03	5.47	7.30	11.9	3.31
$Sm/10^{-6}$	2.95	2.37	2.17	1.46	2.01	2.04	2.72	4.06	1.27
$Eu/10^{-6}$	1.21	0.96	0.88	1.02	1.16	0.90	1.18	1.60	0.70
$Gd/10^{-6}$	4.22	3.46	3.18	2.34	2.97	3.47	3.78	6.08	2.09
$Tb/10^{-6}$	0.72	0.59	0.60	0.43	0.54	0.62	0.71	1.14	0.35
$Dy/10^{-6}$	4.65	3.80	3.61	2.87	3.42	3.99	4.58	7.15	2.47
$Ho/10^{-6}$	1.10	0.90	0.86	0.65	0.81	0.98	1.05	1.68	0.58
$Er/10^{-6}$	3.03	2.46	2.34	1.84	2.18	2.60	2.82	4.71	1.55
$Tm/10^{-6}$	0.41	0.36	0.34	0.27	0.30	0.35	0.42	0.70	0.24
$Yb/10^{-6}$	2.69	2.42	2.26	1.67	2.04	2.40	2.73	4.27	1.52
$Lu/10^{-6}$	0.41	0.36	0.33	0.27	0.29	0.33	0.39	0.65	0.23
$Hf/10^{-6}$	1.74	1.42	1.28	0.63	1.03	1.20	1.68	3.10	0.72
$Ta/10^{-6}$	0.08	0.05	0.05	0.03	0.04	0.04	0.07	0.16	0.03
$Pb/10^{-6}$	0.37	0.34	0.39	0.53	0.46	0.24	0.14	2.54	0.35
$Th/10^{-6}$	0.05	0.03	0.03	0.01	0.01	0.04	0.05	0.15	0.02
$U/10^{-6}$	0.05	0.03	0.02	0.01	0.01	0.02	0.03	0.15	0.02
$^{147}Sm/^{144}Nd$	0.207000	0.223000				0.225000			
$^{143}Nd/^{144}Nd$	0.513060	0.513040				0.513120			
2σ	0.000009	0.000009				0.000008			
$^{87}Rb/^{86}Sr$	0.012000	0.005000				0.003000			
$^{87}Sr/^{86}Sr$	0.703883	0.705650				0.703470			
2σ	0.000012	0.000010				0.000013			
$(^{87}Sr/^{86}Sr)_i$	0.703840	0.705630				0.703460			
ε_{Nd}	7.9	6.9				8.3			

辉长辉绿岩 - 闪长岩侵入古生代页岩和片岩中，呈块状和中 - 细粒结构[图 4.7（c）]。辉绿岩的矿物组合主要包含细粒板条状斜长石（55%~60%）、单斜辉石（20%~30%）、黑云母（约 6%）、磷灰石（约 3%）、磁铁矿、钛铁矿和石英 [图 4.7（d)]。深色辉长岩主要由斜长石（45%~55%）、辉石（35%~40%）、角闪石（约 10%）、黑云母（＜ 5 %）、磷灰石（约 3%）和钛铁氧化物组成。闪长岩的矿物主要为斜长石（54%~57%）、角闪石（33%~35%）、辉石（约 5%）、黑云母（约 3%）以及副矿物磷灰石（约 3%）、锆石和铁氧化物。

斜长花岗岩发育于辉长辉绿岩 - 闪长岩组合中，如图 4.7（e）所示，呈灰白色、中粒花岗结构，主要由斜长石（2%~58%）、石英（35%~45%）、黑云母（＜ 10%）和少量钾长石组成。部分斜长石蚀变成绢云母，角闪石蚀变为绿泥石和绿帘石 [图 4.7（f)]。

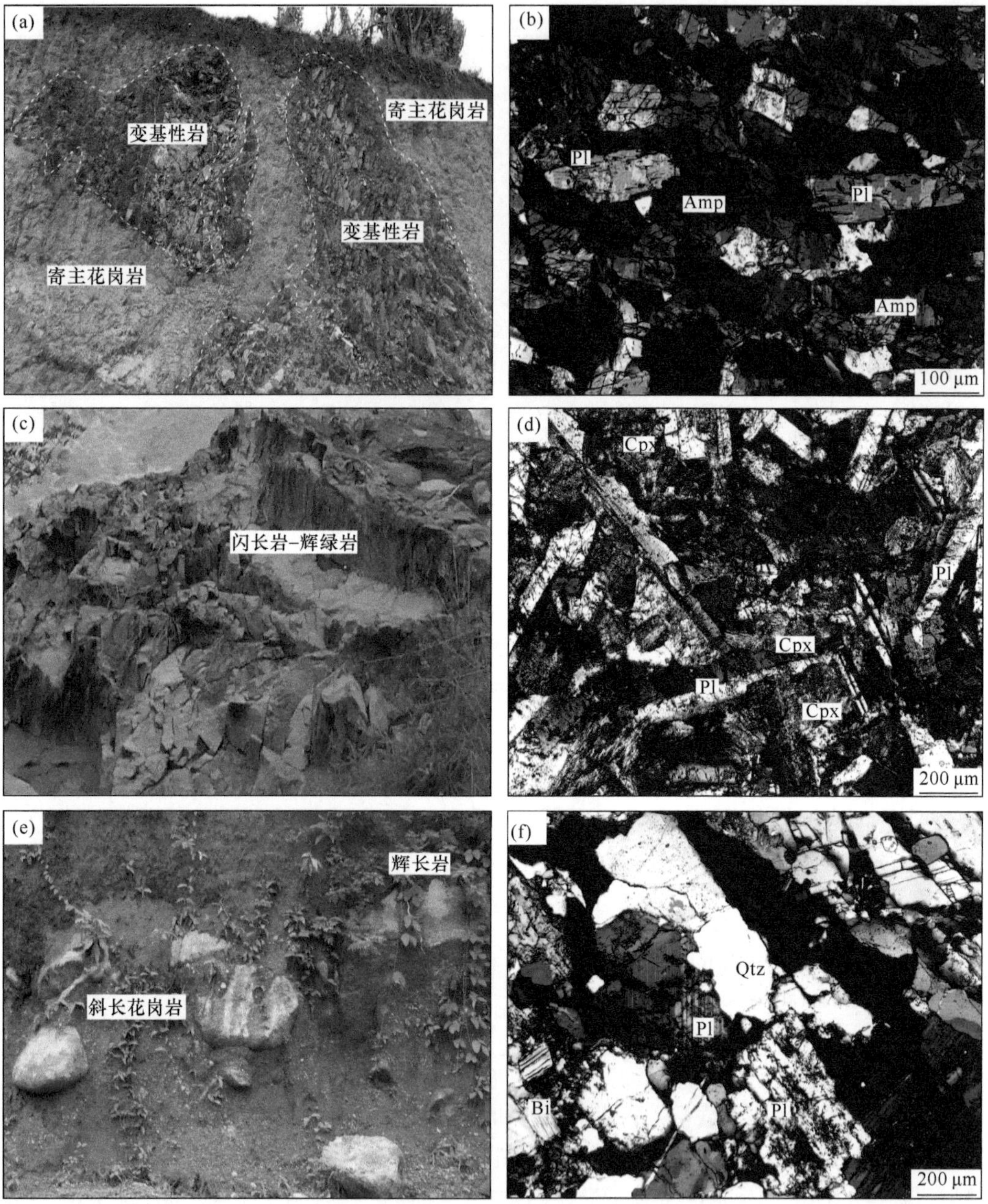

图 4.7　马江带斜长角闪岩（a）（b）、闪长辉绿岩（c）（d）和斜长花岗岩（e）（f）野外照片及镜下薄片

Amp- 角闪石；Pl- 斜长石；Cpx- 辉石；Qtz- 石英；Bi- 黑云母

对 7 个代表性的样品开展了锆石二次离子探针（SIMS）和 LA-ICP-MS U-Pb 定年，年代学数据见附表 4.1，并选取了其中 4 个样品进行原位 Hf-O 同位素测定。所测定的锆石颗粒以浅棕色为主，呈自形至半自形，长宽比为 1.5 ∶ 1~2 ∶ 1。CL 照片显示这些锆石内部具有弱到明显的振荡环带。

斜长角闪岩：分别采用 SIMS 和 LA-ICP-MS 锆石 U-Pb 测年方法对斜长角闪岩

样品 15NL-57C 和 15NL-57A 进行锆石 U-Pb 定年，测定结果见表 4.3。15NL-57A 的 6 个分析点 Th/U 值变化较大（0.17~0.78），具有一个 344~375Ma 的 $^{206}Pb/^{238}U$ 集中年龄，加权平均年龄为 356.1±5.0Ma［MSWD=3.7，图 4.8（a）］。15NL-57C 的 12 个分析点 Th/U=0.11~0.80，$^{206}Pb/^{238}U$ 年龄为 362~380Ma，加权平均年龄为 367.4±3.8Ma［图 4.8（b）］。15NL-57A 锆石颗粒 $\varepsilon_{Hf}(t)$ 值为 +3.3~+10.7，相应的 T_{DM2} 年龄为 0.57~0.87Ga，$\delta^{18}O$ 值为 5.3‰~5.5‰［图 4.8（h）］。15NL-57X 为斜长角闪岩的寄主花岗岩样品，对其进行锆石 U-Pb 定年，15NL-57X 中 19 颗锆石的 Th/U=0.41~1.20，$^{206}Pb/^{238}U$ 年龄为 255~264Ma，加权平均年龄为 259.5±1.7Ma［MSWD=0.28，图 4.8（c）］。

辉长辉绿岩 – 闪长岩组合：15NL-55A 辉绿岩中 26 颗锆石 Th/U 值为 0.12~1.36。19 个分析点给出了较老的 $^{206}Pb/^{238}U$ 表观年龄为 355~3163Ma，其中具有 377Ma（355~401Ma，N=4）和 546Ma（434~737Ma，N=9）两个集中年龄组，为捕获锆石的年龄。剩余 7 个分析点得到的加权平均年龄为 270.1±2.9Ma[MSWD=0.19，图 4.8（d）]，为结晶年龄。268~271Ma 的锆石颗粒相应的 $\varepsilon_{Hf}(t)$ 值为 –3.8~+3.2，T_{DM2} 值为 0.83~1.05Ga，$\delta^{18}O$ 值为 6.6‰~7.6‰。对于捕获锆石，其 $\varepsilon_{Hf}(t)$ 和 T_{DM2} 分别为 –14.3~–5.3 和 12.2~19.0Ga［图 4.8（h）］。15NL-59A 辉长岩 23 个颗粒中 15 个分析点的 Th/U=0.12~1.01，$^{206}Pb/^{238}U$ 年龄为 266~281Ma，加权平均年龄为 271.2±2.3Ma［MSWD=1.3，图 4.8（e）］。其余 8 个点的 Th/U=0.12~ 1.65，具有 344~384Ma（N=3）、436~444Ma（N=2）和 1767~1845Ma（N=3）3 个年龄群，均为继承锆石年龄。

斜长花岗岩：斜长花岗岩 15NL-53B1 的 12 个锆石颗粒的 12 分析点 Th/U 值为 0.22~0.85。其 $^{206}Pb/^{238}U$ 年龄介于 257~267Ma 之间，加权平均年龄为 261.3±2.1Ma［MSWD=0.53；图 4.8（f）］。对应的 $\varepsilon_{Hf}(t)$ 值为 +8.2~+12.5，T_{DM2} 年龄为 0.40~0.53Ga，$\delta^{18}O$ 值为 5.9‰~6.5‰［图 4.8（h）］。对 15NL-53B4 进行 11 个分析点测试，得出 $^{206}Pb/^{238}U$ 年龄为 255~266Ma，Th/U=0.17~0.66，加权平均年龄为 258±3Ma，MSWD=1.2［图 4.8（g）］。它们对应的 $\varepsilon_{Hf}(t)$、T_{DM2} 年龄和 $\delta^{18}O$ 值分别为 +8.4~+13.6、0.35~0.57Ga 和 6.0‰~6.1‰［图 4.8（h）］。

2. 地球化学特征

根据岩石学和地球化学组成的不同，将样品以斜长角闪岩、辉长辉绿岩 – 闪长岩和斜长花岗岩三组进行表述（Zhang et al.，2013c，2021b；Thanh et al.，2014；Hieu et al.，2016）。斜长角闪岩组和辉长辉绿岩 – 闪长岩组在 SiO_2-Na_2O+K_2O 图中落入辉长 – 闪长岩区域[图 4.9（a）]，斜长花岗岩组在 An-Ab-Or 分类图中属于奥长花岗岩[图 4.9（b）]。

斜长角闪岩组具有 N-MORB 型地球化学特征，其 SiO_2=48.97%~51.04%，MgO=6.60%~7.59%，Al_2O_3=12.67%~14.76%，TiO_2=1.10%~2.07%，FeO_t=12.03%~15.29%。在哈克图解中它们的 Al_2O_3 与 SiO_2 呈正相关，而 TiO_2 和 P_2O_5 则呈现负相关关系（图 4.10）。它们具有左倾 REE 配分模式，$(La/Yb)_N$=0.50~0.80。在原始地幔不相容元素趋势图，除了相对富集 Rb、Ba、Th 和 U 元素，呈现 N-MORB 型的配分模式特征［图 4.11（a）］，

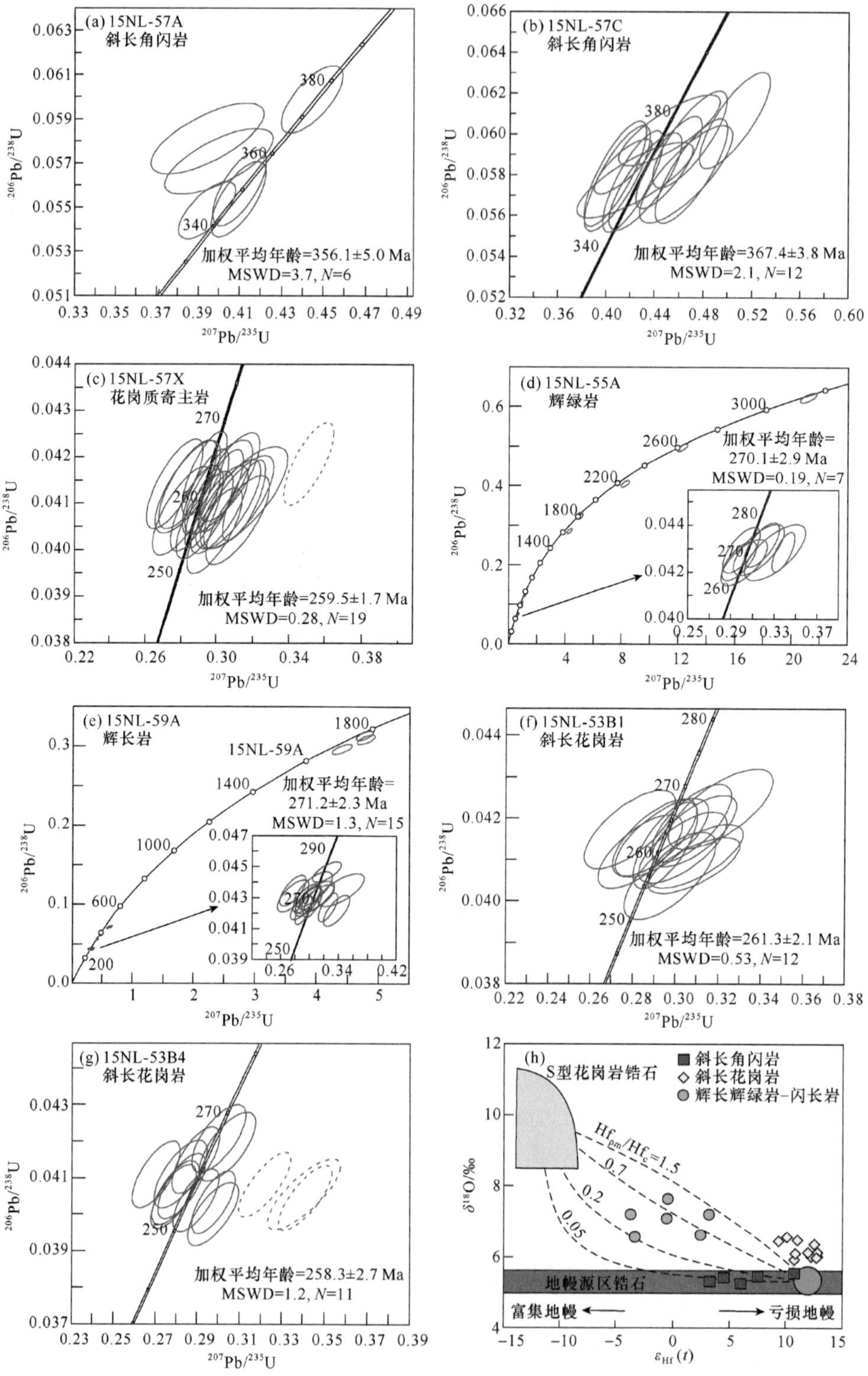

图 4.8　老挝东北部马江构造带基性－酸性火成岩锆石 U-Pb 年龄谐和图（a）~（g）及锆石 Hf-O 同位素组成图（h）

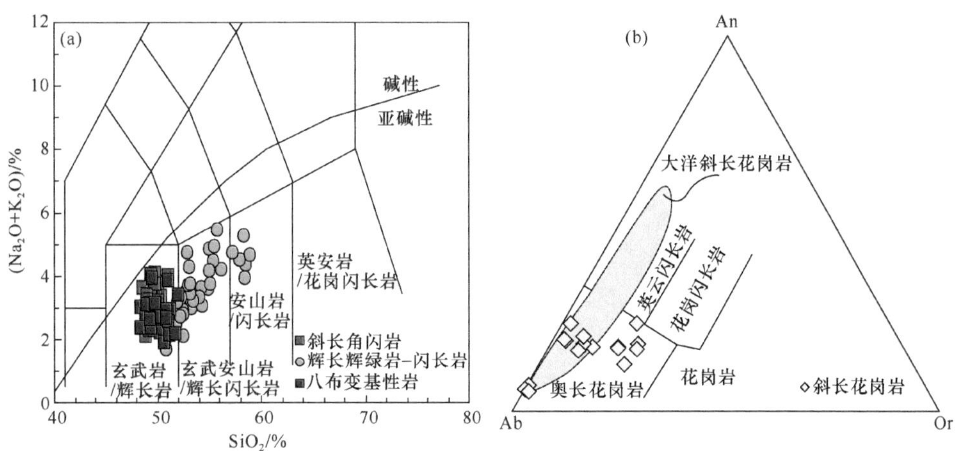

图 4.9　马江构造带及八布火成岩 TAS（a）和 An-Ab-Or（b）图解

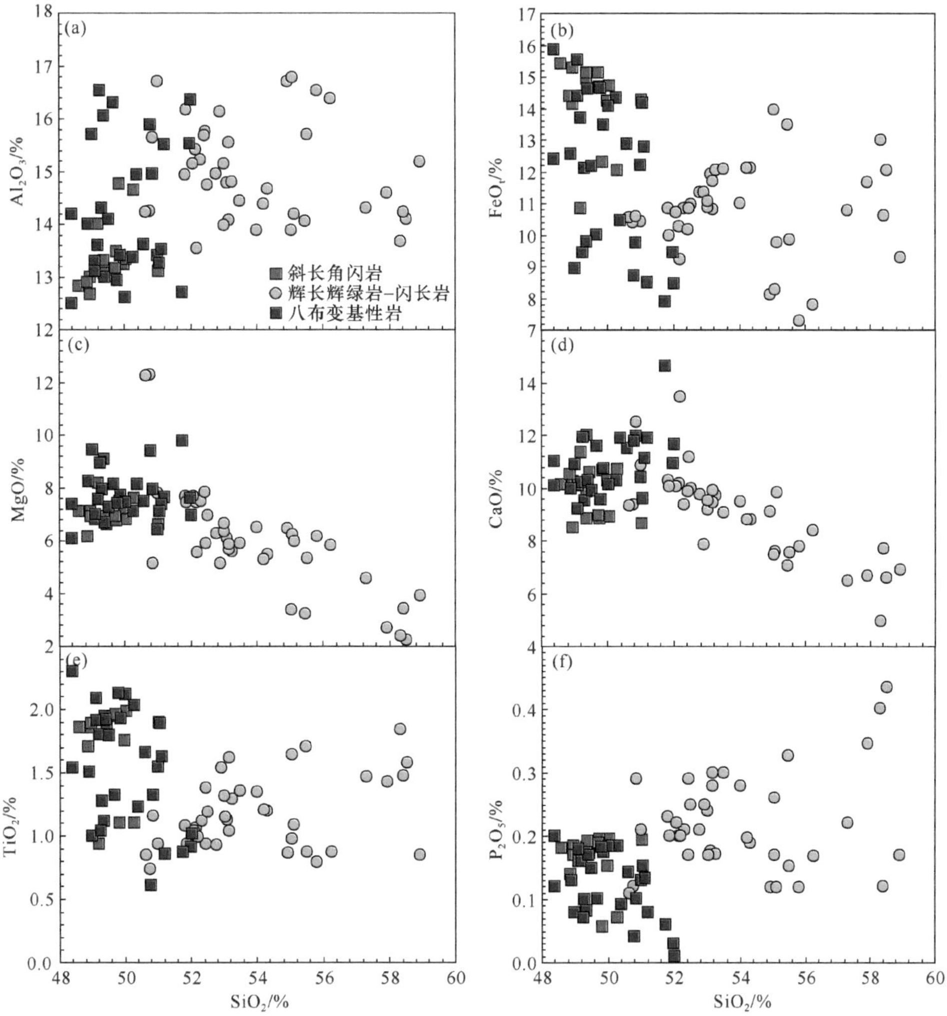

图 4.10　马江构造带及八布火成岩哈克图解

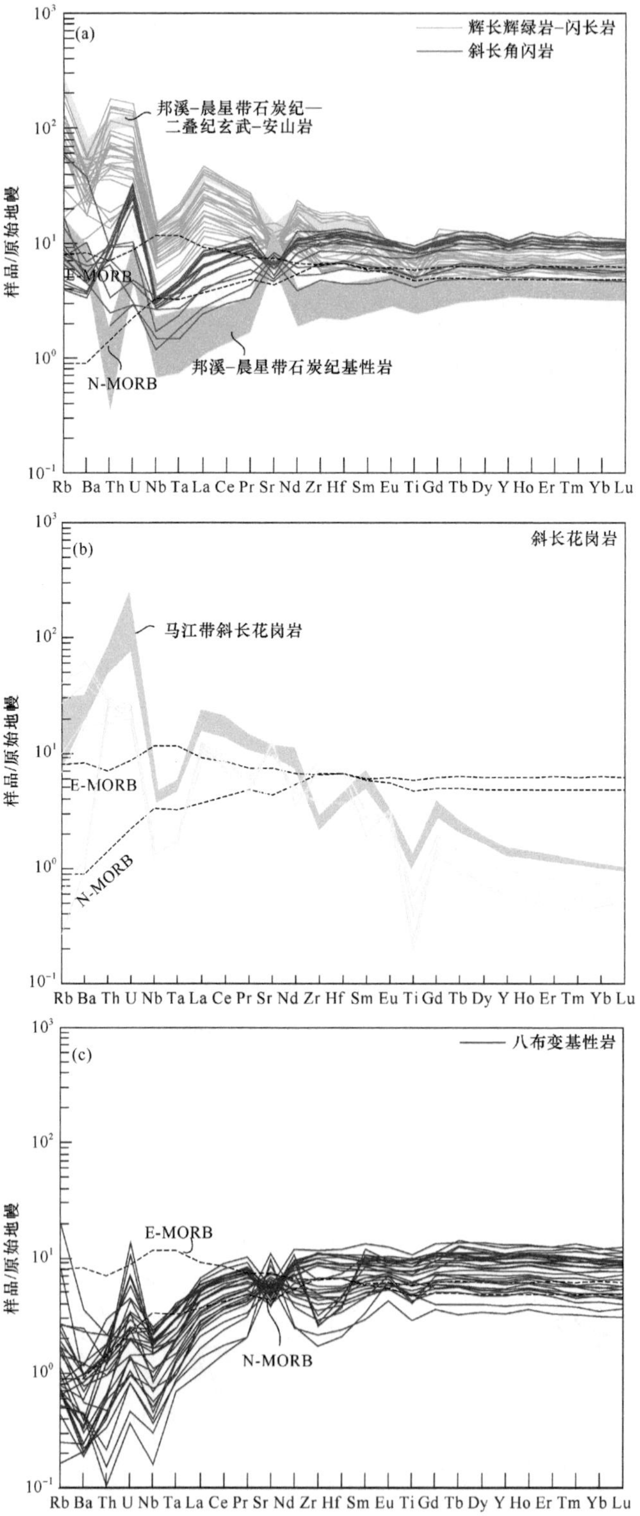

图 4.11　马江带（a）（b）及八布（c）火成岩原始地幔不相容元素配分图

类似于越南北部的变基性岩（Zhang et al.，2013c）和海南岛邦溪 – 晨星构造带的石炭纪变玄武岩（如 Li et al.，2002；He et al.，2017）。5 个代表性样品的（$^{87}Sr/^{86}Sr$）$_i$ 初始值为 0.704139~0.705501，$\varepsilon_{Nd}(t)$ 值为 +6.7~+7.4，表明其来自一个亏损的地幔源区（图 4.12），类似金沙江、琅勃拉邦和邦溪 – 晨星带内基性火成岩。

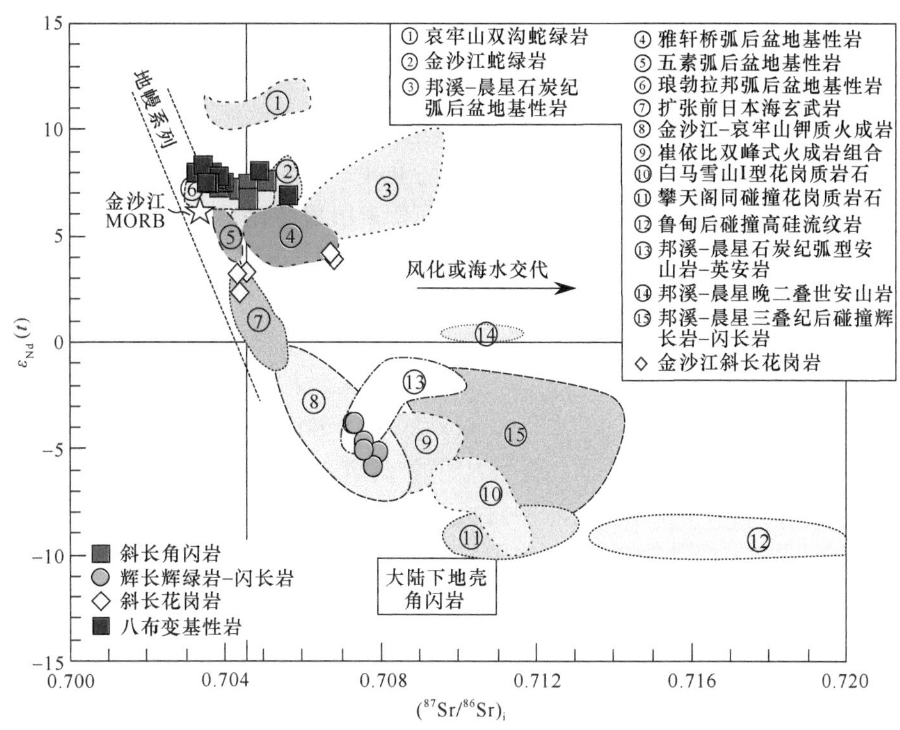

图 4.12　马江构造带及八布基性 – 酸性火成岩 $\varepsilon_{Nd}(t)$ - ($^{87}Sr/^{86}Sr$)$_i$ 图解

辉长辉绿岩 – 闪长岩组样品的 MgO 值为 2.23%~6.47%，Al_2O_3 值为 13.68%~16.77%，TiO_2 值为 0.79%~1.84 %，FeO_t 值为 7.30%~13.96%。在哈克图解中它们的 MgO 和 CaO 与 SiO_2 呈负相关关系，而其他的主量元素则无明显的相关关系（图 4.10）。它们的 $Mg^{\#}$ 值从 30~66 不等。样品呈现近平行的稀土元素配分模式，富集轻稀土元素，其 $(La/Yb)_N$ 值为 2.07~5.93，Eu 异常不明显（Eu/Eu^*=0.82~1.02）。配分模式表现为 Rb、Th 和 LREEs 富集，亏损 Nb、Ta 和 Ti，具岛弧型地球化学特征［图 4.11（a）］。这些样品与越南北部基性岩（Thanh et al.，2014）和海南岛邦溪 – 晨星构造带石炭纪—二叠纪变玄武 – 安山岩相类似（如 He et al.，2017，2018；Li et al.，2018）。样品测定的 $^{87}Sr/^{86}Sr$ 值为 0.708686~0.711548，$^{143}Nd/^{144}Nd$ 值为 0.512231~0.512350。其对应的（$^{87}Sr/^{86}Sr$）$_i$ 值为 0.707900~0.708700，$\varepsilon_{Nd}(t)$ 值为 –5.9~–3.8（图 4.12）。

斜长花岗岩样品的 SiO_2（74.73%~76.16%）和 Al_2O_3（14.68%~15.67%）含量较高，$Mg^{\#}$ 值为 58~82。全碱含量为 6.35%~8.08%，Na_2O 含量较高为 4.80%~8.06%，K_2O 含量较低为 0.02%~1.69%。其 P_2O_5、MgO、FeO_t 和 TiO_2 含量较低，分别为 0.03%~0.06%、0.06%~0.27%、0.03%~0.31% 和 0.04%~0.12%。在球粒陨石标准化稀土配分图中，（La/

Sm)$_N$ 和（Gd/Yb）$_N$ 分别为 3.9~5.3 和 2.4~3.7。它们的（La/Yb）$_N$ 值为 14.9~30.2，呈现正的 Eu 异常（Eu/ Eu*=0.99~2.05）。它们富集大离子亲石元素（LILEs）、亏损高场强元素（HFSEs），具明显 Nb-Ta 和 Ti 负异常，（Nb/La）$_N$=0.10~0.18，Ti/Ti*=0.10~0.30［图 4.11（b）］，类似于马江缝合带越南部分的二叠纪花岗岩（如 Hieu et al.，2016），其（$^{87}Sr/^{86}Sr$）$_i$ 同位素比值为 0.704670~0.707450，$\varepsilon_{Nd}(t)$ 值为 +3.2~+4.2（图 4.12）。

3. 岩石成因及构造背景

斜长角闪岩（N-MORB 型地幔源）：该组样品烧失量较低，小于 2%，Sr 同位素组成位于图 4.12 的地幔源区。然而 Zr 含量与 REE、HFSE、LILE 含量及 $\varepsilon_{Nd}(t)$ 值呈正相关，表明斜长角闪岩样品的元素和 Nd 同位素组成变化较小。相对于平均大陆地壳，其 MgO 含量较高（6.60%~7.59%），Th/Ce（0.03~0.09）和 Th/La（0.10~0.29）值较低。Nb/La 值和 $\varepsilon_{Nd}(t)$ 值分别为 0.40~0.54 和 +6.7~+7.4，且与 MgO 的变化无相关关系，反映了岩浆上升过程中发生地壳混染的可能性小。La/Yb 和 Tb/Yb 值随着 Yb 的增加变化较小，可能是分离结晶过程所致。该组斜长角闪岩样品的 SiO_2、TiO_2 含量相对较低，Al_2O_3 和 MgO 含量较高，Mg 值为 51~60，Cr 值为 49×10^{-6}~174×10^{-6}，Ni 值为 47×10^{-6}~67×10^{-6}，表明样品发生了单斜辉石和橄榄石的分离结晶作用。Eu 和 Sr 异常不明显说明岩浆演化过程中斜长石的分离结晶不显著。除 Th 和 U 相对富集外，样品的原始地幔不相容元素趋势图均表现出类似 N-MORB 的配分模式特征，类似于邦溪 – 晨星石炭纪变基性岩和东劳弧后盆地变玄武岩［图 4.11（a）；如 Li et al.，2002；He et al.，2017］。它们的 Nb/Ta（11~14）和 Nb/Yb（0.31~0.48）值均低于典型的 N-MORB（17 和 0.76）。$\varepsilon_{Nd}(t)$ 值在 +6.7~+7.4 之间，具有与琅勃拉邦、金沙江蛇绿岩以及海南中部邦溪 – 晨星变基性岩相类似的 Nd 同位素组成（图 4.12；如 Xu and Castillo，2004；Huang et al.，2010；Zi et al.，2012a；Qian et al.，2016a，2016b；He et al.，2017，2018；Wang et al.，2020b）。这些样品的 Zr/Hf 值（32~35）略低于平均球粒陨石（36.3），反映它们具有一个高度亏损的源区（如 Weyer et al.，2002）。相对于重稀土元素，轻稀土明显亏损，并具低的（La/Yb）$_N$ 值（0.50~0.80），暗示部分熔融程度较高的尖晶石二辉橄榄岩源区（如 D’Orazio et al.，2001）。在（La/Sm）$_N$-（Sm/Yb）$_N$ 和 La/Yb-Dy/Yb 图中，斜长角闪岩组样品落入不含石榴子石地幔源区［图 4.13（a）（b）；D’Orazio et al.，2001］，也反映相对较浅的含尖晶石橄榄岩源区［图 4.13（c）］。在图 4.13（d）中，它们落于“亏损的弧后盆地线”上方和 N-MORB 区域，表明有俯冲组分的加入。（Ta/La）$_N$ 和（Hf/Sm）$_N$ 值分别为 0.54~0.72 和 1.07~1.15，同时，Nb/Zr 和 Th/Zr 值与 MORB 相似，Th/Yb 值相对稳定，Nb/Y 值略低，Ba/Y 值高于 MORB，这些特征说明俯冲过程中存在流体相关的交代作用（图 4.14）。因此，斜长角闪岩组样品来源于深度相对较浅的板片流体交代的 N-MORB 型源区。

辉长辉绿岩 – 闪长岩（俯冲交代地幔楔源区）：辉长辉绿岩 – 闪长岩样品的 MgO 含量为 2.23%~6.47%，Cr 含量为 3×10^{-6}~204×10^{-6}，Ni 含量为 2×10^{-6}~115×10^{-6}。Ce/Pb 和 Nb/U 值相对较低，分别为 3.53~20.32 和 4.90~6.95。样品具有相对不变的 Nb/La

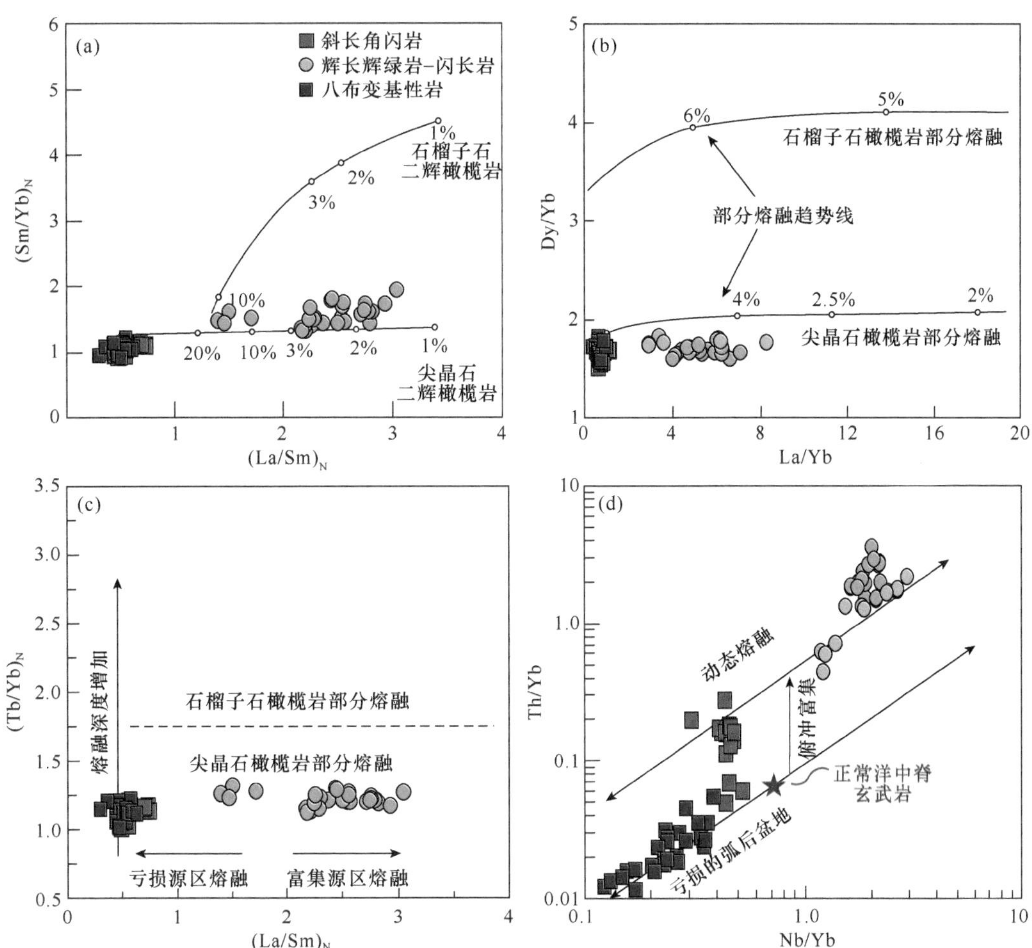

图 4.13　马江构造带及八布基性火成岩 $(La/Sm)_N$-$(Sm/Yb)_N$（a）、La/Yb-Dy/Yb（b）$(La/Sm)_N$-$(Tb/Yb)_N$（c）和 Nb/Yb-Th/Yb（d）图解

值（0.35~0.46）和 $\varepsilon_{Nd}(t)$ 值（–5.85~–3.76）。它们的原始地幔标准化图近乎平行，Zr 与 LILEs（如 Th 和 U）、REEs 与 HFSEs（如 Nb 和 Ta）的线性相关关系表明发生了较弱的地壳同化作用［图 4.11（a）］。辉长辉绿岩 – 闪长岩样品的 $Mg^{\#}$ 值在 30~66 之间，随着 SiO_2 的增加，MgO、FeO_t 和 CaO 含量降低，Al_2O_3 含量增加，且 MgO 与 Cr、Ni 呈正相关关系，指示可能发生了辉石、橄榄石和角闪石的分离结晶（图 4.10）。斜长石的分离结晶不明显，因其不具明显 Eu 和 Sr 异常［图 4.11（a）］。Fe-Ti 氧化物和磷灰石的分离结晶与图 4.11（a）中显示的 P-Ti 亏损特征一致，随着 SiO_2 的增加，TiO_2 和 P_2O_5 也随之增加。其富集的同位素组成特征反映了辉长辉绿岩 – 闪长岩样品受到地壳物质派生组成交代影响的源区控制。

辉长辉绿岩 – 闪长岩样品的 Al_2O_3 含量相对较低（$<$ 17%），$Mg^{\#}$ 值以及 Cr、Ni、V 含量较高，与榴辉岩质壳源分异来源相矛盾（如 Rapp et al.，1999；Klemme et al.，2002）。$\varepsilon_{Nd}(t)$ 值为负值（–5.9~–3.8），Ce 异常不明显，暗示其不可能来自板片熔

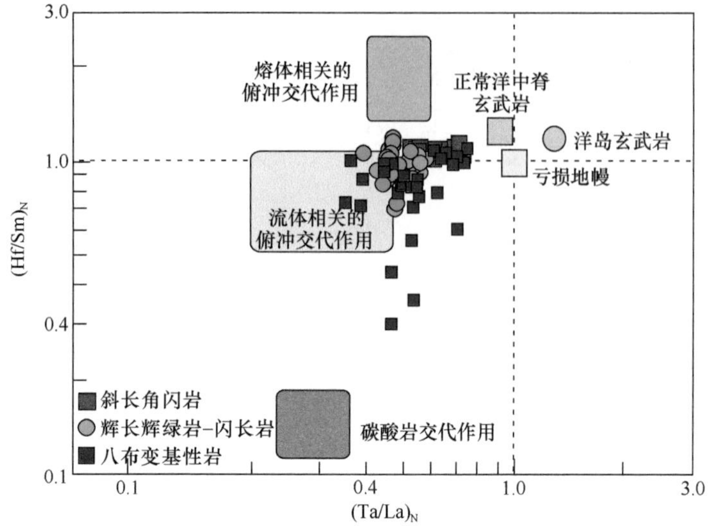

图 4.14 马江构造带及八布基性火成岩 $(Ta/La)_N$-$(Hf/Sm)_N$ 图解

融或分异（如 Gertisser and Keller，2003；Guo et al.，2004）。相反，Nb-Ta-Ti 负异常，高 LREEs、LILEs、Th/Zr、Ba/Th、Ba/La，低 Nb/ La、$(Ta/La)_N$（0.44~0.59）和 $(Hf/Sm)_N$（0.71~1.10）比值表明源区中有壳源组分的加入（图 4.14）。在 $(Sm/Yb)_N$ 和 $(La/Sm)_N$ 相关图解中，辉长辉绿岩－闪长岩样品沿着尖晶石橄榄岩的熔化曲线分布，且深度较浅［图 4.13（a）］，图 4.13（b）（c）中的趋势也进一步支持此推论（如 Jung et al.，2006；Genc and Tuysuz，2010）。因此，在排除明显地壳混染作用的情况下，推断其可能源自一个相对较浅的受俯冲交代有关的地幔楔源区。它们的 Sr/Ce、Ce/Pb、Pb/Nd、Sr/Y、Th/Ce、Nb/Zr、Th/Nb 值分别为 4.2~14.9、3.5~20.3、0.09~0.43、5.9~13.6、0.05~0.15、0.03~0.07、0.36~0.90，其中 Nb/Zr 值变化不大且与 Th/Zr 值无关，这可能表明俯冲板片和再循环沉积物流体的加入（如 Kimura and Yoshida，2006；Zhang and Wang，2016）。此外，它们的 Ba/Th 比值未随着 $\varepsilon_{Nd}(t)$ 值的变化而变化，也证明存在沉积物流体加入源区。此外，来自马江带的具弧型地球化学特征的 Chieng Khuong 闪长岩（约 280Ma）、奠边辉绿岩（约 276Ma）和孟雷辉长闪长岩（248±2Ma）均被解释为地幔楔衍生的弧岩浆岩石（如 Liu et al.，2012b；Zi et al.，2012a；Lai et al.，2014a，2014b）。沿邦溪－晨星、哀牢山构造带和长山火成岩带的二叠纪基性－中性火成岩（约 290~260Ma）也表现出弧型地球化学特征，它们富集 LILEs，亏损 HFSEs，富集 Nd 同位素组成，这些岩石被认为是由俯冲组分释放流体改造而成的弧下源区衍生而来（如钱鑫等，2022；Fan et al.，2010；Kamvong et al.，2014；Tran et al.，2014；Shi et al.，2015；Liu et al.，2018a；Li et al.，2018；He et al.，2018；Qian et al.，2019）。因此，二叠纪辉长辉绿岩－闪长岩来源于俯冲衍生组分改造过的地幔楔源区部分熔融产物。

斜长花岗岩（大洋板片衍生产物）：斜长花岗岩通常被认为是由 MORB 分异熔体的结晶分异作用或含水玄武岩 / 辉长岩原岩部分熔融而形成的，分别被称为 Visnes 型和 Karmoy 型斜长花岗岩（如 Barker and Arth，1976；Floyd et al.，1998；Koepke et al.，2004；Zi et al.，2012b；Xu et al.，2017）。与 Visnes 型斜长花岗岩不同，马江斜长花岗岩样品中的 Zr 和 Y 含量和 Zr/Y 值均较低，偏离瑞利分馏趋势。此外，Koepke 等（2007）提出在氧化条件下，TiO_2 在 MORB 流体中的分化程度更高。而马江缝合带老－越交界处的斜长花岗岩 TiO_2 含量小于 0.5%，类似于 Karmoy 型而不是 Visnes 型斜长花岗岩。

老挝北部马江缝合带斜长花岗岩显示出较高的 SiO_2、Na_2O、Al_2O_3 含量，而 K_2O、MgO、TiO_2 含量低，富集 LILEs，亏损 HSFEs 和 HREEs，具高的 Hf 含量、LILEs/HFSEs 和 Hf/Nd 值，这些特征与岛弧火山岩和约 283Ma 的金沙江吉义独高 Sr/Y 英云闪长岩相似（如 Zi et al.，2012b）。它们的 Sr 含量在 73×10^{-6}~265×10^{-6} 之间，Sr/Y 和 Nb/Ta 值分别为 75~96 和 11~19，与变基性岩派生的奥长花岗岩一致（如 Rollinson，2009；Zeng et al.，2015）。它们具有正的锆石 $\varepsilon_{Hf}(t)$ 值和 $\varepsilon_{Nd}(t)$ 值（+3.2~+4.2），与典型的 N-MORB 和密支那斜长花岗岩类似，指示了一个长期亏损且弱地壳混染的源区（如 Xu and Castillo，2004）。这些特征以及高 $Mg^{\#}$、Ni 和 Cr 值和亏损的 HFSEs，与高硅埃达克岩、超俯冲带产出的特罗多斯斜长花岗岩、斐济和堪察加半岛埃达克岩类似，在大洋超俯冲环境中地幔源区可能受到富集 LREEs 的组分所改造（如 Rapp and Watson，1995；Hopper and Smith，1996；Martin et al.，2005；Jiang et al.，2008；Zi et al.，2012b；Xu et al.，2017）。这些样品中的锆石 $\delta^{18}O$ 值在 5.9‰~6.5‰ 之间，略高于地幔来源锆石的 $\delta^{18}O$ 值（约 5.5‰）。计算得到的与这些锆石平衡的硅酸盐熔体的 $\delta^{18}O$ 值在 7.0‰~8.6‰ 之间，与蚀变玄武质洋壳（如麦夸里岛蛇绿岩）一致，表明它们是俯冲板片熔融产物（如 Valley et al.，2005；Rollinson，2009；Xu et al.，2017）。此外，这些斜长花岗岩结晶年龄为约 260Ma，与约 270Ma 弧型辉长辉绿岩－闪长岩时代接近，也与马江蛇绿岩中产出的二叠纪放射虫硅质岩大致同期。因此，上述二叠纪斜长花岗岩是俯冲背景下流体改造的玄武质大洋板片低度部分熔融的产物。

现有资料表明，上述具有 MORB 型地球化学特征的基性－超基性岩与越南西北部马江缝合带保存的枕状玄武岩、玄武安山岩、伴生的辉长 / 辉绿－闪长岩、薄层灰岩和硅质岩具有相近的时代，可将其解释为晚古生代“强剪切变质蛇绿杂岩套”（如 Thanh et al.，1996，2015；Findlay，1997；Metcalfe，2002，2011a，2011b；Carter and Clift，2008；Vượng et al.，2013；Tran et al.，2014；Zhang et al.，2013c，2014）。马江缝合带被公认为是分隔华南与印支陆块的晚古生代缝合带，然而，人们对于其初始裂解和聚合的时间意见并不一致，有着如泥盆纪、石炭纪、二叠纪和三叠纪等不同观点（如 Hutchison，1975；Metcalfe，2002，2013a；Thanh et al.，2011，2014；Vượng et al.，2013；Hieu et al.，2016）。

对马江蛇绿岩带内变基性火成岩的年代学综合于表 4.3。可以看出其基性火成岩的 Sm-Nd 等时线年龄为 331~387Ma，角闪岩年龄为 241~256Ma（如 Vượng et al.，2013；Zhang et al.，2014）。马江蛇绿岩中的变玄武岩和辉长岩均具有 MORB 的地球化学特征（Zhang et al.，2013c）。此外，Zhang 等（2014）认为马江蛇绿岩分隔了印支陆块与华南陆块，代表了古特提斯洋中脊上的洋壳残余，Nam Co 杂岩可能是华南陆块边缘的一套增生杂岩，其形成时间大约为 340~310Ma。沿 Nam Co 背斜识别出的高压泥质岩、榴辉岩和石榴子石角闪岩，被认为是马江缝合带组成的一部分（Nakano et al.，2010；Zhang et al.，2013c，2014），所给出的变质年龄为 228Ma 和 231Ma。

表 4.3　马江带变基性火成岩及变质岩年代学数据一览表

序号	样品号	采样位置	岩石类型	测年方法	年龄 /Ma	参考文献
1	11SM5I	越南西北 Nam Co 杂岩	榴辉岩	锆石 SIMS	231±8	Zhang 等（2013c）
2	11SM3D	越南西北 Nam Co 杂岩	石榴子石角闪岩	锆石 SIMS	228±3	Zhang 等（2014）
3	SME-04A	越南西北部带	变辉石岩	锆石 SIMS	340±29（原岩）	Zhang 等（2014）
4	SME-04A	越南西北部带	变辉石岩	锆石 SIMS	280±2（变质）	Zhang 等（2014）
5	SM-07E	越南西北部带	异剥钙榴岩	锆石 SIMS	283±10	Zhang 等（2014）
6	11SM6A	越南西北部带	变辉长闪长岩	锆石 SIMS	240±3	Zhang 等（2014）
7	IG-33Q	越南西北部带	斜长角闪片岩	锆石 SIMS	315±4	Zhang 等（2014）
8	VN5-00	越南西北部带	变辉长岩	榍石 Sm-Nd	313±32	Vượng 等（2013）
9	VN19-00	越南西北部带	角闪岩	锆石 U-Pb	241±5	Vượng 等（2013）
10	VN21-00	越南西北部带	变辉长岩	角闪石及斜黝帘石 Sm-Nd	387±56	Vượng 等（2013）
11	VN22-00	越南西北部带	含石榴子石变辉长岩	角闪石及辉石 Sm-Nd	338±24	Vượng 等（2013）
12	VN32-00	越南西北部带	辉长岩	角闪石 Sm-Nd	322±45	Vượng 等（2013）
13	VN34-00	越南西北部带	角闪岩	角闪石及榍石 Sm-Nd	315±92	Vượng 等（2013）
14	VN34-00	越南西北部带	角闪岩	榍石 U-Pb	256±4	Vượng 等（2013）
15	V0821	越南西北部带	英云闪长岩	锆石 LA-ICP-MS	256±7	Hieu 等（2016）
16	15NL-57A	老挝东北部带	斜长角闪岩	锆石 SIMS	356±5	本书，Zhang 等（2021b）
17	15NL-57C	老挝东北部带	斜长角闪岩	锆石 LA-ICP-MS	367±4	本书，Zhang 等（2021b）
18	15NL-55A	老挝东北部带	辉绿岩	锆石 LA-ICP-MS	270±3	本书，Zhang 等（2021b）
19	15NL-59A	老挝东北部带	辉长岩	锆石 LA-ICP-MS	271±2	本书，Zhang 等（2021b）
20	15NL-53B$_1$	老挝东北部带	斜长花岗岩	锆石 LA-ICP-MS	261±2	本书，Zhang 等（2021b）
21	15NL-53B$_4$	老挝东北部带	斜长花岗岩	锆石 LA-ICP-MS	258±3	本书，Zhang 等（2021b）

上述锆石 U-Pb 年代学数据表明，位于老挝北部的斜长角闪岩样品形成于晚泥盆世晚期约 367~356Ma，具有 N-MORB 型地球化学特征。已有资料表明，越南北部马江蛇绿岩、辉石岩、斜长角闪岩和变辉长岩的（$^{87}Sr/^{86}Sr$）$_i$ 为 0.7036~0.7062，ε_{Nd}（t）为 +4.3~+11.5，具有 MORB 型原始地幔标准化的配分模式图，形成时代约为 387~300Ma（如 Li et al.，2002；Xu and Castillo，2004；Lai et al.，2014a；Vượng et al.，2013；Zhang et al.，2013c，2014，2021b；Thanh et al.，2014，2015；Halpin et al. 2016）。同样，海南中部邦溪－晨星缝合带报道的 N-MORB 型变基性岩时代约为 365~330Ma（如 Li et al.，2002；He et al.，2017，2018）。向西延伸的金沙江－哀牢山缝合带出露的蛇纹石化橄榄岩、堆晶辉长岩－斜长岩、奥长花岗－英云闪长岩和 MORB 型熔岩的锆石

U-Pb 年龄约为 383~320Ma（如 Yumul et al.，2008；Jian et al.，2009b；Zi et al.，2012b；Lai et al.，2014a，2014b）。这些数据，结合早石炭世（约 355~320Ma）硅质岩中放射虫的研究结果，表明沿马江缝合带及其东西延伸均存在晚泥盆世—石炭纪 N-MORB 型基性岩。

具有岛弧型地球化学特征的辉长 / 辉绿岩 – 闪长岩和斜长花岗岩形成时代分别为约 270Ma 和约 260Ma。沿马江带的 Chieng Khuong 闪长岩、奠边辉绿岩和孟雷辉长岩形成于约 285~250Ma，同样沿金沙江 – 哀牢山缝合线带的吉义独英云闪长岩和帽盒山玄武岩形成于约 289~249Ma（如 Liu et al.，2018b；Zi et al.，2012b；Lai et al.，2014b；Hieu et al.，2016）。哀牢山缝合带以南的大龙凯、五素、雅轩桥基性 – 中性火成岩的时代约为 287~266Ma。此外，沿马江带南侧发育的长山带出露了丰富的弧火成岩，它们的形成年代为约 306~252Ma（如钱鑫等，2022；Hieu et al.，2015，2016，2019；Qian et al.，2015，2019）。对应地，在邦溪 – 晨星缝合带也发现了约 267~251Ma 的岛弧型安山岩和高钾 I 型花岗岩等（He et al.，2018，2020）。因此，沿着金沙江 – 哀牢山 – 马江构造带及其以南普遍发育了早 – 晚二叠世火成岩。

印支和华南陆块被认为沿金沙江 – 哀牢山缝合带和马江缝合带拼贴聚合，地球物理数据还显示出不同的莫霍面深度、速度对比，以及跨越马江缝合带康拉德界面发生的明显相变（如 Su et al.，2018）。然而，对于晚古生代的构造背景（缓慢扩张的裂谷 – 东古特提斯主洋盆 – 内弧 – 支洋盆 – 弧后盆地），以往的研究存在多种不同观点。对于马江缝合带的消亡时间（泥盆纪、石炭纪、晚二叠世—早三叠世）仍然存在争议（如 Thanh et al.，1996；Lepvrier et al.，1997，2008；Carter et al.，2001；Metcalfe，2006，2012，2013a；Trung et al.，2006；Yang et al.，2009；Wang et al.，2018b）。上述马江带斜长角闪岩（约 363~356Ma）和辉长辉绿岩 – 闪长岩（约 271~255Ma）样品分别具有 MORB 型和岛弧型地球化学特征，它们均源自受俯冲组分改造的交代地幔楔源区。通常，具 N-MORB 型特征的基性岩可形成于大陆裂谷、洋中脊或俯冲环境（如 Dilek and Furnes，2011；Zhang et al.，2013d）。但裂谷环境产生的 N-MORB 型岩浆通常与洋岛玄武岩（OIB）伴生（如 Sánchez-García et al.，2008）。然而上述样品 Nb/Zr、Th/Zr、Nb/U 值较高，在 Zr-Ti 相关图中落入 N-MORB 和弧火山岩区域，在 MORB 和弧火山岩之间构成的趋势线也反映了俯冲组分的加入；在 La/Nb-Ba/Nb 图中落于弧火山岩区［图 4.15（a)］。在 Y-La/Nb 图解中，大部分样品表现出 MORB 和 / 或弧后盆地玄武岩（BABB）特征［图 4.15（b)］。这些特征，再加上老挝北部马江缝合带缺失 OIB 型玄武岩，表明它们形成于俯冲背景。

沿马江带发育的变杂砂岩、变基性岩、超基性岩和斜长花岗岩组合被认为可能为弧前、岛弧或弧后残留（如 Trung et al.，2006；Tran et al.，2014）。马江带的 Nui Nua、Hon Vang、Chieng Khuong 和 Bo Xinh 地区保存的蛇绿岩体与伴生的高压绿片岩和副片麻岩被认为是典型的弧前蛇绿岩和相关增生杂岩（如 Thanh et al.，2001，2014，2015；Nakano et al. 2010；Zhang et al.，2013c；Faure et al.，2014）。具 E-MORB 和 N-MORB 地球化学特征的 Huoi Hao 组基性岩和蛇绿岩套中的变质岩与产生于弧 / 弧前

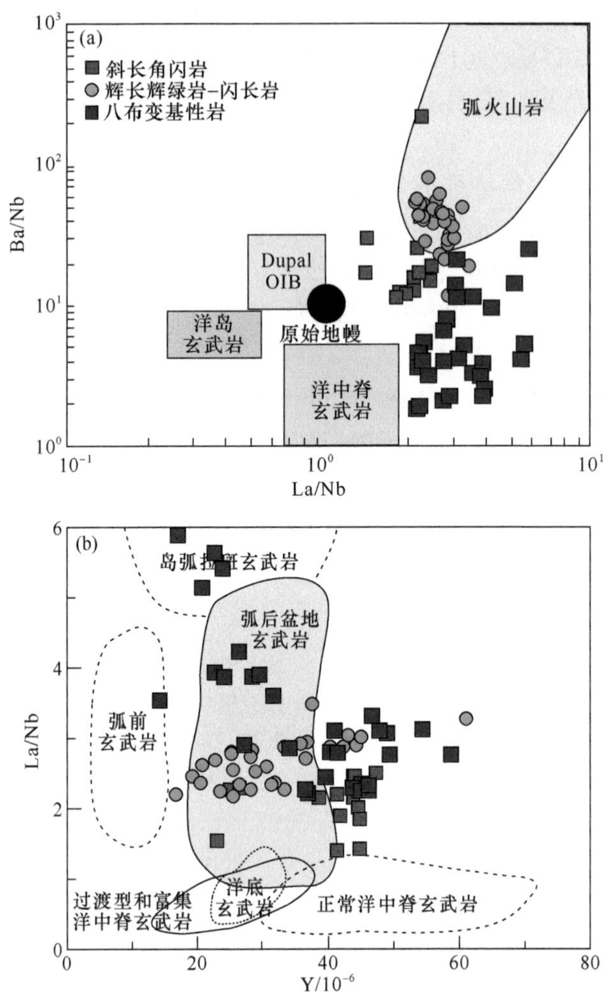

图 4.15　马江构造带及八布基性火成岩 La/Nb-Ba/Nb（a）和 Y-La/Nb（b）构造环境判别图

背景下的基性岩及变质岩相类似（如 Findlay and Trinh，1997；Tri and Khuc，2009）。但迄今为止沿马江带未报道通常与弧前背景相关的玻安岩、高镁安山岩、安山岩和酸性火山岩组合。另外，上述辉长辉绿岩－闪长岩样品包含丰富的捕获锆石，其形成年龄为 3163~255Ma，证实其岩浆上升过程中穿越了基底或者大陆壳物质（如 Lan et al. 2000，2003；Tri and Khuc，2009；Hieu et al.，2016）。岛弧型花岗岩中的锆石 U-Pb 年龄记录了二叠纪－三叠纪的边部年龄和早－中古生代的核部年龄，因此，马江蛇绿岩带南段斜长角闪岩的捕获锆石可能来源于晚泥盆世－石炭纪初期大陆裂谷的岩浆活动（如 Lan et al.，2001，2003）。事实上，马江－哀牢山－金沙江蛇绿岩套中也曾报道过泥盆纪－石炭纪（约 387~338Ma）的基性火成岩（Jian et al.，2009a；Vượng et al.，2006，2013）。Metcalfe（1996，2002，2013a）和 Wang 等（2018b）认为，马江缝合带的岩性组合和变形变质作用与金沙江、哀牢山带具有可比性。斜长角闪岩和辉长辉绿岩－闪长岩可能是马江带最初扩张或弧后盆地或者支洋盆的产物。斜长角闪岩样品的形成时代与金沙江、哀牢山蛇绿岩中变基性岩相近（约 380~340Ma）（如 Metcalfe，1996，2012；Jian et al.，2009a，2009b；He et al.，2017，2018）。它们的 Th/Nb、Ce/Nb、La/ Yb、Sm/Nd 和 Nb/Ta 值，以及斜长角闪岩和辉长辉绿岩 – 闪长岩具低的 Nb 含量，分别与东劳弧后盆地和日本海相似，这支持了早期裂谷和后期弧后扩张的观点（如 Hawkesworth et al.，1997a，1997b；Shinjo et al.，1999）。考虑到晚石炭世（约 305Ma）Phu Kham 埃达克岩的 $\varepsilon_{Nd}(t)$ 值为正（+4.0~+4.8），表明板片的俯冲至少从晚石炭世开始（如 Kamvong et al.，2014）。奠边杂岩中的 Nam He 花岗岩的年代为约 296~289Ma，沿马江、金沙江、哀牢山和长山地区延伸上千公里，并广泛出露时代为约 280~255Ma 且与俯冲相关的花岗岩类（如钱鑫等，2022；Lan et al.，2000，2003；Vượng et al.，2006；Fan et al.，2010；Liu et al.，2012b；Kamvong et al.，2014；Thanh et al.，2014，2015；Qian et al.，2019；Wang et al.，2018b）。研究识别的斜长花岗岩与闪长岩形成年代相同，为约 260Ma。它们具有高 Sr/Y 值和 MORB 型的 Sr-Nd-Hf-O 同位素特征，类似来源于受流体改造板片部分熔融的吉义独英云闪长岩（约 283Ma）（如 Zi et al.，2012b）。事实上，越南北部马江带 Chieng Khuong 地区斜长花岗岩和同时期的弧型石英闪长岩的时代也分别为 262±8Ma 和 271±3Ma（如 Pham et al.，2008；Liu et al.，2012b；Nguyen et al.，2013；Hieu et al.，2016）。这些特征表明蚀变基性地壳的深熔作用，与阿拉斯加型镁铁质 – 超镁铁质杂岩假说相一致（如 Tri and Khuc，2009；Zi et al.，2012b；Liu et al.，2018a）。因此，在这里提出马江缝合带可能代表了一个古特提斯的支洋盆或弧后盆地。

4.2.2　八布二叠纪基性 – 超基性岩的构造归属

八布晚古生代基性 – 超基性岩，也被称为八布蛇绿岩，呈构造岩片产出于右江盆地北西向文山 – 麻栗坡和富宁走滑断裂之间的断夹块内，如图 4.16 所示。上述基性 – 超基性岩体与泥盆纪—三叠纪泥质、砂泥质夹少量硅质岩的浊积岩及晚古生代碳酸盐岩呈构造岩片产出。野外调查表明（徐伟等，2008），该蛇绿岩片由南向北逆冲推覆于深水沉积之上，台地碳酸盐岩岩片为异地推覆在浊积岩之上的飞来峰。

八布蛇绿岩东西长约 20km，南北宽 4~8km，其南界为一近东西向逆冲推覆构造，中部龙林断裂为近南北向逆冲走滑断裂，将八布蛇绿岩分为东西两部分。已有的资料显示东半部分岩片，即龙林以东出露的蛇绿岩较为完整。已有资料表明八布晚古生代基性岩体主要由三个大的构造岩片单元所组成，自南而北逆冲推覆于三叠系兰木组之上（徐伟等，2008；张斌辉等，2013），下部单元由蛇纹岩和少量辉石岩的构造透镜体组成，主要出露在近南北向的龙林断裂东侧。中部单元主要为辉长岩及以岩墙状产出的辉绿岩脉。上部单元由玄武岩组成，在龙林至金竹湾一带，大部分玄武岩已变质为绿帘阳起片岩和钠长阳起片岩，而在炭山至铜厂一带，则蚀变微弱。三个单元之间均以断裂相接。沿龙林至杨万公路边可见含放射虫硅质岩，时代为早二叠世（冯庆来和刘本培，1993）。

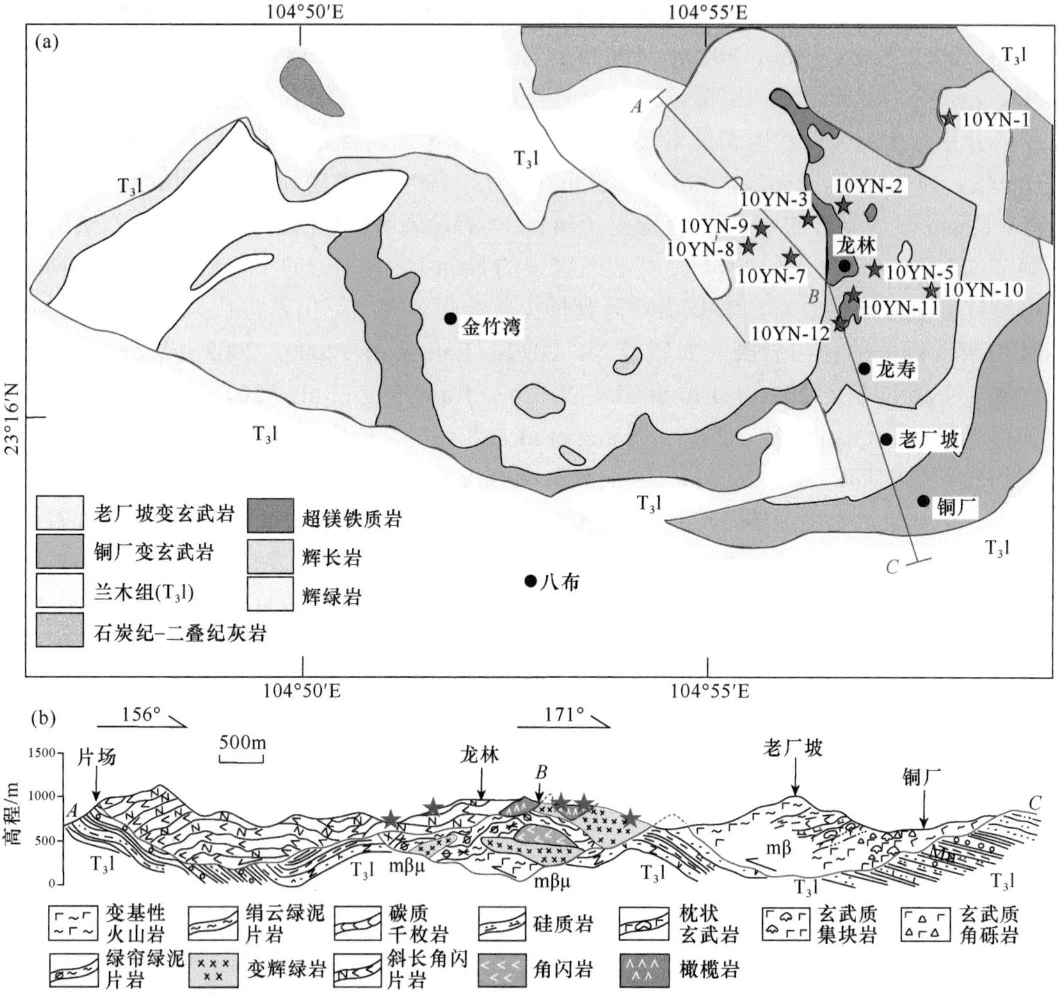

图 4.16　八布地区地质简图及采样位置（a）和蛇绿岩野外剖面图（b）（据 Liu et al.，2018）

对于八布晚古生代基性岩的构造归属长期有着不同看法。有人认为其属于马江构造带的一部分，当前位置是受到印支期逆掩推覆或新生代活动的错断位移所致。也有研究者认为其属于“滇琼带”的一部分（Cai and Zhang，2009；Metcalfe，2011b；Halpin et al.，2016；Thanh et al.，2014；Liu et al.，2018a）。已有资料显示在华南和印支陆块交接的扬子西南缘都龙–八布等地发育有作为印支造山带的前陆构造，以一系列向北北东扩展的前展式冲断推覆构造为特征（图 4.16 中剖面 *A*—*C*；如任立奎，2012；Shu et al.，2008；Wang et al.，2007，2013a，2013b）。在八布—南盘江一线形成了一系列指向北东的冲断和冲褶带，自南而北发育有 NW-SE 走向、兼具右行走滑的马江缝合带、哀牢山和斋江等逆冲断裂带，包括了都龙构造带、西畴构造带、广南–富宁构造带、西林–八渡圩构造带及安然构造带等。在上述逆冲岩片之间，出露有俯冲杂岩或高压变质岩，以南部厚皮逆冲构造和向北扩展的双重逆冲构造和逆冲叠瓦扇构造等为主要构造样式（如任立奎，2002，2012；Faure et al.，2016）。在都龙、八布和越北斋江地区的厚皮构造被上三叠统砾岩以角度不整合所上覆（如陈泽超等，2013），其片岩中同构造期白云母 $^{40}Ar/^{39}Ar$ 变形年龄和 SHRIMP 锆石变质边 U-Pb 年龄变化于 227~245Ma（如陈泽超等，2013；Yan et al.，2003，2009），相当于 Deprat（1914）和 Fromaget（1932）在越南北部定义的“印支运动”第一幕。八布蛇绿岩及其构造岩片即属于上述厚皮构造带的一部分。其东西向冲断构造也协调于印支内部崑嵩地块，三岐 - 福山和长山带的北西西向韧性变形特征，也与同构造期矿物的 $^{40}Ar/^{39}Ar$ 坪年龄和变质锆石 U-Pb 年龄相一致，反映其时空和变形样式具有统一性。结合海南邦溪 - 晨星至马江—哀牢山一线石炭纪—晚二叠世 MORB 型变基性岩的发育，以及扬子南缘与东古特提斯哀牢山 - 马江洋盆或支洋盆或弧后盆地闭合的相关资料。在这里推断八布蛇绿岩可能是马江蛇绿岩向北远距离逆冲推覆至八布一线而残留在扬子南缘的结果，相当于越南和老挝境内马江蛇绿岩带的构造组成。

采自八步龙林附近的变基性火成岩样品包括变玄武岩（10YN-01）和变辉长岩（10YN-10）样品（图 4.16）。野外观察表明这些样品均遭受了不同程度的绿片岩相 - 角闪岩相的变质作用（图 4.17），其锆石 SIMS U-Pb 定年分析结果列于附表 4.2。变辉长岩和变玄武岩样品中的所有锆石颗粒均为透明或半透明，锆石颗粒普遍为半自形和碎片状，阴极发光（CL）成像显示大多数锆石都含有清晰的宽条带，从核部到边缘变薄，核部呈黑色，表明相对较高的铀含量。对样品 10YN-01 中的 30 个锆石进行了分析（附表 4.2）。其中 21 个为继承锆石，$^{206}Pb/^{238}U$ 年龄为 505~2655Ma，其余 9 个点的 Th/U 值在 0.36~0.94 之间，与火成岩成因一致（Wu and Zheng，2004），这 9 个点得出的 $^{206}Pb/^{238}U$ 加权平均年龄为 265.2±4.9Ma［MSWD=2.4，图 4.18（a）］。对样品 10YN-10 中的 16 颗锆石进行了分析（附表 4.2），它们的 Th/U 值范围为 0.18~2.40，其对应的 $^{206}Pb/^{238}U$ 年龄范围为 258~279Ma，$^{206}Pb/^{238}U$ 加权平均年龄为 270±3.2Ma［N=16，MSWD=1.5，图 4.18（b）］。

以往的研究表明，八布晚古生代基性火成岩的形成年龄时代跨度较大，从早石炭世到晚三叠世（表 4.4），其中变玄武岩全岩 Sm-Nd 等时线年龄为约 328Ma（吴根耀等，2001），斜长角闪岩（SHRIMP）锆石年龄为 272±8Ma（张斌辉等，2013），变玄武岩 Ar-Ar 坪年龄约为 230~231Ma（Wu et al.，1999）。杨江海等（2017）对八布地区早二叠世含火山岩屑砂岩的研究，得到其中最年轻碎屑锆石 U-Pb 年龄为 285Ma。此外，Halpin 等（2016）和 Thanh 等（2014）在八布基性岩体以南的越北 Song Hien 带和 Cao Bang 地区报道了二叠纪约 263Ma，具弧 / 弧后成因的枕状玄武岩和超基性岩。而新的锆石定年数据给出了 265~270Ma 的 U-Pb 年龄。另外，黄虎（2013）获得的变玄武岩锆石 U-Pb 年龄为 359±6Ma，但该年龄代表的是捕获锆石年龄还是结晶锆石年龄需要进一步厘定。考虑到不同测试方法的适应性，在此倾向于认为，尽管不能排除八布基性 - 超基性岩石可能存在石炭纪岩石成分，但主体形成于 275~263Ma 之间应该没有问题。事实上冯庆来和刘本培（2002）在八布基性 - 超基性岩体内识别出有二叠纪放射虫硅质岩，也证明该年龄的可信度。

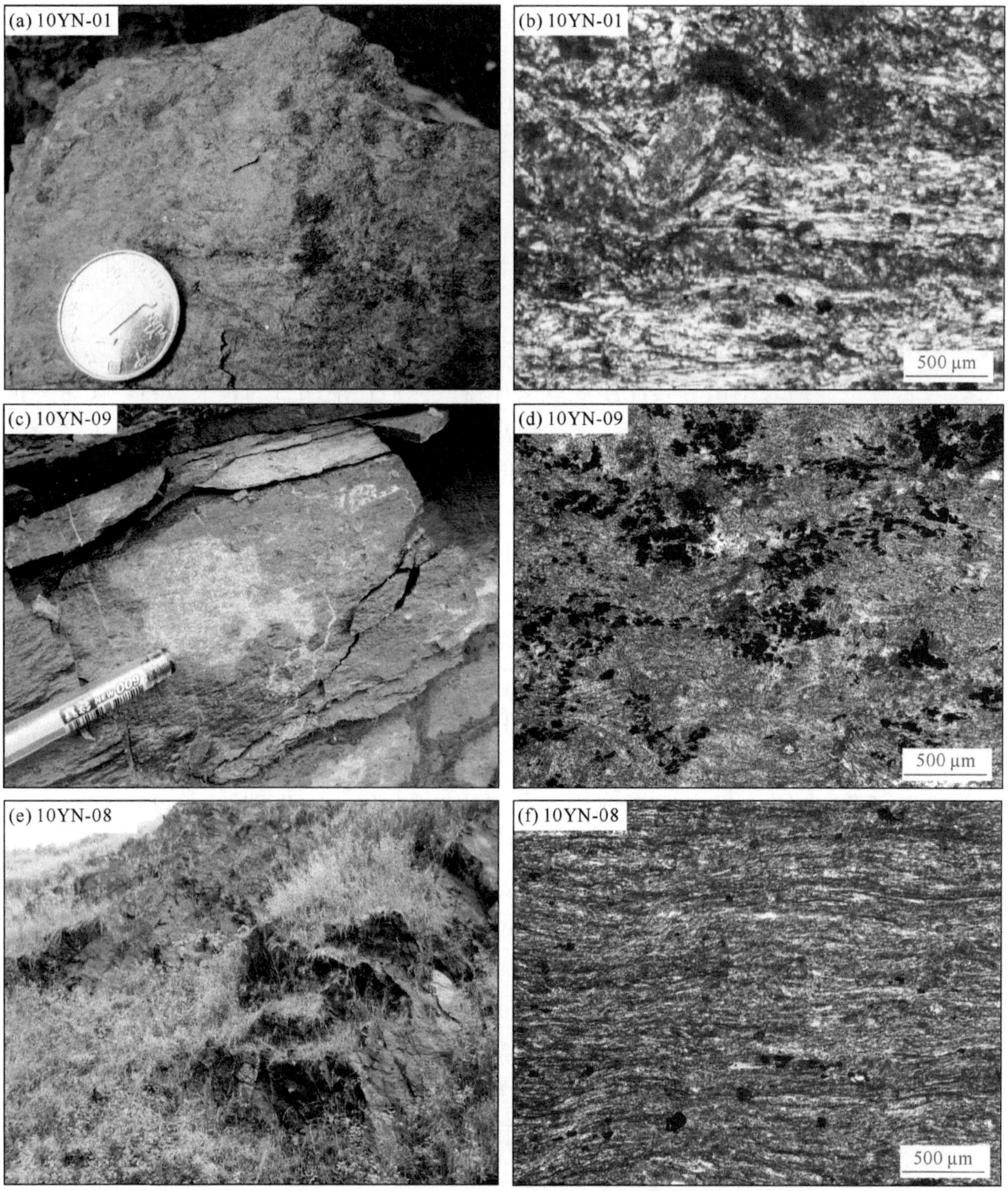

(a) 10YN-01
(b) 10YN-01
500 μm
(c) 10YN-09
(d) 10YN-09
500 μm
(e) 10YN-08
(f) 10YN-08
500 μm

图 4.17　八布变玄武岩和变辉长岩野外照片及镜下薄片

八布变基性火成岩样品的全岩地球化学数据见表 4.2，在 TAS 图中落于玄武岩 / 辉长岩区域［图 4.9（a)］，在哈克图解中它们的 FeO_t、TiO_2、P_2O_5 和 CaO 与 SiO_2 呈负相关关系，而 Al_2O_3 和 SiO_2 呈现正相关关系（图 4.10)。其中变辉长岩样品 Al_2O_3= 12.50%~16.24%，CaO=10.76%~14.37%，Na_2O=2.11%~3.28%，并具钙碱性的地球化学特征。它们显示了 LREE 亏损的稀土元素配分模式，对应的（La/Sm)$_N$ 值为 0.30~0.55，（La/Yb)$_N$ 值为 0.29~0.66，具 N-MORB 的地球化学亲缘性。原始地幔不相容元

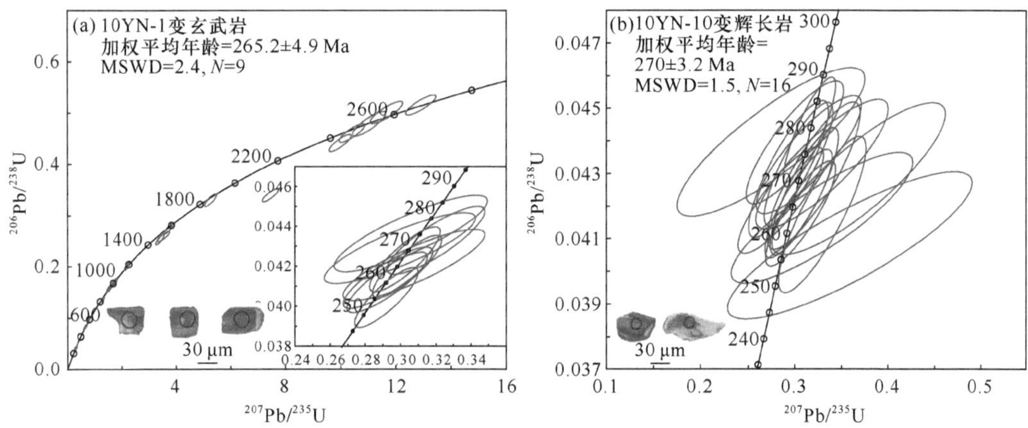

图 4.18　八布变玄武岩（a）和变辉长岩（b）的锆石 SIMS U-Pb 年龄谐和图

表 4.4　八布地区晚古生代火成岩年代学数据汇总表

样品号	采样位置	岩石类型	测年方法	年龄 /Ma	参考文献
D57TW1	八布龙林	斜长角闪岩	锆石 SIMS	272±8	张斌辉等（2013）
BB	八布	玄武岩	全岩 Sm-Nd	328.3±9.3	吴根耀等（2001）
TGZ1	八布松山	玄武岩	锆石 LA-ICP-MS	359±6	黄虎（2013）
LL-3	八布松山	变玄武岩	角闪石 Ar-Ar	231.2±0.8	Wu 等（1999）
BJ-3	八布松山	变玄武岩	角闪石 Ar-Ar	230.5±0.6	Wu 等（1999）
10YN-01	八布龙林	变玄武岩	锆石 SIMS	265±5	本书，Liu 等（2018）
10YN-10	八布龙林	变辉长岩	锆石 SIMS	270±3	本书，Liu 等（2018）

素趋势图显示其不具明显 Nb-Ta 和 Zr-Hf 异常，类似 N-MORB 和马江 MORB 型斜长角闪岩配分模式[图 4.11（c）]。这些镁铁质岩石的 Nb/La 值为 0.17~0.34（≤1），Hf/Ta 值为 21.17~28.93（＞5），La/Ta 值为 23.87~34.05（＞15），Ti/Y 为 177.66~291.38（＜350），Ti/V 为 14.14~30.71（＜30），Ta 含量为 0.03×10^{-6}~0.08×10^{-6}（$<0.7\times10^{-6}$），Nb 含量为 0.11×10^{-6}~0.72×10^{-6}（$\leq12\times10^{-6}$）。此外，它们显示出亏损的 Sr-Nd 同位素组成，其（$^{87}Sr/^{86}Sr$）$_i$ 值为 0.703460~0.705630，$\varepsilon_{Nd}(t)$ 变化于 +6.9~+8.3（图 4.12），与典型的 N-MORB 型岩石相似，也类似金沙江和马江蛇绿岩带 MORB 型斜长角闪岩的 Sr-Nd 同位素组成（Wang et al.，2018b；Zhang et al.，2021b）。

八布变玄武岩样品的 Al_2O_3=2.36%~13.31%，CaO=9.40%~11.26%，Na_2O=1.79%~3.08%，Na_2O/K_2O=19.8~43.6。这些变玄武岩样品在 SiO_2-FeO_t/MgO 图中为典型拉斑玄武岩系列。它们亏损不相容元素和 LREEs，显示出左倾平滑的球粒陨石标准化 REE 图和原始地幔不相容元素趋势图［图 4.11（c）]，$(La/Sm)_N$ 值为 0.53~0.61，$(La/Yb)_N$ 值为 0.54~0.62。这些镁铁质岩石的 Nb/La 值为 0.41~0.45（≤1），Hf/Ta 值为 18.08~22.96（＞5），La/Ta 值为 22.91~27.54（＞15），Ti/Y 值为 200.58~263.13（＜350），Ti/V 值为 21.40~24.40（＜30），Ta 含量为 0.12×10^{-6}~0.16×10^{-6}（$<0.7\times10^{-6}$）。这些变玄武岩样品具与八布辉长岩相似的 Sr-Nd 同位素组成，其（$^{87}Sr/^{86}Sr$）$_i$ 值为 0.703300~

0.704940，$\varepsilon_{Nd}(t)$ 值为 +7.5~+8.0（图 4.12），其 Sr-Nd 同位素组成类比于典型 N-MORB 岩石，同样类似于八布变辉长岩和马江蛇绿岩带 MORB 型斜长角闪岩的同位素组成。

Faure 等（2014）认为八布超镁铁质－镁铁质岩石与中国西南部及越南东北部黑河裂谷所发育的、形成时代介于 260~257Ma 峨眉山大火山岩省有关的基性火成岩具相似的成因（Xu et al.，2001，2008；Wang et al.，2012a；Qian et al.，2016c），代表了与峨眉山地幔柱有关的板内玄武岩，而非蛇绿岩。但如前所述，由变橄榄岩、辉绿－辉长岩和镁铁质熔岩组成的八布超镁铁质－镁铁质杂岩在地球化学属性上有着显著差别，其形成年龄集中在 263~275Ma，也明显老于峨眉山大火成岩省活动时间，时代更接近马江缝合带基性－超基性岩石的形成年龄，也一致于长山带二叠纪火山岩形成时代。因此，基于地质年代学和岩石组合特征，认为八布超镁铁质－镁铁质岩石与峨眉山地幔柱无关，更可能是马江缝合带蛇绿岩组成的一部分，代表晚古生代哀牢山－马江支洋盆或弧后盆地的残余。

Dilek 等（2008）根据与 MORB 和 SSZ 玄武岩的地球化学亲缘性，将蛇绿岩分为 MORB 和 SSZ 类型。因为 Th 在弧相关岩浆岩中富集，而在洋中脊基性岩中亏损，并且在海水蚀变和后期变质过程中能保持稳定（Pearce，2003），与 Th 相反，U 在流体中较活泼（Hawkesworth et al.，1997a，1997b）。因此 Th 被认为是区分这两种类型蛇绿岩的关键元素。Th 相对于 Nb 和 Ta 的富集表明八布镁铁质火成岩可能形成于超俯冲背景（如 Dilek and Furnes，2014；Saccani，2015）。八布变辉长岩样品无明显的堆积结构，其 $Mg^{\#}$=64.5~74.3，Cr=228×10^{-6}~965×10^{-6}，Ni=74×10^{-6}~124×10^{-6}，含量相对较高，可能接近原始岩浆。它们显示了平滑的 N-MORB 型原始地幔不相容元素配分特征，没有明显 Th 富集。八布基性－超基性杂岩中变玄武岩样品同样显示出典型的 N-MORB 型的配分模式图［图 4.11（c）］。在构造判别图中，变辉长岩和变玄武岩落入 MORB-OIB 和 N-MORB 区域。此外，它们均具亏损的 Sr-Nd 同位素组成，其 $\varepsilon_{Nd}(t)$ 分别为 +7.5~+8.0 和 +7.9~+8.3。这些地球化学特征表明，八布镁铁质火成岩样品主要来源于 N-MORB 型的亏损地幔源区（图 4.12）。在 $(La/Sm)_N$-$(Sm/Yb)_N$ 和 LaYb-Dy/Yb 图中，八布地区的镁铁质火成岩样品落入不含石榴子石的地幔源区［图 4.13（a）（b）］，反映了相对较浅的含尖晶石橄榄岩源区［图 4.13（c）］。在图 4.13（d）中，它们落于“亏损的弧后盆地线”上，表明有俯冲组分的加入。$(Ta/La)_N$-$(Hf/Sm)_N$ 图反映了俯冲过程中流体相关的交代作用（图 4.14）。因此，八布地区的镁铁质火成岩样品来源于深度相对较浅板片流体交代的 N-MORB 型亏损地幔源区。

此外，徐伟等（2008）在八布地区还报道了超镁铁质－镁铁质－中性岩组合，该组合的相关岩石具显著 Th 富集，其源区遭受了俯冲流体的交代，反映的是 SSZ 型蛇绿岩地球化学特征。在构造判别图中（图 4.15），八布地区的镁铁质火成岩均落入弧后盆地玄武岩或岛弧火山岩与洋中脊玄武岩之间的区域内。因此，八布地区存在 N-MORB 型和 SSZ 型共存的蛇绿岩组合，其成因上是与马江古特提斯分支洋或弧后盆地的俯冲有关（表 4.4 和图 4.12），也进一步证明了它们的形成与峨眉山大火成岩省或黑河裂谷陆内岩浆作用无关。

本节讨论及引用的数据出自本研究及以下参考文献（张斌辉等，2013；Zhang and Xie，1997；Li et al.，2002，2018；Xu and Castillo，2004；Shuto et al.，2006；Jian et al.，2009a，2009b；Huang et al.，2010；Zi et al.，2012a，2012b；Fan et al.，2010；Vượng et al.，2013；Zhang et al.，2013c，2014，2021b；Thanh et al.，2014；Liu et al.，2015，2018a；Hieu et al.，2016；Qian et al.，2016c；He et al.，2017，2018；Wang et al.，2018b）。

4.3　长山带二叠纪—三叠纪岩浆作用

长山火成岩带是印支陆块东北部最显著的岩浆岩带，主要集中在越南北部和老挝东北部地区。该岩浆岩带以晚古生代—早中生代钙碱性中酸性火山岩和深成岩为主体。

4.3.1　火成岩分布及其年代学

长山带二叠纪火成岩主体沿马江缝合带之西南区域分布，以花岗闪长岩、黑云母花岗岩、角闪石花岗岩和流纹岩为主，个别地区还出露有埃达克岩、安山岩、变火山岩和少量基性 - 中性侵入岩等。老挝境内的花岗质岩石及酸性火山岩主要出露于老挝北部的丰沙湾（Phonsavan）—桑怒（Xam Nua）一线（图 4.5）。其中变火山岩和安山岩主要分布在丰沙湾附近，与斑岩有关的夕卡岩型 Au-Cu 矿带一线的 Phu Kham 和 Ban Houayxai 地区，在 Phu Kham 矿区报道有晚石炭世—早二叠世（306~280Ma）埃达克岩（Kamvong et al.，2014；Manaka et al.，2014）。二叠纪花岗质岩石主要侵入于志留系及上古生界中，广布于在大江断裂周缘及以南的丰沙湾等地区。越南境内长山火成岩带内的岩性以花岗岩、花岗闪长岩和花岗片麻岩为主，主要出露于越北孟雷和奠边府东南部地区及荣市（Vinh）—河静（Ha Tinh）一线。此外，在越南中部的三岐—福山一线也有二叠纪花岗质岩石及花岗片麻岩的零星出露（图 4.5）。

沿老挝东北部丰沙湾—桑怒一线的 6 号和 1 号公路的野外考察和采样工作如图 4.19 和图 4.20 所示。老挝境内长山带二叠纪花岗闪长岩样品具斑状结构，主要矿物组合为 15%~20% 钾长石、15%~20% 石英、35%~40% 斜长石、10%~15% 角闪石、5%~10% 黑云母和其他副矿物（主要为磷灰石、锆石和铁 - 钛氧化物）[图 4.21（a）]。角闪石花岗岩矿物包括 20%~30% 钾长石、15%~25% 石英、20%~30% 斜长石、5%~10% 角闪石和 10%~15% 黑云母，其副矿物包括磷灰石、锆石和独居石 [图 4.21（b）]。含黑云母花岗岩矿物有 25%~30% 钾长石，20%~25% 石英，20%~30% 斜长石和 15%~20% 黑云母以及少量角闪石 [图 4.21（c）]。流纹岩样品为隐晶质至斑状结构，含半自形透长石、斜长石和石英 [图 4.21（d）]，其中部分斜长石斑晶发生不同程度的绢云母化，基质可见结晶较好的石英、斜长石、不透明矿物和玻璃。

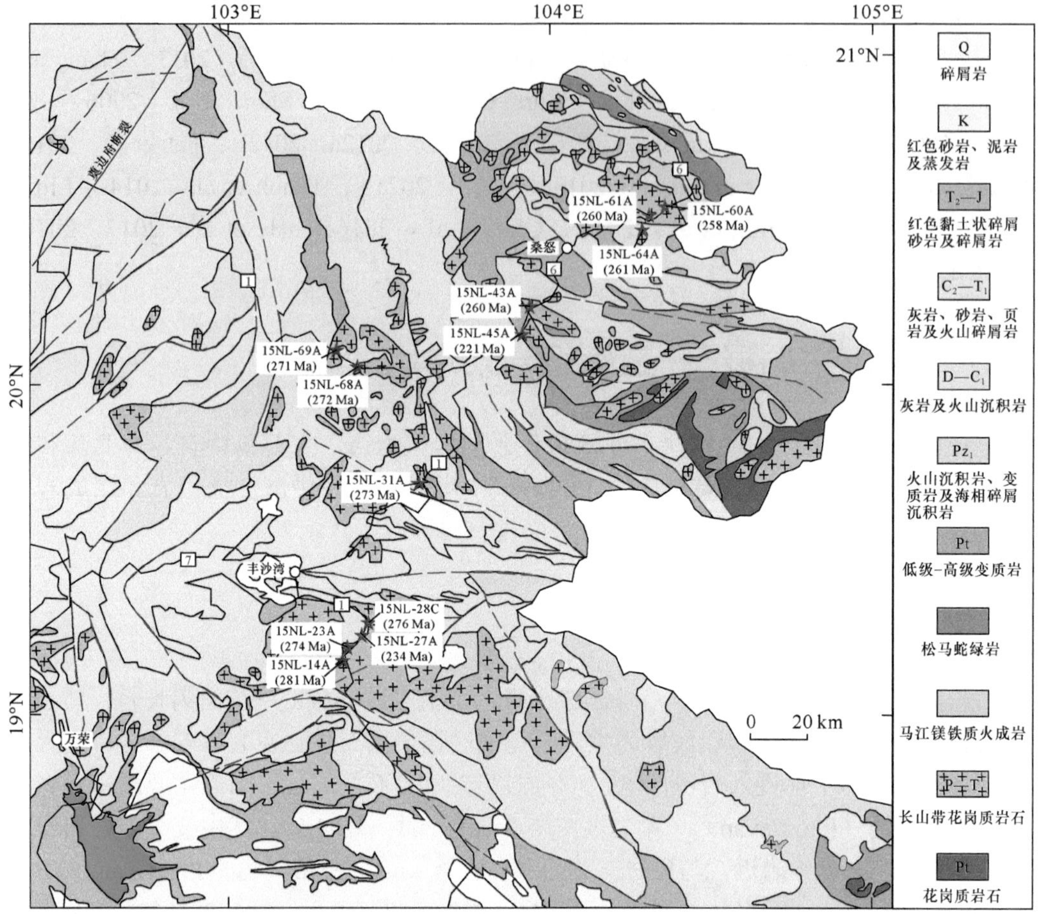

图 4.19 老挝西北部地质简图（据 Qian et al.，2019）

长山带三叠纪火成岩以长英质侵入岩为主，老挝境内三叠纪火成岩仅零星分布在北部丰沙湾—桑怒一线地区（图 4.19），以花岗闪长岩和角闪石花岗岩为主，少数地区可见闪长岩脉（图 4.20）。在丰沙湾地区的三叠纪花岗闪长岩侵入早二叠世花岗岩中，桑怒西南部的花岗闪长岩基则侵入中三叠世—侏罗纪碎屑岩中（图 4.19；Qian et al.，2019）。其中老挝丰沙湾—桑怒一线的花岗闪长岩样品具斑状结构，矿物组合主要为 15%~20% 钾长石、15%~20% 石英、35%~40% 斜长石、10%~15% 角闪石、5%~10% 黑云母，还有其他副矿物（主要为磷灰石、锆石和铁钛氧化物）[图 4.21（e）]。角闪石花岗岩矿物包括 20%~30% 钾长石、15%~25% 石英、20%~30% 斜长石、5%~10% 角闪石和 10%~15% 黑云母，其副矿物包括磷灰石、锆石和独居石 [图 4.21（f）]。越南北部地区三叠纪花岗岩主要分布在奠边和清化西部地区，以花岗岩为主，而越南中部地区三叠纪花岗岩主要分布在岘港—顺化一线，以黑云母花岗岩和二长花岗岩为主，在三岐西部还有闪长质片麻岩和花岗片麻岩报道。

对老挝东北部 12 个代表性长英质火成岩样品（图 4.19）开展了 LA-ICP-MS 锆石 U-Pb 定年，分析数据见表 4.5、附表 4.3，其中 9 个样品的锆石原位 Hf-O 同位素组成

图 4.20　老挝境内长山带长英质火成岩野外照片

的分析测试数据见表 4.6。相应的地球化学分析数据见表 4.7。

二叠纪花岗闪长岩和角闪花岗岩样品 15NL-14B 和 15NL-28C 锆石 Th 和 U 含量分别为 383×10^{-6}~3026×10^{-6} 和 552×10^{-6}~3390×10^{-6}，Th/U 值为 0.47~1.67。样品 15NL-14B 中 20 个锆石颗粒和样品 15NL-28C 中 14 个锆石颗粒的加权平均年龄分别为 281±1Ma（MSWD=0.30）和 276±1Ma（MSWD=0.07）[图 4.22（a）（b）]。

二叠纪黑云母花岗岩样品 15NL-23A、15NL-31A、15NL-43A、15NL-60A、15NL-61A、15NL-68A 和 15NL-69A 中的锆石颗粒 Th/U 值为 0.08~1.33（大部分大于 0.4）。对 15NL-23A 样品的 14 个锆石颗粒进行分析，测得锆石 U-Pb 加权平均年龄为 274±1Ma（MSWD=0.12）[图 4.22（c）]。15NL-31A 的 18 个锆石颗粒加权平均年龄为 273±1Ma（MSWD=0.33）[图 4.22（d）]。15NL-68A 和 15NL-69A 加权平均年龄分别为 272±1Ma（N=14，MSWD=0.88）和 271±1Ma（N=16，MSWD=0.32）[图 4.22（e）（f）]。15NL-43A 样品的 15 个锆石颗粒加权平均年龄为 260±1Ma（MSWD=0.34）[图 4.22（g）]。样品 15NL-60A 和样品 15NL-61A 的锆石 U-Pb 年龄相近，分别为 258±1Ma（MSWD=0.16）和 260±1Ma（MSWD=0.30）[图 4.22（h）（i）]。二叠纪流纹岩样品 15NL-64A 的

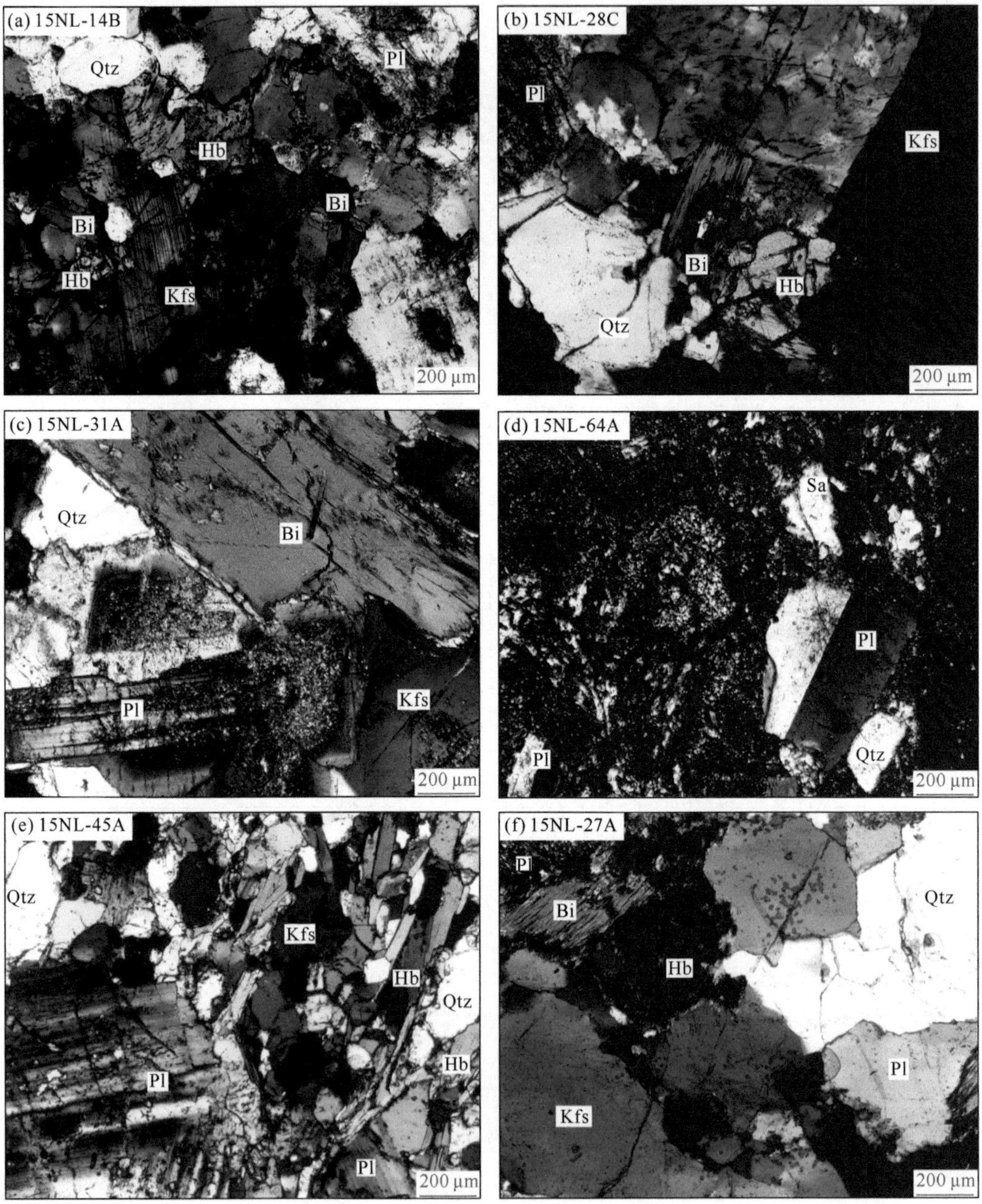

图 4.21　老挝境内长山带二叠纪—三叠纪长英质火成岩镜下显微特征

(a) 15NL-14B（花岗闪长岩）；(b) 15NL-28C（角闪石花岗岩）；(c) 15NL-31A（黑云母花岗岩）；(d) 15NL-64A（流纹岩）；(e) 15NL-45A（花岗闪长岩）；(f) 15NL-27A（角闪石花岗岩）。Pl- 斜长石；Kfs- 钾长石；Hb- 角闪石；Qtz- 石英；Bi- 黑云母；Sa- 透长石

表 4.5　长山带晚石炭世—晚三叠世火成岩锆石 LA-ICP-MS 年龄及 Sr-Nd-Hf-O 同位素组成

序号	样品号	采样位置	岩石类型	年龄 /Ma	$\varepsilon_{Nd}(t)$	$(^{87}Sr/^{86}Sr)_i$	$\varepsilon_{Hf}(t)$	$\delta^{18}O$/‰	参考文献
1	PH1	老挝北 Phu Kham 矿	埃达克岩	306±1					Kamvong 等（2014）
2	GDD05@19m	老挝北 Phu Kham 矿	埃达克岩	304±2	+4.0~+4.8	0.700100~0.706100			Kamvong 等（2014）
3	V0838–2	越南西北 Nam He	花岗闪长岩	296±3			+4.8~+7.7		Hieu 等（2016）
4	V0838–1	越南西北 Nam He	花岗闪长岩	289±5			+5.1~+7.9		Hieu 等（2016）
5	HSD01@63.8m	老挝北 Ban Houayxai	安山岩	286±4					Manaka 等（2014）
6	HSD04@51.9m	老挝北 Ban Houayxai	火山碎屑岩	283±4					Manaka 等（2014）
7	15NL-14B	老挝北部丰沙湾	花岗闪长岩	281±1	+0.8	0.703600	+7.8~+13.8	5.6~6.3	本书，Qian 等（2019）
8	LAO003	老挝北 Phu Kham 矿	二长花岗岩	280±3					王疆丽等，（2013）
9	V0852	越南西北部孟雷	辉长岩	276±5					Liu 等（2012b）
10	15NL-28C	老挝北部丰沙湾	角闪石花岗岩	276±1	+0.7	0.705900	+5.1~+9.8		本书，Qian 等（2019）
11	15NL-23A	老挝北部丰沙湾	黑云母花岗岩	274±1	–7.1~–6.6	0.711300~0.712300	–2.9~+1.6	7.9~10.2	本书，Qian 等（2019）
12	15NL-31A	老挝北部 Kham 地区	黑云母花岗岩	273±1	–8.9~–6.9	0.708700~0.710000	–6.1~–1.7	7.6~9.1	本书，Qian 等（2019）
13	15NL-68A	老挝北部 Viengtong	黑云母花岗岩	272±1	–9.2	0.712900	–8.8~–3.4		本书，Qian 等（2019）
14	V0829	越南西北部 Chieng Khuong 地区	石英闪长岩	271±3	–11.3	0.713822			Liu 等（2012b）
15	15NL-69A	老挝北部 Viengtong	黑云母花岗岩	271±1			–9.6~–2.7	9.1~10.3	本书，Qian 等（2019）
16	V0856	越南西北部马江	花岗岩	263±5			+7.3~+13.9		Hieu 等（2016）
17	V0738	越南西北 Phia Bioc	石英闪长岩	262±4			–16.2~–6.7		Hieu 等（2016）
18	VN12-056	越南西北香山	二长花岗岩	261±2					Shi 等（2015）
19	15NL-64A	老挝东北部桑怒	流纹岩	261±1	–8.9~–5.9	0.709200~0.710300	–14.7~–4.7	6.7~8.0	本书，Qian 等（2019）
20	V0741	越南西北部马江	花岗岩	260±5					Hieu 等（2016）
21	15NL-43A	老挝东北部桑怒	黑云母花岗岩	260±1			–5.2~–0.5		本书，Qian 等（2019）
22	15NL-61A	老挝东北部桑怒	黑云母花岗岩	260±1	–8.1~–7.7	0.709600~0.712600	–6.3~–1.5	5.7~6.5	本书，Qian 等（2019）
23	15NL-60A	老挝东北部桑怒	黑云母花岗岩	258±1	–7.0~–5.3	0.709100~0.709300	–6.8~–0.5		本书，Qian 等（2019）
24	DCL09	越南中部 Bong Mieu	闪长片麻岩	257±4					Tran 等（2014）
25	KD10-32/1	越南中部 Dak Trong	闪长岩	256±3					Tran 等（2014）
26	LT-3	老挝北部 Na The	花岗闪长岩	256±3					Wang 等（2016c）

续表

序号	样品号	采样位置	岩石类型	年龄 /Ma	$\varepsilon_{Nd}(t)$	$(^{87}Sr/^{86}Sr)_i$	$\varepsilon_{Hf}(t)$	$\delta^{18}O$/‰	参考文献
27	LC-6	老挝北部 Lat Boua	花岗闪长岩	255±2					Wang 等（2016c）
28	LT-1	老挝北部 Na The	花岗闪长岩	254±3					Wang 等（2016c）
29	VN12-022	老挝西北部河静	二长花岗岩	253±2					Shi 等（2015）
30	LC-12	老挝北 Kham 地区	花岗闪长岩	253±2			−9.5—0.5		Wang 等（2016c）
31	VN12-025	越南西北 Guang Dong	流纹岩	252±2					Shi 等（2015）
32	VN12-050	越南西北 Huong Hua	斜长花岗岩	252±2					Shi 等（2015）
33	JH0810	越南中 Bong Mieu	花岗闪长岩	252±2					Tran 等（2014）
34	MLT08	越南西北 Muong Lat	二长花岗岩	251±3					Thanh 等（2019）
35	LC-17	老挝北部 Kham	花岗闪长岩	251±2			−9.5—3.0		Wang 等（2016c）
36	LH-5	老挝东北 Phon Thong	花岗闪长岩	250±1			−8.8—2.8		Wang 等（2016c）
37	LH-1	老挝东北 Phon Thong	花岗闪长岩	249±2					Wang 等（2016c）
38	V0852-4	越南西北部孟雷	辉长闪长岩	248±2	+0.1	0.705050			Liu 等（2012）
39	HRDD221@27.5m	越南中部 Bong Mieu	副片麻岩	248±2					Tran 等（2014）
40	MLT09	越南西北 Muong Lat	花岗闪长岩	247±3			−12.7—9.4		Thanh 等（2019）
41	LC-8	老挝北部 Lat Boua	花岗闪长岩	246±3			−6.7—0.7		Wang 等（2016c）
42	JH0822	越南中部 Bong Mieu	花岗岩	246±2					Tran 等（2014）
43	LT-6	老挝北部 Na The	花岗闪长岩	245±4			−7.9—2.2		Wang 等（2016c）
44	JH0804	越南中部 Bong Mieu	花岗片麻岩	245±3					Tran 等（2014）
45	LC-1	老挝北部 Lat Boua	花岗闪长岩	245±3			−6.5—0.9		Wang 等（2016c）
46	LH-4	老挝东北部 Phon Thong	花岗闪长岩	245±2			−8.9—1.8		Wang 等（2016c）
47	V0908	越南西北部马江	黑云母花岗岩	244±5			−10.0—6.6		Hieu 等（2016）
48	V1125	越南中部海云	花岗岩	242±5	−10.2				Hieu 等（2015）
49	V1705	越南西北部奠边	花岗闪长岩	242±5			−8.7—6.2		Hieu 等（2019）
50	MLT34	越南西北部 Muong Lat 地区	二长花岗岩	242±3			−14.4—6.6		Thanh 等（2019）
51	V1114	越南中部海云	花岗岩	242±2					Hieu 等（2015）
52	VN12-66	越南西北 Dien Bien	花岗闪长岩	242±1					Shi 等（2015）

续表

序号	样品号	采样位置	岩石类型	年龄 /Ma	$\varepsilon_{Nd}(t)$	$(^{87}Sr/^{86}Sr)_i$	$\varepsilon_{Hf}(t)$	$\delta^{18}O$/‰	参考文献
53	V1127	越南中部海云	花岗岩	241±2					Hieu 等（2015）
54	LT-4	老挝北部 Na The	花岗闪长岩	240±2			−9.9~−1.5		Wang 等（2016c）
55	V1006	越南西北部 Chieng Khuong	黑云母花岗岩	239±6					Hieu 等（2016）
56	LH-11	老挝东北部 Luu	花岗闪长岩	239±3			−17.0~−2.4		Wang 等（2016c）
57	V1706	越南西北部奠边	花岗闪长岩	237±8			−9.9~−6.4		Hieu 等（2019）
58	V1703	越南西北部奠边	花岗闪长岩	237±5			−10.4~−7.1		Hieu 等（2019）
59	V1708	越南西北部奠边	花岗岩	236±5			−9.6~−5.6		Hieu 等（2019）
60	LH-13	老挝东北部 Luu	花岗闪长岩	236±3					Wang 等（2016c）
61	VT226	越南西北 Dien Bien	花岗岩	235±5					Roger 等（2014）
62	V1102	越南中部海云	花岗岩	235±4					Hieu 等（2015）
63	MLT42	越南西北 Muong Lat	二长花岗岩	235±3			−12.3~−7.3		Thanh 等（2019）
64	V1124	越南中部海云	花岗岩	235±14	−7.5				Hieu 等（2015）
65	LH-16	老挝东北部 Luu	花岗闪长岩	234±4			−24.0~−2.5		Wang 等（2016c）
66	LC-16	老挝北部 Kham	花岗闪长岩	234±2					Wang 等（2016c）
67	15NL-27A	老挝北 Phu Kham	角闪石花岗岩	234±1	−1.9	0.707900	+5.0~+7.5	5.3~6.8	本书，Qian 等（2019）
68	V0903	越南西北 Phia Bioc	花岗闪长岩	233±4			−8.9~−6.0		Hieu 等（2016）
69	V0905	越南西北部马江	花岗闪长岩	231±4					Hieu 等（2016）
70	VT226	越南西北部奠边	花岗岩	230±1					Roger 等（2014）
71	V0845	越南西北部奠边	花岗闪长岩	229±3	−8.9	0.714993			Liu 等（2012b）
72	VT227	越南西北部奠边	花岗岩	229±3					Roger 等（2014）
73	VT228	越南西北部孟雷	花岗岩	227±2					Roger 等（2014）
74	VT225	越南西北部奠边	花岗闪长岩	225±3					Roger 等（2014）
75	V1102-3	越南中部海云	花岗岩	224±5					Hieu 等（2015）
76	15NL-45A	老挝东北部桑怒	花岗闪长岩	221±1	−3.9	0.708400	0.0~+4.2	5.1~6.3	本书，Qian 等（2019）
77	V0844	越南西北部奠边	石英二长花岗岩	202±4	−9.4	0.715946			Liu 等（2012b）

表 4.6 老挝东北部长山带二叠纪—三叠纪长英质火成岩锆石 Hf-O 同位素组成

样品号	年龄 /Ma	$^{176}Yb/^{177}Hf$	$^{176}Lu/^{177}Hf$	$^{176}Hf/^{177}Hf$	$2\sigma/1\sigma$	$\varepsilon_{Hf}(t)$	T_{DM}/Ga	$\delta^{18}O$
15NL-14B-1	281	0.025861	0.000675	0.282866	0.000011	9.4	0.54	5.6
15NL-14B-2	281	0.069004	0.001732	0.282976	0.000014	13.1	0.40	5.7
15NL-14B-3	281	0.053763	0.001406	0.282939	0.000015	11.8	0.45	6.1
15NL-14B-4	281	0.035973	0.000894	0.282881	0.000011	9.9	0.53	6.1
15NL-14B-5	281	0.074802	0.001904	0.282935	0.000017	11.6	0.46	6.0
15NL-14B-6	281	0.063208	0.001627	0.282936	0.000016	11.7	0.46	5.7
15NL-14B-7	281	0.036145	0.000985	0.282863	0.000016	9.2	0.55	6.1
15NL-14B-8	281	0.152235	0.003672	0.283007	0.000015	13.8	0.37	5.9
15NL-14B-9	281	0.094421	0.002596	0.282904	0.000016	10.4	0.52	6.0
15NL-14B-10	281	0.076428	0.001846	0.282891	0.000014	10.1	0.52	6.3
15NL-14B-11	281	0.030379	0.000797	0.282874	0.000012	9.7	0.53	6.1
15NL-14B-12	281	0.021304	0.000632	0.282860	0.000014	9.2	0.55	
15NL-14B-13	281	0.034494	0.000874	0.282828	0.000014	8.0	0.60	
15NL-14B-14	281	0.065197	0.001738	0.282924	0.000014	11.2	0.47	
15NL-14B-15	281	0.085741	0.002035	0.282857	0.000014	8.8	0.58	
15NL-14B-16	281	0.076567	0.002091	0.282953	0.000014	12.2	0.44	
15NL-14B-17	281	0.031134	0.000756	0.282894	0.000012	10.4	0.50	
15NL-14B-18	281	0.056897	0.001385	0.282824	0.000016	7.8	0.61	
15NL-28C-1	276	0.105739	0.002270	0.282801	0.000015	6.6	0.66	
15NL-28C-2	276	0.098508	0.002122	0.282816	0.000013	7.1	0.64	
15NL-28C-3	276	0.085078	0.001808	0.282805	0.000016	6.8	0.65	
15NL-28C-4	276	0.097656	0.002314	0.282818	0.000019	7.1	0.64	
15NL-28C-5	276	0.076741	0.001745	0.282765	0.000017	5.4	0.70	
15NL-28C-6	276	0.156233	0.003873	0.282836	0.000021	7.5	0.64	
15NL-28C-7	276	0.083720	0.001780	0.282794	0.000013	6.4	0.66	
15NL-28C-8	276	0.096561	0.002417	0.282834	0.000033	7.7	0.62	
15NL-28C-9	276	0.162579	0.004618	0.282864	0.000031	8.4	0.61	
15NL-28C-10	276	0.109125	0.002236	0.282787	0.000013	6.1	0.68	
15NL-28C-11	276	0.057910	0.001147	0.282753	0.000016	5.1	0.71	
15NL-28C-12	276	0.061899	0.001403	0.282755	0.000016	5.1	0.71	
15NL-28C-13	276	0.084229	0.001908	0.282892	0.000017	9.8	0.52	
15NL-23A-1	274	0.073454	0.001894	0.282531	0.000014	−2.8	1.04	9.9
15NL-23A-2	274	0.090117	0.002372	0.282532	0.000025	−2.9	1.06	10.2
15NL-23A-3	274	0.056455	0.001541	0.282591	0.000011	−0.7	0.95	9.7
15NL-23A-4	274	0.055584	0.001495	0.282569	0.000010	−1.4	0.98	10.1
15NL-23A-5	274	0.071248	0.001980	0.282548	0.000010	−2.3	1.02	10.1
15NL-23A-6	274	0.054154	0.001512	0.282589	0.000012	−0.7	0.95	9.5
15NL-23A-7	274	0.060789	0.001638	0.282620	0.000010	0.3	0.91	7.9
15NL-23A-8	274	0.062701	0.001527	0.282607	0.000012	−0.1	0.93	9.0

续表

样品号	年龄 /Ma	$^{176}Yb/^{177}Hf$	$^{176}Lu/^{177}Hf$	$^{176}Hf/^{177}Hf$	$2\sigma/1\sigma$	$\varepsilon_{Hf}(t)$	T_{DM}/Ga	$\delta^{18}O$
15NL-23A-9	274	0.073298	0.002129	0.282601	0.000014	−0.4	0.95	9.7
15NL-23A-10	274	0.053734	0.001469	0.282541	0.000010	−2.4	1.02	10.1
15NL-23A-11	274	0.066954	0.001785	0.282657	0.000011	1.6	0.86	
15NL-23A-12	274	0.060243	0.001632	0.282631	0.000010	0.8	0.89	
15NL-31A-1	273	0.000024	0.057532	0.282437	0.000012	−6.1	1.16	8.7
15NL-31A-2	273	0.000014	0.048587	0.282520	0.000013	−3.1	1.04	8.1
15NL-31A-3	273	0.000016	0.056102	0.282513	0.000012	−3.4	1.05	8.3
15NL-31A-4	273	0.000005	0.037909	0.282517	0.000013	−3.2	1.04	7.8
15NL-31A-5	273	0.000013	0.052850	0.282534	0.000010	−2.6	1.02	9.1
15NL-31A-6	273	0.000008	0.046678	0.282506	0.000012	−3.6	1.06	7.9
15NL-31A-7	273	0.000011	0.040232	0.282560	0.000012	−1.7	0.98	8.8
15NL-31A-8	273	0.000003	0.035704	0.282523	0.000011	−3.0	1.03	7.8
15NL-31A-9	273	0.000007	0.039253	0.282529	0.000013	−2.7	1.02	7.6
15NL-31A-10	273	0.000003	0.036708	0.282550	0.000015	−2.0	0.99	
15NL-31A-11	273	0.000004	0.036092	0.282540	0.000013	−2.4	1.00	
15NL-31A-12	273	0.000029	0.047503	0.282541	0.000016	−2.4	1.01	
15NL-31A-13	273	0.000007	0.035779	0.282533	0.000012	−2.6	1.01	
15NL-31A-14	273	0.000021	0.066544	0.282529	0.000014	−2.9	1.03	
15NL-31A-15	273	0.000012	0.032798	0.282436	0.000013	−6.0	1.15	
15NL-31A-16	273	0.000036	0.068394	0.282483	0.000013	−4.5	1.10	
15NL-31A-17	273	0.000038	0.026648	0.282523	0.000015	−2.9	1.02	
15NL-31A-18	273	0.000003	0.035504	0.282543	0.000011	−2.2	1.00	
15NL-68A-1	272	0.035690	0.001141	0.282488	0.000022	−4.1	1.08	
15NL-68A-2	272	0.018335	0.000457	0.282374	0.000011	−8.0	1.22	
15NL-68A-3	272	0.066839	0.002030	0.282443	0.000011	−5.9	1.18	
15NL-68A-4	272	0.123682	0.003872	0.282524	0.000027	−3.4	1.12	
15NL-68A-5	272	0.018363	0.000445	0.282370	0.000011	−8.2	1.23	
15NL-68A-6	272	0.018407	0.000495	0.282357	0.000012	−8.7	1.25	
15NL-68A-7	272	0.077119	0.002366	0.282509	0.000023	−3.6	1.09	
15NL-68A-8	272	0.067528	0.001747	0.282363	0.000015	−8.6	1.28	
15NL-68A-9	272	0.057506	0.001805	0.282446	0.000022	−5.7	1.16	
15NL-68A-10	272	0.019153	0.000540	0.282352	0.000018	−8.8	1.26	
15NL-68A-11	272	0.078134	0.002433	0.282461	0.000025	−5.3	1.16	
15NL-68A-12	272	0.046149	0.001427	0.282471	0.000017	−4.8	1.12	
15NL-68A-13	272	0.060519	0.001874	0.282439	0.000014	−6.0	1.18	
15NL-69A-1	271	0.056148	0.001478	0.282472	0.000014	−4.8	1.12	9.8
15NL-69A-2	271	0.034253	0.000801	0.282438	0.000011	−5.9	1.14	9.1
15NL-69A-3	271	0.007170	0.000175	0.282330	0.000012	−9.6	1.27	9.5
15NL-69A-4	271	0.064210	0.001599	0.282531	0.000012	−2.7	1.04	10.3

续表

样品号	年龄 /Ma	$^{176}Yb/^{177}Hf$	$^{176}Lu/^{177}Hf$	$^{176}Hf/^{177}Hf$	$2\sigma/1\sigma$	$\varepsilon_{Hf}(t)$	T_{DM}/Ga	$\delta^{18}O$
15NL-69A-5	271	0.063877	0.001560	0.282502	0.000012	−3.8	1.08	10.3
15NL-69A-6	271	0.056790	0.001616	0.282381	0.000011	−8.0	1.25	10.2
15NL-69A-7	271	0.023897	0.000692	0.282436	0.000016	−5.9	1.14	10.2
15NL-69A-8	271	0.059175	0.001726	0.282401	0.000022	−7.3	1.23	9.3
15NL-69A-9	271	0.069450	0.001766	0.282429	0.000011	−6.4	1.19	9.4
15NL-69A-10	271	0.041412	0.001095	0.282395	0.000011	−7.5	1.21	10.3
15NL-69A-11	271	0.041913	0.001100	0.282398	0.000011	−7.3	1.21	
15NL-69A-12	271	0.121272	0.003919	0.282487	0.000029	−4.7	1.17	
15NL-69A-13	271	0.024670	0.000617	0.282431	0.000010	−6.1	1.15	
15NL-69A-14	271	0.080483	0.002293	0.282480	0.000013	−4.7	1.13	
15NL-69A-15	271	0.055978	0.001468	0.282454	0.000010	−5.4	1.14	
15NL-69A-16	271	0.060696	0.001508	0.282496	0.000009	−3.9	1.08	
15NL-43A-1	260	0.107025	0.002093	0.282605	0.000013	−0.5	0.94	
15NL-43A-2	260	0.091676	0.001834	0.282567	0.000014	−1.9	0.99	
15NL-43A-3	260	0.079631	0.001629	0.282470	0.000018	−5.2	1.12	
15NL-43A-4	260	0.111819	0.002569	0.282618	0.000016	−0.2	0.94	
15NL-43A-5	260	0.063418	0.001285	0.282498	0.000013	−4.2	1.07	
15NL-43A-6	260	0.065737	0.001807	0.282502	0.000020	−4.2	1.08	
15NL-43A-7	260	0.084569	0.001897	0.282512	0.000018	−3.8	1.07	
15NL-43A-8	260	0.088694	0.001764	0.282594	0.000014	−0.9	0.95	
15NL-43A-9	260	0.055303	0.001278	0.282533	0.000016	−2.9	1.02	
15NL-43A-10	260	0.117278	0.002305	0.282593	0.000015	−1.0	0.97	
15NL-60A-1	258	0.072217	0.002331	0.282603	0.000031	−0.7	0.95	
15NL-60A-2	258	0.033552	0.000924	0.282500	0.000012	−4.1	1.06	
15NL-60A-3	258	0.031725	0.000906	0.282477	0.000016	−4.9	1.09	
15NL-60A-4	258	0.069443	0.002440	0.282608	0.000025	−0.5	0.95	
15NL-60A-5	258	0.037286	0.001026	0.282524	0.000012	−3.3	1.03	
15NL-60A-6	258	0.037798	0.001071	0.282510	0.000012	−3.8	1.05	
15NL-60A-7	258	0.030739	0.000859	0.282503	0.000013	−4.0	1.06	
15NL-60A-8	258	0.044837	0.001270	0.282520	0.000015	−3.4	1.04	
15NL-60A-9	258	0.066653	0.002029	0.282556	0.000020	−2.3	1.01	
15NL-60A-10	258	0.038019	0.001052	0.282537	0.000013	−2.8	1.01	
15NL-60A-11	258	0.036911	0.000990	0.282513	0.000015	−3.6	1.04	
15NL-60A-12	258	0.032994	0.000949	0.282497	0.000021	−4.2	1.07	
15NL-60A-13	258	0.040979	0.001269	0.282427	0.000057	−6.8	1.17	
15NL-60A-14	258	0.047347	0.001304	0.282525	0.000015	−3.3	1.04	
15NL-60A-15	258	0.054383	0.001465	0.282505	0.000012	−4.0	1.07	
15NL-61A-1	260	0.044513	0.001236	0.282496	0.000013	−4.3	1.08	5.7
15NL-61A-2	260	0.042100	0.001126	0.282528	0.000011	−3.1	1.03	6.4

续表

样品号	年龄 /Ma	$^{176}Yb/^{177}Hf$	$^{176}Lu/^{177}Hf$	$^{176}Hf/^{177}Hf$	$2\sigma/1\sigma$	$\varepsilon_{Hf}(t)$	T_{DM}/Ga	$\delta^{18}O$
15NL-61A-3	260	0.037562	0.000998	0.282480	0.000016	–4.8	1.09	6.0
15NL-61A-4	260	0.026855	0.000774	0.282496	0.000012	–4.2	1.06	6.3
15NL-61A-5	260	0.045977	0.001317	0.282491	0.000013	–4.4	1.08	6.4
15NL-61A-6	260	0.084136	0.002677	0.282511	0.000035	–4.0	1.10	6.90
15NL-61A-7	260	0.036722	0.001002	0.282486	0.000013	–4.6	1.08	6.3
15NL-61A-8	260	0.056835	0.001602	0.282575	0.000015	–1.5	0.97	6.5
15NL-61A-9	260	0.045830	0.001368	0.282439	0.000015	–6.3	1.16	7.5
15NL-61A-10	260	0.033892	0.000954	0.282552	0.000014	–2.2	0.99	6.0
15NL-61A-11	260	0.062752	0.001700	0.282529	0.000014	–3.2	1.04	6.5
15NL-61A-12	260	0.030375	0.000885	0.282511	0.000015	–3.7	1.04	
15NL-61A-13	260	0.038564	0.001091	0.282511	0.000012	–3.7	1.05	
15NL-61A-14	260	0.050767	0.001329	0.282529	0.000011	–3.1	1.03	
15NL-61A-15	260	0.060130	0.001818	0.282563	0.000024	–2.0	1.00	
15NL-61A-16	260	0.041045	0.001160	0.282505	0.000013	–3.9	1.06	
15NL-64A-1	261	0.063648	0.002057	0.282485	0.000032	–4.7	1.12	
15NL-64A-2	261	0.063078	0.001688	0.282392	0.000014	–8.0	1.24	
15NL-64A-3	261	0.057813	0.001443	0.282330	0.000017	–10.1	1.32	7.4
15NL-64A-4	261	0.046865	0.001035	0.282314	0.000016	–10.6	1.33	7.3
15NL-64A-5	261	0.091854	0.002116	0.282400	0.000015	–7.8	1.24	6.7
15NL-64A-6	261	0.079865	0.002152	0.282324	0.000049	–10.5	1.35	8.0
15NL-64A-7	261	0.067397	0.001921	0.282233	0.000032	–13.7	1.47	7.5
15NL-64A-8	261	0.042545	0.001069	0.282200	0.000015	–14.7	1.49	7.6
15NL-64A-9	261	0.105481	0.002186	0.282335	0.000022	–10.1	1.34	7.5
15NL-64A-10	261	0.082680	0.002182	0.282317	0.000030	–10.7	1.36	7.2
15NL-64A-11	261	0.068739	0.001833	0.282403	0.000036	–7.6	1.23	
15NL-64A-12	261	0.059603	0.001490	0.282333	0.000016	–10.0	1.31	
15NL-27A-1	234	0.076228	0.002209	0.282803	0.000011	5.9	0.66	6.8
15NL-27A-2	234	0.075748	0.002037	0.282808	0.000011	6.1	0.65	6.2
15NL-27A-3	234	0.085396	0.002380	0.282784	0.000011	5.2	0.69	6.5
15NL-27A-4	234	0.053628	0.001514	0.282773	0.000011	5.0	0.69	5.2
15NL-27A-5	234	0.081908	0.002162	0.282810	0.000010	6.2	0.65	6.6
15NL-27A-6	234	0.069381	0.001700	0.282782	0.000010	5.3	0.68	5.3
15NL-27A-7	234	0.073852	0.002110	0.282832	0.000010	7.0	0.61	6.9
15NL-27A-8	234	0.082189	0.002271	0.282816	0.000009	6.4	0.64	6.3
15NL-27A-9	234	0.072885	0.001916	0.282798	0.000011	5.8	0.66	6.6
15NL-27A-10	234	0.059219	0.001752	0.282782	0.000012	5.2	0.68	
15NL-27A-11	234	0.125355	0.002772	0.282851	0.000013	7.5	0.60	
15NL-27A-12	234	0.081190	0.002025	0.282823	0.000011	6.7	0.62	
15NL-45A-1	221	0.076901	0.002586	0.282655	0.000017	0.3	0.88	

续表

样品号	年龄 /Ma	$^{176}Yb/^{177}Hf$	$^{176}Lu/^{177}Hf$	$^{176}Hf/^{177}Hf$	$2\sigma/1\sigma$	$\varepsilon_{Hf}(t)$	T_{DM}/Ga	$\delta^{18}O$
15NL-45A-2	221	0.108063	0.003233	0.282668	0.000017	0.7	0.88	5.8
15NL-45A-3	221	0.150439	0.004611	0.282773	0.000012	4.2	0.75	5.9
15NL-45A-4	221	0.092286	0.002732	0.282671	0.000015	0.9	0.86	6.1
15NL-45A-5	221	0.067507	0.002139	0.282645	0.000013	0.0	0.89	5.9
15NL-45A-6	221	0.089213	0.002722	0.282651	0.000012	0.2	0.89	6.0
15NL-45A-7	221	0.149209	0.004818	0.282750	0.000018	3.4	0.79	5.1
15NL-45A-8	221	0.116049	0.003670	0.282700	0.000015	1.8	0.84	5.4
15NL-45A-9	221	0.148467	0.004615	0.282714	0.000030	2.1	0.84	6.3
15NL-45A-10	221	0.109356	0.003166	0.282664	0.000014	0.6	0.88	5.7
15NL-45A-11	221	0.107123	0.003258	0.282696	0.000019	1.7	0.84	
15NL-45A-12	221	0.137097	0.004061	0.282710	0.000016	2.1	0.84	
15NL-45A-13	221	0.109754	0.003102	0.282688	0.000015	1.4	0.85	
15NL-45A-14	221	0.106503	0.003473	0.282690	0.000019	1.4	0.85	
15NL-45A-15	221	0.117837	0.003584	0.282737	0.000018	3.1	0.78	
15NL-45A-16	221	0.134911	0.003880	0.282748	0.000016	3.4	0.77	
15NL-45A-17	221	0.081085	0.002503	0.282687	0.000012	1.5	0.83	

表 4.7　老挝东北部长山带二叠纪—三叠纪长英质火成岩主微量元素地球化学和 Sr-Nd 同位素组成

样品号	15NL-24A	15NL-24B	15NL-68A	15NL-68B	15NL-69A	15NL-69B	15NL-60	15NL-60A	15NL-60B
SiO_2/%	65.71	66.59	70.86	70.61	69.49	72.30	73.27	75.70	73.20
TiO_2/%	0.77	0.75	0.37	0.35	0.48	0.39	0.37	0.18	0.27
Al_2O_3/%	15.50	15.20	14.73	14.91	14.36	13.39	12.97	12.65	13.23
MgO/%	1.63	1.63	0.71	0.70	1.21	0.92	0.44	0.38	0.51
FeO_t/%	5.38	5.23	2.99	2.88	3.62	3.03	3.10	1.96	3.14
CaO/%	2.45	2.40	2.02	2.06	0.83	1.19	1.99	1.99	1.88
Na_2O/%	2.82	2.75	2.74	2.77	3.02	3.20	2.64	2.53	3.65
K_2O/%	4.30	4.12	4.26	4.28	4.47	3.74	3.76	3.66	2.74
MnO/%	0.07	0.07	0.05	0.05	0.05	0.05	0.05	0.04	0.06
P_2O_5/%	0.18	0.18	0.16	0.17	0.12	0.11	0.07	0.04	0.06
LOI/%	0.76	0.65	0.94	0.91	1.71	1.35	0.96	0.74	0.58
总计 /%	99.58	99.57	99.81	99.68	99.34	99.65	99.62	99.87	99.32
Sc/10^{-6}	11.9	12.3	6.35	6.03	8.95	7.93	116	129	135
Cr/10^{-6}	29.8	25.2	9.88	9.57	16.5	12.2	5.56	4.65	2.52
Co/10^{-6}	9.28	10.4	4.25	4.29	5.71	3.91	4.34	2.23	2.31
Ni/10^{-6}	12.2	14.7	4.92	4.51	5.72	4.64	2.43	1.77	1.49
Ga/10^{-6}	19.9	21.1	17.8	17.9	14.9	12.7	15.5	13.0	13.3
Rb/10^{-6}	201	217	197	200	183	146	91.8	91.9	91.0
Sr/10^{-6}	159	152	164	166	118	89.7	116	129	135
Y/10^{-6}	40.2	34.2	20.5	23.5	22.1	26.5	36.3	17.1	17.1
Zr/10^{-6}	228	258	170	174	143	125	184	128	123

续表

样品号	15NL-24A	15NL-24B	15NL-68A	15NL-68B	15NL-69A	15NL-69B	15NL-60	15NL-60A	15NL-60B
$Nb/10^{-6}$	14.8	15.4	11.7	11.2	7.90	7.30	8.79	6.24	6.34
$Ba/10^{-6}$	693	665	648	660	537	510	590	694	763
$La/10^{-6}$	44.1	45.2	37.3	38.3	26.8	26.9	34.3	20.7	22.1
$Ce/10^{-6}$	87.0	90.2	73.8	77.2	53.7	52.5	69.7	39.2	40.5
$Pr/10^{-6}$	10.3	10.6	8.95	9.30	6.55	6.39	8.12	4.30	4.53
$Nd/10^{-6}$	38.3	39.9	34.1	34.8	24.6	24.2	31.5	16.0	16.6
$Sm/10^{-6}$	7.45	7.71	6.82	6.98	5.02	4.99	6.47	2.97	3.01
$Eu/10^{-6}$	1.36	1.41	1.19	1.23	0.75	0.95	1.05	0.63	0.60
$Gd/10^{-6}$	7.06	7.01	5.86	6.15	4.55	4.64	6.30	2.84	2.90
$Tb/10^{-6}$	1.12	1.11	0.80	0.86	0.69	0.76	1.11	0.48	0.47
$Dy/10^{-6}$	6.78	6.60	4.06	4.61	3.97	4.57	6.91	2.99	2.92
$Ho/10^{-6}$	1.43	1.34	0.71	0.82	0.80	0.92	1.47	0.65	0.65
$Er/10^{-6}$	4.00	3.52	1.72	2.08	2.10	2.55	4.14	1.82	1.81
$Tm/10^{-6}$	0.59	0.55	0.24	0.29	0.31	0.38	0.63	0.29	0.30
$Yb/10^{-6}$	3.87	3.42	1.51	1.78	2.05	2.46	4.07	2.00	1.95
$Lu/10^{-6}$	0.61	0.51	0.22	0.26	0.32	0.38	0.62	0.30	0.32
$Hf/10^{-6}$	6.05	7.09	4.91	4.96	4.03	3.35	5.50	3.72	3.72
$Ta/10^{-6}$	1.43	1.63	1.11	1.11	0.81	0.78	0.78	0.57	0.60
$Pb/10^{-6}$	26.2	26.9	24.6	25.7	21.9	23.6	9.90	10.1	10.2
$Th/10^{-6}$	21.6	22.0	17.6	17.8	13.5	13.0	11.8	10.2	10.3
$U/10^{-6}$	5.32	8.25	3.49	6.10	3.16	2.99	2.93	2.41	2.78
$^{147}Sm/^{144}Nd$	0.118000		0.121000				0.124000	0.112000	
$^{143}Nd/^{144}Nd$	0.512156		0.512033				0.512244	0.512137	
2σ	0.000006		0.000008				0.000006	0.000007	
$^{87}Rb/^{86}Sr$	3.664000		3.487000				2.298000	2.056000	
$^{87}Sr/^{86}Sr$	0.726374		0.726442				0.717809	0.716642	
2σ	0.000012		0.000012				0.000011	0.000011	
$(^{87}Sr/^{86}Sr)_i$	0.712100		0.712900				0.709400	0.709100	
ε_{Nd}	–6.6		–9.2				–5.3	–7.0	

样品号	15NL-60C	15NL-61A	15NL-61B	15NL-61C	15NL-61D	15NL-64A	15NL-64B	15NL-64C	15NL-64D
SiO_2/%	75.40	73.24	73.69	75.29	72.31	73.85	72.97	73.71	73.18
TiO_2/%	0.20	0.19	0.24	0.19	0.23	0.31	0.32	0.30	0.32
Al_2O_3/%	12.69	13.15	13.00	12.41	13.29	11.71	11.99	11.91	12.06
MgO/%	0.41	0.60	0.46	0.38	0.36	0.82	0.84	4.95	4.91
FeO_t/%	2.16	2.97	2.86	1.98	2.82	4.95	5.05	0.08	0.08
CaO/%	2.06	2.02	2.20	2.03	2.55	0.93	1.44	0.81	0.79
Na_2O/%	2.57	2.41	3.21	2.54	3.48	5.50	5.31	1.20	1.16
K_2O/%	3.62	4.25	3.38	3.52	3.43	0.15	0.14	5.40	5.55
MnO/%	0.04	0.04	0.05	0.04	0.05	0.08	0.08	0.18	0.15

续表

样品号	15NL-60C	15NL-61A	15NL-61B	15NL-61C	15NL-61D	15NL-64A	15NL-64B	15NL-64C	15NL-64D
P_2O_5/%	0.04	0.02	0.05	0.04	0.05	0.05	0.06	0.06	0.06
LOI/%	0.68	0.46	0.73	1.08	0.81	1.45	1.45	1.20	1.18
总计 /%	99.87	99.36	99.88	99.48	99.37	99.80	99.66	99.79	99.43
Sc/10^{-6}	133	125	137	212	211	10.5	12.5	8.31	11.4
Cr/10^{-6}	3.47	5.26	17.7	24	2.78	2.78	29.4	3.45	3.16
Co/10^{-6}	2.39	2.85	3.5	3.67	2.29	1.24	1.28	1.18	1.13
Ni/10^{-6}	1.91	3.05	61.2	12.53	0.68	0.69	0.78	0.69	1.85
Ga/10^{-6}	13.1	14.8	14.8	15.4	16.0	15.8	16.5	16.1	14.4
Rb/10^{-6}	88.8	121	110	99.2	116	5.33	5.67	6.99	5.57
Sr/10^{-6}	133	125	137	212	211	79.4	114	124	109
Y/10^{-6}	18.0	20.8	21.8	24.4	22.3	31.1	32.4	41.3	24.1
Zr/10^{-6}	118	173	164	184	141	173	173	171	157
Nb/10^{-6}	6.49	7.82	7.86	8.21	6.62	10.5	10.1	9.81	9.00
Ba/10^{-6}	716	694	771	785	805	73.1	56.9	74.5	61.3
La/10^{-6}	22.5	28.9	29.3	35.2	26.8	26.5	24.7	24.4	21.7
Ce/10^{-6}	42.9	53.4	54.1	65.7	49.9	54.4	49.5	48.5	47.2
Pr/10^{-6}	4.76	5.97	6.12	7.57	5.75	6.38	6.19	6.05	5.41
Nd/10^{-6}	17.2	21.2	22.7	26.9	20.5	24.8	24.3	23.8	21.4
Sm/10^{-6}	3.27	3.77	4.13	4.78	3.81	5.25	5.22	5.00	4.54
Eu/10^{-6}	0.65	0.69	0.76	0.88	0.87	1.18	1.24	1.17	1.10
Gd/10^{-6}	3.08	3.58	3.91	4.37	3.63	5.13	5.21	5.24	4.49
Tb/10^{-6}	0.51	0.56	0.63	0.69	0.55	0.84	0.84	0.92	0.70
Dy/10^{-6}	3.21	3.51	3.86	4.22	3.55	5.18	5.29	6.63	4.11
Ho/10^{-6}	0.70	0.77	0.83	0.92	0.77	1.12	1.16	1.54	0.85
Er/10^{-6}	1.97	2.18	2.33	2.49	2.21	3.17	3.27	4.52	2.38
Tm/10^{-6}	0.32	0.36	0.36	0.40	0.35	0.48	0.52	0.71	0.35
Yb/10^{-6}	2.06	2.39	2.41	2.66	2.24	3.24	3.35	4.40	2.39
Lu/10^{-6}	0.32	0.37	0.37	0.40	0.35	0.51	0.53	0.70	0.38
Hf/10^{-6}	3.65	5.14	4.75	5.17	3.77	4.71	4.74	4.71	4.33
Ta/10^{-6}	0.61	0.76	0.69	0.73	0.59	0.76	0.77	0.75	0.69
Pb/10^{-6}	10.2	10.5	10.4	9.10	6.28	4.57	11.1	8.98	6.04
Th/10^{-6}	10.5	13.4	12.2	14.0	11.9	8.70	8.83	8.64	8.05
U/10^{-6}	2.63	2.84	2.09	2.53	2.46	2.07	2.08	2.19	1.77
$^{147}Sm/^{144}Nd$		0.108000		0.107000		0.128000		0.127000	0.128000
$^{143}Nd/^{144}Nd$		0.512073		0.512093		0.512202		0.512218	0.512065
2σ		0.000007		0.000007		0.000008		0.000007	0.000009
$^{87}Rb/^{86}Sr$		2.790000		1.353000		0.194000		0.164000	0.149000
$^{87}Sr/^{86}Sr$		0.719943		0.717568		0.710719		0.710954	0.710456
2σ		0.000012		0.000013		0.000011		0.000009	0.000018
$(^{87}Sr/^{86}Sr)_i$		0.709600		0.712600		0.710000		0.710300	0.709900
ε_{Nd}		−8.1		−7.7		−6.2		−5.9	−8.9

续表

样品号	15NL-64E	15NL-64F	15NL-27A	15NL-27B	15NL-45	15NL-45A	15NL-45C	15NL-14B	15NL-28A
SiO_2/%		74.75	72.47	73.07		60.94	61.55	65.23	71.46
TiO_2/%		0.31	0.22	0.22		0.39	0.47	0.67	0.35
Al_2O_3/%		12.85	14.08	13.89		17.02	18.30	14.90	14.25
MgO/%		2.42	1.74	1.91		4.08	5.04	2.77	0.53
FeO_t/%		0.02	0.04	0.04		0.05	0.05	4.50	2.70
CaO/%		0.56	0.38	0.39		1.63	1.99	4.10	1.50
Na_2O/%		3.36	1.10	1.11		3.72	5.24	3.41	3.51
K_2O/%		4.40	3.89	3.95		4.27	4.27	3.38	5.14
MnO/%		0.32	3.83	3.59		2.25	1.95	0.07	0.04
P_2O_5/%		0.06	0.04	0.05		0.17	0.25	0.10	0.06
LOI/%		0.77	0.55	0.69		4.91	0.62	0.92	0.56
总计 /%		99.83	99.33	99.90		99.44	99.73	100.04	100.07
Sc/10^{-6}	12.6	7.73	69.9	66.8	221	533	711	13.9	6.91
Cr/10^{-6}	2.78	5.78	8.80	3.39	70.1	19.9	97.4	86.2	6.34
Co/10^{-6}	1.23	3.04	2.10	2.19	12.4	7.23	10.1	15.0	3.21
Ni/10^{-6}	0.90	3.16	4.40	1.47	123	10.9	138	34.5	3.07
Ga/10^{-6}	15.7	16.1	20.9	20.8	14.4	19.3	20.3	20.3	19.9
Rb/10^{-6}	9.50	14.9	197	208	101	106	91.4	115	169
Sr/10^{-6}	171	188	69.9	66.8	221	533	711	155	94.1
Y/10^{-6}	29.1	30.6	38.3	55.6	21.8	15.3	19.4	38.3	44.1
Zr/10^{-6}	177	148	174	185	147	208	206	313	329
Nb/10^{-6}	10.3	10.5	12.7	20.7	9.75	9.49	9.45	12.4	14.8
Ba/10^{-6}	160	147	460	445	329	640	1000	357	1088
La/10^{-6}	26.2	26.4	40.5	41.6	27.8	49.7	64.5	40.5	86.1
Ce/10^{-6}	53.7	51.0	78.5	80.5	53.6	83.5	106	81.4	156
Pr/10^{-6}	6.44	5.70	9.11	9.34	6.59	8.22	10.9	9.55	17.1
Nd/10^{-6}	25.5	22.4	32.9	34.8	25.6	27.0	36.4	36.0	59.1
Sm/10^{-6}	5.30	4.64	6.95	7.59	4.77	4.04	5.36	7.01	10.1
Eu/10^{-6}	1.21	0.98	0.60	0.62	1.01	0.94	1.18	1.18	1.20
Gd/10^{-6}	5.14	5.33	6.74	7.81	4.43	3.65	4.72	6.84	9.32
Tb/10^{-6}	0.81	0.93	1.16	1.43	0.69	0.48	0.62	1.11	1.41
Dy/10^{-6}	5.00	5.86	7.21	9.34	3.97	2.77	3.64	6.94	8.49
Ho/10^{-6}	1.07	1.24	1.49	2.07	0.83	0.58	0.75	1.45	1.73
Er/10^{-6}	3.04	3.46	4.03	5.90	2.21	1.57	2.03	4.08	4.63
Tm/10^{-6}	0.45	0.54	0.60	0.95	0.34	0.25	0.31	0.65	0.71
Yb/10^{-6}	3.11	3.50	3.63	6.24	2.17	1.69	2.05	4.24	4.34
Lu/10^{-6}	0.49	0.53	0.52	0.94	0.33	0.27	0.33	0.62	0.63
Hf/10^{-6}	4.92	4.26	5.89	6.62	4.06	5.08	5.13	8.2	9.29
Ta/10^{-6}	0.79	0.58	0.80	1.69	0.77	0.76	0.71	1.25	1.39

续表

样品号	15NL-64E	15NL-64F	15NL-27A	15NL-27B	15NL-45	15NL-45A	15NL-45C	15NL-14B	15NL-28A
$Pb/10^{-6}$	13.8	3.22	23.9	23.8	10.4	14.7	16.2	17.5	24.5
$Th/10^{-6}$	9.16	9.29	30.8	31.5	11.5	27.9	27.6	21.8	31.8
$U/10^{-6}$	2.06	2.39	5.20	6.97	2.30	4.81	4.63	5.05	4.60
$^{147}Sm/^{144}Nd$		0.125000	0.128000			0.091000		0.118000	0.103000
$^{143}Nd/^{144}Nd$		0.512144	0.512433			0.512283		0.512536	0.512503
2σ		0.000007	0.000007			0.000007		0.000008	0.000007
$^{87}Rb/^{86}Sr$		0.230000	8.187000			0.574000		2.155000	5.210000
$^{87}Sr/^{86}Sr$		0.710016	0.735118			0.710175		0.712200	0.726357
2σ		0.000011	0.000013			0.000011		0.000013	0.000010
$(^{87}Sr/^{86}Sr)_i$		0.709200	0.707900			0.708400		0.703600	0.705900
ε_{Nd}		−7.3	−1.9			−3.9		0.8	0.7

样品号	15NL-28C	15NL-28D	15NL-30B	15NL-31A	15NL-32B	15NL-23A	15NL-23B	15NL-23C
$SiO_2/\%$	70.77	68.75	65.49	69.60	72.43	67.13	68.17	68.19
$TiO_2/\%$	0.40	0.37	0.64	0.35	0.13	0.66	0.58	0.60
$Al_2O_3/\%$	13.85	14.63	15.45	14.66	14.55	15.37	14.91	15.02
MgO/%	0.89	1.29	1.79	0.73	0.38	1.52	1.36	1.30
$FeO_t/\%$	3.61	3.53	5.02	3.11	2.40	4.74	4.20	4.35
CaO/%	1.83	3.58	3.65	2.79	2.07	2.09	2.11	2.11
$Na_2O/\%$	3.65	3.10	2.77	3.12	3.59	2.67	2.74	2.65
$K_2O/\%$	3.89	3.45	3.32	3.69	3.69	4.85	4.69	4.59
MnO/%	0.05	0.06	0.08	0.05	0.05	0.06	0.06	0.06
$P_2O_5/\%$	0.08	0.08	0.14	0.08	0.06	0.17	0.18	0.17
LOI/%	0.63	1.23	1.22	1.43	0.59	0.73	0.76	0.80
总计 /%	99.64	100.09	99.57	99.61	99.95	100.00	99.76	99.84
$Sc/10^{-6}$	7.17	11.5	14.9	11.5	6.07	11.8	10.4	9.84
$V/10^{-6}$	18.5	17.5	18.8	18.8	16.9	20.2	18.8	18.2
$Cr/10^{-6}$	18.2	12.0	33.9	12.9	12.1	27.3	23.9	23.1
$Co/10^{-6}$	7.11	5.46	11.1	4.53	1.90	9.21	8.05	7.87
$Ni/10^{-6}$	5.98	5.96	160	9.80	6.96	14.0	21.0	10.2
$Rb/10^{-6}$	132	141	143	173	154	232	210	204
$Sr/10^{-6}$	98.2	159	209	149	125	144	145	150
$Y/10^{-6}$	45.3	34.8	34.0	37.1	21.4	28.3	25.7	33.9
$Zr/10^{-6}$	266	191	191	214	110	222	227	206
$Nb/10^{-6}$	15.3	9.69	10.3	10.6	7.04	14.2	12.4	12.3
$Ba/10^{-6}$	742	895	599	792	847	704	681	644
$La/10^{-6}$	58.6	42.8	38.3	46.4	30.1	43.2	39.7	37.6
$Ce/10^{-6}$	119	84.1	73.5	90.8	60.6	85.3	78.9	72.6
$Pr/10^{-6}$	12.9	9.75	8.79	10.6	7.29	10.1	9.19	8.78
$Nd/10^{-6}$	44.3	37.1	34.3	39.9	28.3	38.3	34.8	32.6

续表

样品号	15NL-28C	15NL-28D	15NL-30B	15NL-31A	15NL-32B	15NL-23A	15NL-23B	15NL-23C
$Sm/10^{-6}$	8.24	7.12	6.71	7.93	5.63	7.33	6.96	6.62
$Eu/10^{-6}$	0.97	1.30	1.35	1.26	1.00	1.31	1.28	1.26
$Gd/10^{-6}$	7.79	6.70	6.46	7.36	4.96	6.59	6.22	6.12
$Tb/10^{-6}$	1.18	1.06	1.02	1.18	0.77	1.01	0.96	0.95
$Dy/10^{-6}$	7.52	6.53	6.11	7.12	4.28	5.67	5.46	5.52
$Ho/10^{-6}$	1.59	1.36	1.28	1.47	0.84	1.09	1.02	1.08
$Er/10^{-6}$	4.42	3.71	3.46	3.99	2.09	2.73	2.61	2.82
$Tm/10^{-6}$	0.69	0.56	0.53	0.61	0.32	0.41	0.40	0.40
$Yb/10^{-6}$	4.35	3.48	3.27	3.89	2.09	2.63	2.50	2.49
$Lu/10^{-6}$	0.67	0.53	0.50	0.57	0.30	0.39	0.36	0.39
$Hf/10^{-6}$	7.29	5.55	5.53	6.38	3.85	6.15	6.30	5.36
$Ta/10^{-6}$	1.38	0.87	0.98	1.05	0.69	1.41	1.25	1.21
$Pb/10^{-6}$	20.6	13.1	22.3	24.9	25.4	32.3	30.9	30.0
$Th/10^{-6}$	27.7	17.9	16.5	21.2	14.5	22.4	20.4	18.8
$U/10^{-6}$	5.62	4.10	3.96	5.02	3.50	5.91	8.79	2.76
$^{147}Sm/^{144}Nd$			0.118000	0.169000	0.089000	0.116000		
$^{143}Nd/^{144}Nd$			0.512042	0.512133	0.512089	0.512130		
2σ			0.000008	0.000008	0.000006	0.000007		
$^{87}Rb/^{86}Sr$			1.982000	3.359000	3.562000	4.684000		
$^{87}Sr/^{86}Sr$			0.717856	0.722676	0.722836	0.729562		
2σ			0.000011	0.000012	0.000014	0.000015		
$(^{87}Sr/^{86}Sr)_i$			0.710000	0.709300	0.708700	0.711300		
ε_{Nd}			−8.8	−8.9	−6.9	−7.1		

锆石颗粒 Th 含量为 213×10^{-6}~2305×10^{-6}，U 含量为 522×10^{-6}~2700×10^{-6}，Th/U 值为 0.33~0.93（多数大于 0.4）。该样品的加权平均年龄为 261±1Ma（MSWD=0.19）[图 4.22（j）]。三叠纪样品中 15NL-45A 花岗闪长岩的 19 个锆石分析测得的 Th/U 值范围为 0.85~1.95，加权平均年龄 221±1Ma（MSWD=0.48）[图 4.22（k）]。角闪石花岗岩 15NL-27A 样品中的 12 个测试点 Th/U 值为 0.30~0.71，测得加权平均年龄 234±1Ma（MSWD=1.40）[图 4.22（l）]。

综合已报道的长山带二叠纪—三叠纪长英质火成岩的年代学数据和 Hf-O 同位素组成数据见表 4.5（如钱鑫等，2022；Liu et al.，2012b；Shi et al.，2015；Wang et al.，2016c；Hieu et al.，2015，2016，2019；Qian et al.，2019；Thanh et al.，2019）。如表 4.5 所示，越南境内长山火成岩带内花岗岩、花岗闪长岩和花岗片麻岩主要出露于越北孟雷和奠边府东南部地区及荣市—河静一线，其中孟雷地区时代较老，集中在 296~275Ma，可和老挝丰沙湾地区的同期花岗质岩石进行对比。奠边府东南部地区靠近马江缝合带的花岗岩和花岗闪长岩形成时代主要为中－晚二叠世（约 270~260Ma），在荣市—河静一线的形成时代集中在晚二叠世（约 261~252Ma）。此

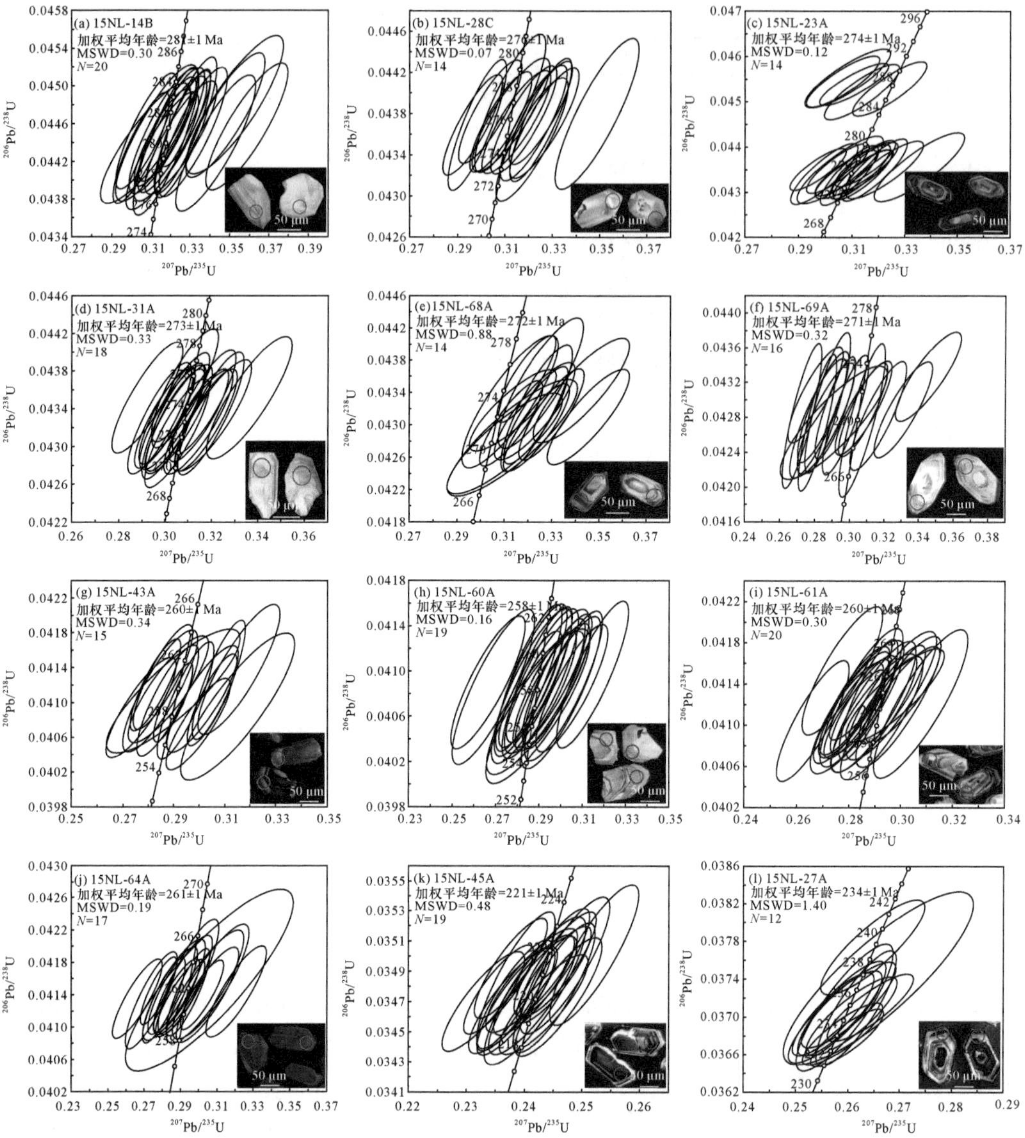

图 4.22　老挝境内长山火成岩带二叠纪—三叠纪长英质火成岩锆石 U-Pb 谐和年龄图

外，晚二叠世（约 260~252Ma）花岗质岩石及花岗片麻岩等零星出露于越南中部的三岐—福山一线（图 4.5）。总体而言，越南境内长山带二叠纪—三叠纪中性－长英质火成岩时代为约 290~200Ma（如 Hoa et al.，2008a；Liu et al.，2012b；Shi et al.，2015；Hieu et al.，2016），而越南北部长山带花岗质岩石的形成时间集中于 290~260Ma 和 245~230Ma 两个年龄段（如 Carter and Clift，2008；Liu et al.，2012b；Tran et al.，2014；Hieu et al.，2015，2016，2019）。老挝境内长山带保存了晚古生代至早中生代的花岗岩和火山岩，在大江断裂周缘及以南的丰沙湾地区，二叠纪花岗质岩石主要形成时代为早－中二叠世（约 290~270Ma），在老挝境内马江断裂以南地区的二叠纪花岗质岩石的形成时代则主要以晚二叠世（约 265~252Ma）为特征。此外，在丰沙湾北部地区也报道有晚二叠世（约 255Ma）花岗岩，在桑怒地区报道有晚二叠世（约 260Ma）酸性火山岩和火山角砾岩（图 4.5）。总体而言，老挝境内的年龄数据显示境内长山带花岗岩和火山岩主要形成于 306~270Ma 和 253~234Ma 两个阶段（表 4.7；钱鑫等，2022；Kamvong et al.，2014；Manaka et al.，2014；Wang et al.，2016c；Qian et al.，2019）。如老挝北部 Phu Kham、Ban Houayxai 和丰沙湾地区的钙碱性中性 – 长英质火成岩和埃达克质岩形成于晚石炭世—中二叠世（约 306~277Ma；如 Kamvong et al.，2014；Manaka et al.，2014）。其中晚石炭世（约 305Ma）Phu Kham 埃达克岩的源区为地幔改造的俯冲板片熔体。老挝长山带这些二叠纪火成岩常具陆缘弧地球化学特征，其形成可能与哀牢山 – 马江分支洋的初始俯冲有关（如 Kamvong et al.，2014）。另外，在位于老挝边境的 Muong Xen 地区，花岗质岩石给出的锆石年龄表明其形成于约早三叠世（约 250Ma），可能反映出区内发生俯冲或同碰撞时间（Lepvrier et al.，2004）。这些三叠纪花岗岩在越南境内集中发育于长山带东北部和西南部岘港地区（Shi et al.，2015；Hieu et al.，2015，2016，2019；Wang et al.，2016c）。

表 4.5 综合显示了已报道的长山带二叠纪—三叠纪长英质火成岩 Hf-O 同位素组成数据。根据其年代学数据和同位素组成差异可分类为早二叠世（约 296~276Ma）花岗质岩石、中 – 晚二叠世（约 274~252Ma）花岗质岩石、晚二叠世（约 261Ma）流纹岩样品，以及 $\varepsilon_{\rm Hf}(t)$ 负值和正值的三叠纪花岗质岩石五组。

以黑云母花岗岩、二长花岗岩及花岗闪长岩和角闪石花岗岩为主的早二叠世（约 296~276Ma）花岗质岩石样品的锆石原位 Hf 同位素组成均较亏损，其 $\varepsilon_{\rm Hf}(t)$ 值为 +4.8~+13.8，$T_{\rm DM2}$ 模式年龄为 0.40~0.98Ga［图 4.23（a）］。其中一个代表性样品的锆石原位 δ^{18}O 值为 5.6‰~6.3‰。在图 4.23（b）中，样品点落入或靠近亏损地幔，说明其源区来自亏损地幔。

以黑云母花岗岩、二长花岗岩及花岗闪长岩为主的中 – 晚二叠世（约 274~252Ma）花岗质岩石样品的锆石总体具富集 Hf 同位素组成，其 $\varepsilon_{\rm Hf}(t)$ 值和 $T_{\rm DM2}$ 模式年龄分别为 –9.6~+1.6 和 1.08~2.31Ga［图 4.23（a）］，锆石原位 δ^{18}O 值变化范围较大，为 5.7‰~10.3‰［图 4.23（b）］。一个来自马江地区的二叠纪（约 263Ma）花岗岩样品具有亏损的同位素组成，其 $\varepsilon_{\rm Hf}(t)$ 值为 +8.6~+13.9［图 4.23（a）；Hieu et al.，2016］。

晚二叠世（约 261Ma）流纹岩样品的 $\varepsilon_{\rm Hf}(t)$ 值、模式年龄和 δ^{18}O 值分别为 –14.7~–4.7、1.42~1.97Ga 和 6.7‰~8.0‰，具有和中 – 晚二叠世（约 274~252Ma）花岗质岩石相类似的 Hf-O 同位素组成［图 4.23］。

在图 4.23（b）中，中 – 晚二叠世（约 274~252Ma）花岗质岩石样品和晚二叠世（约 261Ma）流纹岩样品或靠近华南三叠纪 S 型花岗岩的 Hf-O 同位素组成，明显不同于地幔来源的锆石 Hf-O 同位素组成特征。

对于三叠纪花岗质岩石样品而言，样品同样可区分出 $\varepsilon_{\rm Hf}(t)$ 负值和正值两组（图 4.23 和表 4.5），以 $\varepsilon_{\rm Hf}(t)$为负值的三叠纪花岗质岩石的 $\varepsilon_{\rm Hf}(t)$值变化于 –14.4~0.0 之间，个别锆石具正 $\varepsilon_{\rm Hf}(t)$ 值（+0.2~+2.5），Hf 模式年龄为 1.12~2.18Ga［图 4.23（a）］。以 $\varepsilon_{\rm Hf}(t)$

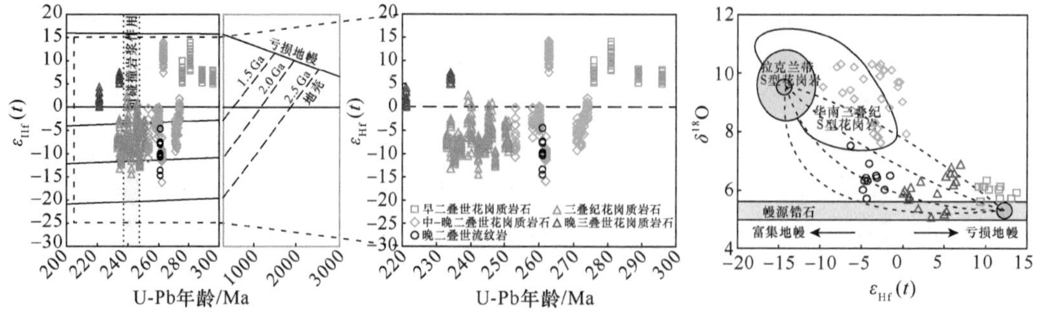

图 4.23　老挝境内长山火成岩带二叠纪—三叠纪长英质火成岩的 U-Pb 年龄 /（Ma）- $\varepsilon_{Hf}(t)$ 和 $\varepsilon_{Hf}(t)$ - $\delta^{18}O$ 图解

为正值的晚三叠世花岗质岩石样品锆石 $\varepsilon_{Hf}(t)$ 值变化于 0.0~+7.5 之间，T_{DM2} 模式年龄为 0.72~1.12Ga，$\delta^{18}O$ 值为 5.1‰~6.9‰（图 4.23 和表 4.5）。在图 4.23（b）中，$\varepsilon_{Hf}(t)$ 为正值的晚三叠世花岗质岩石样品的部分锆石高于幔源锆石所具有的 Hf-O 同位素组成，但明显不同于华南及拉克兰造山带 S 型花岗岩的锆石 Hf-O 同位素组成（Healy et al.，2004； Wang et al.，2016a）。

4.3.2　地球化学特征

长山带二叠纪长英质火成岩的主微量元素地球化学和同位素组成特征如表 4.7 所示，与马江带花岗质岩石相似。所分析样品烧失量变化于 0.41%~3.82%，多数小于 1.50%，表明所选取的样品未受到明显的后期变形和蚀变作用。

早二叠世（约 296~276Ma）花岗质岩石以黑云母花岗岩、二长花岗岩、花岗闪长岩和角闪石花岗岩为主。其 SiO_2=65.81%~71.81%，Al_2O_3=13.99%~17.71%，FeO_t=2.72%~6.51%，MgO=0.53%~3.37%，它们对应的 $Mg^{\#}$［Mg×100/（Mg+Fe）］（摩尔比）值为 28~55。在 QAP 图中，早二叠世（约 296~276Ma）花岗质岩石样品均落在二长花岗岩和花岗闪长岩区域（图 4.24），属于高钾钙碱性系列。该组的 CIPW 标准矿物组分为 22%~31% 石英、17%~31% 正长石、27%~34% 钠长石、7%~19% 钙长石和 0~5.52% 刚玉分子。其 A/CNK 值为 0.83~1.31，而 A/NK 值为 1.26~1.95。此外，它们在图 4.25 中均落入 M-I-S 型花岗岩区域内，表明该组样品具 I 型花岗岩亲缘性（Chappell and White，1992，2001）。原始地幔不相容元素配分图见图 4.26（a）。早二叠世（约 296~276Ma）和中 – 晚二叠世（约 274~252Ma）花岗质岩石样品的稀土总含量高，具明显的轻稀土富集。早二叠世（约 296~276Ma）花岗质岩石样品的 $(La/Yb)_N$ 为 6.85~14.23，$(Gd/Yb)_N$ 值为 1.33~1.78。大多数样品具 Eu 负异常［Eu/Eu^*=0.36~0.70；图 4.26（a）］。在原始地幔不相容元素趋势图上［图 4.26（a）］，这些样品均以富集大离子亲石元素（LILEs），亏损高场强元素（HFSEs）（如 Nb、Ta 和 Ti）为特征，表现出 Sr 和 P 的负异常。早二叠世（约 296~276Ma）花岗质岩石样品的 $(^{87}Sr/^{86}Sr)_i$ 值较低，为 0.703600~0.705900，其 $\varepsilon_{Nd}(t)$ 值为 +0.7~+0.8，其新元古代 Nd 模式年龄为

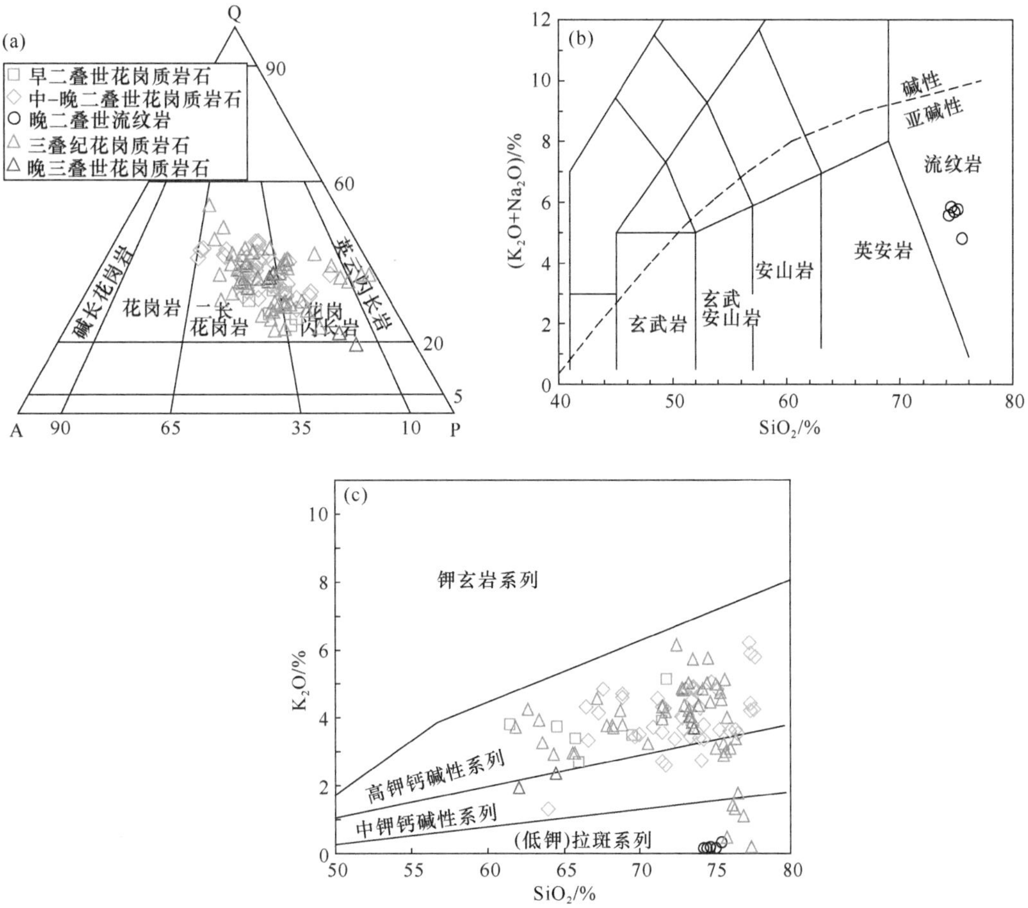

图 4.24　长山火成岩带二叠纪—三叠纪长英质火成岩 QAP（a）、TAS（b）和 SiO_2-K_2O（c）判别图解

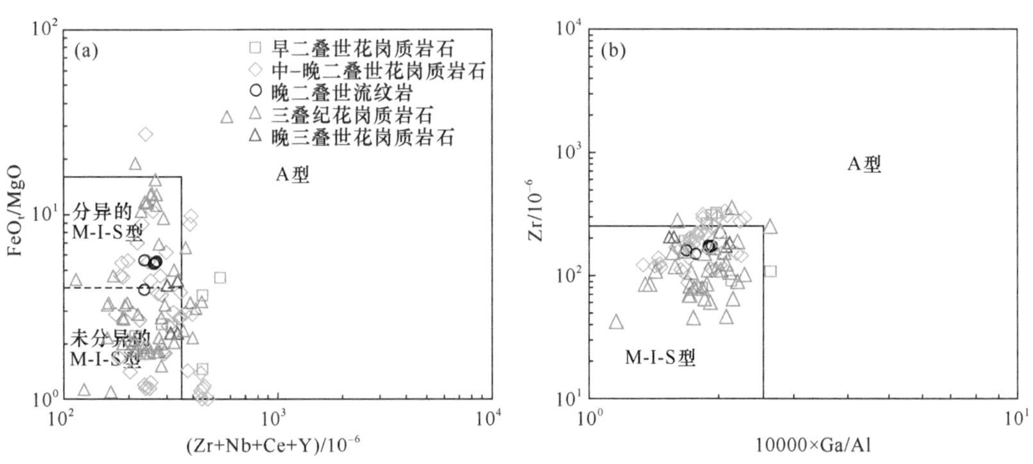

图 4.25　长山带二叠纪—三叠纪长英质火成岩 Zr+Nb+Ce+Y-FeO_t/MgO（a）和 10000 × Ga/Al-Zr（b）判别图解

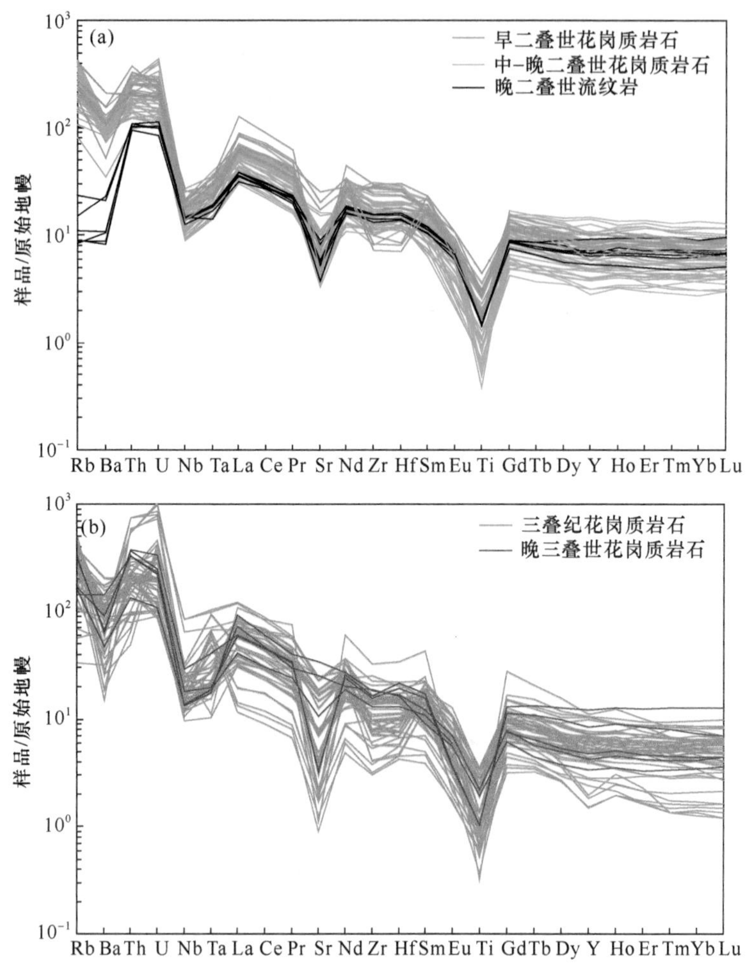

图 4.26　长山带二叠纪—三叠纪长英质火成岩的原始地幔不相容元素配分图

0.87~0.88Ga（图 4.27），类似于澳大利亚拉克兰褶皱带和冈底斯岩基中的 I 型花岗岩同位素组合特征（Healy et al.，2004；Ma et al.，2014）。

中－晚二叠世（约 274~252Ma）花岗质岩石样品主要有黑云母花岗岩、二长花岗岩及花岗闪长岩，它们具变化的主量元素特征，SiO_2=66.49%~77.63%，Al_2O_3=12.52%~16.64%，FeO_t=0.35%~6.16%，MgO=0.08%~4.81%。对应的 $Mg^{\#}$ 值为 6~68。这些花岗质岩石样品主要投在二长花岗岩和花岗闪长岩区域内［图 4.24（a)］，多属高钾钙碱性系列［图 4.24（c)］。其 CIPW 标准矿物成分为 27%~44% 石英、8%~35% 正长石、18%~37% 钠长石、1%~26% 钙长石和 0~3.53% 的刚玉分子。该组样品的 A/CNK 和 A/NK 值分别为 0.89~1.27 和 1.16~1.91。此外，在图 4.25 中均落入 M-I-S 型花岗岩区域内，表明该组样品具有 I-S 过渡型花岗岩特征（Chappell and White，1992，2001）。中－晚二叠世（约 274~252Ma）花岗质岩石样品有相似的 $(La/Yb)_N$ 和 $(Gd/Yb)_N$ 值，分别为 3.21~18.76 和 0.99~3.21，Eu/Eu^* 值为 0.25~0.79，富集轻稀土，亏损 Nb、

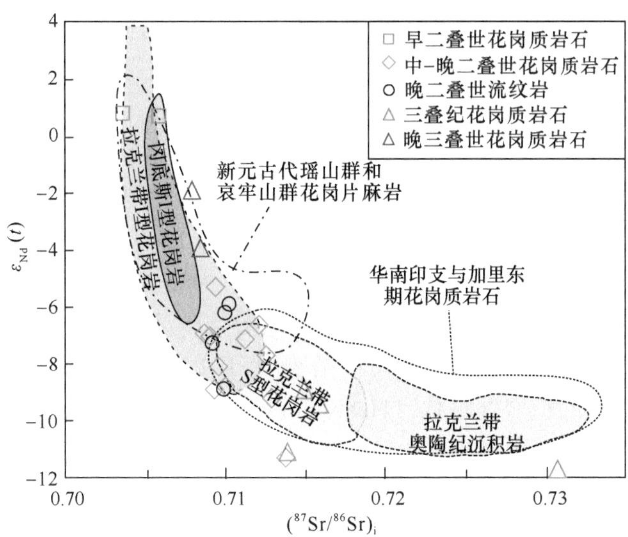

图 4.27　长山带二叠纪—三叠纪长英质火成岩 $\varepsilon_{Nd}(t)$ - $(^{87}Sr/^{86}Sr)_i$ 图解

Ta 和 Ti［图 4.26（a)]。中 – 晚二叠世（约 274~252Ma）花岗质岩石样品具较高的 $(^{87}Sr/^{86}Sr)_i$ 值（0.708700~0.713822），但 $\varepsilon_{Nd}(t)$ 值较低，变化于 –11.3~–5.3，Nd 模式年龄较老，变化于 1.28~2.33Ga（图 4.27）。这些样品大部分都落在新元古代哀牢山群花岗片麻岩区域内，同时也类似于拉克兰褶皱带内的 I 型和 S 型花岗岩，但明显不同于拉克兰褶皱带奥陶纪沉积岩的同位素组成（图 4.27；Healy et al.，2004；Wang et al.，2016a)。

晚二叠世（约 261Ma）流纹岩样品投在亚碱性流纹岩区域，属于低钾系列［图 4.24（b)（c)]。它们的 A/CNK 值为 0.94~1.07，A/NK 值为 1.27~1.70。CIPW 标准矿物成分为 37%~41% 石英、0.85%~1.90% 正长石、38%~48% 钠长石、5%~15% 钙长石和 0~0.94% 刚玉分子。此外，在图 4.25 中均落入 M-I-S 花岗岩区域内，表明该组样品具有与 I 型花岗岩相类似的特点。晚二叠世（约 261Ma）流纹岩样品的 $(La/Yb)_N$ 为 3.98~6.52，$(Gd/Yb)_N$ 为 0.98~1.55，Eu/Eu^* 为 0.6~0.7。它们的原始地幔标准化图的配分模式与该区二叠纪的花岗质岩石相似，但具有 Rb 和 Ba 的负异常［图 4.26（a)]。与之相应的是，晚二叠世（约 261Ma）流纹岩样品的 $(^{87}Sr/^{86}Sr)_i$ 值为 0.709200~0.710300，$\varepsilon_{Nd}(t)$ 值为 –8.9~–5.9，Nd 的模式年龄为 1.32~1.53Ga（图 4.27），类似于拉克兰褶皱带内 I 型花岗岩和中 – 晚二叠世（约 274~252Ma）花岗质岩石样品的同位素组成（Healy et al.，2004)。中 – 晚二叠世（约 274~252Ma）花岗质岩石和晚二叠世（约 261Ma）流纹岩样品均落在海南二叠纪花岗质岩石区域内（如谢才富等，2006；Yang et al.，2017)。长山带三叠纪花岗质岩石样品的全岩元素 – 同位素地球化学数据如表 4.7 所示。

$\varepsilon_{Hf}(t)$ 负值的三叠纪（约 251~202Ma）花岗岩和花岗闪长岩：上述样品的 SiO_2=61.82%~77.44%，Al_2O_3=11.73%~18.20%，FeO_t=0.40%~6.88%，MgO=0.07%~3.30%，样品大部分落入花岗岩和花岗闪长岩区域内，个别样品落入英云闪长岩区域内，且大部

分样品属于低钾到高钾钙碱性系列［图 4.24（a）（c）］。它们的 A/CNK 值为 0.79~1.84，A/NK 值为 1.02~2.31。CIPW 标准矿物成分为 19%~46% 石英、1%~37% 正长石、11%~58% 钠长石、1%~22% 钙长石和 0.00%~7.26% 刚玉分子。在图 4.25 中，它们均落入 I-M-S 型花岗岩区内，具有 I-S 过渡型花岗岩的特点。该组三叠纪花岗岩样品的稀土总含量高，具明显轻稀土富集。该组样品的 $(La/Yb)_N$ 值为 5.09~26.64，$(Gd/Yb)_N$ 值为 1.07~5.67。大多数样品具有 Eu 负异常（Eu/Eu^*=0.12~0.86）。在原始地幔不相容元素趋势图上［图 4.26（b）；Sun and McDonough，1989］，这些样品均以富集 LILEs，亏损 HFSEs 为特征，均具 Sr 负异常。其 $(^{87}Sr/^{86}Sr)_i$ 值变化于 0.713906~0.730675，$\varepsilon_{Nd}(t)$ 值变化于 –11.7~–8.9，Nd 模式年龄变化于 1.71~2.01Ga，落入拉克兰褶皱带 S 型花岗岩和奥陶纪沉积岩区域内（Healy et al.，2004），也靠近或落入华南印支与加里东期花岗质岩石区域（图 4.27；如 Wang et al.，2016a）。

$\varepsilon_{Hf}(t)$ 正值的晚三叠世花岗岩样品主要分布于老挝丰沙湾—桑怒一线，主要为具有低至高钾钙碱性特征的花岗闪长岩和黑云母花岗岩组合［图 4.24（a）（c）］。这些花岗岩的主要氧化物含量变化很大，其 SiO_2 含量为 62.10%~73.65%，TiO_2 含量为 0.22%~0.47%，Al_2O_3 含量为 14.00%~18.46%，CaO 含量为 1.11%~5.29%。它们的 A/CNK 和 A/NK 值的范围分别为 0.98~1.03 和 1.21~2.01。该组的 CIPW 标准矿物成分为 17%~31% 石英、12%~29% 正长石、34%~40% 钠长石、5%~26% 钙长石和 0.25%~1.33% 刚玉分子。它们在图 4.25 中的特征，并结合主量元素组成均显示 $\varepsilon_{Hf}(t)$ 正值的晚三叠世花岗岩样品具有 I 型花岗岩特征。$\varepsilon_{Hf}(t)$ 正值的晚三叠世花岗岩样品轻稀土相对于重稀土高度分异，其 $(La/Yb)_N$ 值为 4.79~22.56，$(Gd/Yb)_N$ 值为 1.04~ 1.90，Eu/Eu^* 为 0.25~0.74。以富集 LILEs，亏损 Nb、Ta、Ti 和 Sr 为特征［图 4.26（b）］，其 $(^{87}Sr/^{86}Sr)_i$ 值变化于 0.7079~0.7084，$\varepsilon_{Nd}(t)$ 值变化于 –3.9~–1.9，Nd 模型年龄变化于 1.03~1.15Ga（图 4.27），类似澳大利亚拉克兰造山带和冈底斯造山带 I 型花岗岩的同位素组成（Healy et al.，2004；Ma et al.，2014）。

4.3.3 岩石成因及构造背景

长山构造带早、中、晚二叠世长英质火成岩均具有 I 型花岗岩地球化学亲缘性，根据岩性可分为花岗质岩石和流纹岩。一般 I 型长英质火成岩可能形成于基性母岩浆的分离结晶，基性和长英质岩浆的混合以及基性至中性中 – 下地壳的部分熔融（Rapp and Watson，1995；Soesoo，2000；Slaby and Martin，2008；Clemens et al.，2011）。前人的实验岩石学结果表明基性岩浆分离结晶可产生 12%~25% 的长英质岩浆（Sisson et al.，2005）。因此，大量长英质岩石的形成需要更大量的基性岩浆贡献。此外，基性岩来源的贫铝岩浆通常分离结晶形成富钠岩浆，而这与本研究中的样品特征不一致。长山带广泛发育的二叠纪—晚三叠世长英质火成岩，其体积远超同时代基性岩。Kamvong 等（2014）和 Manaka 等（2014）报道了老挝北部 Phu Kham 晚石炭世—早二叠世中性火成岩 $\varepsilon_{Nd}(t)$ 变化于 +4~+4.8。如前所述，早二叠世（约 296~276Ma）花岗

质岩石样品的 $\varepsilon_{Nd}(t)$ 值为 +0.7~+0.8，而中 – 晚二叠世（约 274~252Ma）花岗质岩和晚二叠世（约 261Ma）流纹岩 $\varepsilon_{Nd}(t)$ 值变化于 –11.3~–5.3 之间。这些样品的 Nd 同位素组成与之前报道的长山带中性火成岩并不一致，排除了分离结晶形成的可能性。

早二叠世（约 296~276Ma）花岗质岩石样品 Rb/Sr 值为 0.43~1.80，Rb/Ba 值为 0.16~0.32［图 4.28（a）；如 Sylvester，1998；Altherr et al.，2000］，相对中 – 晚二叠世（约 274~252Ma）花岗质岩石和晚二叠世（约 261Ma），早二叠世（约 296~276Ma）花岗闪长岩样品为弱过铝质至准铝质，A/CNK 值为 0.83~1.31，具更高的 Rb/Sr 值和较低的 Rb/Ba 值［图 4.28（a）］。这些样品均落入图 4.28（b）中角闪岩部分熔融区域。正的 $\varepsilon_{Nd}(t)$ 值（+0.7~+0.8）与拉克兰带和冈底斯 I 型花岗岩 $\varepsilon_{Nd}(t)$ 值相近（图 4.27），这表明早二叠世（约 296~276Ma）花岗质岩石源区为变火成岩或存在新生底侵基性组分参与（如 Healy et al.，2004）。岩浆分异对锆石 Hf-O 同位素组成影响较小，所以其在岩浆岩来源鉴定方面具有重要意义（如 Griffin et al.，2002；Valley et al.，2005）。通常来源于幔源岩浆火成岩锆石的平均 $\delta^{18}O$ 值为 5.3±0.3‰（Valley et al.，2005），早二叠世（约 296~276Ma）花岗质岩石样品原位 $\delta^{18}O$ 值为 5.6‰~6.3‰［图 4.23（b）］，一致于幔源火成岩锆石，明显低于上地壳 $\delta^{18}O$ 值（> 7.5‰；Valley et al.，2005；Wang et al.，2016a），表明样品的源区未遭受明显的水 – 岩相互作用，这些特征进一步表明其源区有新生底侵基性组分的加入。

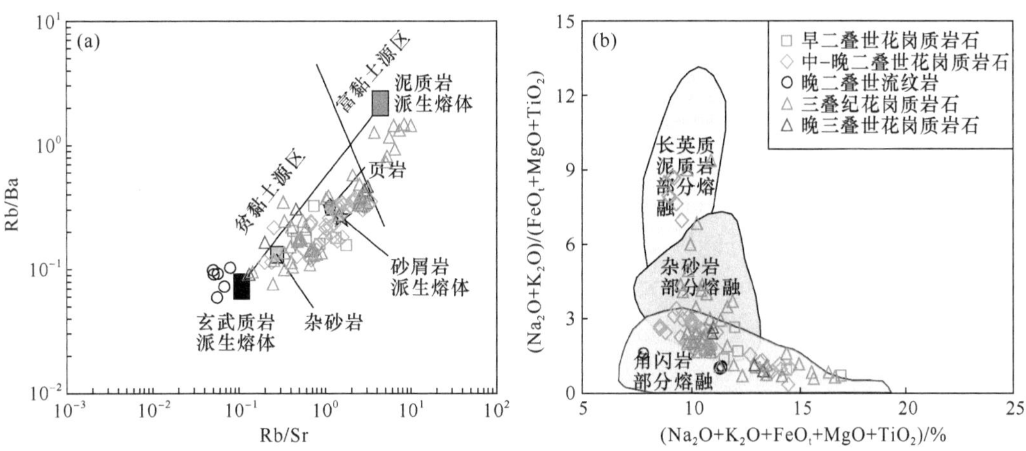

图 4.28　长山带二叠纪—三叠纪长英质火成岩 Rb/Sr-Rb/Ba（a）和 $Na_2O+K_2O+FeO_t+MgO+TiO_2$-（$Na_2O+K_2O$）/（$FeO_t+MgO+TiO_2$）（b）图解

中 – 晚二叠世（约 274~252Ma）花岗质岩石及晚二叠世（约 261Ma）流纹岩样品的 Sr-Nd 同位素组成与华南陆块加里东期和印支期变沉积岩来源的花岗岩样品并不一致（如 Wang et al.，2007，2016a）。相反，其 Sr-Nd 同位素组成投图主要落在新元古代哀牢山群花岗片麻岩区域内，与拉克兰的变杂砂岩和基性岩混合源区衍生的 I 型和 S 型花岗岩区域相重叠（如 Wang et al.，2013a，2016a）。在图 4.28（a）中与变泥质岩熔体来源的强过铝质花岗岩相比，中 – 晚二叠世（约 274~252Ma）花岗质岩石样品的 Rb/Ba 和 Rb/Sr 值较低（如 Altherr et al.，2000），投在玄武质岩派生熔体和泥质岩派生熔体之间。与中－晚二叠世（约 274~252Ma）花岗质岩石样品相比，晚二叠世流纹岩 Ra/Sr 和 Rb/Ba 值更低。在图 4.28（b）中，中－晚二叠世（约 274~252Ma）花岗质岩石和晚二叠世流纹岩样品主要落在角闪岩部分熔融区域，或杂砂岩部分熔融和角闪岩部分熔融的重叠区域上，部分样品落入长英质泥质岩部分熔融区域内，表明样品的源区为角闪岩或角闪岩和变沉积岩的混合源区。以上研究表明，中－晚二叠世（约 274~252Ma）花岗质岩石和晚二叠世流纹岩样品来源于两种组分的混合源区。它们的 $\varepsilon_{Nd}(t)$（约 −11.3）、$\varepsilon_{Hf}(t)$（约 −16.2）、高的 $\delta^{18}O$ 值（约 10‰）、变化不大的 A/CNK 值和较高的 Rb/Sr 和 Rb/Ba 值表明，其中一个端元组分为经历过地表水－岩相互作用的变杂砂岩来源的熔体（如 Altherr et al.，2000；Wang et al.，2016a）。样品具有负 $\varepsilon_{Nd}(t)$ 但较低 $\delta^{18}O$ 值则表明中－晚二叠世（约 274~252Ma）花岗质岩石和晚二叠世流纹岩样品的源区可能存在“古老”变火成岩（如 Wang et al.，2016a）。这些特征结合它们的古－中元古代的 Nd 和 Hf 模式年龄，表明中－晚二叠世（约 274~252Ma）花岗质岩石和晚二叠世流纹岩样品起源于古－中元古代变火成岩和变杂砂岩混杂的地壳源区。

因此，长山带二叠纪岩浆作用包括了具正 $\varepsilon_{Nd}(t)$ 和 $\varepsilon_{Hf}(t)$ 同位素组成的早二叠世（约 296~276Ma）花岗质岩石、具富集 Hf-O 同位素组成的中－晚二叠世（约 274~252Ma）花岗质岩石和晚二叠世（约 261Ma）流纹岩。其中，中－晚二叠世花岗质岩石和晚二叠世流纹岩样品的形成年龄与沿黑河断裂和马江缝合带以东出露的峨眉山玄武岩的形成时代相近（约 259~263Ma；Wang et al.，2007；Faure et al.，2014；Qian et al.，2016c）。这些样品的形成时代也与中国西南部和越南东北部哀牢山－马江构造带发育的具支洋盆或弧后盆地地球化学特征的二叠纪岩浆活动相一致（Fan et al.，2010；Thanh et al.，2014）。

Jian 等（2009b）认为古特提斯洋的闭合促进了峨眉山大火成岩省（LIP）的形成，峨眉山大火山岩省可能诱发了二叠纪—三叠纪印支和华南陆块的碰撞聚合（Wang et al.，2016c）。但是，峨眉山大火成岩省仅存在于中国西南部地区和越南东北部的黑河裂谷，几乎没有证据表明它存在于马江缝合带以南地区（如 Chung et al.，1997；Liu et al.，2012b；Faure et al.，2014；Hieu et al.，2015，2016，2019）。因此，位于长山火成岩带内的中－晚二叠世（约 274~252Ma）花岗质岩石及晚二叠世（约 261Ma）流纹岩与峨眉山大火山岩省没有直接因果关联。相反，如前所述，早二叠世（约 296~276Ma）花岗质岩石样品主要来自一个新底侵基性岩的部分熔融，而中－晚二叠世（约 274~252Ma）花岗质岩石和晚二叠世（约 261Ma）流纹岩样品源自古－中元古代变火成岩和变杂砂岩组成的混合源区。在（Y+Nb）-Rb 构造环境判别图中（图 4.29），它们大部分落在火山弧花岗岩区域或火山弧花岗岩、碰撞后花岗岩重叠区域，也与原特提斯聚合相关的早古生代花岗岩相类似，类似于汇聚陆块边缘的火成岩（如 Wang et al.，2013b，2020a，2020c）。值得注意的是，长山火成岩带早二叠世岩浆作用以正 Hf 和 Nd 同位素组成为特征，而中－晚二叠世（约 274~252Ma）火成岩，除了个别来自马江地区的花岗岩具异常正 Hf 同位素组成以外［$\varepsilon_{Hf}(t)$ =+7.3~+13.9］（Hieu et al.，2016），其余以负 Hf 和 Nd 同位素组成为主要表现，且在约 270~265Ma 存在明显的岩浆活动间歇。此外，中－晚二叠世（约 274~252Ma）花岗质岩石和晚二叠世（约 261Ma）流纹岩样品的地球化学数据表明，它们的源区有具地壳 Hf-O 同位素组分特征的地壳物质参与，说明大量的变沉积岩和变火成岩在马江古特提斯分支洋或弧后盆地闭合过程中发生了再循环。因此，老挝北部和越南西北部发育的二叠纪—三叠纪火成岩更可能受控于古特提斯构造域马江分支洋或弧后盆地的俯冲闭合（如钱鑫等，2022；Liu et al.，2012b；Roger et al.，2014；Kamvong et al.，2014；Lai et al.，2014b；Manaka et al.，2014；Shi et al.，2015；Hieu et al.，2015，2016，2019；Wang et al.，2016c，2018b；Qian et al.，2019）。值得注意的是在约 275~270Ma，区域上出露有同期的镁铁质火成岩及闪长岩，可能在约 275Ma 发生了俯冲板片的回撤作用导致了中－下地壳（变火成岩和变杂砂岩）的部分熔融，从而形成了长山带中－晚二叠世过铝质长英质火成岩。

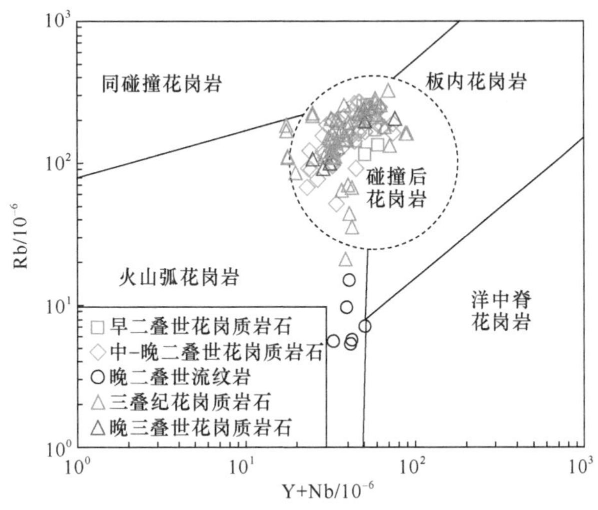

图 4.29　长山带二叠纪—三叠纪长英质火成岩 Y+Nb-Rb 构造判别图

负 $\varepsilon_{Hf}(t)$ 值三叠纪花岗质岩石样品的 Sr-Nd 同位素组成靠近或落入拉克兰带 S 型花岗岩和拉克兰带奥陶纪沉积岩区域内（Healy et al.，2004），也靠近或落入华南印支与加里东期花岗质岩石区域内（图 4.27）。此外，该组样品 Hf 同位素组成也以负值为主，说明该组样品的源区类似 S 型花岗岩源区特征。在图 4.28（a）中，该组样品 Rb/Ba 和 Rb/Sr 值变化较大，落于泥质岩派生熔体和玄武质岩派生熔体之间。类似地，在图 4.28（b）中，该组样品也落入杂砂岩部分熔融及角闪岩部分熔融区域之间或它们的重叠区域，均说明负 $\varepsilon_{Hf}(t)$ 值三叠纪花岗质岩石样品具有混合源区的特征。考虑其变化的 A/CNK 值（1.02~2.31）、负的同位素组成和 Nd 和 Hf 模式年龄（1.71~2.12Ga 和 1.12~2.78Ga），我们认为该组负 $\varepsilon_{Hf}(t)$ 值三叠纪花岗质岩石样品的源区为古－中元古代变火成岩和变沉积岩混合的源区。

正 $\varepsilon_{Hf}(t)$ 值晚三叠世花岗质岩石的 Rb/Ba 和 Rb/Sr 值变化范围较大，介于泥质岩派生熔体和玄武质岩派生熔体之间［图 4.28（a）］，此外还落入杂砂岩部分熔融和角闪岩部分熔融的重叠区域，同样表明其为混合源区［图 4.28（b）］。然而，该组样品具有正 $\varepsilon_{Hf}(t)$ 值[+0.0~+7.5；图 4.23（a）]，表明源区中存在新生基性地壳组分的参与。此外，它们的原位锆石 $\delta^{18}O$ 值为 5.1‰~6.9‰［图 4.23（b）］，接近或略高于幔源岩浆特征，表明它们的源区可能遭受了一定的水－岩相互作用，但是明显低于华南三叠纪 S 型花岗岩和地壳来源沉积岩的氧同位素组成（如 Valley et al.，2005；Jiao et al.，2015；Wang et al.，2016a，2018b）。上述特征结合它们相对富集的 Nd 同位素特征，表明该套正 $\varepsilon_{Hf}(t)$ 值的晚三叠世花岗质岩石源区为新生基性地壳，并伴有一定变杂砂岩的加入。

现有研究对长山构造带早中生代岩浆作用有着不同认识。Liu 等（2012b），Hieu 等（2016，2019）和 Wang 等（2016c）认为马江古特提斯分支洋 / 弧后盆地的俯冲一直持续到约 250Ma，长山带和马江带在随后的约 245~210Ma 进入同碰撞和后碰撞阶段。而 Shi 等（2015，2019）则认为其俯冲作用可能一直持续到约 245Ma，碰撞造山时间发生在约 240~200Ma。Wang 等（2018b）提出古特提斯分支洋沿金沙江－哀牢山－马江缝合带的初始闭合和随后的同碰撞与碰撞后事件分别发生于约 247Ma、约 247~237Ma 和约 237~200Ma。这表明马江和长山带在约 250Ma 可能发生了构造转换，于晚三叠世即已进入碰撞后阶段。钱鑫等（2022）和 Qian 等（2019）的研究也认为洋盆关闭到陆块碰撞时间在约 250Ma。因此负 $\varepsilon_{Hf}(t)$ 值的三叠纪（约 251~202Ma）花岗质岩石样品来自古－中元古代变火成岩和变沉积岩组成的混合源区，而正 $\varepsilon_{Hf}(t)$ 值晚三叠世（约 232~221Ma）花岗质岩石源区主要为新生基性地壳并有一定变杂砂岩的加入。从表 4.5 可见，早－中三叠世长山带的岩浆作用主体为长英质火成岩，部分样品具高硅特征，且源区也以“古老的”中－下地壳物质为主。在构造判别图中这两组三叠纪花岗质岩石均落入碰撞后花岗岩区域内（图 4.29），说明在早三叠世长山带已进入碰撞造山阶段。在越南中部 Bong Mieu 地区还有约 248Ma 的副片麻岩及同期花岗质岩石的报道，暗示此时可能处于同碰撞阶段（Tran et al.，2014），而在中－晚三叠世之交（约 237Ma）［图 4.23（a）］，长山带三叠纪火成岩 $\varepsilon_{Hf}(t)$ 值从负变为正值。如此转换，暗示长山带在约 250Ma 开始进入碰撞阶段，约 237Ma 从同碰撞进入了碰撞后阶段。

事实上，区内的变质岩和糜棱岩同样记录了类似的构造过程。越南西北部长山带高压麻粒岩相变质作用的时代为约 250Ma，越南北部 Nam Co 组和马江组糜棱岩的 $^{40}Ar/^{39}Ar$ 年龄为 250~240Ma，这也表明早三叠世华南与印支陆块的碰撞已经开始，导致了地壳明显增厚（如 Maluski et al.，2005；Liu et al.，2012b）。马江缝合带及 Nam Co 杂岩中还识别出了榴辉岩经历了顺时针 *P-T* 轨迹，其进变质作用的温度为 750℃，压力为 1.7GPa，而减压冷却温度为 650℃，压力为 1.3GPa，之后退变质温度为 530℃，压力为 0.5GPa，如此变质历程也同样被泥质片岩所记录（如 Nakano et al.，2008，2009，2010；Zhang et al.，2013c，2014）。马江榴辉岩的锆石和独居石年龄分别为 230±8Ma 和 243±4Ma，类似泥质麻粒岩的变质时间（233±5Ma）和同造山期矿物的构造热时间（约 251~229Ma）（Lepvrier et al.，1997，2004；Nakano et al.，2008，2010；Zhang et al.，2013c，2014）。在长山带和印支地块中部，绿片岩相和角闪岩相变质岩（如长山带的海云杂岩）具有减压 *P-T* 轨迹，其进变质和退变质的时间分别为约 250~245Ma 和约 230~225Ma（如 Carter et al.，2001；Maluski et al.，2005；Roger et al.，2007；Carter and Clift，2008；Nakano et al.，2009，2010，2013）。在越南中部昆嵩地体还识别出了三叠纪（260~240Ma）的高温 – 超高温的 Kannak 和 Ngoc Linh 变质混杂岩和巴罗型低 – 中温的绿片岩相 Kham Duc 混杂岩（如 Osanai et al.，2004；Nakano et al.，2004，2009，2010，2013）。而这些成对出现的三叠纪高压榴辉岩和高压麻粒岩常识别于大陆碰撞带，说明俯冲深度超过了 70km（如 Nakano et al.，2009，2010，2013）。综合这些资料，长山带早 – 中三叠世长英质火成岩形成于同碰撞背景，从同碰撞向碰撞后的转换阶段介于中 – 晚三叠世之交（约 237Ma），而约 250Ma 发生了从俯冲向碰撞的构造转换。这种时空模式与海南岛北部邦溪 – 晨星构造带的时序结构一致，该带新发现具有 MORB 和岛弧型地球化学特征的石炭纪（344~328Ma）基性岩类似于哀牢山缝合带石炭纪—二叠纪（387~283Ma）超基性 – 基性岩的地球化学特征（如 He et al.，2017，2018；Li et al.，2018；Jian et al.，2009a，2009b；Vượng et al.，2013；Lai et al.，2014a；Zhang et al.，2021b）。而在海南岛邦溪 – 晨星带南部，二叠纪—三叠纪花岗岩和基性岩的锆石 U-Pb 年龄变化于 272~233Ma，也同样记录有岛弧到碰撞后构造过程（如 He et al.，2018）。因此，长山带二叠纪—三叠纪岩浆作用的时序结构与哀牢山 – 马江带及其东延的海南岛南部类似。由此也呈现出晚古生代—早中生代的构造演化过程。在晚石炭世晚期—早二叠世（约 305~276Ma），马江古特提斯支洋 / 弧后盆地俯冲至印支陆块之下，新生的镁铁质岩浆底侵至印支陆块北部之下，形成晚石炭世—早二叠世的火山岩及早二叠世具正 Nd 和 Hf 同位素组成的花岗岩源区。在约 275Ma，俯冲板片回撤，促使软流圈上涌进而引发“古老的”中 – 下地壳（古 – 中元古代变火成岩和变杂砂岩）部分熔融，从而形成了具富集 Hf-O 同位素组成的中 – 晚二叠世和晚三叠世过铝质长英质火成岩。在早三叠世（约 250Ma），马江古特提斯支洋 / 弧后盆地最终关闭，随后发生华南陆块与印支陆块的碰撞，如此过程导致了高硅花岗岩、副片麻岩和高压麻粒岩的形成。中 – 晚三叠世（约 237~202Ma）由于碰撞后板片断离和造山带伸展坍塌而导致长山带中 – 下地壳物质（如年轻的基性下地壳、变火成岩和变沉积岩）大规模部分熔融，从而形成大量晚三叠世高钾钙碱性花岗质岩浆（表 4.5）。

本节讨论及引用的数据出自本研究及以下参考文献（王疆丽等，2013；钱鑫等，2022；Healy et al.，2004；Liu et al.，2012b；Vượng et al.，2013；Zhang et al.，2013c，2014，2021b；Kamvong et al.，2014；Ma et al.，2014；Manaka et al.，2014；Roger et al.，2014；Tran et al.，2014；Shi et al.，2015；Hieu et al.，2015，2016，2019；Wang et al.，2016c，2018b；Qian et al.，2019；Thanh et al.，2019）。

4.4　右江盆地晚古生代岩浆作用

右江盆地在地理位置上，呈菱形横跨桂西、黔西南及滇东南等地，是华南地区重要的多金属矿床富集地之一（如云南省地质矿产局，1990；Shu et al.，2008；Chen et al.，2015）。该盆地是在早古生代基底之上发育而来，早泥盆世开始强烈裂陷，形成了台地－台间相排列的盆地格局（如杜远生等，2013）。台地相以孤立的浅水碳酸盐岩台地为特征，而台间相以泥质岩、硅质岩等深水沉积为特征，其古地理格局一直持续到早三叠世，在中－晚三叠世为浊积岩所充填（史晓颖等，2006；杜远生等，2013；Hu et al.，2017）。它在大地构造位置上处于华南陆块西南缘，位于马江构造带的东北部，属特提斯构造域（如杜远生等，2013）。该盆地北东侧以紫云－南丹断裂为界，南东侧以凭祥－南宁断裂为界，南西侧以红河断裂为界，北西侧以弥勒－师宗断裂为界，并于盆内发育多条北东－南西向和北西－南东向的断裂（杜远生等，2013；Hu et al.，2017；Gan et al.，2016，2021）。

4.4.1 晚古生代岩浆作用特征

如上一节所述，在右江盆地西南缘的麻栗坡八布地区出露有超镁铁质、镁铁质侵入岩体和变质玄武岩组成的蛇绿混杂岩组合。除此之外，在右江盆地内部广泛发育层状或似层状的基性火成岩岩石。它们多侵入于泥盆系、石炭系和中－下二叠统中。早期的研究认为上述火成岩是海西期产物，王忠诚等（1997）和范蔚茗等（2004）认为是晚古生代海相玄武岩，其中泥盆纪火山岩主要为一套基性海相火山喷发岩，产于中－下泥盆统平恩组下部、中泥盆统东岗岭组和上泥盆统五指山组或融县组中－下部等层位。其中，平恩组下部火山岩主要分布在田林八渡地区，为杏仁状玄武岩。东岗岭组火山岩主要分布在龙州和武德等地区，由火山角砾岩、凝灰岩和粗面斑岩等组成。上泥盆统五指山组火山岩主要分布在那坡坡荷和岩信、靖西安德地区，主要为玄武岩和粗面斑岩。石炭纪火山岩主要产于田林八渡、百色、那坡、靖西和富宁等地区的深水相沉积岩中。其中在那坡岩信和坡荷地区南丹组火山岩具良好的枕状构造，发育气孔和冷凝边等构造。此外，在建水地区还发育具有岛弧地球化学特征的玄武岩、安山岩和流纹岩组合。在右江盆地西北部水城等地及广西巴马、百色、隆林、那坡等地区还出露大量的二叠纪峨眉山基性火山岩，该套火山岩与下伏下二叠统茅口组灰岩或中－下二叠统四大寨组呈假整合或平行不整合接触，并常与上二叠统龙潭组 / 宣威组或下三叠统碎屑岩或碳酸盐岩呈不整合接触。

在右江盆地的那坡和靖西保存有晚古生代基性火成岩，岩性主要包括了玄武质熔岩、镁铁质碎屑熔岩和少量凝灰岩，其中晚泥盆世镁铁质火成岩包裹有上泥盆统榴江组透镜状灰岩，而早石炭世玄武岩呈层状或似层状与下石炭统岩关组灰岩和碎屑岩互层（图 4.30）。对那坡和靖西晚古生代火山岩样品的元素和同位素组成的分析测试结果如表 4.8 所示。上述样品遭受了不同程度的后期蚀变作用，具有相对高的 LOI 值（3.38%~6.17%）。无水标准化后的数据表明右江盆地的这些镁铁质火山岩的 SiO_2 含量为 48.32%~56.57%，MgO 值为 5.83%~18.13%。在 Nb/Y-SiO_2 图［图 4.31（a）］中，落入玄武岩及安山岩区域中，其中晚泥盆世玄武岩属于亚碱性系列，而早石炭世玄武岩则具有碱性系列特征［图 4.31（b）］。

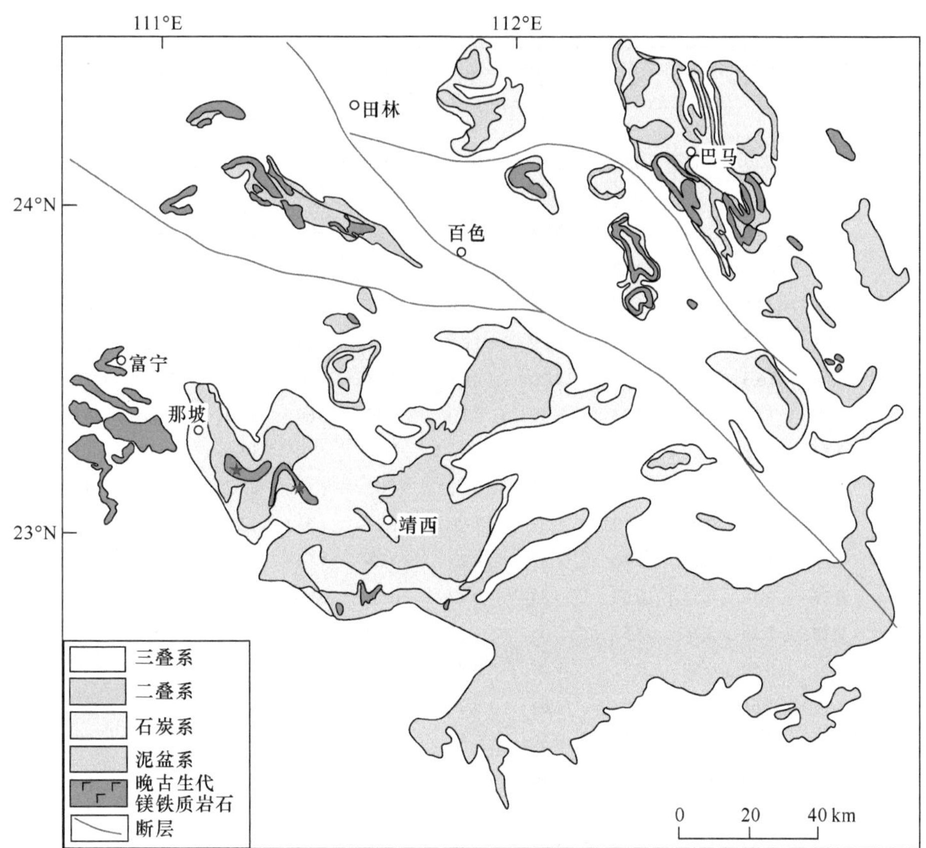

图 4.30　右江盆地晚古生代基性火成岩地质简图及采样位置图（据 Guo et al.，2004）

表 4.8　右江盆地那坡和靖西地区晚古生代基性火成岩主微量元素地球化学和 Sr-Nd 同位素组成

样品号	20BS-20	20BS-21	20BS-22	20BS-23	20BS-24	20BS-25	20BS-26	20BS-27	20BS-28	20BS-30	20BS-32	20BS-33
SiO_2/%	45.41	46.15	45.81	48.56	51.47	50.95	51.78	52.15	49.88	48.74	49.99	50.23
TiO_2/%	0.72	0.80	0.79	1.06	1.27	1.25	1.30	1.34	1.25	0.98	1.43	1.42
Al_2O_3/%	10.51	12.28	11.72	14.77	15.17	15.53	15.24	15.69	15.49	11.77	14.08	13.64
MgO/%	17.04	14.06	15.08	9.15	5.72	6.42	5.67	5.57	6.26	12.28	7.85	7.60
Fe_2O_3/%	1.36	1.85	1.55	1.66	1.83	1.50	2.65	1.64	2.21	1.00	1.49	1.12
FeO/%	10.60	9.30	10.00	8.58	7.38	8.17	6.57	7.13	7.50	9.83	7.97	8.43
CaO/%	5.85	5.51	5.66	6.34	8.87	6.36	8.40	7.44	8.92	6.59	6.88	8.75
Na_2O/%	1.73	2.07	2.17	2.83	2.73	2.67	2.96	3.29	2.30	2.64	4.49	4.12
K_2O/%	0.49	1.41	0.62	2.07	0.77	2.66	1.25	0.92	0.99	0.92	0.73	0.31
MnO/%	0.16	0.15	0.16	0.14	0.13	0.11	0.11	0.11	0.13	0.16	0.11	0.12
P_2O_5/%	0.11	0.12	0.12	0.16	0.18	0.19	0.19	0.20	0.18	0.14	0.26	0.26
LOI/%	5.79	5.99	6.07	4.43	4.28	3.98	3.65	4.30	4.69	4.72	4.51	3.80
总计 /%	99.77	99.69	99.75	99.75	99.80	99.79	99.77	99.78	99.80	99.77	99.79	99.80
$Cr/10^{-6}$	761	632	650	384	220	219	209	192	273	491	274	276
$Ni/10^{-6}$	460	323	407	180	55.0	73.0	62.0	64.0	80.0	281	209	183

续表

样品号	20BS-20	20BS-21	20BS-22	20BS-23	20BS-24	20BS-25	20BS-26	20BS-27	20BS-28	20BS-30	20BS-32	20BS-33
$Rb/10^{-6}$	19.7	18.9	14.2	42.8	14.7	46.4	20.8	15.4	20.8	18.7	8.74	2.96
$Sr/10^{-6}$	186	236	143	320	357	314	496	271	311	186	308	276
$Y/10^{-6}$	10.5	17.3	15.8	19.8	30.9	21.6	24.5	23.1	21.6	25.9	19.9	20.6
$Zr/10^{-6}$	50.4	56.8	56.5	76.0	95.4	97.5	97.8	104	92.2	73.6	115	116
$Nb/10^{-6}$	6.15	6.77	6.79	9.07	11.4	11.8	11.8	12.8	10.8	8.99	20.7	20.8
$Ba/10^{-6}$	120	217	327	350	138	474	256	173	147	179	160	62.0
$La/10^{-6}$	7.03	7.94	8.59	10.2	14.9	13.1	12.2	14.1	12.4	10.2	17.2	16.4
$Ce/10^{-6}$	13.8	16.3	18.3	21.6	31.0	28.3	26.8	29.6	27.0	21.0	35.6	34.1
$Pr/10^{-6}$	1.70	1.98	2.18	2.53	3.59	3.30	3.30	3.60	3.30	2.69	4.13	3.99
$Nd/10^{-6}$	8.12	9.38	10.0	11.6	15.7	15.0	14.7	16.0	14.4	11.6	17.3	17.6
$Sm/10^{-6}$	2.08	2.73	2.84	3.18	4.43	4.01	4.02	4.16	4.02	3.27	4.24	4.51
$Eu/10^{-6}$	0.60	0.77	0.92	1.19	1.33	1.09	1.22	1.31	1.27	1.00	0.98	1.21
$Gd/10^{-6}$	2.20	3.14	3.16	3.70	5.32	4.25	4.23	4.64	4.34	4.20	4.37	4.14
$Tb/10^{-6}$	0.35	0.50	0.51	0.58	0.85	0.72	0.73	0.79	0.75	0.71	0.64	0.73
$Dy/10^{-6}$	2.22	2.76	3.16	3.53	5.05	4.29	4.39	4.67	4.13	4.45	3.97	3.92
$Ho/10^{-6}$	0.43	0.60	0.59	0.72	1.07	0.83	0.85	0.87	0.84	0.89	0.73	0.72
$Er/10^{-6}$	1.19	1.61	1.60	1.87	2.84	2.29	2.22	2.37	2.23	2.48	2.03	2.05
$Tm/10^{-6}$	0.19	0.21	0.22	0.22	0.39	0.30	0.34	0.32	0.30	0.32	0.27	0.27
$Yb/10^{-6}$	1.07	1.36	1.42	1.53	2.39	2.02	1.96	2.12	1.83	2.11	1.90	1.67
$Lu/10^{-6}$	0.15	0.18	0.21	0.24	0.34	0.28	0.28	0.34	0.26	0.30	0.24	0.26
$Hf/10^{-6}$	1.65	1.87	1.78	2.39	3.06	3.10	3.07	3.19	2.92	2.40	3.44	3.34
$Ta/10^{-6}$	0.36	0.41	0.39	0.58	0.64	0.73	0.72	0.79	0.64	0.54	1.25	1.22
$Th/10^{-6}$	1.38	1.52	1.58	2.14	2.56	2.67	2.75	3.00	2.57	2.01	3.19	2.93
$U/10^{-6}$	0.24	0.28	0.31	0.39	0.48	0.53	0.48	0.54	0.46	0.36	0.70	0.65
$^{147}Sm/^{144}Nd$	0.155300				0.170300		0.165600		0.169000	0.169900	0.147700	
$^{143}Nd/^{144}Nd$	0.512421				0.512450		0.512449		0.512428	0.512416	0.512466	
2σ	0.000012				0.000012		0.000007		0.000008	0.000008	0.000008	
$^{87}Rb/^{86}Sr$	0.306700				0.119700		0.121400		0.193700	0.291700	0.082300	
$^{87}Sr/^{86}Sr$	0.706517				0.705643		0.706019		0.706088	0.706316	0.705647	
2σ	0.000020				0.000028		0.000014		0.000020	0.000020	0.000018	
$(^{87}Sr/^{86}Sr)_i$	0.704920				0.705020		0.705390		0.705080	0.704800	0.705250	
ε_{Nd}	−2.3				−2.4		−2.2		−2.8	−3.1	−1.2	

样品号	20BS-34	20BS-35	20BS-37	20BS-38	20BS-39	20BS-40	20BS-43	20BS-44	20BS-45	20BS-46	20BS-47	20BS-56
SiO_2/%	49.22	49.23	50.43	49.44	48.19	54.47	49.73	47.91	46.77	47.39	45.51	51.36
TiO_2/%	1.44	1.49	1.42	1.39	1.52	1.32	1.47	1.46	1.43	1.45	1.48	1.56
Al_2O_3/%	14.15	14.12	13.51	13.5	14.02	13.12	14.00	14.17	13.24	13.82	13.65	13.67
MgO/%	8.62	7.95	8.51	8.34	10.18	7.31	7.91	7.83	7.15	7.52	8.06	6.98
Fe_2O_3/%	0.98	1.07	0.91	0.96	1.56	3.74	1.04	1.39	1.59	1.44	1.50	7.28
FeO/%	8.87	9.03	8.23	8.17	8.20	6.07	8.70	8.33	8.83	9.53	9.68	3.67
CaO/%	7.69	7.85	7.81	8.83	6.46	4.74	6.98	7.69	10.8	9.14	9.35	5.57

续表

样品号	20BS-34	20BS-35	20BS-37	20BS-38	20BS-39	20BS-40	20BS-43	20BS-44	20BS-45	20BS-46	20BS-47	20BS-56
Na_2O/%	3.32	4.19	4.32	3.02	2.97	4.35	4.30	3.77	3.22	3.12	2.32	3.44
K_2O/%	0.73	0.3	0.19	0.69	1.13	0.81	0.68	0.92	0.76	1.01	1.64	2.45
MnO/%	0.13	0.13	0.13	0.14	0.15	0.10	0.12	0.12	0.16	0.13	0.14	0.10
P_2O_5/%	0.28	0.27	0.27	0.26	0.28	0.26	0.28	0.27	0.26	0.27	0.27	0.29
LOI/%	4.34	4.16	4.06	5.06	5.10	3.51	4.58	5.92	5.58	4.96	6.17	3.38
总计 /%	99.77	99.79	99.79	99.80	99.76	99.80	99.79	99.78	99.79	99.78	99.77	99.75
Cr/10^{-6}	251	287	267	270	197	243	290	263	243	283	314	340
Ni/10^{-6}	130	215	173	208	84	139	212	158	144	207	237	195
Rb/10^{-6}	6.92	3.00	1.66	8.77	14.5	9.01	5.85	10.9	6.73	14.7	27.0	35.3
Sr/10^{-6}	282	314	291	346	318	301	266	306	369	383	257	406
Y/10^{-6}	19.8	20.0	20.5	19.3	20.6	19.1	18.5	18.6	19.0	21.2	19.5	24.2
Zr/10^{-6}	114	121	116	113	127	110	117	122	115	125	121	121
Nb/10^{-6}	20.8	21.7	22.0	20.7	23.1	20.2	21.4	22.3	21.4	22.7	23.0	20.7
Ba/10^{-6}	207	89.0	56.0	201	338	214	520	133	187	290	140	132
La/10^{-6}	15.6	17.1	16.6	17.8	18.3	17.5	17.0	15.9	17.2	16.1	18.6	18.8
Ce/10^{-6}	32.2	34.0	33.5	35.9	37.4	35.8	35.3	33.3	34.0	33.6	38.0	36.9
Pr/10^{-6}	3.84	3.92	3.97	4.10	4.37	4.22	4.34	3.93	4.18	3.88	4.36	4.22
Nd/10^{-6}	15.9	17.7	17.3	17.4	18.2	17.1	18.7	16.9	17.2	17.1	18.7	18.0
Sm/10^{-6}	3.97	4.50	4.10	4.12	4.68	4.17	4.79	4.04	4.51	4.05	4.34	4.26
Eu/10^{-6}	1.09	1.13	1.10	1.31	1.50	1.13	1.42	1.15	1.36	1.30	1.24	1.39
Gd/10^{-6}	4.02	4.40	4.13	4.12	4.81	4.40	4.79	3.93	4.19	4.29	4.49	4.48
Tb/10^{-6}	0.65	0.65	0.69	0.66	0.71	0.62	0.79	0.61	0.63	0.70	0.72	0.68
Dy/10^{-6}	3.84	3.88	3.94	3.87	3.90	3.81	4.58	3.78	3.63	3.90	3.99	3.86
Ho/10^{-6}	0.70	0.75	0.79	0.72	0.78	0.68	0.83	0.68	0.72	0.70	0.77	0.73
Er/10^{-6}	1.95	2.00	2.16	1.88	2.07	1.89	2.33	1.86	1.85	1.97	2.07	2.10
Tm/10^{-6}	0.26	0.25	0.28	0.28	0.28	0.26	0.30	0.26	0.28	0.29	0.30	0.28
Yb/10^{-6}	1.58	1.71	1.90	1.64	1.80	1.58	2.03	1.62	1.71	1.72	1.82	1.71
Lu/10^{-6}	0.25	0.24	0.27	0.21	0.25	0.22	0.28	0.20	0.24	0.24	0.27	0.24
Hf/10^{-6}	3.26	3.59	3.55	3.37	3.67	3.17	3.55	3.33	3.70	3.41	3.55	3.38
Ta/10^{-6}	1.21	1.32	1.21	1.27	1.36	1.11	1.15	1.31	1.29	1.25	1.28	1.33
Th/10^{-6}	2.87	3.08	3.11	3.07	3.45	2.89	3.16	3.12	3.12	3.02	3.35	3.18
U/10^{-6}	0.59	0.68	0.66	0.68	0.77	0.65	0.79	0.74	0.73	0.65	0.74	0.75
$^{147}Sm/^{144}Nd$				0.143000		0.147100			0.142800			0.155200
$^{143}Nd/^{144}Nd$				0.512473		0.512454			0.512490			0.512473
2σ				0.000013		0.000009			0.000009			0.000010
$^{87}Rb/^{86}Sr$				0.073500		0.086800			0.052800			0.252500
$^{87}Sr/^{86}Sr$				0.705365		0.705411			0.705540			0.706454
2σ				0.000017		0.000015			0.000019			0.000021
$(^{87}Sr/^{86}Sr)_i$				0.705010		0.704990			0.705280			0.705230
ε_{Nd}				–0.9		–1.4			–0.6			–1.4

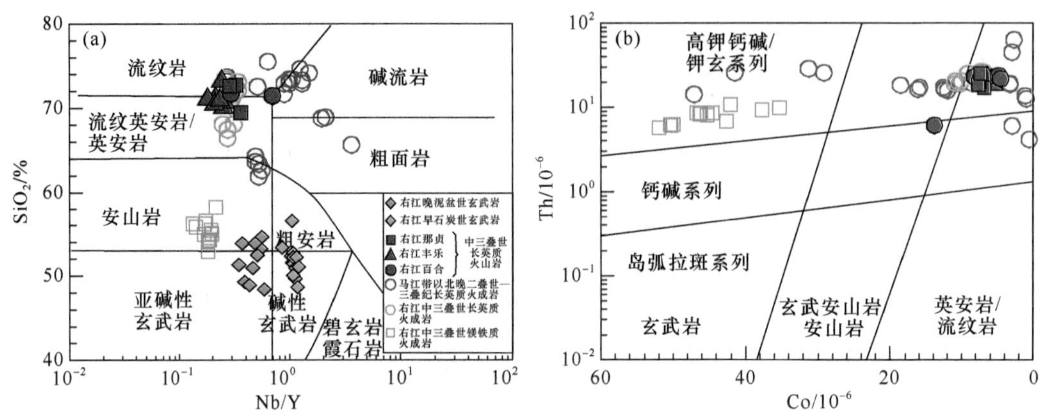

图 4.31 右江盆地晚古生代基性火成岩及中三叠世火山岩 Nb/Y-SiO_2（a）和 Co-Th（b）图解

稀土和微量元素的研究表明，右江盆地的早石炭世碱性玄武岩相对于晚泥盆世的拉斑质火山岩具有更加富集的不相容元素，具有更高的 Zr、Nb、Hf、Th 和 LREE 含量，但是二者均以富集轻稀土为特征。早石炭世碱性玄武岩的（La/Sm）$_N$ 值为 2.3~2.8，（La/Yb）$_N$ 值为 5.9~7.5，类似 OIB 的配分模式（图 4.32）。而晚泥盆世拉斑玄武岩的（La/Sm）$_N$ 和（La/Yb）$_N$ 值分别为 1.8~2.1 和 3.3~4.6，具有 Nb 和 Ta 的负异常（图 4.32）。其中晚泥盆世拉斑质玄武岩的 Th/Nb 和 Zr/Nb 值分别为 0.22~0.24 和 8.2~8.5，而早石炭世碱性玄武岩的 Th/Nb 和 Zr/Nb 值为 0.14~0.15 和 5.3~5.8。晚泥盆世拉斑质玄武岩的 $^{87}Sr/^{86}Sr$ 值为 0.705643~0.706517，其 $^{143}Nd/^{144}Nd$ 值为 0.512416~0.512450，对应的初始（$^{87}Sr/^{86}Sr$）$_i$ 和 $\varepsilon_{Nd}(t)$ 值分别变化于 0.704800~ 0.705390 和 –3.1~–2.2 之

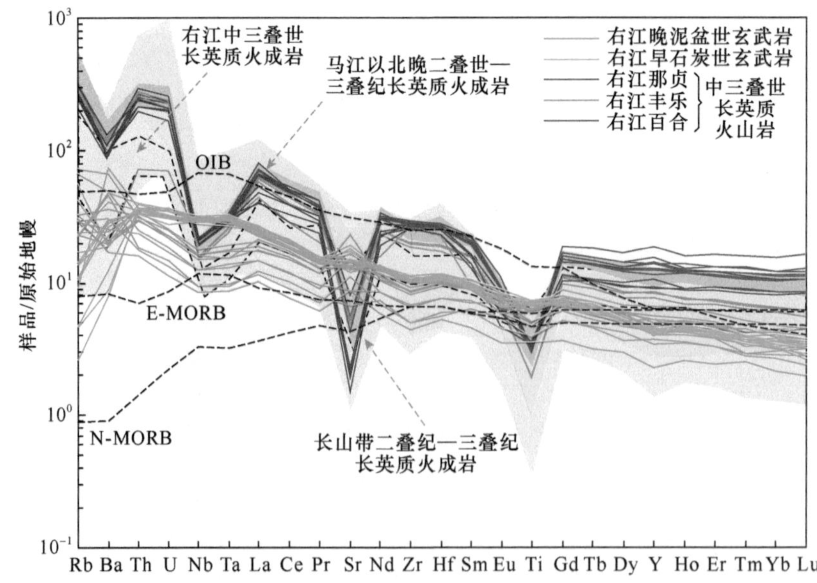

图 4.32 右江盆地晚古生代基性火成岩及中三叠世火山岩原始地幔不相容元素配分图

间。早石炭世碱性玄武岩的 $^{87}Sr/^{86}Sr$ 和 $^{143}Nd/^{144}Nd$ 值分别为 0.705365~0.706454 和 0.512454~0.512490，其（$^{87}Sr/^{86}Sr$）$_i$ 和 $\varepsilon_{Nd}(t)$ 值分别变化于 0.704990~0.705280 之间和 −1.4~+0.6 之间（图 4.33）。晚泥盆世和早石炭世的这些玄武岩均具有 EM1 型的 Sr-Nd 同位素组成，但不同于晚二叠世峨眉山玄武岩的同位素组成（图 4.33）。

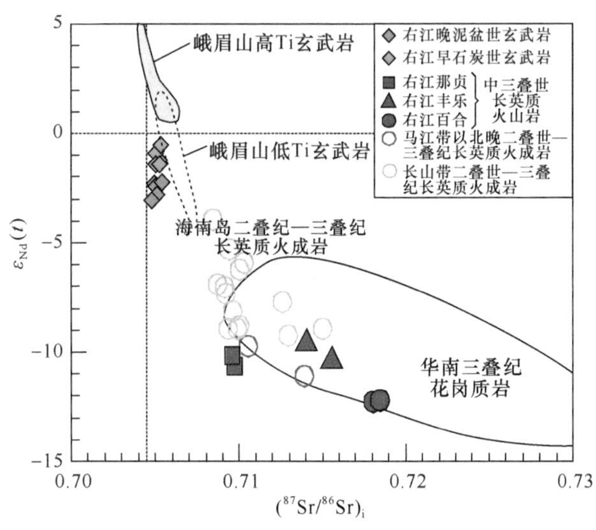

图 4.33　右江盆地晚古生代基性火成岩及中三叠世火山岩（$^{87}Sr/^{86}Sr$）$_i$-$\varepsilon_{Nd}(t)$ 图解

总体来看，右江盆地的晚古生代基性火成岩均具有 OIB 型配分模式和 EM1 型 Sr-Nd 同位素组成。其可能的岩石成因模型包括：①软流圈（如深部地幔柱）或岩石圈富集成分的贡献；②富集地幔的过程，即较低程度的熔融、地壳混染和 / 或较高程度的分离结晶。一般而言，如果存在地壳混染，样品的 Th/Nb 和 La/Nb 值会在岩浆中逐渐增加。而这两个系列的基性火成岩的 La/Nb 值随 Th/Nb 和 Zr/Nb 值的增加而变化较小，这个特征结合它们相对均一的 Sr 和 Nd 同位素组成及相似的配分模式图说明它们未遭受明显的地壳混染。因此，这两类玄武岩的地球化学和 Sr-Nd 同位素组成变化可能是继承了其不均一源区特征。一般认为具有 OIB 特征的大陆玄武岩是地幔柱活动的产物。深部地幔中富集和亏损组分的混合作用通常用来解释不相容微量元素不均一的富集特征。区内及邻区缺少同期的穹隆或地幔柱迹象等，相对于中国西南部晚二叠世峨眉山大火山岩省（如 Chung and Jahn，1995；Xu et al.，2001），零星出露于右江盆地内部的基性火成岩更像是形成于大陆伸展背景。另外，具 EM1 型 Sr 和 Nd 同位素组成的玄武岩可能具有不同的起源。对于洋岛玄武岩，如此特征一般被解释为 HIMU-OIB 源区与俯冲远洋沉积物的混合产物（Hofmann，1997）。而 EM1 型大陆玄武岩则既可能来自继承的富集岩石圈地幔源区，也可以是伸展背景中富集大陆岩石圈地幔与对流的软流圈相互作用的产物（如 Jung and Hoernes，2000；Gorring et al.，2003）。它们不同的 La/Nb、Zr/Nb 和 Th/Nb 值，说明其不均一的源区特征。晚泥盆世拉斑玄武岩高 La/Nb（1.03~1.31）、Th/Nb（0.22~0.24）和 Zr/Nb（8.2~8.5）值，表明其源区来自富集大陆岩石圈地幔。具 OIB 特征（低 La/Nb、Th/Nb 和 Zr/Nb 值）的早石炭世碱性玄武岩的源区则以 OIB 型软流圈地幔贡献为主［图 4.34（a)]。值得注意的是，从晚泥盆世至早石炭世，右江盆地这两类玄武岩样品的 $\varepsilon_{Nd}(t)$ 值和 La/Sm 值随着 La/Nb 值降低而增加（图 4.34)，表明晚泥盆世拉斑玄武岩的来源相对熔融程度较大并具有较高富集组分的参与。而早石炭世碱性玄武岩的来源则熔融程度较低且富集组分参与较少。这种趋势反映了随着软流圈－岩石圈的相互作用，岩石圈发生连续的减薄。如此地球化学特征反映右江盆地的这两类基性火成岩均形成于大陆伸展背景，其成因与地幔柱无关。右江盆地早期渐进式的裂解能很好地解释这些晚古生代玄武岩的形成，揭示了扬子陆块西南缘随古特提斯洋的打开和扩张而逐渐转变为被动大陆边缘的演化过程。

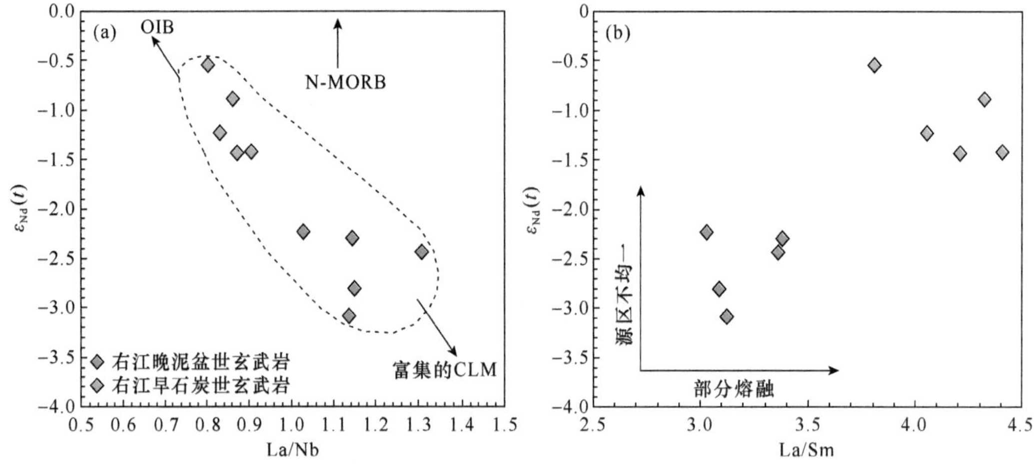

图 4.34 右江盆地晚古生代基性火成岩 La/Nb-$\varepsilon_{Nd}(t)$（a）和 La/Sm-$\varepsilon_{Nd}(t)$（b）图解

4.4.2 三叠纪火成岩的岩石成因

右江盆地三叠纪火山岩在那坡地区为中基性喷出岩，凭祥地区为中酸性喷出岩，其他地区多为酸性喷发岩。凭祥地区火山岩主要产于下三叠统罗楼组上部或北泗组中，为一套中酸性火山岩和火山角砾岩组合，局部出露玄武岩。中三叠世火山岩主要分布在崇左、那坡、平果和越南高平等地区，呈层状产于中三叠统百逢组中下部，除那坡地区为中基性火山岩外，其他地区主要为酸性火山岩。三叠纪火山活动具有明显的继承性，其活动中心始终位于西南部那坡凭祥一带，并向北东方向减弱。

对凭祥地区出露较好的那贞、百合和丰乐地区的 3 个中三叠世酸性火山岩剖面进行了锆石 LA-ICP-MS 年代学分析（附表 4.4)，相关数据见图 4.35，全岩地球化学和锆石原位 Hf-O 同位素分析的数据见表 4.9 和表 4.10。其中那贞地区北泗组整合覆盖在马脚岭组之上，又被百逢组所整合上覆，其中北泗组以凝灰岩、流纹岩、英安岩、灰岩和层状泥岩为主。百合地区的百逢组主要由凝灰岩、流纹岩、灰岩、粉砂岩

表 4.9 右江盆地凭祥地区中三叠世火山岩锆石原位 Hf-O 同位素组成

样品号	年龄 /Ma	$^{176}Yb/^{177}Hf$	$^{176}Lu/^{177}Hf$	$^{176}Hf/^{177}Hf$	$2\sigma/1\sigma$	$\varepsilon_{Hf}(t)$	T_{DM}/Ma	$\delta^{18}O$
14YJ-03A-01	241	0.048200	0.001418	0.282358	0.000027	−9.6	1278	9.7
14YJ-03A-02	241	0.067900	0.002066	0.282252	0.000021	−13.4	1453	10.9
14YJ-03A-03	241	0.054300	0.001634	0.282395	0.000019	−8.3	1233	10.6
14YJ-03A-04	241	0.051500	0.001530	0.282392	0.000020	−8.4	1234	10.3
14YJ-03A-05	241							10.9
14YJ-03A-08	241	0.048800	0.001423	0.282360	0.000019	−9.5	1275	9.9
14YJ-03A-10	241	0.045400	0.001346	0.282406	0.000026	−7.9	1207	9.9
14YJ-03A-11	241							10.6
14YJ-03A-12	241							9.9
14YJ-03A-13	241	0.060600	0.001780	0.282396	0.000021	−8.3	1237	11.3
14YJ-03A-14	241	0.077100	0.002238	0.282394	0.000018	−8.4	1254	11.0
14YJ-03A-17	241	0.040500	0.001209	0.282375	0.000020	−8.9	1247	11.8
14YJ-03A-18	241	0.038600	0.001110	0.282279	0.000021	−12.3	1379	11.4
14YJ-03A-19	241	0.041400	0.001244	0.282344	0.000018	−10.0	1292	9.8
14YJ-03A-20	241	0.038700	0.001170	0.282388	0.000018	−8.5	1227	10.7
14YJ-03A-21	241	0.050500	0.001499	0.282392	0.000018	−8.4	1232	10.7
14YJ-03A-23	241	0.073300	0.002179	0.282305	0.000019	−11.6	1381	11.3
14YJ-03A1-01	244	0.064600	0.001982	0.282440	0.000008	−6.7	1180	
14YJ-03A1-02	244	0.038500	0.001258	0.282311	0.000010	−11.2	1339	
14YJ-03A1-03	244	0.047900	0.001508	0.282384	0.000008	−8.6	1244	
14YJ-03A1-04	244	0.010100	0.000350	0.281428	0.000009	−34.7	2508	
14YJ-03A1-06	244	0.028600	0.000893	0.282376	0.000009	−8.8	1236	
14YJ-03A1-07	244	0.028400	0.000898	0.282297	0.000009	−11.6	1345	
14YJ-03A1-09	244	0.041100	0.001316	0.282452	0.000008	−6.2	1141	
14YJ-03A1-10	244	0.046800	0.001498	0.282441	0.000007	−6.6	1163	
14YJ-03A1-11	244	0.040400	0.001269	0.282375	0.000007	−4.9	1249	
14YJ-03A1-12	244	0.042000	0.001322	0.282377	0.000008	−8.8	1247	
14YJ-03A1-13	244	0.042600	0.001348	0.282323	0.000009	−10.7	1325	
14YJ-03A1-14	244	0.034100	0.001075	0.282363	0.000008	−9.3	1260	
14YJ-03A1-15	244	0.045100	0.001442	0.282384	0.000007	24.1	1242	
14YJ-03A1-16	244	0.045200	0.001435	0.282319	0.000008	−10.9	1333	
14YJ-10A-01	240	0.038600	0.001319	0.282361	0.000008	−9.5	1271	
14YJ-10A-02	240	0.046000	0.001550	0.282395	0.000007	−8.3	1230	
14YJ-10A-03	240	0.041500	0.001423	0.282397	0.000007	−8.2	1223	
14YJ-10A-04	240	0.036900	0.001296	0.282366	0.000007	−9.3	1263	
14YJ-10A-06	240	0.051800	0.001795	0.282428	0.000009	−7.2	1191	
14YJ-10A-07	240	0.035900	0.001230	0.282410	0.000007	−5.8	1199	
14YJ-10A-08	240	0.040500	0.001397	0.282406	0.000008	−7.9	1209	
14YK-10A-09	240	0.072000	0.001921	0.282412	0.000017	−7.8	1217	
14YJ-10A-10	240	0.046400	0.001620	0.282367	0.000008	−9.3	1272	
14YJ-10A-11	240	0.051600	0.001764	0.282386	0.000008	−8.7	1250	

续表

样品号	年龄 /Ma	$^{176}Yb/^{177}Hf$	$^{176}Lu/^{177}Hf$	$^{176}Hf/^{177}Hf$	$2\sigma/1\sigma$	$\varepsilon_{Hf}(t)$	T_{DM}/Ma	$\delta^{18}O$
14YK-10A-13	240	0.075600	0.001889	0.282184	0.000014	−0.2	1543	
14YK-10A-14	240	0.044400	0.001204	0.281861	0.000017	−2.3	1966	
14YK-10A-16	240	0.064700	0.001765	0.282395	0.000014	−8.4	1238	
14YK-10A-17	240	0.057700	0.001562	0.282381	0.000015	−8.8	1251	
14YK-10A-18	240	0.052400	0.001435	0.282407	0.000014	−7.9	1209	
14YK-10A-20	240	0.042700	0.001192	0.282274	0.000017	−12.6	1389	
14YK-10A-21	240	0.054000	0.001485	0.282390	0.000013	−8.5	1234	
14YK-10A-22	240	0.064100	0.001784	0.282399	0.000014	−8.2	1232	
14YK-10A-23	240	0.063100	0.001747	0.282354	0.000015	−9.8	1296	
14YK-10A-24	240	0.096800	0.002684	0.282395	0.000015	−8.5	1268	
14YK-10A-25	240	0.062500	0.001714	0.282371	0.000014	−9.2	1270	
14YJ-10A-26	240	0.043500	0.001494	0.282374	0.000008	−9.0	1257	
14YJ-10B1-01	240	0.038100	0.001198	0.282357	0.000007	−9.6	1271	
14YJ-10B1-02	240	0.063900	0.001949	0.282440	0.000009	−6.8	1179	
14YJ-10B1-03	240	0.059300	0.001857	0.282392	0.000008	−8.5	1244	
14YJ-10B1-04	240	0.049700	0.001553	0.282428	0.000008	−7.1	1183	
14YJ-10B1-05	240	0.044800	0.001403	0.282377	0.000008	−8.9	1251	
14YJ-10B1-06	240	0.050900	0.001594	0.282420	0.000008	−7.5	1196	
14YJ-10B1-07	240	0.048300	0.001523	0.282374	0.000008	−9.1	1259	
14YJ-10B1-08	240	0.030900	0.000975	0.282349	0.000008	−9.9	1275	
14YJ-10B1-09	240	0.056600	0.001780	0.282440	0.000007	−6.8	1173	
14YJ-10B1-10	240	0.051600	0.001625	0.282449	0.000007	−6.4	1155	
14YJ-10B1-11	240	0.076300	0.002343	0.282442	0.000008	−6.8	1189	
14YJ-10B1-12	240	0.060000	0.001864	0.282423	0.000008	−7.4	1200	
14YJ-10B1-13	240	0.052300	0.001646	0.282429	0.000008	−7.2	1185	
14YJ-14K-01	241	0.050300	0.001453	0.282353	0.000018	−9.8	1286	10.5
14YJ-14K-02	241	0.039100	0.001161	0.282303	0.000020	−11.5	1346	10.7
14YJ-14K-03	241	0.040900	0.001206	0.282409	0.000021	−7.8	1199	10.5
14YJ-14K-04	241							10.4
14YJ-14K-08	241	0.082200	0.002414	0.282317	0.000022	−11.2	1372	10.7
14YJ-14K-09	241	0.073800	0.002180	0.282223	0.000024	−14.5	1499	10.7
14YJ-14K-10	241	0.041600	0.001242	0.282322	0.000020	−10.8	1323	10.5
14YJ-14K-11	241	0.041300	0.001268	0.282311	0.000020	−11.2	1339	10.8
14YJ-14K-12	241	0.050000	0.001540	0.282391	0.000021	−8.4	1235	11.2
14YJ-14K-13	241	0.061700	0.001878	0.282328	0.000019	−10.7	1336	10.5
14YJ-14K-14	241	0.047500	0.001439	0.282381	0.000022	−8.8	1246	10.6
14YJ-14K-16	241	0.063800	0.001906	0.282387	0.000019	−8.7	1254	10.0
14YJ-14K-17	241	0.048500	0.001513	0.282330	0.000023	−10.6	1321	11.6
14YJ-14K-19	241	0.149600	0.004743	0.282264	0.000037	−13.5	1549	10.7
14YJ-14K-22	241							9.9
14YJ-14K-23	241	0.064800	0.002127	0.282313	0.000031	−11.3	1367	10.4

表 4.10　右江盆地凭祥地区中三叠世火山岩主微量元素和 Sr-Nd 同位素组成

样品号	14YJ-03A1	14YJ-03B1	14YJ-03A	14YJ-03C	14YJ-03E	14YJ-03F	14YJ-03K	14YJ-10A	14YJ-10C	14YJ-10F	14YJ-10H	14YJ-14A	14YJ-14C	14YJ-14H	14YJ-14K
SiO_2/%	67.77	69.80	69.37	70.09	69.23	72.17	69.45	71.16	71.41	70.72	69.67	70.17	70.34	66.81	
TiO_2/%	0.72	0.70	0.66	0.68	0.69	0.63	0.63	0.41	0.42	0.41	1.06	0.68	0.71	0.74	
Al_2O_3/%	12.45	12.60	12.82	12.96	12.76	13.55	12.91	14.52	14.36	14.92	12.86	12.19	12.51	13.37	
MgO/%	0.76	0.82	0.56	0.55	0.66	0.25	0.47	0.83	0.92	0.98	1.34	0.45	0.51	0.48	
FeO_t/%	6.41	6.09	6.03	5.52	6.16	3.06	5.57	2.70	2.71	2.82	5.86	5.46	5.11	6.55	
CaO/%	2.72	1.30	1.84	2.09	2.06	1.62	1.94	1.73	1.53	1.66	1.76	0.40	0.40	0.39	
Na_2O/%	2.31	2.26	2.40	2.39	2.33	2.36	2.49	2.39	2.21	2.41	4.26	2.56	2.23	2.77	
K_2O/%	3.38	4.26	4.30	4.18	4.15	4.85	4.34	4.71	4.70	4.68	0.50	4.43	5.01	4.93	
MnO/%	0.08	0.07	0.07	0.05	0.07	0.03	0.05	0.03	0.02	0.02	0.10	0.06	0.05	0.07	
P_2O_5/%	0.16	0.15	0.14	0.15	0.14	0.14	0.14	0.12	0.12	0.13	0.14	0.16	0.16	0.16	
LOI/%	3.33	1.66	1.33	1.25	1.38	1.19	1.49	1.00	1.43	1.31	2.30	3.00	2.89	3.05	
总计 /%	100.09	99.71	99.52	99.91	99.64	99.85	99.48	99.60	99.83	100.07	99.85	99.55	99.93	99.31	
$Sc/10^{-6}$	13.6	13.2	16.6	15.1	16.1	16.6	16.5	9.80	8.50	10.0	13.7	13.4	15.7	14.1	16.8
$V/10^{-6}$	32.1	31.9	34.2	30.2	27.5	30.4	29.0	26.6	25.6	28.0	99.9	29.7	33.6	40.8	35.3
$Cr/10^{-6}$	13.7	12.7	18.9	20.9	17.3	109.0	15.5	16.5	19.3	22.4	65.4	17.9	18.8	18.4	19.2
$Co/10^{-6}$	5.80	7.20	7.00	5.62	6.62	6.42	6.52	4.90	4.61	8.32	13.9	6.92	7.50	7.70	7.40
$Ni/10^{-6}$	6.50	8.70	11.6	12.4	10.5	12.3	9.10	8.50	9.22	13.0	35.2	9.60	11.0	10.1	10.7
$Ga/10^{-6}$	18.4	19.6	19.7	18.9	21.5	20.9	19.7	18.8	18.0	19.0	13.5	15.8	17.9	18.4	20.0
$Rb/10^{-6}$	133	199	178	210	204	205	204	210	177	188	19.0	157	196	166	168
$Sr/10^{-6}$	170	92.0	111	118	109	106	116	108	114	104	284	44.0	49.0	41.0	31.0
$Y/10^{-6}$	52.9	63.3	56.8	84.4	70.6	64.2	63.5	37.5	34.8	38.6	22.2	42.2	48.3	40.9	58.3
$Zr/10^{-6}$	282	300	306	332	321	318	311	218	207	225	297	288	292	301	314
$Nb/10^{-6}$	13.5	13.7	14.9	15.4	14.9	15.6	14.8	11.1	10.8	11.4	15.4	13.8	14.1	14.8	15.1
$Ba/10^{-6}$	617	646	621	775	666	671	647	836	859	795	127	668	925	671	756
$La/10^{-6}$	43.0	46.1	44.7	55.5	49.3	48.2	46.1	43.5	39.8	42.8	30.9	28.4	33.5	36.9	27.6
$Ce/10^{-6}$	86.1	95.3	87.4	89.8	90.4	91.2	89.6	83.1	71.0	79.3	51.6	51.1	69.0	69.5	59.3

续表

样品号	14YJ-03A1	14YJ-03B1	14YJ-03A	14YJ-03C	14YJ-03E	14YJ-03F	14YJ-03K	14YJ-10A	14YJ-10C	14YJ-10F	14YJ-10H	14YJ-14A	14YJ-14C	14YJ-14H	14YJ-14K
$Pr/10^{-6}$	10.6	11.8	10.2	11.5	10.8	10.8	10.6	9.50	8.80	9.10	5.60	6.60	8.10	8.80	7.70
$Nd/10^{-6}$	40.8	45.5	38.0	44.0	42.1	42.4	40.8	33.7	31.5	33.7	21.4	25.7	31.0	33.1	30.4
$Sm/10^{-6}$	8.73	9.75	8.43	10.10	9.28	8.85	8.90	6.83	6.19	7.03	4.18	5.64	6.16	7.10	7.23
$Eu/10^{-6}$	1.54	1.61	1.49	1.88	1.58	1.54	1.57	1.16	1.10	1.14	1.08	1.00	0.79	1.00	1.39
$Gd/10^{-6}$	8.90	10.1	8.89	11.0	9.88	9.38	9.56	6.60	5.80	6.51	3.93	6.16	6.90	6.81	8.48
$Tb/10^{-6}$	1.46	1.67	1.49	1.94	1.67	1.56	1.58	1.07	0.96	1.03	0.61	1.10	1.15	1.11	1.50
$Dy/10^{-6}$	9.00	10.4	9.05	12.3	10.5	9.72	9.77	6.28	5.65	6.16	3.65	6.84	7.32	7.08	9.51
$Ho/10^{-6}$	1.93	2.26	1.94	2.63	2.12	2.03	1.98	1.25	1.13	1.23	0.74	1.43	1.48	1.49	1.96
$Er/10^{-6}$	5.38	6.35	5.50	7.83	6.31	5.88	5.87	3.51	3.25	3.54	2.16	4.19	4.43	4.45	5.88
$Tm/10^{-6}$	0.78	0.94	0.81	1.17	0.96	0.87	0.87	0.50	0.47	0.51	0.31	0.62	0.66	0.64	0.82
$Yb/10^{-6}$	5.09	6.02	5.24	7.65	5.96	5.67	5.50	3.10	2.93	3.19	2.17	3.98	4.17	4.19	5.19
$Lu/10^{-6}$	0.77	0.93	0.78	1.20	0.90	0.84	0.82	0.45	0.41	0.45	0.33	0.61	0.63	0.63	0.78
$Hf/10^{-6}$	7.79	8.27	7.90	8.74	8.34	8.38	7.98	5.77	5.29	5.88	6.97	7.22	7.16	7.78	8.29
$Ta/10^{-6}$	1.15	1.17	1.22	1.35	1.30	1.31	1.29	1.06	0.98	1.07	1.15	1.17	1.19	1.29	1.33
$Pb/10^{-6}$	26.1	26.6	29.1	28.0	27.8	28.9	27.2	30.1	29.4	29.8	13.6	8.65	5.26	5.05	15.1
$Th/10^{-6}$	21.4	22.5	20.7	18.3	22.3	22.6	22.3	23.6	22.1	23.1	6.16	16.7	20.3	18.3	25.3
$U/10^{-6}$	4.72	4.99	4.40	4.23	4.91	5.05	4.92	5.00	4.42	4.69	1.48	3.54	4.38	4.12	5.48
$^{147}Sm/^{144}Nd$			0.130000			0.130000		0.120000		0.130000		0.130000	0.120000		
$^{143}Nd/^{144}Nd$			0.512006			0.512035		0.511893		0.511901		0.511990	0.511997		
2σ			0.000005			0.000005		0.000003		0.000004		0.000005	0.000003		
$^{87}Rb/^{86}Sr$			4.650000			5.610000		5.640000		5.240000		10.340000	11.740000		
$^{87}Sr/^{86}Sr$			0.731677			0.733497		0.737308		0.736354		0.745444	0.749983		
2σ			0.000010			0.000009		0.000009		0.000010		0.000007	0.000008		
$(^{87}Sr/^{86}Sr)_i$			0.715535			0.714026		0.718046		0.718448		0.709708	0.709567		
ε_{Nd}			−10.4			−9.6		−12.3		−12.2		−10.7	−10.1		

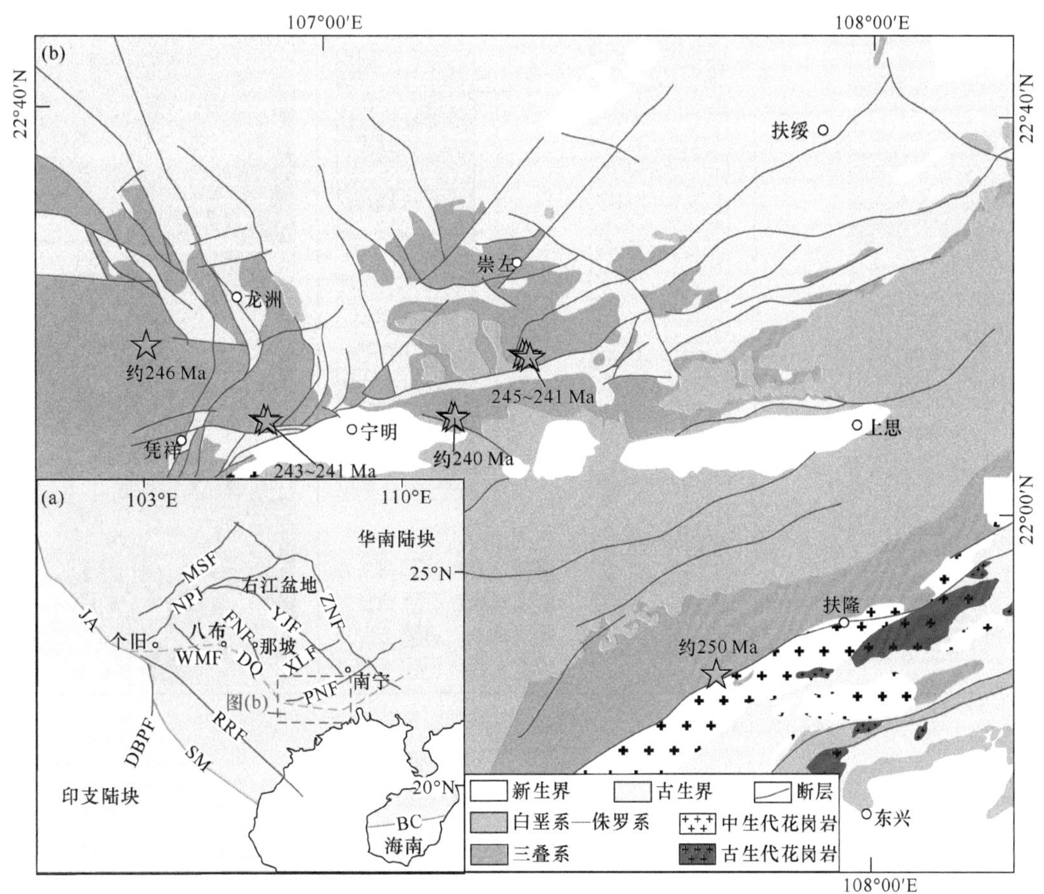

图 4.35　华南西南缘主要构造带划分（a）和右江盆地凭祥地区地质简图及采样点位置图（b）（据 Gan et al.，2021）

RRF- 红河断裂；DBPF- 奠边府断裂；ZNF- 紫云 – 南丹断裂；MSF- 弥勒 – 师宗断裂；PNF- 凭祥 – 南宁断裂；JA- 金沙江带；SM- 马江带；BC- 邦溪 – 晨星带；WMF- 文山 – 麻栗坡断裂；DQ- 滇琼带；XLF- 下雷 – 灵马断裂；FNF- 富宁 – 那坡断裂；NPJ- 南盘江断裂；YJF- 右江断裂

和泥岩组成，并被早侏罗世碎屑岩不整合覆盖（图 4.35）。丰乐地区的北泗组分别与马脚岭组和百逢组整合接触，地层主要由凝灰岩、流纹岩、英安岩、灰岩、粉砂岩和泥岩组成。英安岩样品采自那贞地区的北泗组上部和百合地区的百逢组下部，流纹岩样品采自百合地区百逢组中下部，及那贞和丰乐地区的北泗组［图 4.36（a）～（c）］。英安岩具有典型斑状结构，斑晶主要由斜长石和石英组成，石英颗粒具有港湾状结构［图 4.36（d）（e）］。流纹岩呈斑状结构，斑晶主要由斜长石组成［图 4.36（f）］。

对采自凭祥地区出露较好的中三叠世酸性火山岩开展的锆石年代学及地球化学研究表明（图 4.35），那贞地区北泗组英安岩样品 14YJ-03A1 和 14YJ-03A 以及流纹岩样品 14YJ-03B1 的 Th/U 值为 0.1~2.1。14YJ-03A1 加权平均年龄为 244.3±1.8Ma［图 4.37（a）］，$\varepsilon_{Hf}(t)$ =−14.6~−6.2（图 4.38），T_{DM2}=2.20~1.67Ga。14YJ-03B1 加权平均年龄为 244.7±1.9Ma［图 4.37（b）］，14YJ-03A 加权平均年龄为 241.4±2.2Ma［图 4.37（c）］，

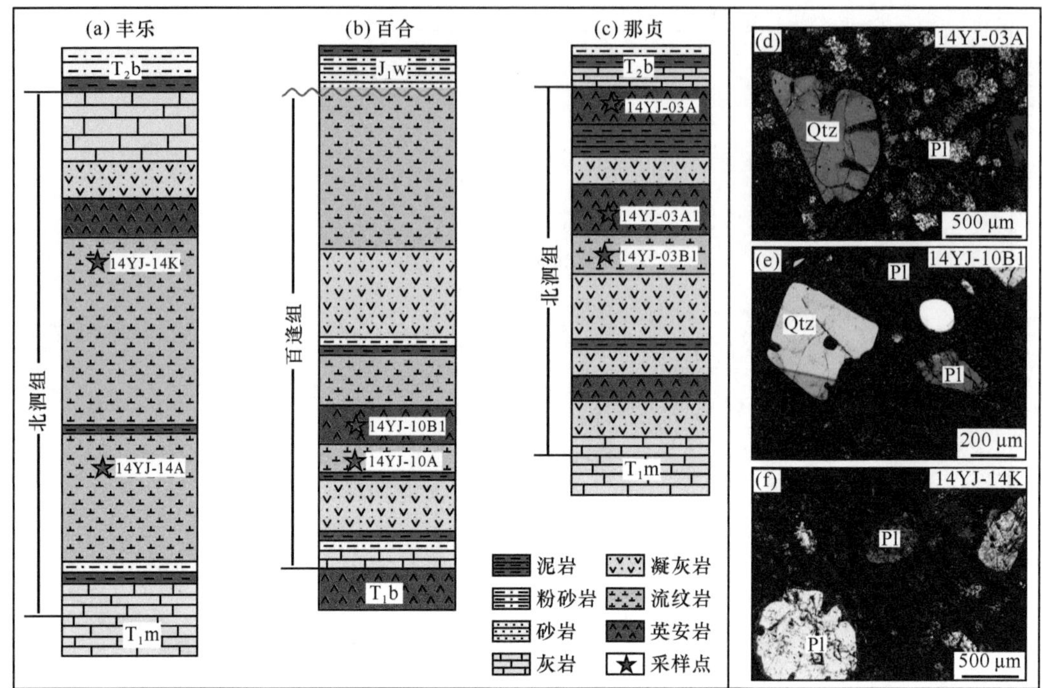

图 4.36　右江盆地丰乐（a）、百合（b）和那贞（c）地区地层柱状图及中三叠世酸性火成岩镜下薄片特征（d）~（f）

Qtz- 石英；Pl- 斜长石

ε_{Hf}（t）=−13.4~−7.9，$\delta^{18}O$=9.7‰~11.8‰（图 4.38）。丰乐地区北泗组流纹岩样品 14YJ-14A 加权平均年龄为 242.5± 2.2Ma［图 4.37（f）］，14YJ-14K 加权平均年龄为 240.6±2.3Ma［图 4.37（g）］，ε_{Hf}（t）=−14.5~ −7.8，$\delta^{18}O$=10.0‰~11.6‰（图 4.38）。百合地区百逢组英安岩样品 14YJ-10B1 和流纹岩 14YJ-10A 样品的 Th/U 值为 0.2~1.5。14YJ-10B1 加权平均年龄为 239.7±1.6Ma［图 4.37（d）］，14YJ-10A 加权平均年龄为 239.9±1.8Ma［图 4.37（e）］。这两个样品的 ε_{Hf}（t）为 −12.6~−6.4，T_{DM2} 为 1.73~1.68Ga（图 4.38）。总体来说，北泗组酸性火山岩样品年龄为 240.6~244.7Ma，百逢组酸性火山岩样品年龄为 239.7~239.9Ma。这些样品均具有类似的锆石原位 ε_{Hf}（t）和 $\delta^{18}O$ 值（图 4.38）。这些锆石 U-Pb 定年结果表明那贞和丰乐地区的北泗组英安岩和流纹岩的喷发年龄为 241~245Ma，为中三叠世。百合地区百逢组的流纹岩和英安岩的喷发年龄为 240Ma。综上所述，北泗组（246~241Ma）和百逢组（241~240Ma）的火山岩于中三叠世喷发（Qin et al.，2012；Gan et al.，2021）。

酸性火山岩样品在元素组成上为英安岩和流纹岩组合，具高 SiO_2（69.40%~73.15%）、低 MgO（0.25%~1.38%）、Al_2O_3（12.62%~15.11%）、CaO（0.40%~2.81%）和 P_2O_5（0.13%~0.17%）特征。在 Co-Th 图中大部分样品点都落入高钾钙碱性区域［图 4.31（b）］。此外，这些样品的 A/CNK 值较高为 1.0~1.3，具有过铝质岩石特征。那贞、百合和丰乐地区的酸性火山岩的稀土和微量元素特征相似。它们都以富集大离子亲石元素、亏损高场强元素，具有明显的 Nb-Ta、Ti、Sr 和 Ba 负异常为特

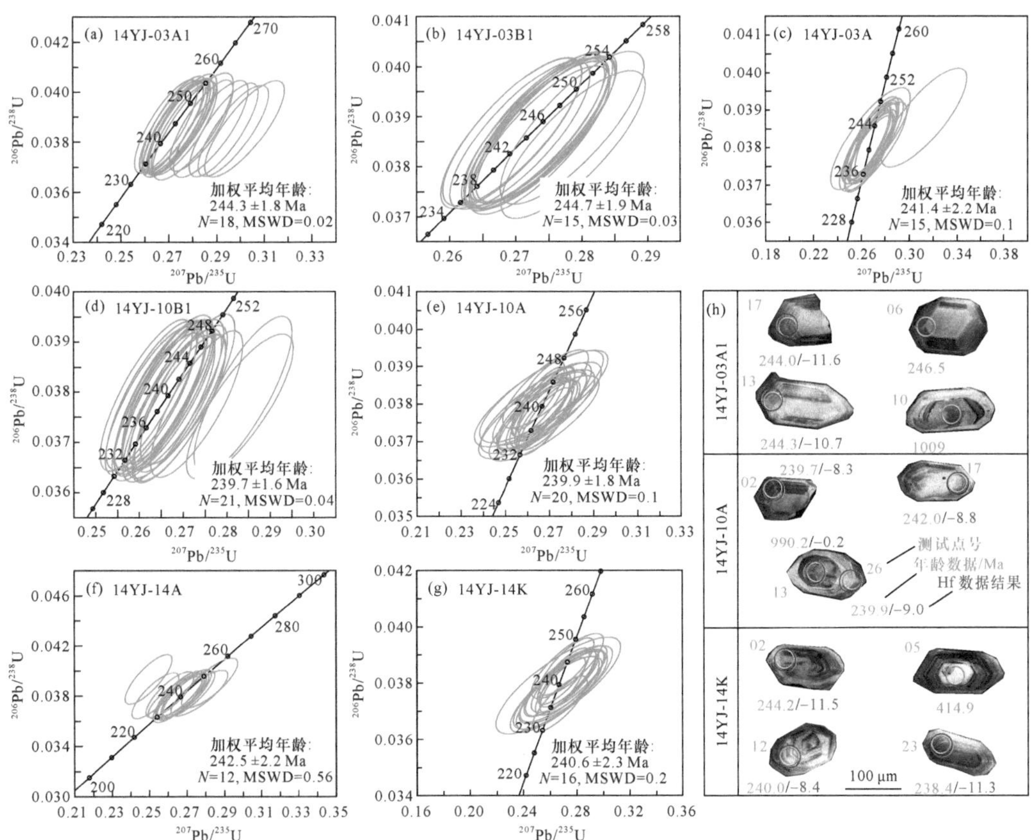

图 4.37　右江盆地中三叠世火山岩锆石 U-Pb 年龄谐和图及代表性锆石 CL 图像

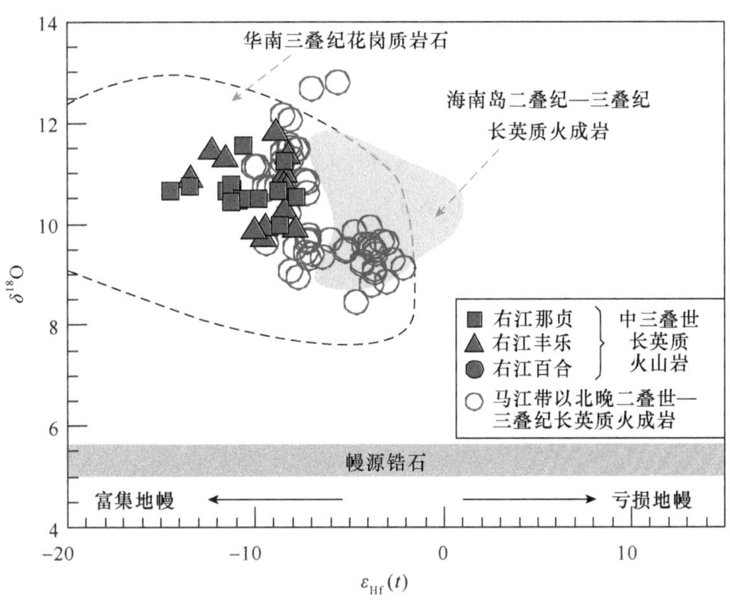

图 4.38　右江盆地中三叠世火山岩 $\varepsilon_{Hf}(t)$ -$\delta^{18}O$ 图解

征（图 4.32）。此外，这些样品富集轻稀土元素，Eu 负异常明显。$(La/Yb)_N$ 和 $(Dy/Yb)_N$ 值分别为 3.81~10.2 和 1.08~1.36。它们的微量元素配分模式与马江缝合带东北部的三叠纪长英质火成岩相类似（图 4.32）。

那贞火山岩的 $(^{87}Sr/^{86}Sr)_i$ 为 0.71403~0.71554，$\varepsilon_{Nd}(t)$ 为 −10.4~−9.6。百合火山岩 $(^{87}Sr/^{86}Sr)_i$ 为 0.71805~0.71845，$\varepsilon_{Nd}(t)$ 为 −12.3~−12.2。丰乐火山岩 $(^{87}Sr/^{86}Sr)_i$ 为 0.70957~0.70971，$\varepsilon_{Nd}(t)$ 为 −10.7~−10.1。相比于百合地区，那贞和丰乐酸性火山岩具有较低的 $(^{87}Sr/^{86}Sr)_i$ 和较高的 $\varepsilon_{Nd}(t)$。这些酸性火山岩样品的 Sr-Nd 同位素组成与右江盆地古生代玄武岩、金沙江－哀牢山缝合带二叠纪—三叠纪长英质岩石、海南岛二叠纪—三叠纪长英质火成岩以及马江缝合带西南部的二叠纪—三叠纪火成岩不同，相反，与马江缝合带以北的晚二叠世晚期—三叠纪长英质火成岩相类似（图 4.33）。

那贞、百合、丰乐地区的酸性火山岩具有高 SiO_2（69.40%~73.15%），低 MgO（0.25%~1.38%）、Cr（12.7×10^{-6}~109×10^{-6}）和 Ni（6.54×10^{-6}~35.2×10^{-6}）含量，与 MORB 相比，它们的 Nb/La（0.26~0.55；< 0.93）、Nb/U（2.22~10.4；< 50）和 Ce/Pb（2.41~13.8；< 25）值较低。与右江盆地来源于软流圈或富集岩石圈地幔的晚古生代玄武岩相比，它们具较高的 $(^{87}Sr/^{86}Sr)_i$（0.709567~0.718448）值和较低的 $\varepsilon_{Nd}(t)$（−12.3~−9.6）值（图 4.33；Guo et al.，2004；Fan et al.，2008；Lai et al.，2012），高的 $\delta^{18}O$ 值和低的 $\varepsilon_{Hf}(t)$ 值，明显不同于幔源岩浆。而且，这些酸性火山岩样品表现出部分熔融或源区不均一的趋势，无明显的分离结晶趋势。那坡地区百逢组酸性火山岩与玄武岩之间存在明显的成分区别，甚至部分酸性火山岩样品的 Nb/La 值高于玄武岩。此外，长英质火成岩样品并没有显示出 SiO_2 和 Nb/La 以及 $\varepsilon_{Nd}(t)$ 的负相关关系，因此中三叠世右江盆地的酸性火山岩并非软流圈、岩石圈地幔派生的基性岩浆经地壳混染或分离结晶而成。

右江盆地凭祥三叠纪（约 246~204Ma）酸性火山岩样品具有与华南陆块基底岩石相似的 Nd 和锆石 Hf 同位素组成，这表明样品具壳源源区，它们以高 $\delta^{18}O$（1.8‰~9.7‰），低 $\varepsilon_{Hf}(t)$（−14.5~−6.2）和 $\varepsilon_{Nd}(t)$（−12.3~−9.6）为特征，与华南陆块三叠纪花岗质岩石的同位素组成相类似，后者被认为是由变沉积岩部分熔融而来（图 4.33 和图 4.38；Jiao et al.，2015；Gao et al.，2017）。所研究的长英质火成岩具有相对较高的 A/CNK（1.0~1.3）值和 K_2O（3.49%~5.17%）含量，表明源区富铝和钾。酸性火山岩样品具有低 Al_2O_3/TiO_2 值（12.2~36.0），表明其熔融温度较高，这一特征与 A 型花岗岩所具有高的 823~864℃锆石饱和温度和地球化学特征相一致。丰乐地区北泗组酸性火山岩样品具低 CaO/Na_2O 值（0.14~0.18），均小于 0.30，指示了变泥质岩的源区特征。那贞和百合地区的火山岩样品的 CaO/Na_2O 值相对较高（0.41~1.18），大于 0.3，表明它们来源于砂岩的部分熔融。此外，在图 4.39 中，这些样品均落入杂砂岩和角闪岩部分熔融区域内，靠近贫黏土源区。因此，右江盆地中三叠世酸性火山岩主要是壳源岩石部分熔融的产物。

右江盆地中三叠世火山岩具较高的 FeO_t/MgO 值（2.59~12.3）、$10000\times Ga/Al$（1.93~3.13）和 Zr+Nb+Ce+Y（324×10^{-6}~522×10^{-6}），显示出 A 型花岗岩的地球化学亲缘性（图 4.40；Whalen et al.，1987；Eby，1990），同时，它们具有较高的锆石饱

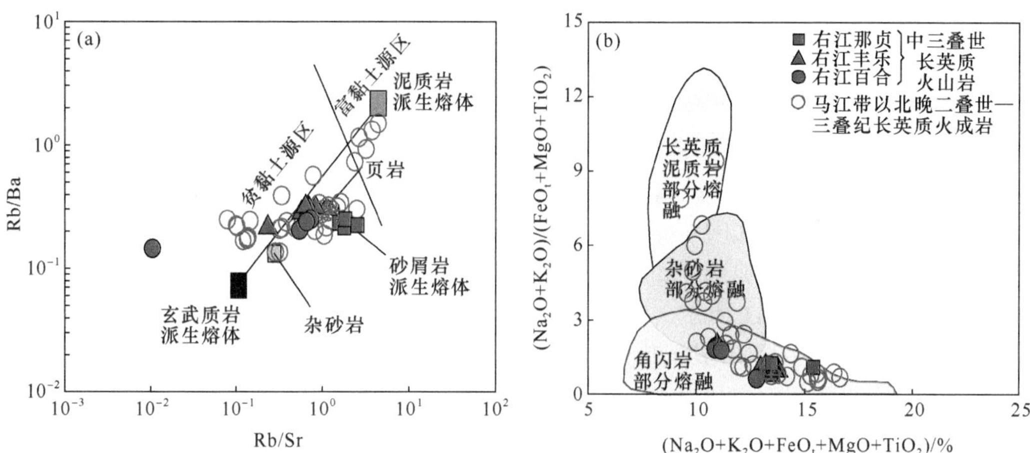

图 4.39　右江盆地中三叠世长英质火山岩 Rb/Sr-Rb/Ba（a）和 $Na_2O+K_2O+FeO_t+MgO+TiO_2$-（$Na_2O+K_2O$）/（$FeO_t+MgO+TiO_2$）（b）图解

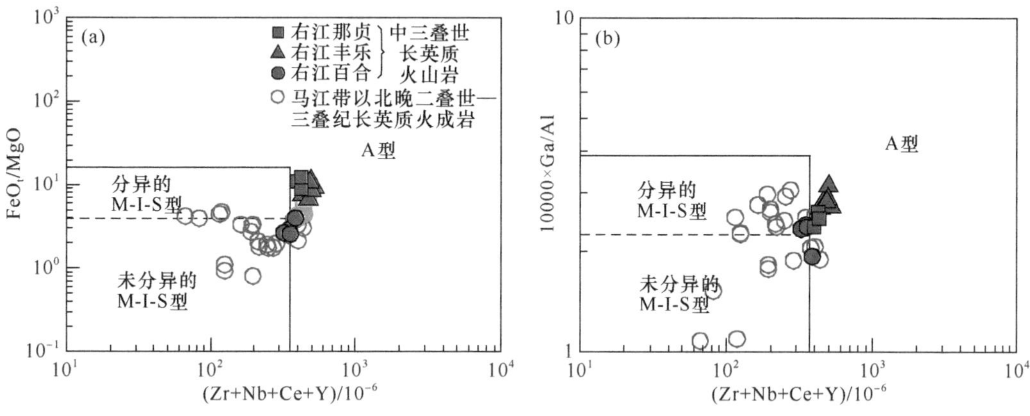

图 4.40　右江盆地中三叠世长英质火山岩 Zr+Nb+Ce+Y-FeO_t/MgO（a）和 Zr+Nb+Ce+Y-10000 × Ga/Al（b）图解

和温度（T_{Zr}=823~864℃）。与马江缝合带北东侧形成于伸展背景的晚二叠世—三叠纪长英质火成岩相对比，它们具有相似的主微量和同位素特征（图 4.31~ 图 4.33）。因此，这些资料表明右江盆地中三叠世酸性火山岩及马江缝合带北东侧的晚二叠世—三叠纪长英质火成岩均形成于华南和印支陆块碰撞后伸展背景。

滇琼地区和马江带分别被认为是华南与印支的缝合边界，并与云南金沙江 - 哀牢山和海南的邦溪 - 晨星带相连。但是位于马江带两侧的二叠纪—三叠纪长英质火成岩具有明显的 Nd-Hf-O 同位素的差异和形成年龄的变化（图 4.38、图 4.41 和本节），说明马江带两侧的长英质火成岩具有明显不同的地壳源区。有研究认为滇琼带可以延伸至八布、那坡、凭祥和玉林等地，进而可以与海南岛的邦溪 - 晨星带相连，该认识主要基于八布 MORB 型基性岩、那坡 OIB 型基性岩和凭祥、玉林及那坡等地的岛弧型基性岩等（如 Cai and Zhang，2009）。但是八布地区的基性岩形成于二叠纪，其地球化学特征类似金沙江－哀牢山和马江构造带内的同期蛇绿岩组合或其火成岩（4.2 节），可能是马江缝合线上晚古生代蛇绿岩组合由于中新生代构造叠加而远距离推覆到现今位置所致。那坡地区的 OIB 型基性火成岩形成于晚泥盆世—早石炭世陆内伸展背景（4.2 节）。晚二叠世 OIB 型基性岩则属于峨眉山地幔柱的高 Ti 玄武岩（如 Zhou et al.，2006；Fan et al.，2008；Lai et al.，2012）。此外，玉林地区的“岛弧”型玄武岩已被证实是早古生代陆内活化的产物（如 Wang et al.，2018a）。更重要的是，位于红河断裂和马江带之间的黑河带地壳基底岩石具有与华南陆块相似的前新生代构造体系（如 Yue et al.，2013）。如图 4.41 所示，在滇琼带两侧晚二叠世—三叠纪长英质火成岩的 Nd-Hf-O 同位素组成特征和形成年龄无明显的变化。这些资料表明滇琼带可能并不是华南与印支的缝合边界，而缝合边界应该还是越南西北部和越南－老挝边界的马江构造带（4.2 节）。华南陆块以东的三叠纪花岗岩主要来源于古老地壳岩石的部分熔融，很少有新生地壳或地幔物质的参与，研究区内也未有三叠纪岛弧型基性火成岩的报道（如 Wang et al.，2013a；Gao et al.，2017）。此外，右江盆地在三叠纪时期远离太平洋而靠近华南与印支的碰撞闭合带。通过对右江盆地三叠系沉积岩的物源分析，也发现其贡献主要来自盆地的西南地区（如 Yang and He，2012；Cai et al.，2014b）。

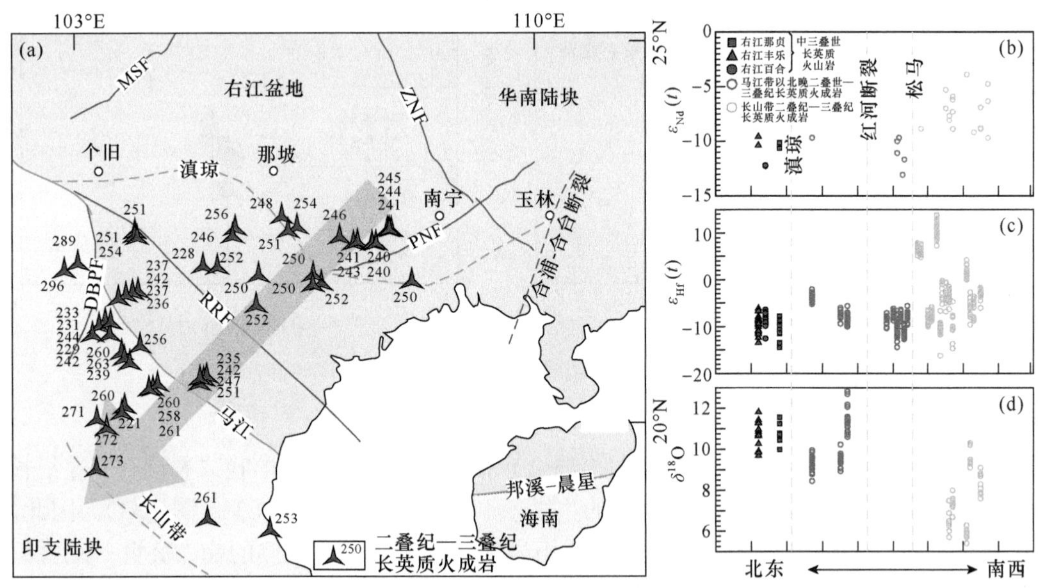

图 4.41　滇琼带至长山带二叠纪—三叠纪长英质火成岩分布（a）及 Nd-Hf-O 同位素空间变化图（b）~（d）

RRF- 红河断裂；DBPF- 奠边府断裂；ZNF- 紫云－南丹断裂；MSF- 弥勒－师宗断裂；PNF- 凭祥－南宁断裂

已有的研究表明在金沙江－哀牢山－马江－邦溪－晨星构造带识别出了大量的二叠纪弧火成岩，但同期的岩浆作用在这些构造带的东北侧则鲜有报道（如 Wang et al.，2018b；Yang et al.，2017；Qian et al.，2019；He et al.，2020）。以马江构造带为界，在其西南侧的晚二叠世—三叠纪火成岩则具相对高的 $\varepsilon_{Nd}(t)$ 值、正的 $\varepsilon_{Hf}(t)$

值和低的 $\delta^{18}O$ 值，表明在该缝合带西南侧二叠纪—三叠纪岩浆作用中有新生地壳物质的参与或再循环地壳物质的加入（如 Hieu et al.，2016；Wang et al.，2018b；Qian et al.，2019 及本书 4.3 节）。而在其北东侧晚二叠世—三叠纪长英质火成岩石具较低全岩 $\varepsilon_{Nd}(t)$ 和锆石 $\varepsilon_{Hf}(t)$ 值及较高 $\delta^{18}O$ 值，反映其源区以地壳物质为主，新生地壳物质很少（图 4.41；如 Wang et al.，2013a；Halpin et al.，2016；Hieu et al.，2019；Thanh et al.，2019；Gan et al.，2021）。因此，马江缝合带两侧的二叠纪—三叠纪长英质岩石显著不同的 Nd-Hf-O 同位素组成特征也进一步证实了马江构造带是华南和印支陆块的缝合边界。此外，从晚古生代到中三叠世，右江盆地并无沉积间断，而早三叠世沉积以台地 – 台间相间排列，中三叠世以浊流沉积为特征（如史晓颖等，2006；杜远生等，2013；Lehrmann et al.，2015）。这些特征也与华南陆块向西南下插至印支陆块之下是一致的。右江盆地可能属于周缘前陆盆地，响应了华南向印支陆块的碰撞拼合过程，碰撞后的重力垮塌为伸展背景的发育提供了条件。因此，沿马江缝合带的三叠纪碰撞闭合是右江盆地形成演变的重要控制要素。

本节讨论及引用的数据出自本研究及以下参考文献（覃小锋等，2011；胡丽沙等，2012；Chung and Jahn，1995；Sylvester，1998；Xu et al.，2001；Guo et al.，2004；Hoa et al.，2008a；Liu et al.，2012b；Chen et al.，2014；Jiao et al.，2015；Shi et al.，2015；Halpin et al.，2016；Gao et al.，2017；Hieu et al.，2019；Minh et al.，2018；Qian et al.，2019；Thanh et al.，2019；He et al.，2020；Gan et al.，2021）。

第5章

构造演化及动力学背景

5.1　金沙江－哀牢山－马江带构造演化

位于华南陆块和思茅、印支陆块之间的金沙江–哀牢山–马江构造带，经历了多期逆冲增厚、伸展剥离以及走滑剪切。前人对该构造带自新元古代至新生代以来的岩浆活动、中–新生代变形变质作用开展了大量工作，揭示了与古特提斯洋形成和消亡、二叠纪—三叠纪不同陆块之间的俯冲碰撞及青藏高原隆升与侧向挤出有关的构造–岩浆事件（如刘俊来等，2008；Cao et al.，2012；Liu et al.，2013）。如前面章节所述，沿金沙江–哀牢山–马江构造带分布大量晚泥盆世至晚三叠世火成岩，其中包括了晚泥盆世—早二叠世 N-MORB 和 E-MORB 特征的蛇绿岩、二叠纪—早三叠世（约 289~247Ma）的岛弧或弧后盆地属性火成岩，以及记录了印支、思茅与扬子陆块陆–陆碰撞（约 247~237Ma）和碰撞后板片断离（约 233~228Ma）引发的相关岩浆与变质作用。

晚泥盆世—早二叠世 N-MORB 和 E-MORB 特征的蛇绿岩：这些镁铁质–超镁铁质岩石包括了蛇纹石化橄榄岩、辉长岩、闪长岩、斜长花岗岩和少量玄武岩等，其岩石组合与大陆边缘型蛇绿岩相似（如 Yumul et al.，2008；Jian et al.，2009a，2009b；Lai et al.，2014a，2014b）。在金沙江识别出奥长花岗岩、英云闪长岩、斜长花岗岩和堆晶辉长岩，并获得 340~347Ma、283~294Ma 和 320~344Ma 的锆石年龄（图 5.1；如 Jian et al.，2008，2009a，2009b；Zi et al.，2012b）。哀牢山构造带双沟基性–超基性岩包含了原始地幔岩、残余地幔岩、辉长岩、辉绿岩、玄武岩和硅质岩等，其中斜长花岗岩和辉绿岩中锆石 U-Pb 年龄分别为 328~376Ma 和 334~383Ma（图 5.2；如 Jian et al.，2009a，2009b；Lai et al.，2014a，2014b；钟大赉，1998）。

马江蛇绿岩中辉石岩、变辉长岩和斜长角闪岩年龄在 387~280Ma 之间（图 5.3；如 Vượng et al.，2013；Zhang et al.，2021a），这些变基性岩具 N-MORB 和 E-MORB 型地球化学特征，其（$^{87}Sr/^{86}Sr$）$_i$ 为 0.7036~0.7062，$\varepsilon_{Nd}(t)$ 为 +4.3~+11.5［图 5.4（b）和图 5.5（b）］（如 Xu and Castillo，2004；Halpin et al.，2016；Zhang et al.，2021a）。上述特征反映石炭纪时期大陆裂解及金沙江–哀牢山–马江支洋盆的扩张环境。Jian 等（2009b）对金沙江蛇绿岩套中志留纪闪长岩包体（439~404Ma）的研究中发现其原岩为大陆溢流玄武岩，说明在晚志留世沿着金沙江–哀牢山构造带，思茅、印支与扬子陆块的岩石圈已开始了减薄。在泥盆纪时期，金沙江–哀牢山构造带西侧兰坪–思茅–昌都地区泥盆系海通组、丁宗龙组和卓戈洞组总体上为浅海台地相碳酸盐岩稳定型沉积，产介壳、珊瑚、腕足类和层孔虫等化石。而该构造带东侧扬子陆块泥盆系格绒组、穹错组、苍纳组和塔利坡组同样表现为浅海台地相碳酸盐岩沉积，两侧的沉积相及生物群大致类似，其泥盆纪时期沉积相及生物群面貌与华南同期相似（如汪啸风等，1999；方维萱等，2002），表明泥盆纪时期思茅–印支陆块与扬子陆块总体相连。但此时右江盆地晚泥盆世 OIB 型基性岩浆的发育，表明扬子陆块南缘已经开始进入裂解环境。自中泥盆世到早石炭世（383~328Ma）沿金沙江–哀牢山–马江构造带所发育的蛇绿岩代表了裂谷环境的持续扩张，并开始发育具洋盆性质的支洋。伴随其持续扩张，于石炭

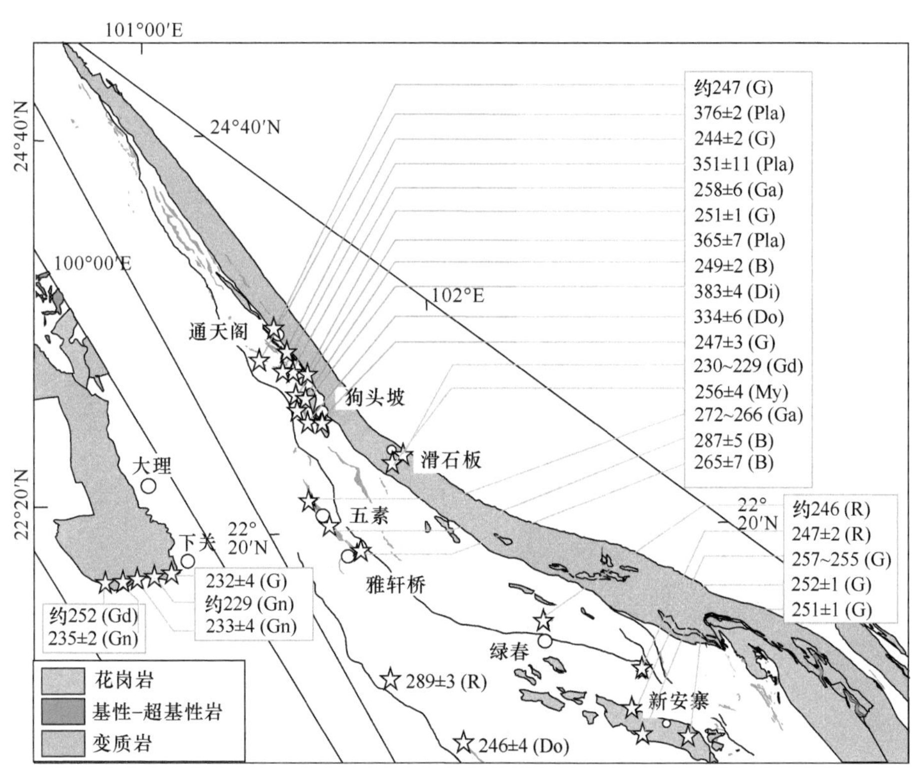

图 5.1　金沙江带古特提斯火成岩年龄（Ma）分布图

B- 玄武岩；R- 流纹岩；G- 花岗岩；Di- 闪长岩；Do- 闪长玢岩；Ga- 辉长岩；Gd- 花岗闪长岩；Gn- 片麻岩；My- 糜棱岩；Pla- 斜长花岗岩

纪在两侧被动大陆边缘之间发育了碳酸盐岩、角砾岩、浊积岩、浊积砂岩和放射虫硅质岩等半深海至深海相的斜坡 – 盆地沉积（如罗建宁，1995；孙晓猛和简平，2004）。

二叠纪—早三叠世（约 289~247Ma）岛弧 / 弧后火成岩：二叠纪—早三叠世火成岩主要分布在金沙江 – 哀牢山 – 马江蛇绿岩带西南侧（图 5.1）。金沙江带的吉义独英云闪长岩及相关的辉长岩、斜长角闪岩和辉绿岩等（306~281Ma；如 Jian et al.，2009a，2009b），哀牢山带百流流纹岩（约 289Ma）、帽盒山玄武岩（约 248Ma），马江带奠边府辉绿岩（约 276Ma）和孟雷辉长岩（约 248Ma）为具 Nb-Ta 亏损的岛弧型地球化学特征[图 5.4（b）和图 5.5（b）；如 Liu et al.，2012b；Zi et al.，2012b；Lai et al.，2014b]。吉义独（约 278Ma）英云闪长岩具正 $\varepsilon_{Nd}(t)$ 值（+2.18），$\delta^{18}O$ 值为 6.06‰~ 6.80‰（Zi et al.，2012b）。带内具岛弧地球化学特征的花岗质岩石年龄为 250~256Ma，均具低 Al_2O_3（< 2.0%）和 A/CNK 值（< 1.10），根据不同的 Sr-Nd-Hf 同位素组成可分为具高 $\varepsilon_{Nd}(t)$ -$\varepsilon_{Hf}(t)$ 值、相对 T_{DM} 年龄年轻的一类，以及具高（$^{87}Sr/^{86}Sr$）$_i$（0.7099~ 0.7113），但负 $\varepsilon_{Nd}(t)$ -$\varepsilon_{Hf}(t)$ 值的一类（如 Liu et al.，2015，2016；Wang et al.，2018b）。同期强过铝质火成岩岩石 A/CNK=1.20~2.3，如杨忠流纹斑岩和平和糜棱岩化花岗岩（约 257~247Ma）等具相对低的 $\varepsilon_{Nd}(t)$ -$\varepsilon_{Hf}(t)$ 值（如 Lai et al.，2014a）。

如前所述，哀牢山蛇绿岩带西南的五素玄武岩（约 283Ma）富集 LILEs，亏损

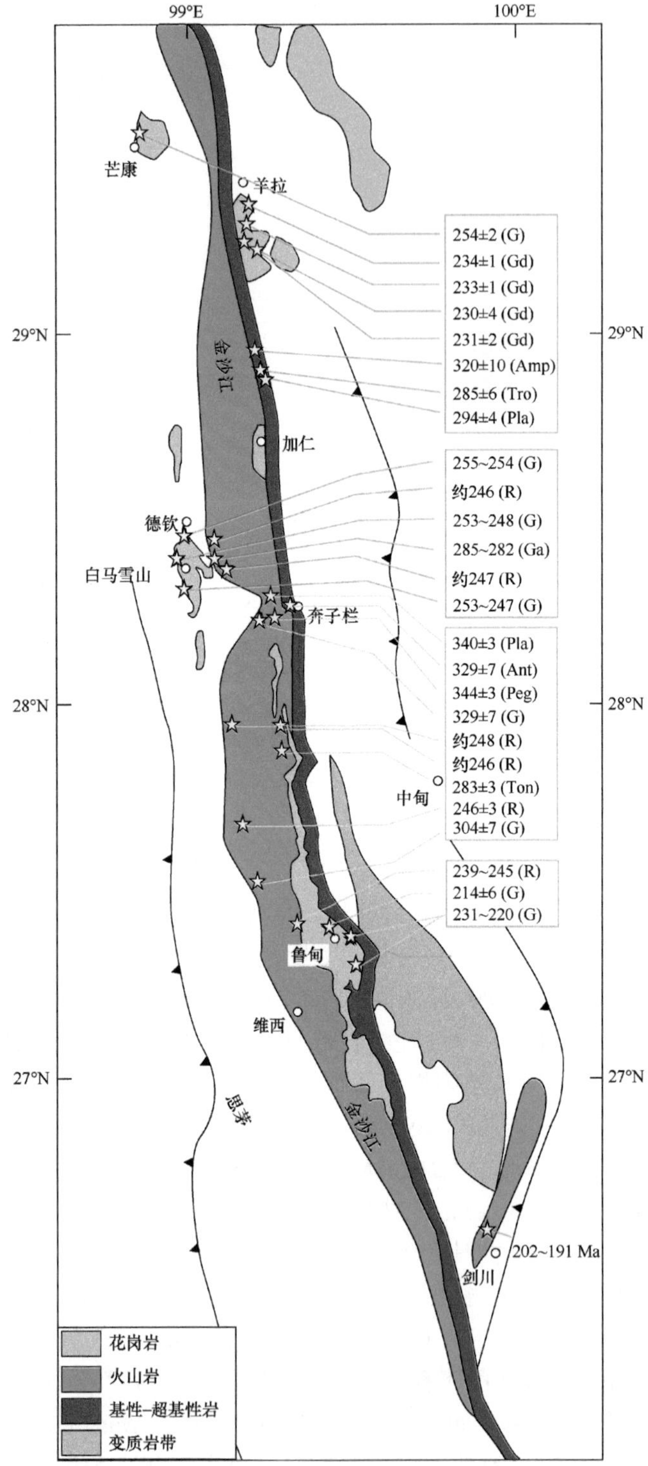

图 5.2　哀牢山带古特提斯火成岩年龄（Ma）分布图

Gd- 花岗闪长岩；Amp- 角闪岩；Tro- 奥长花岗岩；Pla- 斜长花岗岩；G- 花岗岩；R- 流纹岩；Ant- 斜长岩；Peg- 伟晶岩；Ton- 英安岩

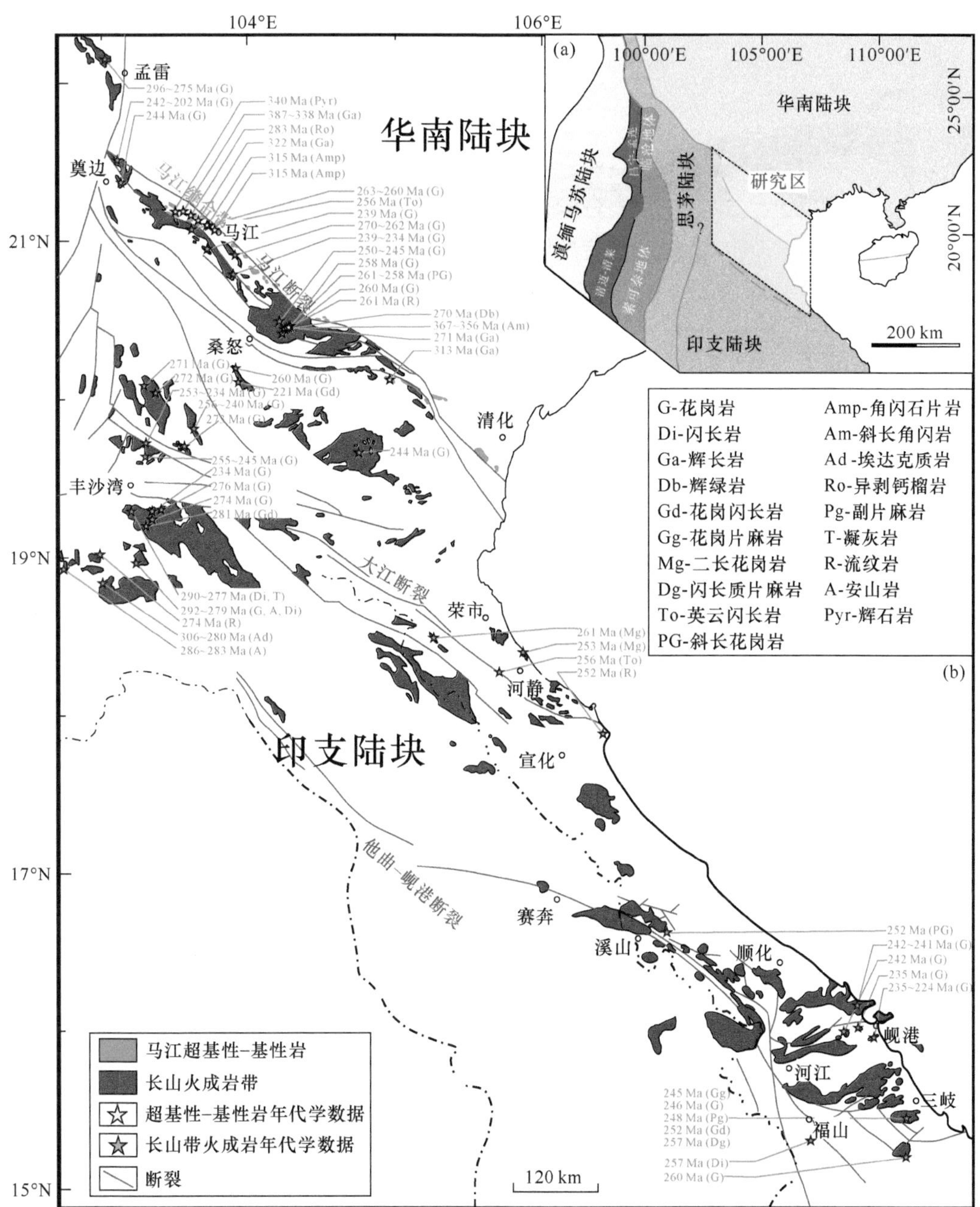

图 5.3　老挝北部 – 越南西北部马江带及长山带古特提斯火成岩年龄分布图

HFSEs，其主微量元素地球化学特征差别于大龙凯和雅轩桥火山 – 侵入岩，说明五素玄武岩并非形成于陆缘弧后汇聚，而更可能表明了晚古生代思茅地块东缘哀牢山一带应存在大陆边缘弧。事实上在北侧金沙江带内兰坪地块东缘同样发育古特提斯陆缘弧（如 Zi et al.，2012a）。因此，以金沙江吉义独和哀牢山五素火成岩（约 306~283Ma）为代表的弧岩浆作用标志着金沙江带和哀牢山带岛弧体系的形成，指示其俯冲作用始于晚

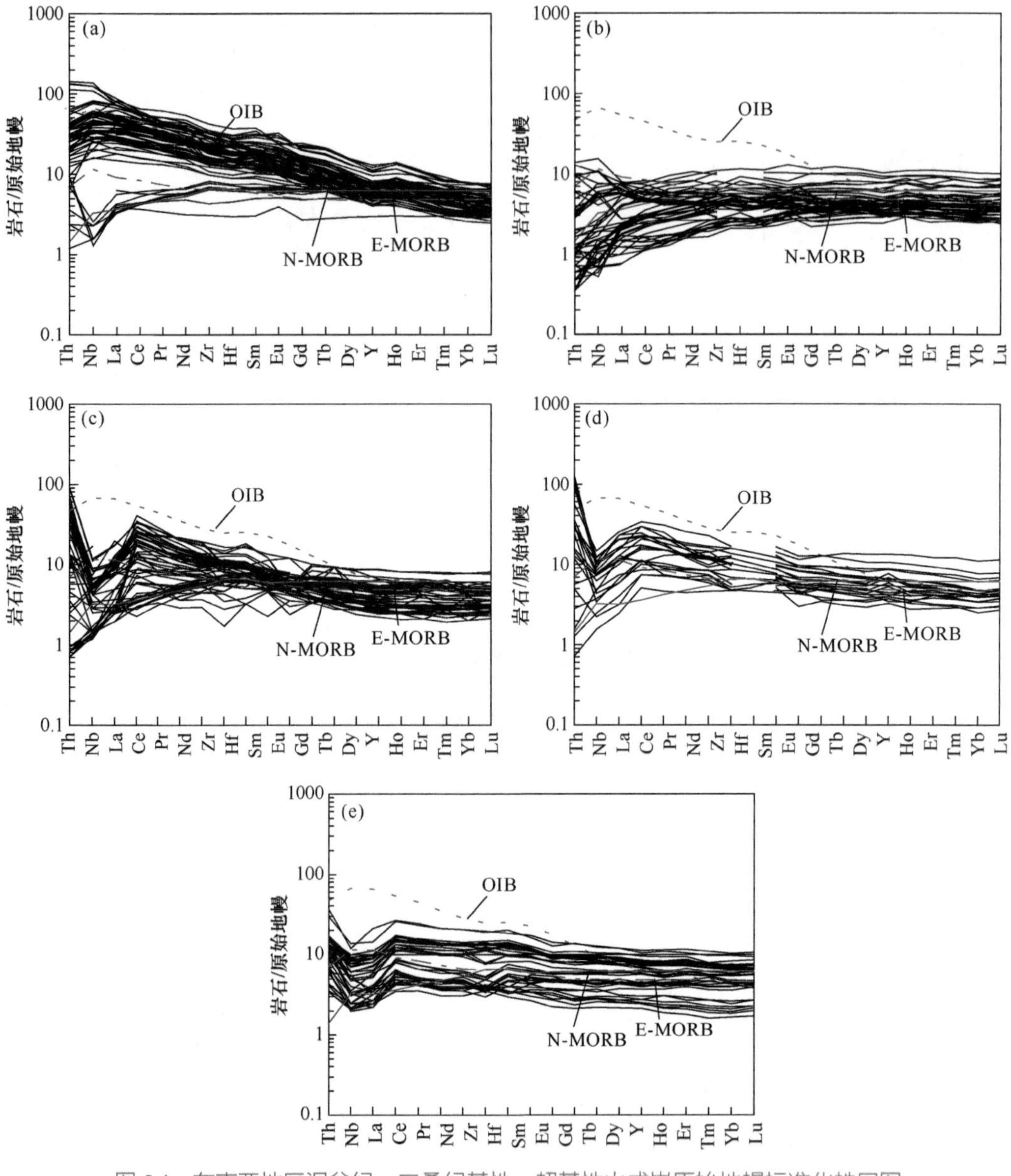

图 5.4　东南亚地区泥盆纪—二叠纪基性－超基性火成岩原始地幔标准化蛛网图

(a) 昌宁－孟连－因他暖带石炭纪—二叠纪基性岩；(b) 金沙江－哀牢山－马江带泥盆纪—二叠纪基性岩；(c) 琅勃拉邦－黎府－碧差汶带石炭纪—二叠纪基性岩；(d) 景洪－难河－程逸带石炭纪—二叠纪基性岩；(e) 五素－长山带石炭纪—二叠纪基性岩

石炭世晚期—早二叠世早期。从另一个侧面也表明金沙江和哀牢山古特提斯支洋盆及相关弧后盆地的闭合时间相近，不存在明显的穿时性。

二叠纪（约 287~266Ma）的中基性火山－侵入岩以约 272Ma 的大龙凯辉石岩、约 262~265Ma 的雅轩桥玄武岩和大龙凯辉绿岩为代表，它们具 MORB 和岛弧型的双重地球化学属性［图 5.2 和图 5.4（e）；如 Fan et al.，2010；Liu et al.，2017］。在该带尚未

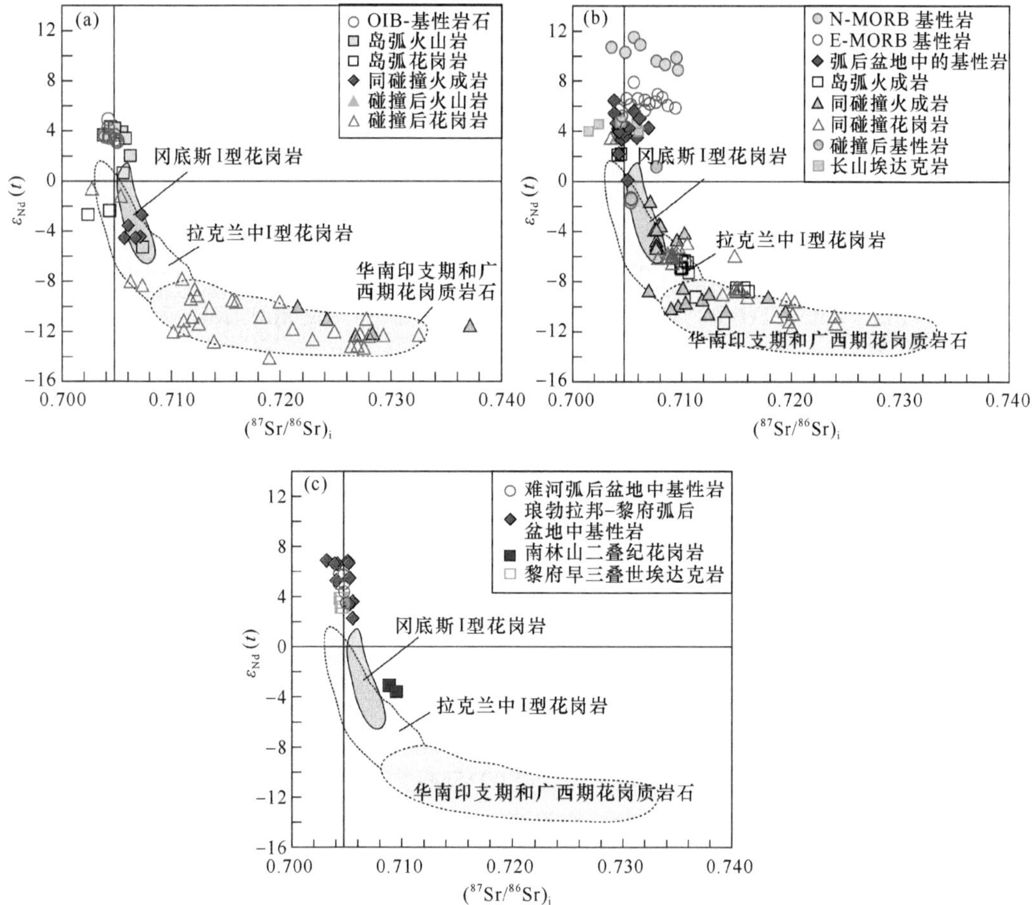

图 5.5　东南亚古特提斯火成岩样品的（$^{87}Sr/^{86}Sr$）$_i$ 和 ε_{Nd}（t）的图解

（a）昌宁–孟连–因他暖–文冬–劳勿带；（b）金沙江–哀牢山–马江–五素–长山带；（c）琅勃拉邦–黎府–碧差汶带

识别出玻安岩、高镁安山岩和安山质–英安质岩石等弧前岩石组合。同时，如前所述，这些镁铁质岩石均富集大离子亲石元素，亏损高场强元素，类似冲绳弧后盆地玄武岩，相对于高加索弧后盆地玄武岩具更为富集的 Sr-Nd-Pb 同位素组成，这表明哀牢山带南侧、思茅地块东缘存在一个以大龙凯和雅轩桥等火成岩为代表的二叠纪陆缘弧后盆地。哀牢山蛇绿岩及其西南侧的早二叠世五素陆缘弧玄武岩和二叠纪雅轩桥弧后盆地火山岩等共同构成了一个向西南俯冲的陆缘弧–弧后盆地构造体系。因此哀牢山支洋盆是向西南俯冲的，与金沙江支洋盆向西俯冲于昌都地块之下相协调，而并非向北俯冲在扬子陆块之下（如段新华和赵鸿，1981；Lepvrier et al.，2011；王立全等，1999；Jian et al.，2008；Zhu et al.，2011a；Zi et al.，2012a）。

位于印支陆块北部的北西–南东走向的长山火成岩带，大致平行于哀牢山–马江缝合带，带内产出晚古生代海相火山岩、早二叠世—早三叠世的花岗岩和火山岩，其年龄主要集中在 270~306Ma 和 245~253Ma（图 5.3；如 Carter and Clift，2008；Liu et al.，2012b；Kamvong et al.，2014；Tran et al.，2014；Wang et al.，2018b；Shi et al.，

2019；Qian et al.，2019）。晚石炭世（约 305Ma）的 Phu Kham 埃达克岩具正 $\varepsilon_{Nd}(t)$ 值（+4.0~+4.8），形成于新生地壳的部分熔融（如 Kamvong et al.，2014）。二叠纪火成岩具陆缘的地球化学特征［图 5.4（e)］，为哀牢山－马江古特提斯分支洋 / 弧后盆地的闭合或东古特提斯分支洋 / 弧后盆地向南（或西南）俯冲的岩浆活动产物（如 Manaka et al.，2014；Wang et al.，2018b）。

金沙江－哀牢山支洋盆开始闭合的时间一直存在很大的争论，闭合时间有泥盆纪—早石炭世、晚二叠世末期、晚二叠世—早三叠世和中二叠世—早侏罗世等多种观点（ 如 Findlay and Trinh，1997；Metcalfe，2002；Feng and Liu，2002；Lan et al.，2000；Lepvrier et al.，2004；Owada et al.，2006；Wu，1993）。大龙凯火山－侵入岩体顶部之大龙凯玄武岩形成于 256Ma 的晚二叠世，以富集 LILEs，亏损 HFSEs 为特征，具弧火山岩地球化学特征。与五素玄武岩相比，其轻重稀土分馏更加明显，Sr-Nd 同位素更为富集，并含大量继承锆石，代表其形成于更为成熟的陆缘弧构造环境。野外证据显示，大龙凯玄武岩上覆于大龙凯基性－超基性侵入体和辉绿岩之上。早三叠世约 249Ma 的帽合山玄武岩（如刘翠等，2011）显示出岛弧地球化学特征，表明此时尚未完全闭合。大龙凯玄武岩是哀牢山带陆缘弧后盆地俯冲的最后一期弧岩浆作用，由此表明弧岩浆作用至少持续至约 249Ma。同一期岩浆作用也包括约 251Ma 的下关闪长质花岗岩和新安寨二长花岗岩、金沙江带发育的白马雪山花岗岩体（约 255~248Ma，如 Reid et al.，2007；张万平等，2011；Zi et al.，2012a）、在马江带发育的孟雷（约 248Ma）和 Phia Bioc（约 248~245Ma）花岗岩体（如 Liu et al.，2012b；Roger et al.，2012）。这些花岗质岩石均形成于大陆边缘弧环境，起源于新生岛弧下地壳或古老变火成岩和变沉积岩等源区，也是哀牢山弧－盆体系最后一期岛弧岩浆作用的代表。该期岩浆活动的结束，标志着金沙江和哀牢山支洋盆的消失。此后陆－陆碰撞已开始，地壳开始明显加厚，狗头坡和通天阁淡色花岗岩、高山寨流纹岩等均为同碰撞阶段产物，由此认为金沙江－哀牢山带支洋盆及其弧后盆地的最终闭合发生在约 250~247Ma。

需要指出的是，印支与华南陆块间的马江古特提斯支洋何时最终关闭也同样令学术界困扰多年（如 Lepvrier et al.，2011；Faure et al.，2014；Wang et al.，2018b）。如前所述，马江构造带发育了二叠纪岛弧型辉长辉绿岩，在长山火成岩带记录有大量具正 $\varepsilon_{Nd}(t)$ 和 $\varepsilon_{Hf}(t)$ 同位素组成的早二叠世（约 296~276Ma），以及具富集 Hf-O 同位素组成的中－晚二叠世（约 274~252Ma）花岗质岩石及晚二叠世（约 261Ma）流纹岩，这些资料表明马江支洋盆的俯冲至少自早二叠世已开始，且延续至 261Ma。事实上，沿马江缝合带还发育有约 255~246Ma 孟雷和 Phia Bioc 花岗岩，具高 $\varepsilon_{Nd}(t)$和 $\varepsilon_{Hf}(t)$值、显示出钙碱性 I 型花岗岩地球化学亲缘性，与金沙江－哀牢山构造带的白马雪山和新安寨等同期花岗岩类似，代表了最晚一期弧岩浆作用。因此马江支洋盆及其相关岛弧系统的发生发展与金沙江、哀牢山构造带同期同属性。

此外，沿马江缝合带的麻粒岩相变泥质片麻岩和榴辉岩的变质时代约为 250~231Ma（如 Nakano et al.，2008，2010；Vượng et al.，2013；Zhang et al.，2013d）。孟

来杂岩体中的二长花岗岩和沿马江缝合带的弧火山活动被认为一直持续到约 240Ma（如 Thanh et al.，2015）。Nam Co 和马江地区糜棱岩中同造山云母矿物反映了陆 – 陆碰撞事件，其 $^{40}Ar/^{39}Ar$ 年龄约为 250~240Ma（如 Lepvrier et al.，1997；Owada et al.，2007）。老挝北部和越南北部的中三叠统 Dong Do 磨拉石层序与二叠系层序之间呈角度不整合。这些数据进一步表明，沿马江缝合带的石炭纪—二叠纪东古特提斯支洋及其弧后盆地可能在晚泥盆世或更早时期产生裂谷，于石炭纪持续扩张、二叠纪俯冲消减，并在早三叠世最终闭合（如 Wang et al.，2018b），在空间上与中国西南部的哀牢山 – 金沙江构造带相连。印支和华南陆块于早三叠世已沿马江带开始聚合，对应于印支运动第一幕。

印支 – 思茅与扬子陆块的陆 – 陆碰撞（约 247~237Ma）：如前所述，自下关花岗闪长岩、新安寨二长花岗岩、帽合山玄武岩等最后一期陆缘弧岩浆作用后，沿金沙江 – 哀牢山构造带内又发育了另外一期约 247Ma 的高 SiO_2、高 Al_2O_3 酸性岩浆作用，主要代表的岩体有：狗头坡（约 247Ma）和通天阁（约 248~247Ma）淡色花岗岩，平掌（约 244Ma）和和平（约 243Ma）花岗岩，点苍山和哀牢山正片麻岩（约 243~239Ma）（如 Zi et al.，2012a；Liu et al.，2017；Lai et al.，2014a；Wang et al.，2014b）。它们都具有高 SiO_2 和 K_2O 含量，低的 FeO_t、Na_2O、TiO_2 和 P_2O_5 含量，及强过铝质特征（A/CNK ＞ 1.49），同时具负的锆石 $\varepsilon_{Hf}(t)$ 值（–16.6~–3.2）和全岩 $\varepsilon_{Nd}(t)$（–11.4~–9.1）值［图 5.5（b）和图 5.6（c）（d）；如 Wang et al.，2018b］。这些特征均类似高喜马拉雅淡色花岗岩和典型 S 型花岗岩（如 Streule et al.，2010）。同期在哀牢山带发育了高山寨组（约 247Ma）、在金沙江带发育攀天阁 / 崔依比（约 247~246Ma）和人支雪山组（约 247~246Ma）等高 Si 过铝质流纹岩（如 Zi et al.，2012a；王保弟等，2011；刘翠等，2011；Wang et al.，2014b；蒙麟鑫和王铂云，2019），这些流纹岩也具高 Al_2O_3/TiO_2 和低 MgO、FeO、TiO_2、MnO 和 CaO，以及低 $\varepsilon_{Nd}(t)$ 值（–11.0~–9.6）的特征。在越南北部和老挝境内的长山带内也识别出了 253~230Ma 的花岗岩和火山岩。该期花岗质岩石地球化学上普遍类似于 S 型花岗岩，其源岩可能是古老上地壳（变沉积岩）岩石组成单元，可能形成于陆 – 陆碰撞的地壳加厚构造环境。

哀牢山深变质岩带内的泥质麻粒岩变质温度为 850~919℃，已有实验表明当温度高于 800~850℃副片麻岩中的黑云母、白云母和长石就会脱水熔融。Ellis 和 Thompson（1986）的数字模拟结果表明当地壳加厚 1.5~2 倍以后，中 – 下地壳就会因为放射性生热而出现大范围部分熔融，加厚下地壳生热量每增加 50%，下地壳温度就会升高 150~200℃（Wang et al.，2007）。因此金沙江 – 哀牢山支洋盆及相关的弧后盆地关闭后、印支、思茅与扬子陆块的陆 – 陆碰撞形成加厚中下地壳，此时放射性元素生热和地温梯度增加而引起的温度升高足以诱发“古老”（如新元古代）副片麻岩的脱水熔融和泥质麻粒岩的形成，但不足以造成“古老”（新元古代）角闪岩和新生岛弧下地壳的熔融。也就是说，以狗头坡和通天阁淡色花岗岩和同期流纹岩等为代表的岩浆作用是“古老”副片麻岩在约 247Ma 经地壳加厚产生的放射性元素生热和地温梯度增加的热效应深熔而成。

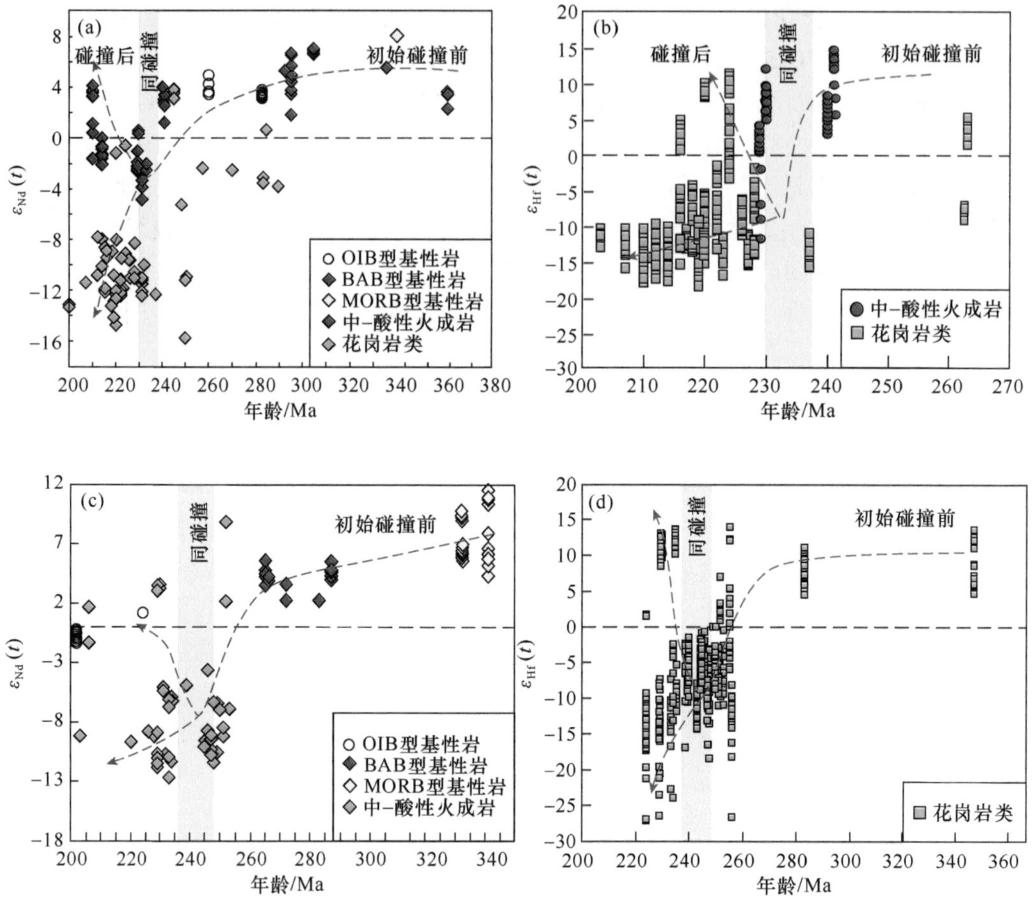

图 5.6　东南亚古特提斯火成岩的年龄（Ma）与 $\varepsilon_{Nd}(t)$ 和 $\varepsilon_{Hf}(t)$ 图解

（a）（b）昌宁－孟连－因他暖－文冬－劳勿带，景洪－难河和琅勃拉邦－黎府带；

（c）（d）金沙江－哀牢山－马江，五素－长山带

印支运动最早被定义为上三叠统红层沉积岩与下伏中三叠统及更老地层之间的一个不整合面，代表了扬子陆块与思茅、印支陆块之间的碰撞构造事件（如 Deprat，1914）。该不整合面给出了印支运动的上限，即印支运动结束的时间，但其开始时间并没有很好界定。前述资料表明狗头坡和通天阁等淡色花岗岩和同期高山寨流纹岩等的形成时间（约 247Ma）即代表了陆－陆碰撞初始时间。另外，高山寨组、人支雪山组和攀天阁组与下伏地层间呈不整合接触，这一不整合面广泛发育于金沙江－哀牢山构造带内（如王保弟等，2011；刘翠等，2011）。如在兰坪－思茅地块中的巍山歪古村一带即发育该套地层（歪古村组），下段为灰白色含砾石英砂岩夹紫红色板岩，紫红色板岩中含有绿色火山岩砾石，砾石呈漂浮状分布于紫红色板岩中，向上过渡为以紫红色板岩为主体，底部有一层厚 10m 左右的细砾岩，砾石成分为脉石英、泥岩、砂岩和凝灰质砂岩，其中还发育钙质结核和凝灰质团块（如云南省地质矿产局，1990）。

陆 – 陆碰撞的另一个关键证据是碰撞过程伴随的高温高压变质作用，扬子陆块与思茅、印支陆块的碰撞也引起了强烈的变质作用，在金沙江、哀牢山、马江构造带内同样发育了同期变质作用记录。如钟大赉（1998）提出沿金沙江缝合带存在晚二叠世（约 255Ma）配对的中 – 高压变质带和低压变质带。沿金沙江和哀牢山、马江带，四个绿片岩相到麻粒岩相的变质杂岩也被相继识别出来，包括滇东南的雪龙山、点苍山、哀牢山混杂岩和越南北部大象山杂岩（如 Leloup et al.，1995；Yeh et al.，2008；Carter and Clift，2008；Chen et al.，2015）。其中哀牢山高级变质岩石的结晶年龄为新元古代（约 840~760Ma），而非之前地质图上所标明的古元古代或中元古代岩石（如 Cai et al.，2014b；Wang et al.，2015，2016b）。这些岩石经历了印支期（约 258~233Ma）的顺时针 *P-T* 变质作用和新生代（约 50~20Ma）变质叠加作用（如 Lin et al.，2012；Anczkiewicz et al.，2012；Qi et al.，2012）。点苍山 – 哀牢山的变沉积岩和变基性岩锆石中矿物包裹体组合和年代学研究也表明带内岩石经历了中 – 晚三叠世高压麻粒岩相变质作用及新生代变质和深熔作用（如 Liu et al.，2013，2015）。

哀牢山构造带南延的越南北部马江构造带同样发育榴辉岩，并保存了高压基性麻粒岩变质作用。马江缝合带榴辉岩（如 Nakano et al.，2009）由石榴子石、绿帘石、角闪石、多硅白云母、金红石和石英等矿物构成，有着顺时针 *P-T* 轨迹，其进变质作用的峰期温度为 750℃，压力为 1.7GPa，而减压冷却温度为 650℃，压力为 1.3GPa，之后退变质温度为 530℃，压力为 0.5GPa（如 Nakano et al.，2008，2009，2010；Zhang et al.，2013c）。该 *P-T* 轨迹同样被周缘泥质片岩所记录，泥质片岩的 Sm-Nd 等时线为 247Ma，相应的锆石 U-Pb 变质年龄为约 245~250Ma（如 Carter et al.，2001；Nam et al.，2001；Roger et al.，2007；Nakano et al.，2007）。马江榴辉岩的锆石和独居石年龄为约 230~243Ma，与泥质麻粒岩的变质时间（约 233±5Ma）相近（如 Lepvrier et al.，1997，2004；Nakano et al.，2008，2010；Zhang et al.，2013c，2014）。越南印支陆块同构造期角闪石、黑云母、白云母的 $^{40}Ar/^{39}Ar$ 坪年龄为约 240~250Ma（如 Lepvrier et al.，1997，2004；Maluski et al.，2005；Owada et al.，2007）。在印支陆块北部和中部，绿片岩相至角闪岩相变质岩（如长山带的海云混杂岩）同样具减压 *P-T* 轨迹，其进变质和退变质时间分别为约 250~245Ma 和约 230~225Ma（如 Carter et al.，2001；Roger et al.，2007；Nakano et al.，2009，2013；Sanematsu and Ishihara，2011）。昆嵩地体发育了三叠纪（约 240~260Ma）高温 – 超高温 Kannak 和玉岭变质混杂岩与巴罗型低至中温的绿片岩相 Kham Duc 混杂岩（如 Osanai et al.，2004；Nakano et al.，2004，2009，2010，2013）。这种配对出现的三叠纪高压榴辉岩和高压麻粒岩形成于 225~251Ma，俯冲深度超过了 70km（如 Nakano et al.，2009，2010，2013）。以上资料也表明早三叠世早期扬子陆块与思茅 – 印支陆块已开始了陆 – 陆碰撞，对应于前人定义的印支运动早幕（如 Deprat，1914；Metcalfe，2002；Lepvrier et al.，2008），即约 247Ma 所代表的印支与扬子陆块的初始陆 – 陆碰撞时间，也即印支运动第一幕或者印支早期事件开始时间，其持续时间对应于同碰撞阶段。而下三叠统与下伏地层之间的角度不整合事件（即约 200Ma）代表了印支运动第二幕（晚幕）的结束时间，相当于基梅里事件时间，其持续时间对应于碰撞后阶段。

碰撞后板片断离（约 237~200Ma）：碰撞后板片断离环境以金沙江 – 哀牢山构造带、长山带晚三叠世（约 235~200Ma）花岗质岩石和哀牢山带猛硐 OIB 型地球化学特征的镁铁质岩石为代表，右江盆地晚三叠世火山岩也是该机制下的产物，其中以哀牢山带表现最为突出或完整。如前所述，晚三叠世花岗质岩石表现为三类不同地球化学属性（图 5.4~ 图 5.7）：①以滑石板花岗闪长岩（229Ma）和点苍山正片麻岩（约 235Ma）为代表的高 $\varepsilon_{Hf}(t)$ -$\varepsilon_{Nd}(t)$ 值 I 型花岗岩系列及主要分布于老挝丰沙湾—桑怒一线 $\varepsilon_{Hf}(t)$ 为正值的晚三叠世花岗闪长岩和黑云母花岗岩组合。②以金沙江羊拉、贡卡、北吾、里农、路农和鲁甸岩体（约 234~231Ma）与下关花岗质糜棱岩（约 233Ma）为代表的低 $\varepsilon_{Hf}(t)$ -$\varepsilon_{Nd}(t)$ 的花岗质岩石系列（如高睿等，2010；Zhu et al.，2011a；Zi et al.，2013）及长山带 $\varepsilon_{Hf}(t)$ 负值的中晚三叠世花岗岩和花岗闪长岩。③以下关和长山带高硅（$SiO_2 > 77.5\%$）、低 $\varepsilon_{Hf}(t)$ -$\varepsilon_{Nd}(t)$ 值 S 型花岗岩类岩石为代表（图 5.6）。

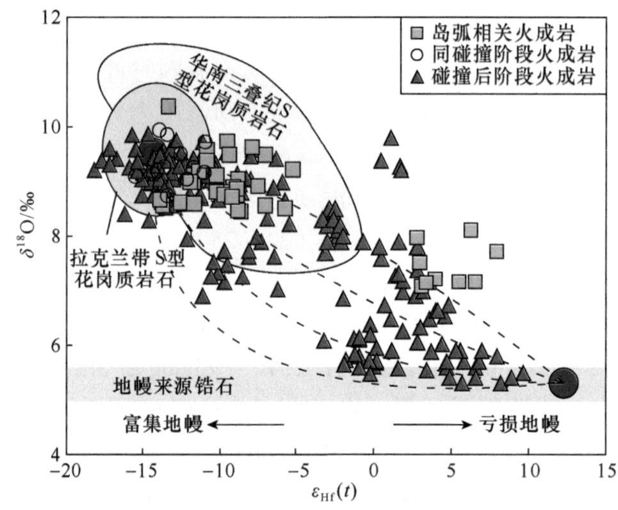

图 5.7　东南亚地区三叠纪岛弧、同碰撞和碰撞后花岗质岩石的 $\varepsilon_{Hf}(t)$ 和 $\delta^{18}O$ 图解

高 $\varepsilon_{Hf}(t)$ -$\varepsilon_{Nd}(t)$ 的 I 型花岗岩具高 SiO_2、亏损 Sr-Nd-Hf 同位素组成，$\varepsilon_{Nd}(t)$ = +3.3~+3.6，锆石 $\varepsilon_{Hf}(t)$ 值为 +8.4~+13.6，主要源自新生镁铁质基性岩源区。低 $\varepsilon_{Hf}(t)$ -$\varepsilon_{Nd}(t)$ 的 I 型花岗质岩石包括高钾钙碱性花岗闪长岩和二长花岗岩，A/CNK 值为 0.83~1.08，它们具高 Sr-Pb 同位素比值、高 $\delta^{18}O$ 值和低 $\varepsilon_{Hf}(t)$ -$\varepsilon_{Nd}(t)$ 值及新太古代—元古宙 Nd-Hf 模式年龄（如 Zhu et al.，2011a；Zi et al.，2012a，2013；Liu et al.，2015），源自有一定镁铁质岩石参与的大陆地壳物质［图 5.6（c）（d）和图 5.7］。如前所述，思茅 – 印支陆块与扬子陆块的碰撞于早三叠世即已开始，因此上述高钾钙碱性 I 型花岗岩不可能是陆缘弧成因，时序上对应于碰撞后阶段。事实上实验数据表明，副

片麻岩中黑云母、白云母和长石在温度为 800~850℃时会脱水熔融，但角闪石的脱水熔融则要求温度在 900℃以上（如 Rapp and Watson，1995）。大陆弧、同碰撞和碰撞后背景均有潜力提供足够热源诱导变沉积岩部分熔融。但是古老变火成岩物质经重熔而成的负 $\varepsilon_{Nd}(t)$ 和 $\varepsilon_{Hf}(t)$ 值高钾钙碱性 I 型花岗岩则要求熔融温度要达到或超过 900℃（如 Rapp and Watson，1995）。如无幔源物质加入的话，由地壳增厚产生的放射性衰变热能将不足以提供下地壳镁铁质源区部分熔融所需能量，而同碰撞阶段单纯依靠地壳加厚和中下地壳放射性元素生热产生如此高温是有一定困难的。因此碰撞后阶段软流圈上涌或板片断离、板片窗模式可能是比较合理的能量供给模式。晚三叠世 S 型花岗岩类岩石以高 A/CNK 和 $\delta^{18}O$ 值、低 $\varepsilon_{Nd}(t)$ 和 $\varepsilon_{Hf}(t)$ 值、古老 T_{DM} 年龄为特征，源自古老变沉积物（图 5.6；如 Zi et al.，2012a，2013；Liu et al.，2015，2017）。同时，在金沙江 – 哀牢山缝合带识别出了晚三叠世（约 222~200Ma）的 OIB 型猛硐辉长岩（如 Liu et al.，2016），该辉长岩具不明显 Eu、Nb-Ta、Zr-Hf 和 Ti 负异常，$(^{87}Sr/^{86}Sr)_i$= 0.7076，$\varepsilon_{Nd}(t)$ =+1.2，$Mg^{\#}$ 值为约 43，高 TiO_2（约 3.7%）。通常 OIB 型岩石被认为和区域伸展作用相关，如地幔柱活动、岩石圈拆沉、板片后撤导致的弧后伸展、俯冲板片断离。但是已有的资料表明，峨眉山地幔柱发生于晚二叠世（如 Wang et al.，2012a；Xu and Castillo，2004），因此晚三叠世猛硐角闪岩的形成与峨眉山地幔柱并不相关。

岩石圈拆沉可导致软流圈接近莫霍面，将导致来源相对较深的软流圈熔体，并形成广泛的基性岩浆作用。然而，猛硐 OIB 型岩浆形成的深度较小（＜ 80km）且分布范围有限，而金沙江—哀牢山一带与岩石圈拆沉发生的时间多认为在印度 – 亚洲碰撞之后的晚古新世。板片后撤通常与洋壳俯冲相伴随，但如前所述，哀牢山缝合带的弧岩浆作用在晚二叠世—早三叠世时（约 250Ma）即已结束。同时与东古特提斯相关的弧岩浆作用多集中分布于金沙江 – 哀牢山蛇绿岩或缝合带以西或其西南缘，而猛硐 OIB 型辉长岩位于哀牢山带东北部。因此，猛硐 OIB 镁铁质岩石可能反映在晚三叠世碰撞后阶段的软流圈上涌可导致软流圈地幔部分熔融而产生具板内地球化学属性的岩石。在中 – 晚三叠世之交（约 237Ma），长山带三叠纪火成岩 $\varepsilon_{Hf}(t)$ 值从负值变为正值。如此转换，也暗示长山带在约 237Ma 从同碰撞进入了碰撞后阶段。右江盆地作为其周缘前陆盆地，其晚三叠世长英质火成岩正是响应扬子与印支陆块聚合后的碰撞后伸展垮塌结果。因此，沿扬子陆块与思茅 – 印支陆块拼贴分布产出的晚三叠世（200~234Ma）火成岩用碰撞后板片断离模式解释可能更为合理。

事实上，板片断离通常会随着大陆碰撞过程发生（如 Atherton and Ghani，2002），在大陆碰撞背景下，持续的俯冲会导致俯冲板片和大陆地壳发生高压至超高压的变质作用，玄武质板片由绿片岩相经角闪岩相转变为榴辉岩和麻粒岩。榴辉岩密度高，并且超过了软流圈地幔浮力而发生板片断离，此时榴辉岩会继续下沉，而轻的大陆岩石圈则浮在表面。回弹的大陆地壳可使高压 – 超高压变质岩折返回地表，随后上涌的高温软流圈地幔底垫并加热中下地壳，产生大量中酸性岩浆。因此，带内晚三叠世的岩浆活动可能与碰撞后板片断离有关，板片断离引起软流圈地幔上涌，其提供的热量足以造成二叠纪新生岛弧下地壳形成高的正 $\varepsilon_{Nd}(t)$ -$\varepsilon_{Hf}(t)$ 花岗岩和古老地壳物质的熔融，形成金沙江－哀牢山－马江构造带及其沿线晚三叠世中酸性火成岩和 OIB 型镁铁质岩石。当俯冲的大陆物质到达或超过 100km 深度时，俯冲通道内形成的高压－超高压变质岩（如麻粒岩和榴辉岩），随着板片断离而迅速被折返到地表（如 Nam et al.，2001；Nakano et al.，2004，2008；戚学祥等，2012），从而在带内零星出露折返的晚三叠世高压－超高压变质岩。如点苍山地区出露的泥质麻粒岩、越南北部出露的基性麻粒岩和榴辉岩（231Ma；如 Nakano et al.，2008；Zhang et al.，2014）、越南北部的石榴子石角闪岩（约 228Ma；Zhang et al.，2013c，2014）。因此，晚三叠世 S 型、I 型花岗岩和 OIB 型镁铁质岩石、从时序和岩石成因上均为板片断离背景下碰撞后构造环境的产物，这与兰坪－绿春地区晚三叠世卡尼阶上部歪古村组（T_3w）与下伏二叠系角度不整合接触（如云南省地质矿产局，1990）的野外地质事实相吻合。地震层析成像也表明在金沙江－哀牢山带深部地幔中存在类似残留板片的高速异常（如 Liu et al.，2000）。

本节讨论及引用的数据出自本书及以下参考文献（Intasopa and Dunn，1994；Li and McCulloch，1996；钟大赉，1998；Xu and Castillo，2004；Healy et al.，2004；Panjasawatwong et al.，2006；Phajuy et al.，2005；Valley et al.，2005；Heppe，2006；杨文强等，2007；Feng et al.，2008；Yumul et al.，2008；Hennig et al.，2009；Jian et al.，2008，2009a，2009b；Li et al.，2009，2012；Fan et al.，2010，2015；范蔚茗等，2009；Lai et al.，2014a，2014b；Wang et al.，2000a，2000b，2010a，2010b，2014c，2015b，2016a，2016b，2017，2018a，2018b；李钢柱等，2011；Zhu et al.，2011a，2011b；孔会磊等，2012；Liu et al.，2012a，2012b；Zi et al.，2012a，2012b，2012c，2013；Dong et al.，2013；Peng et al.，2013；Vượng et al.，2013；Zhang et al.，2013c，2014；Kamvong et al.，2014；Manaka et al.，2014；Roger et al.，2014；Tran et al.，2014；Salam et al.，2014；Shi et al.，2015；Liu et al.，2014，2015，2016，2017；Fu et al.，2015；Hieu et al.，2015，2016，2019；Wai-Pan et al.，2015；Jiao et al.，2015；Qian et al.，2015，2016a，2016b，2016c，2017a，2017b，2019；Gao et al.，2016；Gardiner et al.，2016a，2016b；何慧莹等，2016；He et al.，2017；Thanh et al.，2019；刘翠等，2011；赖绍聪等，2010）。

5.2 与东古特提斯主洋的关联及时空配置

位于东特提斯构造域的滇西三江和中南半岛地区经历了原特提斯洋、古特提斯洋到新特提斯洋的俯冲消减和随后的陆－陆碰撞（如钟大赉，1998；Wang et al.，2010b，2018b）。自西向东的构造单元包括了昌宁－孟连构造带、金沙江－哀牢山－马江构造带及被它们所分割的具冈瓦纳亲缘性的滇缅泰陆块和亲华夏属性的思茅、印支陆块和华南陆块。本节重点分析金沙江－哀牢山－马江构造带的构造属性及其时序演变，并对比与之紧密相关的昌宁－孟连－文冬－劳勿构造带（缝合带）。这些构造带保存了丰富的蛇绿混杂岩、洋岛、洋脊、岛弧岩石组合，高压变质岩及相关变形构造与沉积记录，代表了东古特提斯多岛洋格局的主洋盆位置（如钟大赉，1998；Metcalfe，2002；Wang et al.，2010b，2018a）。昌宁－孟连、因他暖、琅勃拉邦、黎府、难河－程逸、文冬－劳勿、临沧、素可泰、庄他武里和东马来半岛均发育有丰富的、与东古特提斯洋演化密切相关的晚古生代—早中生代火成岩浆记录（图 5.8 和图 5.9；如 Ueno and Hisada，2001；Wang et al.，2010b，2016b，2018a；Fan et al.，2010，2015；Qian et al.，2013，2016a，2016b，2016c，2016d，2017a，2017b，2017c）。

5.2.1　与古特提斯主洋相关的晚古生代镁铁质等岩浆作用

昌宁－孟连－因他暖 OIB 和 MORB 型火成岩：在老厂、双江、铜厂街、牛井山和耿马地区分布的镁铁质－超镁铁质岩石主要包括泥盆纪—二叠纪的方辉橄榄岩、辉石岩、辉长岩、辉绿岩脉及玄武岩（如钟大赉，1998）。牛井山镁铁质－超镁铁质岩石被认为是形成于中泥盆世古特提斯洋盆打开时期（如 Fang et al.，1994）。钟大赉（1998）认为耿马和铜厂街的晚古生代镁铁质岩石被浅水碳酸岩和深水层状硅质岩所覆盖，具 OIB 和 MORB 双重地球化学属性，$\varepsilon_{Nd}(t)$ =+4~+8［图 5.4（a）；如 Fang et al.，1994；Feng and Liu，2002］。粟义蓝片岩与同时代镁铁质－超镁铁质透镜体和深水硅质岩共生，形成于约 260Ma，且具正的 $\varepsilon_{Nd}(t)$ 值（+3.5~+4.9），被认为形成于洋岛海山环境（如 Fan et al.，2015）。另外，在昌宁－孟连缝合带发育了晚古生代 OIB 玄武岩和晚二叠世洋脊玄武岩。

沿泰国西北部因他暖构造带分布的镁铁质－超镁铁质岩石也被认为属于古特提斯洋残余（如 Phajuy et al.，2005；Feng et al.，2008）。在强岛、芳县、南奔和 Ban Sahakorn 地区发育有洋岛玄武岩，并被晚密西西比阶－乐平阶浅水含䗴碳酸岩所覆盖，为海山环境产物（图 5.8；如 Ueno，1999，2003；Feng and Liu，2002；Ueno and Charoentitirat，2011）。Zhang 等（2016a）和 Wang 等（2017）在清迈强岛至蝴蝶谷一线识别出的石炭纪—二叠纪洋内环境高铁 OIB 型玄武岩以 FeO_t=10.88%~25.37%，MgO=1.60%~6.11%，TiO_2=2.22%~6.30%），$\varepsilon_{Nd}(t)$ =+2.8~+3.7 为特征［图 5.4（a），图 5.5（a）和图 5.9（a）］。在滇西小黑江地区与泰国西部湄沾（Mae Chan）地区发育具 MORB 和岛弧型双重地球化学属性的变基性岩，其锆石 U-Pb 年龄为约 270~264Ma，形成于二叠纪古特提斯洋俯冲的弧前环境［图 5.4（a），图 5.5（a），图 5.6（a）和图 5.9（a）］。

半坡、南林山和难河弧后盆地镁铁质岩石：半坡和南林山镁铁质－超镁铁质岩体位于临沧火成岩带东部，也是思茅陆块西缘最重要的两个镁铁质－超镁铁质岩带，它们形成于 298~282Ma（如 Jian et al.，2009b；Hennig et al.，2009；Li et al.，2012a）。在上述岩体内也发育 290Ma 的斜长岩和斜长花岗岩（如 Li et al.，2012a；王喻鸣等，2015）。针对其成因已提出了如阿拉斯加型蛇绿岩和洋内 MORB 型堆晶模式（如 Jian et al.，2009b；Hennig et al.，2009）。但其具正的 $\varepsilon_{Nd}(t)$ 值（+1.8~+6.6）和亏损的

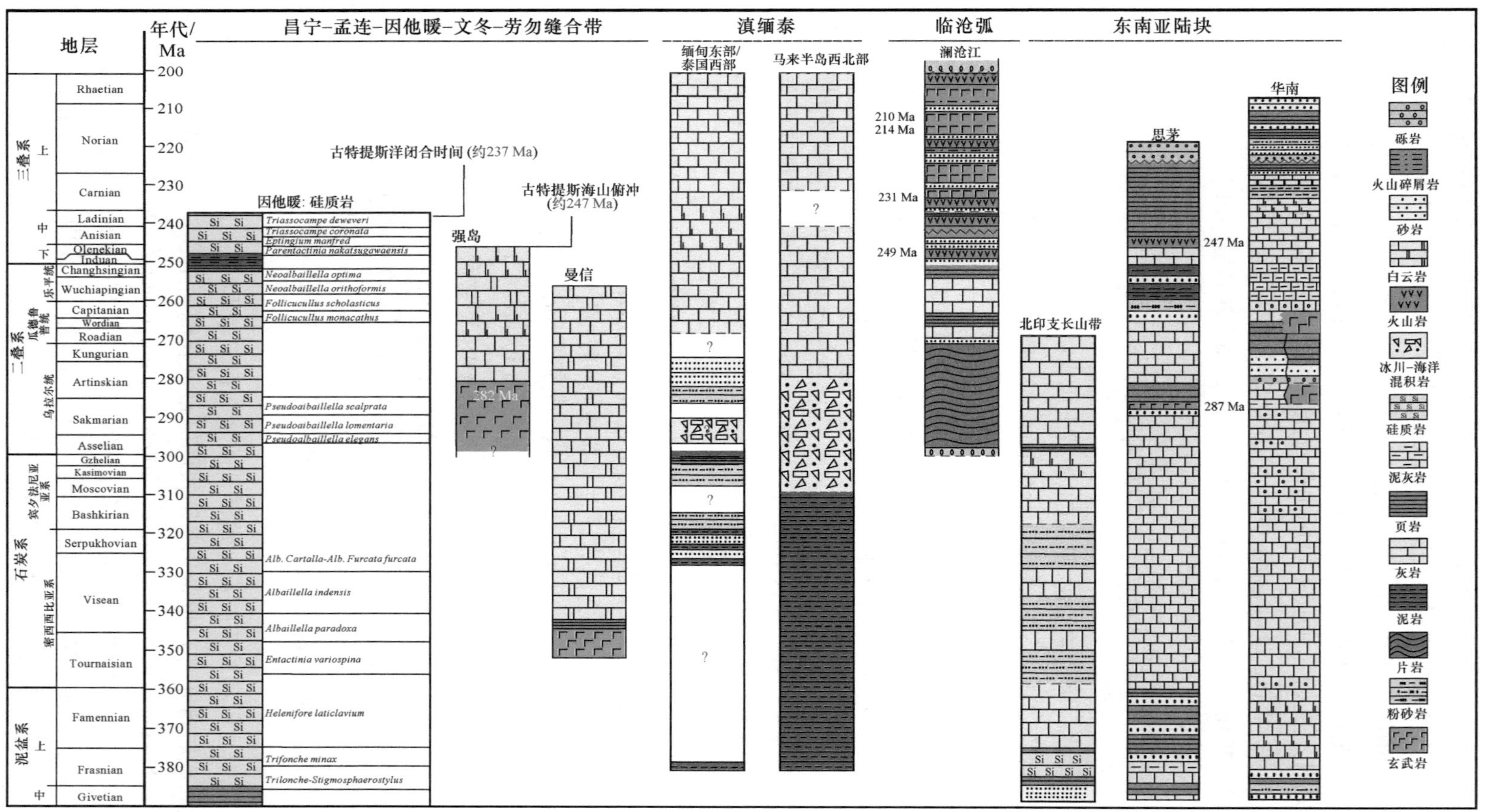

图 5.8 东南亚不同区域和构造单元综合地层柱状图对比

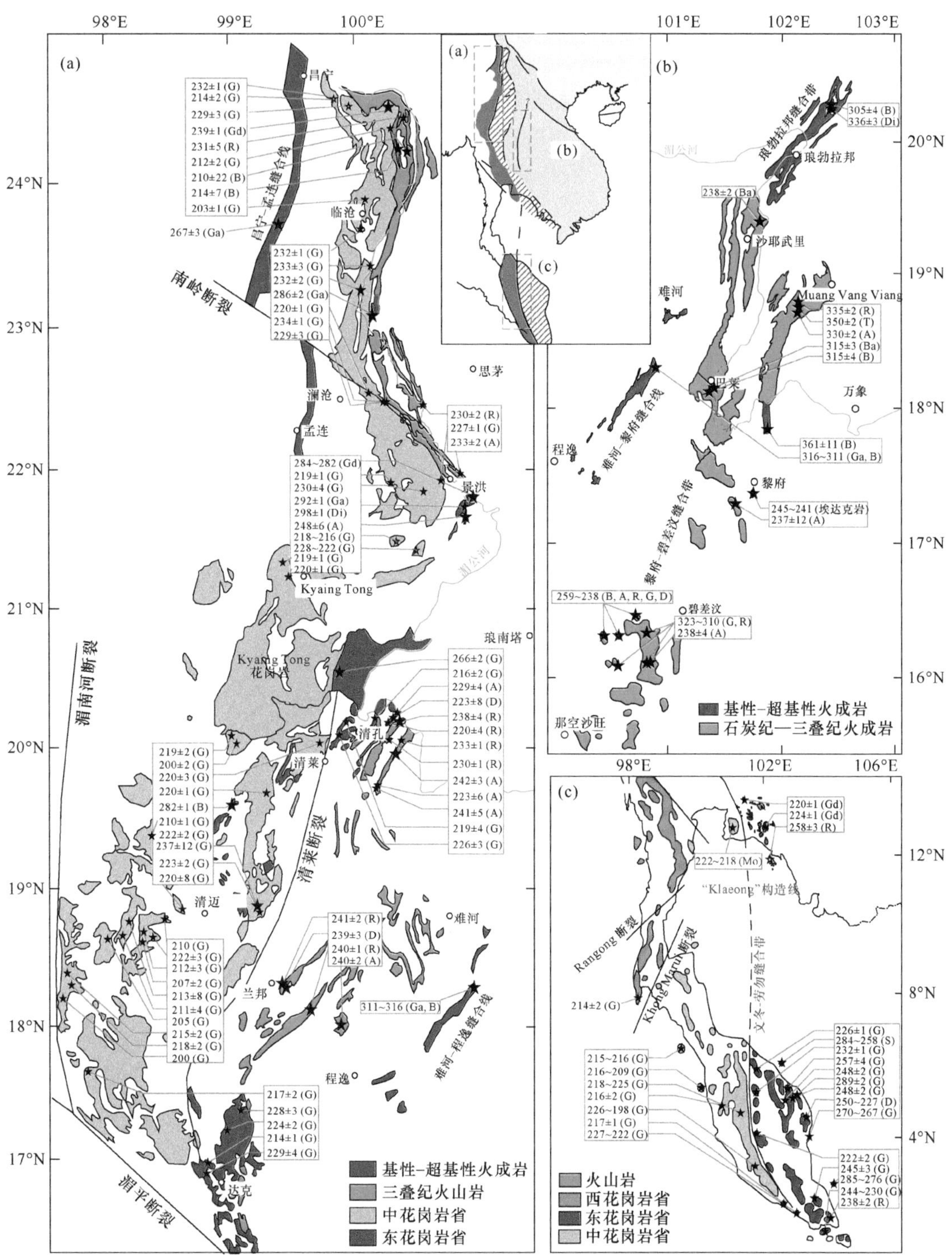

图 5.9　东南亚古特提斯缝合带火成岩分布及形成年龄（Ma）统计图

（a）滇西南和泰西北地区的临沧 – 素可泰火成岩带；（b）琅勃拉邦 – 黎府 – 碧差汶带；（c）泰国南部和马来西亚半岛。A- 安山岩；B- 玄武岩；Ba- 玄武安山岩；D- 辉绿岩；Di- 英安岩；G- 花岗岩；Ga- 辉长岩；Gd- 花岗闪长岩；R- 流纹岩；S- 正长岩；Mo- 二长花岗岩；T- 凝灰岩

Nb-Ta 与 Zr-Hf 地球化学特征［图 5.4（d）和图 5.5（c）；如 Hennig et al.，2009；Li et al.，2012a］，反映为弧后盆地构造属性。另外在景洪地区识别出的勐罕玄武安山岩形成于 249Ma，同样具岛弧型元素地球化学特征，$\varepsilon_{Nd}(t)$ 值为高的正值，同样代表了弧后盆地产物（如 Peng et al.，2013）。因此，在滇西地区沿临沧火成岩带东侧的半坡、南林山和景洪勐罕一线为东古特提斯主洋的弧后盆地。在老挝西部和泰国西北部的难河一带呈近南北向发育了难河－程逸镁铁质－超镁铁质岩带——传统上被认为属于古特提斯大洋的残余，但相关的古生物证据表明其形成于晚石炭世，锆石 U-Pb 年龄为 316~311Ma，其地球化学属性也显示其形成于成熟弧后盆地（如 Qian et al.，2015，2016a；Wang et al.，2020a，2020b，2020c）。因此自半坡、南林山和景洪勐罕至难河—程逸一线发育有东古特提斯主洋的弧后盆地。

琅勃拉邦和黎府－碧差汶弧后盆地岩浆作用记录：该火成岩带从老挝北部琅勃拉邦经泰国中部黎府、碧差汶延伸入柬埔寨西部，是东南亚一条重要的 Cu-Au 多金属成矿带［图 5.9（b）；如 Sone and Metcalfe，2008］。Wang 等（2020a，2020b，2020c）和 Qian 等（2016a）对琅勃拉邦玄武质岩石和辉绿岩的锆石 U-Pb 定年为 305~336Ma，是石炭纪而非以往所认为的二叠纪岩浆作用产物，相关岩石具正的 $\varepsilon_{Nd}(t)$ 值（+5.2~+6.9）和正的锆石 $\varepsilon_{Hf}(t)$ 值（+11.6~+13.3），地球化学上显示其来源于受俯冲组分改造的 MORB 地幔源区（图 5.4~ 图 5.6）。在 Pak Chom 地区也报道有具 MORB 和岛弧双重地球化学特征、正 $\varepsilon_{Nd}(t)$ 值（+2.3~+3.6）的早石炭世镁铁质岩石［图 5.5（c）和图 5.6（c）］，这些指标均表明其形成于石炭纪陆缘弧后盆地环境。

在难河－程逸构造带以东、琅勃拉邦和黎府构造带以西发育有以安山－流纹质火山岩为主的晚古生代火成岩（如 Intasopa and Dunn，1994；Panjasawatwong et al.，2006）。这些火成岩以往被认为形成于晚二叠世—三叠纪，新的年代学资料表明它们形成于 350~315Ma 和 269~237Ma［图 5.9（b）；如 Barr and Charusiri，2011；Kamvong et al.，2014；Salam et al.，2014；Qian et al.，2015，2016d］，且均亏损高场强元素、具高 LILE/HFSE，类似陆缘弧火山岩地球化学特征［图 5.4（d）；Qian et al.，2015，2016d］。在 Wang Pong 地区、碧差汶带及 Cu-Au 成矿区发育的 I 型花岗岩给出了 327~258Ma 的锆石 U-Pb 年龄（如 Kamvong et al.，2014；Salam et al.，2014）。另外在碧差汶构造带内也识别出了具岛弧型微量元素地球化学特征、$\varepsilon_{Nd}(t)$ 值变化于 +3.1~+3.8 的早三叠世（约 244~241Ma）埃达克岩和花岗闪长岩（如 Kamvong et al.，2014），所有这些岩石可理解为弧后盆地构造环境产物。

5.2.2　与古特提斯主洋相关的三叠纪巨型火成岩带

在东南亚地区最瞩目的地质特征就是长达几千公里的三叠纪火成岩带，带内普遍发育厚层火山岩系列、I 和 S 型花岗质岩石。该带西侧为昌宁－孟连－因他暖－文冬－劳勿缝合带，东侧为景洪－难河－程逸缝合带和可能隐伏在马来半岛东侧的构造线［图 5.9（a）；如 Barr et al.，1985；钟大赉，1998；Peng et al.，2008，2013；Wang et al.，

2010b，2016a，2016b；Sone et al.，2012；Qian et al.，2013，2016c，2016d，2017b，2017c；Salam et al.，2014]。与古特提斯主洋相关的三叠纪火成岩带在滇西称为临沧火成岩带，在泰国西北部称为素可泰（清孔–南邦–塔克）火成岩带，在泰国西南部及东马来半岛被称为庄他武里–东马来火成岩带［图 5.9（a）；如 Metcalfe，1996，2002；Wang et al.，2018b］。

临沧三叠纪火成岩带：该带主要包括临沧花岗岩体及相关火山岩（图 5.8 和图 5.9；如钟大赉，1998；Peng et al.，2013；Wang et al.，2010a）。临沧花岗岩体侵入下古生界澜沧群、大勐龙群和崇山群，以粗粒–中粒斑状花岗岩、花岗闪长岩和二长花岗岩且含少量暗色包体为特征。现有资料表明其锆石 U-Pb 年龄集中在 220~231Ma 之间，而非以往认为的晚二叠世，其形成时间近同期于忙怀组和小定西 / 芒汇河组火山岩［图 5.9（a）；如 Peng et al.，2006，2013；Wang et al.，2010b；Dong et al.，2013］。临沧花岗岩体具 A/CNK ＞ 1.1、高分异的稀土配合模式图，亏损高场强元素，同时 $\varepsilon_{Nd}(t)$ 值变化于 –15.7~–11.0，$\varepsilon_{Hf}(t)$ 值变化于 –17.5~–1.5，其源区主要为变沉积物，形成于碰撞后环境［图 5.5（a）（b）］。

临沧火成岩带的另一个重要组分是中酸性火山岩石为主的忙怀组和中基性火山岩石为主的小定西 / 芒汇河组火山岩，它们主要分布于临沧花岗岩体东侧［图 5.9（a）］。上述火山岩系均被上三叠统—下侏罗统一碗水组的磨拉石建造所上覆（如云南省地质矿产局，1990）。已有的锆石 U-Pb 年代学数据表明忙怀组流纹岩形成于 241~231Ma，小定西 / 芒汇河组玄武质–玄武安山质岩石形成于 215~210Ma，Wang 等（2010b）解释前者为同碰撞阶段产物，后者小定西 / 芒汇河组比忙怀组火山岩年轻约 20Ma，代表了碰撞后阶段产物。后者从地球化学属性上可进一步细分出高 Al 低 Mg 和高 Al 高 Mg 火山岩（如 Wang et al.，2010b），其中高 Al 低 Mg 火山岩富集大离子亲石元素、亏损高场强元素，$(^{87}Sr/^{86}Sr)_i$=0.7055~0.7070、$\varepsilon_{Nd}(t)$ =–1.47~+0.75，Pb 同位素组成类似远洋沉积物，为受到沉积物交代的地幔楔源区熔融产物。而高 Al 高 Mg 火山岩 $\varepsilon_{Nd}(t)$ 为正值（+1.17~+5.02），其 Pb 同位素组成 Δ8/4=43.2~59.8，Δ7/4=11.8~19.8，具 Nb-Ta 和 Th-U 负异常，暗示其交代地幔楔源区存在一定比例软流圈物质加入。从形成时代和岩石成因分析均显示临沧火成岩带内的临沧花岗岩和忙怀组、小定西 / 芒汇河组火山岩及其相当岩系形成于后碰撞环境。

素可泰（清孔–南邦–塔克）三叠纪火成岩带：该带主要分布于泰老缅金三角和泰国西北部地区，位于因他暖和难河–程逸缝合带之间，属于传统意义的素可泰岛弧带［图 5.9（a）；如 Sone and Metcalfe，2008；Metcalfe，2011a，2013a，2013b；Qian et al.，2013，2016a，2016c，2016d，2017a，2017b；Wang et al.，2016b，2018b］。带内包括了镁铁质–中性–酸性火山岩及相关的侵入岩，岩性组成上类似临沧三叠纪火成岩带。Cobbing 等（1986，1992）和 Charusiri 等（1993）分别以湄圆（Mae Yuam）和清莱断裂为界将该带分为西、中、东三个花岗岩亚省，其空间上分别对应于传统上划属滇缅泰东侧、因他暖带和思茅–印支陆块西缘（如 Ridd et al.，2011；Wang et al.，2016a）。西部花岗岩亚省从泰缅边界向南经普吉岛延伸入苏门答腊岛，主要包括白垩纪—新近纪的 S 型和 I 型花岗岩（如 Cobbing et al.，1992；Ridd et al.，2011）。中部花岗岩亚省以往被认为属前寒武纪岩石，也称为因他暖亚带（如 Cobbing et al.，1992；Ridd et al.，2011）。近年的研究表明其形成时代介于 226~207Ma 之间（Wang et al.，2016a），具 I 和 S 型花岗岩地球化学特征，$(^{87}Sr/^{86}Sr)_i$=0.7111~0.7293，$\varepsilon_{Nd}(t)$ = –11.1~–14.1，$\varepsilon_{Hf}(t)$ =–18.2~–5.4，$\delta^{18}O$=+7.95~+9.94［图 5.5~ 图 5.7］。这些岩石地球化学上类似于华南和印支陆块志留纪（广西期）和三叠纪（印支期）花岗岩、源自早古生代以变沉积岩为主的地壳岩石。东部花岗岩亚省主要为 I 型花岗岩，从老挝西北部经泰国延伸入马来半岛东部，其形成时代在约 230~200Ma 之间（如 Wang et al.，2016d），$(^{87}Sr/^{86}Sr)_i$= 0.7073~0.7278，$\varepsilon_{Nd}(t)$ =–11.0~–8.3，$\varepsilon_{Hf}(t)$ =–11.1~ +4.80，$\delta^{18}O$=+4.95~+7.98 的元素 – 同位素地球化学特征［图 5.5~ 图 5.7］，其源区为古老地壳物质与新生镁铁质地壳岩石的混合物，属于碰撞后阶段产物。

在素可泰（清孔 – 南邦 – 塔克）三叠纪火成岩带内同样出露火山岩系，这些火山岩传统上认为形成于二叠纪—侏罗纪（如 Barr et al.，2000，2006；Panjasawatwong，2003）。近年的锆石 U-Pb 年代学研究表明，上述火山岩系给出的年龄区间集中于 242~237Ma 和 230~200Ma 之间（如 Srichan et al.，2009；Qian et al.，2013，2016a，2016c，2017a，2017b），类似滇西临沧火成岩带的忙怀组和小定西 / 芒汇河组喷发年龄。其中 242~237Ma 的火山岩为具高 $Mg^{\#}$ 的钙碱性火山岩，富集大离子亲石元素，亏损高场强元素，$(^{87}Sr/^{86}Sr)_i$ 值为 0.7040~0.7057，$\varepsilon_{Nd}(t)$ 值变化于 +2.0~+4.3，锆石 $\varepsilon_{Hf}(t)$ 值为 +2.8~+13.6，$\delta^{18}O$ 值为 7.01‰~8.11‰［图 5.5~ 图 5.7］，源区为交代地幔楔源区，形成于陆缘弧环境或俯冲向碰撞的转换背景［图 5.6（a）（b）；如 Barr et al.，2000，2006；Qian et al.，2017a］。带内约 230~200Ma 的火山岩与滇西南小定西 / 芒汇河组一样可分为两类，两类岩石的 MgO（1.71%~6.72%）和 Al_2O_3（15.03%~17.76%）相似，均富集大离子亲石元素和亏损高场强元素，但其中一类火山岩具负 $\varepsilon_{Nd}(t)$ 值（–1.92~–0.32）、变化的 $\varepsilon_{Hf}(t)$（–11.7~+3.5）和 $\delta^{18}O$ 值（4.30‰~9.80‰），另一类具正 $\varepsilon_{Nd}(t)$ 和 $\varepsilon_{Hf}(t)$ 值及类似地幔特征的 $\delta^{18}O$ 值［图 5.6（a）（b）和图 5.7；如 Barr et al.，2006；Qian et al.，2016b，2016c］，可解释为碰撞后板片断离背景诱发的结果。

庄他武里 – 东马来三叠纪火成岩带：该带的边界为 Kleang 构造线和沙缴缝合带，向南延伸进入东马来半岛，带内花岗岩以 S 型和 I 型花岗岩、糜棱岩和混合岩为主（如 Sone and Metcalfe，2008；Ridd et al.，2011）。带内沉积古地理、古生物和火成岩岩性特征均可与清孔 – 南邦 – 塔克火成岩带进行对比［图 5.9（c）；如 Sone and Metcalfe，2008；Sone et al.，2012］。Kleang 构造线发育低级变质岩石和晚泥盆世、上二叠世—中三叠世放射虫硅质岩（如 Sone et al.，2012）。现有资料表明庄他武里带内花岗岩的锆石 U-Pb 年龄为 220~222Ma，具正的 $\varepsilon_{Hf}(t)$（+5.0~+11.3）和轻微富集的 $\varepsilon_{Nd}(t)$ 值（–1.2~–0.6），被理解为碰撞后产物（如 Qian et al.，2017b）。文冬 – 劳勿缝合带东侧的东马来半岛地区以 I 型花岗岩及流纹岩为主，锆石 U-Pb 年龄介于 220~252Ma 之间，类似素可泰火成岩带的东部花岗岩亚省（如 Oliver et al.，2011；Searle et al.，2012；

Wai-Pan et al.，2015）。在文冬－劳勿缝合带西侧的马来半岛西部发育了晚三叠世（约 219~198Ma）的 S 型花岗岩，其 $\varepsilon_{Nd}(t)$ 值为 -9.6~-7.8，地球化学和形成环境均可类比于素可泰火成岩带的中部花岗岩省［图 5.9（c）；如 Searle et al.，2012；Oliver et al.，2014；Wai-Pan et al.，2015］。

5.2.3　东古特提斯主要构造带的空间配置

在藏南和滇西南地区，龙木错－双湖和昌宁－孟连缝合被解释为东古特提斯主洋的残余（如钟大赉，1998；Feng and Liu，2002，Feng et al.，2004，2005，2008；Wang et al.，2010b；Fan et al.，2015）。但也有学者认为金沙江－哀牢山－马江缝合带代表了东古特提斯主洋位置（如 Jian et al.，2009a，2009b）。而在泰国西北部地区，湄圆断裂、清莱断裂和难河－程逸缝合带均被认为是古特提斯主洋位置（如 Barr and Macdonald，1991；Ueno，1999，2003；Feng et al.，2004，2008；Ferrari et al.，2008；Hara et al.，2009；Yang et al.，2016）。在综合相关资料的基础上尝试性地勾画出了古特提斯主洋及其弧盆体系，并搭建了不同区段的时空配置。

如前所述，从北到南横贯滇西－东南亚地区的昌宁－孟连、因他暖、“格灵线”和文冬－劳勿缝合带上广泛分布蛇绿岩组合、深水沉积及放射虫硅质岩，发育洋壳沉积、浅水含䗴灰岩和海山序列（如钟大赉，1998；Feng et al.，2004；Metcalfe，1996，2012；Metcalfe et al.，2017；Wang et al.，2018b）。沿昌宁－孟连、因他暖和文冬－劳勿缝合带分布的放射虫化石组合时代从中泥盆世—早石炭世，一直延续至早－中三叠世（如 Fang et al.，1994；Feng and Ye，1996；Metcalfe，1999，2013a，2013b；Feng and Liu，2002；Feng et al.，2004；Ito et al.，2016）。沿昌宁－孟连和因他暖构造带可见海山岩石组合，而其他构造边界少见（图 5.8；如 Barr et al.，1990；Barr and Charusiri，2011；Zhang et al.，2016b；Wang et al.，2017）。同时，横跨昌宁－孟连、因他暖和文冬－劳勿缝合带两侧的古生物化石和沉积层序具显著差别，其中昌宁－孟连、因他暖和文冬－劳勿缝合带东侧的印支陆块和马来半岛东部以华夏系晚二叠世大羽羊齿植物群为代表，而西侧以冈瓦纳系的二叠纪舌羊齿植物群为代表，属滇缅泰陆块（图 5.8）。

在昌宁－孟连和因他暖缝合带的石炭纪—二叠纪 OIB 型镁铁质岩石解释为洋内或海山构造背景产物［图 5.4（a）和图 5.5（a）］，相反，沿金沙江－哀牢山－马江、难河－黎府－沙缴、黎府和琅勃拉邦缝合带，石炭纪—中二叠世的镁铁质岩石普遍表现为具 N-MORB 和 E-MORB 地球化学特征，更似支洋盆或弧后盆地构造背景产物，缺乏具 OIB 地球化学属性的镁铁质岩石［图 5.4（b）~（e）和图 5.5（b）（c）；如 Wang et al.，2018b 及其相关文献］。临沧－素可泰－东马来西亚火成岩带的花岗岩具有与华南和印支陆块古生代花岗岩相似的 Sr-Nd-Hf-O 同位素组成，而有别于冈底斯中生代花岗岩和滇缅泰古生代花岗岩（图 5.6 和图 5.7）。上泥盆统和石炭系砂岩中的碎屑锆石年龄谱系也揭示出滇缅泰陆块具有与南羌塘、拉萨和西澳大利亚相类似的年龄峰值，其中约 510Ma 的峰值明显（图 5.10）。而位于昌宁－孟连－因他暖和金沙江－哀牢山－马江缝合带之间的思茅、印支陆块普遍发育约 440Ma 的年龄峰值，明显有别于滇缅泰陆块，而类似北羌塘和华夏陆块（图 5.10；如 Usuki et al.，2013；Wang et al.，2014c；Xia et al.，2016）。临沧－素可泰－东马来三叠纪火成岩带内花岗质岩石的继承锆石年龄谱系也更类似印支和华南陆块，其 Lu-Hf 同位素组成包括 1.4~1.1Ga、2.0~1.7Ga 和约 2.7Ga 的模式年龄，可能与元古宙或太古宙基底或源区继承有关，也类似越南中部或海南南部地区所发育的相关岩石（如 Hall and Sevastjanova，2012）。以上数据综合表明，昌宁－孟连－因他暖和文冬－劳勿缝合带代表东古特提斯主洋缝合线，并向南延入新加坡柔弗地区及印尼邦加－勿里洞之东（如 Oliver et al.，2014；Wang et al.，2021a，2021b）。

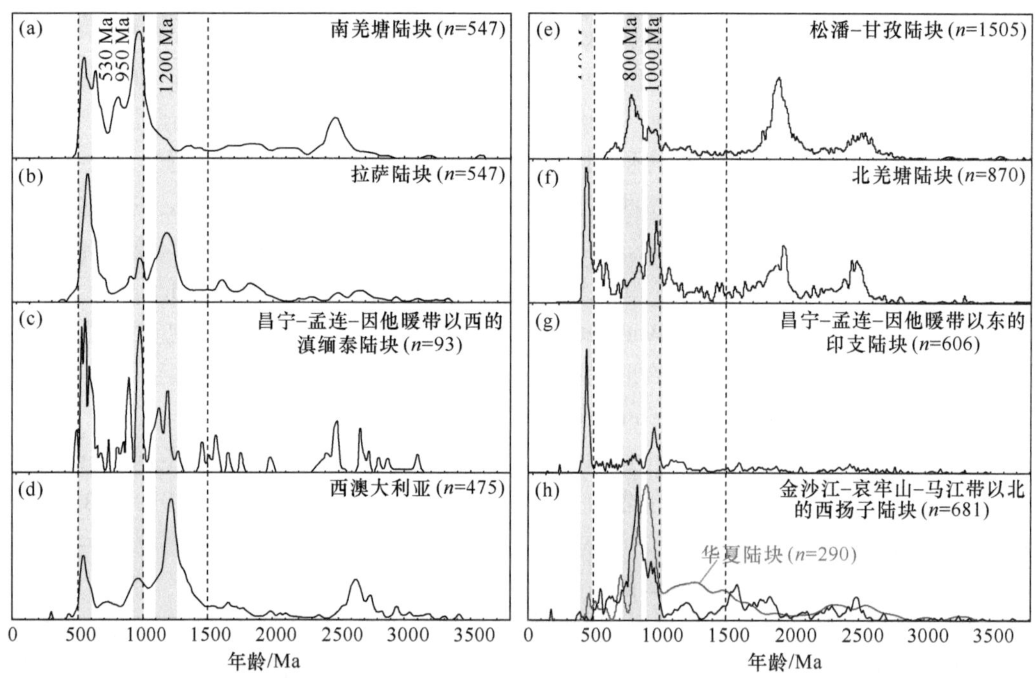

图 5.10　东南亚晚古生代沉积岩碎屑锆石年龄频谱图

（a）华南；（b）拉萨；（c）滇缅泰；（d）西澳大利亚；（e）松潘－甘孜；（f）北羌塘；（g）印支；（h）西扬子和华夏陆块。滇缅泰、南羌塘、拉萨和澳大利亚的年龄谱图相似，在 510Ma 左右有一个明显的年龄峰，印支和北羌塘块体之间的年龄峰值为 440Ma

半坡、南林山、难河、沙缴、琅勃拉邦和黎府缝合带的石炭纪—早三叠世镁铁质岩石 $\varepsilon_{Nd}(t)$ 值变化于 +1.8~+6.6，与深水放射虫硅质岩共存，均代表了弧后盆地残余［图 5.5（a）（b）；如 Ferrari et al.，2008；Sone and Metcalfe，2008；Metcalfe，2011b，2013a；Qian et al.，2015，2016a；Salam et al.，2014；Kamvong et al.，2014；Wang et al.，2018b，2020a，2020c］。而临沧、素可泰和东马来半岛所发育火成岩带可理解为二叠纪—早三叠世陆缘弧的组成部分，并具有与思茅、印支陆块类似的构造亲缘性

（图 5.5~ 图 5.7；如 Barr and Macdonald，1991；Hennig et al.，2009；Wang et al.，2010b，2018b，及其相关文献）。以上岩浆岩的空间配置关系表明难河 – 程逸缝合带可向北与半坡 – 南林山 – 景洪构造线、而非与琅勃拉邦或哀牢山缝合带相连，向南则与沙缴缝合带相接（图 5.11；如 Sone and Metcalfe，2008；Barr and Charusiri，2011；Metcalfe，2011a，2011b，2013a；Yang et al.，2016）。琅勃拉邦缝合带，也称难河 – 琅勃拉邦构造线，以往对其南北延伸尚存争议（Hutchison，1975）。从现有资料分析，其向南可能与黎府构造带相接一起构成琅勃拉邦 – 黎府弧后盆地（如 Shi et al.，2019）。哀牢山构造带内不同地球化学属性的岩石被奠边府和红河等新生代走滑断裂所分割，但石炭纪—二叠纪五素与长山带等岛弧火成岩、大龙凯与雅轩桥等弧后盆地火成岩可相互对比，与金沙江 – 哀牢山 – 马江支洋盆一起构成哀牢山 – 马江弧 – 盆体系（图 5.11；如 Hoa et al.，2008；Fan et al.，2010；Zi et al.，2012b，2013；Liu et al.，2015，2017；Wang et al.，2018b；Qian et al.，2019）。由此，在滇西 – 东南亚地区，空间上从西南向北东可依次分为滇缅泰陆块、代表东古特提斯主洋的昌宁 – 孟连 – 因他暖 – 文冬 – 劳勿缝合带、代表岛弧属性的临沧 – 素

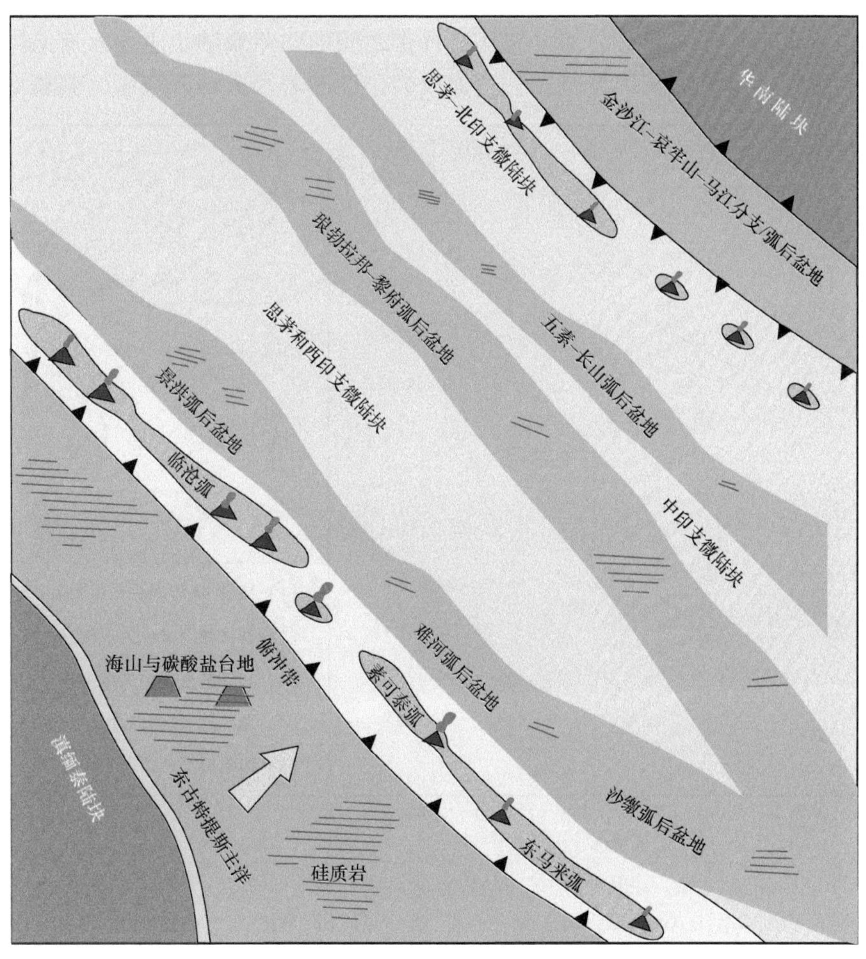

图 5.11　东古特斯提洋多陆块拼贴沟 – 弧 – 盆体系示意图

可泰－庄他武里－东马来岩浆弧、半坡－南林山－难河－程逸－沙缴弧后盆地、思茅－印支西部地块、琅勃拉邦－黎府弧后盆地、印支地块中部，五素－雅轩桥－长山地区岛弧－弧后盆地、金沙江－哀牢山－马江分支洋盆及扬子南缘等构造单元。其中前五个构造单元构成了东古特提斯主洋及其弧－盆系统，而五素－雅轩桥－长山地区岛弧－弧后盆地则与金沙江－哀牢山－马江分支洋盆构成了扬子南缘的弧－盆体系。

东古特提斯洋西段的冈瓦纳大陆北界目前仍未能很好界定，但沿龙木错－双湖缝合带内发育有蓝片岩、榴辉岩、变基性岩、镁铁质－超镁铁质岩石、OIB 型玄武岩、变杂砂岩、大理岩及放射虫硅质岩（如 Li et al.，2006，2007，2018；Zhang et al.，2007；Xu et al.，2015a；Wang et al.，2017）。蛇绿岩及相关岩石与泥盆纪—早三叠世含放射虫硅质岩共生，具 MORB 和岛弧地球化学特征，其锆石 U-Pb 年龄分别为 351~374Ma 和 246~273Ma，上述特征均类似于昌宁－孟连和因他暖缝合带（图 5.12；如 Li C et al.，2006，2007，2009；Zhai et al.，2009，2013；Wang et al.，2017）。在龙木错－双湖缝合带以北的北羌塘陆块主要以华夏系暖水相动植物群落为特征，且古生界沉积岩的碎屑锆石年龄谱系类似印支陆块（图 5.10；如 Jin，2002；Ding et al.，2013）。相应地，在龙木错－双湖和班公河－怒江缝合带之间的南羌塘陆块主要发育前中生代变质岩、中生代—新近纪花岗岩及相关变泥质岩、变砂岩和火山碎屑岩。其基底之上上

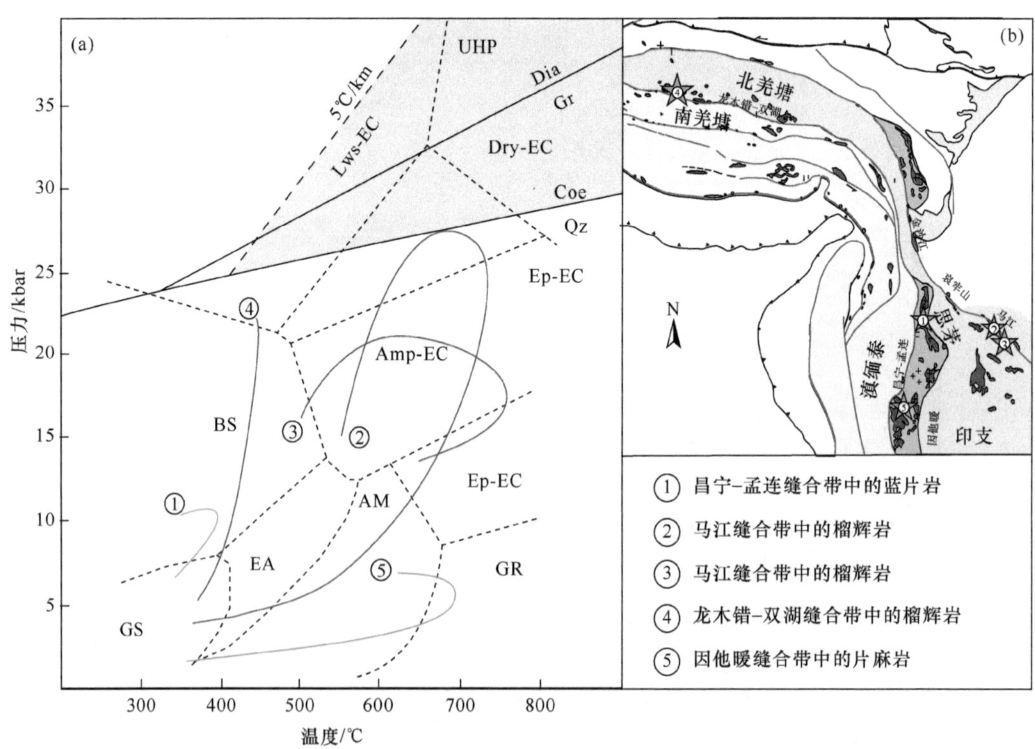

图 5.12　东古特提斯演高级变质岩采样点

UHP- 超高压；Dia- 金刚石；Gr- 石榴子石；Coe- 柯石英；Qz- 石英；GR- 麻粒岩；AM- 角闪岩；EA- 绿帘－角闪岩；BS- 绿片岩－片岩；GS- 绿片岩。榴辉岩中角闪榴辉岩（Amp-EC）、绿帘石榴辉岩（Ep-EC）和硬柱石榴辉岩边界引自 Maruyama 等（1996）

覆有志留系—二叠系砂岩、页岩、灰岩及层间冰碛砾岩，其上石炭统和下二叠统沉积层序包括了冈瓦纳系冰碛沉积物和冷水动物群落，表明基梅里大陆的南羌塘陆块与滇缅泰陆块相当（如 Metcalfe，1996，2002，2013a；钟大赉，1998；Zhu et al.，2011）。同时，龙木错 – 双湖缝合带中榴辉岩、蓝片岩和多硅白云母片岩具顺时针 *P-T-t* 轨迹，其变质锆石 U-Pb 年龄介于约 217~244Ma 之间，榴辉岩和石榴子石片岩中多硅白云母，以及红脊山、片石山和才多查卡等地蓝片岩的 $^{40}Ar/^{39}Ar$ 年龄约为 203~238Ma（图 5.12；如 Roger et al.，2003；Zhang et al.，2006a，2006b，2011b；Zhang and Tang，2009；Zhai et al.，2009，2011；Kapp et al.，2000；Li et al.，2006，2009；Wang et al.，2017）。

沿昌宁 – 孟连缝合带及其南延从西向东发育有配对的低 *P*/*T* 和高 *P*/*T* 的变质带（Zhang et al.，1993；钟大赉，1998）。Zhao 等（2018）和 Wang 等（2021e）在昌宁 – 孟连构造带之东的澜沧变质带勐库地区识别有退变质榴辉岩，其矿物组合主要包括石榴子石、单斜辉石、角闪石和斜长石及少量金红石、多硅白云母、硬玉、绿帘石、黑云母、磷灰石和石英，且绿帘石作为包含物保存在石榴子石和角闪石内（如 Xu et al.，2017）。对该退变质榴辉岩进行 Ar-Ar 测定获得退变质榴辉岩年龄为约 244±2Ma，在谦迈地区出露的退变质榴辉岩锆石 U-Pb 年龄为约 233~234Ma（Wang et al.，2021e）。在双江县勐库 – 湾河地区的退变质榴辉岩给出了约 227~239Ma 的变质锆石 U-Pb 年龄。粟义、安康和惠民地区具 OIB 型地球化学特征的似层状和透镜状蓝片岩给出的锆石 U-Pb 年龄为约 260~272Ma，与年龄约 264~292Ma 的 MORB 型镁铁质 – 超镁铁质岩石共存（如钟大赉，1998；Fan et al.，2015；Hennig et al.，2009）。其蓝片岩中相应变质矿物组合有钠长石、绿帘石、多硅白云母和绿泥石，记录了从约 242Ma 的约 0.9GPa 减压到约 230Ma 的约 0.6GPa，温度从 300℃增至 450℃的等温减压 *P-T* 轨迹（图 5.12），反映古特提斯主洋板片向东的俯冲过程及随后的折返历程（如 Fan et al.，2015）。在泰国因他暖地区，Macdonald 等（2010）也报道了于晚三叠世变质、具中压顺时针 *P-T-t* 轨迹的变泥质岩。由此表明，龙木错 – 双湖缝合带应该代表了昌宁 – 孟连缝合带的向北延伸（图 5.12）。早二叠世 N-MORB 型蛇绿岩（约 292Ma）、甘孜 – 可可西里地区中二叠世放射虫、义敦 – 玉树晚二叠世—三叠纪岩浆弧（约 272~247Ma）、同碰撞（约 247~235Ma）和碰撞后（约 230~206Ma）火成岩（图 5.12）均说明甘孜 – 玉树 – 可可西里缝合带代表了金沙江 – 哀牢山 – 马江缝合带的西延。

5.2.4　东古特提斯洋构造演化时序模型

东古特提斯洋从俯冲到碰撞的时序演化模型仍然还存在争议：大洋闭合时间有二叠纪、晚三叠世，甚至侏罗纪等不同观点（如 Searle et al.，2012；Wang et al.，2012a，2012b；Peng et al.，2013；Metcalfe，2000，2006，2011a，2011b；Oliver et al.，2014；Wai-Pan et al.，2015；Gardiner et al.，2016a，2016b）。图 5.4、图 5.5、图 5.7~ 图 5.9 和

图 5.13 综合了已发表的年代学和地球化学数据，依据这些数据构建出了东古特提斯主洋盆、支洋盆及其弧后盆地的演变时序。

琅勃拉邦 – 黎府 – 碧差汶和半坡 – 南林山 – 难河弧后盆地的时间分别始于 361~305Ma 和 316~286Ma 或者更老，并且一直持续到中三叠世［图 5.3、图 5.9 和图 5.13（b）（c）］。沿昌宁 – 孟连 – 因他暖 – 文冬 – 劳勿、琅勃拉邦 – 黎府 – 碧差汶缝合带上的岩浆岩大部分形成于石炭纪—中三叠世，时代为 321~237Ma。其中在因他暖和黎府地区最年轻的岛弧花岗岩形成于 238~237Ma［图 5.13（a）～（c）］。黎府和临沧 – 素可泰地区的高镁安山岩、英安岩、玄武安山岩、埃达克岩和二长斑岩锆石 U-Pb 年龄为约 249~241Ma。可以看出，临沧、素可泰、东马来和半坡 – 难河、琅勃拉邦 – 黎府火成岩带上的火成岩形成年龄构成了约 247Ma、约 237Ma 和约 220Ma 三个年龄峰值，可分别解释为消减闭合、同碰撞和碰撞后岩浆作用产物［图 5.13（f）］。昌宁 – 孟连、因他暖和文冬 – 劳勿缝合带上的生物地层学资料也表明东古特提斯主洋海山的增生和最终闭合时间发生在三叠纪奥伦尼克阶（约 247Ma）和拉丁阶（约 237Ma）（图 5.8；如 Ueno，1999，2003；Sashida and Igo，1999；Metcalfe，2002；Feng et al.，2004；Wakita and Metcalfe，2005；Ito et al.，2016）。237~230Ma 的花岗质岩石具负的 $\varepsilon_{\mathrm{Nd}}(t)$ 和 $\varepsilon_{\mathrm{Hf}}(t)$ 值，可理解为同碰撞阶段产物。而具正 $\varepsilon_{\mathrm{Nd}}(t)$ 和 $\varepsilon_{\mathrm{Hf}}(t)$ 值的晚三叠世（约 230~200Ma）花岗岩表明约 237Ma 之后存在新生地壳的参与［图 5.6（a）（b）］。三叠纪花岗岩的 Hf-O 同位素组成也表明在碰撞后阶段存在新生地壳的参与，而同碰撞阶段的花岗岩源区主要为古老地壳的变沉积物。因此，东古特提斯主洋的俯冲消减及向滇缅泰与思茅、印支西部碰撞的转换时间为约 237Ma，而同碰撞和碰撞后阶段发生时间能界定在约 237~230Ma 和约 230~200Ma（图 5.13）。

本节讨论及引用的数据出自本研究及以下参考文献（Liew，1983；Liew and McCulloch，1985；Yunnan BGMR，1990；Intasopa，1993；Intasopa and Dunn，1994；Barr et al.，2000，2006；Metcalfe，2000，2013a，2013b；Feng and Liu，2002；Ueno，2003；Peng et al.，2006，2008，2013；Feng et al.，2008；Hennig et al.，2009；Srichan et al.，2009；Jian et al.，2009a，2009b；Wang et al.，2010a，2010b，2012a，2014c，2016a，2016b，2017，2018a，2018b；Macdonald et al.，2010；Nakano et al.，2010；Fan et al.，2010，2015；Zhai et al.，2011；Zhu et al.，2011a，2011b；Hall and Sevastjanova，2012；孔会磊等，2012；Searle et al.，2012；Sone et al.，2012；Ding et al.，2013；Qian et al.，2013，2015，2016a，2016b，2016c，2016d，2017a，2017b；Zhang et al.，2013d；Kamvong et al.，2014；Oliver et al.，2014；Salam et al.，2014；Zaw et al.，2014；Wai-Pan et al.，2015；Gardiner et al.，2016a，2016b；Xia et al.，2016；Yang et al.，2016；Udchachon et al.，2017）。

5.3 大洋俯冲几何学的数值模拟验证

如前所述，金沙江 – 哀牢山 – 马江支洋盆与昌宁 – 孟连 – 文冬 – 劳勿主洋盆的发

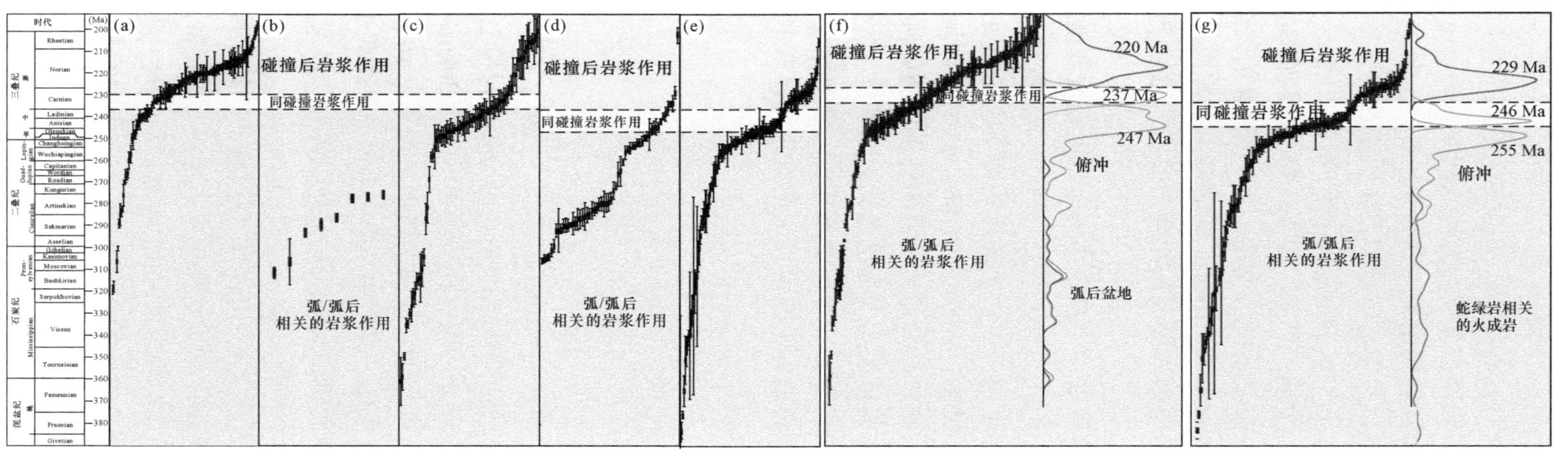

图 5.13　东南亚古特提斯火成岩年龄趋势变化图

（a）昌宁 – 孟连 – 因他暖 – 文冬 – 劳勿带；（b）景洪 – 难河 – 程逸带；（c）琅勃拉邦 – 黎府 – 难河 – 素可泰带；（d）五素 – 长山带；（e）金沙江 – 哀牢山 – 马江带；（f）昌宁 – 孟连 – 因他暖 – 文冬 – 劳勿 – 景洪 – 难河 – 琅勃拉邦 – 黎府 – 素可泰带年龄数据峰值；（g）金沙江 – 哀牢山 – 马江及五素 – 长山带年龄数据峰值

生发展伴随着一系列岛弧和陆缘弧后盆地的发育，如临沧－素可泰－庄他武里－东马来岩浆弧、半坡－南林山－难河－程逸弧后盆地、琅勃拉邦－黎府弧后盆地、五素－长山和大龙凯－雅轩桥岛弧或弧后盆地等。它们与夹持其间的思茅、印支陆块一起构成了滇西－东南亚地区东古特提斯多陆块拼贴弧－盆格局。在这一体系中，金沙江－哀牢山－马江支洋盆裂解于晚泥盆世，与东古特提斯昌宁－孟连－文冬－劳勿主洋盆的扩张时间大致相当，两者于晚石炭世—早二叠世开始俯冲消减。但是，金沙江－哀牢山－马江分支洋洋盆最终闭合于约247Ma，思茅、印支和扬子陆块的碰撞与碰撞后转换时间约在237Ma。对应于昌宁－孟连－因他暖－文冬－劳勿主洋盆的闭合及随之的同碰撞、碰撞后转换则依次发生于约237Ma和约230Ma。金沙江－哀牢山－马江分支洋洋盆的最终闭合导致了区域性歪古村组与前三叠系的角度不整合，对应于在越南北部定义的“印支运动”第一幕或印支早幕。而东古特提斯主洋盆的闭合及随之的碰撞事件晚于印支运动第一幕，该时期的印支事件席卷了整个中国东部及东南亚地区，相当于印支运动第二幕，或印支晚期或基梅里事件，造成了上三叠统—下侏罗统与中－下三叠统之间或前三叠系的区域性不整合，也定型了中南半岛及华南陆块复杂而独具特色的构造格局（Wang et al.，2013a，2013b，2007，2018a，2018b）。上述多陆块拼贴的弧－盆格局从大洋俯冲至陆－陆碰撞到造山终结，其发生发展的动力机制如何？能否以数值模拟手段予以更多约束？大洋俯冲作为板块运动提供源动力的基础，大洋俯冲角度是否是大洋俯冲动力学研究中最重要的参数之一等，亟须探讨。该节通过对参数敏感性的试验验证，拟审视影响大洋板片倾角的各个要素以阐明东古特提斯主洋或其支洋的俯冲机制。

5.3.1 初始模型设计

数值模拟采用有限差分和粒子法的“I2VIS”算法（Gerya and Yuen，2007），初始模型长度4000km，深度670km，使用不规则的有限差分单元对模型进行离散化，其中大洋俯冲带区域采用2km×2km单元，而在模型边界区采用30km×30km单元。模型中岩石及层圈结构由约700万个可自由移动的拉格朗日粒子表示。模型中材料属性和温度等参数可通过这些粒子进行传递，模型中不同岩性流变性依赖于岩石类型、温度、压力和应变率的变化而变化，能较准确地表现浅部地壳脆弹性形变和深部地幔黏塑性形变。模型中用到的岩石热－力学参数见表5.1和表5.2。

初始模型主要分大洋岩石圈和大陆岩石圈，且两者的初始长度均为2000km，如图5.14所示。大洋岩石圈厚度根据不同设计模型中大洋岩石圈年龄不同而不同，年龄与厚度的量化关系则根据半空间冷却模型（Turcotte and Schubert，2014）计算而获得。不同设计模型的大洋岩石圈年龄及洋壳厚度详见表5.3。大陆岩石圈厚度同样根据设计模型的不同而变化，但大陆地壳的厚度统一设计为35km，即包括6km大陆沉积物、14km上地壳和15km下地壳。

表 5.1　数值模型采用的黏滞性流变参数

标示符号	流变性质	活化能 E/（kJ/mol）	活化体积 V/［J/（MPa·mol）］	指数 n	A_D/（MPa^{-n}/s）	η_0/（Pa·s）
A	空气 / 水	0	0	1.0	1.0×10^{-12}	1.0×10^{12}
B	湿石英岩（强）	154	0	2.3	3.2×10^{-8}	1.97×10^{21}
C	斜长石 An_{75}（强）	238	0	3.2	3.3×10^{-6}	4.8×10^{24}
D	斜长石 An_{75}	238	0	3.2	3.3×10^{-4}	4.8×10^{22}
E	无水橄榄岩	532	8	3.5	2.5×10^{4}	3.98×10^{16}
F	含水橄榄岩	470	8	4.0	2.0×10^{3}	5.01×10^{20}
G	长英质熔体	0	0	1.0	2.0×10^{-9}	5.0×10^{14}
H	镁铁质熔体	0	0	1.0	1.0×10^{-7}	1.0×10^{13}

注：η_0 为参考黏滞系数，通过 η_0=（$1/A_D$）$\times10^{6n}$ 计算得出。

相关参考文献：（Kirby，1983；Kirby and Kronenberg，1987；Ranalli and Murphy，1987；Ji and Zhao，1993；Ranalli，1995）。

表 5.2　数值模型中的主要材料参数

物质	状态	密度 ρ_0/（kg/m³）	热容 C_p/（J/kg/K）	导热系数 K^a/（W/m/K）	固相线 T_S^b/K	液相线 T_L^b/K	能量 Q_L/（kJ/kg）	放射热 H_r/（μW/m³）	黏滞性[c] 流变性质	塑性性质[d] sin（φ_{eff}）
空气	—	1	100	20	—	—	—	0	A	0
水	—	1000	3330	20	—	—	—	0	A	0
沉积物	固态	2700	1000	K_1	T_{S1}	T_{L1}	300	2.0	B	0.15
	熔融	2500	1500	K_1	T_{S1}	T_{L1}	300	2.0	G	0.06
大陆上地壳	固态	2700	1000	K_1	T_{S1}	T_{L1}	300	2.0	B	0.15
	熔融	2500	1500	K_1	T_{S1}	T_{L1}	300	2.0	G	0.06
大陆下地壳	固态	3000	1000	K_2	T_{S2}	T_{L2}	300	0.5	C	0.15
	熔融	2500	1500	K_2	T_{S2}	T_{L2}	300	0.5	G	0.06
洋壳	固态	3000	1000	K_2	T_{S2}	T_{L2}	380	0.25	D	0.15
	熔融	2900	1500	K_2	T_{S2}	T_{L2}	380	0.25	H	0.06
地幔	干	3300	1000	K_3	—	—	—	0.022	E	0.6
	含水	3200	1000	K_3	—	—	—	0.022	F	0.06
文献[e]	—	1，2	—	3	5	5	1，2	1	4	—

a：K_1=［0.64+807/（T_K+77）］exp（0.00004P_{MPa}）；K_2=［1.18+474/（T_K+77）］exp（0.00004P_{MPa}）；K_3=［0.73+1293/（T_K+77）］exp（0.00004P_{MPa}）。

b：T_{S1}=889+17900/（P+54）+20200/（P+54）^{2}，当 $P<1200$MPa 时；或 T_{S1}=831+0.06P，当 $P>1200$MPa 时。T_{L1}=1262+0.09P；T_{S2}=973–70400/（P+354）+778×10^5/（P+354）^{2}，当 $P<1600$MPa 时；或 T_{L1}=935+0.0035P+0.0000062P^2，当 $P>1600$MPa 时。T_{L2}=1423+0.105P。

c：黏滞性流变参数见表 5.1。

d：塑性流变性质中，规定所有模型中所有岩性黏聚力都为 0，φ_{eff} 是有效内摩擦角。

e：参考文献 1=（Turcotte and Schubert，2014）；2=（Bittner and Schmeling，1995）；3=（Clauser and Huenges，1995）；4=（Ranalli，1995）；5=（Schmidt and Poli，1998）。

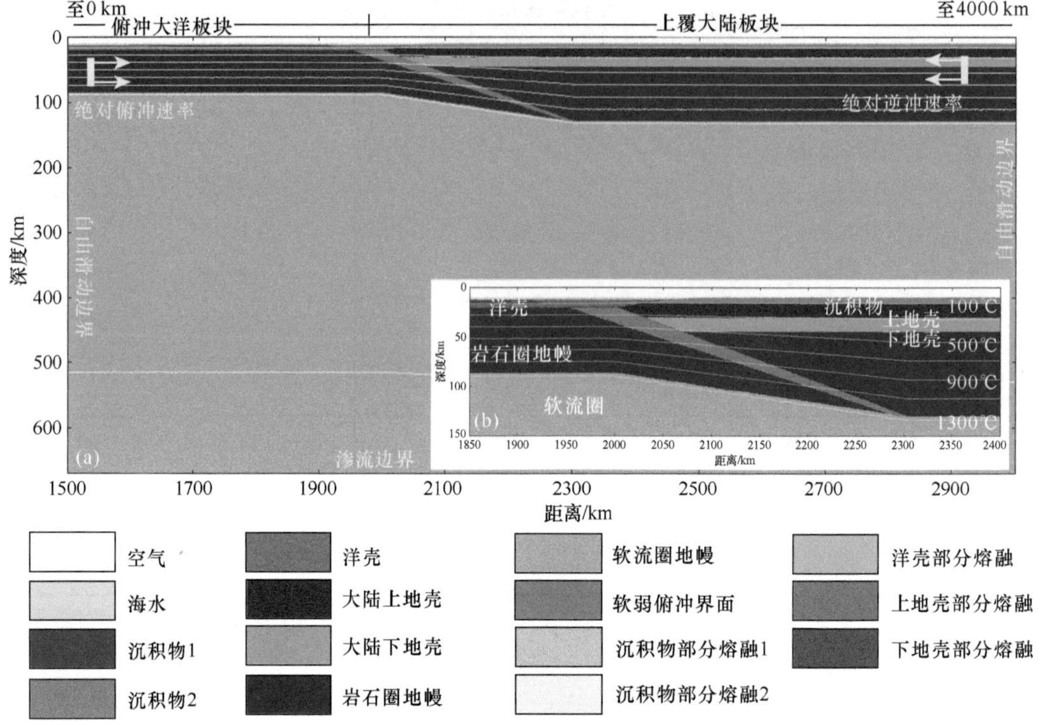

图 5.14 初始模型和边界条件

(a) 模型主要区域（1500km×670km）的初始物质与温度场，图中白色线条是等温线，黄色字体代表模型边界条件；(b) 初始俯冲带示意图。模型中的颜色代表不同岩石组成，如图例所示。图例中部分熔融岩石在初始模型中并未显示，但在模拟运算过程中由于温度增加至岩石熔点时而逐渐出现

表 5.3 模型实验设计及主要参数

模型	初始俯冲角度/(°)	板片年龄/Ma	T_{OC}[a]/km	v_{sub}[b]/(cm/a)	v_{up}[b]/(cm/a)	D_{TCL}[c]/km	RS_{asth}[d]	RS_{CC}[d]	模型结果
M1-1	15	10	8	5.0	0	120	1	10	平板（约 800）
M1-2	15	20	8	5.0	0	120	1	10	平板（约 800）
M1-3	15	30	8	5.0	0	120	1	10	平板（约 600）
M1-4	15	40	8	5.0	0	120	1	1	平板（约 650）
M1-5	15	50	8	5.0	0	120	1	1	平板（约 900）
M1-6	15	60	8	5.0	0	120	1	1	平板（约 800）
M1-7	20	10	8	5.0	0	120	1	1	平板（约 750）
M1-8	20	20	8	5.0	0	120	1	1	平板（约 700）
M1-9	20	30	8	5.0	0	120	1	1	平板（约 850）
M1-10	20	40	8	5.0	0	120	1	1	陡
M1-11	20	50	8	5.0	0	120	1	1	陡
M1-12	20	60	8	5.0	0	120	1	1	陡
M1-13	30	10	8	5.0	0	120	1	1	平板（约 800）
M1-14	30	20	8	5.0	0	120	1	1	陡

续表

模型	初始俯冲角度/(°)	板片年龄/Ma	T_{OC}[a]/km	v_{sub}[b]/(cm/a)	v_{up}[b]/(cm/a)	D_{TCL}[c]/km	RS_{asth}[d]	RS_{CC}[d]	模型结果
M1-15	30	30	8	5.0	0	120	1	1	陡
M1-16	30	40	8	5.0	0	120	1	1	陡
M2-1	20	40	11	5.0	0	120	1	1	平板（约 800）
M2-2	20	50	14	5.0	0	120	1	1	陡
M2-3	20	50	17	5.0	0	120	1	1	平板（约 900）
M2-4	20	60	17	5.0	0	120	1	1	陡
M2-5	20	60	20	5.0	0	120	1	1	平板（约 850）
M2-6	20	80	26	5.0	0	120	1	1	陡
M2-7	20	80	29	5.0	0	120	1	1	平板（约 800）
M2-8	30	30	14	5.0	0	120	1	1	陡
M2-9	30	30	17	5.0	0	120	1	1	平板（约 800）
M2-10	30	40	17	5.0	0	120	1	1	陡
M2-11	30	40	20	5.0	0	120	1	1	平板（约 800）
M3-1	20	40	8	1.0	0	120	1	1	陡
M3-2	20	40	8	1.0	1.0	120	1	1	平板（约 600）
M3-3	20	40	8	2.5	0	120	1	1	陡
M3-4	20	40	8	2.5	1.0	120	1	1	平板（约 650）
M3-5	20	40	8	5.0	4.0	120	1	1	陡
M3-6	20	40	8	5.0	5.0	120	1	1	平板（约 800）
M4-1	20	40	8	5.0	0	130	1	1	平板（约 850）
M4-2	20	40	8	5.0	0	140	1	1	平板（约 850）
M5-1	20	30	8	5.0	0	120	1	0.1	陡
M5-2	20	30	8	5.0	0	120	1	0.5	平板（约 750）
M6-1	20	40	8	5.0	0	120	0.1	1	陡
M6-2	20	40	8	5.0	0	120	0.01	1	平板（约 850）

a：T_{OC} 指洋壳厚度。

b：v_{sub} 和 v_{up} 分别指大洋板片的绝对俯冲速度和上覆大陆向洋的绝对逆冲速度。

c：D_{TCL} 指上覆大陆岩石圈厚度，以 1300℃等温线的深度为界。

d：RS_{asth} 和 RS_{CC} 分别指软流圈和上覆大陆地壳的强度比率，在本节用各自的初始黏滞度来表示，表中数值指的是相应岩体的 A_D 标准值（见表 5.1）的倍数。

模型中底部边界为渗透性边界，采用近无限深度的外部自由滑动边界条件（Burg and Gerya，2005；Li et al.，2010）以满足在计算模型区域下方虚拟边界上（例如 100km 处）的自由滑动条件，其他为自由滑动边界。与普通的自由滑动边界一样，外部自由滑动边界条件同样需要满足计算区域内的物质守恒。计算过程中，大部分模型的洋－陆汇聚通过施加在大洋岩石圈朝向海沟的俯冲速率来实现。但对于旨在考察洋－陆速度边界条件对大洋俯冲过程影响的系列模型中，在大陆岩石圈内一侧也施加一个朝向海沟的逆冲速率，通过大洋的俯冲速率和大陆的逆冲速率共同约束洋－陆汇聚。两类速率均为施加速度边界条件，且在模型计算过程中保持恒定，可认为是相当于静止参照物的绝对运动速度。另外，根据统计资料（Lallemand et al.，2005），＞10cm/a的上覆大陆向洋的绝对逆冲速度在现今全球俯冲带处几乎不存在，因而在模型实验设计中不予考虑。模型中设计的大洋板片绝对俯冲速度和上覆大陆向洋的绝对逆冲速度详见表 5.3。模型中的初始俯冲角度由预先设置在俯冲带处的软弱层角度形式来加以实现，而初始模型中的软弱层角度则随模型变化，详见表 5.3。

关于模型的初始热边界条件，模型顶部固定为 0℃温度，大洋和大陆岩石圈底边界温度设计为 1300℃（Turcotte and Schubert，2014），软流圈地幔的温度梯度设计为 0.5℃ /km，两侧边界的水平方向温度梯度为零（即零热流）。底部边界采用的是外部边界固定温度，即在模型底边界之下 1000km 处假设一个固定的地幔温度（根据地幔固定温度梯度计算得出），这样就可以使得在 670km 处的底部渗透边界上的温度和热流可随模型计算而动态调整。

5.3.2 大洋俯冲角度的敏感性实验

综合分析与大洋俯冲带相关的主要热－力学参数进行敏感性实验，其相关参数主要有洋壳厚度、大洋岩石圈年龄、初始俯冲角度、上覆大陆岩石圈厚度和流变性、软流圈地幔特征及俯冲运动学条件等，所有这些参数的模型设计及主要参数见表 5.3。以下是不同参数对大洋俯冲角度的影响，从而控制大洋俯冲动力学机制。

洋壳厚度：洋壳密度一般比大洋岩石圈地幔或软流圈地幔密度低约 10%，因而随大洋岩石圈一起进入俯冲带内的洋壳厚度或体积在很大程度上控制了大洋板片的浮力状态和板片拉力大小。如果为正常厚度洋壳（6~8km），则俯冲板片的重力状态主要由大洋岩石圈年龄和厚度控制。如果俯冲大洋岩石圈具异常厚度洋壳，如海底高原、洋岛或无震海岭，则俯冲板片的重力状态很大程度由俯冲洋壳厚度或体积所控制，在这种情况下，俯冲板片一般呈正浮力状态。设计初始洋壳厚度分别为 12km、14km 和 16km 三个模型，其他参数包括 50Ma 大洋岩石圈年龄，20° 初始俯冲角度、5cm/a 大洋绝对俯冲速率和 120km 上覆大陆岩石圈厚度。模型运行至 25Ma 时的结果如图 5.15 所示。模拟结果显示，随着洋壳厚度增加，大洋俯冲角度逐渐变小。当洋壳厚度达 12km 时，表现为典型的陡俯冲型式；板片倾角为约 50°［图 5.15（a)]，当洋壳厚度增加到 14km，俯冲板片角度降低至约 20°［图 5.15（b)]；当洋壳厚度增至 16km 时，随板片进入软流圈深度的洋壳物质体积足以改变俯冲板片浮力状态，导致俯冲板片向上移动并依附于上覆岩石圈地幔底部近水平前移，促使平俯冲作用发生［图 5.15（c)]，这也可能是全球大洋低角度俯冲多发生在俯冲大洋岩石圈浮力异常区域的主要原因。

大洋岩石圈年龄：大洋岩石圈年龄与其厚度呈正相关关系（Stein and Stein，1992；Turcotte and Schubert，2014），即大洋岩石圈厚度越大则其年龄越老，相对较高密度的大洋岩石圈在洋－陆转换带产生重力不稳定现象，进而导致大洋俯冲启动（如 Davies，1999）。进入俯冲带后在较高密度作用下产生较大板片拉力，促使板片向地幔深处俯冲。

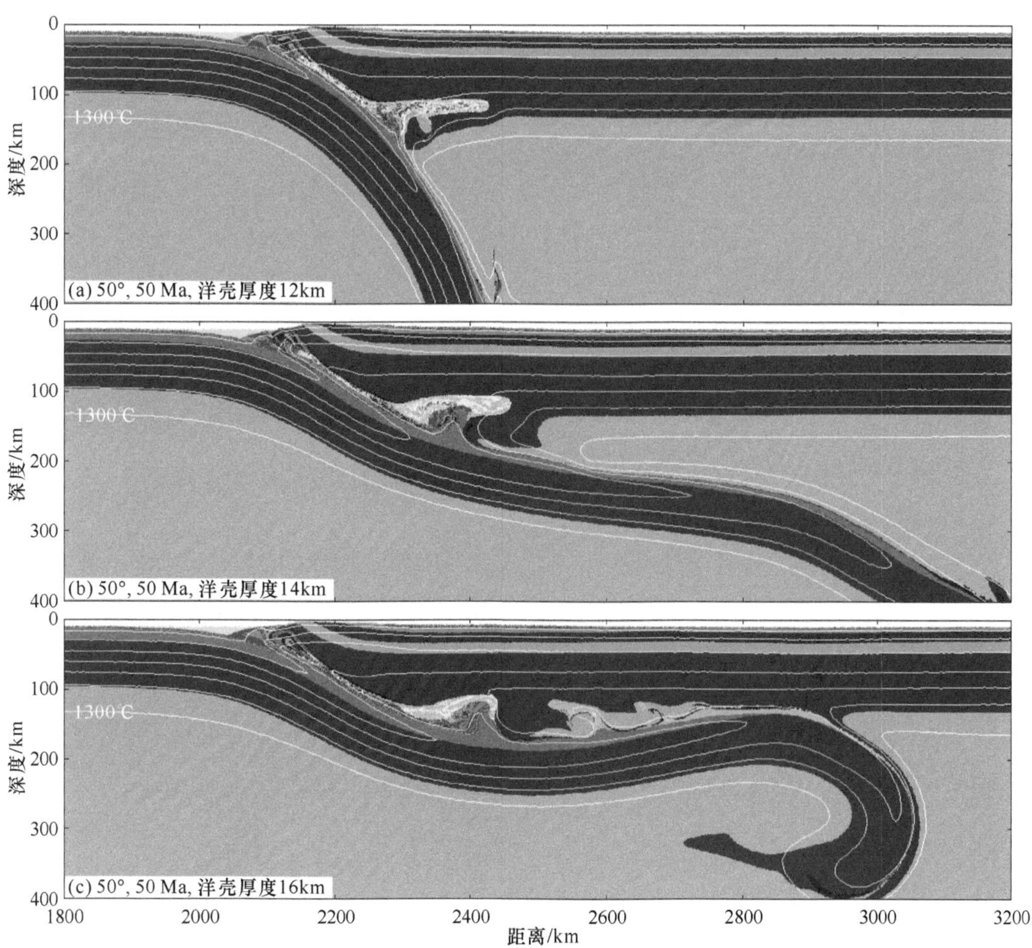

图 5.15　初始俯冲角度为 20°，板片年龄为 50Ma 的含不同洋壳厚度模型的演化结果

白色线条为间距 200℃的等温线

为深入研究进入俯冲带时大洋岩石圈年龄对大洋俯冲型式，尤其是对俯冲角度的影响，设计了一组初始大洋岩石圈年龄从 10Ma 逐渐增加到 60Ma 的模型，其他参数，包括 20° 初始俯冲角度、5cm/a 的大洋绝对俯冲速度和 120km 的上覆大陆岩石圈厚度等均保持一致。所有模型运行至 25Ma 时的模拟结果表明：大洋岩石圈年龄越大，随着俯冲进行，浅部俯冲角度也相应越大，大洋俯冲型式逐渐从平俯冲向陡俯冲转换。大洋岩石圈俯冲至上覆岩石圈底部时无法保持初始俯冲角度而继续向下俯冲，在正浮力作用下导致板片弯折，促使俯冲角度陡然变小而垫置于上覆岩石圈地幔底部前移。当运移一段距离后（运行 30Ma 时大洋板片水平运移可达 500km）、板片拉力增加而重新启动其向下俯冲［图 5.16（a）~（c）］。如在较大板片拉力作用下，大洋岩石圈从进入俯冲带之后就以较大倾角持续俯冲至软流圈深部，未能出现类似平俯冲特征样式［图 5.16（d）~（f）］。在板片和再循环物质随俯冲板片俯冲至软流圈深度之时，由于热传导增温效应俯冲物质发生部分熔融，但熔融局限于俯冲板片和上覆大陆岩石圈之

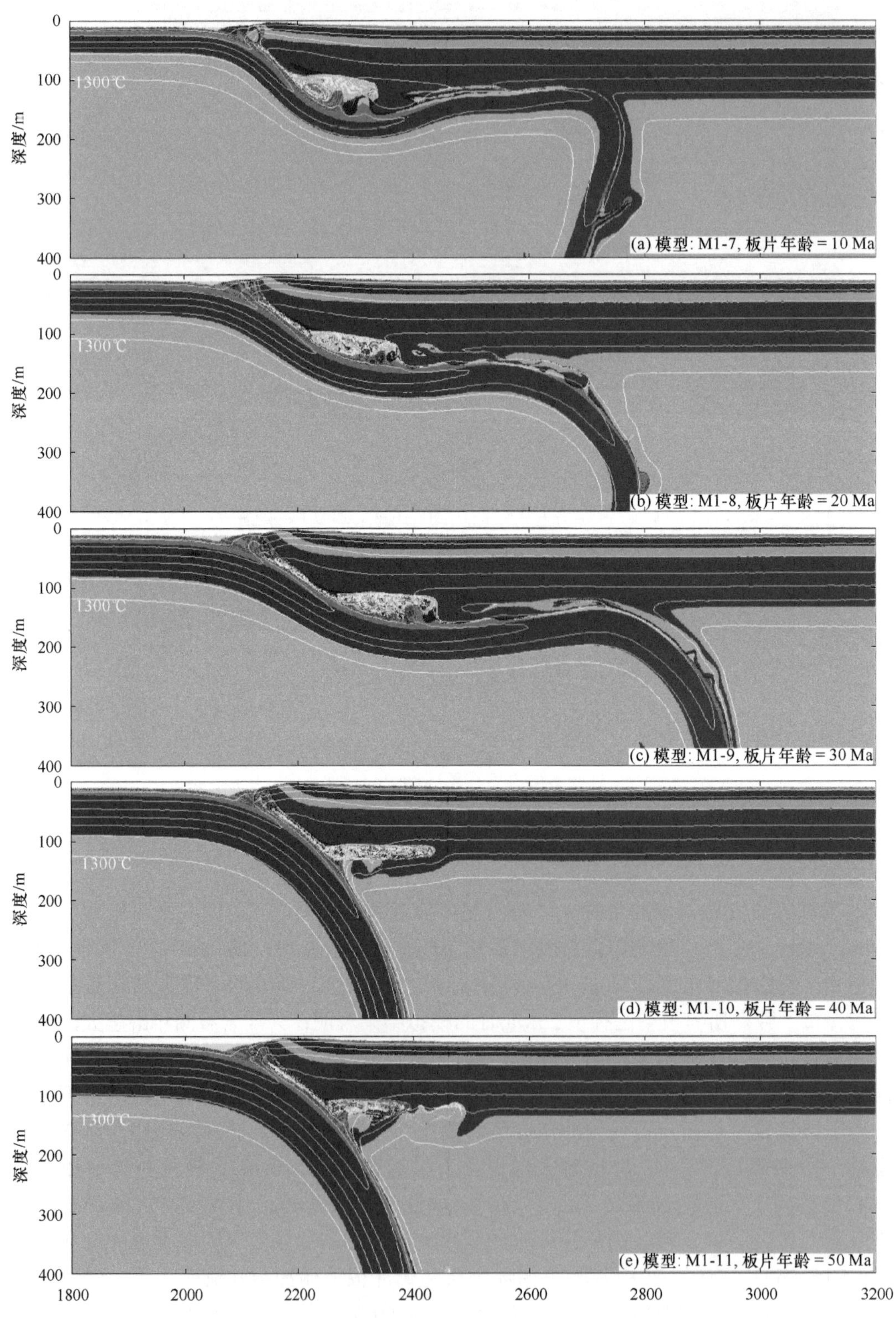
0
100
200
300
400
深度/m
1300℃
(a) 模型: M1-7, 板片年龄 = 10 Ma
(b) 模型: M1-8, 板片年龄 = 20 Ma
(c) 模型: M1-9, 板片年龄 = 30 Ma
(d) 模型: M1-10, 板片年龄 = 40 Ma
(e) 模型: M1-11, 板片年龄 = 50 Ma
1800
2000
2200
2400
2600
2800
3000
3200

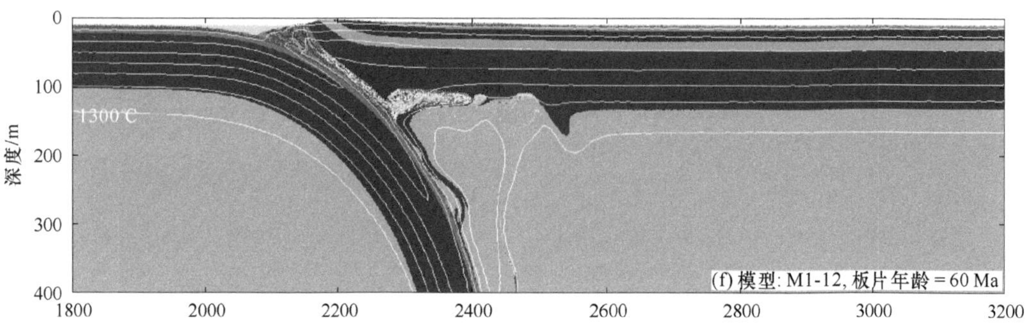

图 5.16　含不同板片年龄的模型（M1-7，M1-8，M1-9，M1-10，M1-11 和 M1-12）演化结果
本实验中其他参数条件均相同，所有的模拟计算在 25Ma 左右停止。白色线条为间距 200℃的等温线

间的水平通道内［图 5.16（c）（d）］。

为进一步约束大洋岩石圈年龄和了解俯冲板片如何影响大洋俯冲样式，在其他主要参数（20° 初始俯冲角度、5cm/a 绝对俯冲速度和 120km 厚上覆大陆岩石圈）保持不变的情况下，设计了一组针对上述两个变量的模型实验。其中大洋岩石圈年龄从 10Ma 递增至 80Ma，而洋壳厚度从 5km 递增至 30km，其交互实验结果如图 5.17（a）所示。结果表明：当俯冲大洋岩石圈老于 30Ma 时，若要产生平俯冲，则俯冲洋壳厚度必须大于正常洋壳厚度（约 8km），且与大洋岩石圈年龄呈正相关。这与现今全球平板俯冲区域的俯冲大洋岩石圈年龄普遍小于 30Ma 的观测资料相一致（表 5.4）。当俯冲大洋岩石圈老于 60Ma 时，若要产生平俯冲，则俯冲洋壳厚度必须大于 20km，如此巨厚洋壳仅在具洋－陆过渡性质的海底高原等区域发育，而在正常大洋岩石圈内难以发育（Condie，1997），因此在大洋岩石圈年龄大于 60Ma 的区域或俯冲带（如西太地区）极少发育低角度或平俯冲样式。统计资料也显示现今平俯冲发育地区普遍发育在具厚洋壳的浮力异常区（如无震海岭），且俯冲大洋岩石圈年龄均小于 50Ma（大多数小于 30Ma），远小于当今大洋岩石圈 60Ma 的平均年龄（Condie，1997）。

初始俯冲角度：初始俯冲角度是影响俯冲板片和上覆岩石圈之间耦合程度的主要因素之一。如果初始俯冲角度较小，板块间初始耦合作用较强，则大洋俯冲过程中板块间的强耦合作用表现为俯冲板片不易与上覆岩石圈发生解耦而黏附于上覆岩石圈底部向前运动，易于发生平俯冲。设计大洋初始俯冲角度分别为 30°、20° 和 15° 的三个模型，其他主要参数，如 40Ma 的正常厚度大洋岩石圈、5cm/a 大洋绝对俯冲速度和 120km 上覆大陆岩石圈厚度等，保持稳定，所有模型运行至 25Ma 时的结果如图 5.18 所示：大洋初始俯冲角度越小，越有利于大洋平俯冲发生。初始俯冲角度分别为 30° 和 20° 的两个模型均表现为典型陡俯冲型式（平均倾角超过 50°）。初始俯冲角度为 15° 的模型则表现为典型大洋平俯冲型式，大洋岩石圈进入软流圈深度处未能继续向下俯冲，而是继续依附于上覆岩石圈地幔底部水平前移约 500km 后再以接近 90° 的角度俯冲入软流圈深处。同时伴随的是，平俯冲形成后，俯冲板片与上覆大陆岩石圈之间的长距离俯冲通道内遭受的剪切作用更强，促使上覆大陆岩石圈挤压变形增加，造山活

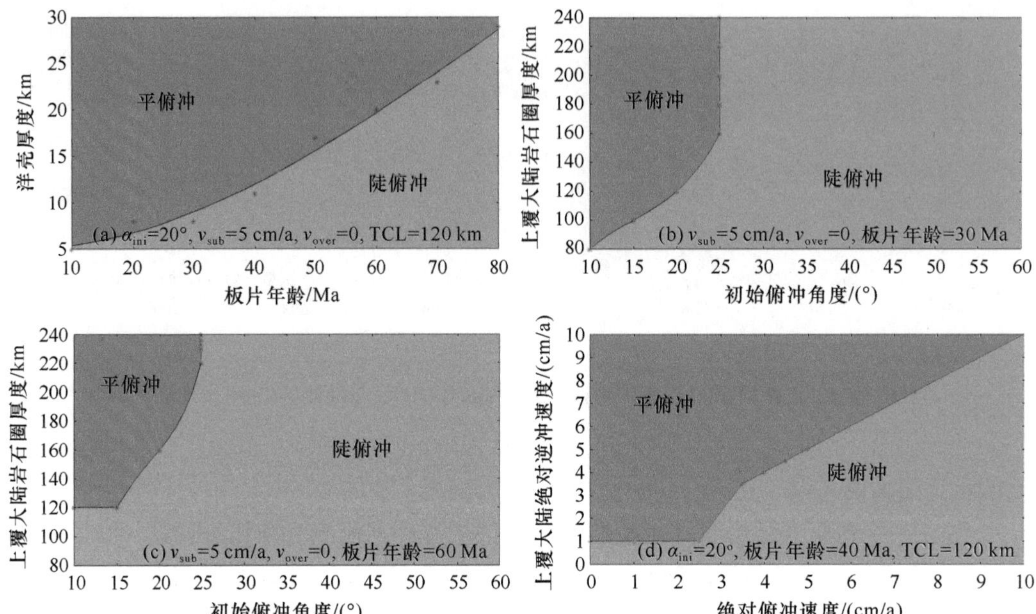

图 5.17 影响大洋板片倾角的三类因素中主要参数变化与大洋俯冲型式之间的关系

(a) 与大洋板片浮力相关的板片年龄和洋壳厚度的变化与大洋俯冲型式的关系；(b)(c) 皆为与板块耦合作用相关的初始俯冲角度和上覆大陆岩石圈厚度的变化与大洋俯冲型式的关系，只是两组模型的板片年龄不同，前者为 30Ma，后者为 60Ma；(d) 与俯冲带运动学条件相关的大洋绝对逆冲速度和上覆大陆绝对逆冲速度的变化与大洋俯冲型式的关系。每组模型的其他主要参数见图中各小标题（TCL 为上覆岩石圈厚度）

动强度较陆俯冲更为剧烈和宽泛。

表 5.4 现今平板俯冲区域的主要地球动力学参数

地区	长度[a]/km	α_s[b]/(°)	α_d[b]/(°)	年龄[c]/Ma	v_{cmpn}[d]/(cm/a)	v_{subn}[d]/(cm/a)	v_{spn}[d]/(cm/a)	相关联的浮力异常区域	参考文献[e]
智利中部(28°S~33°S)	550	12	—	43	7.5	3.0	4.5	Juan Fernandez 洋脊	1~3，4，5
秘鲁（2°S~15°S）	1500	10	48	30~43	7.0	2.5	4.5	Nazca 洋脊，Inca 高原	1~3，5，6
厄瓜多尔（1°S~2°N）	350	21	45	16~24	5.5	1.6	3.8	Carnegie 洋脊	1~3，5，
哥斯达黎加	250	29	57	14~20	8.3	6.2	2.2	Cocos 洋脊	1~3，7
墨西哥西南部	400	16	—	13~20	5.5	3.3	2.3	Tehuantepec 洋脊	1~3，5，8~10
卡斯凯迪亚地区	350	13	45	8	3.2	0.8	2.4	Juan de Fuca 洋脊	1~3，11~12
阿拉斯加东南部	500	16	—	45	4.3	5.0	–0.7	Yahutat 地块	1~3，13~14
日本南开海槽	600	12	—	15~20	4.8	5.6	–0.9	Izu 弧，Pal.-Ky 洋脊	1~3，15~16

a：总长度 =5000km，占全球洋－陆俯冲带长度的 10%。

b：α_s 表示浅部（深度小于 125km）平均倾角；α_d 表示深部（深度大于 125km）平均倾角。

c：表示即将进入俯冲带内的大洋岩石圈年龄。

d：v_{cmp}、v_{sub} 和 v_{up} 分别指相对汇聚速率，俯冲大洋岩石圈的绝对俯冲速度和上覆板块的绝对速度，正值表示朝向海沟方向；v_{cmpn}、v_{subn} 和 v_{upn} 分别表示以上三种速率的垂直于海沟方向的分速率。

e：1=（Gutscher et al.，2000）；2=（Gutscher，2002）；3=（Lallemand et al.，2005）；4=（Kay and Abbruzzi，1996）；5=（Bijwaard，1999）；6=（Petford and Atherton，1996）；7=（Fukao et al.，2001）；8=（Suárez et al.，1990）；9=（Skinner，2013）；10=（Skinner and Clayton，2011）；11=（Defant and Drummond，1993）；12=（Bostock and Vandecar，1995）；13=（Preece，1991）；14=（Gorbatov et al.，2000）；15=（Morris，1995）；16=（Gutscher and Lallemand，1999）。

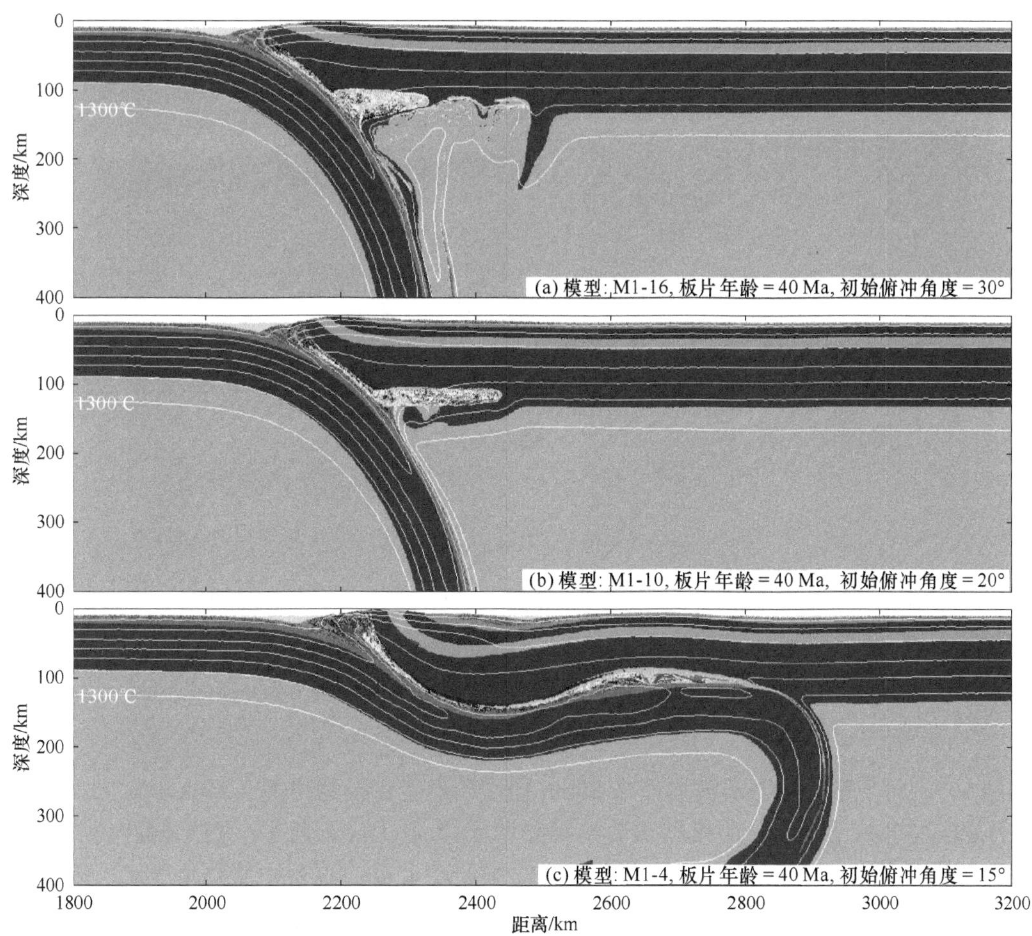

图 5.18　板片年龄为 40Ma 的含不同初始俯冲角度模型（M1-16，M1-10，M1-4）的演化结果

白色线条为间距 200℃的等温线

上覆大陆岩石圈厚度：上覆大陆岩石圈厚度影响着岩石圈地幔底部和板块界面的黏滞度大小，进而制约板块间耦合程度。通常上覆岩石圈越厚则其底部黏滞度越高，俯冲界面黏滞度也越高。在 40Ma 正常厚度大洋岩石圈、5cm/a 大洋绝对俯冲速率和 20° 初始俯冲角度等基本参数不变的情况下，设计上覆大陆岩石圈厚度分别为 120km 和 130km 两个模型来探讨上覆大陆岩石圈厚度对大洋俯冲型式的影响。模型结果（图 5.19）显示：当上覆大陆岩石圈厚度为 120km 时为陡俯冲型式；当其厚度增加到 130km 时则转变为平俯冲型式，俯冲平板可长达 800km。由俯冲启动时的黏滞度场可以看出，上覆大陆岩石圈厚度越大，其底部黏滞度越高，板块间耦合作用越强，越不利于拆离作用发生。因此，厚而冷的上覆大陆岩石圈相对于薄而热的上覆大陆岩石圈，更易导致大洋俯冲角度降低而发育平俯冲。

针对大洋岩石圈年龄为 30Ma 和 60Ma 两种情况，设计两组模型以研究初始俯冲角度和上覆大陆岩石圈厚度对大洋俯冲模式的影响。其中初始俯冲角度从 10° 逐步增

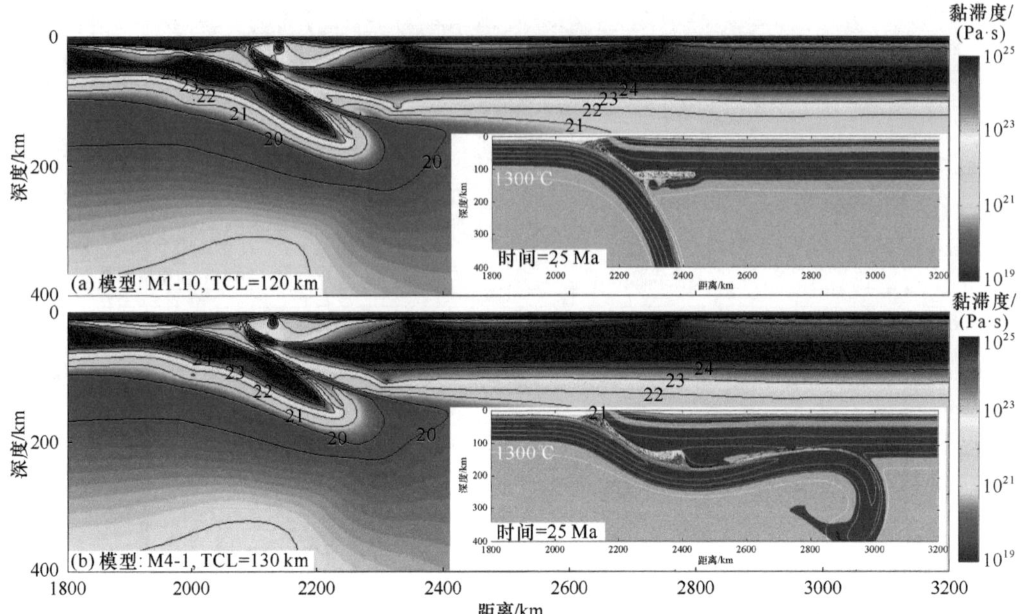

图 5.19　初始俯冲角度为 20°，含不同上覆岩石圈厚度模型（M1-10，M4-1）的黏滞度场结果

图（a）（b）模型中上覆岩石圈厚度（TCL）分布为 120km，130km。图形右下角为模型运算到 25Ma 时的结果。白色线条为间距 200℃的等温线

加到 60°，而上覆大陆岩石圈厚度从 80km 递增到稳定克拉通厚度（240km）。大洋岩石圈年龄为 30Ma 和 60Ma 的模型实验结果如图 5.17（b）（c）所示：初始俯冲角度越小或上覆大陆岩石圈厚度越大，越有利于大洋平俯冲发育；且初始俯冲角度比上覆大陆岩石圈厚度对俯冲型式的发育更为敏感。当初始俯冲角度大于 25° 时，无论上覆岩石圈的厚度如何变化，也不能导致平板俯冲的产生。在同样动力学参数条件下，俯冲板片年龄的增加会明显抑制平俯冲作用的发生。在同样初始俯冲角度（≤ 25°）条件下，60Ma 的俯冲大洋板片相较 30Ma 的俯冲板片明显需要更厚的上覆陆岩石圈才能使得平俯冲模式得以出现。

上覆大陆地壳流变性质：上覆大陆地壳的流变强度主要影响着上覆大陆岩石圈的变形行为。基于“大洋岩石圈年龄”模型实验中以大洋岩石圈年龄为 30Ma 而易于发生平俯冲的模型为基础（其他主要参数为 20° 初始俯冲角度、5cm/a 大洋绝对俯冲速度和 120km 上覆大陆岩石圈厚度），将上覆陆壳初始黏滞度分别降低至一半和十分之一，以考察上覆陆壳流变性质对大洋俯冲角度的影响。所有模型开始时的黏滞度场和运行至 25Ma 时的模型结果如图 5.20 所示：随上覆陆壳黏滞度降低，大洋俯冲型式可由大洋平俯冲［图 5.20（a）（b）］逐渐转为陡俯冲［图 5.20（c）］。当上覆大陆地壳的初始黏滞度较小时，持续大洋俯冲会导致上覆大陆岩石圈强烈挤压变形，俯冲界面倾角增大而加大俯冲角度，从而不利于低角度俯冲发生［图 5.20（c）］。

软流圈地幔流变性质：基于“大洋岩石圈年龄”模型实验中发生陡俯冲的大洋岩石圈年龄为 40Ma 的模型进行模拟设计，将模型中软流圈地幔的初始黏滞度分别降低

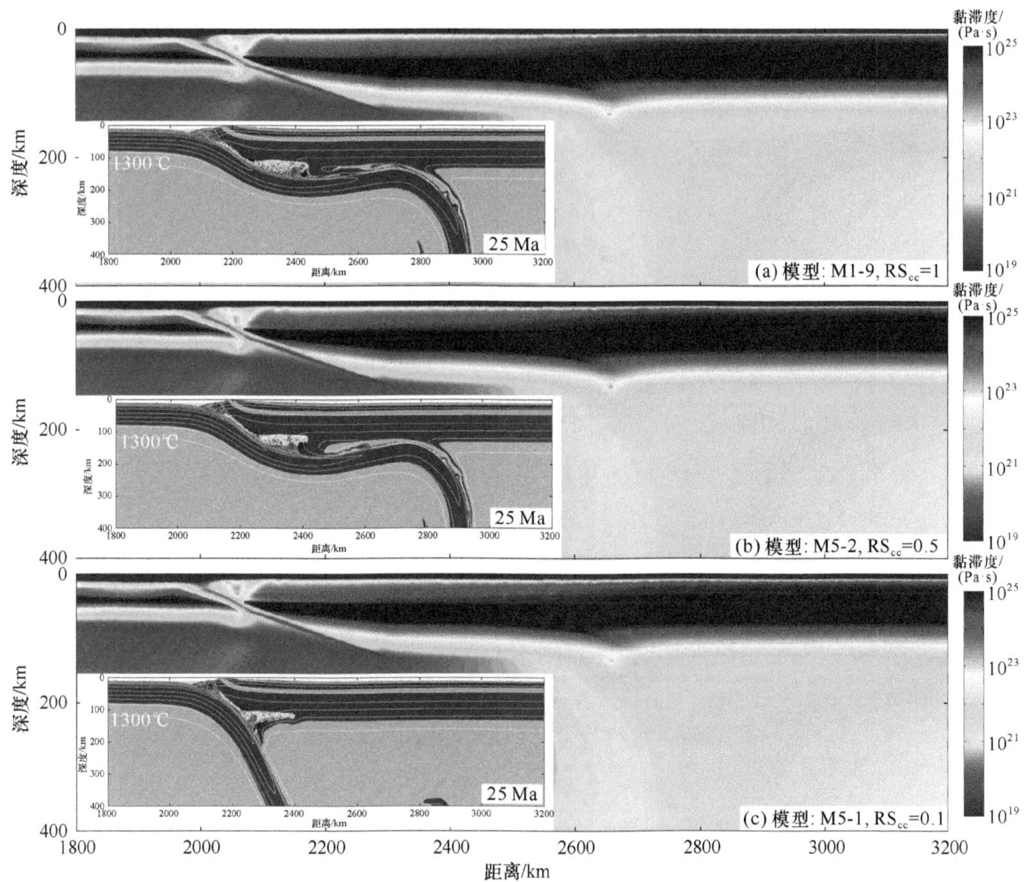

图 5.20　含不同上覆地壳强度的模型（M1-9，M5-2，M5-1）的初始黏滞度场

（a）~（c）模型的上覆地壳黏滞度（RS_{cc}）依次为正常地壳黏滞度、正常地壳黏滞度的 50% 和 10%。各图形左下角为相应模型运算到 25Ma 时的结果。其他主要参数包括：20° 的初始俯冲角度，30Ma 的板片年龄。白色线条为间距 200℃的等温线

10% 和 1%，以考察软流圈地幔的流变性质对大洋俯冲角度的影响。所有初始模型的黏滞度场和运行至 25Ma 时的模型结果如图 5.21 所示：低软流圈地幔黏滞度条件下易于发育平俯冲型式［图 5.21（c）］，而在高软流圈地幔黏滞度条件下易于发育陡俯冲型式［图 5.21（a）（b）］。

5.3.3　洋 – 陆汇聚速度的敏感性实验

大洋俯冲带的统计数据（Lallemand et al.，2005）表明，俯冲带处上覆板块的绝对运动状态与俯冲板片倾角和弧后应力状态存在必然联系。现今全球发生大洋平俯冲主要区域的动力学参数（表 5.4）表明上覆大陆板块朝向海沟的绝对运动在一定程度上影响大洋低角度俯冲的发育。为此将模型实验中上覆大陆朝向海沟的绝对向洋速度限定在 0~10cm/a，而将大洋的绝对俯冲速度限定在 1~10cm/a，并均以 1cm/a 的间距进行交互实验。初始模型及边界条件设置见图 5.14，模型实验设计及相应结果见表 5.5，

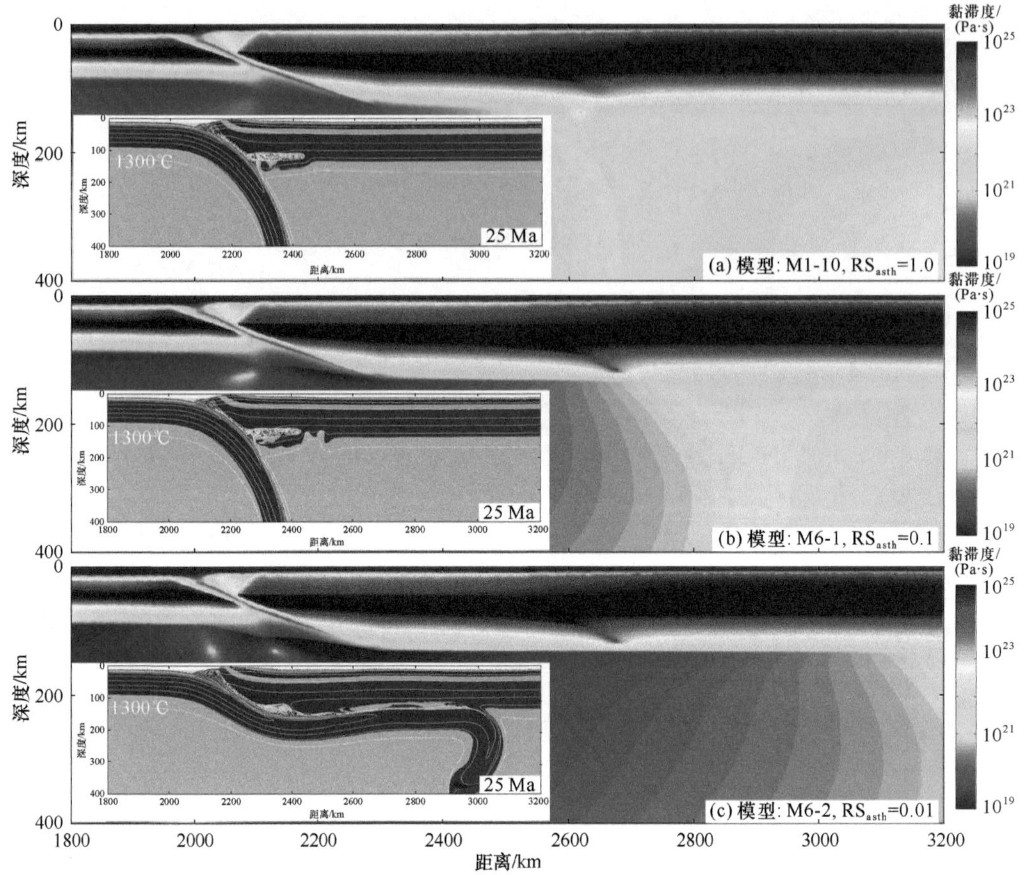

图 5.21　含不同软流圈强度的模型（M1-10，M6-1，M6-2）的初始黏滞度场

（a）~（c）模型的软流圈黏滞度（RS_{asth}）依次为正常软流圈黏滞度、正常软流圈黏滞度的 0.1 倍和 0.01 倍。图形左下角为各模型运算到 25Ma 时的结果。其他主要参数包括：20° 的初始俯冲角度，40Ma 的板片年龄。白色线条为间距 200℃的等温线

其他主要参数包含正常厚度洋壳的大洋岩石圈、120km 上覆大陆岩石圈和 20° 初始俯冲角度（该角度为洋－陆俯冲中大洋俯冲角度的极小值，Lallemand et al.，2005）。依大洋岩石圈的绝对俯冲速度（v_{sub}），将 $v_{sub} \leqslant 3$cm/a 归类为低速大洋俯冲，3cm/a $< v_{sub} \leqslant 6$cm/a 归类为中速大洋俯冲，$v_{sub} > 6$cm/a 归类为高速大洋俯冲。

低速大洋俯冲（$v_{sub} \leqslant 3$cm/a）：模型结果显示（表 5.5），低速大洋俯冲条件下，只要上覆大陆岩石圈存在朝向海沟的绝对逆冲速度（≥ 1cm/a），就能导致平板俯冲发生。反之，若无绝对逆冲速度，则为陡俯冲。

中速大洋俯冲（$3 < v_{sub} \leqslant 6$cm/a）：模型结果显示（表 5.5），在中速大洋俯冲条件下，大洋平俯冲的产生要求上覆大陆岩石圈的绝对逆冲速度至少要等于大洋岩石圈的绝对俯冲速度。通过对比在低速和中速条件下大洋平俯冲的演化过程可发现，在较高俯冲速度下，俯冲启动后大洋板片并不像低速大洋俯冲条件下所表现出的黏附于上覆大陆岩石圈地幔底部水平前移，而是以大约 30° 的俯冲角度斜向插入软流圈。随着大洋板片的持续俯冲，由于上覆大陆朝向海沟的绝对逆冲速率与大洋板片绝对俯冲速

率之间存在差异，其所产生的差应力会在大洋板片下方诱发向陆的地幔流。此地幔流会向大陆方向施加水平的压力，促使板片向上弯折而引起板片倾角变小，从而诱发平俯冲发生。

表 5.5　初始俯冲角度为 19° 的模型实验结果

大洋板块绝对俯冲速度 /（cm/a）	上覆大陆岩石圈向洋的绝对逆冲速度 /（cm/a）										
	0	1	2	3	4	5	6	7	8	9	10
低速大洋俯冲：$v_{sub} \leqslant 3$cm/a											
1	陡	平板	平板	平板	平板	平板	平板	平板	平板	平板	平板
2	陡	平板	平板	平板	平板	平板	平板	平板	平板	平板	平板
3	陡	平板	平板	平板	平板	平板	平板	平板	平板	平板	平板
中速大洋俯冲：$3 < v_{sub} \leqslant 6$cm/a											
4	陡	陡	陡	陡	平板	平板	平板	平板	平板	平板	平板
5	陡	陡	陡	陡	陡	平板	平板	平板	平板	平板	平板
6	陡	陡	陡	陡	陡	陡	平板	平板	平板	平板	平板
高速大洋俯冲：$v_{sub} > 6$cm/a											
7	陡	陡	陡	陡	陡	陡	平板	平板	平板	平板	平板
8	陡	陡	陡	陡	陡	陡	陡	平板	平板	平板	平板
9	陡	陡	陡	陡	陡	陡	陡	陡	平板	平板	平板
10	陡	陡	陡	陡	陡	陡	陡	陡	陡	平板	平板

高速大洋俯冲（$v_{sub} > 6$cm/a）：与大洋中速俯冲情况类似，在大洋高速俯冲条件下，平俯冲的发育条件是上覆大陆岩石圈绝对逆冲速度接近大洋绝对俯冲速度。对正常洋壳厚度的年龄为 40Ma 的大洋岩石圈来说，当大洋绝对俯冲速度 $v_{sub} > 6$cm/a 时，上覆大陆的绝对逆冲速度 v_{over} 须满足 $v_{over} \geqslant v_{sub}-1$ 的条件才能导致平俯冲形成，其平俯冲的演化过程与上述大洋中速俯冲模式类似。上覆大陆岩石圈的绝对逆冲速度大小也在一定程度上影响平俯冲平板段的发育长度。在恒定的大洋绝对俯冲速度条件下，大陆岩石圈绝对逆冲速度越大越有利于平俯冲到更长距离。图 5.22 表示了初始俯冲角度为 19°、低速大洋板片俯冲（绝对俯冲速率为 3cm/a）的情况下，大陆岩石圈绝对逆冲速度从 1cm/a 增至 6cm/a 时平俯冲过程中水平段长度的模拟结果。该模拟结果显示上覆大陆岩石圈绝对逆冲速度大小与俯冲平板长度间具正相关性，但即使大陆岩石圈绝对逆冲速度不断增加，其最大俯冲平板长度也限定在 1100km 以内。

上述模拟结果总结于表 5.5，从表中可见大洋低速俯冲（$v_{sub} \leqslant 3$cm/a）易于平俯冲发生。在中、高速大洋俯冲条件下，上覆大陆岩石圈向洋的绝对逆冲速度小于大洋板块绝对俯冲速度时，由大洋俯冲所诱发的板片下行地幔流占主导地位，有助于大洋板片继续向地幔深处俯冲而形成陡立俯冲样式。当上覆大陆岩石圈向洋的绝对逆冲速度大于大洋板块绝对俯冲速度时，由大陆向洋运动诱发的板片向陆地幔流占主导地位而造成板片向上弯折，促使俯冲角度逐渐变小而有利于平俯冲发育。表 5.5 中结果也反映上覆大陆岩石圈绝对逆冲速度和大洋俯冲板片的绝对俯冲速度间的速度比与所发育

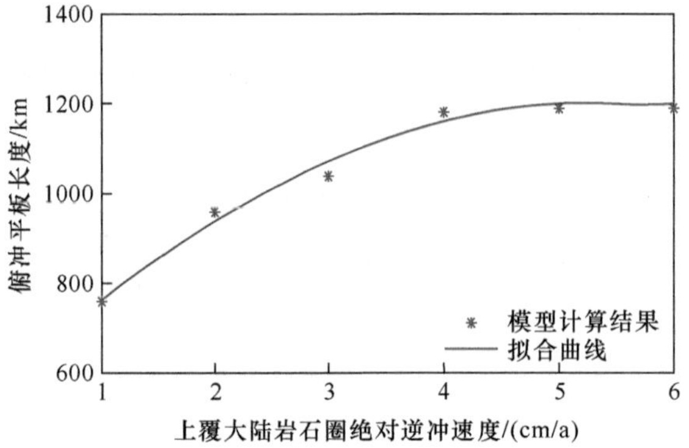

图 5.22　俯冲平板长度与上覆大陆岩石圈绝对逆冲速度关系图

初始俯冲角度为 19°，板片绝对俯冲速度为 3cm/a，而上覆大陆绝对逆冲速度从 1cm/a 增至 6cm/a 的模拟结果

的俯冲模式存在密切关联。即在大洋板片初始俯冲角度较低（20° 及以内）时，无论大洋岩石圈的俯冲速度是多少，其绝对速度比大于 1.0 均有利于平俯冲发生。但在大洋板片初始俯冲角度较高的情况下，平俯冲模式均难以实现。也就是说大洋板片的绝对俯冲速度很大程度上决定了大洋板片能否克服初始板块间的耦合力作用。如果绝对俯冲速度较小，板间初始耦合力作用占据主导地位，则大洋板片可持续黏附于上覆大陆岩石圈底部前移而有利于低角度俯冲形成。当大洋俯冲速度增大到足以克服板块间耦合力作用时，则大洋板片会与上覆大陆岩石圈发生解耦而进入软流圈深部形成陡俯冲。上覆大陆岩石圈的绝对逆冲速度越大，则作用于俯冲界面处的法向应力越大，板片下方水平向诱发地幔流的强度也越大，从而越有利于俯冲板片向上弯折而发生低角度俯冲。但是无论是模拟结果，还是现今全球主要平板俯冲区域的统计资料（表 5.4），均显示平俯冲的发育受多种因素共同制约，不能简单归并为某个因素可导致平俯冲发生，也并不存在具充分必要条件的动力学参数。

5.3.4　大洋俯冲角度的力学约束

尽管多种因素都会对俯冲板片的倾角产生影响，但俯冲板片动力学行为均受控于板片俯冲的驱动力和阻力之间的平衡（Stevenson and Turner，1977；Manea et al.，2006），如图 5.23 所示。板片俯冲的驱动力可认为是板片重力及其所受浮力的合力，可用板片单位宽度重力矩 t_G 来定量表示（Rodriguez-Gonzalez and Negredo，2012）：

$$t_G = \frac{T_G}{D} = \int_0^l \Delta\rho(\alpha, r) g h r \cos\alpha \mathrm{d}r \qquad (5.1)$$

式中，T_G 为板片重力矩；D 为板片宽度；$\Delta\rho$ 为板片和周围软流圈之间的密度差；l 为板片长度；h 为板片深度；r 和 α 为原点位于板块汇聚边界底部的极坐标值。重力矩可以反映板片向深部俯冲的趋势和能力。一般而言，年轻或具厚洋壳的大洋板片由于较小密度差而有较小重力矩，甚至当板片平均密度小于周围软流圈密度时会造成重力矩的转向而使板片趋向于浅部运动。板片阻力由大洋板片和周围地幔物质之间的流变差异性和运动速率差异性所控制，可用板片单位宽度上的吸力矩（suction/hydrodynamic

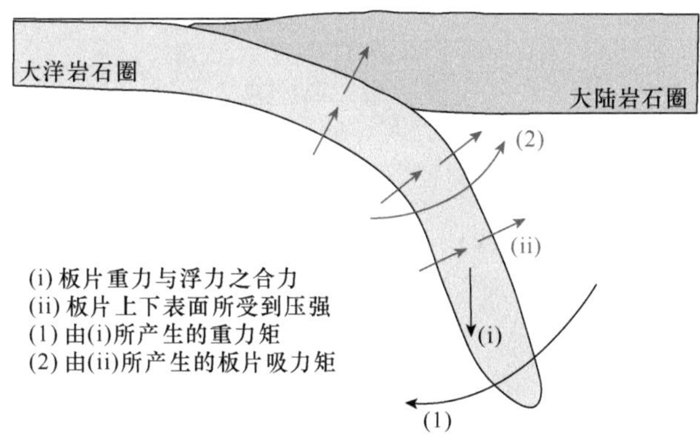

图 5.23　俯冲板片受力分析图解

torque）t_H 定量表示：

$$t_H = \frac{T_H}{D} = \int_0^l [P_A(\alpha,r) - P_B(\alpha,r)]r\mathrm{d}r \tag{5.2}$$

式中，T_H 为板片吸力矩；P_A 和 P_B 为作用在板片上下表面的压强，与周围地幔物质的黏滞度以及相对运动速率呈相关关系。一般情况下，板片上表面和下表面的压强的方向都朝向浅部（Stevenson and Turner，1977），这也是为何吸力矩导致板片趋向于浅部运移的原因。

通常重力矩使板片俯冲得更深更陡，而吸力矩则趋向于使板片向上移动，从而使板片倾角变小。大洋陡俯冲往往伴随着相对较大的板片重力矩，而大洋低角度俯冲或平俯冲则归因于相对较大的板片吸力矩。因此，能显著改变板片重力矩和吸力矩大小的因素均可影响大洋俯冲型式。与板片浮力相关的大洋岩石圈年龄和洋壳厚度能决定板片重力矩的相对大小，从而影响板片运动方向和板片倾角。年轻的或含厚洋壳的大洋岩石圈的俯冲能显著减小板片重力矩，若重力矩最终小于吸力矩时，两者和力矩方向与吸力矩相同，促使板片向浅部运移而导致板片倾角减小，冷而厚的大洋岩石圈俯冲则与此情况相反。初始俯冲角度、上覆大陆岩石圈厚度和流变强度这三个参数主要通过改变板片上表面压强的大小而调节吸力矩的大小，进而影响最终合力矩的大小和方向。增加上覆大陆向洋绝对逆冲速度（或大陆绝对逆冲速度和大洋绝对俯冲速度之比）对板片吸力矩和板片倾角的影响如图 5.24 所示。在大洋绝对俯冲速度保持恒定的条件下，增加上覆大陆的绝对逆冲速度，会增加上覆大陆和板片上表面之间的相对速度，从而增加作用于板片上表面压强，也会增强板片下方由上覆大陆向洋运动，诱发板片下表面压强增加。这两方面因素共同作用可导致板片吸力矩显著增大，从而促使板片向浅表运动导致板片倾角变小。另外，在大洋俯冲启动或板片断离阶段，由于软流圈的加入，流变性质的改变也同样可改变俯冲型式。软流圈黏滞度的降低会直接造成俯冲板片下表面压强降低，进而导致板片吸力矩减小。同时，软流圈黏滞度降低也会减小板片向上发生弯折时所受阻力的改变。吸力矩和阻力作用的耦合作用则控制板片倾角的变化，如果前者大于后者，则利于板片倾角增大而易于陡俯冲或板片断离。反之，则利于板片倾角减小，可促使平俯冲和板片底垫于岩石圈地幔底部。但模拟结

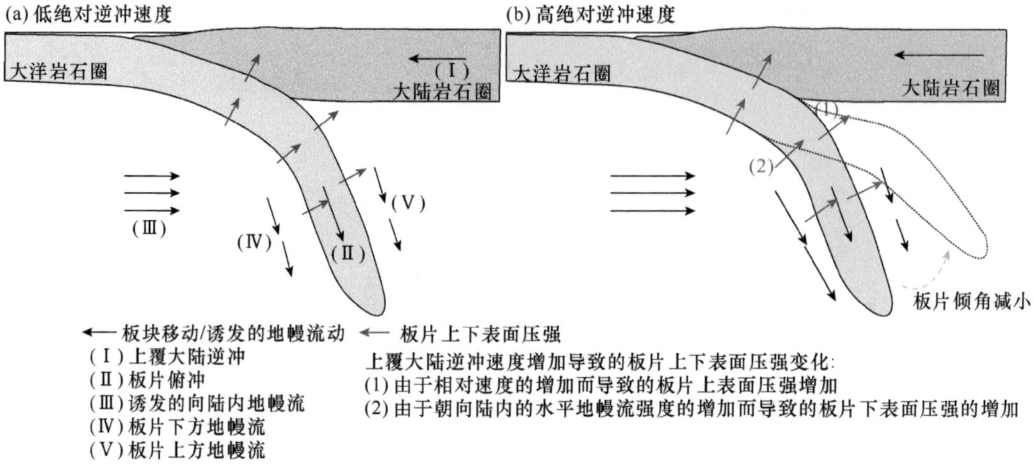

(a) 低绝对逆冲速度
大洋岩石圈
(Ⅰ)
大陆岩石圈
(Ⅲ)
(Ⅳ)
(Ⅱ)
(Ⅴ)

(b) 高绝对逆冲速度
大洋岩石圈
大陆岩石圈
(1)
(2)
板片倾角减小

← 板块移动/诱发的地幔流动
(Ⅰ) 上覆大陆逆冲
(Ⅱ) 板片俯冲
(Ⅲ) 诱发的向陆内地幔流
(Ⅳ) 板片下方地幔流
(Ⅴ) 板片上方地幔流

← 板片上下表面压强
上覆大陆逆冲速度增加导致的板片上下表面压强变化:
(1) 由于相对速度的增加而导致的板片上表面压强增加
(2) 由于朝向陆内的水平地幔流强度的增加而导致的板片下表面压强的增加

图 5.24　增加上覆大陆绝对逆冲速度（或大洋绝对逆冲速度和大洋绝对俯冲速度之比）对板片吸力矩和板片倾角的影响机制图解

果和实际情况常常表现为板片发生弯折时的阻力作用以减弱为主导趋势。

5.4　陆－陆俯冲、碰撞演化的数值模拟研究

相对于大洋岩石圈组分和热－力学性质的单一性，大陆岩石圈上覆地壳组分及流变性质、岩石圈热结构和构造演化等的显著差异性可导致陆－陆俯冲 / 碰撞型式的复杂多样性（如王鸿祯，1997；张国伟等，2011；Burov et al.，2014；郑永飞等，2015）。针对陆–陆俯冲/碰撞型式，可简单概括为如下四种模式：稳态俯冲、纯剪切增厚俯冲、褶皱型俯冲及重力（瑞利－泰勒）不稳态型俯冲（如 Burov et al.，2012）。前三种陆－陆俯冲 / 碰撞模式中，大陆板块在俯冲过程中都能保持其几何和力学性质的完整性而统称为大陆稳态俯冲，如图 5.25（a）所示，在此情况下超高压变质岩出露有限。重力（瑞利－泰勒）不稳态型俯冲由于大陆块体不能在俯冲过程中保持自身几何和力学完整性，而以大陆块体的拆离或碰撞增厚岩石圈的拆沉为主要表现特征［图 5.25（b）］，在碰撞造山带出露较为广泛的、不同变质级别的变质岩。该节利用地球动力学数值方法模拟了大陆汇聚速率、地壳流变性质及大陆岩石圈热结构三种动力学参数对陆－陆俯冲 / 碰撞模式的影响和制约。

5.4.1　初始模型及其初始条件设计

初始模型长度为 4000km，深度 670km。使用不规则的有限差分单元对模型进行离散化，其中俯冲带区域采用 2km×2km 单元，在模型边界区域采用 30km×30km 单元。模型由左、右两大陆块组成，长度分别为 2300km 和 1700km，如图 5.26 所示。俯冲大陆岩石圈厚度均为 130km（包括 35km 的大陆地壳和 95km 的岩石圈地幔，其中大陆地

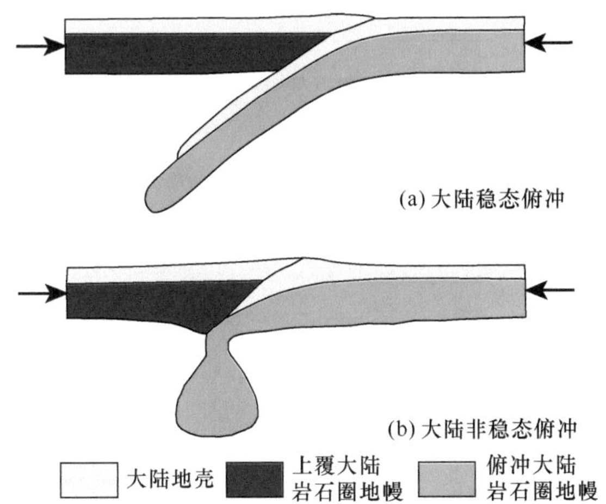

图 5.25　大陆稳态俯冲和大陆不稳态俯冲示意图（修改自 Burov et al.，2012）

以俯冲大陆板块是否能保持其力学和几何完整性为判别标准，如果大陆板块能保持其完整性且能以某一倾角进行持续俯冲，称为大陆稳态俯冲；如果大陆板块不能保持自身完整性，在俯冲过程中出现大陆板块的断离或者俯冲带处增厚岩石圈拆沉等重力不稳态现象时，称为大陆不稳态俯冲

壳部分由 20km 上地壳和 15km 下地壳组成）。上覆大陆岩石圈厚度变化于 150~250km（如郑永飞等，2015），在模拟中选择上覆大陆岩石圈的中间值 200km。上、下地壳的流变性质以含水花岗岩和辉长岩、含水石英岩和辉绿岩、石英岩和基性麻粒岩分别代表柔性弱地壳、中等地壳和刚性强地壳。不同岩石类型及其参数属性见表 5.6。为使地壳熔融演化更接近实际地质过程，初始模型的上地壳采用高温脱水熔融模型（如 Hermann，2002），下地壳采用干玄武岩熔融模型（如 Green and Ringwood，1967；李忠海和许志琴，2015），具体参数详见表 5.7。模型底部边界设计为渗透性边界，外部为自由滑动边界条件（如 Burg and Gerya，2005）。与普通的自由滑动边界条件一样，外部自由滑动边界条件同样需要满足计算区域内的物质守恒。模型计算过程中的陆陆汇聚通过施加在左侧大陆岩石圈地幔汇聚速率予以实现。模型顶部为固定温度（0℃），大陆岩石圈底界温度固定为 1300℃（如 Turcotte and Schubert，2014），大陆岩石圈热结构用莫霍面温度表示，软流圈地幔的温度梯度为 0.5℃ /km，两侧边界的水平方向温度梯度为零（即零热流）。底部边界采用的是外部边界固定温度条件，不同模型中设计的参数见表 5.8。

5.4.2　模拟结果

根据大陆汇聚速率大小，将模拟实验分为两组以展示和分析地壳流变性质及热状态对大陆俯冲模式的影响。由于大洋俯冲速率一般要比大陆汇聚速率大 3~10 倍（Toussaint et al.，2004），而已有的统计资料显示高速大洋俯冲维持在 10~12cm/a（Lallemand et al.，2005）。因此，大陆汇聚速率选取 1cm/a 和 3cm/a 分别代表低速和中高速陆 – 陆俯冲 / 碰撞模型。

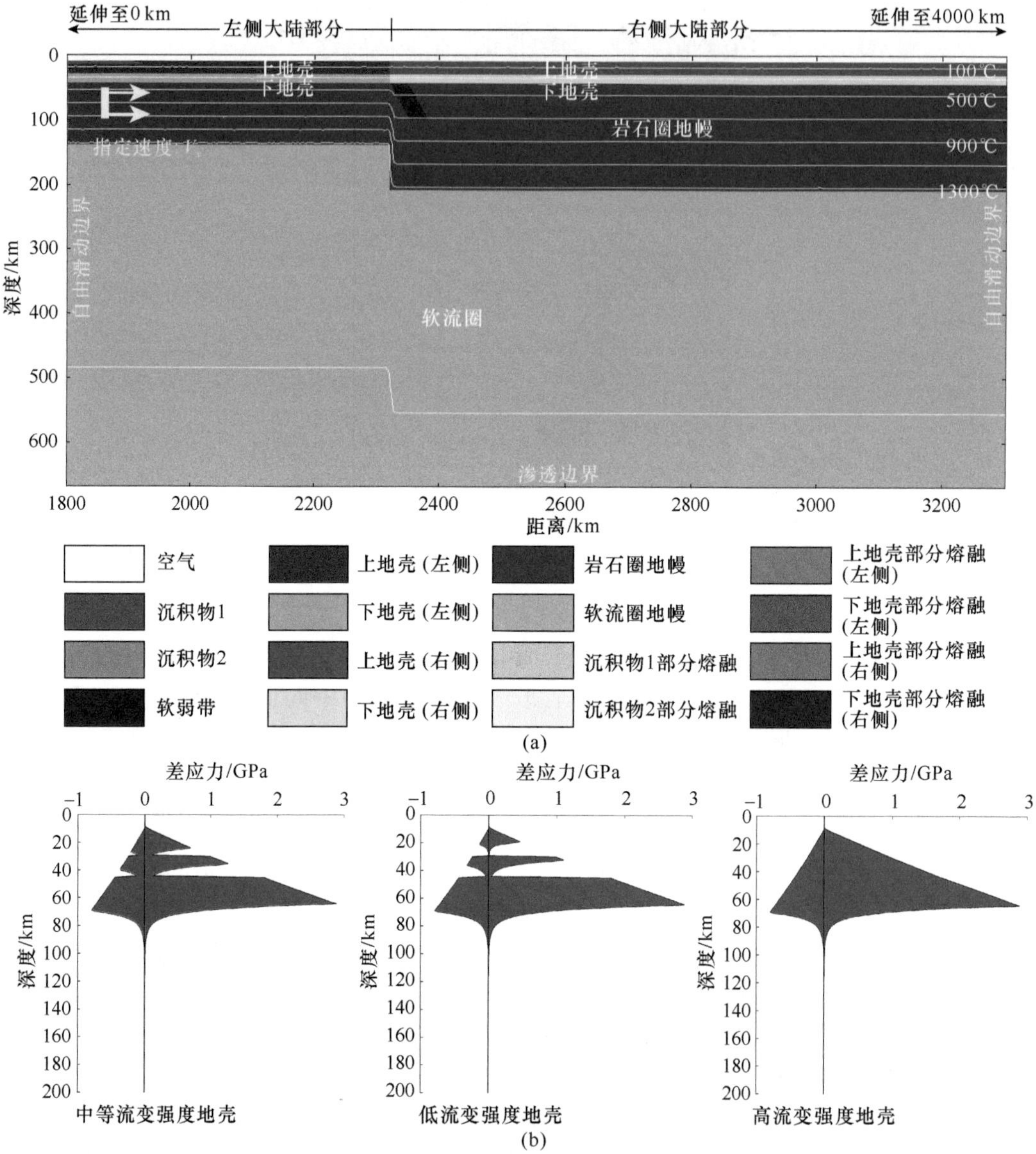

图 5.26　本书数值模型设置

(a) 初始模型和边界条件，白色线条是等温线，黄色字体和图示代表模型边界条件。软弱带置于两大陆板块交界处的岩石圈地幔内。模型中的颜色代表不同的岩石组成，具体见图例。图例中部分熔融岩石在初始模型中并未显示，但将随着模型演化而逐渐出现。(b) 本数值模拟实验中设计了三类不同大陆岩石圈流变强度结构，对应于三类不同流变性质地壳：中等强度、低强度和高强度。该图展示的应力包络线是在莫霍面温度为400℃。这三类地壳中的上下地壳流变性质分别用含水石英岩和辉绿岩、含水花岗岩和辉长岩，以及石英岩和基性麻粒岩表示。岩石圈地幔流变性质统一用干橄榄岩表示

低汇聚速率的陆－陆碰撞：在低速大陆汇聚条件下，俯冲大陆块体能滞留在上覆大陆岩石圈之下较长时间，俯冲下插陆块与上覆岩石圈地幔间的相互作用以热传导增温为主，流变强度降低而有利于孕育不稳态大陆俯冲。

表 5.6　模型采用的黏滞性流变参数

标示符号	流变性质	E/（kJ/mol）	V/［J/（MPa·mol）］	n	A_D/(MPa^{-n}/s)	η_0/（Pa·s）
A	空气 / 水	0	0	1.0	1.0×10^{-12}	1.0×10^{12}
B0	含水石英岩	154	8	2.3	3.2×10^{-4}	1.97×10^{17}
C0	辉绿岩	260	12	3.4	2.0×10^{-4}	1.26×10^{22}
B1	含水花岗岩	137	8	1.9	2.0×10^{-2}	1.26×10^{13}
C1	辉长岩 An_{75}	238	12	3.2	3.3×10^{-2}	4.8×10^{20}
B2	石英岩	156	8	2.4	6.7×10^{-8}	3.75×10^{21}
C2	基性麻粒岩	445	12	4.2	1.4×10^{4}	1.13×10^{22}
D	斜长石 An_{75}	238	0	3.2	3.3×10^{-4}	4.8×10^{22}
E	无水橄榄岩	532	8	3.5	2.5×10^{4}	3.98×10^{16}
F	含水橄榄岩	470	8	4.0	2.0×10^{3}	5.01×10^{20}
G	长英质熔体	0	0	1.0	2.0×10^{-9}	5.0×10^{14}
H	镁铁质熔体	0	0	1.0	1.0×10^{-7}	1.0×10^{13}

注：η_0 为参考黏滞系数，通过 η_0=（$1/A_D$）$\times10^{6n}$ 计算得出。

参考文献：Kirby，1983；Kirby and Kronenberg，1987；Ranalli and Murphy，1987；Ji and Zhao，1993；Ranalli，1995。

表 5.7　数值模型中主要材料的参数

物质	状态	ρ_0/(kg/m^3)	C_p/［J/(kg·K)］	K^a/［W/(m·K)］	$T_S{}^b$/K	$T_L{}^b$/K	Q_L/(kJ/kg)	H_r/($\mu W/m^3$)	黏滞性[c]	塑性性质[d]
									流变性质	sin（φ_{eff}）
空气	—	1	100	20	—	—	—	0	A	0
水	—	1000	3330	20	—	—	—	0	A	0
沉积物	固态	2700	1000	K_1	T_{S1}	T_{L1}	300	2.0	B	0.15
	熔融	2500	1500	K_1	T_{S1}	T_{L1}	300	2.0	G	0.06
上地壳	固态	2700	1000	K_1	T_{S1}	T_{L1}	300	2.0	B0/B1/B2	0.15
	熔融	2500	1500	K_1	T_{S1}	T_{L1}	300	2.0	G	0.06
下地壳	固态	3000	1000	K_2	T_{S2}	T_{L2}	300	0.5	C0/C1/C2	0.15
	熔融	2500	1500	K_2	T_{S2}	T_{L2}	300	0.5	G	0.06
洋壳	固态	3000	1000	K_2	T_{S2}	T_{L2}	380	0.25	D	0.15
	熔融	2900	1500	K_2	T_{S2}	T_{L2}	380	0.25	H	0.06
地幔	干	3300	1000	K_3	—	—	—	0.022	E	0.6
	含水	3200	1000	K_3	—	—	—	0.022	F	0.06

a：K_1=［0.64+807/（T_K+77）］exp（0.00004P_{MPa}）；K_2=［1.18+474/（T_K+77）］exp（0.00004P_{MPa}）；K_3=［0.73+1293/（T_K+77）］exp（0.00004P_{MPa}）。

b：T_{S1}=965+9800/（P+50）+22000/（P+50）^{2}，当 P < 460MPa 时；或 T_{S1}=961.8+0.0673P，当 P > 460MPa 时。T_{L1}=1262+0.09P。T_{S2}=1327+0.0906。T_{L2}=1423+0.105P。

c：黏滞性流变参数见表 5.6。

d：塑性流变性质中，规定所有模型中所有岩性黏聚力都为 0，φ_{eff} 是有效内摩擦角。

表 5.8　模型实验设计及其模拟结果

汇聚速率 /（cm/a）		1				3			
莫霍面温度 /℃		400	500	600	700	400	500	600	700
岩石圈强度	弱	断离	断离	断离	断离	陡	陡	流入	流入
	标准	断离－拆沉	断离－拆沉	断离－拆沉	断离－拆沉	陡	陡	陡	流入－拆沉
	强	陡	断离	断离－拆沉	拆沉	陡	平	平	双向

注：表中“陡”和“平”分别代表大陆稳态俯冲类型的“陡俯冲”和“平俯冲”；“断离”、“流入”和“拆沉”分别代表大陆不稳态俯冲的“多阶段断离”、“持续性流入”和“大规模拆沉”三种类型。“双向”指的是双向俯冲。

地壳流变性质极大地影响岩石圈流变强度，而大陆岩石圈流变强度不仅决定俯冲大陆块体在俯冲带保持自身力学完整性的能力，也严重影响陆–陆碰撞过程中上覆大陆岩石圈的形变，并控制陆–陆俯冲/碰撞进程。在同等热结构条件下，岩石圈流变强度越高，陆–陆汇聚所施加的应力越大，则上覆大陆岩石圈的挤压变形越强烈。而在低强度陆–陆汇聚时，俯冲下插的地壳低流变性质及“瞬时”变形调整能分解其应力应变而不明显改变上覆大陆岩石圈结构特征。低流变强度地壳在莫霍面温度为400℃条件下的陆–陆汇聚模拟结果如图5.27所示：当陆–陆汇聚开始时，由于其流变强度较低而使得地壳物质几乎全部剥离堆积于碰撞拼贴带上，其低速俯冲的陆–陆块体在上覆大陆岩石圈底部堆积增厚［图5.27（a)］，随后由于负浮力的增加和热传导增温导致俯冲增厚的陆壳弱化而突然断离进入软流圈地幔［图5.27（b)（c)］，持续的陆–陆汇聚将导致陆–陆汇聚前缘下沉速度大于陆块本身俯冲速度而导致俯冲陆块前缘再次断离［图5.27（d)（e)］。如此条件下的持续汇聚使得大陆岩石圈的下插和拆离均集中于俯冲大陆，而新生地幔物质派生的岩浆则底侵于上覆大陆岩石圈造成上覆大陆岩石圈地幔的减薄或破坏（图5.27)。

模拟结果也表明，当大陆岩石圈流变强度由低增至中等时，初始阶段的陆–陆俯冲过程［图5.28（a)（b)］与低流变强度陆–陆汇聚过程相似（图5.27)，均以渐进式俯冲大陆的多次断离为特征。但是，与低强度地壳汇聚不同的是，中等强度地壳俯冲过程中伴随着俯冲地壳物质跨越缝合带向上覆岩石圈迁移，在上覆岩石圈发生强烈挤压变形和缩短增厚，最终在汇聚大陆拼接带下方形成大规模“山根”［图5.28（c)］，随后在软流圈局部对流和本身负浮力作用下，增厚岩石圈“山根”发生拆沉［图5.28（c)（d)］。而山根拆沉可导致壳幔解耦而增温熔融，并在上、下地壳界面处形成一系列类似底辟构造的岩浆房［图5.28（d)］。

当地壳流变强度由中增至高时，大陆俯冲初期挟带大量地壳物质进入俯冲隧道［图5.29（a)］，然后在热传导增温弱化和本身低密度造成的正浮力作用下，进入俯冲隧道内的上地壳物质在一定深度首先与下地壳发生拆离而向地表折返，随之在更深处部分再循环下地壳与板片拆离后沿俯冲隧道折返［图5.29（b)］，类似于郑永飞等（2015）所提出的大陆俯冲过程中不同深度多形式拆离作用模型。在如此情况下，俯冲大陆由于其高流变强度而不利于板片“多阶段断离”，而是折返堆积于上覆岩石圈地幔底部［图5.29（c)（d)］。与前两个大陆地壳强度相对较低的模型相比，当地壳流变强度较高时，会在陆–陆碰撞区域上地壳强烈挤压增厚，并发生大规模部分熔融。其熔融首先发生在堆积于增生楔的上地壳物质中［图5.29（a)］，并进一步与俯冲侧地壳物质一起向上覆大陆岩石圈陆内方向迁移而最终广布于陆–陆碰撞带所影响的增厚地壳［图5.29（b)～（d)］。

岩石圈热结构同样影响着岩石圈流变强度的大小，通常岩石圈流变强度越低越有利于孕育不稳态型俯冲。为此，在前述低、中等和高流变强度地壳模型中将原来设计的莫霍面温度400℃依次提高至500℃和600℃，以此为基础获得的模型结果见表5.8，模拟结果显示莫霍面温度的增加尽管导致了陆–陆汇聚演化过程的差异，但仍孕育不

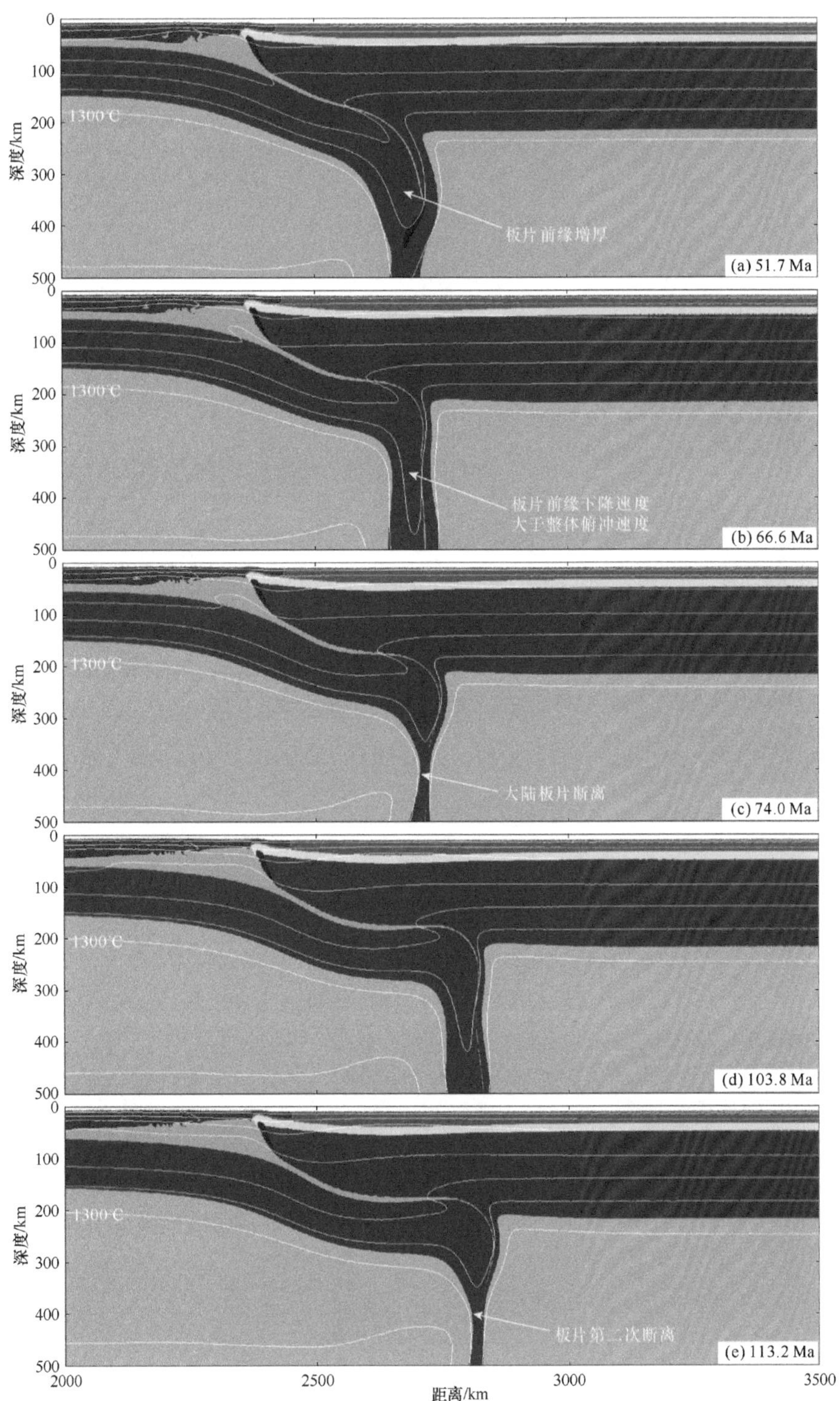

图 5.27　汇聚速率为 1cm/a，大陆岩石圈莫霍面为 400℃的含低流变强度地壳的模型在 51.7Ma（a）、66.6Ma（b）、74.0Ma（c）、103.8Ma（d）和 113.2Ma（e）时的演化结果

结果显示大陆板片发生多次断离。白色线条为间距 200℃的等温线

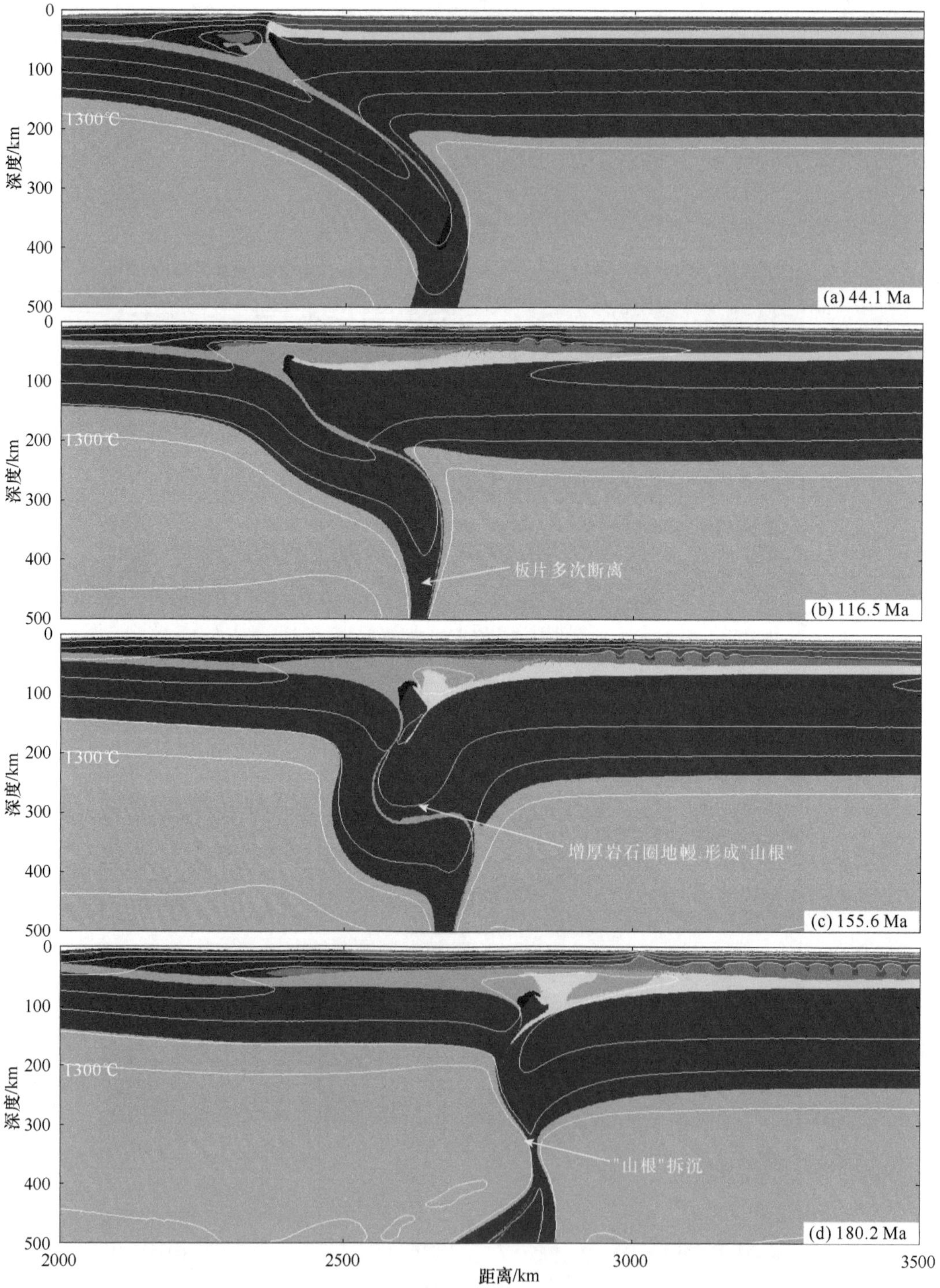

图 5.28　汇聚速率为 1cm/a，大陆岩石圈莫霍面为 400℃的含中等流变强度地壳的模型在 44.1Ma（a）、116.5Ma（b）、155.6Ma（c）和 180.2Ma（d）时的演化结果

结果显示大陆板片发生多次断离。白色线条为间距 200℃的等温线

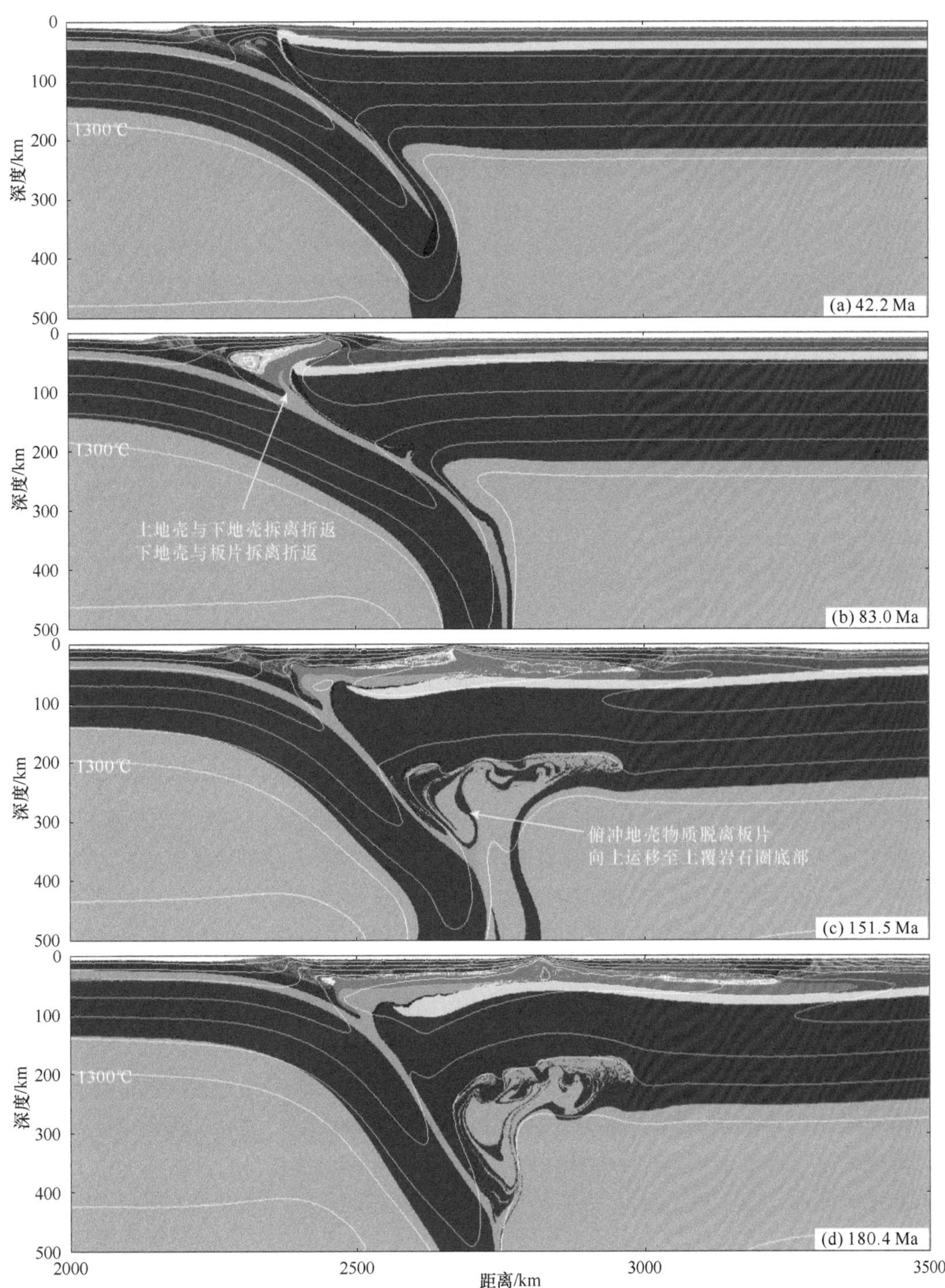

图 5.29　汇聚速率为 1cm/a，大陆岩石圈莫霍面为 400℃的含高流变强度地壳的模型在 42.2Ma（a）、83.0Ma（b）、151.5Ma（c）和 180.4Ma（d）时的演化结果

结果显示大陆板片发生多次断离。白色线条为间距 200℃的等温线

稳态俯冲。对低流变强度地壳的大陆岩石圈，增加莫霍面温度对陆－陆汇聚演化过程几乎没有影响，仍以大陆板片的多阶段断离为主［图 5.30（a）（b）］。

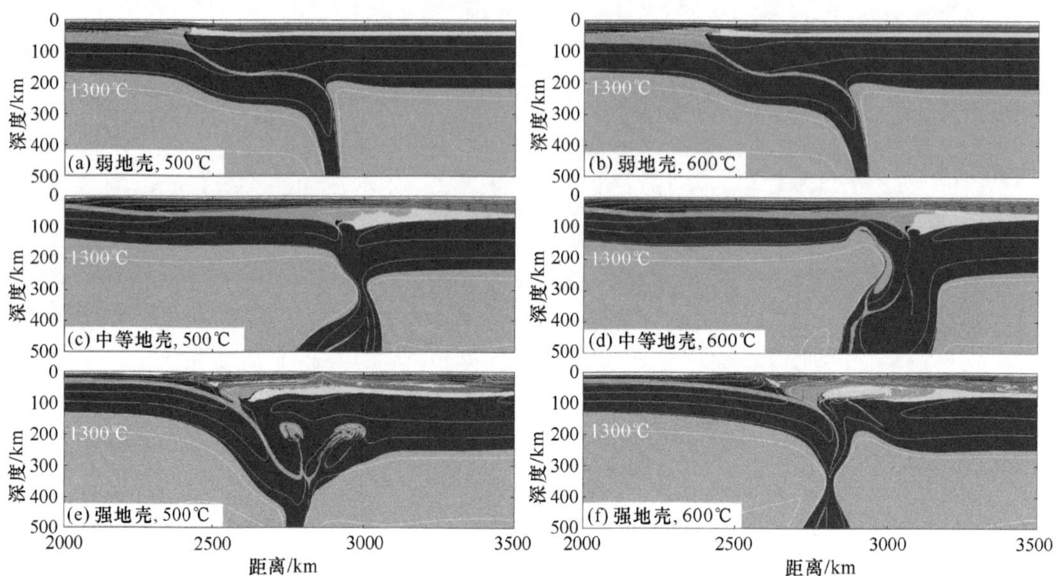

图 5.30　汇聚速率为 1cm/a，含低（a）(b)、中等（c）(d）和高（e）(f）流变强度地壳的模型在不同莫霍面温度下在 180Ma 时演化结果

(a)、(c) 和 (e) 所展示模型的初始莫霍面温度均为 500℃；图 (b)、(d) 和 (f) 所展示模型的初始莫霍面温度均为 600℃

对于中等流变强度地壳的大陆岩石圈，莫霍面温度从 400℃增加到 500℃和 600℃时，也同样表现为大陆不稳态俯冲型式，其方式类似中等大陆岩石圈流变强度的结果，如图 5.28（c）（d）所示。另外，莫霍面温度也间接影响着大陆碰撞区域内应力体系的转换，当莫霍面温度为 400℃或 500℃时，在增厚岩石圈大规模拆沉之后，持续的大陆汇聚使表壳应力状态始终以受压为主［图 5.30（c）］。但当莫霍面温度升至 600℃时，其高温热结构促使两侧大陆岩石圈流变强度急剧降低，在增厚岩石圈拆沉的同时，伴随上覆大陆岩石圈地幔与地壳发生拆离并在原俯冲一侧大陆岩石圈发生强烈拉伸作用［图 5.30（d）］。

总体而言，如表 5.8 所示，在低速汇聚条件下，无论地壳流变性质强弱及莫霍面温度高低，几乎均产生不稳态俯冲。当莫霍面温度为 400℃时，进入软流圈深度的再循环地壳物质在增温弱化和正浮力共同作用下逐渐从大陆块体拆离而折返堆积于上覆岩石圈地幔底部［图 5.29（c）］。当莫霍面温度增加到 500℃时，聚集于上覆岩石圈地幔底部的拆离地壳物质底辟入上覆岩石圈地幔之中［图 5.3（e）］。而当莫霍面温度增至 600℃时，早期为俯冲的大陆块体呈现出多阶段断离形式，后期由于大陆岩石圈的高温热弱化和地壳剪切增温而在陆－陆碰撞区域的增厚岩石圈发生大规模拆沉［图 5.30（f）］。

中－高汇聚速率的陆－陆碰撞：如表 5.8 显示，当大陆汇聚速率增至 3cm/a 时，由于俯冲大陆在软流圈浅部停留时间缩短而致使其增温弱化程度相对较轻，陆－陆碰撞则转为以稳态俯冲型式为特征。对于具弱或中等流变强度地壳的大陆岩石圈而言，只有莫霍面温度达或超过 600℃才可导致大陆不稳态俯冲。而对于高流变强度地壳的大陆岩石圈而言，即莫霍面温度达 700℃，其大陆稳态俯冲以由单向转为双向的大陆俯冲汇聚为特征。

与低速汇聚情况类似，在同等岩石圈热结构条件，以及中 – 高速率陆 – 陆碰撞条件下，地壳流变强度越高，越有利于陆 – 陆稳态俯冲碰撞；反之，则越有利于大陆不稳态俯冲发育。当莫霍面温度为 600℃，中 – 高速率陆 – 陆碰撞在低、中等和高流变强度地壳的大陆岩石圈为初始条件的模拟研究表明，当地壳具低流变强度时，中高速汇聚使得俯冲大陆几乎以类似流体形式垂直“注入”软流圈，表现为“持续性流入”型大陆不稳态俯冲［图 5.31（b）（c）］。在大陆持续汇聚作用下，俯冲侧大陆板片会挟带部分上覆岩石圈地幔一起进入软流圈。由于地壳流变强度较低而使得上地壳物质被剥离堆积于浅表，进入俯冲隧道内的下地壳物质由于浮力作用而与俯冲大陆发生拆离折返回地表并堆积于缝合带部位及其后侧［图 5.31（a）（c）］。

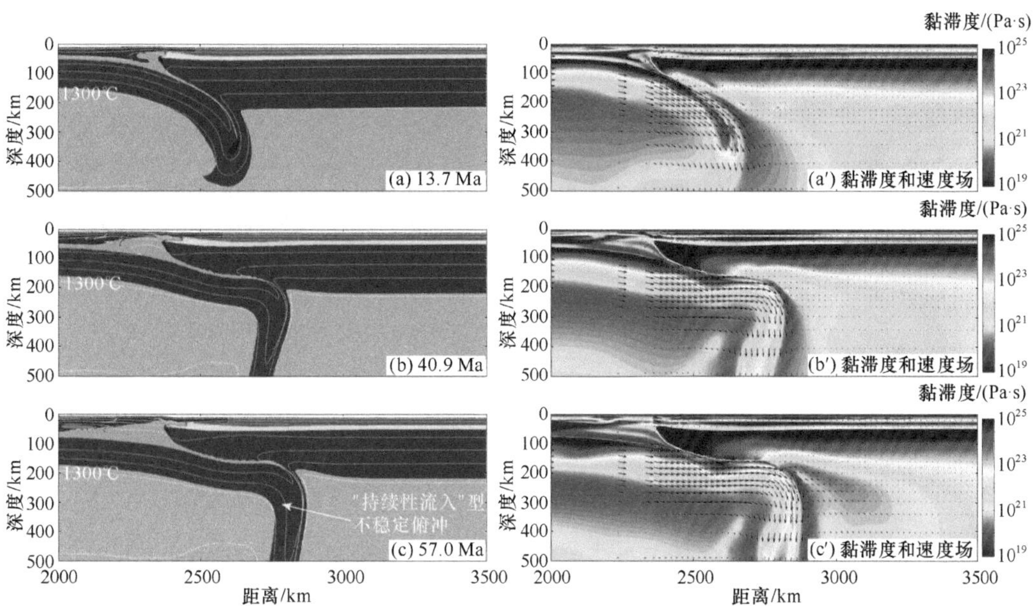

图 5.31　汇聚速率为 3cm/a，大陆岩石圈莫霍面为 600℃的含低流变强度地壳的模型在 13.7Ma（a）、40.9Ma（b）和 57.0Ma（c）时的演化结果

结果显示“持续性流入”型俯冲，大陆板片的黏滞度极低。右侧（a′）~（c′）为相应的黏滞度和速度场。白色线条为间距 200℃的等温线

在同等岩石圈热结构状态下，随着地壳流变强度的增加，大陆俯冲型式则从不稳态俯冲转换为稳态俯冲。如图 5.32（a）所示，当地壳为中等流变强度时，孕育大陆陡俯冲模型，并伴随碰撞过程的持续有着不同的表现方式：①俯冲大陆岩石圈的上地壳与下地壳发生拆离，堆积于碰撞区域，而进入俯冲隧道内的下地壳物质在地幔深处部分拆离后沿俯冲隧道折返；②随俯冲碰撞持续进行，堆积于碰撞区域的再循环物质跨越缝合带而向上覆岩石圈大陆一侧迁移，呈现远距离逆冲推覆，且表层缝合带与深部

碰撞带解耦；③俯冲侧的地壳物质的持续加积增厚而生热增温促使其部分熔融形成源自古老地壳物质的过铝质花岗岩［图 5.32（a）］。而当地壳为高流变强度时，几乎所有的地壳物质均会随大陆岩石圈地幔一并进入俯冲带，随后俯冲大陆由于俯冲地壳物质的正浮力作用而向上运移，并垫置于上覆大陆岩石圈地幔底部，形成低角度或大陆平俯冲格局［图 5.32（b）］。但值得注意的是，在大陆平俯冲形成后，其平板段的前缘常发生大规模拆离或拆沉作用。

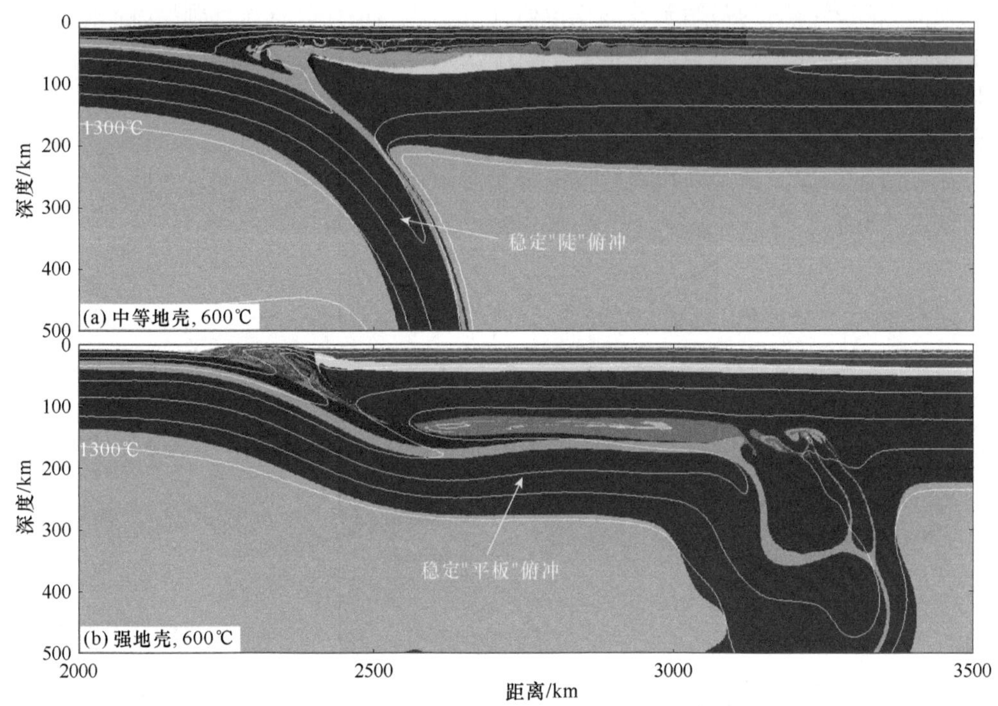

图 5.32　地壳为中等流变强度（a）和高流变强度（b）的模型在 57Ma 时的结果

大陆汇聚速率为 3cm/a，大陆岩石圈莫霍面为 600℃。白色线条为间距 200℃的等温线

在中－高速率陆－陆碰撞条件下，莫霍面温度越高，大陆岩石圈的强度弱化越显著，发生不稳态俯冲的概率也越大。如表 5.8 所示，对于弱地壳模型，当莫霍面温度低于 500℃时表现为稳态俯冲，当增加到 600℃或 700℃时，则转变为“持续性流入”型不稳态俯冲。而对于中等流变强度地壳模型而言，莫霍面温度从 600℃增至 700℃时，大陆俯冲型式从稳态陡俯冲向大陆不稳态俯冲演变，如图 5.33 所示。随着莫霍面温度的升高，大陆岩石圈整体流变强度明显降低，这时大部分地壳物质在大陆俯冲过程中被剥离堆积于碰撞区域，进入俯冲隧道内的地壳物质较少。同时，热传导作用可使俯冲大陆的黏滞度持续降低，使得俯冲大陆垂直注入软流圈深部形成“持续性流入”型不稳态俯冲［图 5.33（a）（b）］。此过程同样在两陆块碰撞区域下方形成“山根”［图 5.33（c）］，并在后期软流圈上涌过程中的局部对流和负浮力作用下而大规模拆沉［图 5.33（d）］。

对高流变强度地壳模型而言，莫霍面温度从 600℃增至 700℃时，大陆稳态俯冲型式从平俯冲转为双向俯冲。随莫霍面温度升高，大陆岩石圈流变强度明显降低，其持

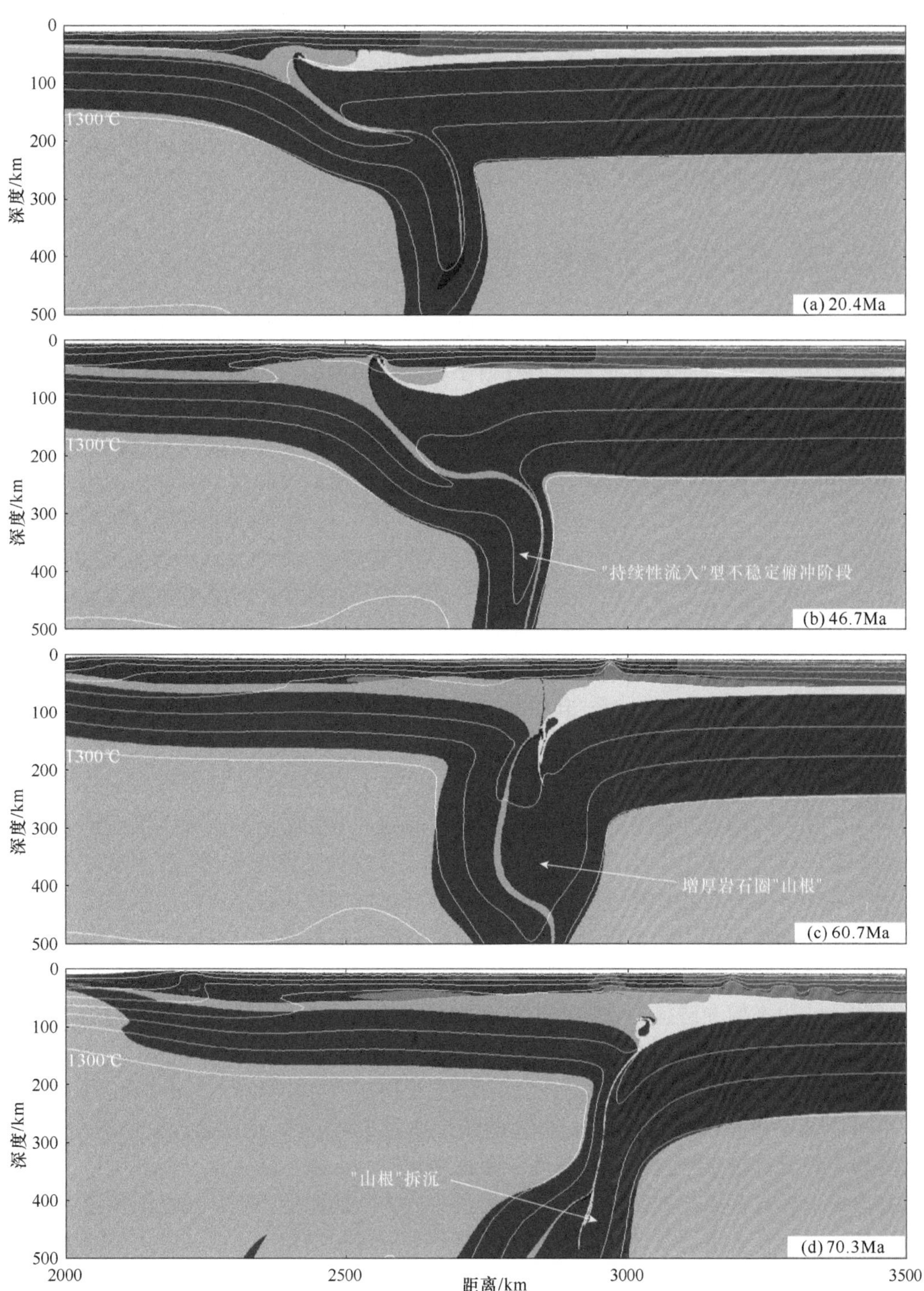

图 5.33　汇聚速率为 3cm/a，大陆岩石圈莫霍面为 700℃的含中等流变强度地壳的模型在 20.4Ma（a）、46.7Ma（b）、60.7Ma（c）和 70.3Ma（d）时的演化结果

结果显示大陆不稳态俯冲形式从“持续性流入”型向“大规模拆沉”型演化。白色线条为间距 200℃的等温线

续汇聚使两侧岩石圈同时受到强烈挤压而变形形成岩石圈“山根”[图 5.34（a）（b）]，但俯冲地壳的强流变性质并不利于增厚岩石圈“山根”拆沉。此时持续汇聚导致俯冲大陆“仰冲”至上覆大陆岩石圈之上［图 5.34（c）］而形成类似双向俯冲的鳄鱼式构造格局，“单向俯冲”改变为“不对称双向俯冲”[图 5.34（d）]，在碰撞区域增厚地壳发生部分熔融而成深熔火成岩体。

5.4.3 陆－陆俯冲 / 碰撞类型发育及地壳物质熔融

通过对低速和中－高速汇聚速率下的陆－陆俯冲汇聚条件下大陆岩石圈流变性质和岩石圈热状态的改变对俯冲大陆的几何学和运动学分析，可将陆－陆俯冲碰撞分为陆－陆稳态俯冲和陆－陆不稳态俯冲两种。前者表现为俯冲至地幔深部的大陆仍保持一定俯冲角度和流变强度持续俯冲下插；而后者主要表现为在大陆俯冲过程中其几何和力学完整性不能得以持续保留，通常俯冲大陆在碰撞汇聚区域由于重力不稳态而断离或拆沉。同时，尽管大陆俯冲模式受地壳流变性质、岩石圈热结构及陆－陆汇聚速率等共同制约，但模型结果表明，对陆－陆稳态俯冲碰撞而言，再循环物质的部分熔融特征与陆－陆陡立或平俯冲密切相关。而对于陆－陆不稳态俯冲碰撞模式而言，碰撞带区域的部分熔融主要受地壳流变性质控制，细节表征如下。

陆稳态俯冲 / 碰撞：模型实验结果如表 5.8 所示，陆－陆块体中－高速汇聚且大陆岩石圈为低－中温热结构时则有利于陆－陆稳态俯冲孕育。当俯冲大陆的地壳具较小或中等流变强度时，陆－陆俯冲 / 碰撞的大部分地壳物质会被拆离折返回碰撞区浅表，随俯冲大陆进入地幔深处的地壳物质较少而处负浮力状态有利于向地幔深处俯冲，从而呈现出陆－陆稳态陡俯冲型式，此时折返回的俯冲地壳物质加入增生楔而形成增厚地壳熔融而成过铝质花岗岩［图 5.32（a）]。如果俯冲大陆地壳具高流变强度，则大部分地壳物质会随岩石圈地幔一并进入俯冲隧道到达深部而表现出正浮力状态。如此状态下俯冲大陆物质趋于向上运动而垫置于大陆岩石圈底部形成陆－陆平俯冲型式，此时部分熔融区域主要限制在俯冲大陆平板区段的中上地壳［图 5.32（b）]。现有资料表明，陆－陆稳态俯冲碰撞的陡俯冲模式在大陆碰撞造山带内较常见，而以喜马拉雅－青藏造山带为代表的陆－陆长距离平俯冲较为少见（如 Owens and Zandt，1997；Zhao et al.，2014；Chen et al.，2015）。

陆－陆不稳态俯冲 / 碰撞：模型实验结果如表 5.8 所示，俯冲陆壳具低流变强度、大陆岩石圈具高温热结构或较低陆陆汇聚速率均有利于陆－陆不稳态俯冲碰撞模式的发育。前两者直接弱化和降低大陆岩石圈及俯冲大陆的流变强度，而低汇聚速率则可延长俯冲大陆在软流圈浅部的滞留时间而有利于热传导增温，造成俯冲大陆流变强度的降低，诱发不稳态俯冲碰撞。根据模拟结果所展示的俯冲大陆动力学演变过程，可将陆－陆不稳态俯冲碰撞细分为“多阶段断离”型、“持续性流入”型和“大规模拆沉”三种类型。通常情况下，陆－陆不稳态俯冲 / 碰撞过程往往表现为多种不同碰撞类型的交替演化，而不是某一种特定类型。即俯冲 / 碰撞的不同阶段有着差异的碰撞类型，

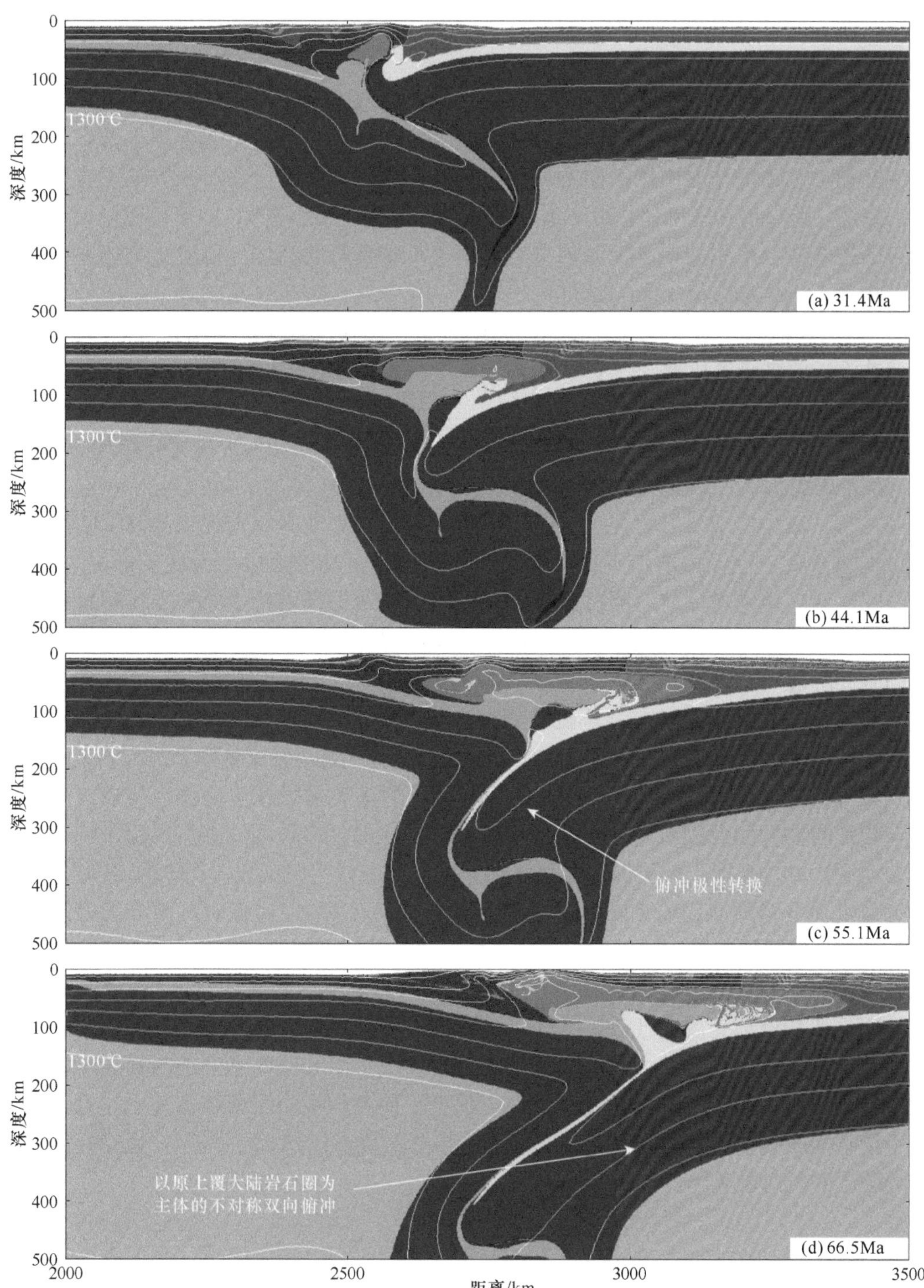

图 5.34　汇聚速率为 3cm/a，大陆岩石圈莫霍面为 700℃的含高流变强度地壳的模型在 31.4Ma（a）、44.1Ma（b）、55.1Ma（c）和 66.5Ma（d）时的演化结果

结果显示俯冲极性的转变，由左侧岩石圈的单向俯冲演化为以右侧岩石圈为主体的不对称双向俯冲。白色线条为间距 200℃的等温线

图 5.32 即显示出陆 – 陆俯冲碰撞过程在碰撞早期表现为"多阶段断离"型，而在碰撞后期则呈现出"大规模拆沉"型。

"多阶段断离"型表现为大陆岩石圈俯冲至软流圈浅部时，由于密度差作用诱发渐进式多次断离（图 5.27），该类型陆 – 陆俯冲碰撞主要发生在低汇聚速率条件。在该条件下，俯冲大陆能与周围软流圈物质进行充分热传导交换，导致俯冲大陆物质增温弱化，黏滞性降低而在密度差作用下发生重力不稳态型俯冲 / 碰撞，如喀尔巴阡山碰撞造山带的地震资料揭示的在软流圈内发育有两个近于垂直的高速体可能正是俯冲大陆断离产物（Wortel and Spakman，2000）。

"持续性流入"型主要表现为俯冲大陆垂直"注入"软流圈（图 5.31），此种情况下俯冲大陆的黏滞度和流变强度都很低。该类型俯冲 / 碰撞主要发生在俯冲大陆中 – 高速汇聚条件下、具高温热结构状态的大陆碰撞区域。但由于大部分大陆碰撞的汇聚速率都较小，仅 mm/a 数量级（Burov et al.，2012），因此该类型俯冲碰撞发育并不常见。

"大规模拆沉"型以陆 – 陆碰撞区域增厚岩石圈地幔的大规模拆沉为主要特征（图 5.33），该类型主要发生在低汇聚速率下、具中 – 高地壳流变强度的陆 – 陆碰撞区域。在该条件下，无论前期不稳态俯冲为何种类型，最终都以"大规模拆沉"终止。陆 – 陆碰撞区域的增厚岩石圈拆沉也常被用来解释造山带由挤压向伸展体制转换的动力学机制。Houseman 和 Molnar（1997）认为增厚岩石圈的大规模拆沉是造山带发展演化的必经阶段。

模拟实验表明，在陆 – 陆不稳态俯冲 / 碰撞情况下，碰撞区域大陆物质能否熔融及熔体分布则主要受地壳流变性质控制，而与不稳态俯冲 / 碰撞类型无关。当大陆地壳流变强度较低，则大陆俯冲过程中绝大部分地壳物质会被堆积于碰撞区浅表，其持续汇聚导致俯冲侧陆壳物质向后扩展及其叠置增厚，部分熔融区域主要局限于俯冲侧增厚上地壳，以古老地壳物质深熔而成过铝质花岗岩或浅色花岗岩［图 5.31（c）］。对具中等或高流变强度地壳的大陆岩石圈，当发生不稳态俯冲 / 碰撞时，部分熔融区域主要分布在上覆增厚上地壳的底部。不同于低地壳流变强度情形，高地壳流变强度的陆 – 陆不稳态俯冲 / 碰撞会使折返回拼贴带地表的俯冲陆壳物质向俯冲一侧大陆运移时阻力增加而导致加厚地壳反向迁移，并促进拆离地壳物质内部放射性生热和剪切增温导致增厚地壳物质部分熔融而成长英质岩石。通常情况下中等流变强度地壳模型所产生的地壳部分熔融体积要小于高流变强度地壳模型，前者产生的深熔熔体在正浮力作用下向上运移而成类似底辟构造的花岗岩侵入体［图 5.32（d）］，而后者则在地壳尺度内形成大范围的花岗岩基。

5.5 东古特提斯演化的动力学模型

如前所述，在金沙江 – 哀牢山 – 马江构造带内蛇绿岩给出了约 439~404Ma、约 387~377Ma、约 359~340Ma 和约 345~279Ma 等不同年龄区间，说明金沙江 – 哀牢山 – 马江支洋盆打开的初始时间为约 439~374Ma，并一直持续至石炭纪—二叠纪

（345~279Ma），如图 5.13（e）所示。五素、大龙凯 – 雅轩桥和长山火成岩带具岛弧和弧后盆地属性的岩浆作用集中于 289~260Ma，说明成熟岛弧及弧后盆地主要形成于二叠纪［图 5.13（d）（g）；如 Lan et al.，2000，2003；Hoa et al.，2008a，2008b；Jian et al.，2008，2009a，2009b；Fan et al.，2010；Lai et al.，2014b；Yang et al.，2014；Liu et al.，2017；Wang et al.，2016b，2018a］。如前所述，沿金沙江 – 哀牢山 – 马江缝合带，255~247Ma 的高 $\varepsilon_{\mathrm{Nd}}(t)$ -$\varepsilon_{\mathrm{Hf}}(t)$ 的钙碱性 I 型花岗岩及同期的镁铁质 – 中性岩石组合代表了最晚一期岛弧火成岩记录。而高硅流纹岩和浅色花岗岩代表了同碰撞地壳增厚产物，锆石 U-Pb 年龄为 247~246Ma。高压 / 超高压变质岩及同构造期矿物的进变质和退变质的时代分别为约 250~243Ma 和约 238~225Ma（如 Roger et al.，2003；Owada et al.，2006；Nakano et al.，2008，2010，2013；Qi et al.，2012）。综合所有年代学数据得到约 255Ma、约 246Ma 和约 229Ma 三个主要年龄峰值，如图 5.13（g）所示。相应的 $\varepsilon_{\mathrm{Nd}}(t)$ 和 $\varepsilon_{\mathrm{Hf}}(t)$ 值自正、负或由正到负的岩浆作用分别对应于二叠纪（＞ 250Ma）、中三叠世（约 247~237Ma）和晚三叠世（约 237~200Ma）火成岩［图 5.6（c）（d）］，这表明金沙江 – 哀牢山 – 马江分支洋和五素 – 雅轩桥 – 长山弧 – 盆体系的最终闭合时间应在约 247Ma［图 5.13（g）］。而之后思茅、印支和扬子陆块的同碰撞和碰撞后时间分别发生于 247~237Ma 和 237~200Ma［图 5.13（g）］。也就是说沿金沙江 – 哀牢山 – 马江构造带所发育的晚古生代—早中生代岩浆作用表明金沙江 – 哀牢山 – 马江支洋于晚泥盆世即已打开，并至少持续到晚石炭世—早二叠世，而相应地在金沙江 – 哀牢山 – 马江缝合线及五素、大龙凯 – 雅轩桥和长山火成岩带内所记录的岛弧或弧后盆地岩浆作用主要集中在约 290~250Ma。同时，扬子陆块南缘右江盆地的空间分布及江达 – 维西、五素、长山岛弧和弧后的岩浆作用均能与金沙江 – 哀牢山 – 马江古特提斯分支 / 洋的西向或西向俯冲相呼应（图 5.35；如 Fan et al.，2010；Liu et al.，2012b；Yang et al.，2014；Kamvong et al.，2014）。这样的时序模式较昌宁 – 孟连 – 因他暖 – 文冬 – 劳勿主洋盆及其弧后盆地从洋盆关闭到同碰撞与碰撞后的转换时间年轻了大约 10Ma（图 5.13），但该造山作用的终结时间均集中在约 210~200Ma。

昌宁 – 孟连 – 因他暖 – 文冬 – 劳勿缝合线作为东古特提斯主洋缝合位置，其沿线发育的 OIB 型和 MORB 型火成岩与其东侧思茅 – 印支陆块西缘的半坡 – 南林山、难河 – 程逸和琅勃拉邦 – 黎府 – 碧差汶弧后盆地镁铁质岩石构成了完整的沟 – 弧 – 盆体系。据此，难河 – 程逸与琅勃拉邦弧后盆地一线可能就是思茅陆块和印支陆块的块体边界。该弧盆体系可能始于约 360Ma 或更早，并且一直持续到早 – 中三叠世。以上资料表明无论是金沙江 – 哀牢山 – 马江支洋盆还是昌宁 – 孟连 – 因他暖 – 文冬 – 劳勿主洋盆，其洋壳年龄均在 60Ma 以上。同时现有资料表明，东古特提斯主洋盆向东（现今位置）或北（二叠纪的可能位置），而金沙江 – 哀牢山 – 马江支洋盆向南俯冲于思茅、印支陆块之下，也就是说上覆陆块为思茅、印支大陆岩石圈。一系列研究已经表明思茅、印支陆块在早古生代期间位于东冈瓦纳澳大利亚边缘或印度大陆边缘，经历了早古生代安第斯型造山作用，同时也经历了三叠纪印支期陆内造山事件（如 Torsvik and Cocks，2013；Wang et al.，2018b，2020b，2021a，2021b，2021c），并非长期古老、冷而厚的大陆岩石圈。

如前所述，大洋俯冲的数值模拟研究表明，大洋平俯冲发生需具备三个共同特性，即年轻的厚的大洋岩石圈（俯冲大洋岩石圈年龄均小于约 50Ma，大多数小于约 30Ma）、上覆大陆岩石圈向海绝对逆冲速度大于大洋板片的绝对俯冲速度（如智利中部、秘鲁、厄瓜多尔和卡斯凯迪亚地区的大洋板片的绝对俯冲速度分别为 3.0cm/a、2.5cm/a、1.6cm/a 和 0.8cm/a，而上覆大陆岩石圈向海绝对逆冲速度分别达到 4.5cm/a、4.5cm/a、3.8cm/a 和 2.4cm/a），以及厚的上覆大陆岩石圈（140km~200km）。否则的话，必须要满足一些“异常”的动力学条件才可能导致大洋平俯冲发生，如初始俯冲角度 20°、俯冲洋壳年龄大于 30Ma 时洋壳厚度需超过 8km，且大洋岩石圈年龄每增加 10Ma，需洋壳厚度额外增加约 3km。又或在大洋初始俯冲角度为 20°、5cm/a 的大洋绝对俯冲速度但相对静止的上覆大陆岩石圈及 40Ma 正常洋壳厚度时，则需上覆大陆岩石圈达 220km 以上。或者 20° 初始俯冲角度和 40Ma 正常洋地壳厚度，在中高速俯冲（＞ 3cm/a）的大洋板片产生平俯冲则要求大陆岩石圈绝对逆冲速度＞ 3cm/a，但统计资料显示，现今全球上覆大陆岩石圈平均向洋绝对速度仅约 1cm/a（如 Lallemand et al.，2005）。也就是说只有出现“小概率性”事件才可能导致平俯冲发育，这也是平俯冲模式较少发育的主要原因。以现今俯冲带发生的实际资料分析，当前大洋平俯冲区域仅占全球大洋俯冲带长度的约 10%，且主要发育于智利中部、秘鲁、厄瓜多尔、墨西哥西南和美国西海岸（如 Kay and Abbruzzi，1996；Gutscher et al.，2000；Skinner and Clayton，2011），也表明平俯冲模式难以发育的实际情况。

基于上述模拟结果及实际情况，认为昌宁－孟连－因他暖－文冬－劳勿主洋盆和从金沙江－哀牢山－马江支洋盆的俯冲消减并非平俯冲模式，而是以正常俯冲消减为特征。随着俯冲的推进，俯冲板片的头部在深部转化为榴辉岩相，密度增大，超过了软流圈地幔的浮力，在板片前锋俯冲角度增大变陡，进而牵引着板片回撤，此时出现伸展构造环境和减压熔融导致软流圈地幔与受流体或熔体交代改造的交代地幔熔融，形成岛弧和弧后盆地岩浆作用。俯冲过程中的板片回撤能够很好回答与金沙江－哀牢山－马江支洋盆相关的五素、长山、大龙凯－雅轩桥岛弧和弧后盆地及昌宁－孟连－因他暖－文冬－劳勿古特提斯主洋盆相关的半坡－南林山、难河－程逸、琅勃拉邦－黎府－碧差汶等弧后盆地的形成。

陆－陆俯冲碰撞的数值模拟研究表明，具较小或中等流变强度的俯冲大陆以中－高速汇聚入低－中温热结构的大陆岩石圈，易于呈现陡俯冲型式的陆－陆稳态俯冲碰撞，具低流变强度地壳的陆－陆稳态俯冲碰撞往往伴随着俯冲侧地壳物质向上覆大陆陆内方向迁移，且表现为地壳浅部缝合线和深部缝合线的解耦，此时折返回的俯冲地壳物质由于增厚熔融而形成过铝质花岗岩。而具中－高流变强度的俯冲大陆以中－高速汇聚于冷的厚大陆岩石圈，则可呈现平俯冲型式稳态陆－陆碰撞型式，并在平板区段中上地壳形成熔融区。低陆－陆汇聚速率条件均有利于呈现出“多阶段断离”型的陆－陆不稳态俯冲碰撞模式，陆－陆不稳态俯冲碰撞多以俯冲大陆的多阶段断离为主要类型，其持续汇聚导致堆积于碰撞区域的再循环物质会向俯冲侧大陆后方扩展迁移，较少进入上覆大陆的陆内一侧，地壳内部分熔融区域有限（图 5.27）。低流变强度情况下，如俯冲碰撞大陆具中–高地壳流变强度，则呈现“大规模拆沉”型不稳态俯冲碰撞模式，在陆–陆碰撞区域易于形成背冲式或鳄鱼式增厚地壳结构，易于促使增厚岩石圈大规模拆沉而形成大范围花岗岩基和地幔派生岩浆。当具中等–高流变强度地壳的大陆岩石圈发生陆–陆不稳态俯冲碰撞时，俯冲侧地壳物质向上覆陆内迁移，碰撞区域内地壳显著增温而部分熔融。通常陆–陆不稳态俯冲/碰撞过程在碰撞向碰撞后转换的过程中表现方式有异，在碰撞早期表现为“多阶段断离”型，而在碰撞后期则呈现出“大规模拆沉”型。但无论其方式如何，通常都会以碰撞区域内增厚岩石圈大规模拆沉而终止，地壳浅部应力由挤压转为拉伸（图 5.28 和图 5.33）。另外，在中–高速汇聚条件下、具高温热结构状态的大陆碰撞区域可形成自然界少见的“持续性流入”型碰撞模式。上述模拟结果为合理阐明东古特提斯构造域扬子陆块与思茅陆块、印支陆块与滇缅泰陆块的俯冲/碰撞的动力学模式或过程提供了理论依据。

如前所述，位于五素、大龙凯–雅轩桥和长山带、半坡–难河和琅勃拉邦–黎府弧后盆地之间的思茅和印支陆块不同区块由于晚古生代弧后盆地闭合而于中–晚三叠世被增生拼贴于扬子、思茅和印支陆块之上（图 5.35）。247Ma 左右金沙江–哀牢山–马江支洋盆最终关闭，印支、思茅与扬子陆块开始陆–陆碰撞，并于 237Ma 左右开始进入板片断离或地壳拆沉的碰撞后阶段。沿昌宁–孟连–因他暖–文冬–劳勿东古特提斯主洋的闭合及随之滇缅泰与思茅、印支陆块的碰撞，产生了临沧–素可泰和庄他武里–东马来三叠纪火成岩带，主洋盆的俯冲消减及滇缅泰陆块与思茅、印支西部的碰撞转换时间为约 237Ma。同时与东古特提斯主洋盆演变的碰撞–碰撞后岩浆作用以巨型三叠纪火成岩带为特征，且主要分布于难河–程逸和琅勃拉邦弧后盆地之西。现有资料表明，扬子陆块具古老的、厚而冷的岩石圈结构，其流变强度无疑是具中–高流变强度的。但与之碰撞的上覆思茅、印支陆块并非古老、巨厚且具低–中温热结构的大陆岩石圈，而更可能是具古老基底但经历后期多期破坏改造、属于中等流变强度的“活化型”大陆岩石圈。同时，大部分大陆碰撞的汇聚速率都较小，仅 mm/a 数量级（如 Burov et al.，2012）。因此不易出现陡俯冲型式的陆–陆稳态俯冲/碰撞。相反，更有可能是具低陆–陆汇聚速率的陆–陆不稳态俯冲碰撞模式。事实上，碰撞后的加厚岩石圈拆沉或断离常会随着陆–陆汇聚过程发生（如 Davies and Von Blanckenburg, 1995）。在陆–陆碰撞背景下，持续的俯冲会导致俯冲板片和大陆地壳发生高压–超高压变质作用，玄武质板片由绿片岩相经角闪岩相转变为榴辉岩和麻粒岩。榴辉岩的高密度，超过了软流圈地幔浮力而发生板片断离，此时榴辉岩可继续下沉，而轻的大陆岩石圈可浮于表层而折返。折返的大陆地壳物质挟带高压–超高压变质岩上升至中上地壳或地表，同时，板片断离引起软流圈地幔上涌，而上涌的软流圈地幔由于热传导增温而加热中下地壳造成早中三叠世新生下地壳和古老地壳物质的熔融，如金沙江–哀牢山–马江构造带早中三叠世中酸性火成岩的形成。当俯冲大陆物质到达＞100km 深度时，俯冲通道内形成高压–超高压变质岩（如麻粒岩和榴辉岩），随着板片断离，这些岩石迅速被折返到地表，构成了带内零星折返的晚三叠世高压–超高压变质岩，如点苍山地区的泥质麻粒岩（如 Qi et al.，2012）、元江榴辉岩、越南北部石榴子石角

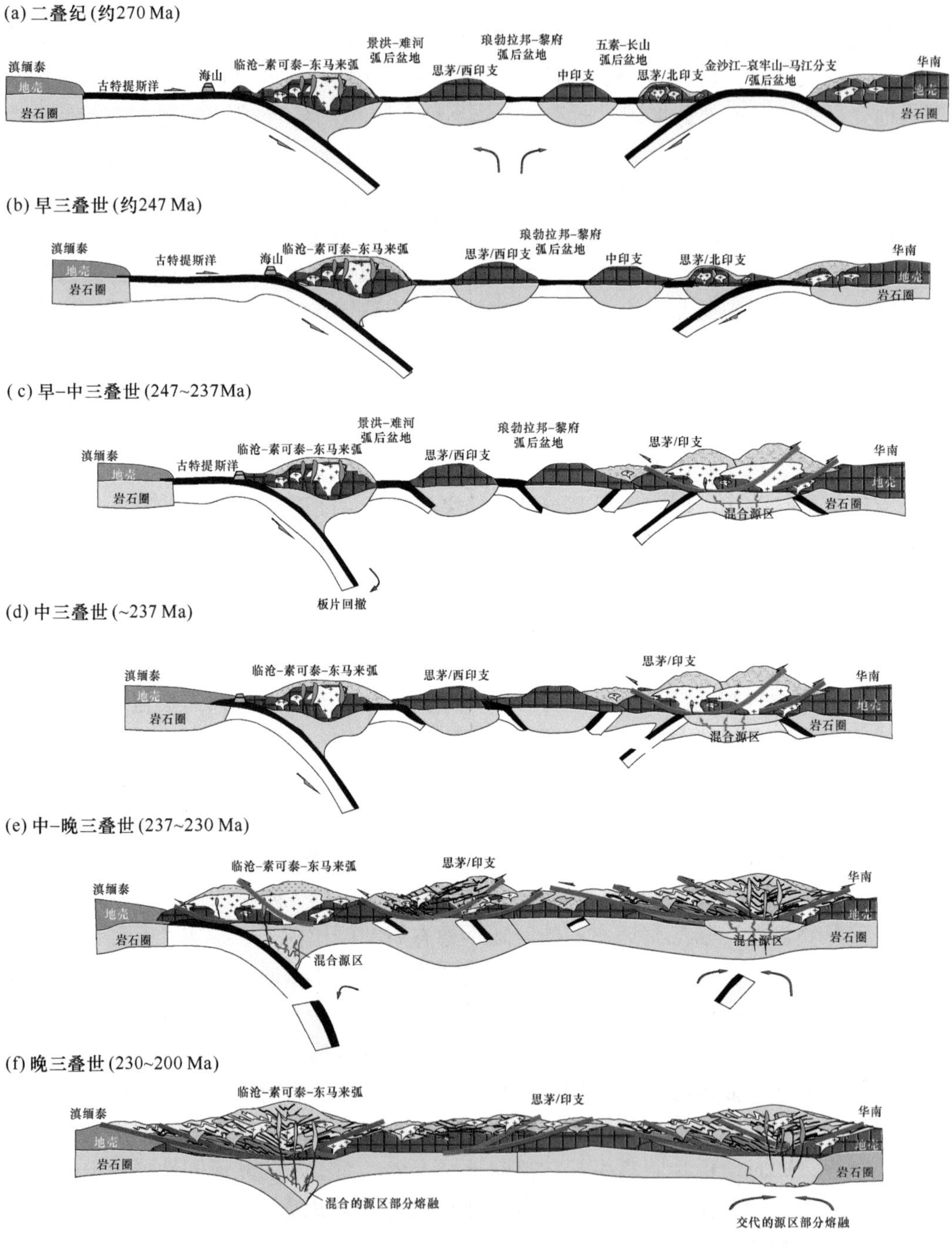

(a) 二叠纪 (约270 Ma)

(b) 早三叠世 (约247 Ma)

(c) 早-中三叠世 (247~237Ma)

(d) 中三叠世 (~237 Ma)

(e) 中-晚三叠世 (237~230 Ma)

(f) 晚三叠世 (230~200 Ma)

图 5.35　东南亚古特提斯洋构造演化模式图

闪岩、基性麻粒岩和榴辉岩（如 Zhang et al.，2013c，2014）。金沙江 – 哀牢山晚三叠世（约 235~200Ma）高 $\varepsilon_{Hf}(t)$ -$\varepsilon_{Nd}(t)$、低 $\varepsilon_{Hf}(t)$ -$\varepsilon_{Nd}(t)$、高硅花岗质岩石和 OIB 特征镁铁质岩石的发育及临沧 – 素可泰、庄他武里和东马来半岛巨型三叠纪火成岩的发育，在地壳尺度内形成大范围花岗岩基，表明陆 – 陆碰撞后经历了大规模拆沉作用或板片断离作用。另外，从素可泰和马来西亚三叠纪花岗岩带的空间分布来看，碰撞后岩浆作用不仅在缝合带东侧发育了东部和中部 S 型和 I 型花岗岩省，而且在缝合带西侧也发育了以 S 型过铝质花岗岩为特征的西部花岗岩省，这与低速条件下中 – 高地壳流变强度的陆 – 陆汇聚碰撞所出现的鳄鱼式构造及碰撞带深熔岩石的空间分布相吻合，也代表了“大规模拆沉”型不稳态俯冲碰撞模式。因此，其方式也很可能代表了陆 – 陆不稳态俯冲 / 碰撞在同碰撞向碰撞后转换过程中所表现的同碰撞阶段“多阶段断离”、而碰撞后阶段呈现“大规模拆沉”相一致。考虑到上覆思茅、印支大陆岩石圈由多个块体拼贴而成，且受特提斯多期构造事件的叠加改造，具强活动性、中温热结构及低 – 中流变强度特征。因此，在扬子陆块俯冲下插入思茅、印支陆块之下，如同更高流变强度的大陆岩石圈俯冲插入相对低的低流变强度大陆岩石圈之下，在此条件下，更有可能出现增厚岩石圈的局部拆沉，而非整个碰撞区的大规模拆沉。因此，临沧 – 素可泰和庄他武里 – 东马来三叠纪火成岩带更可能是陆 – 陆碰撞区大规模拆沉作用的结果，而金沙江 – 哀牢山 – 马江构造带晚三叠世 S 型、I 型花岗岩和 OIB 型镁铁质岩石从时序和岩石成因上更可能是增厚岩石圈拆沉背景下碰撞后构造环境在局部拆沉条件下的产物。这与兰坪 – 绿春地区晚三叠世卡尼阶上部歪古村组（T_3w）与下伏二叠系角度不整合接触（如云南省地质矿产局，1990）的野外地质事实相符。地震层析成像也表明，在金沙江 – 哀牢山带深部地幔中存在类似板片的高速异常，可能反映了俯冲板片的残余（如 Liu et al.，2000）。因此，同碰撞时期的板片断离和碰撞后阶段的拆沉作用直接控制了东古特提斯构造域构造岩浆和变质作用的发生。

由此综合以上所有资料，构建了如图 5.11 所示的多陆块拼贴的沟 – 弧 – 盆体系，并建立了如图 5.35 和图 5.36 所示的东古特提斯构造演化及滇西 – 东南亚地区的潘吉尼亚超大陆重建方案。中 – 晚泥盆世—早石炭世冈瓦纳大陆北缘的裂离伸展造成了古特提斯洋的打开，同时导致了扬子陆块西缘金沙江 – 哀牢山 – 马江构造带的裂解。在早中石炭世—早二叠世，冈瓦纳北缘的东古特提斯主洋盆扩张达最大，沿金沙江 – 哀牢山 – 马江形成支洋盆。自早二叠世开始，属南半球高纬度冈瓦纳系冷水动植物区系的基梅里大陆滇缅泰和南羌塘等陆块的向北漂移使得东古特提斯主洋盆沿昌宁 – 孟连 – 因他暖 – 文冬 – 劳勿缝合带向北俯冲（现今方向为向东）于思茅、印支陆西部陆块之下，与之相伴的是在思茅和印支陆块西部形成一系列的岛弧和弧后盆地，如临沧 – 素可泰 – 东马来岛弧、半坡 – 南林山 – 难河 – 程逸和琅勃拉邦 – 黎府等弧后盆地。随着东古特提斯主洋盆的持续向东俯冲，金沙江 – 哀牢山 – 马江支洋盆向南（现今方向为西南）俯冲至思茅和印支陆块之东侧，从而形成包括五素、长山带岛弧和大龙凯 – 雅轩桥等弧后盆地在内的弧盆格局［图 5.35（a）和图 5.36（a）］。伴随这一过程造成了再循环地壳物质及其派生组分加入地幔中而形成地幔楔、促使地幔楔派生出岛弧岩浆作用及其

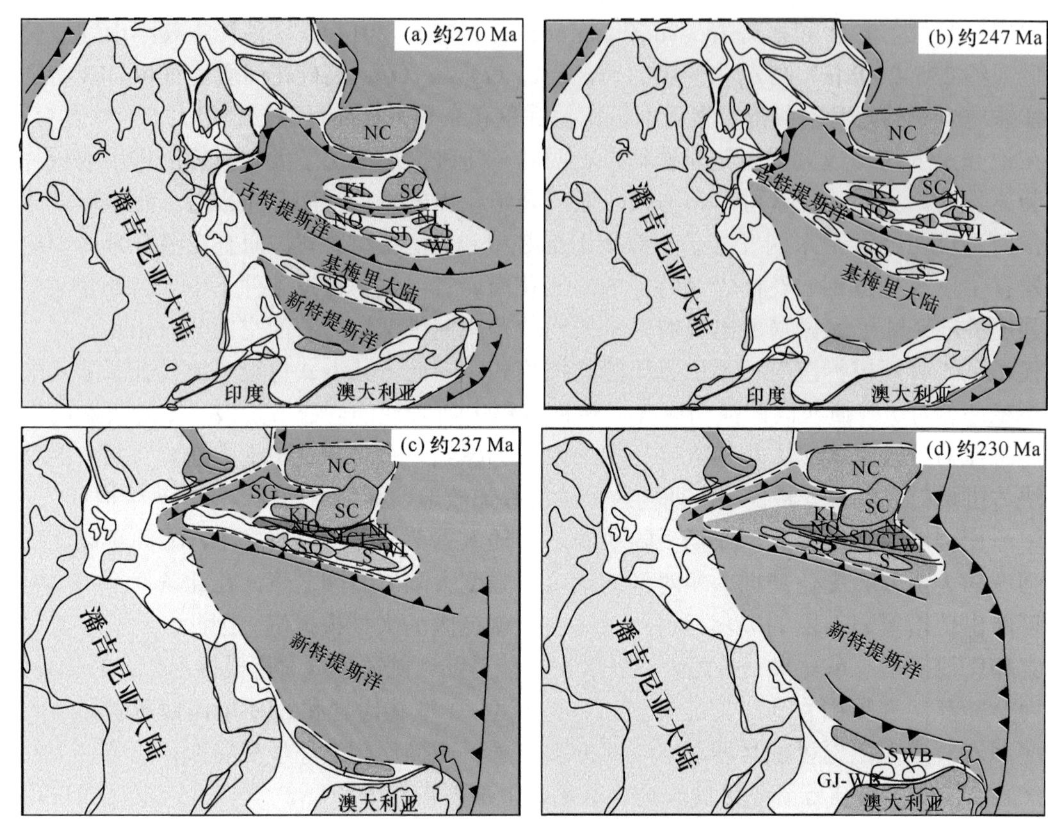

图 5.36　二叠纪—三叠纪潘吉尼亚超大陆重建演化模式图

(a) 约 270Ma（早二叠世）；(b) 约 247Ma（早三叠世）；(c) 约 237Ma（中三叠世）；(d) 约 230Ma（晚三叠世）。NC- 华北；SC- 华南；NI- 北印支；CI- 中印支；WI- 西印支 / 东马来 / 西苏门答腊；KL- 昆仑；NQ- 北羌塘；SQ- 南羌塘；SI- 思茅；S- 滇缅泰

底侵以及古老与新生地壳物质的混合等。同时，内陆沉积碎屑岩也向外运移至增生楔部位，并诱使俯冲物质带入深部而发生高压 – 超高压变质作用。

早三叠世（约 247Ma），随着东古特提斯主洋盆的持续俯冲至临沧 – 素可泰 – 东马来岛弧和思茅及印支陆块之下，位于扬子与思茅 – 印支陆块间的金沙江 – 哀牢山 – 马江支洋及相关弧后盆地最终闭合，响应于印支运动第一幕造山事件（或称印支事件）。随后扬子与思茅、印支陆块东部的陆 – 陆碰撞导致了金沙江 – 哀牢山 – 马江构造带的地壳增厚、深熔与变质作用及其后的碰撞后局部拆沉［图 5.35（c）］。中三叠世（约 237Ma），基梅里大陆的滇缅泰和南羌塘等陆块开始与思茅、印支陆块西部及北羌塘陆块碰撞拼贴［图 5.35（d）和图 5.36（c）］。其初始的碰撞使半坡 – 南林山 – 难河 – 程逸和琅勃拉邦 – 黎府等弧后盆地最终闭合。直至中 – 晚三叠世（约 237~230Ma），扬子、思茅 – 印支、东马来半岛和滇缅泰、南羌塘等陆块最终拼合在一起，形成了统一的东亚大陆［图 5.36（d）］。此时滇缅泰与思茅、印支陆块进入全面的陆 – 陆碰撞造山作用，一方面位于主缝合带远端的金沙江 – 哀牢山 – 马江构造带形成应力松弛区而局部拆沉进入碰撞后垮塌阶段，另一方面导致思茅、印支陆块西缘的弧前沉积物加积，并向俯冲一侧迁移，而在昌宁－孟连－因他暖－文冬－劳勿缝合带东侧诱发了进变质作用和同碰撞岩浆作用。晚三叠世（约 230~200Ma），沿东古特提斯主拼贴带发生增厚岩石圈的大规模拆沉作用，造山带重力垮塌，其相应热侵蚀作用导致带内临沧－素可泰－庄他武里－东马来地区晚三叠世巨量火成岩带的形成，而在金沙江－哀牢山－马江构造带的局部拆沉形成了以哀牢山地区碰撞后岩浆作用为特征的火成岩带［图 5.35（f)]，伴随着滇缅泰和思茅、印支陆块西部，以及扬子与思茅、印支陆块东部的陆－陆碰撞，早期沿主要缝合带俯冲形成的高压－超高压变质岩石以折返方式返回中下地壳或地表。直到晚三叠世晚期—早侏罗世早期（约 200Ma），以区域性上三叠统—下侏罗统磨拉石建造和陆相红层角度不整合于前三叠系之上，标志着东古特提斯构造域基梅里大陆与思茅、印支和扬子陆块造山作用的结束，这一标志性事件即印支运动第二幕（印支晚幕）事件，或称基梅里事件。

参考文献

鲍佩声, 肖序常, 苏犁, 等. 2007. 西藏洞错蛇绿岩的构造环境: 岩石学、地球化学和年代学制约. 中国科学 D辑: 地球科学, 37(3): 298-307
曹圣华, 罗小川, 唐峰林, 等. 2004. 班公湖–怒江结合带南侧弧–盆系时空结构与演化特征. 中国地质, 3(1): 51-56
曹圣华, 邓世权, 肖志坚, 等. 2006. 班公湖–怒江结合带西段中特提斯多岛弧构造演化. 沉积与特提斯地质, 26(4): 25-32
陈炳蔚, 王铠元, 刘万熹, 等. 1987. 怒江–澜沧江–金沙江地区大地构造. 北京: 地质出版社: 5-150
陈永清, 刘俊来, 冯庆来. 2010. 东南亚中南半岛地质及花岗岩有关的矿床. 北京: 地质出版社: 1-192
陈泽超, 林伟, Michel F, 等. 2013. 越南东北部早中生代构造事件的年代学约束. 岩石学报, 29(5): 1825-1840
邓希光, 张进江. 2005. 藏北依布茶卡地区发现石榴子石蓝片岩. 地学前缘, 12(3): 89-90
邓希光, 丁林, 刘小汉, 等. 2002. 青藏高原羌塘中部蓝片岩的地球化学特征及其构造意义. 岩石学报, 18(4): 517-525
丁林, 钟大赉. 1995. 滇西昌宁–孟连带古特提斯洋硅质岩稀土元素和铈异常特征. 中国科学B辑: 化学, 25(1): 93-100
丁林, Maksatbek S, 蔡福龙, 等. 2017. 印度与欧亚大陆初始碰撞时限、封闭方式和过程. 中国科学: 地球科学, 47(3): 293309
杜远生, 黄虎, 杨江海, 等. 2013. 晚古生代—中三叠世右江盆地的格局和转换. 地质论评, 59(1): 1-11
段新华, 赵鸿. 1981. 论哀牢山–藤条河断裂——古板块俯冲带. 地质学报, 55(4): 258-267
樊帅权, 史仁灯, 丁林, 等. 2010. 西藏改则蛇绿岩中斜长花岗岩地球化学特征、锆石U-Pb年龄及构造意义. 岩石矿物学杂志, 29(5): 467-478
范蔚茗, 王岳军, 彭头平, 等. 2004. 桂西晚古生代玄武岩Ar-Ar和U-Pb年代学及其对峨眉山玄武岩省喷发时代的约束. 科学通报, 18: 1892-1900
范蔚茗, 彭头平, 王岳军. 2009. 滇西古特提斯俯冲–碰撞过程的岩浆作用记录. 地学前缘, 16(6): 291-302
方维萱, 胡瑞忠, 谢桂青, 等. 2002. 云南哀牢山地区构造岩石地层单元及其构造演化. 大地构造与成矿学, 26(1): 28-36
冯金朝, 石莎, 何松杰. 2008. 云南哈尼梯田生态系统研究. 中央民族大学学报(自然科学版), 17(S1): 146-152
冯庆来, 刘本培. 1993. 滇西南昌宁–孟连构造带火山岩地层学研究. 现代地质, 7(4): 402-409
冯庆来, 刘本培. 2002. 滇东南八布蛇绿混杂岩中的早二叠世放射虫化石. 地球科学——中国地质大学学报, 27(1): 1-3
冯庆来, 沈上越, 刘本培, 等. 2002. 滇西南澜沧江构造带大新山组放射虫、硅质岩和玄武岩研究. 中国科学D辑: 地球科学, 32(3): 220-226
高睿, 肖龙, 何琦, 等. 2010. 滇西维西–德钦一带花岗岩年代学、地球化学和岩石成因. 地球科学——中国地质大学学报, 35(2): 186-200
耿全如, 王立全, 潘桂棠, 等. 2007. 西藏冈底斯带洛巴堆组火山岩地球化学及构造意义. 岩石学报, 23(11): 2699-2714

韩松, 钱青, 徐平, 等. 1998. 云南墨江县早石炭世五素火山岩的地球化学特征及其地质意义. 地质力学学报, 4(3): 76-83

何慧莹, 王岳军, 张玉芝, 等. 2016. 海南岛晨星早石炭世高度亏损N-MORB型玄武岩及其地质意义. 地球科学, 41(8): 1361-1375

胡丽沙, 杜远生, 杨江海, 等. 2012. 广西那龙地区中三叠世火山岩地球化学特征及构造意义. 地质论评, 58(3): 481-494

黄虎. 2013. 右江盆地晚古生代—中三叠世盆地演化. 武汉: 中国地质大学: 1-145

黄汲清, 陈炳蔚. 1987. 中国及邻区特提斯海演化. 北京: 地质出版社: 1-78

黄汲清, 陈国铭, 陈炳蔚. 1984. 特提斯–喜马拉雅构造域的初步分析. 地质学报, 58(1): 1-17

简平, 汪啸风, 何龙清, 等. 1998. 云南新平县双沟蛇绿岩U-Pb年代学初步研究. 岩石学报, 14(2): 207-211

简平, 汪啸风, 何龙清, 等. 1999. 金沙江蛇绿岩中斜长岩和斜长花岗岩的U-Pb年龄及地质意义. 岩石学报, 15(4): 590-593

简平, 刘敦一, 孙晓猛. 2003a. 滇川西部金沙江石炭纪蛇绿岩SHRIMP测年: 古特提斯洋壳演化的同位素年代学制约. 地质学报, 77(2): 217-228, 291-292

简平, 刘敦一, 孙晓猛. 2003b. 滇西北白马雪山和鲁甸花岗岩基SHRIMP U-Pb年龄及其地质意义. 地球学报, 24(4): 337-342

简平, 刘敦一, 孙晓猛. 2004. 滇西吉岔阿拉斯加型辉长岩SHRIMP测年: 早二叠世俯冲事件的证据. 地质学报, 78(2): 166-170

蒋锐. 2014. 云南省哀牢山国家自然保护区的气候特点及其旅游资源. 北京农业, 15: 273-274

孔会磊, 董国臣, 莫宣学, 等. 2012. 滇西三江地区临沧花岗岩的岩石成因: 地球化学、锆石U-Pb年代学及Hf同位素约束. 岩石学报, 28(5): 1438-1452

赖绍聪, 秦江锋, 李学军, 等. 2010. 昌宁—孟连缝合带乌木龙—铜厂街洋岛型火山岩地球化学特征及其大地构造意义. 地学前缘, 9(3): 44-52

雷玉芬, 顾建豪. 2015. 探秘哀牢山. 云南档案, (4): 20-23

李宝龙, 季建清, 王丹丹, 等. 2012. 滇南新元古代的岩浆作用: 来自瑶山群深变质岩SHRIMP锆石U-Pb年代学证据. 地质学报, 86(10): 1584-1591

李才. 2008. 青藏高原龙木错–双湖–澜沧江板块缝合带研究二十年. 地质论评, 54(1): 105-119

李才, 程立人, 胡克, 等. 1995. 西藏龙木错–双湖古特提斯缝合带研究. 北京: 地质出版社

李才, 翟庆国, 董永胜, 等. 2006a. 青藏高原羌塘中部发现榴辉岩及其意义. 科学通报, 51(1): 70-74

李才, 黄小鹏, 翟庆国, 等. 2006b. 龙木错–双湖–吉塘板块缝合带与青藏高原冈瓦纳北界. 地学前缘, 13(4): 136-147

李才, 翟庆国, 陈文, 等. 2007. 青藏高原龙木错–双湖板块缝合带闭合的年代学证据——来自果干加年山蛇绿岩与流纹岩Ar-Ar和SHRIMP年龄制约. 岩石学报, 23(5): 911-918

李才, 董永胜, 翟庆国. 2008. 青藏高原羌塘早古生代蛇绿岩–堆晶辉长岩的锆石SHRIMP定年及其意义. 岩石学报, 24(1): 31-36

李钢柱, 苏尚国, 雷玮琰, 等. 2011. 三江地区澜沧江带南段南林山基性岩体锆石U-Pb年龄及岩石地球化学特征. 地学前缘, 18(5): 206-212

李天福, 杨经绥, 陈松永, 等. 2007. 青藏高原拉萨地块松多榴辉岩的岩相学特征和变质演化过程. 地质通报, 26(10): 1310-1326

李兴振, 潘桂棠, 罗建宁. 1990. 论三江地区冈瓦纳和劳亚大陆的分界//青藏高原地质文集编委会. 青藏高原地质文集(20): “三江”论文专辑. 北京: 地质出版社: 217-233

李兴振, 许效松, 潘桂棠. 1995. 泛华夏大陆群与东特提斯构造域演化. 岩相古地理, 15 (4): 1-13

李忠海, 许志琴. 2015. 大洋俯冲和大陆碰撞沿走向的转换动力学及流体–熔体活动的作用. 岩石学报, 31: 3524-3530

梁定益, 聂泽同, 郭铁鹰, 等. 1983. 西藏阿里喀喇昆仑南部的冈瓦纳–特提斯相石炭–二叠系. 地球科学, 19(1): 9-27

梁定益, 聂泽同, 宋志敏. 1994. 早二叠世冈瓦纳北缘构造古地理环境和杂砾岩成因剖析. 特提斯地质, 18: 61-73

梁红颖, 林舟. 2015. 哀牢山地貌演化过程详析. 第四纪研究, 35(1): 38-47

凌其聪, 程惠兰, 沈上越, 等. 1999a. 云南哀牢山蛇绿岩的矿物学研究. 矿物学报, 19(1): 56-62

凌其聪, 程惠兰, 沈上越. 1999b. 哀牢山南段蛇绿岩变质橄榄岩的矿物化学及其成因意义. 云南地质, 18(1): 47-52

刘本培, 冯庆来, 方念乔. 1991. 中国西部昌宁–孟连带古特提斯构造演化. 地球科学: 16 (2): 18-28

刘本培, 冯庆来, 方念乔, 等. 1993. 滇西南昌宁–孟连带和澜沧江带古特提斯多岛洋构造演化. 地球科学, 18(5): 529-539

刘本培, 冯庆来, Chonglakmani C, 等. 2002. 滇西古特提斯多岛洋的结构及其南北延伸. 地学前缘, 9(3): 161-171

刘翠, 邓晋福, 刘俊来, 等. 2011. 哀牢山构造岩浆带晚二叠世—早三叠世火山岩特征及其构造环境. 岩石学报, 27(12): 3590-3602

刘汇川, 王岳军, 蔡永丰, 等. 2013. 哀牢山构造带新安寨晚二叠世末期过铝质花岗岩锆石U-Pb年代学及Hf同位素组成研究. 大地构造与成矿学, 37(1): 87-98

刘汇川, 王岳军, 范蔚茗, 等. 2014. 滇西哀牢山地区晚三叠世高$\varepsilon_{Nd}(t)$-$\varepsilon_{Hf}(t)$花岗岩的构造指示. 中国科学: 地球科学, 44(11): 2373-2388

刘俊来, 王安建, 曹淑云, 等. 2008. 滇西点苍山杂岩中混合岩的地质年代学分析及其区域构造内涵. 岩石学报, 24(3): 0413-0420

刘俊来, 唐渊, 宋志杰, 等. 2011. 滇西哀牢山构造带: 结构与演化. 吉林大学学报(地球科学版), 41(5): 1285-1303

刘文斌, 钱青, 岳国利, 等. 2002. 西藏丁青弧前蛇绿岩的地球化学特征. 岩石学报, 18(3): 392-400

刘增乾, 潘桂棠, 郑海翔. 1983. 从地质新资料试论冈瓦纳北界及青藏高原地区特提斯的演变. 青藏高原地质文集编委会. 青藏高原地质文集(12): “三江”构造地质. 北京: 地质出版社: 11-24

罗建宁. 1995. 论东特提斯形成与演化的基本特征. 沉积与特提斯地质, 19(1): 1-8

蒙麟鑫, 王铂云. 2019. 滇西崔依比组U-Pb年龄及地球化学特征. 矿产与地质, 33(3): 496-501

莫宣学, 路凤香, 沈上越. 1993. 三江特提斯火山作用与成矿. 北京: 地质出版社, 65-77

莫宣学, 沈上越, 朱勤文, 等. 1998. 三江中南段火山岩–蛇绿岩与成矿. 北京: 地质出版社, 48-85

莫宣学, 邓晋福, 董方浏, 等. 2001. 西南三江造山带火山岩–构造组合及其意义. 高校地质学报, 7(2): 121-138

牟传龙, 余谦. 2002. 云南兰坪盆地攀天阁组火山岩的Rb-Sr年龄. 地层学杂志, 26(4): 289-292

潘桂棠, 陈智樑, 李兴振, 等. 1996. 东特提斯多弧—盆系统演化模式. 岩相古地理, 16(2): 52-65

潘桂棠, 陈智梁, 李兴振, 等. 1997. 东特提斯地质构造形成演化. 北京: 地质出版社: 24-65

潘桂棠, 李兴振, 王立全, 等. 2002. 青藏高原及邻区大地构造单元初步划分. 地质通报, 21: 701-707

潘桂棠, 朱弟成, 王立全, 等. 2004. 班公湖–怒江缝合带作为冈瓦纳大陆北界的地质地球物理证据. 地学前缘, 11(4): 371-382

潘裕生. 1991. 青藏高原西北部大地构造演化//中国科学院地质研究所岩石圈构造演化开放实验室1989—1999年报. 北京: 中国科学技术出版社: 80-84

彭头平, 王岳军, 范蔚茗, 等. 2006. 澜沧江南段早中生代酸性火成岩SHRIMP锆石U-Pb定年及构造意义. 中国科学D辑: 地球科学, 36(2): 123-132

戚学祥, 王秀华, 朱路华, 等. 2010. 滇西印支地块东北缘新元古代侵入岩形成时代的厘定及其构造意义: 锆石LA-ICP-MS U-Pb定年及地球化学证据. 岩石学报, 26(7): 2142-2154

戚学祥, 赵宇浩, 朱路华, 等. 2012. 青藏高原东南缘哀牢山构造带泥质高压麻粒岩的发现及其构造意义. 岩石学报, 28(6): 1846-1856

钱鑫, 李慧玲, 余小清, 等. 2022. 东南亚长山构造带二叠纪—三叠纪岩浆作用及其古特提斯构造意义. 大地构造与成矿学, 46(3): 585-604

覃小锋, 王宗起, 张英利, 等. 2011. 桂西南早中生代酸性火山岩年代学和地球化学: 对钦–杭结合带西南段构造演化的约束. 岩石学报, 27(3): 794-808

任纪舜. 1997. 中国及邻区大地构造图. 北京: 地质出版社: 1-75

任立奎. 2002. 南盘江坳陷东部及邻区构造特征研究. 北京: 中国地质大学: 1-73

任立奎. 2012. 南盘江盆地构造样式及运动学特征分析. 昆明理工大学学报(自然科学版), 37(1): 1-4

沈上越, 魏启荣, 程惠兰, 等. 1998a. “三江”哀牢山–李仙江带火山岩构造岩浆类型. 矿物岩石, 18(2): 18-24

沈上越, 魏启荣, 程惠兰, 等. 1998b. “三江”哀牢山带蛇绿岩特征研究. 岩石矿物学杂志, 17(1): 1-8

沈上越, 魏启荣, 程惠兰, 等. 1998c. 云南哀牢山带蛇绿岩中的变质橄榄岩及其岩石系列. 科学通报, 43(4): 438-442

沈上越, 魏启荣, 程惠兰, 等. 2000. 云南哀牢山带两类硅质岩特征. 科学通报, (9): 988-992

沈上越, 魏启荣, 程惠兰, 等. 2001. “三江”地区哀牢山带两类硅质岩特征及大地构造意义. 岩石矿物学杂志, 20(1): 42-46

史仁灯. 2007. 班公湖SSZ型蛇绿岩年龄对班–怒洋时限的制约. 科学通报, 52 (2): 223-227

史仁灯, 支霞臣, 陈雷, 等. 2006. Re-Os同位素体系在蛇绿岩应用研究中的进展. 岩石学报, 22(6): 1685-1695

宋志杰. 2008. 哀牢山—红河剪切带中南段构造岩序列及其地质意义. 北京: 中国地质大学

史晓颖, 侯宇安, 帅开业. 2006. 桂西南晚古生代深水相地层序列及沉积演化. 地学前缘, 13(6): 153-170

孙立新, 白志达, 徐德斌, 等. 2011. 西藏安多蛇绿岩中斜长花岗岩地球化学特征及锆石U-Pb SHRIMP年

龄. 地质调查与研究, 34(1): 10-15
孙晓猛, 简平. 2004. 滇川西部金沙江古特提斯洋的威尔逊旋回. 地质论评, 50(4): 343-351
汪啸风, Metcalfe I, 简平, 等. 1999. 金沙江缝合带构造地层划分及时代厘定. 中国科学D辑: 地球科学, 29(4): 289-298
王保弟, 王立全, 王冬兵, 等. 2011. 三江上叠裂谷盆地人支雪山组火山岩锆石U-Pb定年与地质意义. 岩石矿物学杂志, 30(1): 25-33
王冬兵, 王立全, 尹福光, 等. 2012. 滇西北金沙江古特提斯洋早期演化时限及其性质: 竹林层状辉长岩锆石U-Pb年龄及Hf同位素约束. 岩石学报, 28(5): 1542-1550
王鸿祯. 1997. 地球的节律与大陆动力学的思考. 地学前缘, 4: 1-12
王鸿祯, 杨式溥, 朱鸿, 等. 1990. 中国及邻区古生代生物古地理及全球古大陆再造//中国及邻区构造古地理和生物古地理. 武汉: 中国地质大学出版社: 35-86
王疆丽, 林方成, 朱华平, 等. 2013. 老挝万象省爬立山铁矿成矿二长花岗岩锆石SHRIMP U-Pb 定年及其地质意义. 沉积与特提斯地质, 33(3): 87-93
王立全, 潘桂棠, 李定谋, 等. 1999. 金沙江弧–盆系时空结构及地史演化. 地质学报, 73(3): 206-218
王立全, 潘桂棠, 朱弟成, 等. 2006. 藏北双湖鄂柔地区变质岩和玄武岩的Ar-Ar年龄及意义. 地学前缘, 13(4): 221-232
王培生. 1986. 云南德钦蛇绿岩中基性熔岩的岩石化学特征初步研究. 青藏高原地质文集, 9: 207-219
王顺华, 王照波. 2004. 哀牢山造山带南段构造混杂岩–蛇绿岩带的发现. 云南地质, 23(3): 287-303
王彦斌, 韩娟, 曾普胜, 等. 2010. 云南德钦羊拉大型铜矿区花岗闪长岩的锆石U-Pb年龄、Hf同位素特征及其地质意义. 岩石学报, 26(6): 1833-1844
王义昭, 丁俊. 1996. 云南哀牢山中深变质岩系构造变形特征及演变. 沉积与特提斯地质, (20): 57-60
王义昭, 李兴林, 段丽兰. 2000. 三江地区南段大地构造与成矿. 北京: 地质出版社
王喻鸣, 张玉芝, 钱鑫. 2015. 滇西半坡杂岩体斜长岩特征及其 U-Pb 年代学. 云南地质, (3): 340-345
王忠诚, 吴浩若, 邝国敦. 1997. 桂西晚古生代海相玄武岩的特征及其形成环境. 岩石学报, 13(2): 260-265
韦振权, 夏斌, 周国庆, 等. 2007. 西藏丁青宗白蛇绿混杂岩地球化学特征及其洋中脊叠加洋岛的成因. 地质论评, 53(2): 187-197
魏启荣, 沈上越. 1997. “三江”地区哀牢山西侧三类弧火山岩特征. 地质科技情报, 16(2): 13-18
魏启荣, 沈上越, 莫宣学. 1998. 哀牢山硅质岩特征及其意义. 地质科技情报, 17(2): 29-36
魏启荣, 沈上越, 禹华珍. 1999. 哀牢山蛇绿岩带两种玄武岩的成因探讨. 特提斯地质, 23: 39-45
魏启荣, 沈上越, 莫宣学, 等. 2003. 三江地区古特提斯火山岩源区物质的Sr-Nd-Pb同位素体系特征. 矿物岩石, 23(1): 55-60
吴福元, 李献华, 郑永飞, 等. 2007. Lu-Hf 同位素体系及其岩石学应用. 岩石学报, 23(2): 185-220
吴福元, 万博, 赵亮, 等. 2020. 特提斯地球动力学. 岩石学报, 36(6): 1627-1674
吴根耀, 王晓鹏, 钟大赉, 等. 2000. 川滇藏交界区二叠纪—早三叠世的两套弧火山岩. 地质科学, (3): 350-362
吴根耀, 马力, 钟大赉, 等. 2001. 滇桂交界区印支期增生弧型造山带: 兼论与造山作用耦合的盆地演化. 石油实验地质, 23(1): 8-18

肖序常, 李廷栋. 2000. 青藏高原的构造演化与隆升机制. 广州: 广东科技出版社: 239-268

谢才富, 朱金初, 丁式江, 等. 2006. 海南尖峰岭花岗岩体的形成时代、成因及其与抱伦金矿的关系. 岩石学报, 22(10): 2493-2508

徐伟, 刘玉平, 郭利果, 等. 2008. 滇东南八布蛇绿岩地球化学特征及构造背景. 矿物学报, 28(1): 6-14

许志琴, 杨经绥, 李文昌, 等. 2013. 青藏高原中的古特提斯体制与增生造山作用. 岩石学报, 29(6): 1847-1860

许志琴, 王勤, 李忠海, 等. 2016. 印度–亚洲碰撞: 从挤压到走滑的构造转换. 地质学报, 90(1): 1-23

闫全人, 王宗起, 刘树文, 等. 2005. 西南三江特提斯洋扩张与晚古生代东冈瓦纳裂解: 来自甘孜蛇绿岩辉长岩的SHRIMP年代学证据. 科学通报, 50(2): 158-166

杨家瑞. 1986. 哀牢山中段双沟一带蛇绿岩的序列特征及其地质意义. 云南地质, 5(4): 292-302

杨江海, 颜佳新, 黄燕. 2017. 从晚古生代冰室到早中生代温室的气候转变: 兼论东特提斯低纬区的沉积记录与响应. 沉积学报, 35(5): 981-993

杨经绥, 许志琴, 耿全如, 等. 2006. 中国境内可能存在一条新的高压/超高压(?)变质带——青藏高原拉萨地体中发现榴辉岩带. 地质学报, 80(12): 1787-1792

杨经绥, 许志琴, 李天福, 等. 2007. 青藏高原拉萨地块中的大洋俯冲型榴辉岩: 古特提斯洋盆的残留? 地质通报, 26(10): 1277-1287

杨文强, 冯庆来, 段向东. 2007. 滇西南昌宁–孟连构造带晚泥盆世枕状玄武岩和层状硅质岩的特征. 地质通报, 26(6): 739-747

杨一增, 龙群, 胡焕婷, 等. 2013. 越南西北部莱州地区新生代煌斑岩地球化学特征及其成因. 岩石学报, 29(3): 899-911

殷鸿福, 吴顺宝, 杜远生. 1999. 华南是特提斯多岛洋体系的一部分. 地球科学——中国地质大学学报, 24(1): 1-12

云南省地质矿产局. 1990. 云南省区域地质志. 北京: 地质出版社: 1-352

翟庆国, 李才, 程立人, 等. 2004. 西藏羌塘角木日地区二叠纪蛇绿岩的地质特征及意义. 地质通报, (12): 1228-1230

翟庆国, 李才, 黄小鹏. 2006. 西藏羌塘中部角木日地区二叠纪玄武岩的地球化学特征及其构造意义. 地质通报, (12): 1419-1427

翟庆国, 李才, 黄小鹏. 2007. 西藏羌塘中部古特提斯洋残片? 来自果干加年山变质基性岩地球化学证据. 中国科学D辑: 地球科学, 37 (7): 866-872

翟庆国, 李才, 王军, 等. 2009. 藏北羌塘中部绒玛地区蓝片岩岩石学、矿物学和^{40}Ar/^{39}Ar 年代学. 岩石学报, 25(9): 2281-2288

张斌辉, 丁俊, 张林奎, 等. 2013. 滇东南八布蛇绿岩的SHRIMP锆石U-Pb年代学研究. 地质学报, 87(10): 1-13

张国伟, 郭安林, 董云鹏, 等. 2011. 大陆地质与大陆构造和大陆动力学. 地学前缘, 18(3): 1-12

张进江, 钟大赉, 桑海清, 等. 2006. 哀牢山—红河构造带古新世以来多期活动的构造和年代学证据. 地质科学, 41(2): 291-310

张旗, 李达周, 张魁武, 等. 1986. 云南景谷县半坡镁铁质和超链铁质堆晶岩: 一个可能的阿拉斯加型岩体//

青藏高原研究, 横断山考察专集(2). 北京: 北京科学技术出版社: 125-136
张旗, 周德进, 李秀云, 等. 1995. 云南双沟蛇绿岩的特征和成因. 岩石学报, 11(S1): 190-202
张旗, 周德进, 赵大升, 等. 1996. 滇西古特提斯造山带的威尔逊旋回: 岩浆活动记录和深部过程讨论. 岩石学报, 12(1): 17-29
张万平, 王立全, 王保弟, 等. 2011. 江达–维西火山岩浆弧中段德钦岩体年代学、地球化学及岩石成因. 岩石学报, 27(9): 2577-2590
张修政, 董永胜, 施建荣, 等. 2010a. 羌塘中部龙木错–双湖缝合带中硬玉石榴石二云母片岩的成因及意义. 地学前缘, 17(1): 93-103
张修政, 董永胜, 李才, 等. 2010b. 青藏高原羌塘中部不同时代榴辉岩的识别及其意义——来自榴辉岩及其围岩^{40}Ar-^{39}Ar年代学的证据. 地质通报, 29(12): 1815-1824
张修政, 董永胜, 解超明, 等. 2010c. 安多地区高压麻粒岩的发现及其意义. 岩石学报, 26(7): 2106-2112
张玉修. 2007. 班公湖–怒江缝合带中西段构造演化. 广州: 中国科学院广州地球化学研究所: 1-225
张志斌, 曹德斌. 2002. 滇中楚雄中生代盆地的形成、演化及其与哀牢山造山带的关系——以楚雄西舍路至禄丰碧城镇区域地质综合剖面为例. 地球学报, 23(2): 129-134
张志斌, 刘发刚, 包佳凤. 2005. 哀牢山造山带构造演化. 云南地质, 24(2): 137-141
郑永飞, 陈伊翔, 戴立群, 等. 2015. 发展板块构造理论: 从洋壳俯冲带到碰撞造山带. 中国科学: 地球科学, 45: 711-735
钟大赉. 1998. 滇川西部古特提斯造山带. 北京: 科学出版社
钟大赉, 张进江. 2002. 中国造山带研究的回顾和展望. 地质论评, 48(2): 147-152
周德进, 沈丽璞, 张旗, 等. 1995. 滇西古特提斯构造带玄武岩Dupal异常. 地球物理学进展, 10(2): 39-45
朱勤文, 何昌祥. 1993. 滇西南云县三叠纪火山岩组合及系列的厘定及其构造意义. 现代地质, 7(2): 151-159
朱勤文, 张双全, 谭劲. 1999. 南澜沧江结合带火山岩岩浆成因. 现代地质, 13(2): 137-142
朱日祥, 赵盼, 赵亮. 2022. 新特提斯洋演化与动力过程. 中国科学: 地球科学, 52(1): 1-25
朱同兴, 张启跃, 董瀚, 等. 2006. 藏北双湖地区才多茶卡一带构造混杂岩中发现晚泥盆世和晚二叠世放射虫硅质岩. 地质通报, (12): 1413-1418
Altherr R, Holl A, Hegner E, et al. 2000. High-potassium, calc-alkaline I-type plutonism in the European Variscides: northern Vosges (France) and northern Schwarzwald (Germany). Lithos, 50(1-3): 51-73
Anczkiewicz R, Thirlwall M, Alard O, et al. 2012. Diffusion homogenization of light REE in garnet from the Day Nui Con Voi Massif in N-Vietnam: implications for Sm-Nd geochronology and timing of metamorphism in the Red River Shear Zone. Chemical Geology, 318: 16-30
Atherton M P, Ghani A A. 2002. Slab breakoff: a model for Caledonian, Late Granite syn-collisional magmatism in the orthotectonic (metamorphic) zone of Scotland and Donegal, Ireland. Lithos, 62(3-4): 65-85
Bagheri S, Stampfli G M. 2003. The Paleotethys suture in Central Iran. EGS-AGU-EUG Joint Assembly
Barbarin B. 1999. A review of the relationships between granitoid types, their origins and their geodynamic environments. Lithos, 46(3): 605-626

Barber A J, Crow M J. 2009. The structure of Sumatra and its implications for the tectonic assembly of Southeast Asia and the destruction of Paleotethys. Island Arc, 18: 3-20

Barker F, Arth J G. 1976. Generation of trondhjemitic-tonalitic liquids and Archean bimodal trondhjemite–basalt suites. Geology, 4(10): 596-600

Barr S M, Macdonald A S. 1991. Toward a Late Paleozoic-Early Mesozoic tectonic model for Thailand. Journal of Thailand Geosciences, 1: 11-22

Barr S M, Charusiri P. 2011. Volcanic rocks//Ridd M F, Barber A J, Crow M J. The Geology of Thailand. London: Geological Society: 415-439

Barr S M, Macdonald A S, Yaowanoiyothin W, et al. 1985. Occurrence of blue schist in the Nan River mafic-ultramafic belt, northern Thailand. Warta Geologi, 11: 47-50

Barr S M, Tantisukrit C, Yaowanoiyothin W, et al. 1990. Petrology and tectonic implications of Upper Paleozoic volcanic rocks of the Chiang Mai belt, northern Thailand. Journal of Southeast Asian Earth Sciences, 4: 37-47

Barr S M, Macdonald A S, Dunning D R, et al. 2000. U-Pb zircon age and Paleotectonic setting of the Lampang volcanic belt, Northern Thailand. Journal of Geology Society, 157: 553-563

Barr S M, Macdonald A S, Ounchanum P, et al. 2006. Age, tectonic setting and regional implications of the Chiang Khong volcanic suite, northern Thailand. Journal of the Geological Society, 163: 1037-1046

Barth A P, Wooden J L, Tosdal R M, et al. 1995. Crustal contamination in the petrogenesis of a calc-alkalic Rock Series-Josephine Mountain Intrusion, California. Geological Society of America Bulletin, 107(2): 201-212

Bender J F, Hodges F N, Bence A E. 1978. Petrogenesis of basalts from the project FAMOUS area: experimental study from 0 to 15 kbars. Earth and Planetary Science Letters, 41: 277-302

Bijwaard H. 1999. Seismic travel-time tomography for detailed global mantle structure. Utrecht: Utrecht University

Bindeman I N, Eiler J M, Yogodzinski G M, et al. 2005. Oxygen isotope evidence for slab melting in modern and ancient subduction zones. Earth and Planetary Science Letters, 235(3-4): 480-496

Bittner D, Schmeling H. 1995. Numerical modeling of melting processes and induced diapirism in the lower crust. Geophysical Journal International, 123: 59-70

Bonev N, Stampfli G. 2009. Gabbro, plagiogranite and associated dykes in the supra-subduction zone Evros Ophiolites, NE Greece. Geological Magazine, 146(1): 72-91

Bonin B. 2004. Do coeval mafic and felsic magmas in post-collisional to within-plate regimes necessarily imply two contrasting, mantle and crustal, sources? Lithos, 78(1-2): 1-24

Bostock M G, Vandecar J C. 1995. Upper mantle structure of the northern Cascadia subduction zone. Canadian Journal of Earth Sciences, 32: 1-12

Brookfield M E. 1996. Paleozoic and Triassic geology of Sundaland//Moullade M, Nairn A E M. The Phanerozoic Geology of the World I. Amsterdam: Elsevier: 183-264

Burg J P, Gerya T. 2005. The role of viscous heating in Barrovian metamorphism of collisional orogens:

thermomechanical models and application to the Lepontine Dome in the Central Alps. Journal of Metamorphic Geology, 23: 75-95

Burov E, Francois T, Yamato P, et al. 2012. Mechanisms of continental subduction and exhumation of HP and UHP rocks. Gondwana Research, 25: 464-493

Burov E, Francois T, Agard P, et al. 2014. Rheological and geodynamic controls on the mechanisms of subduction and HP/UHP exhumation of crustal rocks during continental collision: insights from numerical models. Tectonophysics, 631: 212-250

Cai J X, Zhang K J. 2009. A new model for the Indochina and South China ollision during the Late Permian to the Middle Triassic. Tectonophysics, 467: 5-43

Cai J X, Tan X D, Wu Y. 2014a. Magnetic fabric and paleomagnetism of the Middle Triassic siliciclastic rocks from the Nanpanjiang Basin, South China: implications for sediment provenance and tectonic process. Journal of Asian Earth Sciences, 80: 134-147

Cai Y F, Wang Y J, Cawood P A, et al. 2014b. Neoproterozoic subduction along the Ailaoshan zone, South China: geochronological and geochemical evidence from amphibolite. Precambrian Research, 245: 13-28

Cao S Y, Liu J L, Leiss B, et al. 2012. Initiation of left-lateral deformation along the Ailao Shan-Red River shear zone: new microstructural, textural, and geochronological constraints from the Diancang Shan Metamorphic Massif, SW Yunnan, China. International Geology Review, 54(3): 348-367

Caridroit M. 1993. Permian radiolaria from NW Thailand//Thanasuthipitak T. Proceedings of the international symposium on biostratigraphy of mainland Southeast Asia: facies and paleontology (Biosea). Chiang Mai, Thailand: Chiang Mai University: 83-91

Carter A, Clift P D. 2008. Was the Indosinian orogeny a Triassic mountain building or a thermos tectonic reactivation event? Comptes Rendus Geoscience, 340(2-3): 83-93

Carter A, Roques D, Bristow C, et al. 2001. Understanding Mesozoic accretion in Southeast Asia: significance of Triassic thermo tectonism (Indosinian orogeny) in Vietnam. Geology, 29: 211-214

Cawood P A, Mccausland P J A, Dunning G R. 2001. Opening iapetus: constraints from the Laurentian margin in Newfoundland. Geological Society Of America Bulletin, 113: 443-453

Chappell B W. 1999. Aluminium saturation in I- and S-type granites and the characterization of fractionated haplogranites. Lithos, 46(3): 535-551

Chappell B W, White A J R. 1992. I- and S-type granites in the Lachlan Fold Belt. Earth and Environmental Science Transactions of the Royal Society of Edinburgh, 83(1-2): 1-26

Chappell B W, White A J R. 2001. Two contrasting granite types: 25 years later. Australian Journal of Earth Sciences, 48: 488-489

Chappell B W, Wyborn D. 2012. Origin of enclaves in S-type granites of the Lachlan Fold Belt. Lithos, 154: 235-247

Chappell B W, White A J R, Wyborn D. 1987. The importance of residual source material (restite) in granite petrogenesis. Journal of Petrology, 28: 1111-1138

Charusiri P, Clark H A, Farrar E, et al. 1993. Granite belts in Thailand: evidence from the $^{40}Ar/^{39}Ar$ geochronological and geological syntheses. Journal of Southeast Asian Earth Sciences, 8: 127-136

Chen B, Arakawa Y. 2005. Elemental and Nd-Sr isotopic geochemistry of granitoids from the West Junggar foldbelt (NW China), with implications for Phanerozoic continental growth. Geochimica et Cosmochimica Acta, 69(5): 1307-1320

Chen X Y, Liu J L, Tang Y, et al. 2015. Contrasting exhumation histories along a crustal-scale strike-slip fault zone: the Eocene to Miocene Ailao Shan-Red River shear zone in southeastern Tibet. Journal of Asian Earth Sciences, 114: 174-187

Chen Z, Lin W, Faure M, et al. 2014. Geochronology and isotope analysis of the Late Paleozoic to Mesozoic granitoids from Northeastern Vietnam and implications for the evolution of the South China block. Journal of Asian Earth Sciences, 86: 131-150

Chung S L, Jahn B M. 1995. Plume–lithosphere interaction in generation of the Emeishan flood basalts at the Permian–Triassic boundary. Geology. 23: 889-892

Chung S L, Lee T Y, Lo C H, et al. 1997. Intraplate extension prior to continental extrusion along the Ailao Shan– Red River shear zone. Geology, 25(4): 311-314

Clauser C, Huenges E. 1995. Thermal conductivity of rocks and minerals. Rock Physics & Phase Relations: A Handbook of Physical Constants

Clemens J D, Stevens, G, Farina F. 2011. The enigmatic sources of I-type granites: the peritectic connexion. Lithos, 126: 174-181

Cobbing E J, Mallic, D I J, Pitfield P E J, et al. 1986. The granites of the Southeast Asian tin belt. Journal of the Geological Society, 143: 537-550

Cobbing E J, Pitfield P E, Darbyshire D P F, et al. 1992. The granites of the South-East Asian tin belt. Overseas memoir of the British geological survey 10, Her Majesty's Sth Off, Norfolk, England: 1-369

Collins AS. 2003. Structure and age of the northern Leeuwin Complex, Western Australia: constraints from field mapping and U-Pb isotopic analysis. Australian Journal of Earth Sciences, 50: 585-599

Condie K C. 1997. Plate tectonics and crustal evolution. 4th ed. Oxford: Butterworth-Heinemann

D'Orazio M, Agostini S, Innocenti F, et al. 2001. Slab window-related magmatism from southernmost South America: the late Miocene mafic volcanics from the Estancia Glencross area (52°S, Argentina–Chile). Lithos, 57: 67-89

Davies G F. 1999. Dynamic Earth: plates, plumes and mantle convection. Cambridge: Cambridge University Press

Davies J H, von Blanckenburg F. 1995. Slab breakoff: a model of lithosphere detachment and its test in the magmatism and deformation of collisional orogens. Earth and Planetary Science Letters, 129: 85-102

Defant M J, Drummond M S. 1990. Derivation of some modern arc magmas by melting of young subducted lithosphere. Nature, 347(6294): 662-665

Defant M J, Drummond M S. 1993. Mount St. Helens: potential example of the partial melting of the subducted lithosphere in a volcanic arc. Geology, 21: 547-550

Deng J, Wang C M, Zi J W, et al. 2018. Constraining subduction-collision processes of the Paleo-Tethys along the Changning–Menglian Suture: new zircon U-Pb ages and Sr-Nd-Pb-Hf-O isotopes of the Lincang Batholith. Gondwana Research, 62: 75-92

Deprat J. 1914. Etude des plissements et des zones décrasement de la moyenne et de la basse Rivière Noire. Mèmoire du Service Géologique Indochine, 3-4: 1-59

Dilek Y, Thy P. 2006. Age and petrogenesis of plagiogranite intrusions in the Ankara mélange, central Turkey. Island Arc, 15(1): 44-57

Dilek Y, Altunkaynak S. 2009. Geochemical and temporal evolution of Cenozoic magmatism in western Turkey: mantle response to collision, slab break-off, and lithospheric tearing in an orogenic belt. Geological Society, London, Special Publications: 311, 213-233

Dilek Y, Furnes H. 2011. Ophiolite genesis and global tectonics: geochemical and tectonic fingerprinting of ancient oceanic lithosphere. Geological Society of America Bulletin, 123(3-4): 387-411

Dilek Y, Furnes H. 2014. Ophiolites and their origins. Elements, 10: 93-100

Dilek Y, Furnes H, Shallo M. 2008. Geochemistry of the Jurassic Mirdita Ophiolite (Albania) and the MORB to SSZ evolution of a marginal basin oceanic crust. Lithos, 100: 174-209

Ding L, Yang D, Cai F L, et al. 2013. Provenance analysis of the Mesozoic Hoh-Xil-Songpan-Ganzi turbidities in northern Tibet: implications for the tectonic evolution of the eastern Paleo-Tethys Ocean. Tectonics, 32: 34-48

Donaire T, Pascual E, Pin C, et al. 2005. Microgranular enclaves as evidence of rapid cooling in granitoid rocks: the case of the Los Pedroches granodiorite, Iberian Massif, Spain. Contributions to Mineralogy and Petrology, 149(3): 247-265

Dong G C, Mo X X, Zhao Z D, et al. 2013. Zircon U-Pb dating and the petrological and geochemical constraints on Lincang granite in Western Yunnan, China: implications for the closure of the Paleotethys Ocean. Journal of Asian Earth Sciences, 62: 282-294

Dorais M J, Spencer C J. 2014. Revisiting the importance of residual source material (restite) in granite petrogenesis: the Cardigan Pluton, New Hampshire. Lithos, 202: 237-249

Douce A E P, Beard J S. 1995. Dehydration-melting of biotite gneiss and quartz amphibolite from 3 to 15 kbar. Journal of Petrology, 36(3): 707-738

Eby G N. 1990. The A-type granitoids—a review of their occurrence and chemical characteristics and speculations on their petrogenesis. Lithos, 26(1-2): 115-134

Ellis D J, Thompson A B. 1986. Subsolidus and partial melting reactions in the quartz-excess $CaO+MgO+Al_2O_3+SiO_2+H_2O$ system under water-excess and water-deficient conditions to 10 kb-some implications for the origin of peraluminous melts from mafic rocks. Journal of Petrology, 27(1): 91-121

Fan J J, Li C, Xie C M, et al. 2017. Remnants of late Permian-Middle Triassic ocean islands in northern Tibet: implications for the late stage evolution of the Paleo-Tethys Ocean. Gondwana Research, 44: 7-21

Fan W M, Guo F, Wang Y J, et al. 2001. Post-orogenic bimodal volcanism along the Sulu orogenic belt in Eastern China. Physics and Chemistry of the Earth. Part A: Solid Earth and Geodesy, 26: 733-746

Fan W M, Guo F, Wang Y J, et al. 2003. Late Mesozoic calc-alkaline volcanism of post-orogenic extension in the northern Da Hinggan Mountains, northeastern China. Journal of Volcanology and Geothermal Research, 121: 115-135

Fan W M, Zhang C H, Wang Y J, et al. 2008. Geochronology and geochemistry of Permian basalts in western Guangxi Province, Southwest China: evidence for plume - lithosphere interaction. Lithos, 102: 218-236

Fan W M, Wang Y J, Zhang A M, et al. 2010. Permian arc-back-arc basin development along the Ailaoshan tectonic zone: geochemical, isotopic and geochronological evidence from the Mojiang volcanic rocks, Southwest China. Lithos, 119(3-4): 553-568

Fan W M, Wang Y J, Zhang Y H, et al. 2015. Paleotethyan subduction process revealed from Triassic blueschists in the Lancang tectonic belt of Southwest China. Tectonophysics, 662: 95-108

Fang N Q, Yang W. 1991. A study of the oxygen and carbon isotope records from Upper Carboniferous to Lower Permian in Western Yunnan, China//Ren J, Xie G. Proceedings of First International Symposium on Gondwana Dispersion and Asian Accretion-Geological Evolution of Eastern Tethys. Beijing: China University of Geosciences: 35-36

Fang N Q, Liu B P, Feng Q L. 1994. Late Paleozoic and Triassic deep-water deposits and tectonic evolution of the Palaeotethys in the Changning-Menglian and Lancangjiang belts, Southwestern Yunnan. Journal of Southeast Asian Earth Sciences, 9: 363-374

Fang N Q, Feng Q L, Zhang S H. 1998. Paleo-Tethys evolution recorded in the Changning-Menglian Belt, western Yunnan, China. Earth & Planetary Sciences, 326: 275-282

Fang W, Van Der Voo R, Liang Q. 1989. Devonian palaeomagnetism of Yunnan province across the Shan Thai-South China suture. Tectonics, 8: 939-952

Faure M, Lepvrier C, Nguyen V V, et al. 2014. The South China block-Indochina collision: where, when, and how? Journal of Asian Earth Sciences, 79: 260-274

Faure M, Lin W, Chu Y, et al. 2016. Triassic tectonics of the Ailaoshan Belt (SW China): Early Triassic collision between the South China and Indochina Blocks, and Middle Triassic intracontinental shearing. Tectonophysics, 683(30): 27-42

Feng Q L, Ye M. 1996. Radiolarian stratigraphy of Devonian through Middle Triassic in southwestern Yunnan//Long X. Devonian to Triassic Tethys in Western Yunnan, China. Wuhan: China University of Geosciences Press, 15-22

Feng Q L, Liu B P. 2002. Early Permian Radiolarians from Babu Ophiolitic Mélange in Southeastern Yunnan. Earth Science—Journal of China University of Geosciences, 27: 1-5

Feng Q L, Chongpan C, Dietrich H, et al. 2004. Long-lived Paleotethyan pelagic remnant inside Shan-Thai Block: evidence from radiolarian biostratigraphy. Science in China Series D: Earth Sciences, 47: 1113-1119

Feng Q L, Chonglakmani C, Helmcke D, et al. 2005. Correlation of Triassic stratigraphy between the Simao and Lampang-Phrae Basins: implications for the tectonopaleogeography of Southeast Asia. Journal of Asian Earth Sciences, 24(6): 777-785

Feng Q L, Yang W Q, Shen S Y, et al. 2008. The Permian seamount stratigraphic sequence in Chiang Mai, North Thailand and its tectogeographic significance. Science in China Series D: Earth Sciences, 51: 1768-1775

Ferrari O M, Hochard C, Stampfli G M. 2008. An alternative plate tectonic model for the Paleozoic-Early Mesozoic Paleotethyan evolution of Southeast Asia (Northern Thailand-Burma). Tectonophysics, 451: 346-365

Ferry J M, Watson E B. 2007. New thermodynamic models and revised calibrations for the Ti-in-zircon and Zr-in-rutile thermometers. Contributions to Mineralogy and Petrology, 154(4): 429-437

Findlay R H. 1997. The Song Ma Anticlinorium, northern Vietnam: the structure of an allochtonous terrane containing an Early Paleozoic island arc sequence. Journal of Asian Earth Sciences, 15(6): 453-464

Findlay R H, Trinh P T. 1997. The structural setting of the Song Ma region, Vietnam and the Indochina-South China plate boundary problem. Gondwana Research, 1(1): 11-33

Flagler P A, Spray J G. 1991. Generation of plagiogranite by amphibolite anatexis in oceanic shear zones. Geology, 19(1): 70-73

Flood R H, Shaw S E. 2014. Microgranitoid enclaves in the felsic Looanga monzogranite, New England Batholith, Australia: pressure quench cumulates. Lithos, 198: 92-102

Floyd P A, M K Yaliniz, M C Goncuoglu. 1998. Geochemistry and petrogenesis of intrusive and extrusive ophiolitic plagiogranites, central Anatolian Crystalline Complex, Turkey. Lithos, 42(3-4): 225-241

Foley S F, Barth M G, Jenner G A. 2000. Rutile/melt partition coefficients for trace elements and an assessment of the influence of rutile on the trace element characteristics of subduction zone magmas. Geochimica et Cosmochimica Acta, 64: 933-938

Fontaine H. 2002. Permian of Southeast Asia: an overview. Journal of Asian Earth Sciences, 20 (6): 567-588

Fromaget J. 1932. Surla structure des Indosinides. Comptes Rendus de 1'Académie des Sciences, 195: 538

Fu S, Hu R, Bi X, et al. 2015. Origin of Triassic granites in central Hunan Province, South China: constraints from zircon U-Pb ages and Hf and O isotopes. International Geology Review, 57: 97-111

Fujii T, Bougault H. 1983. Melting relations of a magnesian abyssal tholeiite and the origin of MORBs. Earth and Planetary Science Letters, 62: 283-295

Fukao Y, Widiyantoro S, Obayashi M. 2001. Stagnant slabs in the upper and lower mantle transition region. Reviews of Geophysics, 39: 291-323

Gan C S, Wang Y J, Zhang Y Z, et al. 2016. The identification and implications of the Late Jurassic shoshonitic high-Mg andesite from the Youjiang basin. Acta Petrologica Sinica, 32(11): 3281-3294

Gan C S, Wang Y J, Zhang Y Z, et al. 2021. The assembly of the South China and Indochina blocks: constraints from the Triassic felsic volcanics in the Youjiang Basin. Geological Society of America Bulletin, 133(9-10): 2097-2112

Gansser A. 1964. Geology of the Himalaya. New York: John Wiley and Sons Ltd.: 1-189

Gao P, Zheng Y F, Zhao Z F. 2016. Distinction between S-type and peraluminous I-type granites: zircon versus whole-rock geochemistry. Lithos, 258-259: 77-91

Gao P, Zheng Y F, Zhao Z F. 2017, Triassic granites in South China: a geochemical perspective on their characteristics, petrogenesis, and tectonic significance. Earth-Science Reviews, 173: 266-294

Gardiner N J, Searle M P, Morley C K, et al. 2016a. The closure of Palaeotethys in Eastern Myanmar and Northern Thailand: new insights from zircon U-Pb and Hf isotope data. Gondwana Research, 39: 401-422

Gardiner N J, Searle M P, Morley C K, et al. 2016b. The closure of Palaeotethys in Eastern Myanmar and Northern Thailand: new insights from zircon U-Pb and Hf isotope data. Gondwana Research, 39: 401-422

Genc S C, Tuysuz O. 2010. Tectonic setting of the Jurassic bimodal magmatism in the Sakarya Zone (Central and Western Pontides), Northern Turkey: a geochemical and isotopic approach. Lithos, 118: 95-111

Gertisser R, Keller J. 2003. Temporal variations in magma composition at Merapi Volcano (Central Java, Indonesia): magmatic cycles during the past 2000 years of explosive activity. Journal of Volcanology and Geothermal Research, 123: 1-23

Gerya T V, Yuen D A. 2007. Robust characteristics method for modelling multiphase visco-elasto-plastic thermo-mechanical problems. Physics of the Earth and Planetary Interiors, 163: 83-105

Gerya T V, Yuen D A, Maresch W V. 2004. Thermomechanical modelling of slab detachment. Earth & Planetary Science Letters, 226(1-2): 101-116

Golonka J. 2007. Late Triassic and Early Jurassic palaeogeography of the world. Palaeogeography, Palaeoclimatology, Palaeoecology, 244(1-4): 297-307

Gorbatov A, Widiyantoro S, Fukao Y, et al. 2000. Signature of remnant slabs in the North Pacific from P-wave tomography. Geophysical Journal International, 142: 27-36

Gorring M, Singer B, Gowers J, et al. 2003. Plio-Pleistocene basalts from the Meseta del Lago Buenos Aires, Argentina: evidence for asthenosphere-lithosphere interactions during slab window magmatism. Chemical Geology, 193(3-4): 215-235

Green N L. 2006. Influence of slab thermal structure on basalt source regions and melting conditions: REE and HFSE constraints from the Garibaldi volcanic belt, northern Cascadia subduction system. Lithos, 87: 23-49

Green T H. 1995. Significance of Nb/Ta as an indicator of geochemical processes in the crust-mantle system. Chemical Geology, 120(3-4): 347-359

Green D H, Ringwood A. 1967. An experimental investigation of the gabbro to eclogite transformation and its petrological applications. Geochimica et Cosmochimica Acta, 31: 767-833

Gribble R F, Stern R J, Newman S, et al. 1998. Chemical and isotopic composition of lavas from the Northern Mariana Trough: implications for magmagenesis in back-arc basins. Journal of Petrology, 39(1): 125-154

Griffin W L, Wang X, Jackson S E, et al. 2002. Zircon chemistry and magmamixing, SE China: in-situ analysis of Hf isotopes, Tonglu and Pingtan igneous complexes. Lithos, 61: 237-269

Guo F, Fan W M, Wang Y J, et al. 2004. Upper Paleozoic basalts in the southern Yangtze block: geochemical and Sr-Nd isotopic evidence for asthenosphere-lithosphere interaction and opening of the Paleo-Tethyan

Ocean. International Geology Review, 46(4): 332-346

Guo Z, Hertogen J A N, Liu J, et al. 2005. Potassic magmatism in Western Sichuan and Yunnan Provinces, SE Tibet, China: petrological and geochemical constraints on petrogenesis. Journal of Petrology, 46: 33-78

Gutscher M A. 2002. Andean subduction styles and their effect on thermal structure and interplate coupling. Journal of South American Earth Sciences, 15: 3-10

Gutscher M A, Lallemand S, 1999. Birth of a major strike-slip fault in SW Japan. Terra Nova, 11: 203-209

Gutscher M A, Maury R, Eissen J P, et al. 2000. Can slab melting be caused by flat subduction? Geology, 28: 535-538

Hall R, Sevastjanova I. 2012. Australian crust in Indonesia. Australian Journal of Earth Sciences, 59: 827-844

Halpin J A, Tran H T, Lai C K, et al. 2016. U-Pb zircon geochronology and geochemistry from NE Vietnam: a 'tectonically disputed' territory between the Indochina and South China blocks. Gondwana Research, 34: 254-273

Hara H, Wakita K, Ueno K, et al. 2009. Nature of accretion related to Paleo-Tethys subduction recorded in northern Thailand: constraints from mélange kinematics and illite crystallinity. Gondwana Research, 16: 310-320

Hart S R, 1984. A large-scale isotope anomaly in the Southern Hemisphere mantle. Nature, 309: 753-757

Hawkesworth C, Turner S, Gallagher K, et al. 1995. Calc-alkaline magmatism, lithospheric thinning and extension in the Basin and Range. Journal of Geophysical Research, 100: 10271-10286

Hawkesworth C J, McDermott F, Peate D W, et al. 1997a. U-Th isotopes in arc magmas: implications for elemental transfer from the subducted crust. Science, 276: 551-555

Hawkesworth C J, Turner S, Peate W D, et al. 1997b. Elemental U and Th variations in island arc rocks: implications for U-series isotopes. Chemical Geology, 139: 207-221

He H Y, Wang Y J, Zhang Y H, et al. 2017. Fingerprints of the Paleotethyan back-arc basin in Central Hainan, South China: geochronological and geochemical constraints on the Carboniferous metabasites. International Journal of Earth Sciences, 107(2): 553-570

He H Y, Wang Y J, Qian X, et al. 2018. The Bangxi-Chenxing tectonic zone in Hainan Island (South China) as the eastern extension of the Song Ma-Ailaoshan zone: evidence of Late Paleozoic and Triassic igneous rocks. Journal of Asian Earth Sciences, 164: 274-291

He H Y, Wang Y J, Cawood P A, et al. 2020. Permo-Triassic granitoids, Hainan Island, link to Paleotethyan not Paleopacific tectonics. GSA Bulletin, 132(9-10): 2067-2083

Healy B, Collins W J, Richards S W. 2004. A hybrid origin for Lachlan S-type granites: the Murrumbidgee Batholith example. Lithos, 78(1-2): 197-216

Helmcke D. 1985. The Permo-Triassic 'Paleotethys' in Mainland Southeast Asia and adjacent parts of China. Geologische Rundschau, 74: 215-228

Helmcke D, Ingavat-Helmcke R, Feng Q, et al. 2001. On geodynamic evolution of Simao Region (Southwestern Yunnan, China) during Late Paleozoic and Triassic. Journal of China University of Geosciences, 12(3): 195-200

Hennig D, Lehmann B, Frei D, et al. 2009. Early Permian seafloor to continental arc magmatism in the eastern Paleo-Tethys: U-Pb age and Nd-Sr isotope data from the southern Lancangjiang zone, Yunnan, China. Lithos, 113(3-4): 408-422

Hermann J. 2002. Experimental constraints on phase relations in subducted continental crust. Contributions to Mineralogy and Petrology, 143: 219-235

Heppe K. 2006. Plate Tectonic evolution and mineral resource potential of the Lancang River Zone, southwestern Yunnan, People's Republic of China. Geologisches Jahrbuch SD, 7: 1-159

Hieu P T, Chen F, Me L T, et al. 2012. Zircon U-Pb ages and Hf isotopic compositions from the Sin Quyen Formation: the Precambrian crustal evolution of northwest Vietnam. International Geology Review, 54(13): 1548-1561

Hieu P T, Yang Y Z, Binh D Q, et al. 2015. Late Permian to Early Triassic crustal evolution of the Kontum massif, central Vietnam: zircon U-Pb ages and geochemical and Nd-Hf isotopic composition of the Hai Van granitoid complex. International Geology Review, 57(15): 1877-1888

Hieu P T, Li S Q, Yu Y, et al. 2016. Stages of late Paleozoic to early Mesozoic magmatism in the Song Ma belt, NW Vietnam: evidence from zircon U-Pb geochronology and Hf isotope composition. International Journal of Earth Sciences, 106: 855-874

Hieu P T, Anh N T Q, Minh P, et al. 2019. Geochemistry, zircon U-Pb ages and HF isotopes of the Muong Luan granitoid pluton, Northwest Vietnam and its petrogenetic significance. Island Arc, 29(1): 1-15

Hoa T T, Anh T T, Phuong T, et al. 2008. Permo-Triassic intermediate-felsic magmatism of the Truong Son belt, eastern margin of Indochina. Comptes Rendus Geoscience, 340: 112-126

Hofmann A W. 1997. Mantle geochemistry: the message from oceanic volcanism. Nature, 385(6613): 219-229

Hongo Y, Obata H, Gamo T, et al. 2007. Rare earth elements in the hydrothermal system at Okinawa Trough back-arc basin. Geochemical Journal, 41(1): 1-15

Hopper D J, Smith I E M. 1996. Petrology of the gabbro and sheeted basaltic intrusive at North Cape, New Zealand. Journal of Geophysical Research, 39: 389-402

Hou Z Q, Wang L Q, Zaw K, et al. 2003. Post-collisional crustal extension setting and VHMS mineralization in the Jinshajiang orogenic belt, southwestern China. Ore Geology Reviews, 22(3): 177-199

Houseman G A, Molnar P. 1997. Gravitational (Rayleigh–Taylor) instability of a layer with non-linear viscosity and convective thinning of continental lithosphere. Geophysical Journal International, 128: 25-150

Hu F Y, Wu F Y, Wang J G, et al. 2022. Newly discovered Early Carboniferous and Late Permian magmatic rocks in eastern Myanmar: implications for the tectonic evolution of the eastern Paleo-Tethys. Journal of Asian Earth Sciences, 227: 105093

Hu R Z, Fu S L, Huang Y, et al. 2017. The giant South China Mesozoic low-temperature metallogenic domain: reviews and a new geodynamic model. Journal of Asian Earth Sciences, 137(15): 9-34

Hu W J, Zhong H, Zhu W G, et al. 2019. Rift- and subduction-related crustal sequences in the Jinshajiang ophiolitic mélange, SW China: insights into the eastern Paleo-Tethys. Lithosphere, 11(6): 821-833

Huang X L, Niu Y, Xu Y G, et al. 2010. Mineralogical and geochemical constraints on the petrogenesis of post-collisional potassic and ultrapotassic rocks from Western Yunnan, SW China. Journal of Petrology, 51: 1617-1654

Huangfu P P, Wang Y J, Li Z H, et al. 2016. Effects of crustal eclogitization on plate subduction/collision dynamics: implications for India-Asia collision. Journal of Earth Science, 27(5): 727-739

Hutchison C S. 1975. Ophiolites in Southeast Asia. Geological Society of America Bulletin, 86: 797-806

Hutchinson C S. 1989. Geological evolution of SE Asia. Oxford Monographs on Geology and Geophysics, 13. Oxford: Clarendon: 1-368

Intasopa S. 1993. Petrology and geochronology of the volcanic rocks of the central Thailand volcanic belt. New Brunswick: University of New Brunswick

Intasopa S B, Dunn T. 1994. Petrology and Sr-Nd isotopic systems of the basalts and rhyolites, Loei, Thailand. Journal of Southeast Asian Earth Sciences, 9: 167-180

Irvine T N, Baragar W R A. 1971. A guide to the chemical classification of the common volcanic rocks. Canadian Journal of Earth Sciences, 8: 523-548

Ito T, Qian X, Feng Q L. 2016. Geochemistry of Triassic siliceous rocks of the Muyinhe Formation in the Changning-Menglian belt of Southwest China. Journal of Earth Science, 27: 403-411

Ji S C, Zhao P L. 1993. Flow laws of multiphase rocks calculated from experimental-data on the constituent phases. Earth and Planetary Science Letters, 117: 181-187

Jian P, Wang X, He L, et al. 1998. U-Pb zircon dating of the Shuanggou ophiolite from Xingping County, Yunnan Province. Acta Petrologica Sinica, 14: 207-212

Jian P, Liu D, Sun X. 2004. SHRIMP dating of Jicha Alaskan-type gabbro in West Yunnan Province: evidence for Early Permian subduction. Acta Geologica Sinica, 78: 166-170

Jian P, Liu D Y, Sun X M. 2008. SHRIMP dating of the Permo-Carboniferous Jinshajiang ophiolite, southwestern China: geochronological constraints for the evolution of Paleo-Tethys. Journal of Asian Earth Sciences, 32: 371-384

Jian P, Liu D Y, Kroner A, et al. 2009a. Devonian to Permian plate tectonic cycle of the Paleo-Tethys Orogen in southwest China (I): geochemistry of ophiolites, arc/backarc assemblages and within-plate igneous rocks. Lithos, 113(3-4): 748-766

Jian P, Liu D Y, Kroner A, et al. 2009b. Devonian to Permian plate tectonic cycle of the Paleo-Tethys Orogen in southwest China (II): insights from zircon ages of ophiolites, arc/back-arc assemblages and within-plate igneous rocks and generation of the Emeishan CFB province. Lithos, 113(3-4): 767-784

Jiang Y H, Liao S Y, Yang W Z, et al. 2008. An island arc origin of plagiogranites at Oytag, western Kunlun orogen, northwest China: SHRIMP zircon U-Pb chronology, elemental and Sr-Nd-Hf isotopic geochemistry and Palaeozoic tectonic implications. Lithos, 106: 323-335

Jiao S J, Li X H, Huang H Q, et al. 2015. Metasedimentary melting in the formation of charnockite: petrological and zircon U-Pb-Hf-O isotope evidence from the Darongshan S-type granitic complex in southern China. Lithos, 239: 217-233

Jin X C. 2002. Permo-Carboniferous sequences of Gondwana affinity in Southwest China and their paleogeographic implications. Journal of Asian Earth Sciences, 20: 633-646

Jung C, Jung S, Hoffer E, et al. 2006. Petrogenesis of Tertiary mafic alkaline magmas in the Hocheifel, Germany. Journal of Petrology, 47: 1637-1671

Jung S, Hoernes S. 2000. The major- and trace-element and isotope (Sr, Nd, O) geochemistry of Cenozoic alkaline volcanic rocks from the Rhön area (Central Germany): petrology, mantle source characteristics, and implications for asthenosphere-lithosphere interactions. Journal of Volcanology and Geothermal Research, 99: 27-53

Kamvong T, Zaw K, Meffre S, et al. 2014. Adakites in the Truong Son and Loei fold belts, Thailand and Laos: genesis and implications for geodynamics and metallogeny. Gondwana Research, 26(1): 165-184

Kapp P, Yin A, Manning C E, et al. 2000. Blueschist-bearing metamorphic core complexes in the Qiangtang block reveal deep crustal structure of northern Tibet. Geology, 28: 19-22

Kapp P, Murphy M A, Yin A. 2003. Mesozoic and Cenozoic tectonic evolution of the Shiquanhe area of western Tibet. Tectonics, 22: 253-253

Kay S, Abbruzzi J. 1996. Magmatic evidence for Neogene lithospheric evolution of the central Andean "flat-slab" between 30°S and 32°S. Tectonophysics, 259: 15-28

Kimura J I, Yoshida T. 2006. Contributions of slab fluid, mantle wedge and crust to the origin of Quaternary lavas in the NE Japan arc. Journal of Petrology, 47: 2185-2232

Kirby S H. 1983. Rheology of the Lithosphere. Reviews of Geophysics, 21: 1458-1487

Kirby S H, Kronenberg A K. 1987. Rheology of the Lithosphere: selected topics. Reviews of Geophysics, 25(6): 1219-1244

Klemme S, Blundy J D, Wood B J. 2002. Experimental constraints on major and trace element partitioning during partial melting of eclogite. Geochimica et Cosmochimica Acta, 66(17): 3109-3123

Koepke J, Feig S, Snow J, et al. 2004. Petrogenesis of oceanic plagiogranites by partial melting of gabbros: an experimental study. Contributions to Mineralogy and Petrology, 146(4): 414-432

Koepke J, Berndt J, Feig S T, et al. 2007. The formation of SiO_2-rich melts within the deep oceanic crust by hydrous partial melting of gabbros. Contributions to Mineralogy and Petrology, 153: 67-84

Lai C K, Meffre S, Crawford A J, et al. 2014a. The Central Ailaoshan ophiolite and modern analogs. Gondwana Research, 26(1): 75-88

Lai C K, Meffre S, Crawford A J, et al. 2014b. The Western Ailaoshan Volcanic Belts and their SE Asia connection: a new tectonic model for the Eastern Indochina Block. Gondwana Research, 26(1): 52-74

Lai S C, Qin J F, Li Y F, et al. 2012. Permian high Ti/Y basalts from the eastern part of the Emeishan Large Igneous Province, southwestern China: petrogenesis and tectonic implications. Journal of Asian Earth Sciences, 47: 216-230

Lallemand S, Heuret A, Boutelier D. 2005. On the relationships between slab dip, back-arc stress, upper plate absolute motion, and crustal nature in subduction zones. Geochemistry, Geophysics, Geosystems, 6(9):

1-18

Lan C Y, Chung S L, Shen J J S, et al. 2000. Geochemical and Sr-Nd isotopic characteristics of granitic rocks from northern Vietnam. Journal of Asian Earth Sciences, 18(3): 267-280

Lan C Y, Chung S L, Lo C H, et al. 2001. First evidence for Archean continental crust in northern Vietnam and its implication for crustal and tectonic evolution in Southeast Asia. Geology, 29: 219-222

Lan C Y, Chung S L, Van Long T, et al. 2003. Geochemical and Sr-Nd isotopic constraints from the Kontum massif, central Vietnam on the crustal evolution of the Indochina block. Precambrian Research, 122: 7-27

Lee C P. 2009. Palaeozoic stratigraphy//Hutchison C S, Tan D N K. Geology of Peninsular Malaysia. University of Malaya and Geological Society of Malaysia: 55-86

Lehrmann D J, Chaikin D H, Enos P, et al. 2015. Patterns of basin fill in Triassic turbidites of the Nanpanjiang basin: implications for regional tectonics and impacts on carbonate-platform evolution. Basin Research, 27(5): 587-612

Leloup P H, Lacassin R, Tapponnier P, et al. 1995. The Ailao Shan-Red River shear zone (Yunnan, China), Tertiary transform boundary of Indochina. Tectonophysics, 251: 3-10

Lepvrier C, Maluski H, Van Vuong N, et al. 1997. Indosinian NW-trending shear zones within the Truong Son belt (Vietnam) ^{40}Ar-^{39}Ar Triassic ages and Cretaceous to Cenozoic overprints. Tectonophysics, 283(1-4): 105-127

Lepvrier C, Maluski H, Van Tich V, et al. 2004. The Early Triassic Indosinian orogeny in Vietnam (Truong Son Belt and Kontum Massif); implications for the geodynamic evolution of Indochina. Tectonophysics, 393(1-4): 87-118

Lepvrier C, Van V N, Maluski H, et al. 2008. Indosinian tectonics in Vietnam. Comptes Rendus Geoscience, 340(2-3): 94-111

Lepvrier C, Faure M, Van N, et al. 2011. North-directed Triassic nappes in Northeastern Vietnam (East Bac Bo). Journal of Asian Earth Sciences, 41(1): 56-68

Li C, Zhai G Q, Dong Y S, et al. 2006. Discovery of eclogite and its geological significance in Qiangtang area, central Tibet. Chinese Science Bulletin, 51: 1095-1100

Li C, Zhai G Q, Dong Y S, et al. 2007. Longmuco–Shuanghu plate suture and evolution records of paleo-Tethyan oceanic in Qiangtang area, Qinghai–Tibet plateau. Frontiers of Earth Science in China, 1(3): 257-264

Li C, Zhai G Q, Dong Y S, et al. 2009. High-pressure eclogite-blueschist metamorphic belt and closure of Paleotethys Ocean in central Qiangtang, Qinghai-Tibet Plateau. Journal of Earth Science, 20: 209-218

Li G Z, Li C S, Ripley E M, et al. 2012a. Geochronology, petrology and geochemistry of the Nanlinshan and Banpo mafic-ultramafic intrusions: implications for subduction initiation in the eastern Paleo-Tethys. Contributions to Mineralogy and Petrology, 164: 773-788

Li S B, He H Y, Qian X, et al. 2018. Carboniferous arc setting in central Hainan: geochronological and geochemical evidences on the andesitic and dacitic rocks. Journal of Earth Science, 29: 265-279

Li X H, Li W X, Wang X C, et al. 2010. SIMS U-Pb zircon geochronology of porphyry Cu-Au-(Mo) deposits in the Yangtze River Metallogenic Belt, eastern China: magmatic response to early Cretaceous lithospheric extension. Lithos, 119(3-4): 427-438

Li X H, McCulloch M T. 1996. Secular variation in the Nd isotopic composition of Neoproterozoic sediments from the Southern margin of the Yangtze block: evidence for a Proterozoic continental collision in Southeast China. Precambrian Research, 76: 67-76

Li X H, Zhou H W, Sun C L, et al. 2002. Geochemical and Sm-Nd isotopic characteristics of metabasites from central Hainan Island, South China and their tectonic significance. Island Arc, 11(3): 193-205

Li Z, Qiu J S, Zhou J C. 2012b. Geochronology, geochemistry, and Nd-Hf isotopes of early Palaeozoic-early Mesozoic I-type granites from the Hufang composite pluton, Fujian, South China: crust-mantle interactions and tectonic implications. International Geology Review, 54(1): 15-32

Liang X, Sun X H, Wang G H, et al. 2020. Sedimentary evolution and provenance of the late Permian-middle Triassic Raggyorcaka deposits in North Qiangtang (Tibet, Western China): evidence for a forearc basin of the Longmu Co-Shuanghu Tethys Ocean. Tectonics 39: e2019TC005589

Liégeois J P, Navez J, Hertogen J, et al. 1998. Contrasting origin of post-collisional high-K calc-alkaline and shoshonitic versus alkaline and peralkaline granitoids. The use of sliding normalization. Lithos, 45(1-4): 1-28

Liew T C. 1983. Petrogenesis of the Malay Peninsular granitoid batholiths. Canberra: Australian National University

Liew T C, McCulloch M T. 1985. Genesis of granitoid batholiths of Peninsular Malaysia and implications for models of crustal evolution: evidence from Nd-Sr isotopic and U-Pb zircon study. Geochimica et Cosmochimica Acta, 49: 589-600

Lin T H, Chung S L, Chiu H Y, et al. 2012. Zircon U-Pb and Hf isotope constraints from the Ailao Shan-Red River shear zone on the tectonic and crustal evolution of southwestern China. Chemical Geology, 291: 23-37

Litvak V D, Poma S. 2010. Geochemistry of mafic Paleocene volcanic rocks in the alle del Cura region: implications for the petrogenesis of primary mantle derived melts over the Pampean flat-slab. Journal of South American Earth Sciences 29 (3), 705-716

Liu C, Deng J F, Liu J L, et al. 2010. Ailaoshan Ophiolite Belt, Yunnan Province, southwestern China: SSZ type or MORS type? Geochimica et Cosmochimica Acta, 74(12): A609-A609

Liu F T, Liu J H, Zhong D L, et al. 2000. The subducted slab of Yangtze continental block beneath the Tethyan orogen in western Yunnan. Chinese Science Bulletin, 45: 466-472

Liu F L, Wang F, Liu P H, et al. 2013. Multiple metamorphic events revealed by zircons from the Diancang Shan-Ailao Shan metamorphic complex, southeastern Tibetan Plateau. Gondwana Research, 24(1): 429-450

Liu G C, Chen G Y, Santosh M, et al. 2021. Tracking Prototethyan assembly felsic magmatic suites in southern Yunnan (SW China): evidence for an Early ordovician-Early silurian arc-back-arc system.

Journal of the Geological Society, 178(4): 2020-2221

Liu H C, Wang Y J, Fan W M, et al. 2014. Petrogenesis and tectonic implications of Late-Triassic high $\varepsilon_{Nd}(t)$-$\varepsilon_{Hf}(t)$ granites in the Ailaoshan tectonic zone (SW China). Science China: Earth Sciences, 57: 2181-2194.

Liu H C, Wang Y J, Cawood P A, et al. 2015. Record of Tethyan ocean closure and Indosinian collision along the Ailaoshan suture zone (SW China). Gondwana Research, 27(3): 1292-1306

Liu H C, Wang Y J, Guo X F, et al. 2016. Late Triassic post-collisional slab break-off along the Ailaoshan suture: insights from OIB-like amphibolites and associated rocks. International Journal of Earth Sciences, 106: 1359-1373

Liu H C, Wang Y J, Zi J W. 2017. Petrogenesis of the Dalongkai mafic-ultramafic intrusion and its tectonic implication for the Paleotethyan evolution in the Ailaoshan tectonic zone, SW China. Journal of Asian Earth Sciences, 141: 112-124

Liu H C, Peng T P, Guo X F. 2018a. Geochronological and geochemical constraints on the coexistent N-MORB- and SSZ-type ophiolites in Babu area (SW China) and tectonic implications. Journal of the Geological Society of London, 175(4): 667-678

Liu H C, Wang Y J, Li Z H, et al. 2018b. Geodynamics of the Indosinian orogeny between the South China and Indochina blocks: insights from latest Permian-Triassic granitoids and numerical modeling. Geological Society of America Bulletin, 130(7-8): 1289-1306

Liu J H, Xie C M, Li C, et al. 2018c. Early Carboniferous adakite-like and I-type granites in central Qiangtang, northern Tibet: implications for intra-oceanic subduction and back-arc basin formation within the Paleo-Tethys Ocean. Lithos, 296-299: 265-280

Liu J L, Tang Y, Tran M D, et al. 2012a. The nature of the Ailao Shan-Red River (ASRR) shear zone: constraints from structural, microstructural and fabric analyses of metamorphic rocks from the Diancang Shan, Ailao Shan and Day Nui Con Voi massifs. Journal of Asian Earth Sciences, 47(SI): 231-251

Liu J L, Tran M D, Tang Y, et al. 2012b. Permo-Triassic granitoids in the northern part of the Truong Son belt, NW Vietnam: geochronology, geochemistry and tectonic implications. Gondwana Research, 22(2): 628-644

Luhr J F, Haldar D. 2006. Barren Island Volcano (NE Indian Ocean): island-arc high-alumina basalts produced by troctolite contamination. Journal of Volcanology and Geothermal Research, 149(3-4): 177-212

Ma L Y, Wang Y J, Fan W M, et al. 2014. Petrogenesis of the early Eocene I-type granites in west Yingjiang (SW Yunnan) and its implication for the eastern extension of the Gangdese batholiths. Gondwana Research, 25(1): 401-419

Macdonald A S, Barr S M, Miller B V, et al. 2010. P-T-t constraints on the development of the Doi Inthanon metamorphic core complex domain and implications for the evolution of the western gneiss belt, northern Thailand. Journal of Asian Earth Sciences, 37: 82-104

Maluski H, Lepvrier C, Leyreloup A, et al. 2005. ^{40}Ar-^{39}Ar geochronology of the charnockites and granulites of the Kan Nack complex, Kon Tum Massif, Vietnam. Journal of Asian Earth Sciences, 25(4): 653-677

Manaka T, Zaw K, Meffre S, et al. 2014. The Ban Houayxai epithermal Au-Ag deposit in the Northern

Lao PDR: mineralization related to the Early Permian arc magmatism of the Truong Son Fold Belt. Gondwana Research, 26: 185-197

Manea V, Manea M, Kostoglodov V, et al. 2006. Intraslab seismicity and thermal stress in the subducted Cocos plate beneath central Mexico. Tectonophysics, 420: 389-408

Martin H R, Smithies H, Rapp R, Moyen J F, et al. 2005. An overview of adakite, tonalite-trondhjemite-granodiorite (TTG), and sanukitoid: relationships and some implications for crustal evolution. Lithos, 79(1-2): 1-24

Maruyama S, Liou J G, Terabayashi M, 1996. Blueschists and eclogites of the world and their exhumation. International Geology Reviews, 38: 485-594

Metcalfe I. 1996. Gondwanaland dispersion, Asian accretion and evolution of eastern Tethys. Australian Journal of Earth Sciences, 43(6): 605-623

Metcalfe I. 1998. Paleozoic and Mesozoic geological evolution of the SE Asian region: multidisciplinary constraints and implications for biogeography//Hall R, Holloway J D. Biogeography and Geological Evolution of SE Asia. Backhuys Publishers, Amsterdam, The Netherlands: 25-41

Metcalfe I. 1999. The Tethys: how many? how old? how wide? Intern symposium shallow Tethys. Chiang Mai, 5: 1-15

Metcalfe I. 2000. The Bentong-Raub Suture zone. Journal of Asian Earth Sciences, 18: 691-712

Metcalfe I. 2002. Permian tectonic framework and palaeogeography of SE Asia. Journal of Asian Earth Sciences, 20(6): 551-566

Metcalfe I. 2006. Paleozoic and Mesozoic tectonic evolution and palaeogeography of East Asian crustal fragments: the Korean Peninsula in context. Gondwana Research, 9(1-2): 24-46

Metcalfe I. 2009. Late Palaeozoic and Mesozoic tectonic and palaeogeographical evolution of SE Asia. Geological Society, London, Special Publications, 315: 7-23

Metcalfe I. 2011a. Palaeozoic-Mesozoic History of SE Asia//Hall R, Cottam M, Wilson M. The SE Asian Gateway: History and Tectonics of Australia-Asia Collision. Geological Society of London Special Publications, 355: 7-35

Metcalfe I. 2011b. Tectonic framework and Phanerozoic evolution of Sundaland. Gondwana Research, 19: 3-21

Metcalfe I. 2012. Changhsingian (Late Permian) conodonts from Son La, northwest Vietnam and their stratigraphic and tectonic implications. Journal of Asian Earth Sciences, 50: 141-149

Metcalfe I. 2013a. Gondwana dispersion and Asian accretion: tectonic and palaeogeographic evolution of eastern Tethys. Journal of Asian Earth Sciences, 66(8): 1-33

Metcalfe I. 2013b. Tectonic evolution of the Malay Peninsula. Journal of Asian Earth Sciences, 76: 195-213

Metcalfe I. 2021. Multiple Tethyan ocean basins and orogenic belts in Asia. Gondwana Research, 100: 87-130

Metcalfe I, Henderson C M, Wakita K. 2017. Lower Permian conodonts from Paleo-Tethys Ocean Plate Stratigraphy in the Chiang Mai-Chiang Rai Suture Zone, northern Thailand. Gondwana Research, 44: 54-66

Minh P, Hieu P T, Hoang N K. 2018. Geochemical and geochronological studies of the Muong Hum alkaline granitic pluton from the Phan Si Pan Zone, northwest Vietnam: implications for petrogenesis and tectonic setting. Island Arc, 27: e12250

Mirnejad H, Lalonde A E, Obeid M, et al. 2013. Geochemistry and petrogenesis of Mashhad granitoids: an insight into the geodynamic history of the Paleo-Tethys in northeast of Iran. Lithos, 170: 105-116

Mo X X, Niu Y L, Dong G, et al. 2008. Contribution of syn- collisional felsic magmatism to continental crust growth: a case study of the Paleogene Linzizong volcanic Succession in southern Tibet. Chemical Geology, 250: 49-67

Morley C K, Charusiri P, Watkinson I. 2011. Structural geology of Thailand during the Cenozoic//Ridd M F, Barber A J, Crow M J. The Geology of Thailand. London: Geological Society: 273-334

Morris P A. 1995. Slab Melting as an explanation of Quaternary volcanism and aseismicity in Southwest Japan. Geology, 23: 395-398

Nakano N, Osanai Y, Owada M, et al. 2004. Decompression process of mafic granulite from eclogite to granulite facies under ultrahigh-temperature condition in the Kontum massif, central Vietnam. Journal of Mineralogical and Petrological Sciences, 99(4): 242-256

Nakano N, Osanai Y, Owada M, et al. 2007. Geologic and metamorphic evolution of the basement complexes in the Kontum Massif, central Vietnam. Gondwana Research, 12(4): 438-453

Nakano N, Osanai Y, Minh N T, et al. 2008. Discovery of high-pressure granulite-facies metamorphism in northern Vietnam: constraints on the Permo-Triassic Indochinese continental collision tectonics. Comptes Rendus Geoscience, 340(2-3): 127-138

Nakano N, Osanai Y, Owada M, et al. 2009. Permo-Triassic Barrovian-type metamorphism in the ultrahigh-temperature Kontum Massif, central Vietnam: constraints on continental collision tectonics in Southeast Asia. Island Arc, 18: 126-143

Nakano N, Osanai Y, Sajeev K, et al. 2010. Triassic eclogite from northern Vietnam: inferences and geological significance. Journal of Metamorphic Geology, 28(1): 59-76

Nakano N, Osanai Y, Owada M, et al. 2013. Tectonic evolution of high–grade metamorphic terranes in central Vietnam: constraints from large-scale monazite geochronology. Journal of Asian Earth Sciences, 73(5): 520-539

Nam T N, Sano Y, Terada K, et al. 2001. First SHRIMP U-Pb zircon dating of granulites from the Kontum massif (Vietnam) and tectonothermal implications. Journal of Asian Earth Sciences, 19(1-2): 77-84

Nam T N, Toriumi M, Sano Y, et al. 2003. 2.9, 2.36, and 1.96 Ga zircons in orthogneiss south of the Red River shear zone in Viet Nam: evidence from SHRIMP U-Pb dating and tectonothermal implications. Journal of Asian Earth Sciences, 21(7): 743-753

Nguyen V D, Huang B S, Le T S, et al. 2013. Constraints on the crustal structure of northern Vietnam based on analysis of teleseismic converted waves. Tectonophysics, 601: 87-97

Niu Y L, Zhao Z D, Zhu D C, et al. 2013. Continental collision zones are primary sites for net continental crust growth—a testable hypothesis. Earth-Science Reviews, 127: 96-110

Oliver G J H, Zaw K, Hotson M. 2011. Dating rocks in Singapore: plate tectonics between 280 and 200 million years ago. Innovation Magazine, 10: 22-25

Oliver G, Khin Zaw, Meffre S, et al. 2014. U-Pb zircon geochronology of Early Permian to Late Triassic rocks from Singapore and Johor: a plate tectonic reinterpretation. Gondwana Research, 26: 132-143

Osanai Y, Nakano N, Owada M, et al. 2004. Permo-Triassic ultrahigh-temperature metamorphism in the Kontum massif, central Vietnam. Journal of Mineralogical and Petrological Sciences, 99: 225-241

Owada M, Osanai Y, Hokada T, et al. 2006. Timing of metamorphism and formation of garnet granite in the Kontum Massif, central Vietnam: evidence from monazite EMP dating. Journal of Mineralogical and Petrological Sciences, 101(6): 324-328

Owada M, Osanai Y, Nakano N, et al. 2007. Crustal anatexis and formation of two types of granitic magmas in the Kontum massif, central Vietnam: implications for magma processes in collision zones. Gondwana Research, 12(4): 428-437

Owens T J, Zandt G. 1997. Implications of crustal property variations for models of Tibetan plateau evolution. Nature, 387: 37-43

Panjasawatwong Y. 2003. Tectonic Setting of the Permo-Triassic Chiang Khong volcanic rocks, Northern Thailand based on petrochemical characteristics. Gondwana Research, 6: 743-755

Panjasawatwong Y, Zaw K, Chantaramee S, et al. 2006. Geochemistry and tectonic setting of the Central Loei volcanic rocks, Pak Chom area, Loei, northeastern Thailand. Journal of Asian Earth Sciences, 26: 77-90

Pearce J A. 2003. Quantifying element transfer from slab to mantle at subduction zones. Geochimica et Cosmochimica Acta, 67: A377

Pedersen R B, Malpas J. 1984. The origin of oceanic plagiogranites from the Karmoy ophiolite, western Norway. Contributions to Mineralogy and Petrology, 88: 36-52

Peng T P, Wang Y J, Fan W M, et al. 2006. SHRIMP zircon U-Pb geochronology of Early Mesozoic felsic igneous rocks from the southern Lancangjiang and its tectonic implications. Science in China Series D: Earth Science, 49: 1032-1042

Peng T P, Wang Y J, Zhao G C, et al. 2008. Arc-like volcanic rocks from the southern Lancangjiang zone, SW China: geochronological and geochemical constraints on their petrogenesis and tectonic implications. Lithos, 102(1-2): 358-373

Peng T P, Wilde S A, Wang Y J, et al. 2013. Mid-Triassic felsic igneous rocks from the southern Lancangjiang Zone, SW China: petrogenesis and implications for the evolution of Paleo-Tethys. Lithos, 168-169: 15-32

Petford N, Atherton M. 1996. Na-rich partial melts from newly underplated basaltic crust: the Cordillera Blanca Batholith, Peru. Journal of Petrology, 37: 1491-1521

Phajuy B, Panjasawatwong Y, Osataporn P. 2005. Preliminary geochemical study of volcanic rocks in the Pang Mayao area, Phrao, Chiang Mai, northern Thailand: tectonic setting of formation. Journal of Asian Earth Sciences, 24: 765-776

Pham T H, Chen F K, Wang W, et al. 2008. Formation ages of granites and metabasalts in the Song Ma belt of northwestern Vietnam and their tectonic implications. Dali, China: Conference Gondwana 13

Phan C T. 1991. Geology of Cambodia, Laos and Vietnam. Explanatory note to the geological map of Cambodia, Laos and Vietnam, 2 nd edition, Hanoi: 1-156

Preece S J. 1991. Tephrostratigraphy of the late Cenozoic Gold Hill loess, Fairbanks area, Alaska. Toronto: University of Toronto

Qi X X, Zeng L S, Zhu L H, et al. 2012. Zircon U-Pb and Lu-Hf isotopic systematics of the Daping plutonic rocks: implications for the Neoproterozoic tectonic evolution of the northeastern margin of the Indochina block, Southwest China. Gondwana Research, 21(1): 180-193

Qian X, Feng Q L, Chonglakmani C, et al. 2013. Geochemical and geochronological constrains on the Chiang Khong volcanic rocks (Northwestern Thailand) and its tectonic implications. Frontiers of Earth Science, 7: 508-521

Qian X, Feng Q L, Yang W Q, et al. 2015. Arc-like volcanic rocks in NW Laos: geochronological and geochemical constraints and their tectonic implications. Journal of Asian Earth Sciences, 98: 342-357

Qian X, Feng Q L, Wang Y J, et al. 2016a. Geochronological and geochemical constraints on the mafic rocks along the Luang Prabang zone: carboniferous back-arc setting in northwest Laos. Lithos, 245(16): 60-75

Qian X, Feng Q L, Wang Y J, et al. 2016b. Petrochemistry and tectonic setting of the Middle Triassic arc-Like volcanic rocks in the Sayabouli area, NW Laos. Journal of Earth Science, 27: 365-377

Qian X, Feng Q L, Wang Y J, et al. 2016c. Geochemical and geochronological constraints on the origin of the meta-basic volcanic rocks in the Tengtiaohe Zone, Southeast Yunnan. Acta Geologica Sinica (English Edition), 90(2): 669-683

Qian X, Wang Y J, Feng Q L, et al. 2016d. Petrogenesis and tectonic implication of the Late Triassic post-collisional volcanic rocks in Chiang Khong, NW Thailand. Lithos, 245-251: 418-431

Qian X, Feng Q L, Wang Y J, et al. 2017a. Late Triassic post-collisional granites related to Paleotethyan evolution in SE Thailand: Geochronological and geochemical constraints. Lithos, 286-287: 440-453

Qian X, Wang Y J, Feng Q L, et al. 2017b. Zircon U-Pb geochronology, and elemental and Sr-Nd-Hf-O isotopic geochemistry of post-collisional rhyolite in the Chiang Khong area, NW Thailand and implications for the melting of juvenile crust. International Journal of Earth Science, 106(4): 1375-1389

Qian X, Wang Y J, Srithai B, et al. 2017c. Geochronological and geochemical constraints on the intermediate-acid volcanic rocks along the Chiang Khong-Lampang-Tak igneous zone in NW Thailand and their tectonic implications. Gondwana Research, 45: 87-99

Qian X, Wang Y J, Zhang Y Z, et al. 2019. Petrogenesis of Permian-Triassic felsic igneous rocks along the Truong Son zone in northern Laos and their Paleotethyan assembly. Lithos, 328-329: 101-114

Qin X F, Wang Z Q, Zhang Y L, et al. 2012. Geochemistry of Permian mafic igneous rocks from the Napo-Qinzhou tectonic belt in southwest Guangxi, southwest China: implications for arc-back arc basin magmatic evolution. Acta Geologica Sinica, 86(5): 1182-1199

Ranalli G. 1995. Rheology of the Earth. New York: Springer

Ranalli G, Murphy D C. 1987. Rheological stratification of the lithosphere. Tectonophysics, 132: 281-295

Rapp R P, Watson E B. 1995. Dehydration melting of metabasalt at 8~32 kbar: implications for continental growth and crust-mantle recycling. Journal of Petrology, 36(4): 891-931

Rapp R P, Watson E B, Miller C F. 1991. Partial melting of amphibolite eclogite and the origin of archean trondhjemites and tonalites. Precambrian Research, 51(1-4): 1-25

Rapp R P, Shimizu N, Norman M D, et al. 1999. Reaction between slab-derived melts and peridotite in the mantle wedge: experimental constraints at 3.8 GPa. Chemical Geology, 160(4): 335-356

Reid A J, Wilson C J L, Liu S. 2005. Structural evidence for the Permo-Triassic tectonic evolution of the Yidun Arc, eastern Tibetan Plateau. Journal of Structural Geology, 27: 119-137

Reid A J, Wilson C J L, Liu S, et al. 2007. Mesozoic plutons of the Yidun Arc, SW China: U/Pb geochronology and Hf isotopic signature. Ore Geology Reviews, 31: 88-106

Ridd M F, Barber A J, Crow M J. 2011. The geology of Thailand. London: Geological Society: 1-615

Roberts M P, Clemens J D. 1993. Origin of high-potassium, talc-alkaline, I-type granitoids. Geology, 21(9): 825-828

Rodriguez-Gonzalez J, Negredo A M. 2012. The role of the overriding plate thermal state on slab dip variability and on the occurrence of flat subduction. Geochemistry Geophysics Geosystems, 13(1): 1-21

Roger F, Leloup P H, Jolivet M, et al. 2000. Long and complex thermal history of the Song Chay metamorphic dome (Northern Vietnam) by multi-system geochronology. Tectonophysics, 321(4): 449-466

Roger F, Arnaud N, Gilder S, et al. 2003. Geochronological and geochemical constraints on Mesozoic suturing in east central Tibet. Tectonics, 22(4): 1-11

Roger F, Maluski H, Leyreloup A, et al. 2007. U-Pb dating of high temperature metamorphic episodes in the Kon Tum Massif (Vietnam). Journal of Asian Earth Sciences, 30(3-4): 565-572

Roger F, Maluski H, Lepvrier C, et al. 2012. LA-ICPMS zircons U/Pb dating of Permo-Triassic and Cretaceous magmatism in Northern Vietnam-Geodynamical implications. Journal of Asian Earth Sciences, 48(2012): 72-82

Roger F, Jolivet M, Maluski H, et al. 2014. Emplacement and cooling of the Dien Bien Phu granitic complex: implications for the tectonic evolution of the Dien Bien Phu Fault (Truong Son Belt, NW Vietnam). Gondwana Research, 26: 785-801

Rollinson H. 2009. New models for the genesis of plagiogranites in the Oman ophiolite. Lithos, 112: 603-614

Saccani E. 2015. A new method of discriminating different types of post- Archean ophiolitic basalts and their tectonic significance using Th-Nb and Ce-Dy-Yb systematics. Geoscience Frontiers, 6: 481-501

Salam A, Zaw K, Meffre S, et al. 2014. Geochemistry and geochronology of the Chatree epithermal gold-silver deposit: implications for the tectonic setting of the Loei Fold Belt, central Thailand. Gondwana Research, 26: 198-217

Sánchez-García T, Quesada C, Bellido F, et al. 2008. Two-step magma flooding of the upper crust during rifting: the Early Paleozoic of the Ossa Morena Zone (SW Iberia). Tectonophysics, 461(1-4): 72-90

Sanematsu K, Ishihara S. 2011. $^{40}Ar/^{39}Ar$ ages of the Da Lien granite related to the Nui Phao W mineralization in Northern Vietnam. Resource Geology, 61: 304-310

Sashida K, Igo H. 1999. Occurrence and tectonic significance of Paleozoic and Mesozoic Radiolaria in Thailand and Malaysia//Metcalfe I. Gondwana Dispersion and Asian Accretion (IGCP 321 Final Results Volume). Rotterdam: Balkema: 175-196

Schmidt M W, Poli S. 1998. Experimentally based water budgets for dehydrating slabs and consequences for arc magma generation. Earth and Planetary Science Letters, 163: 361-379

Scotese C R. 2004. A continental drift flipbook. Journal of Geology, 112: 729-741

Searle M P, Cottle J M, Streule M J, et al. 2010. Crustal melt granites and migmatites along the Himalaya: melt source, segregation, transport and granite emplacement mechanisms. Earth and Environmental Science Transactions of the Royal Society of Edinburgh, 100: 219-233

Searle M P, Whitehouse M J, Robb L J, et al. 2012. Tectonic evolution of the Sibumasu-Indochina terrane collision zone in Thailand and Malaysia: constraints from new U-Pb zircon chronology of SE Asian tin granitoids. Journal of the Geological Society, 169: 489-500

Şengör A M C. 1979. Mid-Mesozoic closure of Permo-Triassic Tethys and its implications. Nature, 279: 390-593

Şengör A M C, Yilmaz Y. 1981. Tethyan evolution of Turkey: a plate tectonic approach. Tectonophysics, 75(3-4): 181-241

Şengör A M C, Hsü K J. 1984. The Cimmerides of eastern Asia history of the eastern end of Paleotethys: me'moires de la Socie'ti Giologique de France. Nouvelle Serie, 147: 139-167

Şengör A M C, Altiner D, Cin A, et al. 1988. Origin and assembly of the Tethyside orogenic collapse at the expense of Gondwana Land//Audley-Charles M G, Hallam A. Gondwana and Tethys. London: Geological Society: 119-131

Sevastjanova I, Clements B, Hall R, et al. 2011. Granitic magmatism, basement ages, and provenance indicators in the Malay Peninsula: insights from detrital zircon U-Pb and Hf-isotope data. Gondwana Research, 19: 1024-1039

Shi M F, Lin F C, Fan W Y, et al. 2015. Zircon U-Pb ages and geochemistry of granitoids in the Truong Son terrane, Vietnam: tectonic and metallogenic implications. Journal of Asian Earth Sciences, 101: 101-120

Shi M F, Wu Z B, Liu S S, et al. 2019. Geochronology and petrochemistry of volcanic rocks in the Xaignabouli area, NW Laos. Journal of Earth Science, 30(1): 37-51

Shinjo R, Chung S L, Kato Y, et al. 1999. Geochemical and Sr-Nd isotopic characteristics of volcanic rocks from the Okinawa Trough and Ryukyu Arc: implications for the evolution of a young, intracontinental back arc basin. Journal of Geophysical Research-Solid Earth, 104(B5): 10591-10608

Shu L S, Faure M, Wang B, et al. 2008. Late Paleozoic-Early Mesozoic geological features of South China: response to the Indosinian collision events in Southeast Asia. Comptes Rendus Geosciences, 340: 151-165

Shuto K, Ishimoto H, Hirahara Y, et al. 2006. Geochemical secular variation of magma source during Early to Middle Miocene time in the Niigata area, NE Japan: asthenospheric mantle upwelling during back-arc basin opening. Lithos, 86(1-2): 1-33

Sinclair H D. 1997. Flysch to molasse transition in peripheral foreland basins: the role of the passive margin versus slab breakoff. Geology, 25(12): 1123-1126

Sisson T W, Ratajeski K, Hankins W B, et al. 2005. Voluminous granitic magmas from common basaltic sources. Contributions to Mineralogy and Petrology, 148: 635-661

Skinner S M. 2013. Plate tectonic constraints on flat subduction and paleomagnetic constraints on rifting. California: California Institute of Technology

Skinner S M, Clayton R W. 2011. An Evaluation of Proposed Mechanisms of Slab Flattening in Central Mexico. Pure and Applied Geophysics, 168: 1461-1474

Slaby E, Martin H. 2008. Mafic and felsic magma interaction in granites: the Hercynian Karkonosze pluton (Sudetes, Bohemian Massif). Journal of Petrology, 49: 353-391

Soesoo A. 2000. Fractional crystallization of mantle-derived melts as a mechanism for some I-type granite petrogenesis: an example from Lachlan Fold Belt, Australia. Journal of the Geological Society, London, 157: 135-149

Sone M, Metcalfe I. 2008. Parallel Tethyan sutures in mainland Southeast Asia: new insights for Palaeo-Tethys closure and implications for the Indosinian orogeny. Comptes Rendus Geoscience, 340(2-3): 166-179

Sone M, Metcalfe I, Chaodumrong P. 2012. The Chanthaburi terrane of southeastern Thailand: stratigraphic confirmation as a disrupted segment of the Sukhothai Arc. Journal of Asian Earth Sciences, 61: 16-32

Song P P, Ding L, Lippert P C, et al. 2020. Paleomagnetism of Middle Triassic lavas from Northern Qiangtang (Tibet): constraints on the closure of the Paleo-Tethys Ocean. Journal of Geophysical Research-Solid Earth, 125: e2019JB017804

Song X Y, Qi H W, Robinson P T, et al. 2008. Melting of the subcontinental lithospheric mantle by the Emeishan mantle plume: evidence from the basal alkaline basalts in Dongchuan, Yunnan, Southwestern China. Lithos, 100: 93-111

Srichan W, Crawford A J, Berry R F. 2009. Geochemistry and geochronology of Late Triassic volcanic rocks in the Chiang Khong region, Northern Thailand. Island Arc, 18: 32-51

Stampfli G M, Raumer J F, Borel G D. 2002. Paleozoic evolution of pre-Variscan terranes: from Gondwana to the Variscan collision. Geological Society of America Special Paper, 364: 455-460

Stampfli G M, Hochard C, Vérard C, et al. 2013. The formation of Pangea. Tectonophysics, 593: 1-19

Stein C A, Stein S. 1992. A model for the global variation in oceanic depth and heat flow with lithospheric age. Nature, 359: 123-129

Stern R J. 2002. Subduction zones. Reviews of Geophysics, 40: 1012

Stevenson D J, Turner J S. 1977. Angle of Subduction. Nature, 270: 334-336

Streule M J, Searle M P, Waters D J, et al. 2010. Metamorphism, melting, and channel flow in the Greater Himalayan Sequence and Makalu leucogranite: constraints from thermo barometry, metamorphic modeling, and U-Pb geochronology. Tectonics, 29: 1-28

Su C M, Wen S, Tang C C, et al. 2018. The variation of crustal structure along the Song Ma Shear Zone,

Northern Vietnam. Tectonophysics, 734-735: 119-129

Suárez G, Monfret T, Wittlinger G, et al. 1990. Geometry of subduction and depth of the seismogenic zone in the Guerrero gap, Mexico. Nature, 345: 336-338

Sun S S, McDonough W F. 1989. Chemical and isotopic systematics of oceanic basalts: implication for mantle composition and process//Saunders A D, Norry M J. Magmatism in the Ocean Basins. London: Geological Society, Special Publications, 42: 313-345

Sylvester P J. 1998. Post-collisional strongly peraluminous granites. Lithos, 45(1-4): 29-44

Takositkanon C V, Hisadak K, Ueno K, et al. 1997. New suture and terrane deduced from detrital chromian spinel in sandstone of the Nam Duk Formation, Northcentral Thailand: preliminary report// Dheeradilos P, et al. Proceedings of the International conference on stratigraphy and tectonic evolution of SE Asia and the South Pacific. Bangkok, Thailand: Department of Mineral Resources, Ministry of Industry, 1: 368

Thanh N X, Itaya T, Tu M T, et al. 2001. Chromian-spinel compositions from the Bo Xinh ultramafics, Northern Vietnam implications on tectonic evolution of the Indochina block. Journal of Asian Earth Sciences, 42: 258-267

Thanh N X, Hai T T, Hoang N, et al. 2014. Back arc mafic-ultramafic magmatism in Northeastern Vietnam and its regional tectonic significance. Journal of Asian Earth Sciences, 90: 45-60

Thanh N X, Santosh M, Hai T T, et al. 2015. Subduction initiation of Indochina and South China blocks: insight from the fore-arc ophiolitic peridotites of the Song Ma Suture Zone in Vietnam. Geological Journal, 4: 421-442

Thanh T D, Janvier P, Phuong T H. 1996. Fish suggests continental connection between the Indochina and South China blocks in Middle Devonian time. Geology, 24: 571-574

Thanh T V, Hieu P T, Minh P, et al. 2019. Late Permian-Triassic granitic rocks of Vietnam: the Muong Lat example. International Geology Review, 61(15): 1823-1841

Thanh X N, Tu M T, Itaya T, et al. 2011. Chromian-spinel compositions from the Bo Xinh ultramafics, Northern Vietnam: implications on tectonic evolution of the Indochina block. Journal of Asian Earth Sciences, 42(3): 258-267

Torabi G, Hemmati O. 2011. Alkaline basalt from the Central Iran, a mark of previously subducted Paleo-Tethys oceanic crust. Petrology, 19(7): 690-704

Torsvik T H, Cocks L R M. 2013. The dynamic evolution of the Paleozoic geography of Eastern Asia. Earth Science Reviews, 117: 40-79

Torsvik T H, Muller R D, Van der Voo R, et al. 2008. Global plate motion frames: toward a unified model. Review of Geophysics, 46: 1-44

Toussaint G, Burov E, Jolivet L. 2004. Continental plate collision: unstable vs. stable slab dynamics. Geology, 32: 33-36

Tran H T, Zaw K, Halpin J A, et al. 2014. The Tam Ky-Phuoc Son Shear Zone in central Vietnam: tectonic and metallogenic implications. Gondwana Research, 26: 144-164

Tran V T. 1979. Geology of Vietnam (North Part). General Department of Geology, Hanoi, 1-80

Tri T V, Khuc V. 2009. Geology and Natural Resources of Vietnam. Hanoi, Vietnam: Natural Sciences and Technology Publishing House

Trung N M, Tsujimori T, Itaya T. 2006. Honvang serpentinite body of the Song Ma fault zone, Northern Vietnam: a remnant of oceanic lithosphere within the Indochina-South China suture. Gondwana Research, 9: 225-230

Turcotte D L, Schubert G. 2014. Geodynamics. Cambridge: Cambridge University Press

Turner S, Sandiford M, Foden J. 1992. Some geodynamic and compositional constraints on "post-orogenic" magmatism. Geology, 20: 931-934

Turner S, Arnaud N, Liu J, et al. 1996. Post-collision, shoshonitic volcanism on the Tibetan Plateau: implications for convective thinning of the lithosphere and the source of ocean island basalts. Journal of Petrology, 37: 45-71

Udchachon M, Thassanapak H, Feng Q L, et al. 2017. Palaeo environmental implications of geochemistry and radiolarians from Upper Devonian chert/shale sequences of the Truong Son fold belt, Laos. Geological Journal, 52: 154-173

Ueno K. 1999. Gondwana/Tethys divide in East Asia: solution from Late Paleozoic foraminiferal paleobiogeography// Ratanasthien B, Ritb S L. Proceedings of the International on Shallow Tethys (ST) 5. Chiang Mai: International on Shallow Tethys: 45-54

Ueno K. 2003. The Permian fusulinoidean faunas of the Sibumasu and Baoshan blocks: their implications for the paleogeographic and paleoclimatologic reconstruction of the Cimmerian Continent. Palaeogeography Palaeoclimatology Palaeoecology, 193: 1-24

Ueno K, Hisada K. 2001. The Nan-Uttaradit-Sa Kaeo Suture as a main Paleotethyan suture in Thailand: is it real? Gondwana Research, 4: 804-806

Ueno K, Charoentitirat T. 2011. Carboniferous and Permian//Ridd M F, Barber A J, Crow M J. The Geology of Thailand. London: Geological Society: 1-136

Usuki T, Lan C Y, Wang K L, et al. 2013. Linking the Indochina block and Gondwana during the Early Paleozoic: evidence from U-Pb ages and Hf isotopes of detrital zircons. Tectonophysics, 586: 145-159

Valley J W, Lackey J S, Cavosie A J, et al. 2005. 4.4 billion years of crustal maturation: oxygen isotope ratios of magmatic zircon. Contributions to Mineralogy and Petrology, 150: 561-580

Von Blanckenburg F, Davies J H. 1995. Slab breakoff: a model for syncollisional magmatism and tectonics in the Alps. Tectonics, 14(1): 120-131

Vượng N V, Mai H C, Thang T T. 2006. Paleozoic to Mesozoic thermos-tectonic evolution of the Song Ma suture zone: evidence from the multi radioactive dating. Journal of Earth Science, 28(2): 165-173

Vượng N V, Hansen B T, Wemmer K, et al. 2013. U/Pb and Sm/Nd dating on ophiolitic rocks of the Song Ma suture zone (northern Vietnam): evidence for upper paleozoic paleotethyan lithospheric remnants. Journal of Geodynamics, 69: 140-147

Wai-Pan N S, Whitehouse M J, Searle M P, et al. 2015. Petrogenesis of Malaysian granitoids in the Southeast

Asian tin belt: Part 2. U-Pb zircon geochronology and tectonic model. Geological Society of America Bulletin, 127: 1238-1258

Wakita K, Metcalfe I. 2005. Ocean plate stratigraphy in East and Southeast Asia. Journal of Asian Earth Sciences, 24: 679-702

Wallin E T, Metcalf R V. 1998. Supra-subduction zone ophiolite formed in an extensional forearc: trinity terrane, Klamath Mountains, California. Journal of Geology, 106(5): 591-608

Wang B, Xie C M, Dong Y S, et al. 2021d. Middle-late Permian mantle plume/hotspot-ridge interaction in the Sumdo Paleo-Tethys Ocean region, Tibet: evidence from mafic rocks. Lithos, 390: 106128

Wang B D, Wang L Q, Chen J L, et al. 2014a. Triassic three-stage collision in the Paleo-Tethys: constraints from magmatism in the Jiangda-Deqen-Weixi continental margin arc, SW China. Gondwana Research, 26: 475-491

Wang C, Liang X Q, Foster D A, et al. 2016d. Detrital zircon U-Pb geochronology, Lu-Hf isotopes and REE geochemistry constrains on the provenance and tectonic setting of Indochina Block in the Paleozoic. Tectonophysics, 677-678: 125-134

Wang C, Ding L, Cai F L, et al. 2022a. Evolution of the Sumdo Paleo-Tethyan Ocean: constraints from Permian Luobadui Formation in Lhasa terrane, South Tibet. Palaeogeography Palaeoclimatology Palaeoecology, 595: 110974

Wang C M, Deng J, Santosh M, et al. 2015a. Age and origin of the Bulangshan and Mengsong granitoids and their significance for post-collisional tectonics in the Changning-Menglian Paleo-Tethys Orogen. Journal of Asian Earth Sciences, 113: 656-676

Wang C Y, Zhou M F, Qi L. 2007. Permian flood basalts and mafic intrusions in the Jinping (SW China)-Song Da (northern Vietnam) district: mantle sources, crustal contamination and sulfide segregation. Chemical Geology, 243: 317-343

Wang C Y, Zhou M F, Sun Y, et al. 2012a. Differentiation, crustal contamination and emplacement of magmas in the formation of the Nantianwan mafic intrusion of the ~260 Ma Emeishan large igneous province, SW China. Contributions to Mineralogy and Petrology, 164: 281-301

Wang F, Liu F L, Liu P H. 2011. Metamorphic evolution and anatexis of gneissic rocks in the Diancangshan-Ailaoshan metamorphic complex belt, southeastern Tibet Plateau. Acta Petrologica Sinica, 27(11): 3280-3294

Wang F, Liu F L, Schertl H P, et al. 2019. Paleo-Tethyan tectonic evolution of Lancangjiang metamorphic complex: evidence from SHRIMP U-Pb zircon dating and $^{40}Ar/^{39}Ar$ isotope geochronology of blueschist in the Xiaoheijiang-Xiayun area, Southeastern Tibetan Plateau. Gondwana Research, 65: 142-155

Wang H N, Liu F L, Li J, et al. 2018c. Petrology, geochemistry and P-T-t path of lawsonite-bearing retrograded eclogites in the Changning-Menglian orogenic belt, southeast Tibetan Plateau. Journal of Metamorphic Geology, 39: 439-478

Wang H N, Liu F L, Sun Z B, et al. 2020d. A new HP-UHP eclogite belt identified in the southeastern Tibetan Plateau: tracing the extension of the main Paleotethys suture zone. Journal of Petrology, 61(8): egaa073

Wang H N, Liu F L, Sun Z B, et al. 2021e. Identification of continental-type eclogites in the Paleo-Tethyan Changning-Menglian orogenic belt, southeastern Tibetan Plateau: implications for the transition from oceanic to continental subduction. Lithos, 396-397: 106215

Wang J, Fu X G, Wei H Y, et al. 2022b. Late Triassic basin inversion of the Qiangtang Basin in northern Tibet: implications for the closure of the Paleo-Tethys and expansion of the Neo-Tethys. Journal of Asian Earth Sciences, 227: 105119

Wang Q F, Deng J, Li C S, et al. 2014b. The boundary between the Simao and Yangtze blocks and their locations in Gondwana and Rodinia: constraints from detrital and inherited zircons. Gondwana Research, 26(2): 438-448

Wang S F, Mo Y S, Wang C, et al. 2016c. Paleotethyan evolution of the Indochina Block as deduced from granites in northern Laos. Gondwana Research, 38: 183-196

Wang W L, Aitchison J C, Lo C H, et al. 2008. Geochemistry and geochronology of the amphibolite blocks in ophiolitic mélanges along Bangong-Nujiang suture, central Tibet. Journal of Asian Earth Sciences, 33: 122-138

Wang X F, Metcalfe I, Jian P, et al. 2000a. The Jinshajiang-Ailaoshan suture zone, China: tectonostratigraphy, Age and Evolution. Journal of Asian Earth Sciences, 18: 675-690

Wang X F, Metcalfe I, Jian P, et al. 2000b. The Jinshajiang suture zone: tectono-stratigraphic subdivision and revision of age. Science in China Series D: Earth Sciences, 43(1): 10-22

Wang Y J, Zhang A M, Fan W M, et al. 2010a. Petrogenesis of late Triassic post-collisional basaltic rocks of the Lancangjiang tectonic zone, southwest China, and tectonic implications for the evolution of the eastern Paleotethys: geochronological and Geochemical Constraints. Lithos, 120(3-4): 529-546

Wang Y J, Zhang F F, Fan W M, et al. 2010b. Tectonic setting of the South China Block in the early Paleozoic: resolving intracontinental and ocean closure models from detrital zircon U-Pb geochronology. Tectonics, 29: 1-16

Wang Y J, Wu C M, Zhang A M, et al. 2012b. Kwangsian and Indosinian reworking of the eastern South China Block: constraints on zircon U-Pb geochronology and metamorphism of amphibolites and granulites. Lithos, 150: 227-242

Wang Y J, Fan W M, Zhang G W, et al. 2013a. Phanerozoic tectonics of the South China Block: key observations and controversies. Gondwana Research, 23: 1273-1305

Wang Y J, Xing X W, Cawood P A, et al. 2013b. Petrogenesis of early Paleozoic peraluminous granite in the Sibumasu Block of SW Yunnan and diachronous accretionary orogenesis along the northern margin of Gondwana. Lithos, 182: 67-85

Wang Y J, Zhang Y Z, Fan W M, et al. 2014c. Early Neoproterozoic accretionary assemblage in the Cathaysia Block: geochronological, Lu-Hf isotopic and geochemical evidence from granitoid gneisses. Precambrian Research, 249: 144-161

Wang Y J, Li S B, Ma L Y, et al. 2015b. Geochronological and geochemical constraints on the petrogenesis of Early Eocene metagabbroic rocks in Nabang (SW Yunnan) and its implications on the Neotethyan slab subduction. Gondwana Research, 27: 1474-1486

Wang Y J, He H Y, Cawood P A, et al. 2016a. Geochronological, elemental and Sr-Nd-Hf-O isotopic constraints on the petrogenesis of the Triassic post-collisional granitic rocks in NW Thailand and its Paleotethyan implications. Lithos, 266: 264-286

Wang Y J, Zhou Y Z, Liu H C, et al. 2016b. Neoproterozoic subduction along the SW Yangtze Block: geochronological and geochemical evidence from the Ailaoshan granitic and migmatite rocks. Precambrian Research, 2016: 106-124

Wang Y J, He H Y, Zhang Y Z, et al. 2017. Origin of Permian OIB like basalts in NW Thailand and implication on the Paleotethyan Ocean. Lithos, 274-275: 93-105

Wang Y J, He H Y, Gan C S, Zhang Y Z. 2018a. Petrogenesis of the early Silurian Dashuang high-Mg basalt-andesite-dacite in eastern South China: origin from a palaeosubduction- modified mantle. Journal of the Geological Society, 175: 949-966

Wang Y J, Qian X, Cawood P A, et al. 2018b. Closure of the East Paleotethyan Ocean and amalgamation of the Eastern Cimmerian and Southeast Asia continental fragment. Earth-Science Reviews, 186: 195-230

Wang Y J, Wang Y K, Qian X, et al. 2020a. Early Paleozoic subduction in the Indochina interior: revealed by Ordovician-Silurian mafic-intermediate igneous rocks in South Laos. Lithos, 362-363: 105488

Wang Y J, Yang T X, Zhang Y Z, et al. 2020b. Late Paleozoic back-arc basin in the Indochina block: constraints from the mafic rocks in the Nan and Luang Prabang tectonic zones, Southeast Asia. Journal of Asian Earth Sciences, 195(15): 104333

Wang Y J, Zhang Y Z, Qian X, et al. 2020c. Ordo-Silurian assemblage in the Indochina interior: geochronological, elemental, and Sr-Nd-Pb-Hf-O isotopic constraints of early Paleozoic granitoids in South Laos. Geological Society of America Bulletin, 133(1-2): 325-346

Wang Y J, Hu W J, Zhong H, et al. 2021a. Oceanic lithosphere heterogeneity in the eastern Paleo-Tethys revealed by PGE and Re-Os isotopes of mantle peridotites in the Jinshajiang ophiolite. Geoscience Frontiers, 12(3): 416-427

Wang Y J, Qian X, Cawood P A, et al. 2021b. Prototethyan accretionary orogenesis along the East Gondwana periphery: new insights from the Early Paleozoic igneous and sedimentary rocks in the Sibumasu. Geochemistry, Geophysics, Geosystems, 22: e2020GC009622

Wang Y J, Zhang Y Z, Qian X, et al. 2021c. Early Paleozoic accretionary orogenesis in the northeastern Indochina and implications for the paleogeography of East Gondwana: constraints from igneous and sedimentary rocks. Lithos, 382-383: 105921

Wang Y J, Lu X X, Qian X, et al. 2022c. Prototethyan orogenesis in southwest Yunnan and Southeast Asia. Science China Earth Sciences, 65: 1921-1947

Weyer S, Munker C, Rehkamper M, et al. 2002. Determination of ultra-low Nb, Ta, Zr and Hf concentrations and the chondritic Zr/Hf and Nb/Ta ratios by isotope dilution analyses with multiple collector ICP-MS. Chemical Geology, 187: 295-313

Whalen J B, Currie K L, Chappell B W. 1987. A-type granites - geochemical characteristics, discrimination and petrogenesis. Contributions to Mineralogy & Petrology, 95(4): 407-419

Wortel M, Spakman W. 2000. Subduction and slab detachment in the Mediterranean-Carpathian region. Science, 290: 1910-1917

Wu G Y. 1993. Late Paleozoic tectonic framework and Paleotethyan evolution in western Yunnan, China. Scientia Geologica Sinica, 2: 129-140

Wu G Y, Zhong D L, Zhang Q, et al. 1999. Babu-Phu Ngu ophiolites: a geological record of Paleotethyan Ocean bordering China and Vietnam. Gondwana Research, 2: 554-557

Wu H R, Boulter C A, Ke B J, et al. 1995. The Changning-Menglian suture zone: a segment of the major Cathaysian-Gondwana division in Southeast Asia. Tectonophysics, 242: 267-280

Wu Y B, Zheng Y F. 2004 Genesis of zircon and its constraints on interpretation of U-Pb age. Chinese Science Bulletin, 49: 1554-1569

Xia X P, Nie X S, Lai C K, et al. 2016. Where was the Ailaoshan Ocean and when did it open: a perspective based on detrital zircon U-Pb age and Hf isotope evidence. Gondwana Research, 36: 488-502

Xiao L, Xu Y G, Mei H J, et al. 2004. Distinct mantle sources of low-Ti and high-Ti basalts from the western Emeishan large igneous province, SW China: implications for plume-lithosphere interaction. Earth and Planetary Science Letters, 228: 525-546

Xu J, Xia X P, Lai C K, et al. 2019. When did the Paleotethys Ailaoshan Ocean close: new insights from detrital zircon U-Pb age and Hf isotopes. Tectonics, 38: 1798-1823

Xu J F, Castillo P R. 2004. Geochemical and Nd-Pb isotopic characteristics of the Tethyan asthenosphere: implications for the origin of the Indian Ocean mantle domain. Tectonophysics, 393: 9-27

Xu W, Liu F L, Zhai Q G, et al. 2021. Petrology and P-T path of blueschists from central Qiangtang, Tibet: implications for the East Paleo-Tethyan evolution. Gondwana Research, 94: 12-27

Xu Y, Liu C Z, Chen Y, et al. 2017. Petrogenesis and tectonic implications of gabbro and plagiogranite intrusions in mantle peridotites of the Myitkyina ophiolite, Myanmar. Lithos, 284-285: 180-193

Xu Y C, Yang Z Y, Tong Y B, et al. 2015a. Further paleomagnetic results for lower Permian basalts of the Baoshan Terrane, southwestern China, and paleographic implications. Journal of Asian Earth Sciences, 104: 99-114

Xu Y G, Chung S L, Jahn B M, et al. 2001. Petrologic and geochemical constraints on the petrogenesis of Permian-Triassic Emeishan flood basalts in southwestern China. Lithos, 58(3-4): 145-168

Xu Y G, Luo Z Y, Huang X L, et al. 2008. Zircon U-Pb and Hf isotope constraints on crustal melting associated with the Emeishan mantle plume. Geochimica et Cosmochimica Acta, 72(13): 3084-3104

Xu Z Q, Dilek Y, Cao H, et al. 2015b. Paleo-Tethyan evolution of Tibet as recorded in the East Cimmerides and West Cathaysides. Journal of Asian Earth Sciences, 105: 320-337

Yan D P, Zhou M F, Song H L, et al. 2003. Origin and tectonic significance of a Mesozoic multi-layer overthrust system within the Yangtze Block (South China). Tectonophysics, 361(3-4): 239-254

Yan D P, Zhang B, Zhou M F, et al. 2009. Constraints on the depth, geometry and kinematics of blind detachment faults provided by fault-propagation folds: an example from the Mesozoic fold belt of South

China. Journal of Structural Geology, 31(2): 150-162

Yan Y G, Zhao Q, Zhang Y P, et al. 2019. Direct paleomagnetic constraint on the closure of Paleo-Tethys and its implications for linking the Tibetan and Southeast Asian blocks. Geophysical Research Letters, 46: 14368-14376

Yang J L. 1994. Cambrian//Yin H F. The Palaeobiogeography of China. Oxford: Clarendon Press: 35-63

Yang J S, Wooden J L, Wu C L, et al. 2002. SHRIMP U-Pb dating of coesite-bearing zircon from the ultrahigh-pressure metamorphic rocks, Sulu terrane, east China. Journal of Metamorphic Geology, 21: 551-560

Yang J S, Xu Z Q, Li Z L, et al. 2009. Discovery of an eclogite belt in the Lhasa block, Tibet: a new border for Paleotethys. Journal of Asian Earth Sciences, 34: 76-89

Yang Q S, Metcalfe I, Shi X F. 2017. U-Pb isotope geochronology and geochemistry of granites from Hainan Island (northern South China Sea margin): constraints on late Paleozoic-Mesozoic tectonic evolution. Gondwana Research, 49: 333-349

Yang T N, Zhang H R, Liu X Y, et al. 2011. Permo-Triassic arc magmatism in central Tibet: evidence from zircon U-Pb geochronology, Hf isotopes, rare earth elements, and bulk geochemistry. Chemical Geology, 284: 270-282

Yang T N, Ding Y, Zhang H R, et al. 2014. Two-phase subduction and subsequent collision defines the Paleotethyan tectonics of the southeastern Tibetan Plateau: evidence from zircon U-Pb dating, geochemistry, and structural geology of the Sanjiang orogenic belt, southwest China. Geological Society of American Bulletin, 126: 1654-1682

Yang W Q, Qian X, Feng Q L, et al. 2016. Zircon U-Pb geochronological evidence for the evolution of Nan-Uttaradit suture zone in northern Thailand. Journal of Earth Science, 27: 378-390

Yang Z Y, He B. 2012. Geochronology of detrital zircons from the Middle Triassic sedimentary rocks in the Nanpanjiang Basin: provenance and its geological significance. Geotectonica et Metallogenia, 36(4): 581-596

Yeh M W, Lee T Y, Lo C H, et al. 2008. Structural evolution of the Day Nui Con Voi metamorphic complex: implications on the development of the Red River Shear Zone, Northern Vietnam. Journal of Structural Geology, 30: 1540-1553

Yin A, Harrison T M. 2000. Geologic evolution of the Himalayan-Tibetan orogen. Annual Review of Earth and Planetary Sciences, 28: 211-280

Yogodzinski G M, Kay R W, Volynets O N, et al. 1995. Magnesian andesite in the western Aleutian Komandorsky region: implications for slab melting and processes in the mantle wedge. Geological Society of America Bulletin, 107(5): 505-519

Yu Q, Mou C L, Wang J. 2000. Sedimentary facies and palaeogeographic evolution of the Lanping Basin in Yunnan. Sedimentary Geology and Tethyan Geology, 20: 33-42

Yue J P, Sun X M, Hieu P T, et al. 2013. Pre-Cenozoic tectonic attribute and setting of the Song Da Zone, Vietnam. Geotectonica et Metallogenia, 37(4): 561-570

Yumul G P, Zhou M F, Wang C Y, et al. 2008. Geology and geochemistry of the Shuanggou ophiolite (Ailao Shan ophiolitic belt), Yunnan Province, SW China: evidence for a slow-spreading oceanic basin origin. Journal of Asian Earth Sciences, 32(5-6): 385-395

Yunnan BGMR (Yunnan Bureau Geological Mineral Resource). 1990. Regional geology of Yunnan province. Beijing: Geological Publishing House

Zaw K, Meffre S, Lai C K, et al. 2014. Tectonics and metallogeny of mainland Southeast Asia—a review and contribution. Gondwana Research, 26: 5-30

Zen E A. 1986. Aluminum enrichment in silicate melts by fractional crystallization: some mineralogic and petrographic constraints. Journal of Petrology, 27(5): 1095-1117

Zeng L J, Niu H C, Bao Z W, et al. 2015. Petrogenesis and tectonic significance of the plagiogranites in the Zhaheba ophiolite, Eastern Junggar orogen, Xinjiang, China. Journal of Asian Earth Sciences, 113: 137-150

Zhai Q G, Li C, Wang J, et al. 2009. SHRIMP U-Pb dating and Hf isotopic analyses of zircons from the mafic dyke swarms in central Qiangtang area, Northern Tibet. Chinese Science Bulletin, 54: 2279-2285

Zhai Q G, Zhang R Y, Jahn B M, et al. 2011. Triassic eclogites from Central Qiangtang, Northern Tibet, China: petrology, geochronology and metamorphic P-T path. Lithos, 125: 173-189

Zhai Q G, Jahn B M, Wang J, et al. 2013. The Carboniferous ophiolite in the middle Qiangtang terrane, Northern Tibet: SHRIMP U-Pb dating, geochemical and Sr-Nd-Hf isotopic characteristics. Lithos, 168-169: 186-199

Zhai Q G, Chung S L, Tang Y, et al. 2019. Late Carboniferous ophiolites from the southern Lancangjiang belt, SW China: implication for the arc-back-arc system in the eastern Paleo-Tethys. Lithos, 344-345: 429-438

Zhang B H, Ding J, Zhang L K, et al. 2013a. SHRIMP Zircon U-Pb Chronology of the Babu Ophiolite in Southeastern Yunnan Province (China). Acta Geologica Sinica, 87: 1498-1509

Zhang F F, Wang Y J, Chen X Y, et al. 2011a. Triassic high-strain shear zones in Hainan Island (South China) and their implications on the amalgamation of the Indochina and South China Blocks: kinematic and $^{40}Ar/^{39}Ar$ geochronological constraints. Gondwana Research, 19(4): 910-925

Zhang G W, Guo A L, Wang Y J, et al. 2013b. Tectonics of South China Continent and its implications. Science China: Earth Sciences, 56(11): 1804-1828

Zhang H R, Yang L Q, He W Y, et al. 2021a. Geochronology and geochemistry of the Tongjige granodiorites in the Jinshajiang suture zone, SW China: constraints on petrogenesis and tectonic evolution of the Palaeo-Tethys Ocean. Geological Journal, 56: 1445-1463

Zhang K J, Tang X C. 2009. Eclogites in the interior of the Tibetan plateau and their geodynamic implications. Chinese Science Bulletin, 54: 2556-2567

Zhang K J, Cai J X, Zhang Y X, et al. 2006a. Eclogites from central Qiangtang, northern Tibet (China) and tectonic implications. Earth and Planetary Science Letters, 245: 722-729

Zhang K J, Zhang Y X, Zhu Y T. 2006b. The blueschist-bearing Qiangtang metamorphic belt (northern Tibet,

China) as an in situ suture zone: evidence from geochemical comparison with the Jinsa suture. Geology, 34: 493-496

Zhang K J, Tang X C, Wang Y. 2011b. Geochronology, geochemistry, and Nd isotopes of Early Mesozoic bimodal volcanism in northern Tibet, western China: constraints on the exhumation of the central Qiangtang metamorphic belt. Lithos, 121: 167-175

Zhang Q, Wang C Y, Liu D, et al. 2008. A brief review of ophiolites in China. Journal of Asian Earth Sciences, 32(5-6): 308-324

Zhang R Y, Cong B L, Maruyama S, et al. 1993. Metamorphism and tectonic evolution of the Lancang paired metamorphic belts, south-western China. Journal of Metamorphic Geology, 11: 605-619

Zhang R Y, Lo C H, Chung S L, et al. 2013c. Origin and tectonic implication of ophiolite and eclogite in the Song Ma suture zone between the South China and Indochina blocks. Journal of Metamorphic Geology, 31(1): 49-62

Zhang R Y, Lo C H, Li X H, et al. 2014. U-Pb dating and tectonic implication of ophiolite and metabasite from the Song Ma suture zone, northern Vietnam. American Journal of Science, 314: 649-678

Zhang W P, Wang L Q, Wang B D, et al. 2011c. Chronology, geo- chemistry and petrogenesis of Deqin granodiorite body in the middle section of Jiangda-Weixi arc. Acta Petrologica Sinica, 27: 2577-2590

Zhang X Z, Dong Y S, Wang Q, et al. 2016b. Carboniferous and Permian evolutionary records for the Paleo-Tethys Ocean constrained by newly discovered Xiangtaohu ophiolites from central Qiangtang, Central Tibet. Tectonics, 35: 1670-1686.

Zhang Y, Xie Y. 1997. Geochronology of Ailaoshan-Jinshajiang alkali-rich intrusive rocks and their Sr and Nd isotopic characteristics. Science in China, Series D: Earth Sciences, 40: 524-529

Zhang Y X, Zhang K J, Li B, et al. 2007. Zircon SHRIMP U-Pb geochronology and petrogenesis of the plagiogranites from the Lagkor Lake ophiolite, Gerze, Tibet, China. Chinese Science Bulletin, 52: 651-659

Zhang Y Z, Wang Y J. 2016. Early Neoproterozoic (~840Ma) arc magmatism: geochronological and geochemical constraints on the metabasites in the Central Jiangnan Orogen. Precambrian Research, 275: 1-17

Zhang Y Z, Wang Y J, Geng H, et al. 2013d. Early Neoproterozoic (~850Ma) back-arc basin in the Central Jiangnan Orogen (Eastern South China): geochronological and petrogenetic constraints from meta–basalts. Precambrian Research, 231: 325-342

Zhang Y Z, Wang Y J, Zhang Y H, et al. 2015. Neoproterozoic assembly of the Yangtze and Cathaysia blocks: evidence from the Cangshuipu Group and associated rocks along the Central Jiangnan Orogen, South China. Precambrian Research, 269: 18-30

Zhang Y Z, Wang Y J, Srithai B, et al. 2016a. Petrogenesis for the Chiang Dao Permian high-iron basalt and its implication on the Paleotethyan Ocean in NW Thailand. Journal of Earth Science, 27: 425-434

Zhang Y Z, Yang X, Wang Y J, et al. 2021b. Rifting and subduction records of the Paleo-Tethys in North Laos: constraints from Late Paleozoic mafic and plagiogranitic magmatism along the Song Ma tectonic zone. Geological Society of America Bulletin, 133(1-2): 212-232

Zhang Z C, Mahoney J J, Mao J W, et al. 2006c. Geochemistry of picritic and associated basalt flows of the western Emeishan flood basalt province, China. Journal of Petrology, 47: 1997-2019

Zhao G C, Wang Y J, Huang B C, et al. 2018. Geological reconstructions of the East Asian blocks: from the breakup of Rodinia to the assembly of Pangea. Earth-Science Reviews, 186: 262-286

Zhao J, Zhao D, Zhang H, et al. 2014. P-wave tomography and dynamics of the crust and upper mantle beneath western Tibet. Gondwana Research, 25: 1690-1699

Zhou M F, Yan D P, Kennedy A K, et al. 2002. SHRIMP U-Pb zircon geochronological and geochemical evidence for Neoproterozoic arc-magmatism along the western margin of the Yangtze Block, South China. Earth and Planetary Science Letters, 196(1-2): 51-67

Zhou M F, Zhao J H, Qi L, et al. 2006. Zircon U-Pb geochronology and elemental and Sr-Nd isotope geochemistry of Permian mafic rocks in the Funing area, SW China. Contributions to Mineralogy and Petrology, 151: 1-19

Zhu D C, Zhao Z D, Niu Y, et al. 2011b. The Lhasa terrane: record of a microcontinent and its histories of drift and growth. Earth and Planetary Science Letters, 301: 241-255

Zhu J J, Hu R Z, Bi X W, et al. 2011a. Zircon U-Pb ages, Hf-O isotopes and whole-rock Sr-Nd-Pb isotopic geochemistry of granitoids in the Jinshajiang suture zone, SW China: constraints on petrogenesis and tectonic evolution of the Paleo-Tethys Ocean. Lithos, 126(3-4): 248-264

Zi J W, Fan W M, Wang Y J, et al. 2010. U-Pb geochronology and geochemistry of the Dashibao Basalts in the Songpan-Ganzi Terrane, SW China, with implications for the age of Emeishan volcanism. American Journal of Science, 310: 1054-1080

Zi J W, Cawood P A, Fan W M, et al. 2012a. Generation of Early Indosinian enriched mantle-derived granitoid pluton in the Sanjiang Orogen (SW China) in response to closure of the Paleo-Tethys. Lithos, 140: 166-182

Zi J W, Cawood P A, Fan W M, et al. 2012b. Triassic collision in the Paleo-Tethys Ocean constrained by volcanic activity in SW China. Lithos, 144: 145-160

Zi J W, Cawood P A, Fan W M, et al. 2012c. Contrasting rift and subduction-related plagiogranites in the Jinshajiang ophiolitic melange, southwest China, and implications for the Paleo-Tethys. Tectonics, 31(2): 1-18

Zi J W, Cawood P A, Fan W M, et al. 2013. Late Permian-Triassic magmatic evolution in the Jinshajiang orogenic belt, SW China and implications for orogenic processes following closure of the Paleo-Tethys. American Journal of Science, 313(2): 81-112

Zulauf G, Dörr W, Fisher-Spurlock S C, et al. 2015. Closure of the Paleotethys in the External Hellenides: constraints from U-Pb ages of magmatic and detrital zircons (Crete). Gondwana Research, 28(2): 642-667

附　录

附表 3.1　五素和雅轩桥地区基性火成岩 SHRIMP 锆石 U-Pb 年代学测试结果

样品号	Th/U	$^{207}Pb/^{206}Pb$	1σ	$^{207}Pb/^{235}U$	1σ	$^{206}Pb/^{238}U$	1σ	$^{206}Pb/^{238}U$	1σ
五素玄武岩（20SM-97）									
20SM-97-01	1.30	0.0581	14	0.3680	14.0	0.0459	2.6	289.6	7.4
20SM-97-02	1.42	0.0519	7	0.3300	7.4	0.0461	2.5	290.6	7.2
20SM-97-03	0.48	0.0408	19	0.3020	7.0	0.0450	2.7	271.7	7.3
20SM-97-04	0.44	0.0511	7	0.3260	7.0	0.0464	2.5	292.1	7.0
20SM-97-05	0.42	0.0502	7	0.3140	7.4	0.0453	2.4	285.5	6.6
20SM-97-06	1.47	0.0559	7	0.3600	7.1	0.0467	2.3	294.1	6.7
20SM-97-07	0.29	0.0526	4	0.3380	4.4	0.0466	2.3	293.4	6.6
20SM-97-08	0.21	0.0527	2	0.3306	2.8	0.0455	2.3	286.9	6.5
20SM-97-09	0.25	0.0522	5	0.3350	5.6	0.0465	2.3	293.3	6.7
20SM-97-10	0.78	0.0527	16	0.3170	16.0	0.0435	1.5	274.8	4.2
20SM-97-11	0.79	0.0609	12	0.3700	12.0	0.0441	1.5	278.0	4.2
20SM-97-12	0.51	0.0492	3	0.3120	3.6	0.0460	1.7	289.9	4.7
20SM-97-13	0.41	0.0527	10	0.3280	9.9	0.0451	1.9	284.4	5.2
20SM-97-14	0.45	0.0579	7	0.3560	7.1	0.0446	2.0	281.2	5.5
20SM-97-15	0.59	0.0561	5	0.3390	4.9	0.0438	1.7	276.5	4.7
雅轩桥火山岩（20SM-47）									
20SM-47-01	0.14	0.0471	7.9	0.2610	8.1	0.0402	1.9	264.1	4.6
20SM-47-02	0.24	0.0734	1.6	1.6980	2.5	0.1676	1.9	999.1	17.2
20SM-47-03	0.20	0.0487	6.1	0.2680	6.4	0.0400	1.8	262.7	4.4
20SM-47-04	0.17	0.0714	3.5	1.8960	3.9	0.1925	1.7	1135.1	18.2
20SM-47-05	0.56	0.0994	2.5	3.9670	3.1	0.2894	1.9	1638.4	26.8
20SM-47-06	0.12	0.0503	2.6	0.2930	3.2	0.0423	1.7	266.9	4.5
20SM-47-07	0.89	0.0649	0.9	1.0670	1.9	0.1193	1.7	726.5	11.8
20SM-47-08	0.19	0.0512	1.7	0.3050	2.6	0.0431	2.0	272.1	5.4
20SM-47-09	0.20	0.0470	3.5	0.2650	3.9	0.0409	1.7	258.2	4.4
20SM-47-10	0.19	0.0475	2.5	0.2900	3.1	0.0443	1.8	279.6	4.9
20SM-47-11	0.49	0.0529	2.2	0.2920	2.8	0.0401	1.8	253.3	4.4
20SM-47-12	0.44	0.0683	1.8	1.1070	2.5	0.1175	1.8	716.1	11.9
20SM-47-13	0.18	0.0495	3.2	0.2910	3.7	0.0427	1.8	269.4	4.7
20SM-47-14	0.19	0.0552	1.8	0.4310	2.5	0.0566	1.7	354.8	6.0
20SM-47-15	0.18	0.0500	2.7	0.2870	3.2	0.0417	1.8	263.3	4.6
20SM-47-16	0.56	0.1615	1.5	9.8750	2.3	0.4434	1.7	2366.0	34.4
20SM-47-17	0.19	0.0507	1.5	0.2900	2.3	0.0414	1.7	261.5	4.4

附表 3.2　大龙凯地区基性火成岩 LA-ICP-MS 锆石 U-Pb 年代学测试结果

样品号	Th/U	$^{207}Pb/^{235}U$	1σ	$^{206}Pb/^{238}U$	1σ	$^{207}Pb/^{235}U$	1σ	$^{206}Pb/^{238}U$	1σ
大龙凯斜长辉石岩（ML-18）									
ML-18A-01	2.95	0.339052	0.019312	0.042121	0.000771	296.5	14.6	266.0	4.8
ML-18A-02	2.20	0.316989	0.012442	0.043078	0.000495	279.6	9.6	271.9	3.1
ML-18A-03	1.80	0.343374	0.014230	0.044007	0.000546	299.7	10.8	277.6	3.4

续表

样品号	Th/U	$^{207}Pb/^{235}U$	1σ	$^{206}Pb/^{238}U$	1σ	$^{207}Pb/^{235}U$	1σ	$^{206}Pb/^{238}U$	1σ
大龙凯斜长辉石岩（ML-18）									
ML-18A-04	1.09	0.298796	0.012816	0.043521	0.000612	265.5	10.0	274.6	3.8
ML-18A-05	3.20	0.288593	0.011837	0.043550	0.000504	257.5	9.3	274.8	3.1
ML-18A-06	1.84	0.280424	0.011984	0.044536	0.000602	251.0	9.5	280.9	3.7
ML-18A-07	1.65	0.283778	0.011039	0.043452	0.000472	253.7	8.7	274.2	2.9
ML-18A-08	3.96	0.288474	0.013275	0.041822	0.000497	257.4	10.5	264.1	3.1
ML-18A-09	3.72	0.283831	0.015511	0.043129	0.000680	253.7	12.3	272.2	4.2
ML-18A-10	3.56	0.276423	0.012440	0.042047	0.000654	247.8	9.9	265.5	4.0
ML-18A-11	3.70	0.300948	0.014546	0.041753	0.000605	267.1	11.4	263.7	3.7
ML-18A-12	1.52	0.296594	0.009228	0.043673	0.000459	263.7	7.2	275.6	2.8
ML-18A-13	3.76	0.301422	0.015606	0.042819	0.000592	267.5	12.2	270.3	3.7
ML-18A-14	3.91	0.307929	0.010907	0.043254	0.000418	272.6	8.5	273.0	2.6
ML-18A-15	1.46	0.293952	0.013325	0.042992	0.000612	261.7	10.5	271.4	3.8
ML-18A-16	1.34	0.312983	0.012829	0.043672	0.000596	276.5	9.9	275.6	3.7
ML-18A-17	1.59	0.305939	0.010212	0.044184	0.000467	271.0	7.9	278.7	2.9
ML-18A-18	1.06	0.302630	0.010382	0.042631	0.000459	268.5	8.1	269.1	2.8
ML-18A-19	2.61	0.312408	0.011088	0.043978	0.000487	276.0	8.6	277.4	3.0
ML-18A-20	1.68	0.284978	0.011727	0.042717	0.000511	254.6	9.3	269.6	3.2
ML-18A-21	3.97	0.248384	0.014157	0.042095	0.000612	225.3	11.5	265.8	3.8
ML-18A-22	4.19	0.290842	0.014575	0.042574	0.000609	259.2	11.5	268.8	3.8
ML-18A-23	3.31	0.260985	0.014556	0.042925	0.000620	235.5	11.7	270.9	3.8
ML-18A-24	3.76	0.242586	0.012805	0.042367	0.000667	220.5	10.5	267.5	4.1
大龙凯辉长岩（ML-19）									
ML-19A-01	0.31	0.494884	0.027413	0.066854	0.001192	408.2	18.6	417.2	7.2
ML-19A-02	0.49	0.313872	0.015558	0.043600	0.000943	277.2	12.0	275.1	5.8
ML-19A-03	0.67	10.345822	0.366659	0.482102	0.006849	2466.2	32.8	2536.4	29.8
ML-19A-04	0.42	0.330590	0.023820	0.040564	0.000948	290.0	18.2	256.3	5.9
ML-19A-05	0.34	0.340474	0.026643	0.042311	0.001073	297.5	20.2	267.1	6.6
ML-19A-06	0.58	1.052917	0.045936	0.122301	0.001734	730.3	22.7	743.8	10.0
ML-19A-07	0.55	9.557097	0.327034	0.449615	0.006147	2393.1	31.5	2393.5	27.3
ML-19A-08	0.54	0.931594	0.029101	0.102843	0.001171	668.5	15.3	631.0	6.8
ML-19A-09	1.08	1.783461	0.072539	0.138048	0.004285	1039.4	26.5	833.6	24.3
ML-19A-10	0.89	0.313469	0.040053	0.041236	0.001400	276.9	31.0	260.5	8.7
ML-19A-11	0.45	4.158618	0.158811	0.296752	0.004356	1665.9	31.3	1675.2	21.7
ML-19A-12	0.33	0.290811	0.016400	0.042904	0.000642	259.2	12.9	270.8	4.0
ML-19A-13	0.46	0.311196	0.028207	0.040789	0.001066	275.1	21.8	257.7	6.6
ML-19A-14	0.89	0.335099	0.026074	0.042630	0.001022	293.5	19.8	269.1	6.3
ML-19A-15	0.80	1.294324	0.087054	0.132018	0.003157	843.2	38.5	799.4	18.0
ML-19A-16	0.42	0.502805	0.034950	0.058039	0.001238	413.6	23.6	363.7	7.5
ML-19A-17	1.25	0.526116	0.033143	0.065851	0.001239	429.2	22.1	411.1	7.5
ML-19A-18	0.15	0.321668	0.029487	0.044012	0.001140	283.2	22.7	277.7	7.0
ML-19A-19	0.50	0.320378	0.021677	0.041056	0.000825	282.2	16.7	259.4	5.1

附表 3.3　哀牢山构造带内岛弧型花岗质岩石 LA-ICP-MS 锆石 U-Pb 年代学测试结果

样品号	Th/U	$^{207}Pb/^{235}U$	1σ	$^{206}Pb/^{238}U$		$^{207}Pb/^{206}Pb$		$^{207}Pb/^{235}U$		$^{206}Pb/^{238}U$	
下关花岗闪长岩（YN-28A）											
YN-28A-01	0.97	0.27925	2.46	0.04000	1.51	227	44	250	6	253	4
YN-28A-02	1.00	0.27083	4.68	0.03890	1.62	216	99	243	10	246	4
YN-28A-03	0.74	0.27208	2.89	0.03940	1.50	201	56	244	6	249	4
YN-28A-04	0.49	0.29398	3.22	0.04020	1.50	329	63	262	8	254	4
YN-28A-05	0.82	0.27850	2.48	0.03980	1.51	231	45	250	6	251	4
YN-28A-06	0.69	0.27705	4.25	0.03880	1.52	278	88	248	9	245	4
YN-28A-07	0.78	0.28423	2.81	0.03930	1.54	306	53	254	6	248	4
YN-28A-08	1.48	0.27558	1.81	0.03930	1.54	232	22	247	4	249	4
YN-28A-09	0.84	0.27472	2.70	0.03940	1.65	224	49	247	6	249	4
YN-28A-10	0.40	0.29766	5.01	0.03940	1.78	402	102	265	12	249	4
YN-28A-11	0.80	0.28658	2.74	0.04000	1.50	286	52	256	6	253	4
YN-28A-12	1.08	0.28552	2.15	0.04020	1.51	266	35	255	5	254	4
YN-28A-13	0.77	0.29558	2.61	0.04040	1.53	333	47	263	6	255	4
YN-28A-14	0.88	0.26268	6.15	0.04100	1.52	23	137	237	13	259	4
YN-28A-15	0.65	0.27340	6.35	0.04110	1.69	110	139	245	14	260	4
YN-28C-01	0.34	0.28080	2.39	0.03890	1.55	298	41	251	5	246	4
YN-28C-02	0.89	0.28361	2.12	0.03980	1.50	271	34	254	5	252	4
YN-28C-03	0.91	0.28428	2.26	0.04030	1.50	248	39	254	5	255	4
YN-28C-04	0.98	0.28003	4.31	0.03960	1.56	256	90	251	10	250	4
YN-28C-05	1.03	0.27221	3.08	0.03930	1.60	207	60	245	7	248	4
YN-28C-06	1.05	0.28943	2.35	0.03990	1.50	312	41	258	5	252	4
YN-28C-07	0.90	0.27601	2.34	0.04010	1.50	192	41	248	5	253	4
YN-28C-08	0.98	0.28186	2.36	0.04020	1.51	234	41	252	5	254	4
YN-28C-09	0.82	0.29023	1.83	0.04050	1.50	286	24	259	4	256	4
YN-28C-10	0.63	0.27331	3.27	0.03990	1.73	180	64	245	7	252	4
YN-28C-11	0.90	0.28695	2.19	0.04020	1.51	277	36	256	5	254	4
YN-28C-12	1.14	0.28357	1.98	0.04010	1.50	255	29	254	4	253	4
YN-28C-13	1.25	0.28256	1.93	0.04070	1.50	211	28	253	4	257	4
YN-28C-14	1.08	0.27668	2.41	0.04010	1.50	197	43	248	5	253	4
YN-28C-15	0.92	0.27760	2.34	0.03920	1.53	258	40	249	5	248	4
YN-28C-16	0.77	0.27721	2.22	0.03960	1.50	231	37	248	5	250	4
新安寨二长花岗岩（HH-43A）											
HH-43A-01	0.28	0.28850	0.00741	0.03963	0.00105	319	59	257	6	251	6
HH-43A-02	0.26	0.28428	0.01067	0.03935	0.00110	302	87	254	8	249	7
HH-43A-03	0.25	0.29477	0.00806	0.03976	0.00106	360	63	262	6	251	7
HH-43A-04	0.24	0.28069	0.01107	0.03893	0.00110	298	91	251	9	246	7
HH-43A-05	0.37	0.28476	0.01393	0.03894	0.00116	330	112	254	11	246	7
HH-43A-06	0.02	1.33867	0.02937	0.13697	0.00361	954	46	863	13	828	20
HH-43A-07	0.19	0.28140	0.01053	0.03998	0.00111	243	87	252	8	253	7
HH-43A-08	0.23	0.28045	0.01149	0.03984	0.00113	243	95	251	9	252	7
HH-43A-09	0.19	0.28409	0.01093	0.03970	0.00111	281	89	254	9	251	7

续表

样品号	Th/U	$^{207}Pb/^{235}U$	1σ	$^{206}Pb/^{238}U$		$^{207}Pb/^{206}Pb$		$^{207}Pb/^{235}U$		$^{206}Pb/^{238}U$	
新安寨二长花岗岩（HH-43A）											
HH-43A-10	0.23	0.99448	0.02959	0.10349	0.00283	919	63	701	15	635	17
HH-43A-11	0.30	0.29015	0.01092	0.03984	0.00111	321	87	259	9	252	7
HH-43A-12	0.25	0.29297	0.01113	0.04008	0.00112	329	87	261	9	253	7
HH-43A-13	0.21	0.27812	0.00737	0.04032	0.00106	196	62	249	6	255	7
HH-43A-14	0.30	0.28401	0.01008	0.03986	0.00110	271	82	254	8	252	7
HH-43A-15	0.20	0.27767	0.01372	0.03930	0.00117	251	114	249	11	249	7
HH-43A-16	0.22	0.28310	0.01070	0.04006	0.00112	252	88	253	8	253	7
HH-43A-17	0.26	0.27783	0.00619	0.04017	0.00104	202	52	249	5	254	6
HH-43A-18	0.25	0.27948	0.00977	0.04033	0.00110	207	82	250	8	255	7
HH-43A-19	0.19	0.27858	0.00673	0.03962	0.00104	240	57	250	5	251	6
HH-43A-20	0.31	0.66697	0.01708	0.08013	0.00212	617	56	519	10	497	13
HH-43A-21	0.24	0.27865	0.00674	0.04100	0.00107	162	57	250	5	259	7
HH-43A-22	0.22	0.27485	0.01007	0.03956	0.00109	213	86	247	8	250	7
HH-43A-23	0.27	0.28178	0.00753	0.03948	0.00104	275	62	252	6	250	6
HH-43A-24	0.46	0.27118	0.00923	0.04061	0.00110	120	81	244	7	257	7
HH-43A-25	0.22	0.27436	0.00818	0.04028	0.00108	167	71	246	7	255	7
HH-45A-01	0.22	0.27470	0.01080	0.03939	0.00111	221	92	246	9	249	7
HH-45A-02	0.30	0.29298	0.00992	0.03974	0.00110	348	78	261	8	251	7
HH-45A-03	0.32	0.27871	0.00911	0.03983	0.00109	229	76	250	7	252	7
HH-45A-04	0.40	0.26337	0.00849	0.03949	0.00107	117	77	237	7	250	7
HH-45A-05	0.20	0.28440	0.01206	0.03959	0.00115	290	98	254	10	250	7
HH-45A-06	0.21	0.27803	0.00897	0.03954	0.00109	240	75	249	7	250	7
HH-45A-07	0.22	0.27046	0.00871	0.04036	0.00110	128	76	243	7	255	7
HH-45A-08	0.25	0.27854	0.00963	0.04069	0.00113	179	82	250	8	257	7
HH-45A-09	0.21	0.27120	0.00976	0.03921	0.00110	203	85	244	8	248	7
HH-45A-10	0.29	0.26249	0.00815	0.03917	0.00107	129	74	237	7	248	7
HH-45A-11	0.19	0.79015	0.01439	0.07298	0.00192	1160	37	591	8	454	12
HH-45A-12	0.29	0.29186	0.01690	0.03902	0.00126	381	131	260	13	247	8
HH-45A-13	0.23	1.17108	0.02599	0.12276	0.00329	905	46	787	12	746	19
HH-45A-14	0.21	0.26857	0.00799	0.04088	0.00111	81	72	242	6	258	7
HH-45A-15	0.40	0.27870	0.01065	0.03917	0.00112	269	89	250	8	248	7
HH-45A-16	0.28	0.26573	0.01011	0.04062	0.00114	72	92	239	8	257	7
HH-45A-17	0.18	0.49136	0.01185	0.06149	0.00165	528	54	406	8	385	10
HH-45A-18	0.39	0.26724	0.00852	0.03978	0.00110	135	76	241	7	252	7
HH-45A-19	0.14	0.26578	0.00883	0.04013	0.00111	102	79	239	7	254	7
HH-45A-20	0.21	0.28006	0.00750	0.03954	0.00107	258	62	251	6	250	7
HH-45A-21	0.05	0.26372	0.00880	0.03957	0.00110	117	80	238	7	250	7
HH-45A-22	0.23	0.27587	0.00891	0.03984	0.00111	206	76	247	7	252	7
HH-45A-23	0.21	0.26413	0.00815	0.03907	0.00107	151	73	238	7	247	7
HH-45A-24	0.44	0.26475	0.00764	0.04008	0.00109	95	70	239	6	253	7
HH-45A-25	0.41	0.29096	0.00632	0.03955	0.00105	345	50	259	5	250	7

附表 3.4　哀牢山构造带碰撞型花岗质岩石样品和猛硐角闪岩的锆石 U-Pb 年代学测试结果

样品号	Th/U	$^{207}Pb/^{206}Pb$	1σ	$^{207}Pb/^{235}U$	1σ	$^{206}Pb/^{238}U$	1σ	$^{207}Pb/^{206}Pb$	1σ	$^{207}Pb/^{235}U$	1σ	$^{206}Pb/^{238}U$	1σ
通天阁淡色花岗岩（ML-34A，LA-ICP-MS）													
ML-34A-01	0.15	0.051069	0.00241	0.27050	0.01230	0.03846	0.00119	243	109	243	10	243	7
ML-34A-02	0.22	0.049076	0.00204	0.26460	0.01117	0.03912	0.00127	150	103	238	9	247	8
ML-34A-03	0.20	0.050397	0.00211	0.27115	0.01140	0.03899	0.00121	213	94	244	9	247	7
ML-34A-04	0.25	0.050708	0.00180	0.27393	0.00976	0.03914	0.00120	228	83	246	8	248	7
ML-34A-05	1.80	0.056252	0.00237	0.62585	0.02634	0.08087	0.00250	461	94	494	16	501	15
ML-34A-06	0.14	0.050932	0.00201	0.27370	0.01090	0.03895	0.00120	239	93	246	9	246	7
ML-34A-07	0.10	0.050951	0.00177	0.27388	0.00971	0.03891	0.00123	239	75	246	8	246	8
ML-34A-08	0.74	0.095966	0.00315	2.58536	0.08588	0.19473	0.00600	1547	63	1297	24	1147	32
ML-34A-09	0.14	0.051237	0.00210	0.27458	0.01136	0.03872	0.00120	250	94	246	9	245	7
ML-34A-10	0.12	0.051138	0.00183	0.27769	0.01002	0.03916	0.00120	256	83	249	8	248	7
ML-34A-11	0.18	0.059129	0.00213	0.67346	0.02407	0.08232	0.00254	572	75	523	15	510	15
ML-34A-12	0.23	0.050206	0.00421	0.28803	0.02374	0.04178	0.00144	211	176	257	19	264	9
ML-34A-13	0.17	0.050387	0.00196	0.27288	0.01073	0.03907	0.00120	213	91	245	9	247	7
ML-34A-14	0.15	0.054556	0.00221	0.29335	0.01174	0.03904	0.00121	394	91	261	9	247	7
ML-34A-15	0.28	0.050403	0.00428	0.27008	0.01978	0.03859	0.00121	213		243	16	244	8
ML-34A-16	0.23	0.049436	0.00177	0.26607	0.00950	0.03893	0.00119	169	83	240	8	246	7
ML-34A-17	0.11	0.049102	0.00168	0.26545	0.00907	0.03911	0.00120	154	77	239	7	247	7
ML-34A-18	0.26	0.048026	0.00205	0.25916	0.01110	0.03918	0.00122	102	96	234	9	248	8
ML-34A-19	0.52	0.048046	0.00186	0.26306	0.01022	0.03979	0.00124	102	91	237	8	252	8
ML-34A-20	0.21	0.050061	0.00258	0.26785	0.01407	0.03894	0.00130	198	125	241	11	246	8
ML-34A-21	0.16	0.062770	0.00258	1.13845	0.04784	0.13198	0.00430	702	89	772	23	799	25
ML-34A-22	0.42	0.047935	0.00251	0.25515	0.01287	0.03900	0.00132	95	122	231	10	247	8
ML-34A-23	0.08	0.067417	0.00338	1.24337	0.06342	0.13413	0.00464	850	104	820	29	811	26
ML-34A-24	0.08	0.045111	0.00199	0.24349	0.01086	0.03930	0.00127	error		221	9	248	8
ML-34A-25	0.18	0.047562	0.00204	0.25548	0.01109	0.03914	0.00125	76	100	231	9	248	8
ML-34A-26	0.10	0.048698	0.00188	0.26038	0.01017	0.03890	0.00122	132	91	235	8	246	8

续表

样品号	Th/U	$^{207}Pb/^{206}Pb$	1σ	$^{207}Pb/^{235}U$	1σ	$^{206}Pb/^{238}U$	1σ	$^{207}Pb/^{206}Pb$	1σ	$^{207}Pb/^{235}U$	1σ	$^{206}Pb/^{238}U$	1σ
通天阁淡色花岗岩（ML-34A，LA-ICP-MS）													
ML-34A-27	0.85	0.055972	0.00196	0.66334	0.02348	0.08613	0.00267	450	78	517	14	533	16
ML-34A-28	0.69	0.050396	0.00194	0.27012	0.01037	0.03904	0.00120	213	91	243	8	247	7
ML-34A-29	0.21	0.050080	0.00216	0.26973	0.01148	0.03916	0.00121	198	100	242	9	248	8
通天阁淡色花岗岩（ML-34G，LA-ICP-MS）													
ML-34G-01	0.43	0.05834	0.00465	0.53105	0.03851	0.06602	0.00244	543	165	433	26	412	15
ML-34G-02	0.17	0.05952	0.00229	0.54216	0.01881	0.06607	0.00127	586	81	440	12	412	8
ML-34G-03	0.65	0.04946	0.00583	0.28192	0.03033	0.04134	0.00212	170	254	252	24	261	13
ML-34G-04	0.26	0.05413	0.00351	0.28905	0.01715	0.03873	0.00110	376	139	258	14	245	7
ML-34G-05	0.15	0.05927	0.00269	0.54092	0.02232	0.06618	0.00144	577	96	439	15	413	9
ML-34G-06	0.64	0.06756	0.00359	1.29394	0.06299	0.13890	0.00371	855	107	843	28	838	21
ML-34G-07	0.11	0.04950	0.00217	0.26782	0.01077	0.03924	0.00076	171	99	241	9	248	5
ML-34G-08	0.21	0.05778	0.00239	0.53003	0.01985	0.06652	0.00134	521	88	432	13	415	8
ML-34G-09	0.07	0.06658	0.00517	0.64600	0.04486	0.07036	0.00274	825	154	506	28	438	17
ML-34G-10	0.36	0.05199	0.00315	0.28556	0.01580	0.03983	0.00108	285	133	255	12	252	7
ML-34G-11	0.18	0.04684	0.00258	0.25909	0.01335	0.04011	0.00087	41	127	234	11	254	5
ML-34G-12	0.18	0.05354	0.00423	0.28261	0.02061	0.03828	0.00124	352	169	253	16	242	8
ML-34G-13	0.33	0.04609	0.00434	0.25538	0.02237	0.04018	0.00150	2	213	231	18	254	9
ML-34G-14	0.57	0.05157	0.00424	0.27598	0.02129	0.03880	0.00120	267	178	248	17	245	7
ML-34G-15	0.44	0.05405	0.00289	0.28751	0.01408	0.03857	0.00091	373	116	257	11	244	6
ML-34G-16	0.08	0.06111	0.00257	0.56405	0.02183	0.06693	0.00129	643	88	454	14	418	8
ML-34G-17	0.27	0.05220	0.00470	0.28250	0.02361	0.03925	0.00142	294	193	253	19	248	9
ML-34G-18	0.36	0.07014	0.00145	1.33000	0.02479	0.13751	0.00170	933	42	859	11	831	10
ML-34G-19	0.24	0.05200	0.00722	0.28704	0.03698	0.04003	0.00222	286	290	256	29	253	14
ML-34G-20	0.15	0.04787	0.00279	0.26017	0.01392	0.03942	0.00099	92	134	235	11	249	6
ML-34G-21	0.67	0.06502	0.00213	1.22537	0.03650	0.13669	0.00240	775	67	812	17	826	14
ML-34G-22	0.08	0.05092	0.00134	0.27452	0.00659	0.03910	0.00050	237	59	246	5	247	3
ML-34G-23	0.12	0.05330	0.00175	0.28508	0.00856	0.03880	0.00059	341	73	255	7	245	4

续表

样品号	Th/U	$^{207}Pb/^{206}Pb$	1σ	$^{207}Pb/^{235}U$	1σ	$^{206}Pb/^{238}U$	1σ	$^{207}Pb/^{206}Pb$	1σ	$^{207}Pb/^{235}U$	1σ	$^{206}Pb/^{238}U$	1σ
狗头坡淡色花岗岩（ML-23A，LA-ICP-MS）													
ML-23A-01	0.56	0.072050	0.00119	1.432763	0.06576	0.14395	0.00114	987	33	903	27	867	6
ML-23A-02	0.85	0.070043	0.00450	1.283969	0.09070	0.13317	0.00282	929	133	839	40	806	16
ML-23A-03	0.54	0.053224	0.00309	0.290287	0.01864	0.03958	0.00066	339	127	259	15	250	4
ML-23A-04	0.10	0.052202	0.00127	0.289621	0.00977	0.04018	0.00061	295	56	258	8	254	4
ML-23A-05	0.15	0.051046	0.00207	0.282262	0.01182	0.04006	0.00041	243	99	252	9	253	3
ML-23A-06	0.99	0.067788	0.00456	1.474989	0.10149	0.15722	0.00265	861	140	920	42	941	15
ML-23A-07	0.22	0.050455	0.00359	0.278777	0.01922	0.04005	0.00070	217	165	250	15	253	4
ML-23A-08	0.09	0.052074	0.00192	0.290402	0.01140	0.04030	0.00074	287	81	259	9	255	5
ML-23A-09	0.10	0.052169	0.00149	0.291974	0.00903	0.04044	0.00073	300	67	260	7	256	5
ML-23A-10	0.21	0.050811	0.00310	0.281695	0.01696	0.04011	0.00064	232	143	252	13	253	4
ML-23A-11	0.15	0.049791	0.00258	0.277305	0.01439	0.04029	0.00062	183	120	249	11	255	4
ML-23A-12	0.75	0.071108	0.00246	1.546649	0.06189	0.15674	0.00376	961	70	949	25	939	21
ML-23A-13	0.29	0.070018	0.00212	1.520408	0.05009	0.15637	0.00270	929	63	939	20	937	15
ML-23A-14	0.11	0.063149	0.00198	0.817133	0.02674	0.09322	0.00128	722	67	606	15	575	8
ML-23A-15	0.46	0.062427	0.00188	0.805981	0.02782	0.09298	0.00175	689	60	600	16	573	10
ML-23A-16	0.24	0.061321	0.00278	0.791402	0.03555	0.09312	0.00132	650	98	592	20	574	8
ML-23A-17	0.19	0.050406	0.00214	0.279185	0.01172	0.04006	0.00060	213	94	250	9	253	4
ML-23A-18	0.35	0.064253	0.00320	0.734615	0.03670	0.08261	0.00141	750	104	559	21	512	8
ML-23A-19	0.76	0.052982	0.00304	0.287292	0.01599	0.03932	0.00054	328	131	256	13	249	3
ML-23A-20	0.21	0.052421	0.00257	0.287916	0.01319	0.04023	0.00110	306	113	257	10	254	7
ML-23A-21	0.17	0.053098	0.00295	0.295038	0.01647	0.04021	0.00051	332	121	263	13	254	3
ML-23A-22	0.18	0.049399	0.00255	0.274831	0.01400	0.04029	0.00056	169	120	247	11	255	3
ML-23A-23	0.11	0.050628	0.00175	0.281728	0.00994	0.04026	0.00057	233	80	252	8	254	4
滑石板花岗岩（HH-119，LA-ICP-MS）													
HH-119A-01	0.56	0.05445	0.00621	0.27634	0.03072	0.03680	0.00107	390	238	248	24	233	7
HH-119A-02	0.48	0.04995	0.01004	0.25741	0.05032	0.03737	0.00188	193	411	233	41	237	12

续表

样品号	Th/U	$^{207}Pb/^{206}Pb$	1σ	$^{207}Pb/^{235}U$	1σ	$^{206}Pb/^{238}U$	1σ	$^{207}Pb/^{206}Pb$	1σ	$^{207}Pb/^{235}U$	1σ	$^{206}Pb/^{238}U$	1σ
滑石板花岗岩（HH-119，LA-ICP-MS）													
HH-119A-03	0.55	0.05402	0.00528	0.27615	0.02614	0.03707	0.00104	372	207	248	21	235	7
HH-119A-04	0.49	0.05463	0.00468	0.27394	0.02240	0.03636	0.00105	397	181	246	18	230	7
HH-119A-05	0.52	0.05138	0.00581	0.26099	0.02858	0.03684	0.00116	258	240	236	23	233	7
HH-119A-06	0.25	0.06289	0.00712	0.29216	0.03168	0.03369	0.00121	705	224	260	25	214	8
HH-119A-07	0.61	0.05285	0.00433	0.27074	0.02146	0.03715	0.00090	322	176	243	17	235	6
HH-119A-08	0.50	0.05390	0.00538	0.26889	0.02578	0.03618	0.00112	367	211	242	21	229	7
HH-119A-09	0.65	0.05134	0.00723	0.26527	0.03611	0.03747	0.00146	256	295	239	29	237	9
HH-119A-10	0.58	0.05159	0.00322	0.26238	0.01571	0.03688	0.00080	267	137	237	13	234	5
HH-119A-11	0.37	0.04753	0.00570	0.23340	0.02718	0.03561	0.00112	75	263	213	22	226	7
HH-119A-12	0.58	0.05006	0.00351	0.24378	0.01644	0.03531	0.00081	198	155	222	13	224	5
HH-119A-13	0.50	0.05399	0.00508	0.25982	0.02364	0.03490	0.00096	370	199	235	19	221	6
HH-119A-14	0.64	0.05282	0.00754	0.26528	0.03671	0.03642	0.00139	321	295	239	30	231	9
HH-119A-15	0.47	0.05494	0.00215	0.27601	0.01031	0.03643	0.00058	410	85	248	8	231	4
HH-119A-16	0.55	0.05658	0.00652	0.27437	0.03032	0.03516	0.00126	475	237	246	24	223	8
HH-119A-17	0.57	0.05155	0.00501	0.25862	0.02420	0.03638	0.00108	265	208	234	20	230	7
HH-119A-18	0.55	0.05197	0.00724	0.27132	0.03639	0.03786	0.00156	284	291	244	29	240	10
HH-119A-19	0.57	0.05700	0.00293	0.28262	0.01384	0.03596	0.00071	491	110	253	11	228	4
HH-119A-20	0.47	0.05886	0.00855	0.28723	0.04024	0.03539	0.00148	562	289	256	32	224	9
HH-119A-21	0.31	0.05076	0.00815	0.25267	0.03878	0.03610	0.00182	230	334	229	31	229	11
HH-119A-22	0.64	0.05537	0.00842	0.27765	0.04105	0.03637	0.00141	427	308	249	33	230	9
HH-119A-23	0.50	0.05411	0.00770	0.27186	0.03710	0.03644	0.00158	376	292	244	30	231	10
HH-120A-01	0.49	0.04684	0.00870	0.23909	0.04321	0.03703	0.00171	41	393	218	35	234	11
HH-120A-02	0.64	0.04609	0.01766	0.23375	0.08725	0.03679	0.00339	2	731	213	72	233	21
HH-120A-03	0.59	0.04740	0.01021	0.24137	0.05034	0.03694	0.00212	69	446	220	41	234	13
HH-120A-04	0.61	0.04827	0.02217	0.23850	0.10640	0.03585	0.00411	113	829	217	87	227	26
HH-120A-05	0.44	0.05692	0.00799	0.27563	0.03715	0.03514	0.00149	488	284	247	30	223	9

续表

样品号	Th/U	$^{207}Pb/^{206}Pb$	1σ	$^{207}Pb/^{235}U$	1σ	$^{206}Pb/^{238}U$	1σ	$^{207}Pb/^{206}Pb$	1σ	$^{207}Pb/^{235}U$	1σ	$^{206}Pb/^{238}U$	1σ
滑石板花岗岩（HH-119，LA-ICP-MS）													
HH-120A-06	0.54	0.05567	0.00776	0.27901	0.03741	0.03636	0.00151	439	284	250	30	230	9
HH-120A-07	0.56	0.05102	0.00853	0.25724	0.04144	0.03658	0.00177	242	346	232	34	232	11
HH-120A-08	0.64	0.05700	0.01256	0.28298	0.06090	0.03602	0.00182	491	425	253	48	228	11
HH-120A-09	0.56	0.05521	0.01072	0.27874	0.05265	0.03663	0.00177	421	384	250	42	232	11
HH-120A-10	0.56	0.05227	0.01206	0.25923	0.05852	0.03598	0.00184	297	455	234	47	228	12
HH-120A-11	0.52	0.05477	0.00918	0.27653	0.04461	0.03663	0.00180	403	337	248	36	232	11
HH-120A-12	0.63	0.06068	0.01076	0.30233	0.05122	0.03616	0.00203	628	342	268	40	229	13
HH-120A-13	0.43	0.04835	0.00627	0.24522	0.03056	0.03680	0.00143	116	280	223	25	233	9
HH-120A-14	0.57	0.05283	0.03062	0.27134	0.15310	0.03727	0.00522	321	958	244	122	236	32
HH-120A-15	0.64	0.05113	0.01741	0.24951	0.08220	0.03541	0.00320	247	638	226	67	224	20
HH-120A-16	0.61	0.05751	0.01333	0.27880	0.06216	0.03518	0.00237	511	442	250	49	223	15
HH-120A-17	0.47	0.05552	0.00613	0.27541	0.02928	0.03600	0.00118	433	229	247	23	228	7
HH-120A-18	0.59	0.05238	0.01174	0.26316	0.05742	0.03646	0.00201	302	444	237	46	231	13
HH-120A-19	0.51	0.06172	0.01201	0.31149	0.05749	0.03663	0.00241	664	370	275	45	232	15
HH-120A-20	0.62	0.05295	0.00779	0.26103	0.03753	0.03578	0.00123	327	303	236	30	227	8
HH-120A-21	0.64	0.05528	0.00692	0.27071	0.03262	0.03554	0.00132	423	258	243	26	225	8
HH-120A-22	0.65	0.07016	0.01601	0.36772	0.08111	0.03804	0.00235	933	409	318	60	241	15
下关片麻状花岗岩（YN-26A，LA-ICP-MS）													
YN-26A-01	0.19	0.05965	0.00184	0.290522	0.009023	0.035700	0.001097	591	67	259	7	226	7
YN-26A-02	0.04	0.08702	0.00263	1.030525	0.040217	0.086868	0.003380	1361	58	719	20	537	20
YN-26A-03	0.22	0.05999	0.00183	0.263225	0.008041	0.032215	0.000974	611	67	237	7	204	6
YN-26A-04	0.16	0.05846	0.00176	0.284201	0.008628	0.035690	0.001081	546	67	254	7	226	7
YN-26A-05	0.59	0.08059	0.00245	1.106716	0.050411	0.099555	0.004205	1213	60	757	24	612	25
YN-26A-06	0.15	0.05548	0.00174	0.257131	0.008467	0.033865	0.001095	432	70	232	7	215	7
YN-26A-07	1.21	0.07364	0.00246	0.709938	0.026093	0.069803	0.002169	1032	68	545	16	435	13
YN-26A-08	0.27	0.05286	0.00160	0.266825	0.008735	0.036558	0.001174	324	69	240	7	232	7

续表

样品号	Th/U	$^{207}Pb/^{206}Pb$	1σ	$^{207}Pb/^{235}U$	1σ	$^{206}Pb/^{238}U$	1σ	$^{207}Pb/^{206}Pb$	1σ	$^{207}Pb/^{235}U$	1σ	$^{206}Pb/^{238}U$	1σ
下关片麻状花岗岩（YN-26A，LA-ICP-MS）													
YN-26A-09	0.13	0.05656	0.00173	0.281531	0.009438	0.036119	0.001145	476	67	252	8	229	7
YN-26A-10	1.23	0.06175	0.00193	0.657061	0.020549	0.077232	0.002394	665	67	513	13	480	14
YN-26A-11	0.50	0.05777	0.00174	0.527127	0.016048	0.066147	0.002008	520	67	430	11	413	12
YN-26A-12	0.23	0.04912	0.00149	0.249420	0.007574	0.036819	0.001112	154	77	226	6	233	7
YN-26A-13	0.23	0.05131	0.00155	0.258673	0.007985	0.036539	0.001118	254	70	234	6	231	7
YN-26A-14	0.94	0.07152	0.00220	0.830002	0.026971	0.084269	0.002619	972	63	614	15	522	16
YN-26A-15	0.34	0.06012	0.00195	0.298100	0.012372	0.035850	0.001276	609	38	265	10	227	8
YN-26A-16	0.19	0.05435	0.00164	0.269886	0.008276	0.035937	0.001095	387	69	243	7	228	7
YN-26A-17	0.61	0.07657	0.00231	1.602357	0.049543	0.151302	0.004622	1110	59	971	19	908	26
YN-26A-18	0.15	0.06061	0.00190	0.306958	0.010366	0.036563	0.001141	633	67	272	8	232	7
YN-26A-19	0.18	0.05589	0.00169	0.283478	0.008853	0.036684	0.001128	456	67	253	7	232	7
YN-26A-20	0.38	0.05532	0.00168	0.282176	0.008796	0.036915	0.001143	433	67	252	7	234	7
YN-26A-21	0.51	0.05560	0.00192	0.287095	0.011016	0.037304	0.001156	435	78	256	9	236	7
YN-26A-22	0.18	0.05781	0.00176	0.288694	0.009167	0.036129	0.001123	524	67	258	7	229	7
YN-26A-23	0.18	0.05507	0.00168	0.275260	0.008635	0.036194	0.001112	417	69	247	7	229	7
下关花岗片麻岩（DX-31，LA-ICP-MS）													
DX-31-01	0.39	0.06631	0.00199	0.746553	0.022562	0.081645	0.002462	817	63	566	13	506	15
DX-31-02	0.17	0.05681	0.00173	0.289267	0.010001	0.036901	0.001228	483	67	258	8	234	8
DX-31-03	0.32	0.05649	0.00170	0.283136	0.008843	0.036332	0.001136	472	36	253	7	230	7
DX-31-04	1.04	0.08578	0.00258	2.137593	0.065506	0.180679	0.005511	1333	59	1161	21	1071	30
DX-31-05	0.16	0.05687	0.00181	0.286251	0.008836	0.036514	0.001120	487	70	256	7	231	7
DX-31-06	0.19	0.07959	0.00239	1.240443	0.038083	0.112956	0.003443	1187	64	819	17	690	20
DX-31-07	0.14	0.05384	0.00164	0.272959	0.008539	0.036822	0.001152	365	69	245	7	233	7
DX-31-08	0.06	0.05331	0.00165	0.288366	0.010471	0.039202	0.001392	343	38	257	8	248	9
DX-31-09	2.28	0.06109	0.00189	0.475087	0.014699	0.056374	0.001762	643	66	395	10	354	11
DX-31-10	0.14	0.05656	0.00184	0.286850	0.010683	0.036754	0.001306	476	40	256	8	233	8

续表

样品号	Th/U	$^{207}Pb/^{206}Pb$	1σ	$^{207}Pb/^{235}U$	1σ	$^{206}Pb/^{238}U$	1σ	$^{207}Pb/^{206}Pb$	1σ	$^{207}Pb/^{235}U$	1σ	$^{206}Pb/^{238}U$	1σ
下关花岗片麻岩（DX-31，LA-ICP-MS）													
DX-31-11	0.23	0.07599	0.00236	0.694092	0.031492	0.065656	0.002684	1094	68	535	19	410	16
DX-31-12	0.15	0.05999	0.00185	0.297967	0.009476	0.035979	0.001095	611	67	265	7	228	7
DX-31-13	2.09	0.07787	0.00235	1.465479	0.044843	0.136379	0.004158	1144	92	916	19	824	24
DX-31-14	0.26	0.07582	0.00228	0.712029	0.021599	0.068047	0.002056	1100	61	546	13	424	12
DX-31-15	0.53	0.08624	0.00260	1.870274	0.057288	0.157214	0.004829	1344	63	1071	20	941	27
DX-31-16	0.46	0.05736	0.00174	0.276911	0.008436	0.035259	0.001082	506	69	248	7	223	7
DX-31-17	0.74	0.07669	0.00231	0.919570	0.028454	0.086895	0.002673	1122	60	662	15	537	16
DX-31-18	0.18	0.05576	0.00170	0.287929	0.008895	0.037433	0.001144	443	69	257	7	237	7
DX-31-19	0.32	0.05348	0.00166	0.273252	0.008906	0.037031	0.001162	350	70	245	7	234	7
DX-31-20	0.33	0.05260	0.00163	0.270660	0.008434	0.037559	0.001177	322	75	243	7	238	7
DX-31-21	0.44	0.07331	0.00221	0.888664	0.028362	0.087829	0.002782	1033	61	646	15	543	17
DX-31-22	0.53	0.07848	0.00236	1.434183	0.044541	0.132367	0.004065	1159	60	903	19	801	23
DX-31-23	0.17	0.08216	0.00247	1.479208	0.044790	0.130537	0.003951	1250	58	922	18	791	23
DX-31-24	0.32	0.07652	0.00231	1.244561	0.038604	0.118470	0.003686	1109	61	821	18	722	21
DX-31-25	0.47	0.05841	0.00176	0.404666	0.012835	0.050535	0.001602	546	67	345	9	318	10
DX-31-26	0.32	0.05350	0.00163	0.276674	0.008508	0.037496	0.001141	350	69	248	7	237	7
瓦纳花岗片麻岩（HH-122A，SIMS）													
HH-122A-01	0.09	0.06039	0.00249	0.59475	0.04647	0.06808	0.00424	616.7	88.9	473.9	29.6	424.6	25.6
HH-122A-02	0.10	0.04891	0.00242	0.24374	0.01164	0.03550	0.00041	142.7	110.2	221.5	9.5	224.8	2.5
HH-122A-03	0.31	0.05472	0.00435	0.26523	0.01962	0.03506	0.00104	466.7	177.8	238.9	15.7	222.1	6.5
HH-122A-04	0.14	0.04636	0.00419	0.23584	0.02149	0.03622	0.00123	16.8	203.7	215.0	17.7	229.4	7.6
HH-122A-05	0.43	0.06986	0.00475	1.60361	0.11163	0.16174	0.00383	924.1	140.0	971.6	43.6	966.4	21.2
HH-122A-06	0.49	0.04743	0.00433	0.24190	0.01946	0.03694	0.00075	77.9	198.1	220.0	15.9	233.9	4.6
HH-122A-07	0.32	0.05424	0.00588	0.26340	0.03722	0.03395	0.00207	388.9	246.3	237.4	29.9	215.2	12.9
HH-122A-08	0.55	0.15374	0.00522	8.08343	0.27429	0.37683	0.00510	2388.0	63.4	2240.4	30.7	2061.4	23.9
HH-122A-09	0.21	0.05404	0.00248	0.27079	0.00812	0.03606	0.00091	372.3	103.7	243.3	6.5	228.4	5.7

续表

样品号	Th/U	$^{207}Pb/^{206}Pb$	1σ	$^{207}Pb/^{235}U$	1σ	$^{206}Pb/^{238}U$	1σ	$^{207}Pb/^{206}Pb$	1σ	$^{207}Pb/^{235}U$	1σ	$^{206}Pb/^{238}U$	1σ
瓦纳花岗片麻岩（HH-122A，SIMS）													
HH-122A-10	0.24	0.05151	0.00264	0.26474	0.01324	0.03743	0.00069	264.9	116.7	238.5	10.6	236.9	4.3
HH-122A-11	0.19	0.05736	0.00438	0.27497	0.02027	0.03470	0.00076	505.6	168.5	246.7	16.1	219.9	4.7
HH-122A-12	0.16	0.05498	0.00314	0.27217	0.01799	0.03532	0.00099	413.0	160.2	244.4	14.4	223.8	6.2
HH-122A-13	0.18	0.05035	0.00312	0.24475	0.01513	0.03553	0.00105	213.0	144.4	222.3	12.3	225.1	6.6
HH-122A-14	0.24	0.05240	0.01235	0.26191	0.06045	0.03646	0.00149	301.9	464.5	236.2	48.7	230.8	9.3
HH-122A-15	0.15	0.07043	0.00527	0.63683	0.03110	0.06730	0.00301	942.6	149.1	500.3	19.3	419.9	18.2
HH-122A-16	0.25	0.05374	0.00381	0.26599	0.02023	0.03574	0.00114	361.2	165.7	239.5	16.2	226.4	7.1
HH-122A-17	0.18	0.05023	0.00289	0.24672	0.01577	0.03515	0.00083	205.6	139.8	223.9	12.8	222.7	5.2
HH-122A-18	0.28	0.05662	0.00395	0.27585	0.02240	0.03495	0.00159	476.0	155.5	247.4	17.8	221.5	9.9
HH-122A-19	0.16	0.05978	0.00469	0.61729	0.07522	0.06635	0.00387	594.5	175.0	488.1	47.3	414.2	23.4
HH-122A-20	0.48	0.05498	0.00589	0.26430	0.02536	0.03542	0.00116	413.0	240.7	238.1	20.4	224.4	7.2
HH-122A-21	0.19	0.05196	0.00312	0.25715	0.01565	0.03567	0.00093	283.4	138.9	232.4	12.6	225.9	5.8
HH-122A-22	0.28	0.05203	0.00479	0.25194	0.02269	0.03517	0.00087	287.1	211.1	228.1	18.4	222.8	5.4
HH-122A-23	0.21	0.05257	0.00421	0.26549	0.02499	0.03536	0.00105	309.3	183.3	239.1	20.1	224.0	6.5
HH-122A-24	0.57	0.05482	0.00359	0.27243	0.01822	0.03556	0.00087	405.6	148.1	244.6	14.5	225.3	5.4
HH-122A-25	0.25	0.05703	0.00396	0.27453	0.02606	0.03394	0.00226	500.0	153.7	246.3	20.8	215.2	14.1
HH-122A-26	0.36	0.06524	0.00616	0.75536	0.07684	0.08084	0.00334	783.3	200.0	571.3	44.5	501.1	19.9
HH-122A-27	0.64	0.05082	0.00954	0.24870	0.04383	0.03500	0.00097	231.6	385.1	225.5	35.7	221.8	6.0
HH-122A-28	0.06	0.04967	0.00742	0.25005	0.03362	0.03531	0.00086	189.0	305.5	226.6	27.3	223.7	5.3
HH-122A-29	0.13	0.04835	0.00823	0.24700	0.03671	0.03585	0.00135	116.8	359.2	224.1	29.9	227.0	8.4
HH-122A-30	0.16	0.05463	0.00859	0.26718	0.03760	0.03545	0.00115	398.2	318.5	240.4	30.1	224.6	7.2
HH-122A-31	0.21	0.05548	0.00626	0.27071	0.03039	0.03472	0.00134	431.5	249.0	243.3	24.3	220.0	8.4
HH-122A-32	0.20	0.04996	0.00529	0.24871	0.02512	0.03612	0.00103	194.5	238.9	225.5	20.4	228.8	6.4
HH-122A-33	0.48	0.05824	0.00466	0.27667	0.02351	0.03444	0.00120	538.9	175.9	248.0	18.7	218.3	7.5
HH-122A-34	0.34	0.07289	0.00958	0.71834	0.09802	0.07104	0.00219	1010.8	268.5	549.7	58.0	442.4	13.2
HH-122A-35	0.29	0.07895	0.00746	0.66298	0.06283	0.06149	0.00240	1172.2	187.5	516.4	38.4	384.7	14.6

续表

样品号	Th/U	$^{207}Pb/^{206}Pb$	1σ	$^{207}Pb/^{235}U$	1σ	$^{206}Pb/^{238}U$	1σ	$^{207}Pb/^{206}Pb$	1σ	$^{207}Pb/^{235}U$	1σ	$^{206}Pb/^{238}U$	1σ
瓦纳花岗片麻岩（HH-122A，SIMS）													
HH-122A-36	0.68	0.07631	0.00484	1.37423	0.08645	0.13181	0.00298	1103.4	126.4	878.0	37.0	798.2	17.0
HH-122A-37	0.36	0.05600	0.00360	0.27252	0.01825	0.03537	0.00091	453.8	144.4	244.7	14.6	224.1	5.7
HH-122A-38	0.60	0.05347	0.00357	0.25641	0.01682	0.03511	0.00067	350.1	151.8	231.8	13.6	222.4	4.2
HH-122A-39	0.24	0.04701	0.00583	0.23914	0.03068	0.03669	0.00096	50.1	270.3	217.7	25.1	232.3	6.0
HH-122A-40	0.29	0.05143	0.00256	0.25146	0.01450	0.03535	0.00111	261.2	114.8	227.8	11.8	223.9	6.9
HH-122A-41	0.33	0.05649	0.00573	0.26973	0.02797	0.03444	0.00114	472.3	225.9	242.5	22.4	218.3	7.1
HH-122A-42	0.68	0.05456	0.00356	0.26818	0.01983	0.03541	0.00101	394.5	178.7	241.2	15.9	224.3	6.3
HH-122A-43	0.10	0.05650	0.00245	0.26509	0.01198	0.03392	0.00050	472.3	96.3	238.8	9.6	215.0	3.1
HH-122A-44	0.10	0.07317	0.00345	1.10570	0.07373	0.10834	0.00443	1020.4	100.9	756.1	35.6	663.1	25.7
HH-122A-45	0.13	0.05727	0.00343	0.27097	0.01298	0.03510	0.00151	501.9	131.5	243.5	10.4	222.4	9.4
HH-122A-46	0.19	0.05786	0.00346	0.27440	0.01559	0.03471	0.00081	524.1	131.5	246.2	12.4	220.0	5.1
HH-122A-47	0.24	0.04792	0.00552	0.22760	0.02474	0.03482	0.00081	94.5	251.8	208.2	20.5	220.6	5.0
HH-122A-48	0.50	0.05221	0.00386	0.24772	0.01809	0.03490	0.00078	294.5	168.5	224.7	14.7	221.1	4.9
瓦纳花岗片麻岩（DX-12C，SIMS）													
DX-12C-01	0.56	0.05112	0.00081	0.26377	0.00465	0.03720	0.00033	255.6	37.0	237.7	3.7	235.5	2.1
DX-12C-02	0.76	0.05153	0.00069	0.26653	0.00381	0.03730	0.00028	264.9	29.6	239.9	3.1	236.1	1.7
DX-12C-03	0.64	0.05171	0.00089	0.26549	0.00452	0.03709	0.00022	272.3	45.4	239.1	3.6	234.8	1.4
DX-12C-04	0.48	0.05122	0.00104	0.26178	0.00526	0.03698	0.00025	250.1	43.5	236.1	4.2	234.1	1.5
DX-12C-05	0.77	0.05128	0.00077	0.26366	0.00388	0.03717	0.00024	253.8	35.2	237.6	3.1	235.3	1.5
DX-12C-06	0.56	0.05109	0.00095	0.26177	0.00502	0.03701	0.00029	255.6	38.0	236.1	4.0	234.3	1.8
DX-12C-07	0.71	0.05048	0.00077	0.25957	0.00412	0.03718	0.00028	216.7	32.4	234.3	3.3	235.3	1.7
DX-12C-08	0.58	0.04967	0.00085	0.25474	0.00460	0.03707	0.00029	189.0	40.7	230.4	3.7	234.6	1.8
DX-12C-09	0.67	0.04846	0.00083	0.25085	0.00463	0.03736	0.00027	120.5	40.7	227.3	3.8	236.4	1.7
DX-12C-10	0.70	0.04873	0.00075	0.25016	0.00383	0.03717	0.00024	200.1	37.0	226.7	3.1	235.3	1.5
DX-12C-11	0.49	0.04928	0.00094	0.25289	0.00501	0.03721	0.00029	161.2	41.7	228.9	4.1	235.5	1.8
DX-12C-12	1.08	0.04969	0.00061	0.25389	0.00322	0.03692	0.00022	189.0	29.6	229.7	2.6	233.7	1.4

续表

样品号	Th/U	$^{207}Pb/^{206}Pb$	1σ	$^{207}Pb/^{235}U$	1σ	$^{206}Pb/^{238}U$	1σ	$^{207}Pb/^{206}Pb$	1σ	$^{207}Pb/^{235}U$	1σ	$^{206}Pb/^{238}U$	1σ
瓦纳花岗片麻岩（DX-12C，SIMS）													
DX-12C-13	0.65	0.04970	0.00083	0.25632	0.00446	0.03727	0.00026	189.0	38.9	231.7	3.6	235.9	1.6
DX-12C-14	0.37	0.04973	0.00093	0.25613	0.00481	0.03720	0.00031	183.4	47.2	231.5	3.9	235.5	1.9
DX-12C-15	0.65	0.04969	0.00088	0.25619	0.00457	0.03727	0.00025	189.0	40.7	231.6	3.7	235.9	1.6
DX-12C-16	0.53	0.05032	0.00083	0.25775	0.00428	0.03711	0.00029	209.3	41.7	232.9	3.5	234.9	1.8
DX-12C-17	0.68	0.05057	0.00081	0.26208	0.00434	0.03743	0.00028	220.4	37.0	236.3	3.5	236.9	1.8
DX-12C-18	0.45	0.04983	0.00093	0.25527	0.00478	0.03719	0.00029	187.1	44.4	230.8	3.9	235.4	1.8
DX-12C-19	0.53	0.05185	0.00095	0.26697	0.00501	0.03726	0.00028	279.7	42.6	240.3	4.0	235.8	1.7
DX-12C-20	0.64	0.05110	0.00093	0.26287	0.00489	0.03712	0.00023	255.6	38.0	237.0	3.9	234.9	1.4
DX-12C-21	0.43	0.05132	0.00079	0.26617	0.00439	0.03741	0.00027	253.8	39.8	239.6	3.5	236.7	1.7
DX-12C-22	0.33	0.05186	0.00084	0.26619	0.00481	0.03704	0.00033	279.7	37.0	239.6	3.9	234.5	2.0
DX-12C-23	0.45	0.05081	0.00088	0.26218	0.00473	0.03730	0.00027	231.6	40.7	236.4	3.8	236.1	1.7
DX-12C-24	0.48	0.05194	0.00127	0.26812	0.00710	0.03738	0.00043	283.4	52.8	241.2	5.7	236.6	2.7
DX-12C-25	0.60	0.05162	0.00083	0.26494	0.00430	0.03716	0.00024	333.4	37.0	238.6	3.5	235.2	1.5
DX-12C-26	1.04	0.05092	0.00064	0.26277	0.00425	0.03723	0.00041	235.3	27.8	236.9	3.4	235.6	2.5
DX-12C-27	0.43	0.05178	0.00107	0.26687	0.00575	0.03729	0.00028	276.0	48.1	240.2	4.6	236.0	1.8
DX-12C-28	0.74	0.05204	0.00068	0.26840	0.00388	0.03723	0.00027	287.1	29.6	241.4	3.1	235.7	1.7
DX-12C-29	0.52	0.04974	0.00062	0.25612	0.00342	0.03720	0.00027	183.4	29.6	231.5	2.8	235.5	1.7
DX-12C-30	0.55	0.05121	0.00079	0.26324	0.00404	0.03717	0.00025	250.1	37.0	237.3	3.2	235.3	1.6
DX-12C-31	0.53	0.05075	0.00083	0.26170	0.00443	0.03716	0.00024	227.8	37.0	236.0	3.6	235.2	1.5
DX-12C-32	0.52	0.05048	0.00094	0.26002	0.00481	0.03716	0.00023	216.7	44.4	234.7	3.9	235.2	1.4
DX-12C-33	0.64	0.05088	0.00078	0.26280	0.00398	0.03732	0.00030	235.3	67.6	236.9	3.2	236.2	1.9
DX-12C-34	0.45	0.05105	0.00115	0.26052	0.00579	0.03728	0.00066	242.7	51.8	235.1	4.7	235.9	4.1
DX-12C-35	0.17	0.06192	0.00079	0.68452	0.00875	0.07992	0.00041	672.2	27.8	529.5	5.3	495.6	2.4
猛硐角闪岩（YN-24A，SIMS）													
YN-24A-01	5.90	0.04987	6.4	0.2629	6.6	0.03823	1.6	188.8	142.9	237.0	14.1	241.9	3.8
YN-24A-02	3.16	0.05087	0.8	0.2387	1.8	0.03403	1.6	234.8	19.4	217.3	3.5	215.7	3.3

续表

样品号	Th/U	$^{207}Pb/^{206}Pb$	1σ	$^{207}Pb/^{235}U$	1σ	$^{206}Pb/^{238}U$	1σ	$^{207}Pb/^{206}Pb$	1σ	$^{207}Pb/^{235}U$	1σ	$^{206}Pb/^{238}U$	1σ
猛硐角闪岩（YN-24A，SIMS）													
YN-24A-03	0.16	0.05449	7.0	0.2494	7.3	0.03320	1.8	391.3	150.5	226.1	14.8	210.5	3.8
YN-24A-04	1.45	0.05278	5.2	0.2609	5.5	0.03585	1.7	319.5	114.7	235.4	11.6	227.1	3.7
YN-24A-05	5.41	0.05102	1.1	0.2314	2.0	0.03290	1.6	241.8	25.9	211.4	3.8	208.6	3.4
YN-24A-06	1.24	0.05134	1.2	0.2617	2.1	0.03698	1.8	256.1	28.0	236.1	4.5	234.1	4.0
YN-24A-07	0.20	0.04698	6.7	0.2143	7.0	0.03309	1.9	48.4	153.7	197.2	12.6	209.8	3.9
YN-24A-08	1.55	0.05100	1.7	0.2372	2.7	0.03373	2.1	240.7	39.4	216.1	5.4	213.9	4.5
YN-24A-09	0.68	0.05086	1.2	0.2433	2.5	0.03469	2.1	234.3	28.5	221.1	4.9	219.8	4.6
YN-24A-10	0.21	0.05742	8.6	0.2816	8.8	0.03557	1.8	507.8	178.3	252.0	19.8	225.3	4.0
YN-24A-11	0.01	0.05090	5.5	0.2410	5.7	0.03433	1.7	236.5	121.3	219.2	11.3	217.6	3.6
YN-24A-12	0.18	0.05886	7.5	0.3019	8.1	0.03720	3.1	561.8	155.7	267.9	19.3	235.5	7.1
YN-24A-13	0.01	0.04986	6.5	0.2616	6.8	0.03805	2.3	188.6	143.7	235.9	14.5	240.7	5.4
YN-24A-14	0.79	0.05142	7.7	0.2625	8.0	0.03702	2.1	259.9	168.6	236.7	17.0	234.3	4.8
YN-24A-15	0.83	0.05235	2.2	0.2376	2.8	0.03291	1.7	300.7	48.9	216.4	5.4	208.7	3.5
YN-24A-16	0.07	0.05039	7.5	0.2603	7.7	0.03746	1.8	213.1	164.2	234.9	16.2	237.1	4.1
YN-24A-17	2.83	0.05143	1.9	0.2420	2.4	0.03412	1.5	260.3	43.1	220.0	4.8	216.3	3.2
YN-24A-18	0.15	0.05289	5.7	0.2572	5.9	0.03527	1.6	324.0	124.2	232.4	12.3	223.4	3.5
YN-24A-19	0.07	0.05289	6.9	0.2685	7.1	0.03682	1.6	324.0	148.9	241.5	15.3	233.1	3.7
YN-24A-20	1.27	0.05267	1.2	0.2252	3.1	0.03240	2.3	212.4	49.3	206.2	5.8	205.7	4.5

附表 4.1　老挝东北部马江带中－基性火成岩和斜长花岗岩锆石 SIMS 和 LA-ICP-MS U-Pb 测年结果

测点号	Th/U	$^{207}Pb/^{206}Pb$		$^{207}Pb/^{235}U$		$^{206}Pb/^{238}U$		$^{207}Pb/^{206}Pb$		$^{207}Pb/^{235}U$		$^{206}Pb/^{238}U$	
		比值	%	比值	%	比值	%	年龄 / Ma	1σ	年龄 / Ma	1σ	年龄 / Ma	1σ
15NL-57A-01	0.78	0.05081	3.94000	0.39973	4.30000	0.05710	1.73000	232	89	341	13	358	6
15NL-57A-02	0.46	0.04922	4.18000	0.39417	4.56000	0.05810	1.82000	158	95	337	13	364	6
15NL-57A-03	0.19	0.05363	0.63000	0.40924	2.13000	0.05530	2.03000	355	14	348	6	347	7
15NL-57A-04	0.17	0.05321	0.39000	0.40979	2.07000	0.05590	2.03000	338	9	349	6	350	7
15NL-57A-05	0.53	0.05383	1.42000	0.44443	2.20000	0.05990	1.67000	364	32	373	7	375	6
15NL-57A-06	0.21	0.05213	1.73000	0.39418	2.33000	0.05480	1.56000	291	39	337	7	344	5

测点号	Th/U	$^{207}Pb/^{206}Pb$		$^{207}Pb/^{235}U$		$^{206}Pb/^{238}U$		$^{207}Pb/^{206}Pb$		$^{207}Pb/^{235}U$		$^{206}Pb/^{238}U$	
		比值	1σ	比值	1σ	比值	1σ	年龄 / Ma	1σ	年龄 / Ma	1σ	年龄 / Ma	1σ
15NL-57C-01	0.80	0.05326	0.00403	0.42376	0.03146	0.05775	0.00123	340	162	359	22	362	8
15NL-57C-02	0.17	0.05309	0.00184	0.42215	0.01630	0.05769	0.00164	333	77	358	12	362	10
15NL-57C-03	0.11	0.05453	0.00337	0.45221	0.02754	0.06020	0.00115	393	133	379	19	377	7
15NL-57C-04	0.16	0.05094	0.00194	0.40755	0.01706	0.05806	0.00170	238	86	347	12	364	10
15NL-57C-05	0.11	0.05135	0.00207	0.40924	0.01788	0.05784	0.00171	257	90	348	13	363	10
15NL-57C-06	0.58	0.05144	0.00193	0.41405	0.01556	0.05842	0.00089	261	84	352	11	366	5
15NL-57C-07	0.19	0.05906	0.00220	0.47038	0.01960	0.05820	0.00169	570	79	392	14	365	10
15NL-57C-08	0.14	0.05827	0.00312	0.46596	0.02512	0.05805	0.00158	539	117	388	17	364	10
15NL-57C-09	0.64	0.05596	0.00214	0.45179	0.01782	0.05862	0.00150	450	83	379	12	367	9
15NL-57C-10	0.45	0.05698	0.00238	0.46904	0.02014	0.05976	0.00156	490	91	391	14	374	9
15NL-57C-11	0.60	0.06050	0.00220	0.50582	0.01916	0.06070	0.00156	621	78	416	13	380	10
15NL-57C-12	0.75	0.05442	0.00238	0.43251	0.01974	0.05768	0.00158	389	96	365	14	362	10
15NL-57X-1	1.20	0.05537	0.00301	0.31364	0.01683	0.04111	0.00073	427	117	277	13	260	5
15NL-57X-2	0.73	0.05571	0.00134	0.31506	0.00782	0.04105	0.00057	440	52	278	6	259	4
15NL-57X-3	0.74	0.05200	0.00122	0.29287	0.00715	0.04088	0.00056	285	53	261	6	258	3
15NL-57X-4	0.52	0.04974	0.00188	0.28371	0.01076	0.04140	0.00063	183	86	254	9	262	4
15NL-57X-5	0.58	0.05317	0.00141	0.30232	0.00822	0.04126	0.00058	336	59	268	6	261	4
15NL-57X-6	0.76	0.04990	0.00195	0.28073	0.01098	0.04083	0.00063	191	89	251	9	258	4
15NL-57X-7	0.84	0.05221	0.00188	0.29309	0.01060	0.04074	0.00062	295	80	261	8	257	4
15NL-57X-8	0.60	0.05365	0.00183	0.29869	0.01027	0.04040	0.00061	356	75	265	8	255	4
15NL-57X-9	0.58	0.06088	0.00156	0.35101	0.00926	0.04185	0.00059	635	54	306	7	264	4
15NL-57X-10	0.68	0.05447	0.00195	0.30755	0.01107	0.04098	0.00063	390	78	272	9	259	4
15NL-57X-11	0.51	0.05364	0.00191	0.30718	0.01097	0.04156	0.00063	356	78	272	9	263	4
15NL-57X-12	0.66	0.05168	0.00148	0.29365	0.00859	0.04124	0.00060	271	64	261	7	261	4
15NL-57X-13	0.45	0.04844	0.00185	0.27636	0.01055	0.04141	0.00064	121	87	248	8	262	4
15NL-57X-14	0.41	0.05108	0.00145	0.29295	0.00848	0.04163	0.00060	244	64	261	7	263	4
15NL-57X-15	0.75	0.04977	0.00212	0.28356	0.01202	0.04135	0.00066	184	96	254	10	261	4
15NL-57X-16	0.67	0.05565	0.00206	0.31156	0.01155	0.04063	0.00063	438	80	275	9	257	4
15NL-57X-17	0.51	0.05279	0.00219	0.30067	0.01244	0.04134	0.00067	320	92	267	10	261	4

续表

测点号	Th/U	$^{207}Pb/^{206}Pb$		$^{207}Pb/^{235}U$		$^{206}Pb/^{238}U$		$^{207}Pb/^{206}Pb$		$^{207}Pb/^{235}U$		$^{206}Pb/^{238}U$	
		比值	1σ	比值	1σ	比值	1σ	年龄 / Ma	1σ	年龄 / Ma	1σ	年龄 / Ma	1σ
15NL-57X-18	0.46	0.05353	0.00186	0.30125	0.01054	0.04085	0.00062	351	77	267	8	258	4
15NL-57X-19	0.63	0.05111	0.00164	0.28786	0.00934	0.04088	0.00061	246	72	257	7	258	4
15NL-57X-20	0.66	0.05523	0.00226	0.31215	0.01276	0.04102	0.00066	421	89	276	10	259	4
15NL-55A-01	0.90	0.06941	0.00140	0.99048	0.02059	0.10363	0.00135	911	41	699	11	636	8
15NL-55A-02	0.15	0.06221	0.00125	0.63009	0.01308	0.07355	0.00096	681	42	496	8	458	6
15NL-55A-03	1.36	0.05729	0.00115	0.33815	0.00703	0.04286	0.00056	502	44	296	5	271	3
15NL-55A-04	0.91	0.05164	0.00195	0.29726	0.01051	0.04247	0.00055	333	82	264	8	268	3
15NL-55A-05	0.39	0.24652	0.00426	21.16071	0.38449	0.62324	0.00806	3163	27	3146	18	3123	32
15NL-55A-06	0.84	0.06097	0.00176	0.53821	0.01553	0.06409	0.00089	638	61	437	10	401	5
15NL-55A-07	0.16	0.05938	0.00134	0.74314	0.01716	0.09086	0.00120	581	48	564	10	561	7
15NL-55A-08	0.69	0.11046	0.00237	4.95613	0.10865	0.32574	0.00437	1807	38	1812	19	1818	21
15NL-55A-10	0.46	0.05352	0.00180	0.31814	0.01066	0.04316	0.00062	351	74	281	8	272	4
15NL-55A-11	0.97	0.05332	0.00266	0.31547	0.01550	0.04295	0.00072	342	109	278	12	271	4
15NL-55A-12	0.95	0.06515	0.00201	1.08439	0.03330	0.12083	0.00174	779	63	746	16	735	10
15NL-55A-13	0.28	0.14814	0.00347	8.24304	0.19553	0.40392	0.00553	2325	40	2258	21	2187	25
15NL-55A-14	0.45	0.05601	0.00325	0.33060	0.01878	0.04284	0.00079	453	124	290	14	270	5
15NL-55A-15	0.75	0.06519	0.00569	0.66460	0.05660	0.07400	0.00182	781	173	517	35	460	11
15NL-55A-16	0.77	0.05061	0.00194	0.29921	0.01138	0.04293	0.00064	223	86	266	9	271	4
15NL-55A-17	0.68	0.05218	0.00257	0.30174	0.01414	0.04241	0.00065	300	145	268	11	268	4
15NL-55A-18	0.12	0.06529	0.00171	0.92643	0.02441	0.10300	0.00142	784	54	666	13	632	8
15NL-55A-19	0.14	0.06840	0.00220	1.14182	0.03643	0.12116	0.00178	881	65	773	17	737	10
15NL-55A-20	0.18	0.10964	0.00315	4.30429	0.12297	0.28494	0.00413	1793	51	1694	24	1616	21
15NL-55A-21	0.75	0.05477	0.00354	0.45822	0.02913	0.06073	0.00115	403	138	383	20	380	7
15NL-55A-22	0.23	0.17915	0.00342	12.25996	0.24464	0.49673	0.00648	2645	31	2625	19	2600	28
15NL-55A-23	1.16	0.05633	0.00164	0.45544	0.01337	0.05868	0.00082	465	64	381	9	368	5
15NL-55A-24	0.65	0.11485	0.00237	5.09423	0.10912	0.32193	0.00428	1878	37	1835	18	1799	21
15NL-55A-25	0.18	0.06176	0.00175	0.77367	0.02215	0.09092	0.00127	666	60	582	13	561	8
15NL-55A-26	0.15	0.06231	0.00138	0.59813	0.01368	0.06967	0.00093	685	47	476	9	434	6
15NL-55A-27	0.41	0.05557	0.00392	0.43279	0.02994	0.05653	0.00115	435	150	365	21	355	7
15NL-59A-01	1.39	0.10805	0.00257	4.40635	0.10605	0.29606	0.00410	1767	43	1714	20	1672	20
15NL-59A-02	0.12	0.06228	0.00137	0.60027	0.01357	0.06998	0.00091	684	46	477	9	436	6
15NL-59A-03	0.44	0.05183	0.00143	0.30461	0.00862	0.04265	0.00063	278	62	270	7	269	4
15NL-59A-04	0.64	0.06546	0.00173	0.64243	0.01716	0.07124	0.00097	789	55	504	11	444	6
15NL-59A-05	0.51	0.05578	0.00146	0.32556	0.00870	0.04235	0.00061	443	57	286	7	267	4
15NL-59A-06	1.01	0.05079	0.00167	0.30046	0.00983	0.04292	0.00048	232	76	267	8	271	3
15NL-59A-07	0.98	0.04960	0.00180	0.28893	0.01030	0.04233	0.00051	176	79	258	8	267	3
15NL-59A-08	0.38	0.05645	0.00219	0.47178	0.01824	0.06066	0.00094	469	85	392	13	380	6
15NL-59A-09	0.70	0.04665	0.00220	0.27671	0.01216	0.04343	0.00065	32	111	248	10	274	4
15NL-59A-10	0.69	0.11041	0.00207	4.76621	0.09308	0.31339	0.00404	1806	34	1779	16	1757	20

续表

测点号	Th/U	$^{207}Pb/^{206}Pb$		$^{207}Pb/^{235}U$		$^{206}Pb/^{238}U$		$^{207}Pb/^{206}Pb$		$^{207}Pb/^{235}U$		$^{206}Pb/^{238}U$	
		比值	1σ	比值	1σ	比值	1σ	年龄 / Ma	1σ	年龄 / Ma	1σ	年龄 / Ma	1σ
15NL-59A-11	0.54	0.05765	0.00379	0.34341	0.02076	0.04347	0.00069	517	144	300	16	274	4
15NL-59A-12	0.75	0.04794	0.00301	0.27697	0.01466	0.04309	0.00068	95	144	248	12	272	4
15NL-59A-13	0.12	0.05808	0.00202	0.33728	0.01179	0.04214	0.00066	532	75	295	9	266	4
15NL-59A-14	0.37	0.05055	0.00200	0.29784	0.01176	0.04276	0.00064	220	89	265	9	270	4
15NL-59A-15	0.58	0.05520	0.00196	0.41627	0.01475	0.05474	0.00080	420	77	353	11	344	5
15NL-59A-16	0.30	0.05264	0.00217	0.32389	0.01296	0.04463	0.00043	313	96	285	10	281	3
15NL-59A-17	0.49	0.05297	0.00341	0.30505	0.01736	0.04352	0.00074	328	151	270	14	275	5
15NL-59A-18	0.56	0.05021	0.00131	0.29175	0.00782	0.04217	0.00061	205	59	260	6	266	4
15NL-59A-19	0.61	0.05298	0.00276	0.31152	0.01486	0.04297	0.00055	328	85	275	12	271	3
15NL-59A-20	0.68	0.05029	0.00225	0.29640	0.01269	0.04294	0.00062	209	104	264	10	271	4
15NL-59A-21	0.61	0.05277	0.00351	0.30745	0.01753	0.04300	0.00069	320	149	272	14	271	4
15NL-59A-22	1.65	0.11277	0.00218	4.78837	0.09604	0.30825	0.00401	1845	35	1783	17	1732	20
15NL-59A-23	0.12	0.05490	0.00112	0.46353	0.00977	0.06129	0.00079	408	45	387	7	384	5
15NL-53B1-01	0.31	0.05480	0.00260	0.30877	0.01426	0.04086	0.00045	404	109	273	11	258	3
15NL-53B1-02	0.85	0.05181	0.00246	0.29026	0.01296	0.04153	0.00062	276	112	259	10	262	4
15NL-53B1-03	0.41	0.05381	0.00235	0.30884	0.01302	0.04169	0.00057	363	70	273	10	263	4
15NL-53B1-04	0.66	0.04872	0.00258	0.27853	0.01407	0.04172	0.00063	200	73	249	11	264	4
15NL-53B1-05	0.22	0.05181	0.00176	0.29522	0.00995	0.04134	0.00069	277	47	263	8	261	4
15NL-53B1-06	0.44	0.05466	0.00262	0.32105	0.01618	0.04222	0.00064	398	86	283	12	267	4
15NL-53B1-07	0.43	0.05315	0.00256	0.29751	0.01416	0.04061	0.00070	335	105	265	11	257	4
15NL-53B1-08	0.49	0.05038	0.00238	0.28344	0.01297	0.04119	0.00059	213	79	253	10	260	4
15NL-53B1-09	0.42	0.05347	0.00213	0.30749	0.01234	0.04188	0.00062	349	64	272	10	264	4
15NL-53B1-10	0.69	0.05223	0.00259	0.29359	0.01442	0.04152	0.00063	295	108	261	11	262	4
15NL-53B1-11	0.40	0.05465	0.00267	0.30956	0.01460	0.04108	0.00051	398	112	274	11	260	3
15NL-53B1-12	0.42	0.05418	0.00258	0.30342	0.01360	0.04129	0.00057	378	76	269	11	261	4
15NL-53B4-01	0.61	0.04980	0.00145	0.28196	0.00841	0.04109	0.00061	186	67	252	7	260	4
15NL-53B4-02	0.28	0.06080	0.00201	0.33980	0.01119	0.04056	0.00062	632	70	297	8	256	4
15NL-53B4-03	0.59	0.05203	0.00128	0.28938	0.00725	0.04037	0.00057	287	55	258	6	255	4
15NL-53B4-04	0.57	0.05275	0.00148	0.30418	0.00874	0.04184	0.00062	318	63	270	7	264	4
15NL-53B4-05	0.56	0.05722	0.00137	0.32158	0.00801	0.04078	0.00059	500	53	283	6	258	4
15NL-53B4-06	0.66	0.05356	0.00115	0.29768	0.00674	0.04032	0.00057	353	47	265	5	255	4
15NL-53B4-07	0.61	0.05060	0.00127	0.28922	0.00752	0.04147	0.00060	223	57	258	6	262	4
15NL-53B4-08	0.58	0.05398	0.00141	0.29757	0.00790	0.04000	0.00057	370	57	265	6	253	4
15NL-53B4-09	0.17	0.05178	0.00143	0.30018	0.00842	0.04206	0.00061	276	62	267	7	266	4
15NL-53B4-10	0.58	0.06120	0.00154	0.34114	0.00875	0.04045	0.00058	646	53	298	7	256	4
15NL-53B4-11	0.51	0.04995	0.00127	0.27856	0.00722	0.04047	0.00058	193	58	250	6	256	4
15NL-53B4-12	0.56	0.04775	0.00130	0.27030	0.00757	0.04108	0.00060	86	64	243	6	260	4
15NL-53B4-13	0.62	0.05028	0.00132	0.28246	0.00755	0.04076	0.00059	208	60	253	6	258	4
15NL-53B4-14	0.43	0.04996	0.00132	0.27944	0.00749	0.04058	0.00058	193	60	250	6	257	4

附表 4.2　云南八布地区变基性岩锆石 SIMS U-Pb 测年结果

测点号	Th/U	$^{207}Pb/^{235}U$		$^{206}Pb/^{238}U$		$^{207}Pb/^{235}U$		$^{206}Pb/^{238}U$	
		比值	%	比值	%	年龄 /Ma	1σ	年龄 /Ma	1σ
变玄武岩（10YN-01）									
1	0.51	1.74346	1.93	0.17161	1.64	1025	12.5	1021	15.5
2	0.18	1.64273	1.87	0.16535	1.55	987	11.9	986	14.2
3	1.10	1.68585	2.39	0.16725	1.60	1003	15.3	997	14.8
4	1.18	11.0295	2.22	0.47907	2.04	2526	20.9	2523	42.6
5	1.12	0.80002	2.33	0.09939	1.50	597	10.6	611	8.8
6	0.32	3.38963	1.87	0.25326	1.60	1502	14.8	1455	20.9
7	1.39	11.6551	2.06	0.50113	1.77	2577	19.5	2619	38.1
8	2.88	10.4052	1.84	0.46125	1.59	2472	17.2	2445	32.4
9	0.62	0.30571	5.83	0.04364	1.80	271	14.0	275	4.9
10	0.48	0.30753	5.36	0.04206	1.73	272	12.9	266	4.5
11	0.60	0.29229	3.20	0.04119	1.50	260	7.4	260	3.8
12	0.36	0.30240	2.71	0.04234	1.57	268	6.4	267	4.1
13	0.59	2.17705	1.84	0.20127	1.50	1174	12.9	1182	16.3
14	0.24	1.53152	1.77	0.15761	1.50	943	11.0	944	13.2
15	0.59	0.30362	2.64	0.04198	1.52	269	6.3	265	3.9
16	0.68	3.52915	2.50	0.25949	1.50	1534	20.0	1487	20.0
17	0.92	12.8935	1.73	0.51569	1.54	2672	16.4	2681	33.8
18	0.03	1.4891	1.58	0.15650	1.51	926	9.6	937	13.2
19	0.52	7.44386	1.60	0.34009	1.51	2166	14.4	1887	24.8
20	0.23	5.25410	1.72	0.33060	1.50	1861	14.8	1841	24.1
21	0.10	1.28921	1.98	0.13673	1.52	841	11.4	826	11.8
22	0.75	0.64539	1.81	0.08174	1.51	506	7.2	507	7.3
23	0.51	3.72532	1.65	0.27586	1.54	1577	13.3	1571	21.4
24	0.60	0.32007	3.55	0.04330	1.61	282	8.8	273	4.3
25	0.41	0.29275	3.55	0.04142	1.51	261	8.2	262	3.9
26	0.55	0.63449	2.60	0.08148	1.50	499	10.3	505	7.3
27	0.94	0.29185	2.52	0.04043	1.51	260	5.8	256	3.8
28	0.57	9.97623	1.63	0.44177	1.53	2433	15.1	2359	30.2
29	0.45	0.29955	5.88	0.04291	1.69	266	13.8	271	4.5
30	0.40	0.66343	2.92	0.08421	1.65	517	11.9	521	8.3
变辉长岩（10YN-10）									
1	0.62	0.36856	10.29	0.04285	2.22	319	28.5	271	5.9
2	1.22	0.31027	4.81	0.04246	1.88	274	11.6	268	4.9
3	0.37	0.27529	14.82	0.04397	2.12	247	33.0	277	5.7
4	1.27	0.30634	5.01	0.04178	1.58	271	12.0	264	4.1
5	0.76	0.32960	5.79	0.04175	2.35	289	14.7	264	6.1
6	0.82	0.31585	3.61	0.04428	1.55	279	8.8	279	4.2
7	0.92	0.30416	4.95	0.04329	1.79	270	11.8	273	4.8
8	0.24	0.32953	12.05	0.04165	1.97	289	30.8	263	5.1
9	0.18	0.35954	14.88	0.04081	2.26	312	40.8	258	5.7
10	2.41	0.31509	7.31	0.04358	1.70	278	17.9	275	4.6
11	2.01	0.30008	7.08	0.04396	1.75	267	16.7	277	4.7
12	2.34	0.32032	6.35	0.04294	2.15	282	15.8	271	5.7
13	1.46	0.30411	4.84	0.04208	1.62	270	11.5	266	4.2
14	1.92	0.28537	6.55	0.04219	1.58	255	14.9	266	4.1
15	0.49	0.32930	8.82	0.04329	1.88	289	22.4	273	5.0
16	0.31	0.29340	5.95	0.04314	1.99	261	13.8	272	5.3

附表 4.3　老挝东北部长山带二叠纪—三叠纪长英质火成岩锆石 LA-ICP-MS U-Pb 测年结果

测点号	Th/U	$^{207}Pb/^{206}Pb$		$^{207}Pb/^{235}U$		$^{206}Pb/^{238}U$		$^{207}Pb/^{206}Pb$		$^{207}Pb/^{235}U$		$^{206}Pb/^{238}U$	
		比值	1σ	比值	1σ	比值	1σ	年龄 / Ma	1σ	年龄 / Ma	1σ	年龄 / Ma	1σ
15NL-14B-1	0.47	0.05356	0.00220	0.32772	0.01290	0.04456	0.00061	353	64	288	10	281	4
15NL-14B-2	0.72	0.05138	0.00239	0.31649	0.01456	0.04452	0.00054	258	84	279	11	281	3
15NL-14B-3	0.77	0.05770	0.00349	0.35276	0.02020	0.04480	0.00060	518	103	307	15	283	4
15NL-14B-4	1.36	0.05811	0.00271	0.35888	0.01707	0.04457	0.00055	534	83	311	13	281	3
15NL-14B-5	0.90	0.05142	0.00289	0.31290	0.01711	0.04450	0.00059	260	102	276	13	281	4
15NL-14B-6	0.88	0.05196	0.00259	0.31573	0.01521	0.04431	0.00051	284	89	279	12	279	3
15NL-14B-7	1.07	0.05334	0.00198	0.32590	0.01181	0.04451	0.00053	343	61	286	9	281	3
15NL-14B-8	1.23	0.05174	0.00194	0.31835	0.01207	0.04454	0.00045	274	68	281	9	281	3
15NL-14B-9	1.31	0.05312	0.00249	0.32510	0.01506	0.04445	0.00049	334	85	286	12	280	3
15NL-14B-10	0.49	0.05130	0.00189	0.31589	0.01195	0.04445	0.00042	254	69	279	9	280	3
15NL-14B-11	0.52	0.05686	0.00281	0.34788	0.01637	0.04469	0.00054	486	83	303	12	282	3
15NL-14B-12	0.49	0.05176	0.00222	0.31763	0.01376	0.04441	0.00064	275	73	280	11	280	4
15NL-14B-13	0.75	0.05052	0.00315	0.30731	0.01873	0.04439	0.00052	219	118	272	15	280	3
15NL-14B-14	1.05	0.05019	0.00217	0.30744	0.01259	0.04452	0.00050	204	74	272	10	281	3
15NL-14B-15	0.87	0.05235	0.00263	0.31974	0.01528	0.04444	0.00054	301	87	282	12	280	3
15NL-14B-16	0.57	0.05220	0.00239	0.32020	0.01400	0.04453	0.00054	294	78	282	11	281	3
15NL-14B-17	0.80	0.05288	0.00175	0.32770	0.01043	0.04466	0.00042	323	55	288	8	282	3
15NL-14B-18	0.71	0.05386	0.00238	0.33135	0.01425	0.04451	0.00056	365	74	291	11	281	3
15NL-14B-19	0.78	0.05535	0.00257	0.34284	0.01648	0.04439	0.00059	427	83	299	12	280	4
15NL-14B-20	0.74	0.04951	0.00195	0.30498	0.01164	0.04434	0.00048	172	69	270	9	280	3
15NL-28C-1	0.69	0.05327	0.00207	0.32138	0.01236	0.04355	0.00049	340	66	283	9	275	3
15NL-28C-2	0.58	0.04896	0.00154	0.29833	0.01007	0.04369	0.00052	146	57	265	8	276	3
15NL-28C-3	0.72	0.04869	0.00177	0.29640	0.01026	0.04369	0.00040	133	64	264	8	276	2
15NL-28C-4	1.05	0.04989	0.00190	0.30376	0.01095	0.04382	0.00041	190	67	269	9	276	3
15NL-28C-5	0.99	0.05070	0.00187	0.30823	0.01074	0.04372	0.00040	227	64	273	8	276	2
15NL-28C-6	0.59	0.05322	0.00171	0.32507	0.01062	0.04374	0.00049	338	53	286	8	276	3
15NL-28C-7	1.67	0.05089	0.00200	0.31221	0.01229	0.04390	0.00055	236	68	276	10	277	3
15NL-28C-8	0.67	0.05349	0.00201	0.32659	0.01190	0.04371	0.00044	350	64	287	9	276	3
15NL-28C-9	0.52	0.05309	0.00195	0.32210	0.01145	0.04371	0.00046	333	61	284	9	276	3
15NL-28C-10	1.12	0.05347	0.00185	0.32506	0.01088	0.04381	0.00041	349	59	286	8	276	3
15NL-28C-11	1.08	0.05140	0.00223	0.31251	0.01344	0.04379	0.00045	259	80	276	10	276	3
15NL-28C-12	0.74	0.05196	0.00201	0.31476	0.01190	0.04372	0.00041	284	69	278	9	276	3
15NL-28C-13	0.73	0.05233	0.00186	0.31795	0.01136	0.04374	0.00043	300	63	280	9	276	3
15NL-28C-14	0.78	0.05754	0.00236	0.34890	0.01449	0.04380	0.00060	512	67	304	11	276	4
15NL-23A-1	0.15	0.04946	0.00164	0.29966	0.01029	0.04341	0.00055	170	57	266	8	274	3
15NL-23A-2	0.12	0.06564	0.00207	0.90000	0.03042	0.09851	0.00148	795	46	652	16	606	9
15NL-23A-3	0.09	0.04916	0.00145	0.29732	0.00861	0.04351	0.00038	155	51	264	7	275	2
15NL-23A-4	0.13	0.05145	0.00149	0.30902	0.00887	0.04338	0.00054	261	43	273	7	274	3

续表

测点号	Th/U	$^{207}Pb/^{206}Pb$		$^{207}Pb/^{235}U$		$^{206}Pb/^{238}U$		$^{207}Pb/^{206}Pb$		$^{207}Pb/^{235}U$		$^{206}Pb/^{238}U$	
		比值	1σ	比值	1σ	比值	1σ	年龄 / Ma	1σ	年龄 / Ma	1σ	年龄 / Ma	1σ
15NL-23A-5	0.22	0.05206	0.00158	0.31403	0.00949	0.04345	0.00041	288	52	277	7	274	3
15NL-23A-6	0.13	0.05194	0.00150	0.31514	0.00930	0.04364	0.00042	283	50	278	7	275	3
15NL-23A-7	0.38	0.05100	0.00220	0.30567	0.01323	0.04350	0.00061	241	74	271	10	274	4
15NL-23A-8	0.24	0.05180	0.00212	0.31178	0.01276	0.04349	0.00051	277	72	276	10	274	3
15NL-23A-9	0.13	0.05038	0.00154	0.30472	0.00958	0.04353	0.00045	213	54	270	7	275	3
15NL-23A-10	0.18	0.05186	0.00148	0.31312	0.00933	0.04346	0.00049	279	48	277	7	274	3
15NL-23A-11	0.42	0.05197	0.00141	0.31403	0.00907	0.04339	0.00045	284	47	277	7	274	3
15NL-23A-12	0.15	0.05110	0.00161	0.30800	0.00964	0.04343	0.00041	245	55	273	7	274	3
15NL-23A-13	0.13	0.05274	0.00157	0.31855	0.01016	0.04350	0.00056	317	49	281	8	275	3
15NL-23A-14	0.30	0.05660	0.00276	0.33556	0.01403	0.04356	0.00062	476	67	294	11	275	4
15NL-23A-15	0.18	0.05340	0.00197	0.32253	0.01195	0.04350	0.00052	346	62	284	9	274	3
15NL-23A-16	0.09	0.05148	0.00182	0.32432	0.01156	0.04529	0.00049	262	62	285	9	286	3
15NL-23A-17	0.17	0.05005	0.00188	0.31381	0.01158	0.04522	0.00050	197	65	277	9	285	3
15NL-23A-18	0.13	0.04905	0.00212	0.30844	0.01317	0.04552	0.00053	150	78	273	10	287	3
15NL-23A-19	0.15	0.04872	0.00184	0.30665	0.01124	0.04545	0.00046	134	67	272	9	287	3
15NL-23A-20	0.14	0.04918	0.00165	0.31084	0.01063	0.04539	0.00038	156	64	275	8	286	2
15NL-23A-21	0.14	0.05709	0.00252	0.53416	0.02362	0.06754	0.00091	495	74	435	16	421	5
15NL-31A-1	0.44	0.05343	0.00208	0.31972	0.01156	0.04335	0.00053	347	60	282	9	274	3
15NL-31A-2	0.46	0.05545	0.00245	0.33637	0.01500	0.04352	0.00053	431	78	294	11	275	3
15NL-31A-3	0.58	0.05286	0.00195	0.31684	0.01106	0.04347	0.00045	323	60	279	9	274	3
15NL-31A-4	0.47	0.05114	0.00203	0.30851	0.01179	0.04365	0.00049	247	67	273	9	275	3
15NL-31A-5	0.51	0.05092	0.00169	0.30679	0.01014	0.04349	0.00041	237	59	272	8	274	3
15NL-31A-6	0.45	0.04894	0.00220	0.29233	0.01247	0.04352	0.00048	145	79	260	10	275	3
15NL-31A-7	0.39	0.05052	0.00197	0.30328	0.01173	0.04331	0.00045	219	70	269	9	273	3
15NL-31A-8	0.54	0.05328	0.00214	0.32074	0.01337	0.04333	0.00048	341	75	282	10	273	3
15NL-31A-9	0.45	0.05088	0.00182	0.30435	0.01042	0.04328	0.00044	235	60	270	8	273	3
15NL-31A-10	0.50	0.05232	0.00175	0.31462	0.01039	0.04333	0.00040	299	59	278	8	273	2
15NL-31A-11	0.38	0.05313	0.00195	0.31753	0.01096	0.04328	0.00044	335	60	280	8	273	3
15NL-31A-12	0.39	0.05104	0.00207	0.30575	0.01191	0.04329	0.00047	243	70	271	9	273	3
15NL-31A-13	0.56	0.04975	0.00166	0.30070	0.00990	0.04333	0.00042	183	59	267	8	273	3
15NL-31A-14	0.37	0.05090	0.00192	0.30513	0.01142	0.04314	0.00047	236	66	270	9	272	3
15NL-31A-15	0.51	0.04964	0.00191	0.29762	0.01131	0.04330	0.00048	178	68	265	9	273	3
15NL-31A-16	0.49	0.04990	0.00181	0.29989	0.01077	0.04330	0.00043	190	65	266	8	273	3
15NL-31A-17	0.41	0.05260	0.00206	0.31437	0.01207	0.04326	0.00045	311	68	278	9	273	3
15NL-31A-18	0.40	0.05063	0.00185	0.30343	0.01106	0.04327	0.00050	224	63	269	9	273	3
15NL-68A-1	0.52	0.05259	0.00342	0.31011	0.01985	0.04277	0.00051	311	151	274	15	270	3
15NL-68A-2	0.52	0.05256	0.00164	0.31923	0.01010	0.04357	0.00044	310	54	281	8	275	3
15NL-68A-3	0.22	0.05266	0.00256	0.31351	0.01493	0.04318	0.00041	314	113	277	12	273	3

续表

测点号	Th/U	$^{207}Pb/^{206}Pb$		$^{207}Pb/^{235}U$		$^{206}Pb/^{238}U$		$^{207}Pb/^{206}Pb$		$^{207}Pb/^{235}U$		$^{206}Pb/^{238}U$	
		比值	1σ	比值	1σ	比值	1σ	年龄 / Ma	1σ	年龄 / Ma	1σ	年龄 / Ma	1σ
15NL-68A-4	0.20	0.05318	0.00206	0.35344	0.01388	0.04774	0.00051	336	70	307	10	301	3
15NL-68A-5	0.19	0.05461	0.00199	0.32354	0.01131	0.04297	0.00044	396	84	285	9	271	3
15NL-68A-6	0.25	0.05423	0.00240	0.32276	0.01379	0.04317	0.00049	381	102	284	11	272	3
15NL-68A-7	0.24	0.05373	0.00188	0.32360	0.01222	0.04321	0.00064	360	58	285	9	273	4
15NL-68A-8	0.52	0.05304	0.00387	0.31330	0.02246	0.04284	0.00059	331	168	277	17	270	4
15NL-68A-9	0.37	0.05626	0.00383	0.45823	0.03007	0.05907	0.00109	463	156	383	21	370	7
15NL-68A-10	0.56	0.05496	0.00183	0.32988	0.01120	0.04313	0.00046	411	57	289	9	272	3
15NL-68A-11	0.33	0.05788	0.00243	0.34548	0.01419	0.04310	0.00048	525	70	301	11	272	3
15NL-68A-12	0.52	0.05672	0.00276	0.34255	0.01658	0.04343	0.00053	481	86	299	13	274	3
15NL-68A-13	0.59	0.05404	0.00186	0.32333	0.01099	0.04312	0.00049	373	56	284	8	272	3
15NL-68A-14	0.16	0.05275	0.00190	0.31289	0.01084	0.04302	0.00043	318	84	276	8	272	3
15NL-68A-15	0.51	0.05218	0.00278	0.31231	0.01656	0.04329	0.00067	293	93	276	13	273	4
15NL-68A-16	0.38	0.05429	0.00253	0.32534	0.01460	0.04352	0.00066	383	74	286	11	275	4
15NL-69A-1	0.33	0.05311	0.00202	0.35796	0.01337	0.04878	0.00060	333	62	311	10	307	4
15NL-69A-2	0.34	0.05193	0.00204	0.30775	0.01149	0.04289	0.00044	283	67	272	9	271	3
15NL-69A-3	0.48	0.05314	0.00217	0.31657	0.01334	0.04282	0.00051	335	74	279	10	270	3
15NL-69A-4	0.24	0.04709	0.00222	0.28043	0.01284	0.04306	0.00045	54	81	251	10	272	3
15NL-69A-5	0.26	0.05825	0.00327	0.34549	0.01554	0.04327	0.00042	539	82	301	12	273	3
15NL-69A-6	0.43	0.04781	0.00226	0.28206	0.01325	0.04279	0.00056	90	80	252	10	270	3
15NL-69A-7	0.23	0.04981	0.00181	0.31638	0.01191	0.04587	0.00064	186	62	279	9	289	4
15NL-69A-8	0.28	0.05592	0.00242	0.33108	0.01387	0.04289	0.00045	449	75	290	11	271	3
15NL-69A-9	0.20	0.05223	0.00184	0.30724	0.01089	0.04277	0.00072	296	50	272	8	270	4
15NL-69A-10	0.49	0.05183	0.00222	0.30803	0.01333	0.04291	0.00044	278	81	273	10	271	3
15NL-69A-11	0.08	0.04755	0.00137	0.28153	0.00888	0.04274	0.00064	77	46	252	7	270	4
15NL-69A-12	0.23	0.04965	0.00423	0.29103	0.02504	0.04274	0.00053	179	171	259	20	270	3
15NL-69A-13	0.27	0.04908	0.00158	0.29175	0.00942	0.04291	0.00048	152	55	260	7	271	3
15NL-69A-14	0.57	0.05403	0.00300	0.33123	0.01893	0.04430	0.00066	372	102	291	14	279	4
15NL-69A-15	0.43	0.05037	0.00188	0.29770	0.01079	0.04283	0.00056	212	59	265	8	270	3
15NL-69A-16	0.53	0.04827	0.00214	0.28488	0.01195	0.04292	0.00052	112	73	255	9	271	3
15NL-69A-17	0.27	0.04903	0.00202	0.30597	0.01227	0.04509	0.00051	149	73	271	10	284	3
15NL-69A-18	0.34	0.04857	0.00239	0.28652	0.01339	0.04279	0.00052	127	84	256	11	270	3
15NL-69A-19	0.16	0.04577	0.00144	0.27273	0.00917	0.04282	0.00068	134	40	245	7	270	4
15NL-69A-20	0.30	0.04836	0.00178	0.28740	0.01059	0.04297	0.00066	117	57	257	8	271	4
15NL-43A-1	0.66	0.05630	0.00320	0.31504	0.01824	0.04095	0.00069	464	99	278	14	259	4
15NL-43A-2	1.33	0.05333	0.00184	0.29957	0.01022	0.04075	0.00043	343	58	266	8	258	3
15NL-43A-3	0.74	0.05035	0.00223	0.28782	0.01294	0.04115	0.00050	211	82	257	10	260	3
15NL-43A-4	0.66	0.05186	0.00153	0.29469	0.00908	0.04102	0.00055	279	46	262	7	259	3
15NL-43A-5	0.67	0.05406	0.00149	0.30503	0.00787	0.04103	0.00043	373	39	270	6	259	3

续表

测点号	Th/U	$^{207}Pb/^{206}Pb$		$^{207}Pb/^{235}U$		$^{206}Pb/^{238}U$		$^{207}Pb/^{206}Pb$		$^{207}Pb/^{235}U$		$^{206}Pb/^{238}U$	
		比值	1σ	比值	1σ	比值	1σ	年龄 / Ma	1σ	年龄 / Ma	1σ	年龄 / Ma	1σ
15NL-43A-6	0.44	0.05098	0.00104	0.28983	0.00629	0.04100	0.00037	240	34	258	5	259	2
15NL-43A-7	0.35	0.04982	0.00148	0.28274	0.00814	0.04120	0.00043	186	48	253	6	260	3
15NL-43A-8	0.71	0.05528	0.00223	0.31563	0.01313	0.04138	0.00061	424	66	279	10	261	4
15NL-43A-9	0.94	0.05109	0.00384	0.28971	0.02137	0.04113	0.00058	245	172	258	17	260	4
15NL-43A-10	0.28	0.05006	0.00162	0.28575	0.00961	0.04129	0.00049	198	56	255	8	261	3
15NL-43A-11	0.49	0.04982	0.00191	0.28463	0.01208	0.04113	0.00057	187	73	254	10	260	4
15NL-43A-12	0.77	0.05299	0.00189	0.30129	0.01135	0.04104	0.00050	328	63	267	9	259	3
15NL-43A-13	0.61	0.05429	0.00153	0.30767	0.00843	0.04126	0.00056	383	38	272	7	261	3
15NL-43A-14	0.66	0.05117	0.00187	0.28763	0.00994	0.04102	0.00052	249	56	257	8	259	3
15NL-43A-15	0.46	0.04940	0.00211	0.27716	0.01125	0.04094	0.00047	167	74	248	9	259	3
15NL-43A-16	0.52	0.05372	0.00190	0.33464	0.01171	0.04516	0.00051	359	58	293	9	285	3
15NL-43A-17	0.33	0.05057	0.00129	0.31705	0.00820	0.04527	0.00048	221	40	280	6	285	3
15NL-43A-18	0.61	0.05363	0.00250	0.32910	0.01570	0.04438	0.00055	355	85	289	12	280	3
15NL-60A-1	0.50	0.05265	0.00238	0.29838	0.01313	0.04093	0.00047	314	79	265	10	259	3
15NL-60A-2	0.49	0.05153	0.00232	0.29014	0.01235	0.04097	0.00049	265	76	259	10	259	3
15NL-60A-3	0.53	0.05156	0.00266	0.29060	0.01433	0.04089	0.00054	266	89	259	11	258	3
15NL-60A-4	0.50	0.05223	0.00245	0.29628	0.01412	0.04086	0.00046	295	88	263	11	258	3
15NL-60A-5	0.51	0.05118	0.00276	0.28664	0.01506	0.04087	0.00056	249	96	256	12	258	3
15NL-60A-6	0.68	0.05061	0.00208	0.28598	0.01176	0.04084	0.00042	223	76	255	9	258	3
15NL-60A-7	0.43	0.05160	0.00356	0.28955	0.01956	0.04069	0.00056	268	159	258	15	257	3
15NL-60A-8	0.52	0.04726	0.00247	0.26646	0.01397	0.04090	0.00048	63	93	240	11	258	3
15NL-60A-9	0.47	0.05138	0.00333	0.28843	0.01833	0.04072	0.00052	258	150	257	14	257	3
15NL-60A-10	0.67	0.05211	0.00196	0.29715	0.01154	0.04089	0.00047	290	68	264	9	258	3
15NL-60A-11	0.50	0.05428	0.00250	0.30521	0.01357	0.04085	0.00046	383	80	270	11	258	3
15NL-60A-12	0.48	0.05346	0.00266	0.30133	0.01468	0.04087	0.00054	348	86	267	11	258	3
15NL-60A-13	0.58	0.04776	0.00284	0.26896	0.01551	0.04086	0.00056	87	102	242	12	258	3
15NL-60A-14	0.58	0.05004	0.00219	0.28532	0.01240	0.04094	0.00053	197	77	255	10	259	3
15NL-60A-15	0.63	0.05141	0.00217	0.29262	0.01187	0.04084	0.00042	259	74	261	9	258	3
15NL-60A-16	0.54	0.05513	0.00236	0.31476	0.01357	0.04097	0.00053	417	73	278	10	259	3
15NL-60A-17	0.43	0.05189	0.00288	0.29360	0.01590	0.04091	0.00052	280	101	261	12	258	3
15NL-60A-18	0.58	0.05116	0.00272	0.28615	0.01360	0.04092	0.00055	248	85	256	11	259	3
15NL-60A-19	0.42	0.05347	0.00277	0.30022	0.01494	0.04081	0.00055	349	88	267	12	258	3
15NL-61A-1	0.61	0.05387	0.00254	0.30765	0.01487	0.04121	0.00059	366	83	272	12	260	4
15NL-61A-2	0.53	0.05086	0.00236	0.28961	0.01335	0.04118	0.00052	235	83	258	11	260	3
15NL-61A-3	0.62	0.04933	0.00194	0.28222	0.01100	0.04124	0.00043	164	72	252	9	261	3
15NL-61A-4	0.51	0.05228	0.00228	0.29912	0.01341	0.04123	0.00052	298	79	266	10	260	3
15NL-61A-5	0.79	0.04998	0.00186	0.28554	0.01034	0.04120	0.00039	194	67	255	8	260	2
15NL-61A-6	0.71	0.04962	0.00229	0.28491	0.01306	0.04127	0.00055	177	81	255	10	261	3

续表

测点号	Th/U	$^{207}Pb/^{206}Pb$		$^{207}Pb/^{235}U$		$^{206}Pb/^{238}U$		$^{207}Pb/^{206}Pb$		$^{207}Pb/^{235}U$		$^{206}Pb/^{238}U$	
		比值	1σ	比值	1σ	比值	1σ	年龄 / Ma	1σ	年龄 / Ma	1σ	年龄 / Ma	1σ
15NL-61A-7	0.58	0.04966	0.00263	0.28326	0.01471	0.04118	0.00053	179	96	253	12	260	3
15NL-61A-8	0.56	0.05063	0.00240	0.28967	0.01358	0.04112	0.00047	224	87	258	11	260	3
15NL-61A-9	0.60	0.04928	0.00202	0.28210	0.01124	0.04120	0.00042	161	74	252	9	260	3
15NL-61A-10	0.53	0.05130	0.00179	0.29672	0.01047	0.04130	0.00039	254	64	264	8	261	2
15NL-61A-11	0.64	0.05206	0.00206	0.30067	0.01174	0.04130	0.00038	288	73	267	9	261	2
15NL-61A-12	0.80	0.04944	0.00175	0.28403	0.00942	0.04125	0.00032	169	63	254	7	261	2
15NL-61A-13	0.71	0.04981	0.00153	0.28754	0.00926	0.04125	0.00048	186	53	257	7	261	3
15NL-61A-14	0.75	0.04923	0.00175	0.28231	0.00968	0.04111	0.00035	159	64	252	8	260	2
15NL-61A-15	0.63	0.05181	0.00278	0.29780	0.01552	0.04129	0.00037	277	104	265	12	261	2
15NL-61A-16	0.47	0.04857	0.00187	0.27987	0.01094	0.04112	0.00040	127	72	251	9	260	2
15NL-61A-17	0.52	0.04694	0.00208	0.26616	0.01131	0.04104	0.00048	46	70	240	9	259	3
15NL-61A-18	0.60	0.05155	0.00246	0.29638	0.01427	0.04129	0.00051	265	88	264	11	261	3
15NL-61A-19	0.57	0.05120	0.00233	0.29271	0.01301	0.04107	0.00049	250	80	261	10	259	3
15NL-61A-20	0.55	0.04838	0.00227	0.27750	0.01258	0.04153	0.00051	118	80	249	10	262	3
15NL-64A-1	0.47	0.05275	0.00178	0.30169	0.00963	0.04140	0.00035	318	57	268	8	261	2
15NL-64A-2	0.76	0.04914	0.00170	0.28087	0.00962	0.04133	0.00043	154	61	251	8	261	3
15NL-64A-3	0.50	0.05000	0.00245	0.28645	0.01399	0.04146	0.00051	195	90	256	11	262	3
15NL-64A-4	0.79	0.05058	0.00194	0.28986	0.01098	0.04136	0.00039	222	70	258	9	261	2
15NL-64A-5	0.95	0.05432	0.00691	0.30568	0.03763	0.04158	0.00092	384	237	271	29	263	6
15NL-64A-6	0.78	0.04631	0.00191	0.26610	0.01126	0.04135	0.00040	14	71	240	9	261	2
15NL-64A-7	0.85	0.04833	0.00143	0.27786	0.00812	0.04145	0.00034	115	53	249	6	262	2
15NL-64A-8	0.93	0.05630	0.00250	0.32063	0.01358	0.04144	0.00046	464	74	282	10	262	3
15NL-64A-9	0.66	0.05309	0.00246	0.30471	0.01399	0.04140	0.00048	332	83	270	11	262	3
15NL-64A-10	0.52	0.05130	0.00247	0.29429	0.01350	0.04162	0.00058	254	80	262	11	263	4
15NL-64A-11	0.48	0.05081	0.00236	0.29126	0.01314	0.04152	0.00050	232	82	260	10	262	3
15NL-64A-12	0.47	0.05342	0.00319	0.30345	0.01738	0.04150	0.00057	347	105	269	14	262	4
15NL-64A-13	0.69	0.04980	0.00195	0.28573	0.01111	0.04145	0.00044	186	71	255	9	262	3
15NL-64A-14	0.33	0.05041	0.00189	0.28793	0.01028	0.04139	0.00037	214	66	257	8	261	2
15NL-64A-15	0.54	0.04791	0.00208	0.27379	0.01168	0.04133	0.00049	95	75	246	9	261	3
15NL-64A-16	0.41	0.05134	0.00172	0.29407	0.00971	0.04143	0.00044	256	56	262	8	262	3
15NL-64A-17	0.41	0.05420	0.00316	0.30659	0.01719	0.04156	0.00058	379	101	272	13	262	4
15NL-27A-1	0.43	0.05033	0.00138	0.25942	0.00761	0.03710	0.00055	210	41	234	6	235	3
15NL-27A-2	0.58	0.05021	0.00130	0.25888	0.00692	0.03709	0.00041	205	42	234	6	235	3
15NL-27A-3	0.69	0.05064	0.00159	0.26481	0.00820	0.03774	0.00041	224	51	239	7	239	3
15NL-27A-4	0.42	0.05016	0.00127	0.25718	0.00637	0.03703	0.00036	203	39	232	5	234	2
15NL-27A-5	0.71	0.05074	0.00125	0.25901	0.00631	0.03682	0.00027	229	43	234	5	233	2
15NL-27A-6	0.68	0.05047	0.00144	0.26022	0.00744	0.03713	0.00037	216	48	235	6	235	2
15NL-27A-7	0.38	0.05066	0.00139	0.26078	0.00716	0.03701	0.00034	225	46	235	6	234	2

续表

测点号	Th/U	$^{207}Pb/^{206}Pb$		$^{207}Pb/^{235}U$		$^{206}Pb/^{238}U$		$^{207}Pb/^{206}Pb$		$^{207}Pb/^{235}U$		$^{206}Pb/^{238}U$	
		比值	1σ	比值	1σ	比值	1σ	年龄 / Ma	1σ	年龄 / Ma	1σ	年龄 / Ma	1σ
15NL-27A-8	0.51	0.05022	0.00147	0.25758	0.00734	0.03700	0.00040	205	46	233	6	234	3
15NL-27A-9	0.38	0.05079	0.00116	0.25988	0.00573	0.03678	0.00025	231	38	235	5	233	2
15NL-27A-10	0.47	0.05075	0.00115	0.26163	0.00633	0.03709	0.00050	230	32	236	5	235	3
15NL-27A-11	0.30	0.05110	0.00135	0.26437	0.00680	0.03710	0.00029	246	45	238	5	235	2
15NL-27A-12	0.43	0.04781	0.00662	0.26589	0.01492	0.03741	0.00075	90	88	239	12	237	5
15NL-27A-13	0.41	0.05115	0.00123	0.29195	0.00694	0.04111	0.00028	248	42	260	5	260	2
15NL-27A-14	0.56	0.05299	0.00163	0.32410	0.00996	0.04410	0.00044	328	51	285	8	278	3
15NL-45A-1	1.30	0.05052	0.00133	0.24336	0.00627	0.03468	0.00027	219	45	221	5	220	2
15NL-45A-2	1.59	0.05092	0.00124	0.24591	0.00616	0.03473	0.00032	237	41	223	5	220	2
15NL-45A-3	1.78	0.04923	0.00106	0.23854	0.00549	0.03484	0.00037	159	34	217	5	221	2
15NL-45A-4	1.76	0.04915	0.00104	0.23766	0.00512	0.03492	0.00027	155	36	217	4	221	2
15NL-45A-5	1.54	0.05058	0.00110	0.24509	0.00528	0.03488	0.00026	222	36	223	4	221	2
15NL-45A-6	1.73	0.05078	0.00122	0.24515	0.00581	0.03479	0.00035	231	36	223	5	220	2
15NL-45A-7	1.75	0.05185	0.00129	0.25209	0.00630	0.03501	0.00038	279	38	228	5	222	2
15NL-45A-8	1.57	0.05096	0.00131	0.24703	0.00635	0.03494	0.00037	239	40	224	5	221	2
15NL-45A-9	1.66	0.05069	0.00112	0.24583	0.00540	0.03495	0.00028	227	36	223	4	221	2
15NL-45A-10	1.80	0.05047	0.00109	0.24476	0.00534	0.03496	0.00029	217	35	222	4	222	2
15NL-45A-11	1.63	0.05014	0.00119	0.24168	0.00569	0.03481	0.00027	202	40	220	5	221	2
15NL-45A-12	1.32	0.04962	0.00111	0.23831	0.00532	0.03474	0.00030	177	36	217	4	220	2
15NL-45A-13	1.79	0.04966	0.00110	0.23856	0.00549	0.03470	0.00029	179	38	217	4	220	2
15NL-45A-14	1.73	0.04854	0.00118	0.23287	0.00581	0.03470	0.00027	125	44	213	5	220	2
15NL-45A-15	1.39	0.04962	0.00126	0.23805	0.00624	0.03471	0.00029	177	46	217	5	220	2
15NL-45A-16	1.69	0.05014	0.00131	0.24128	0.00645	0.03484	0.00028	201	47	219	5	221	2
15NL-45A-17	1.69	0.05026	0.00124	0.24148	0.00622	0.03474	0.00032	207	43	220	5	220	2
15NL-45A-18	1.41	0.05038	0.00146	0.24187	0.00717	0.03477	0.00040	212	47	220	6	220	2
15NL-45A-19	0.85	0.05376	0.00205	0.30161	0.01153	0.04044	0.00043	361	67	268	9	256	3
15NL-45A-20	1.95	0.04886	0.00101	0.23555	0.00491	0.03478	0.00024	141	36	215	4	220	2

附表 4.4　右江盆地凭祥地区中三叠世火山岩锆石 LA-ICP-MS U-Pb 测年结果

测点号	Th/U	$^{207}Pb/^{206}Pb$		$^{207}Pb/^{235}U$		$^{206}Pb/^{238}U$		$^{207}Pb/^{206}Pb$		$^{207}Pb/^{235}U$		$^{206}Pb/^{238}U$	
		比值	1σ	比值	1σ	比值	1σ	年龄 / Ma	1σ	年龄 / Ma	1σ	年龄 / Ma	1σ
14YJ-03A1-01	0.30	0.05162	0.00158	0.27562	0.00898	0.03868	0.00123	333	73	247	7	245	8
14YJ-03A1-02	0.60	0.15970	0.00480	9.46311	0.29673	0.42975	0.01344	2454	−149	2384	29	2305	61
14YJ-03A1-03	1.10	0.05519	0.00169	0.52750	0.01660	0.06931	0.00215	420	69	430	11	432	13
14YJ-03A1-04	0.50	0.05050	0.00155	0.26917	0.00871	0.03866	0.00123	217	70	242	7	245	8
14YJ-03A1-05	0.50	0.05523	0.00171	0.29332	0.00960	0.03852	0.00123	420	75	261	8	244	8
14YJ-03A1-06	0.20	0.05122	0.00159	0.27318	0.00897	0.03865	0.00123	250	66	245	7	245	8
14YJ-03A1-08	0.30	0.05095	0.00157	0.27145	0.00875	0.03866	0.00122	239	72	244	7	245	8

续表

测点号	Th/U	$^{207}Pb/^{206}Pb$		$^{207}Pb/^{235}U$		$^{206}Pb/^{238}U$		$^{207}Pb/^{206}Pb$		$^{207}Pb/^{235}U$		$^{206}Pb/^{238}U$	
		比值	1σ	比值	1σ	比值	1σ	年龄 / Ma	1σ	年龄 / Ma	1σ	年龄 / Ma	1σ
14YJ-03A1-09	0.10	0.05324	0.00162	0.28389	0.00884	0.03870	0.00120	339	36	254	7	245	7
14YJ-03A1-10	0.80	0.07332	0.00221	1.71462	0.05649	0.16947	0.00554	1033	61	1014	21	1009	31
14YJ-03A1-11	0.60	0.05597	0.00177	0.29728	0.00982	0.03849	0.00120	450	66	264	8	243	7
14YJ-03A1-12	0.30	0.05218	0.00163	0.28045	0.01118	0.03867	0.00141	300	70	251	9	245	9
14YJ-03A1-13	0.10	0.05159	0.00157	0.27610	0.00936	0.03880	0.00130	333	75	248	7	245	8
14YJ-03A1-14	0.30	0.06571	0.00198	0.87680	0.03373	0.09644	0.00364	798	64	639	18	594	21
14YJ-03A1-15	0.60	0.05193	0.00159	0.27673	0.00908	0.03860	0.00123	283	70	248	7	244	8
14YJ-03A1-16	0.50	0.05137	0.00157	0.27281	0.00894	0.03854	0.00124	258	70	245	7	244	8
14YJ-03A1-17	0.90	0.05156	0.00158	0.27418	0.00880	0.03857	0.00122	265	75	246	7	244	8
14YJ-03A1-18	0.40	0.05167	0.00158	0.27525	0.00905	0.03867	0.00126	333	70	247	7	245	8
14YJ-03A1-19	0.70	0.05103	0.00159	0.27238	0.00882	0.03880	0.00124	243	77	245	7	245	8
14YJ-03A1-20	2.10	0.05539	0.00181	0.52893	0.01939	0.06935	0.00242	428	72	431	13	432	15
14YJ-03A1-21	0.30	0.05626	0.00178	0.30197	0.01110	0.03857	0.00126	461	70	268	9	244	8
14YJ-03A1-22	0.40	0.05094	0.00157	0.27134	0.00880	0.03864	0.00122	239	72	244	7	244	8
14YJ-03A1-23	0.40	0.05147	0.00160	0.27357	0.00931	0.03859	0.00128	261	72	246	7	244	8
14YJ-03A1-25	0.70	0.05369	0.00167	0.28795	0.01039	0.03856	0.00127	367	70	257	8	244	8
14YJ-03A-01	0.50	0.05852	0.00450	0.31309	0.02352	0.03882	0.00087	549	160	277	18	246	5
14YJ-03A-02	0.20	0.05110	0.00280	0.27000	0.01455	0.03833	0.00069	245	121	243	12	243	4
14YJ-03A-03	0.30	0.05153	0.00364	0.27023	0.01869	0.03805	0.00078	265	154	243	15	241	5
14YJ-03A-04	0.20	0.05114	0.00285	0.26949	0.01477	0.03823	0.00069	247	123	242	12	242	4
14YJ-03A-05	0.60	0.06168	0.00218	0.91760	0.03228	0.10795	0.00168	663	74	661	17	661	10
14YJ-03A-08	0.30	0.05153	0.00256	0.27019	0.01321	0.03805	0.00065	265	110	243	11	241	4
14YJ-03A-10	0.30	0.05122	0.00269	0.26721	0.01381	0.03786	0.00067	251	116	241	11	240	4
14YJ-03A-11	0.20	0.06316	0.00177	0.64790	0.01833	0.07445	0.00109	714	59	507	11	463	7
14YJ-03A-12	0.90	0.05988	0.00331	0.60567	0.03285	0.07342	0.00138	599	115	481	21	457	8
14YJ-03A-13	0.30	0.05117	0.00243	0.26819	0.01259	0.03805	0.00065	248	106	241	10	241	4
14YJ-03A-14	0.30	0.05095	0.00211	0.26837	0.01101	0.03824	0.00062	238	93	241	9	242	4
14YJ-03A-15	0.40	0.05224	0.00183	0.29932	0.01048	0.04160	0.00064	296	78	266	8	263	4
14YJ-03A-16	1.10	0.08735	0.00231	2.79615	0.07530	0.23240	0.00340	1368	50	1355	20	1347	18
14YJ-03A-17	0.40	0.05128	0.00330	0.26984	0.01706	0.03820	0.00075	253	142	243	14	242	5
14YJ-03A-18	0.10	0.05123	0.00183	0.26950	0.00962	0.03819	0.00059	251	80	242	8	242	4
14YJ-03A-19	0.40	0.05076	0.00246	0.26668	0.01280	0.03815	0.00066	230	108	240	10	241	4
14YJ-03A-20	0.40	0.05156	0.00263	0.27110	0.01368	0.03818	0.00068	266	113	244	11	242	4
14YJ-03A-21	0.30	0.05124	0.00270	0.26767	0.01393	0.03793	0.00068	251	117	241	11	240	4
14YJ-03A-23	0.30	0.05086	0.00426	0.26796	0.02199	0.03826	0.00089	234	182	241	18	242	6
14YJ-03A-25	0.40	0.05099	0.00287	0.26776	0.01490	0.03814	0.00071	240	125	241	12	241	4
14YJ-03B1-01	0.40	0.05055	0.00155	0.26941	0.00871	0.03868	0.00123	220	77	242	7	245	8
14YJ-03B1-02	0.20	0.06862	0.00207	1.00224	0.03160	0.10597	0.00333	887	58	705	16	649	19

续表

测点号	Th/U	$^{207}Pb/^{206}Pb$		$^{207}Pb/^{235}U$		$^{206}Pb/^{238}U$		$^{207}Pb/^{206}Pb$		$^{207}Pb/^{235}U$		$^{206}Pb/^{238}U$	
		比值	1σ	比值	1σ	比值	1σ	年龄 / Ma	1σ	年龄 / Ma	1σ	年龄 / Ma	1σ
14YJ-03B1-04	0.40	0.05083	0.00156	0.27072	0.00866	0.03865	0.00121	232	70	243	7	245	8
14YJ-03B1-05	0.50	0.07159	0.00216	1.67122	0.05193	0.16937	0.00525	976	57	998	20	1009	29
14YJ-03B1-06	0.50	0.06077	0.00184	0.81106	0.02607	0.09682	0.00309	632	65	603	15	596	18
14YJ-03B1-07	0.60	0.05153	0.00157	0.27370	0.00870	0.03855	0.00121	265	69	246	7	244	8
14YJ-03B1-08	0.80	0.07676	0.00232	1.79141	0.05708	0.16926	0.00536	1117	61	1042	21	1008	30
14YJ-03B1-09	0.30	0.05116	0.00157	0.27303	0.00882	0.03876	0.00124	256	70	245	7	245	8
14YJ-03B1-10	1.10	0.05219	0.00158	0.27861	0.00891	0.03880	0.00125	295	64	250	7	245	8
14YJ-03B1-11	0.40	0.05050	0.00155	0.26958	0.00859	0.03872	0.00121	217	70	242	7	245	8
14YJ-03B1-12	0.40	0.05120	0.00157	0.27391	0.00888	0.03881	0.00123	250	72	246	7	246	8
14YJ-03B1-14	0.60	0.05144	0.00160	0.27418	0.00894	0.03870	0.00123	261	72	246	7	245	8
14YJ-03B1-15	0.30	0.05131	0.00159	0.27445	0.00894	0.03880	0.00123	254	68	246	7	245	8
14YJ-03B1-16	1.10	0.05134	0.00161	0.27325	0.00895	0.03863	0.00122	258	69	245	7	244	8
14YJ-03B1-17	0.10	0.05134	0.00155	0.27360	0.00865	0.03865	0.00121	258	70	246	7	245	8
14YJ-03B1-18	0.20	0.06116	0.00184	0.81761	0.02638	0.09698	0.00312	656	60	607	15	597	18
14YJ-03B1-20	0.50	0.05258	0.00162	0.27875	0.00895	0.03846	0.00121	309	75	250	7	243	8
14YJ-03B1-21	0.80	0.05137	0.00158	0.27465	0.00865	0.03877	0.00119	258	70	246	7	245	7
14YJ-03B1-22	0.40	0.05122	0.00157	0.27332	0.00890	0.03869	0.00123	250	66	245	7	245	8
14YJ-03B1-23	0.20	0.06743	0.00204	0.90144	0.03089	0.09666	0.00323	850	68	653	17	595	19
14YJ-03B1-25	0.40	0.05113	0.00158	0.27271	0.00886	0.03869	0.00122	256	72	245	7	245	8
14YJ-10A-01	0.30	0.05094	0.00283	0.26682	0.01477	0.03802	0.00072	238	123	240	12	241	5
14YJ-10A-02	0.30	0.05109	0.00259	0.26663	0.01351	0.03788	0.00069	245	113	240	11	240	4
14YJ-10A-03	0.30	0.05102	0.00172	0.26765	0.00927	0.03808	0.00062	242	76	241	7	241	4
14YJ-10A-04	0.30	0.05072	0.00242	0.26844	0.01283	0.03842	0.00069	228	107	241	10	243	4
14YJ-10A-05	0.40	0.05182	0.00163	0.29652	0.00964	0.04153	0.00067	277	70	264	8	262	4
14YJ-10A-06	0.40	0.05085	0.00338	0.26448	0.01737	0.03775	0.00078	234	146	238	14	239	5
14YJ-10A-07	0.40	0.05366	0.00192	0.39128	0.01430	0.05292	0.00087	357	79	335	10	332	5
14YJ-10A-08	0.30	0.05067	0.00385	0.26650	0.01999	0.03817	0.00085	226	167	240	16	242	5
14YJ-10A-09	0.40	0.05190	0.00177	0.26976	0.00942	0.03772	0.00061	281	76	243	8	239	4
14YJ-10A-10	0.30	0.05063	0.00356	0.26662	0.01851	0.03822	0.00081	224	155	240	15	242	5
14YJ-10A-11	0.40	0.05092	0.00179	0.26496	0.00950	0.03776	0.00062	237	79	239	8	239	4
14YJ-10A-13	0.20	0.07374	0.00141	1.68680	0.03620	0.16603	0.00251	1034	38	1004	14	990	14
14YJ-10A-14	0.60	0.08958	0.00178	2.99693	0.06613	0.24282	0.00370	1416	38	1407	17	1401	19
14YJ-10A-16	0.50	0.05102	0.00166	0.26578	0.00890	0.03781	0.00061	242	73	239	7	239	4
14YJ-10A-17	0.30	0.05033	0.00140	0.26527	0.00771	0.03825	0.00060	210	63	239	6	242	4
14YJ-10A-18	0.40	0.05163	0.00320	0.26776	0.01646	0.03764	0.00075	269	136	241	13	238	5
14YJ-10A-19	0.30	0.05183	0.00149	0.26827	0.00803	0.03756	0.00059	278	65	241	6	238	4
14YJ-10A-20	0.40	0.05147	0.00166	0.26800	0.00889	0.03779	0.00061	262	72	241	7	239	4
14YJ-10A-21	0.30	0.05123	0.00257	0.26695	0.01337	0.03782	0.00069	251	112	240	11	239	4

续表

测点号	Th/U	$^{207}Pb/^{206}Pb$		$^{207}Pb/^{235}U$		$^{206}Pb/^{238}U$		$^{207}Pb/^{206}Pb$		$^{207}Pb/^{235}U$		$^{206}Pb/^{238}U$	
		比值	1σ	比值	1σ	比值	1σ	年龄 / Ma	1σ	年龄 / Ma	1σ	年龄 / Ma	1σ
14YJ-10A-22	0.30	0.05114	0.00152	0.26732	0.00824	0.03794	0.00060	247	67	241	7	240	4
14YJ-10A-23	0.30	0.05127	0.00156	0.26890	0.00844	0.03806	0.00061	253	68	242	7	241	4
14YJ-10A-24	0.30	0.05103	0.00230	0.26479	0.01195	0.03766	0.00066	242	101	239	10	238	4
14YJ-10A-25	0.30	0.05061	0.00153	0.26554	0.00830	0.03808	0.00061	223	68	239	7	241	4
14YJ-10A-26	0.40	0.05098	0.00349	0.26638	0.01804	0.03792	0.00080	240	151	240	15	240	5
14YJ-10A-27	0.30	0.08477	0.00339	1.91790	0.07786	0.16419	0.00284	1310	76	1087	27	980	16
14YJ-10B1-01	0.50	0.05082	0.00157	0.26445	0.00867	0.03773	0.00121	232	68	238	7	239	8
14YJ-10B1-02	0.40	0.05135	0.00158	0.26687	0.00861	0.03769	0.00119	258	70	240	7	239	7
14YJ-10B1-03	0.70	0.05145	0.00159	0.26813	0.00885	0.03780	0.00122	261	72	241	7	239	8
14YJ-10B1-04	0.30	0.05178	0.00158	0.26915	0.00874	0.03769	0.00120	276	66	242	7	239	8
14YJ-10B1-05	0.30	0.05085	0.00155	0.26469	0.00849	0.03782	0.00120	235	70	238	7	239	8
14YJ-10B1-06	0.80	0.05163	0.00159	0.26969	0.00868	0.03789	0.00119	333	70	242	7	240	7
14YJ-10B1-07	0.40	0.05106	0.00157	0.26687	0.00869	0.03792	0.00121	243	75	240	7	240	8
14YJ-10B1-08	0.40	0.05186	0.00159	0.26936	0.00870	0.03771	0.00120	280	70	242	7	239	7
14YJ-10B1-09	0.40	0.05166	0.00157	0.27121	0.00885	0.03808	0.00122	333	70	244	7	241	8
14YJ-10B1-10	0.30	0.05133	0.00157	0.26873	0.00879	0.03798	0.00121	254	70	242	7	240	8
14YJ-10B1-11	0.40	0.05259	0.00160	0.27329	0.00865	0.03778	0.00119	322	75	245	7	239	7
14YJ-10B1-12	0.30	0.05098	0.00156	0.26662	0.00858	0.03797	0.00120	239	70	240	7	240	8
14YJ-10B1-13	0.30	0.05084	0.00155	0.26652	0.00850	0.03808	0.00120	235	70	240	7	241	8
14YJ-10B1-15	1.20	0.05334	0.00168	0.31042	0.00982	0.04238	0.00132	343	40	275	8	268	8
14YJ-10B1-16	0.60	0.05077	0.00155	0.26495	0.00877	0.03791	0.00124	232	66	239	7	240	8
14YJ-10B1-17	0.20	0.05039	0.00155	0.26277	0.00859	0.03785	0.00121	213	72	237	7	240	8
14YJ-10B1-18	1.50	0.05425	0.00177	0.28317	0.01004	0.03773	0.00118	389	74	253	8	239	7
14YJ-10B1-19	0.40	0.05006	0.00153	0.26168	0.00863	0.03796	0.00123	198	105	236	7	240	8
14YJ-10B1-20	0.40	0.05067	0.00155	0.26502	0.00869	0.03796	0.00122	233	70	239	7	240	8
14YJ-10B1-21	0.30	0.05029	0.00155	0.26299	0.00858	0.03796	0.00120	209	40	237	7	240	8
14YJ-10B1-22	1.30	0.05464	0.00166	0.28391	0.00921	0.03797	0.00127	398	69	254	7	240	8
14YJ-10B1-23	0.20	0.05862	0.00177	0.73725	0.02340	0.09129	0.00288	554	65	561	14	563	17
14YJ-10B1-25	0.40	0.05096	0.00156	0.26664	0.00866	0.03798	0.00121	239	70	240	7	240	8
14YJ-14A-01	0.90	0.10613	0.00320	4.38201	0.13954	0.29986	0.00950	1800	55	1709	26	1691	47
14YJ-14A-02	0.40	0.05060	0.00155	0.26652	0.00849	0.03825	0.00120	233	75	240	7	242	7
14YJ-14A-04	0.30	0.05124	0.00159	0.27120	0.00918	0.03825	0.00122	250	66	244	7	242	8
14YJ-14A-05	1.00	0.05122	0.00156	0.26993	0.00882	0.03830	0.00124	250	66	243	7	242	8
14YJ-14A-07	0.40	0.05090	0.00160	0.26670	0.00860	0.03800	0.00120	235	70	240	7	241	8
14YJ-14A-08	0.50	0.05220	0.00170	0.27690	0.01000	0.03830	0.00120	300	74	248	8	243	8
14YJ-14A-09	1.50	0.06470	0.00200	1.20860	0.03780	0.13540	0.00420	765	63	805	17	819	24
14YJ-14A-10	0.40	0.10270	0.00310	3.32250	0.11270	0.23360	0.00750	1673	56	1486	27	1353	39
14YJ-14A-11	0.30	0.05100	0.00160	0.26760	0.00870	0.03810	0.00120	239	70	241	7	241	8

续表

测点号	Th/U	$^{207}Pb/^{206}Pb$		$^{207}Pb/^{235}U$		$^{206}Pb/^{238}U$		$^{207}Pb/^{206}Pb$		$^{207}Pb/^{235}U$		$^{206}Pb/^{238}U$	
		比值	1σ	比值	1σ	比值	1σ	年龄 / Ma	1σ	年龄 / Ma	1σ	年龄 / Ma	1σ
14YJ-14A-12	0.40	0.05100	0.00160	0.26520	0.00860	0.03780	0.00120	239	70	239	7	239	8
14YJ-14A-13	1.70	0.05220	0.00160	0.28240	0.00990	0.03910	0.00130	295	64	253	8	248	8
14YJ-14A-14	0.30	0.04980	0.00150	0.26130	0.00850	0.03820	0.00120	187	68	236	7	242	8
14YJ-14A-15	1.10	0.07440	0.00230	1.83990	0.06380	0.18030	0.00610	1052	67	1060	23	1069	33
14YJ-14A-16	0.80	0.04860	0.00150	0.25340	0.00830	0.03810	0.00120	128	70	229	7	241	8
14YJ-14A-18	0.70	0.06180	0.00190	0.60210	0.02040	0.07090	0.00230	733	67	479	13	441	14
14YJ-14A-19	0.70	0.04630	0.00140	0.24980	0.00830	0.03940	0.00130	9	74	226	7	249	8
14YJ-14A-20	1.70	0.05000	0.00170	0.26580	0.01070	0.03810	0.00120	198	75	239	9	241	8
14YJ-14A-22	0.90	0.04990	0.00170	0.37920	0.01340	0.05540	0.00170	191	112	326	10	347	11
14YJ-14A-23	1.70	0.05440	0.00170	0.44010	0.01510	0.05890	0.00190	391	72	370	11	369	11
14YJ-14K-01	0.40	0.05207	0.00269	0.26749	0.01364	0.03729	0.00065	289	114	241	11	236	4
14YJ-14K-02	0.20	0.05128	0.00258	0.27271	0.01355	0.03861	0.00067	253	112	245	11	244	4
14YJ-14K-03	0.60	0.05136	0.00342	0.27334	0.01789	0.03863	0.00076	257	146	245	14	244	5
14YJ-14K-05	1.20	0.05570	0.00200	0.51007	0.01834	0.06648	0.00104	440	78	419	12	415	6
14YJ-14K-07	0.20	0.05223	0.00364	0.27463	0.01878	0.03817	0.00078	296	151	246	15	242	5
14YJ-14K-08	0.20	0.05197	0.00269	0.27356	0.01401	0.03821	0.00068	284	114	246	11	242	4
14YJ-14K-09	0.30	0.05108	0.00447	0.26484	0.02274	0.03763	0.00089	245	190	239	18	238	6
14YJ-14K-10	0.20	0.05126	0.00247	0.27032	0.01291	0.03827	0.00066	253	107	243	10	242	4
14YJ-14K-11	0.30	0.05137	0.00352	0.26934	0.01814	0.03805	0.00078	258	150	242	15	241	5
14YJ-14K-12	0.30	0.05158	0.00410	0.26963	0.02104	0.03794	0.00085	267	173	242	17	240	5
14YJ-14K-13	0.30	0.05116	0.00348	0.26800	0.01793	0.03802	0.00078	248	149	241	14	241	5
14YJ-14K-14	0.40	0.05200	0.00452	0.27208	0.02317	0.03797	0.00091	286	187	244	19	240	6
14YJ-14K-16	0.30	0.05096	0.00606	0.26639	0.03100	0.03794	0.00113	239	253	240	25	240	7
14YJ-14K-17	0.30	0.05150	0.00456	0.26807	0.02329	0.03778	0.00091	263	191	241	19	239	6
14YJ-14K-19	0.20	0.05156	0.00216	0.26971	0.01134	0.03796	0.00065	266	93	243	9	240	4
14YJ-14K-21	0.30	0.05245	0.00327	0.27501	0.01700	0.03805	0.00076	305	136	247	14	241	5
14YJ-14K-22	0.20	0.05394	0.00296	0.35992	0.01960	0.04843	0.00092	368	118	312	15	305	6
14YJ-14K-23	0.30	0.05124	0.00402	0.26603	0.02056	0.03768	0.00085	252	171	240	17	238	5